U0287251

空间物理学进展

(第五卷)

ADVANCES IN SPACE PHYSICS

史建魁　叶永烜　刘振兴　主编

科学出版社

北　京

内 容 简 介

本书内容作为《空间物理学进展(第四卷)》的补充,主要包含以下内容:第一章为刘振兴院士有关传记及我国地球空间双星探测计划的内容;第二章至第四章为有关太阳探测、太阳风和太阳高能粒子方面的研究内容;第五章至第七章为有关地球磁层方面的研究内容;第八章至第十六章为本书的重点,包括磁层-电离层耦合、中高层大气和电离层方面的研究内容;第十七章为火星研究方面的内容。

本书可供有关高等院校的教师、研究生以及空间物理和空间探测方面的研究工作者学习或参考。

图书在版编目(CIP)数据

空间物理学进展. 第5卷/史建魁,叶永烜,刘振兴主编.—北京:科学出版社,2015.10

ISBN 978-7-03-045949-7

Ⅰ.①空… Ⅱ.①史…②叶…③刘… Ⅲ.①空间物理学-研究进展 Ⅳ.①P35

中国版本图书馆CIP数据核字(2015)第241190号

责任编辑:张井飞/责任校对:韩 杨
责任印制:肖 兴/封面设计:耕者设计工作室

科学出版社 出版
北京东黄城根北街16号
邮政编码:100717
http://www.sciencep.com

中国科学院印刷厂 印刷

科学出版社发行 各地新华书店经销

*

2015年10月第 一 版 开本:720×1000 1/16
2015年10月第一次印刷 印张:26 1/4
字数:518 000

定价: 238.00 元

(如有印装质量问题,我社负责调换)

前　言

这本最新的《空间物理学进展（第五卷）》是整个系列的第五篇章，正巧在充满回忆的2015年出版。其第一篇为刘振兴院士的自述，让我们了解前辈们如何在70年前遍地灰烟的抗日战争环境下，一切从零开始，求知与成长，之后在自己的土地上建立起鼎盛的空间科学事业。我们为此而感动和万分敬佩。

本书文章的很大部分都是得自这个宝贵的传承。接着三篇是介绍有关太阳风越来越精细的研究、前途万里的太阳射电频谱成像观测和在日冕附近高能粒子的传播过程研究。随之是描述利用双星（Double Star）、Cluster 和 Themis 等多点卫星进行有关地球磁层结构、磁层亚暴和磁场重联探测研究的新结果。本卷一个重要特色是接下来的包括了有关磁层-电离层耦合过程、极光、高层大气波动、大气光化学、中层大气内的高空短暂发光现象的分析研究。实验是科学之母，我们很高兴地看到本书随后的中国空间科学工作者关于电离层 TEC 和闪烁的观测研究，利用南极中山站、北极 Svalbard、欧洲非相干散射雷达（EISCAT）、国际超级双子激光雷达网（SuperDARN）的观测和研究，以及在海南岛的探空火箭实验研究。这些都取得了长足进步。展望将来，火星电离层将是未来中国火星探测的重要方面，本书有关火星大气逃逸的文章也是一篇重要的文章。

《空间物理学进展（第五卷）》顺利出版，再次体现了一片蓬勃的学术交流氛围和具有多样性的研究课题。地球和宇宙的今天和将来都是属于全人类的。我们必定会努力在空间物理研究中推陈出新，挑战高难度课题，立足国际前沿，更有力地推动全世界的和平合作。如大儒钱穆先生所提的命题："中国文化对人类未来可有的贡献"。让我们空间科学工作者也为此尽一份力！

非常感谢中国国家自然科学基金（编号：41274146，41474137）和中国国家重点实验室专项基金对本卷编写和出版的支持。在《空间物理学进展（第四卷）》征文时，许多学者表示愿意投稿。由于篇幅限制，当时我们按照刘振兴院士的想法，一部分学者的文章收集在了第四卷中，随后立即组织出版第五卷刊登其余学者的文章。再次向大家的热情支持表示衷心的感谢。

叶永烜

目　　录

前言
第 1 章　我学习和研究的回顾以及地球空间双星探测计划………………………… 1
刘振兴
第 2 章　太阳风研究的新进展 ……………………………………………… 25
涂传诒　何建森
第 3 章　太阳射电频谱成像观测 …………………………………………… 65
颜毅华
第 4 章　太阳高能粒子的横向传播研究 ………………………………… 80
秦　刚
第 5 章　地球磁尾高速流中的偶极化锋面研究 ………………………… 88
邓晓华　周　猛
第 6 章　磁层中关键区域磁场结构及其动力学效应…………………… 101
沈　超
第 7 章　亚 Alfvén 剪切流对磁场重联过程的影响 ……………………… 123
马志为　李灵杰
第 8 章　磁层电离层电动耦合数值模拟研究……………………………… 164
吕建永　赵明现
第 9 章　中间层和热层金属层的研究进展………………………………… 202
窦贤康
第 10 章　高空短暂发光现象 ……………………………………………… 212
陈炳志　许瑞荣　苏汉宗
第 11 章　地球电离层之扰动发电 ………………………………………… 255
黄健民
第 12 章　中高层大气波动研究 …………………………………………… 279
张绍东　黄春明　黄开明　龚　韵　甘　泉
第 13 章　极区电离层观测研究 …………………………………………… 302
胡红桥　刘瑞源　刘建军　张北辰　杨惠根
第 14 章　基于卫星信号测量的电离层研究 ……………………………… 325
甄卫民　於　晓　欧　明

第 15 章　极区电离层“等离子体云块”研究 …………………………… 352
张清和　张北辰　杨升高　王　勇
第 16 章　低纬地区(海南)电离层 E-F 谷区探测研究 ……………… 379
史建魁　王　铮
第 17 章　火星离子逃逸和沉降——磁异常对大气逃逸的影响 ……… 393
李　磊　张艺腾　谢良海　冯永勇

第1章　我学习和研究的回顾以及地球空间双星探测计划

刘振兴

中国科学院国家空间科学中心，北京　100190

1.1　求学、立志与科研创新

1.1.1　艰难的中小学学习

1929年9月14日，我出生在山东省昌乐县营子村一户农家，是一对双胞胎中的弟弟。出生时，我的父亲常年在外做工，当家的是我的爷爷，一位方圆几十里颇有名气的老中医。在6岁之前，我们无忧无虑地享受着成长的快乐，从爷爷那里常得到一些自然与社会中的常识及做人的道理。在玩乐之余，我们也能帮着大人做一些事，如帮爷爷做一些蜜饯为原料的药丸，也偶尔偷个嘴儿。我们从小就对各类自然现象表现出了强烈的好奇心与求知欲。每逢打雷闪电，我就问奶奶雷电的来历。在帮母亲喂蚕的过程中，跟大孩子去村前小河抓鱼时，我对蚕与青蛙的发育过程也十分好奇。从小养成的这种好奇心，对我后来在科学方面的观察和探索兴趣至关重要。在我6岁那年爷爷过世，家庭收入变得微薄，我和哥哥也经常加入全家的劳作之中，如经常起早去菜园里为萝卜抓虫，使得幼年的我经受了重要的锻炼。

后来我们上了本村的小学，1938年1月，日本侵略军侵占昌乐城，小学被迫撤销，之后我们兄弟俩又在私塾学习了两年。1940年，县教育局派人到我村办起了新式学堂，并统一配发抗日教材。学堂的老师叫赵立平，经常激励学生的爱国精神，培养民族气节。因使用抗日教材，学堂后来被鬼子突袭，赵立平老师被捕，从此不知所踪，开办不到一年的学堂自然也停了课。后来，我们转到了村里新办的类似于辅导班性质的学堂补习此前缺失的课程，准备报考高小。在此期间，我们经历了惊魂一劫。有一次鬼子大扫荡，母亲带着我们兄弟俩前往姑妈家避难，在半路上，我们亲眼见到同行的一位老人被流弹击中，当即殒命。多年来，一想起这事，我就心惊胆颤，对日本鬼子恨得咬牙切齿。

1941年的下半年，我们考上了离家十几里的高小。高小的校舍属一位叫王懿德的实业家所有。他在青岛经营企业，但很关心高小的发展，时常在回乡探视时为师生们作一番讲话，鼓励孩子们努力学习，将来成为国家的有用之材。他为我们兄弟所向慕,从那时我们就树立了一个初步的理想:好好学习,长大之后像他一样发展实业,成为对人民和社会有用的人才。在这种理想的支撑下,我们兄弟俩刻苦努力,到高小毕业时,成绩已在班里遥遥领先。

高小毕业之后,我们哥俩都考上了昌乐中学就读简易师范,因为简易师范对家庭困难而成绩优异的学生有生活补助。哥哥上的是昌乐中学总校简师班,我上了离家一二十里的昌乐中学山唐分校简师班。简易师范的学习并不顺利,常受日寇骚扰,甚至连在教室里上课都难以得到保证。鬼子来袭时,大家都带着马扎到树林里去上课。就在这种环境下,我依然努力学习。由于成绩优异,我每月都能得到52斤小米的奖励。简易师范毕业后,我们哥俩在家干了几个月的农活,又在附近村子的小学教了几个月的书。之后,我们都考入潍县师范学校。没多久,由于战乱,学校解散,我们又都回了家。

这时已到了1948年,为了继续求学,我们兄弟俩在一个做烟草生意的姑表哥带领下,奔赴480公里以外的青岛见到了父亲。到达青岛后不久,我们就进入青岛市辖临时中学就读。1949年6月,青岛解放,临时中学随即被合并入青岛市第四中学(青岛四中)。青岛四中办学正规,师资力量也相对雄厚,学习、生活条件都很好。我们兄弟俩的成绩在四中仍然名列前茅(图1.1)。

图1.1　1950年1月,我(后排右三)与青岛四中同学合影,前排右三为哥哥刘振隆

1950年,为提前报考大学,我们与几位同学租了一间小阁楼,自学物理、数学等课程,并复习此前所学各科。经过一个多月的努力,我们兄弟俩双双考入山东大学。

1.1.2　专业波折的大学教育

出于“学好数理化,走遍天下都不怕”的朴素想法,我们哥俩考入山东大学物理系。与我们一同从青岛四中考入山东大学的一位同学上了电机系,经过一阶段学习后,他给我们讲了该系的专业学习情况:面向生产生活中的实际问题,常做些制图之类的设计。这令我们逐渐心生向往。于是我们以家境贫寒为由申请休学一年,目的是复学后选择电机系,毕业后成为实业家,像王懿德先生那样,成为对人民和社会有用的人才。休学后,我们哥俩在不同学校各自任教。一年后我们复学,但由于学校关于专业调整的政策已变,我们未能如愿调入电机系,带着苦恼,不得已只能重新回到物理系就读。

在物理系学生选专业时,学校新聘请的青岛观象台台长王彬华为学生作了一场关于鼓励学生报选气象专业的动员。青岛观象台当时隶属海军,王彬华为军官身份。当天,身着呢子军装,头戴军帽,英武帅气的王彬华在学生们面前谈到如何满足国防需要而进行天气观测和预报时,我们兄弟俩立刻为“呼风唤雨”的气象学所吸引,认为这是一个培养对国家、人民和社会有用人才的理想专业,于是毫不犹豫地选择了物理系气象专业组。

不久,物理系气象专业组被合并到了南京大学气象系。在南京大学就读期间,我经过刻苦努力,很快成绩就在班级名列前茅。由于成绩突出,我被初定为保送赴苏联留学的第一人选。但由于身为工人的父亲此前有一次在填履历表时,误将自己家庭“成分”填为地主,我在保送赴苏的政审中因“出身”问题而被淘汰,只得抱憾毕业。

1.1.3　师承大师的副博士学位攻读与研究

1955年大学毕业,我们兄弟俩也就此分开。哥哥被分配到沈阳中心气象台工作,我被分配到中国科学院地球物理研究所任研究实习员,从此聚少离多。

刚参加工作,我就接触了仰慕已久的科学大师,见到了著名气象学家、地球物理学家赵九章等多位科学家。1955年11月,我参加了钱学森先生关于用辩证唯物论指导科研工作的报告会。这使我感到无比荣幸,并对我以后的科学精神、科研思想和科研方法等方面都产生了深远的影响。

1957年,我通过全国统考被录取为赵九章先生的副博士研究生。就读副博士研究生之初,我的选题方向为近地层大气湍流结构特性。1958年5月,中国科学院组织了一个包括多学科的西北固沙考察队。在赵九章先生的建议下,我参加了这次固沙考察。从北京出发经内蒙古到甘肃,我第一次看到西北一望无际的沙漠,大风刮过,沙粒飞起,天昏地暗,农田被掩盖,部分铁路被阻塞。这使我深刻认识到西北治沙的重要性和必要性。在接下来的定点考察中,我被分到中国科学院宁夏中卫沙坡头固沙站。我阅览了该站积累数年的风沙观测资料,认识到风沙与近地层湍流有密切关系,于是用数据分析和理论相结合的方法,研究了沙的传输过程和不同风力与方向情况下沙丘的运动规律。在不到两个月的时间内就写出了关于我国西北风沙问题的两篇研究论文,后经赵九章先生推荐,在《科学记录》杂志上发表(刘振兴,1958;1959)。这是首次对我国西北的风沙问题进行观测和理论相结合的研究,对当时的固沙工作有着一定的参考价值(1987年,作为赵先生研究团队的一员,我因近地空间环境的探测和理论研究获得了国家自然科学三等奖)。

1957年10月,苏联人造地球卫星发射成功。以赵九章先生为首的著名科学家向国家提出了我国也要研制人造卫星的建议。经批准后,中国科学院成立了"581"组开始着手准备卫星研制工作。赵先生为主要负责人,根据实际情况,他建议从火箭探测开始。1959年3月,赵先生将我调入"581"组,承担火箭探测数据处理工作。此后在我的建议下,我的副博士研究生学位论文由近地层大气物理研究方向改为高空大气物理方向。赵先生还特地把我推荐给著名的空气动力学家郭永怀先生,请他指导我的课题研究。经过近两年的努力,我用稀薄气体动力学方法,完成了学位论文《流星与空间大气相互作用》,并得到了郭永怀先生的好评。

1959年,赵先生根据当时空间物理发展的趋势,在地球物理研究所成立了磁暴研究组,并亲自指导这个组的工作。该组是我国磁层物理学发展的摇篮。研究生毕业以后,在赵先生的安排下,我从高层大气组转入了磁暴研究组,从事磁暴期间地球辐射带变化的研究。从此,我又从高层大气跨入了磁层物理和太阳风的研究领域。带着地球辐射带研究的基础,1967年参加了我国第一颗卫星"东方红一号"空间粒子环境模拟试验的任务,所研究制定的空间粒子环境参数标准,对卫星的研制、发射和运行安全起了一定的作用。在此基础上,我负责撰写了《人造地球卫星环境手册》一书中的粒子辐射部分(《人造地球卫星环境手册》编写组,1971)。

1968年,恩师赵九章先生含冤去世,这使我悲伤欲绝。次年10月,我随空间物理及探测技术研究所到西安工作。当时研究所的主要工作是探测空间粒子环境,包括地球辐射带和同步高度区粒子环境,为下一步卫星研制提供空间环境数据。我和另一同事负责探测器数据处理和分析工作。在"东方红一号"卫星上天后不到一年时间内,广大科研人员积极努力,于1971年3月成功发射了科学试验卫星"实践一号"。作为"实践一号空间探测"项目的参与者及《人造地球卫星环境手册》一书的主要作者之一,我于1978年获得全国科学大会奖。

从1975年起,我开始在国内开展太阳风研究。从太阳风的卫星探测数据中,发现太阳风中存在着湍流现象,而且与低层大气的湍流有些相似之处。在这一启示下,我将研究低层大气湍流的基础和方法,推广到太阳风湍流的研究中,从而得出了太阳风湍谱的普遍表达式,理论与探测结果符合得很好(刘振兴,1980)。在研究中,我逐渐认识到太阳风、磁层、电离层和高层大气之间有密切的耦合关系,于是写了题为《太阳风-磁层-电离层-高层大气间的耦合过程》的论文(刘振兴,1980)。1987年,"太阳风向磁层和电离层中的传输"项目获中国科学院自然科学三等奖。

1.1.4 从刘氏模型到涡旋诱发重联理论

改革开放后,对外交流的大门打开,1980年5月至次年9月我作为访问学者赴美国马里兰大学进行木星磁层理论模式等方面的研究。木星磁层模型理论是木星磁层物理中的重要课题。当时主要有两个模型用来解释木星磁层结果的观测现象:磁异常模型与磁盘模型。此前公认的木星磁盘模型假定整个磁层是随着木星共转,磁盘面处处与磁赤道平行。但这两个假定与后来的探测事实并不相符。我根据美国"旅行者"飞船对木星磁层探测的最新数据,分析认为木星的快速旋转对木星磁盘结构有着重要的影响,从而提出了一个新的木星磁层磁盘模型(Liu,1982)。其主要结果载入了剑桥大学出版的《木星磁层物理》(Dessler, 2002)一书中,被称为"刘氏模型"。该书主编美国著名空间物理学家 A. J. Dessler 教授如此评价:"这项研究表现出重大的发展,可能成为这方面的经典著作之一。"这项研究于1987年被中国科学院推荐为国家级重大科技成果。回国后,我先后被评为副研究员、研究员、博士生导师、研究室主任等;1984年,被评为我国第一批有突出贡献的中青年专家。

1987年,我再度赴美半年,先后在阿拉斯加大学、斯坦福大学、加利福尼亚大学洛杉矶分校进行访问、讲学与合作研究(图1.2)。在此期间与阿拉斯加大学教授李罗权等合作,提出了磁层亚暴的等效电路模型(Liu et al., 1988)。该模型用

图1.2 1987年3月,在美国访问期间在阿拉斯加"圣诞老人之家"的留影

等效电路方法首次考虑了磁层亚暴发生和发展的全球过程,将国际上长期争论的两种观点“太阳风直接驱动过程”和“卸载过程”统一起来,解释了磁层亚暴期间磁层和电离层电流系统的耦合过程和变化规律。这项研究受到了国际同行的高度关注,所发表的文章被多次引用。

1986～1988年,我首次提出了流体涡旋诱发磁场重联(VIR)的新概念,建立了涡旋诱发重联理论模型。我们还将VIR理论应用于能量传输事件(FTE),建立一个三维的FTE模型(Liu and Hu, 1988; Liu et al., 1990)。

在VIR理论之前,国际上已有几个瞬时磁场重联模型。这些模型都认为,两个磁场相反的等离子体区在两边垂直流推动下被向内压缩,最后在存在反常电阻的扩散区产生磁场重联。我认为,这些过程在磁尾电流片区是容易出现的,但在大部分磁层顶边界层区流场基本上是与磁力线平行的。因而,在这些区域,上述模型的条件与实际情况不相符。其次,在磁层顶边界层区存在着较强的速度剪切,从而会形成流体涡旋。于是我将动力气象学中的一些物理现象与磁场重联联系起来进行思考,如大气中的切变线、低涡和台风形成等,从中得到了新的启示。经上述认真思考和交叉研究,我们首次提出了流体涡旋诱发磁场重联的新机制,建立了一个新磁场重联理论,为研究磁场重联开辟了一条新的途径。

涡旋诱发磁场重联的物理图像可概括为:在同时存在着流场切变和磁场切变的等离子体区,由于K-H不稳定性的发展,首先形成流体涡旋。由于流体涡旋对磁场的扭曲作用,磁力线变形、打结,最后产生磁场重联并形成磁涡旋。我冲破三十多年来磁场重联研究的传统观念,首次提出流体涡旋磁场重联的新机制,磁流体涡旋管的新概念(在磁流体涡旋管中存在着场向电流和开尔文波),新的涡旋-撕裂模不稳定性(这种不稳定性可激发磁场重联),以及涡旋诱发重联能量传输事件模型(能解释FTE的观测现象)。在可压缩等离子体中,发现在VIR过程中可产生不同类型的激波。

在1994年举行的国际磁层顶物理学术讨论会上,涡旋诱发重联与李罗权、傅竹风1985年提出的多X重联模型,以及M. Scholer与D. J. Southwood于1988年提出的时间变化的单X重联模型共同被公认为通量传输事件的三个基本模型。关于涡旋诱发重联的研究成果获1993年中国科学院自然科学一等奖和1995年国家自然科学三等奖。2001年,我又因“磁层能量传输与释放研究”获国家自然科学奖二等奖。同年获何梁何利基金科学与技术进步奖。

1.1.5　从严要求的人才培养

在研究生学习期间,我感觉到赵九章先生在培养学生方面具有超前的创新意识,注重把理论与实践相结合,把国家的需求与研究方向相结合,并能积极开展学术讨论和交流，注重不同学科的交叉。这些对我培养研究生产生了重要的影响(图 1.3)。

图 1.3　2014 年 9 月 14 日，我的部分学生为我庆祝 85 岁寿辰

在培养研究生过程中，我常以赵先生为榜样，重视三严学风和树立高尚的科学道德，注重培养学生的创新意识和独立开展科学研究工作的能力。有句话说得非常好，“授人以鱼，不如授人以渔。”特别是在与欧洲航天局(ESA，也称欧空局)的 Cluster 科学数据系统(CSDS)合作和双星计划中，我把学生和青年研究者带到了国际合作的前列，开展了实质性的国际合作，使得他们在工作中，不计个人利益，勇于承担，独当一面，并取得了优异的成绩。这为双星计划的成功实现起到了非常重要的作用。

在我培养的 30 名硕博士研究生中，大部分现已是有关研究所的研究员、博士生导师，或者大学教授、副教授。他们有的去了美国、加拿大、澳大利亚和欧洲的一些国家工作，但大部分仍在国内，工作在空间科学和空间科学技术研究的领域，在国家的航天事业和空间科学事业中做出了优异的成绩。在此希望我的所有学生和我培养过的年轻人继续努力，无论在哪里，无论在哪个研究领域，都为国家、为人类做出更大的贡献。

1.1.6 积极推动空间科学探测与研究

1. 与Cluster合作打开中欧空间科学合作之门

20世纪90年代,日地空间物理的探测和研究进入了一个新的时期,国际上各空间机构开展了空前规模的合作。国际空间协调组(IACG)制定了"国际日地物理"(ISTP)计划,这项计划的一个核心内容是发射包括欧洲航天局的由4颗卫星组成的Cluster计划。1990年7月欧洲航天局发出通告,邀请各国的空间科学家参加其Cluster科学数据系统并进行合作研究。

1990年11月,我代表中国科学院空间科学与应用研究中心向欧洲航天局递交了一份提案。欧洲航天局认为我方在基础研究方面有一定的优势,其科学评审委员会于1992年2月审议通过了我方的提案(当时共通过了3个提案:美国提案、中国提案和匈牙利提案)。该委员会决定同意中国科学院空间科学与应用研究中心加入欧洲航天局CSDS系统,邀请我代表中国出席欧洲航天局1992年6月在荷兰举行的第六次卫星科学工作会议讨论有关合作事宜。1993年11月,中国与欧洲航天局双方在北京正式签署了中欧科学研究合作协议。

根据协议成立了中国Cluster数据和研究中心及中国Cluster科学工作队,我任这两个机构的主任和中方首席科学家。中国Cluster科学数据和研究中心为欧洲航天局Cluster科学数据系统的正式成员。这是我国第一次与欧洲航天局开展规模较大和层次较高的国际合作项目,为此后开展的合作奠定了良好基础。

1992年,欧洲的"空间科学城市"法国图鲁兹市授予我市长勋章。2000年,国际空间研究委员会(COSPAR)和印度空间研究组织联合向我颁发了Vikram Sarabhai奖。欧洲航天局为了表彰为Cluster所做出的工作,于2001年和2005年两度给我颁发了"对欧洲航天局Cluster做出突出贡献"奖励证书。2010年欧洲航天局又给我颁发了国际合作奖。直到现在,中国Cluster科学数据中心仍然在连续获得Cluster 4颗卫星上的探测数据,这对于我国空间物理研究和空间天气模型与预报都发挥着重要的作用。

因在空间物理研究中所做出的工作,我于1995年当选为中国科学院院士。

2. 大胆创新,提出地球空间双星探测计划

自从1957年第一颗人造地球卫星成功发射以来,50多年来的人类空间活动事实表明,地球空间环境探测对空间知识的创新、空间天气预报、航天活动和国家安全、空间开发和利用以及国民经济建设等起着越来越重要的作用。为了推动地球空间探测研究的发展,国际上提出和实现了一系列的空间科学探测计划。我国是一个空间大国,但还不是空间强国,在空间探测方面与空间强国相比还有相当大

的差距,这正是限制我国空间科学发展的主要因素之一。因此亟须发展我国的空间探测和科学研究,迅速提高我国空间科学研究的水平。当时我们已经与欧洲航天局Cluster计划开展了合作,但还缺乏自主的空间科学探测与研究计划。

为此,我于1997年4月提出了地球空间双星探测计划(简称"双星计划",英文名称为"Double Star Program",简称"DSP"或"DS")(Liu et al., 2005)。我提出双星计划后,与中国科学院空间科学与应用研究中心(现国家空间科学中心)以及北京大学的同行进行了讨论,大家都表示支持。双星计划的基本想法是将地球磁层最重要的空间区域用两颗卫星覆盖来开展探测,形成独立的地球空间探测卫星系统。同时双星计划又与欧洲航天局的Cluster卫星探测计划(Escoubet et al., 2001)内外相互配合,开展地球空间的"六点"协调探测。

地球空间双星探测计划是我国第一个空间科学探测计划,是我方为主的我国与欧洲航天局开展合作的重大国际合作探测计划。双星计划取得了一系列的科学探测与研究成果。图1.4为我与P. Escoubet博士在巴黎签订有关双星计划合作方面的合作文件。

图1.4 2003年9月,我与Cluster项目科学家Philippe Escoubet博士在巴黎

1.2 地球空间双星探测计划

1.2.1 地球空间双星探测计划简介

1. 双星计划的组成、科学目标和卫星轨道

双星计划由两颗卫星组成,一颗为赤道卫星,即探测1号(代号TC-1),另一颗为极轨卫星,即探测2号(代号TC-2)。两颗卫星代号中的"TC"为"探测"二字的

汉语拼音“Tan Ce”的简称(Liu et al., 2005)。

简单地说,双星计划的科学目标是探测研究地球空间人类未探测的重要空间区域,研究地球空间场和粒子扰动变化的不同时空尺度的物理过程。

双星计划中赤道星(TC-1)的近地点约700km,远地点约$13R_E$,倾角约28°;极轨星(TC-2)的近地点约550km,远地点约$7R_E$,倾角约90°。

图1.5为双星计划的两颗卫星轨道在地球空间的示意图。从图1.5以及卫星的轨道参数可以看出,这两颗卫星的轨道覆盖了当时人类还未探测的地球空间区域。这两颗卫星之间的配合,可以同时探测地球空间暴所发生的重要区域——地球的磁尾和极区,并研究地球磁层和电离层的耦合过程。

图1.5　双星计划的两颗卫星轨道在地球空间的示意图

2. 双星计划的科学探测仪器

双星计划的两颗卫星上共有16台科学探测仪器。TC-1卫星上载有8台,分别为磁通门磁强计(FGM)(Carr et al., 2005),电子与电流仪(PEACE)(Fazakerley et al., 2005),热粒子分析仪(HIA)(Rème et al., 2005),电位主动控制仪(ASPOC)(Torkar et al., 2005),电磁场波动分析仪(STAFF)(Cornilleau-Wehrlin et al., 2005),高能质子探测仪(HEPD),高能电子探测仪(HEED),重离子探测仪(HID)(Liu et al., 2005)。TC-2卫星上也载有8台科学探测仪器,分别为磁通门磁强计(FGM),电子与电流仪(PEACE),低能离子探测器(LEID),低频电磁波探测器(LFEW)(Liu et al., 2005),中性原子成像仪(NUADU)(McKenna-Lawlor et al., 2005a),高能质子探测仪(HEPD),高能电子探测仪(HEED),重离子探测仪(HID)。两颗卫星上的科学探测仪器如表1.1所示。

表 1.1　TC-1 和 TC-2 上的科学探测仪器一览表

TC-1		TC-2	
简称	仪器全名（中英文）	简称	仪器全名（中英文）
FGM	磁通门磁强计，fluxgate magnetometer	FGM	磁通门磁强计，fluxgate magnetometer
PEACE	电子与电流仪，plasma electron and current experiment	PEACE	电子与电流仪，plasma electron and current experiment
HIA	热粒子分析仪，hot ion analyzer	LEAD	低能离子探测器，low energy ion detector
ASPOC	电位主动控制仪，active spacecraft potential controller	NUADU	中性原子成像仪，neutral atom detector unit
STAFF	电磁场波动分析仪，spatio-temporal analysis of field fluctuation	LFEW	低频电磁波探测器，low frequency electromagnetic wave detector
HEPD	高能质子探测仪，high energetic proton detector	HEPD	高能质子探测仪，high energetic proton detector
HEED	高能电子探测仪，high energetic electron detector	HEED	高能电子探测仪，high energetic electron detector
HID	重离子探测仪，heavy ion detector	HID	重离子探测仪，heavy ion detector

在双星计划的科学探测仪器中，我方共研制了 8 台，包括 2 台高能质子探测器、2 台高能电子探测器、2 台重离子探测器、1 台低频电磁波探测器、1 台低能离子探测器；欧方共研制了 7 台，包括 2 台磁通门磁强计、2 台电子与电流仪、1 台热离子分析仪、1 台电位主动控制仪和 1 台电磁场波动分析仪。我方和欧方合作研制 1 台，即中性原子成像仪。

3. 双星计划与 Cluster 的协调探测

双星计划与 Cluster 配合，形成了人类历史上第一个地球空间“六点协调探测”系统（Liu et al.，2005，Dunlop et al.，2005；Zong et al.，2008；Pitout et al.，2008）。图 1.6 给出了双星计划的两颗卫星与 Cluster 计划的四颗卫星协调探测示意图。

双星计划与 Cluster 计划的协调探测体现在如下三个方面：①双星计划上的主要科学探测仪器与 Cluster 四颗卫星上的相应科学探测仪器相同；②双星计划的卫星轨道与 Cluster 卫星的轨道相辅相成；③双星计划与 Cluster 计划在科学数

图 1.6 双星计划与 Cluster 星簇卫星配合,形成了人类历史上第一个地球空间"六点协调探测"系统

图中绿色的两颗分别为 TC-1 和 TC-2,其余四颗为 Cluster

据方面接轨,具有统一的科学数据处理方法和一致的科学数据产品(Liu et al.,2005)。

4. 双星计划的成功运行

双星计划的 TC-1 卫星于 2003 年 12 月 31 日成功发射,TC-2 卫星于 2004 年 7 月 25 日成功发射。双星计划的 TC-1 卫星原计划运行 1 年半,实际运行了 3 年 10 个月;TC-2 卫星原计划运行 1 年,实际运行了 4 年 3 个月。两颗卫星的运行寿命都远大于计划寿命(表 1.2)。

表 1.2 TC-1 和 TC-2 设计与实际寿命对照表

卫星	设计寿命/月	实际寿命/月
TC-1	18	46
TC-2	12	51

TC-1 和 TC-2 两颗卫星共获取了 520GB 以上的探测数据,约为原计划探测数据量的 3 倍。双星计划的科学数据中心向科学用户提供 4s 的高分辨率和 1min 分辨率的两种科学数据产品,可满足科学用户的不同需求。双星计划的科学用户有来自中国、欧洲多国、美国、俄罗斯、日本、加拿大等 40 多个国家和地区的科学家。

近10年来，科学用户向中国数据中心访问总数达1000多万次，平均每天访问1000多次。双星计划取得了多项重大科学和技术成果。双星计划的科学数据中心还向空间环境应用用户提供了科学数据支持。

5. 双星计划的国际反响

当时，欧空局得知中国提出双星计划后，于1997年11月主动派出以欧空局科学项目部主任（副局长）R. Bonnet为首的10人代表团访问了中国科学院空间科学与应用研究中心，在双方讨论了双星计划的科学目标、双星的轨道和探测仪器后，欧方立即表示："地球空间双星探测计划对于完善Cluster空间探测计划是至关重要的，将对国际日地关系计划做出重要贡献。"欧方表示愿与双星计划开展合作。双方当即签署了有关双星计划的合作协议。

1998年，在国际空间局召开的国际日地物理会议上，对中国提出的双星计划进行了讨论并认为："地球空间双星探测计划对国际日地物理和日地联系计划将起重要作用，表示愿与双星计划进行合作。"

在此前后，欧空局有关成员国（如德国、英国、法国、奥地利）的科学家，特别是Cluster计划的科学探测仪器首席科学家（PI）都积极表示愿与双星计划开展合作，并表示愿意向双星计划提供科学探测仪器。欧空局成员国爱尔兰、瑞典和斯洛伐克的科学家来中国访问，表示愿意与中国合作联合研制并向双星提供中性原子成像仪。双星计划的各个科学探测仪器组的研究队伍中，有来自包括欧美20多个国家在内的科学家。

2002年，国际权威学术期刊*Science*在其焦点新闻栏目中报道了地球空间双星探测计划。报道指出，双星计划与Cluster配合提出了地球磁层新的研究课题，并给出了很好的评价（Science，2002，pp1790）。

双星计划的两颗卫星成功运行后，2008年4月，欧空局时任科学项目部主任（副局长）D. Southwood教授在欧洲地球物理学会的专题会议报告中指出，双星计划是一个非常成功的空间科学探测计划（Double Star is a very successful mission）。

1.2.2　双星计划的科学与技术成就

1. 双星计划的主要科学成果

双星计划的主要科学成就包括：①根据Cluster和双星的观测数据分析，揭示了磁层亚暴的时序和机制，提出了新的亚暴触发锋面理论；②发现近地磁尾地向流在$-11.5R_E$处的缺失现象；③首次在向阳面赤道区探测到行星际磁场北向重联和分量重联；④首次获得磁层顶大尺度S-形重联区域形态的观测证据；⑤发现了磁尾等离子体片中的拍动及其传播现象;⑥发现了弓激波前太阳风中的离子密度空洞;⑦发现了环电流区能量粒子投掷角分布的双环结构;⑧首次给出了磁层-电离层耦合系统大尺度场向电流的同时观测证据;⑨首次给出了地球辐射带区波-粒子相互作用的观测证据;⑩观测到了宇宙中中子星壳分裂现象等。以下将给出这些主要成果的简要介绍。

1)亚暴触发的锋面理论

近30多年来,亚暴的触发过程一直是国际上磁层研究中最具有挑战性的关键科学问题,目前对亚暴触发的机制、发生的位置和触发的时序过程尚不了解。我们在分析双星和Cluster联合观测数据的基础上,提出了亚暴的"锋面触发"理论(Liu et al., 2006)。在锋面触发理论的引导下,取得了一些创新性的结果。以下为亚暴的"锋面触发"理论的要点以及有关卫星观测的主要结果。

(1)根据双星和Cluster等卫星数据分析,首次提出"电离层风"新概念。

研究结果发现来自电离层的尾向流(电离层风)对亚暴的触发过程起着重要的作用。过去认为电离层只受磁层空间暴的影响,没有认识到电离层风尾向流对亚暴触发过程有着重要的主导作用。这一研究结果对研究电离层和磁层的耦合开拓了新的思路。

(2)电离层风与中磁尾地向流相互作用形成锋面,对亚暴触发起关键作用。

电离层风与磁尾地向流相互作用的锋面可分为三种类型:尾向锋面、准稳态锋面和地向锋面。这三种锋面在亚暴触发过程中起着的重要作用,对于研究亚暴的触发过程开创了新的途径。

(3)从卫星观测数据看亚暴锋面触发的时序演化。

对双星和Cluster联合观测的6个亚暴事件的分析结果发现,亚暴膨胀相的锋面触发过程可分为三个阶段:尾向锋面对应于亚暴的能量储存阶段;准稳态锋面对应于地向流与尾向流相互作用,亚暴膨胀相开始的触发阶段;地向锋面对应于亚暴膨胀相的能量释放阶段。TC-1卫星观测的亚暴锋面触发时序过程如图1.7所示。

(4)亚暴驱动和触发的整体时序过程。

亚暴驱动和触发的整体时序过程可以表述为:行星际磁场和太阳风与磁层顶相互作用把能量传输到地球空间;太阳风直接驱动引起电离层风尾向流,同时中磁尾磁场重联引起等离子体片区中的地向流;携带着磁通量和粒子的电离层风尾向流与中磁尾等离子体片区地向流相互作用而触发亚暴,亚暴膨胀相锋面触发的三个阶段为:尾向锋面对应于亚暴的能量储存阶段;准稳态锋面对应于亚暴膨胀相开始的触发阶段,这时会观测到极光突然增亮,等离子体片区电流中断和Pi2脉动;地向锋面对应于亚暴膨胀相的能量释放阶段,这时会观测到磁尾磁场的偶极化过程。亚暴驱动和触发的整体时序过程如图1.8所示。

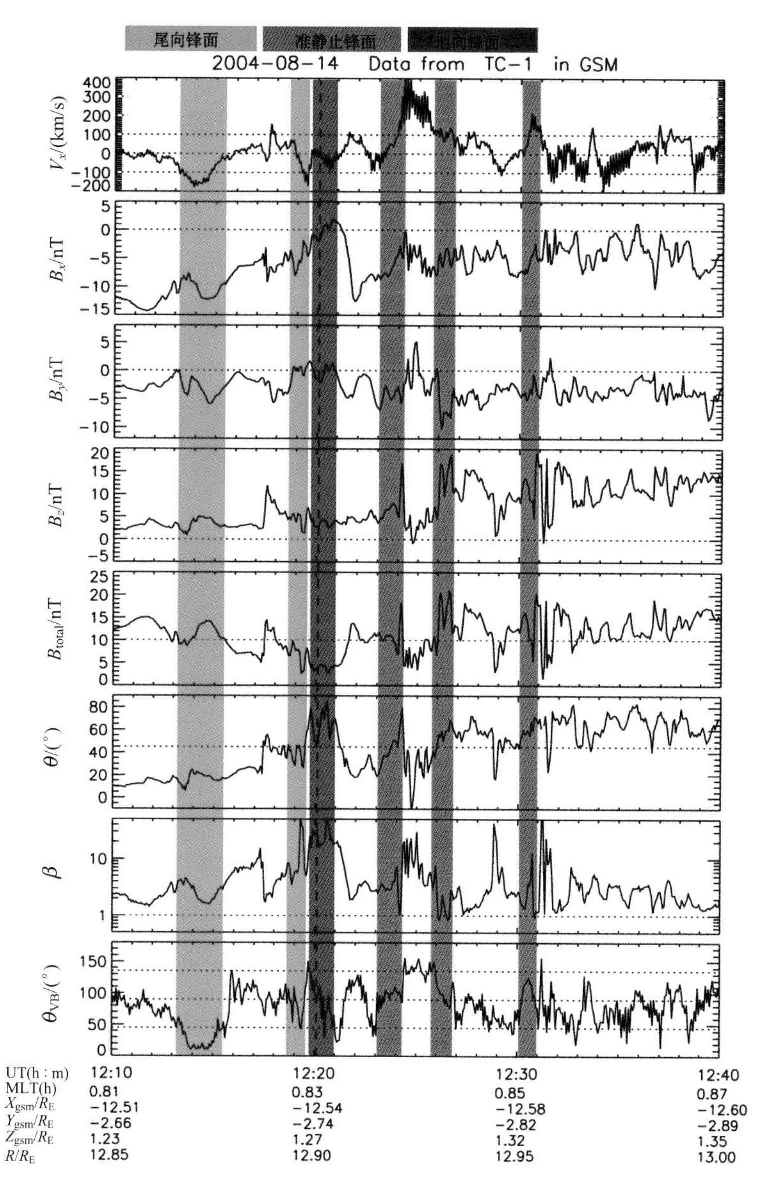

图 1.7　2004 年 8 月 14 日 TC-1 卫星观测到的亚暴的锋面触发过程

亚暴触发时间为 1220 UT(竖点线所示)，亚暴触发前出现了较强的离子尾向流(绿色影区所示)，对应能量储存的尾向锋面；接着为准稳态锋面即亚暴锋面触发区(紫色影区所示)，离子整体速度在 0 附近扰动，地向流与尾向流相互作用；亚暴触发之后膨胀相期间出现较强的地向流(红色影区所示)，对应于能量释放的地向锋面

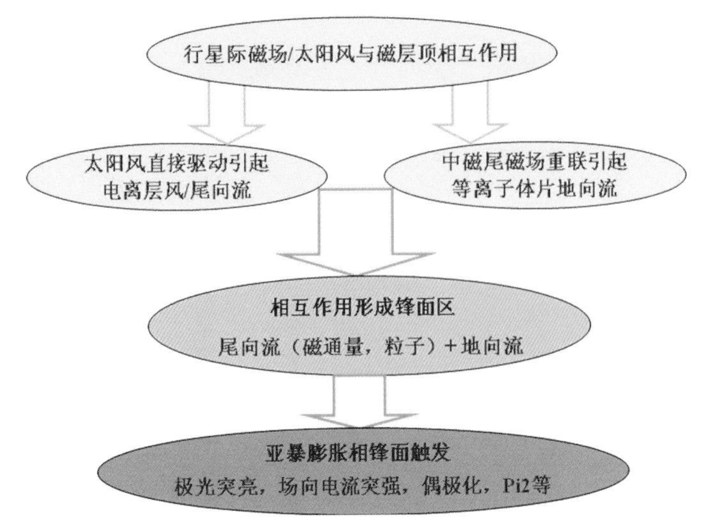

图 1.8　亚暴驱动和触发的整体时序过程

(5) 卫星也观测到了强磁暴期间系列亚暴的锋面触发过程。

2004 年 7 月 25 日强磁暴期间(Dst=－148nT)，TC-1 卫星观测到了系列亚暴锋面触发过程，发现磁暴期间的亚暴锋面触发过程与孤立亚暴的锋面触发过程具有类似的规律。

图 1.9 给出了本次强磁暴期间两个亚暴过程的事例。从图中可以看出，在亚暴增长相期间尾向流携带着磁能向磁尾运动，形成尾向锋面，此阶段为储存能量阶段(绿色竖线和紫色竖线之间的区域)；在图中紫色竖线附近，离子整体速度在 0 附近扰动，地向流与尾向流相互作用，对应于准稳态锋面，亚暴被触发(时间分别为 1008 UT 与 1032 UT)；在图中紫色和红色竖线之间的区域，出现强地向流，形成地向锋面，此阶段为能量释放阶段；其中还出现了磁场偶极化等一系列的相关现象。可以看出强磁暴期间系列亚暴锋面触发过程中，近地磁尾中的尾向流比孤立亚暴期间出现的尾向流要强，出现的区域更接近地球。

2006 年在第 36 届国际 COSPAR 大会上的邀请报告中，我首次提出了亚暴的“锋面触发”理论，引起了很大的反响。会议主持人、亚暴“近地中性线模型”的提出者、国际著名空间物理学家 Paul Mcpherron 教授立即作了点评说：“中国学者利用双星的数据，对如此重要的科学问题(指亚暴触发过程)进行了研究，取得了重要的新结果，我特向他们表示热烈的祝贺。我恳切地希望大家对这项研究的下一步进展给予关注。”

2) 首次观测到近地磁尾地向流在 11.5R_E 处的缺失现象

根据 TC-1 卫星的观测数据，对 80 个地向流事件进行统计分析，结果发现在

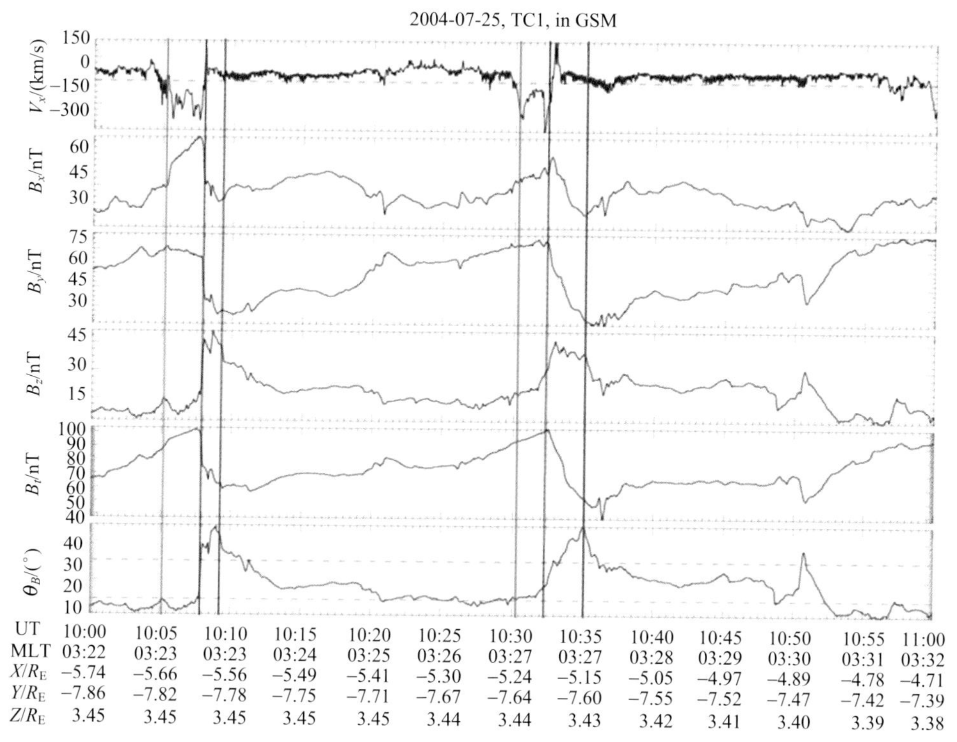

图 1.9　2004 年 7 月 25 日磁暴期间 1008 UT 与 1035 UT 亚暴锋面触发特征

图中曲线从上到下依次为：离子整体流的 X 分量 V_x，磁场三分量 B_x、B_y、B_z，总磁场 B_t 和磁场仰角 θ_B

11.5R_E 处出现了地向流的缺失现象（图 1.10）。这也对了解锋面形成的主要位置提供了重要的观测依据（Zhang et al.，2009）。

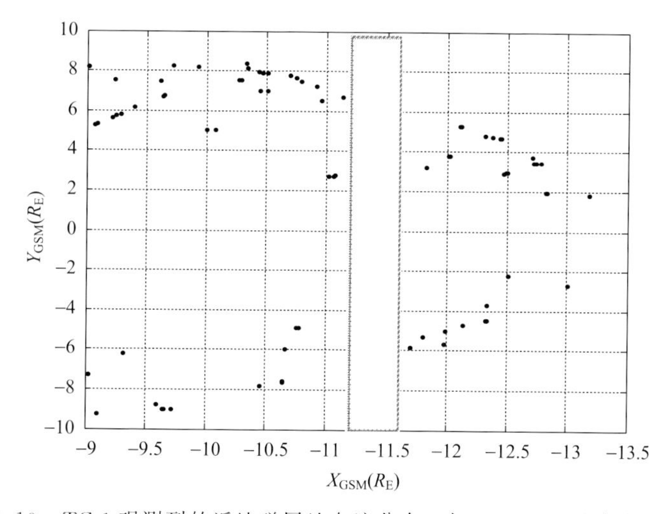

图 1.10　TC-1 观测到的近地磁尾地向流分布，在 −11.5R_E 处存在地向流

3）首次观测到磁层顶磁场分量重联

磁层顶磁场重联是行星际磁场和地磁场相互连接的过程，是太阳风向地球空间传输质量、动量和能量的主要途径。磁层顶区的磁场重联，对磁层空间暴的发生和发展过程有重要的影响。磁层顶磁场重联主要有两种类型："反平行"重联和"分量"重联。根据双星和Cluster卫星簇的探测数据分析，首次直接观测到行星际磁场北向期间向阳面低纬磁层顶区域的磁重联，确立了"分量磁重联"是磁层顶磁重联的主要形态，主要发生在向阳面低纬区(后来其他卫星数据也得到了类似结果)；首次观测到反平行重联与分量重联同时发生；首次探测到磁层顶低纬分量磁重联成对地产生开放磁通量管，然后分别向南北运动；首次观测到高纬区南北方向的磁场重联线(Pu et al.，2005)。

4）首次获得磁层顶大尺度S-形重联区域形态的观测证据

双星还首次观测到低纬磁层顶磁场重联扩散区，首次获得磁层顶大尺度S-形重联区域形态的观测证据，首次获得磁层顶开放磁通量管大尺度形态及其截面(Pu et al.，2007)。这些研究结果对于进一步研究太阳风向地球空间传输质量、动量和能量的过程具有重要的意义。

5）发现磁尾等离子体片中的拍动及其现象

地球磁尾是太阳风能量储存和释放的重要区域，磁尾的扰动变化过程对于研究地球空间暴的物理过程极为重要。根据双星和Cluster联合观测分析，首次发现在地球磁尾等离子体片中存在着拍动现象，其特性为：这种拍动产生于子夜附近，然后向两侧(晨侧和昏侧)传播，是发生在磁尾的大尺度现象，向两侧传播可远达11～16R_E处(Zhang et al.，2005；Petrukovich et al.，2006)。

6）发现弓激波前太阳风中的离子密度洞

太阳风是向地球空间传输质量、动量和能量的主体，是引起地球空间扰动变化的主要因素。在太阳风中存在复杂的物理过程。双星计划的TC-1卫星首次观测到地球磁层定弓激波前太阳风区存在着大范围的离子密度洞(Parks et al.，2006)现象。这一现象与太阳风中的非线性扰动有关(Qureshi et al.，2012)，对于认识太阳风中的扰动变化及其与地球磁层相互作用具有重要的意义。

7）发现环电流区带电粒子投掷角分布的双环结构

环电流是磁层中一个重要的区域，其扰动变化与地磁扰动密切相关。环电流中的带电粒子成分和分布对于研究磁暴期间的物理过程尤为重要。双星计划的TC-2卫星上中欧联合研制的中性原子成像仪(NUADU)首次探测到环电流区中性原子的三维分布和带电粒子投掷角的双环结构(Lu et al.，2005；McKenna-Lawlor et al.，2005b)。这对于研究环电流中的粒子扰动变化过程具有重要的意义。

8）首次给出磁层-电离层耦合系统大尺度场向电流的同时观测证据

场向电流是电离层和磁层中的重要现象，场向电流不仅与带电粒子的运动密切相关,也反映了带电粒子与电磁场的相互作用和磁层-电离层中的能量传输。以往的研究者从不同卫星的观测数据分析认为场向电流是连接磁尾与电离层的大尺度现象。根据Cluster和双星的数据分析发现,磁尾等离子体片边界层中的场向电流具有晨昏不对称性,并首次给出了电离层-磁层耦合系统大尺度场向电流的观测证据(Shi et al., 2010;史建魁等,2013)。这对于研究电离层-磁层的耦合过程具有重要的意义。

9)首次给出地球辐射带区波-粒子相互作用的观测证据

波-粒相互作用是空间物理中的一个重要现象,是波与粒子交换能量的重要物理过程,对于粒子的传输与加速起着重要的作用。研究者早就通过物理分析得出了波粒相互作用的结论。双星计划的TC-2卫星首次探测到地球辐射带中低频电磁波导致的暴时高能电子通量剧烈减少的现象,给出了波粒相互作用的观测证据(Cao et al., 2007)。

10)观测到宇宙中中子星壳分裂现象

根据TC-2、Cluster和GEOTAIL卫星的探测数据联合分析,发现在2004年9月27日伽马事件期间,宇宙中中子星壳发生分裂的现象(Schwartz et al., 2005)。

2. 双星计划的重大技术成就

(1)研制成功我国第一台低频电磁波探测器,并获得1项国家发明专利。部分技术指标超过国外同类仪器,达到了国际先进水平。

(2)通过与爱尔兰合作,共同研制成功中性原子成像仪,部分技术指标超过美国同类仪器,达到了国际领先水平。

(3)集成了变速率数据传输和RS实时信道纠错编码技术,显著提高了远距离数据传输的质量和效率。其中,基于全数字逻辑电路的信道编码控制系统等4项技术获得国家发明专利。

(4)有效载荷星上和地面支持技术达到高水平,受到欧空局同行专家的高度评价,彰显了先进的技术水平和科技实力。

(5)建立了支持远程测试的有效载荷测试系统;有效载荷测试技术和运行管理等方面都达到国内先进水平。

(6)实现了我国空间探测有效载荷技术的突破,对地球空间开展了磁场、电磁波、宽能谱粒子以及中性原子成像的全面和系统的探测;并高效集成了不同数据率、不同数据接口的多国多种有效载荷。

(7)实现了我国科学卫星应用系统技术的突破,包括磁洁净技术和卫星电位控制技术。通过双星计划的国际合作,促进了我国卫星平台技术的跨越发展。

(8)建立了高效的、服务于跨国科学团队的科学运行中心;建立了高效的跨国多站的数据接收、数据处理和快速分发的科学数据中心(图1.11)。

在双星计划研制过程中,获授权的发明专利 12 项,实用新型专利 8 项;双星有效载荷和应用系统的计算机软件著作权登记证书共 46 项。

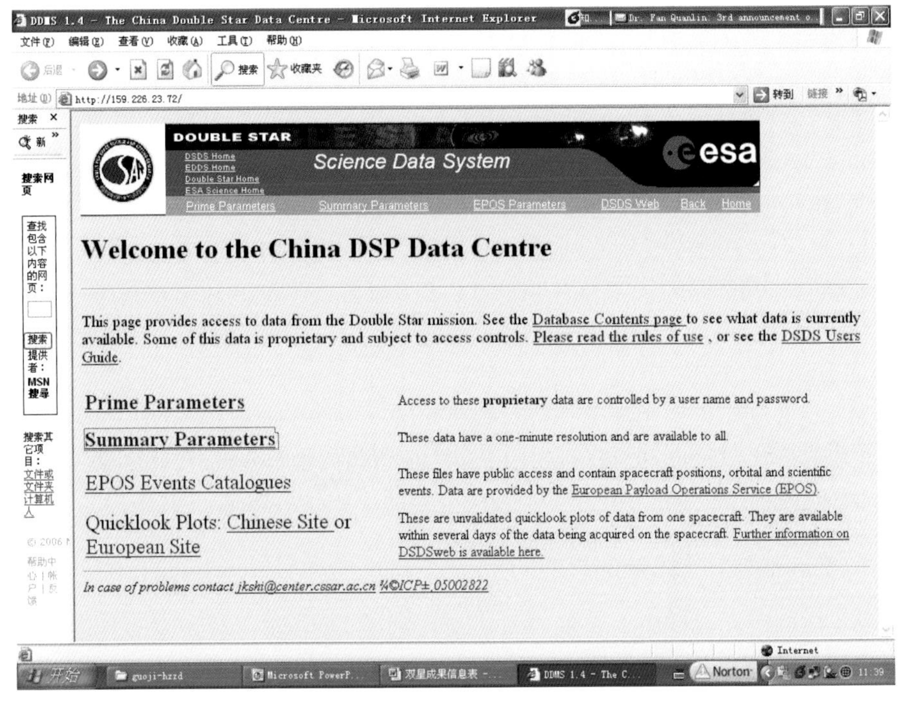

图 1.11　双星计划(DSP)中国科学数据中心网络主页

3. 地球空间双星探测计划的科学技术水平与影响

当双星计划的两颗卫星发射成功以及在轨测试成功之后,有关双星计划的新闻报道——“探测二号”发射成功,“六点探测”计划实现,在 2005 年被两院院士评选为“2004 年中国十大科学进展新闻”。

双星计划为我国后续的空间科学探测的发展提供了有益的经验。双星计划所建立的以科学目标为牵引的科学卫星立项程序、首席科学家模式、科学运行和数据中心,以及国际合作等方面的经验已经被我国政府主管部门和有关空间科学探测计划所采纳,如嫦娥工程、中俄火星联合探测计划“萤火一号”等都采用和借鉴了双星计划的模式。

双星和 Cluster 对地球空间的六点探测,以及取得的多空间层次和多时空尺度的大量高分辨率的科学数据,引发了国际磁层研究的新热点。2004～2009 年,在多个国际重要学术会议上(包括 AGU,EGU, COSPAR 和 IAGA 等)都有双星-Cluster 多点探测的专题研讨会或特邀学术报告。由于双星计划取得了一系列重要的科学探测结果，2005年11月欧洲*Annales Geophysicae*《地球物理》为双星计划的研究成果出版了专辑；2008年7月美国*Journal of Geophysics Research*《地球物理研究》杂志为双星计划的研究成果出版了专辑；《中国科学》和《科学通报》杂志上也先后出版了八期双星-Cluster论文专题。

由于双星和Cluster对地球空间的六点探测，带来了多项新的发现和科学成果，美国、欧洲和日本等都提出了新的多点探测计划，如THEMIS、MMS、Cross-Scale，Scope等空间科学探测计划。

由于实现了人类历史上第一次地球空间的“六点协调探测”，双星计划与Cluster计划共同获得了国际宇航科学院（International Academy of Astronautics，IAA）2010年集体成就奖（Laurels for Team Achievement Award）（图1.12）。

图1.12　双星计划与Cluster计划共获国际宇航科学院2010年杰出团队成就奖，图为获奖代表于2010年9月在捷克布拉格举行的IAA颁奖仪式上

截至2014年年底，国际宇航科学院总共颁发13个这样的奖项，其中包括美国的航天飞机、俄罗斯的和平号空间站、惠更斯卫星、哈勃望远镜、美国的火星探测计划等。这个奖项是非常高的国际奖项。

双星计划取得的优异的科学和技术成果，推动了我国空间科学和技术的发展，并获得2010年中国国家科学技术进步奖一等奖。

1.2.3 结语

地球空间双星探测计划是我国空间探测史上里程碑式的空间科学卫星探测计划,创造了多个"第一"。双星计划是我国第一个由科学目标牵引而提出的空间科学探测卫星计划。双星计划与Cluster计划相配合,实现了人类历史上第一次地球空间"六点协调探测"。双星计划是我国在国际顶尖级核心刊物上发表专集和论文产出最多的空间计划。

双星计划的成功实施以及取得的研究成果,是中国和欧洲航天局的科学家和工程技术人员共同努力的结果。在此特别感谢航天东方红卫星有限公司等有关航天单位和中国科学院的工程技术人员,以及中国科学院国家空间科学中心、北京大学、武汉大学、中国极地研究中心、中国科学技术大学、浙江大学和大连理工大学等单位及其科研人员对双星计划的大力支持,也特别感谢中国科学院、中国国家航天局以及国家自然科学基金委员会对双星计划的大力支持,也向国际国内同行对双星计划的支持表示诚恳的感谢。希望大家继续努力,在空间科学探测与研究方面取得更大的成绩。

本章由丁兆君、史建魁、陈晓丽、段素平等助笔。

参考文献

刘振兴. 1958. 近地层大气湍流混合的规律性. 科学记录,新 2(5):152-158.

刘振兴. 1959. 在风力作用下砂的传输和砂丘移动. 科学记录,新 3(9):414.

刘振兴. 1980. 太阳风湍流结构的理论分析(Ⅰ、Ⅱ). 空间物理论文集. 北京:科学出版社.

刘振兴. 1980. 太阳风-磁层-电离层-高层大气间的耦合过程. 空间物理论文集. 北京:科学出版社.

《人造地球卫星环境手册》编写组. 1971. 人造地球卫星环境手册. 北京:国防工业出版社.

史建魁,程征伟,刘振兴. 2013. 地球磁尾等离子体片边界层场向电流研究. 空间物理学进展(第四卷). 北京:科学出版社.

Cao J, Yang J, Yan C, et al. The observations of high energy electrons and associated waves by DSP satellites during substorm. Nuclear Physics B,166: 56-61.

Carr C, Brown P, Zhang T L,et al. 2005. The Double Star magnetic field investigation: instrument design, performance and highlights of the first year's observations. Ann. Geophys., 23: 2713-2732.

Cornilleau-Wehrlin N, Alleyne H S C, Yearby K H, et al. 2005. The STAFF-DWP wave instrument on the DSP equatorial spacecraft: description and first results. Ann. Geophys., 23: 2785-2801.

Dessler A J. 2002. Physics of the Jovian Magnetosphere. Cambridge: Cambridge University Press.

Dunlop M W, Taylor M G G, Davies J A,et al. 2005. Coordinated Cluster/Double Star observations of dayside reconnection signatures. Ann. Geophys., 23: 2867-2875.

Escoubet C P, Fehringer M, Goldstein M. 2001. The Cluster mission. Ann. Geophys., 19: 1197.

Fazakerley A N, Carter P J, Watson G, et al. 2005. The Double Star Plasma Electron and Current Experiment, Annales Geophysicae, 2733-2756.

Liu Z X. 1982. Modified disc model of jupiter's magnetosphere. Journal of Geophysical Research, 87(A3):1691-1694.

Liu Z X, Escoubet C P, Pu Z. et al. 2005. The Double Star mission, Ann. Geophys., 23: 2707-2712.

Liu Z X, Hu Y D. 1988. Local magnetic reconnection caused by vortices in the flow field. Geophys. Res. Lett., 15(8):752.

Liu Z X, Hu Y D, Li F, et al. 1990. The motion of magnetic flux tube at the dayside magnetopause under the influence of solar wind flow. J. Geophys. Res., 95, Nol A5:6561.

Liu Z X, Lee L C, Wei C Q, et al. 1988. Magnetospheric substorms: an equivalent circuit approach. Journal of Geophysical Research, 93(A7): 7366-7375.

Liu Z X, Zhang L Q, Shen C, et al. 2006. Golbal and multi-Scale processes of magnetospheric substorm driven and trigger: Front model of substorm trigger. (solicited). The 36th COSPAR Scientific Assembly, Beijing, China.

Lu L, McKenna-Lawlor S, Barabash S, et al. 2005. Electron pitch angle variations recorded at the high magnetic latitude boundary layer by the NUADU instrument on the TC-2 spacecraft. Annales Geophysicae, 2953-2959.

McKenna-Lawlor S, Balaz J, Strharsky I, et al. 2005a. An overview of the scientific objectives and technical configuration of the NeUtral Atom Detector Unit (NUADU) for the Chinese Double Star Mission. Planetary and Space Science, 53(1-3):335-348.

McKenna-Lawlor S, Li L, Barabash S, et al. 2005b. The NUADU experiment on TC-2 and the first Energetic Neutral Atom (ENA) images recorded by this instrument. Annales Geophysicae, 23:2825-2849.

Parks G K, Lee E, Mozer F, et al. 2006. Armor radius size density holes discovered in the solar wind upstream of Earth's bow shock. Phys. Plasmas, 13, 050701.

Petrukovich A A, Zhang T L, Baumjohann W, et al. 2006. Oscillatory magnetic flux tube slippage in the plasma sheet. Ann. Geophys., 24: 1695-1704.

Pitout F, Dunlop M W, Blagau A, et al. 2008. Coordinated Cluster and Double Star observations of the dayside magnetosheath and magnetopause at different latitudes near noon. J. G. R., 113, A7, DOI 10. 1029/2007JA012767.

Pu Z Y, Xiao C J, Zhang X G, et al. 2005. Double Star TC-1 observations of component reconnection at the dayside magnetopause: a preliminary study. Annales Geophysicae, 23: 2889-2895.

Pu Z Y, Zhang X G, Wang X G, et al. 2007. Global view of dayside magnetic reconnection with the dusk-dawn IMF orientation: a statistical study for Double Star and Cluster data. Geophys. Res. Lett., 34, L20101.

Qureshi M N S, Shi J K, Cheng Z W, et al. 2012. An interpretation of density holes observed by Cluster and Double Star in solar wind. Chin Sci Bull, 57:1405-1408 (41074114, 40921063, 40804031 and the Specialized Research Fund for State Key Laboratories of China).

Rème H, Dandouras I, Aoustin C, et al. 2005. The HIA instrument on board the Tan Ce 1 Double Star near-equatorial spacecraft and its first results, Annales Geophysicae, 23: 2757-2774.

Schwartz S J, Zane S, Wilson R J, et al. 2005. The g-ray giant flare from SGR1806-20: Evidence for crustal cracking via initial timescales. Astrophys. J. Lett, 627: L129-L132.

Shi J K, Cheng Z W, Zhang T L, et al. 2010. South-north asymmetry of field-aligned currents in the magnetotail observed by Cluster. J. Geophys. Res., 115: A07228.

Torkar K, Arends H, Baumjohann W, et al. 2005. Spacecraft potential control for Double Star. Ann. Geophys., 23:2813-2823.

Zhang T L, Nakamura R, Volwerk M, et al. 2005. Double Star/Cluster observation of neutral sheet oscillations on 5 August 2004. Annales Geophysicae, 23:2909-2914.

Zhang L Q, Liu Z X, Baumjohann W, et al. 2009. Convective bursty flows in the near-Earth magnetotail inside 13 R_E. J. Geophys. Res., 114: A02202.

Zong Q G, Escoubet C P, Pu Z Y, et al. 2008. Introduction to double star-cluster coordinated studies on magnetospheric dynamic processes. J. G. R., 113, A7, DOI 10. 1029/2008JA013146.

第2章　太阳风研究的新进展

涂传诒　何建森[①]

北京大学地球与空间科学学院，北京　100871

太阳风是从太阳吹出的高速、高温的磁化等离子体。它与地球磁场相互作用形成地球磁层顶，与星际介质相互作用的平衡之处构成了日球层的外边界。太阳风是非常有意思而重要的空间等离子体，是空间科学探测飞船的主要探测对象之一。太阳风在外日球层（>30AU）与星际介质的作用渐强而产生更多捕获粒子，从而减速和继续加热。大部分空间探测飞船遨游在内日球层里，因此人们对内日球层里的太阳风有更深入、更全面的认识。本章主要从以下5个方面来阐述太阳风研究的新进展：①在太阳风源区发现供能所需要的波动，证认出太阳分层大气中的磁流体力学波以及激波；②太阳风起源模型更加完善，包含更多的物理机制，考虑水平对流驱动磁重联产生初始外流的过程；③认清太阳风湍流在动力学尺度的波动本质，存在二元波动，即准平行的离子回旋波和准垂直的动力论阿尔芬波；④认识到太阳风湍流是各向异性的，并且可能是由于间歇结构引起的，这些间歇结构只有切向间断面类型才有明显的加热迹象；⑤太阳风暴是瞬态的太阳风，多个日冕物质抛射的相互碰撞可引起太阳风的加热、能量粒子的加速以及不同类型能量之间的相互转换。

2.1　太阳风源区的观测研究进展

De Pontieu等（2007）用SOT/Hinode在Ca Ⅱ H波段的高时空分辨率的观测研究发现，阿尔芬波动普遍存在于色球针状物。波动的位移振幅为500～1000km，速度振幅为10～25km/s，周期为100～500s。如图2.1所示，从时空切片图中可以看出，针状物有很明显的正弦函数形状的横向扰动。经过估算发现这些波动携带的能量足够用来加速太阳风和加热宁静日冕。He等（2009a）在由磁重联激发的针状物中观测到明显的阿尔芬波动，通过估算波动携带的能通量密度发现，即使是考虑波动在过渡区的衰减，其携带的能量也足以用来加热宁静日冕或驱

---

① E-mail：chuanyitu@pku.edu.cn，jshept@gmail.com.

动太阳风。He 等(2009b) 观测到高频(≥0.02Hz)阿尔芬波动对针状物调制的四个实例。波动传播的相速度为 50～150km/s。其中三个针状物表现出明显的波动形状(图 2.2),波长约 8Mm。

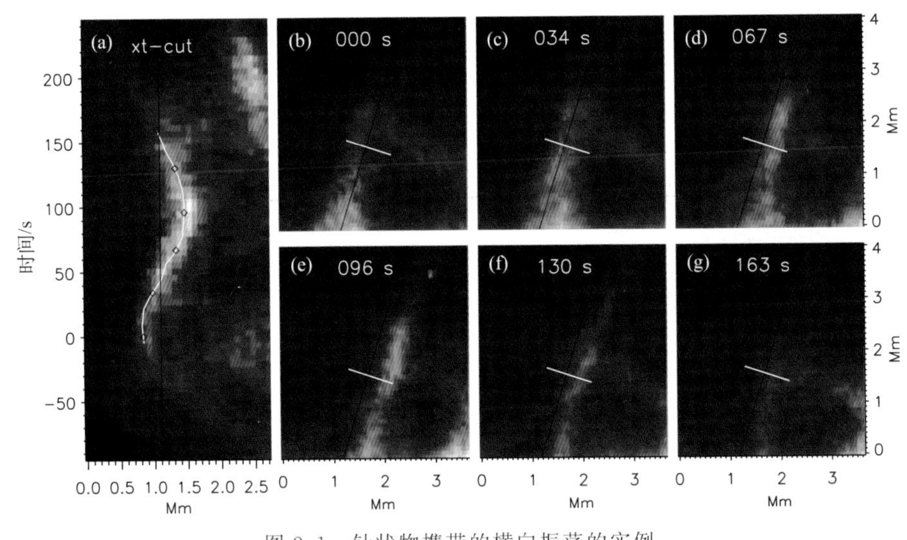

图 2.1　针状物携带的横向振荡的实例

(a)强度的时空切片图,菱形给出的是不同时刻针状物的位置。(b)～(g)在不同时刻的 Ca Ⅱ H 3968Å 的成像图。白色线是用来做时空切片图的 slit,黑色线代表针状物振荡的轴向,从 0～90s 针状物从轴向的左边运动到右边,之后回到初始位置(De Pontieu et al.,2007)

Tomczyk 等(2007)用日冕多通道偏振仪 (CoMP) 的数据研究发现,阿尔芬波在日冕中普遍存在。波沿着磁场方向传播,相速度为 1～4Mm/s。Tomczyk 等(2009) 用 CoMP 的多普勒速度时间序列图首先得到沿着某一波动传播路径上的时间位移图(图 2.3(a)),之后用傅里叶功率谱得到 κ-ω 图,并将外传和内传的阿尔芬波区分开,如图 2.3(b)～(c)所示。内传和外传阿尔芬波具有相同的相速度,约 600 km/s,但携带的能量不同,外传阿尔芬波的能量约比内传阿尔芬波的能量高两倍。多普勒速度的功率谱在高频端和低频端的谱指数说明低频的阿尔芬波动在传播的过程中更容易衰减,这与各向同性 MHD 湍流串级理论一致。

诸多观测发现在过渡区谱线和日冕谱线的多普勒速度具有类似的表现,但解释不尽相同,主要的争论是在慢磁声波和高速的外流。

基于辐射强度和密度的大致关系有:$I'/I_0 \sim 2\rho'/\rho_0$；基于慢波线性理论的扰动关系有:$2\rho'/\rho_0 = V'/c_s$。于是,慢波的强度扰动和多普勒速度之间应该满足:$I'/I_0 \sim V'/c_s$。Wang 等(2009b) 第一次在日冕结构的 Fe Ⅻ 195Å 波段同时观测到强度和多普勒速度具有类似的多周期扰动(图 2.4),满足慢波的强度扰动与多

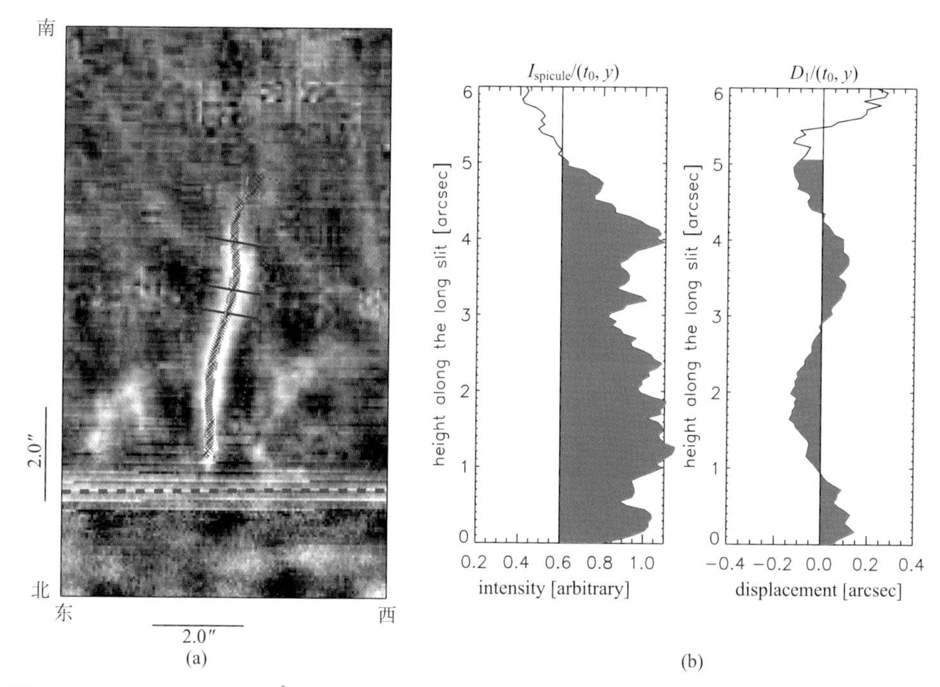

图 2.2　(a)Ca II H (3968Å)的图像。红色点线的方框给出针状物的位置，蓝色线给出针状物的波动形状，绿色折线给出针状物扰动的轴向，中间的图是沿着针状物的强度变化曲线。(b)沿着针状物的位移图像(He et al.,2009a)

普勒速度的近似关系，为慢波的存在提供了观测证据。多普勒速度的幅度为1～2km/s，强度的相对扰动为 3%～5%，传播速度为 100～120km/s。Wang 等(2009b)第一次在 loop 足点处的过渡区谱线(He Ⅱ)和 5 条日冕线(Fe Ⅹ，Fe Ⅻ，Fe ⅩⅢ，Fe ⅩⅣ和 Fe ⅩⅤ)中都观测到 5min 准周期的振荡。这种振荡在观测的时间段内一直存在，波动的周期基本稳定，在 20～30min 的寿命里传播 4～6 个周期。他们的研究发现，谱线的强度和多普勒速度具有类似的扰动，可以推断这种振荡很可能是慢磁声波。由于在过渡区谱线和日冕谱线中都可以看到慢磁声波，说明慢磁声波可以从过渡区传到日冕。5 条日冕谱线观测到的振荡是高度相关的，振幅随温度升高而降低。振幅随温度的变化趋势可能说明了波动在传播过程中的衰减。

De Pontieu 等(2009) 发现日冕谱线 Fe ⅩⅣ 274Å 在 80km/s 和 120km/s 处的红蓝移不对称性与其强度变化没有明显相关性，排除了慢波的可能性。日冕谱线的红蓝移不对称性与高色球活动(Ⅱ型针状物)有很好的相关性，推测日冕谱线中的蓝移增强对应于外流。从红蓝移不对称图中看出，对于 50～100km/s 幅度的外流，在过渡区谱线 C Ⅳ 与日冕谱线 Ne Ⅷ有很好的相关性，如图 2.5(e)和(f)所示。Mcintosh 等(2013)通过研究多条过渡区谱线和日冕谱线发现，外流在所有谱

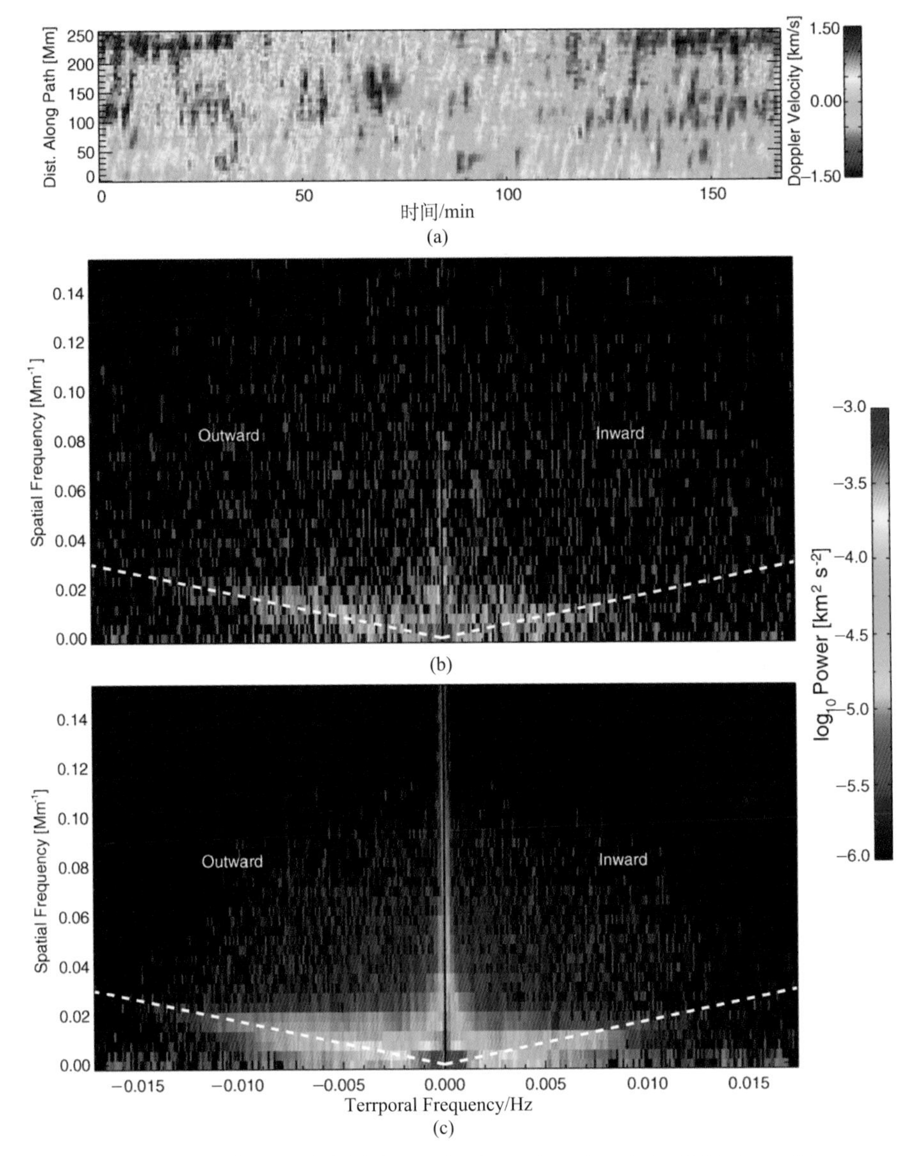

图 2.3　(a) 某一波动传播路径上的时空切片；(b) 由(a)得到的 κ-ω 图；(c) 某一传播路径附近区域平均的 κ-ω 图(Tomczyk et al.,2009)

线有相类似的空间分布，主要分布在网络组织边界，速度为 40～100km/s，说明了物质从过渡区向日冕的传输。外流的寿命与Ⅱ型针状物类似，以及红蓝移不对称性(或外流)的准周期性，说明在日冕成像图和光谱时间序列观测到的周期性，不一定需要有慢磁声波的存在，也可能是被加热到日冕温度的Ⅱ型针状物的准周期性的高速外流导致的。

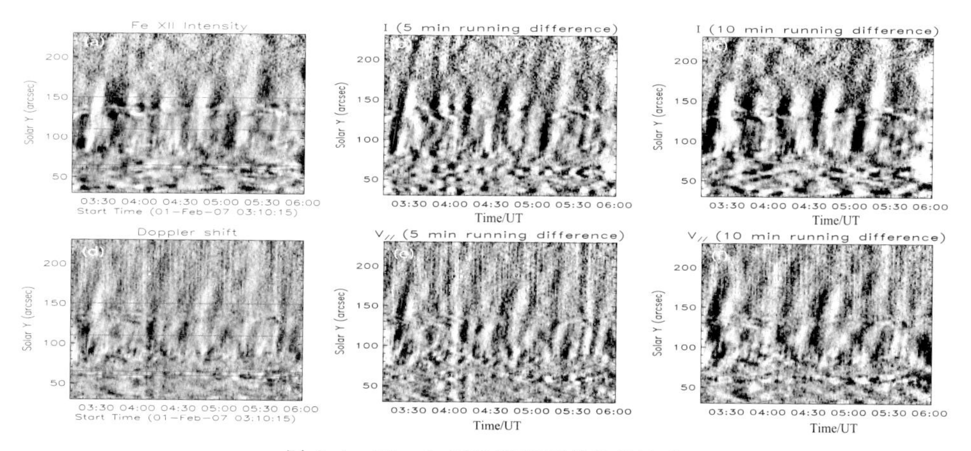

图 2.4　Hinode/EIS 观测到的外传波动

(a)沿着 slit 的 Fe XII 195.12 的相对强度随时间的演化;(b)(c)5min 和 10min 强度的滑动差分图;(d)多普勒速度的时间序列,白色是蓝移,黑色是红移;(e)(f)同(b)(c)(Wang et al.,2009b)

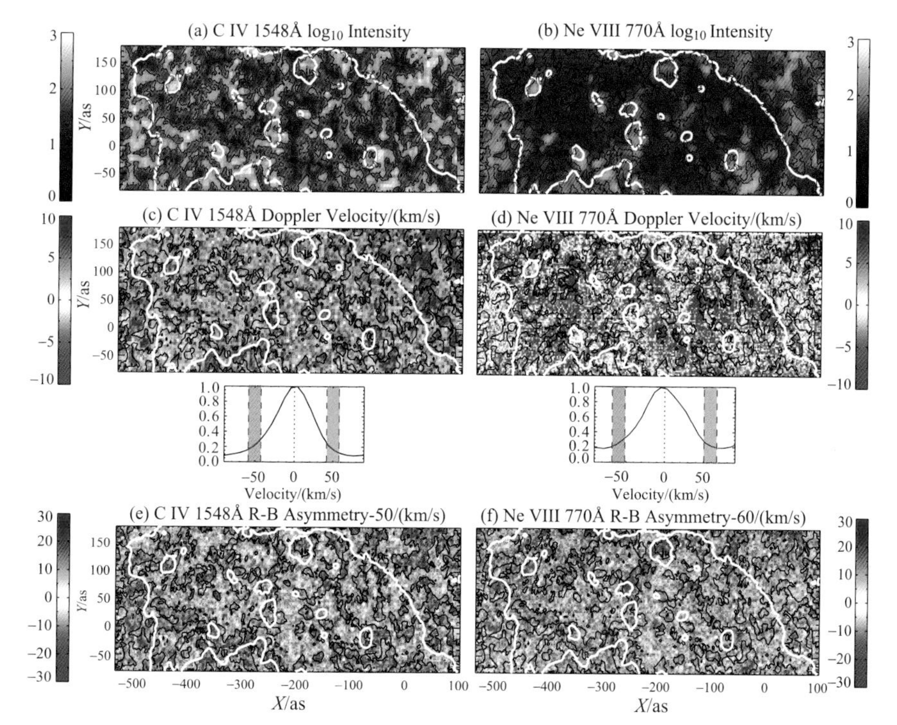

图 2.5　(a)和(b)为 SMER 观测到的日面中心的一个冕洞区的 C IV 1548Å 和 Ne VIII 770Å 的强度图 (log scale)。黑色等值线代表的是网络组织边界,白色等值线给出的是冕洞的边界。(c)和(d)为相应的多普勒速度图。(e)为 C IV 在 50km/s 处的红蓝移不对称(计算宽度 24km/s)。(f)为 Ne VIII 在 60km/s 处的红蓝移不对称(计算宽度 24km/s)(McIntosh et al.,2013)

Tian 等(2010)用 EIS/Hinode 的光谱观测研究了一个极区冕洞,发现在形成温度 $\lg(T/K)>5.8$ 谱线的多普勒速度图中,有明显的蓝移对应了外流(图 2.6)。外流很可能起源于过渡区,外流的速度随着温度的增加而增加。这些外流很可能对应极区冕洞的高速太阳风。这些外流在过渡区是分立的,但是到日冕就融合在一起了,这符合太阳风的初始外流沿着膨胀的开放通量管传输。

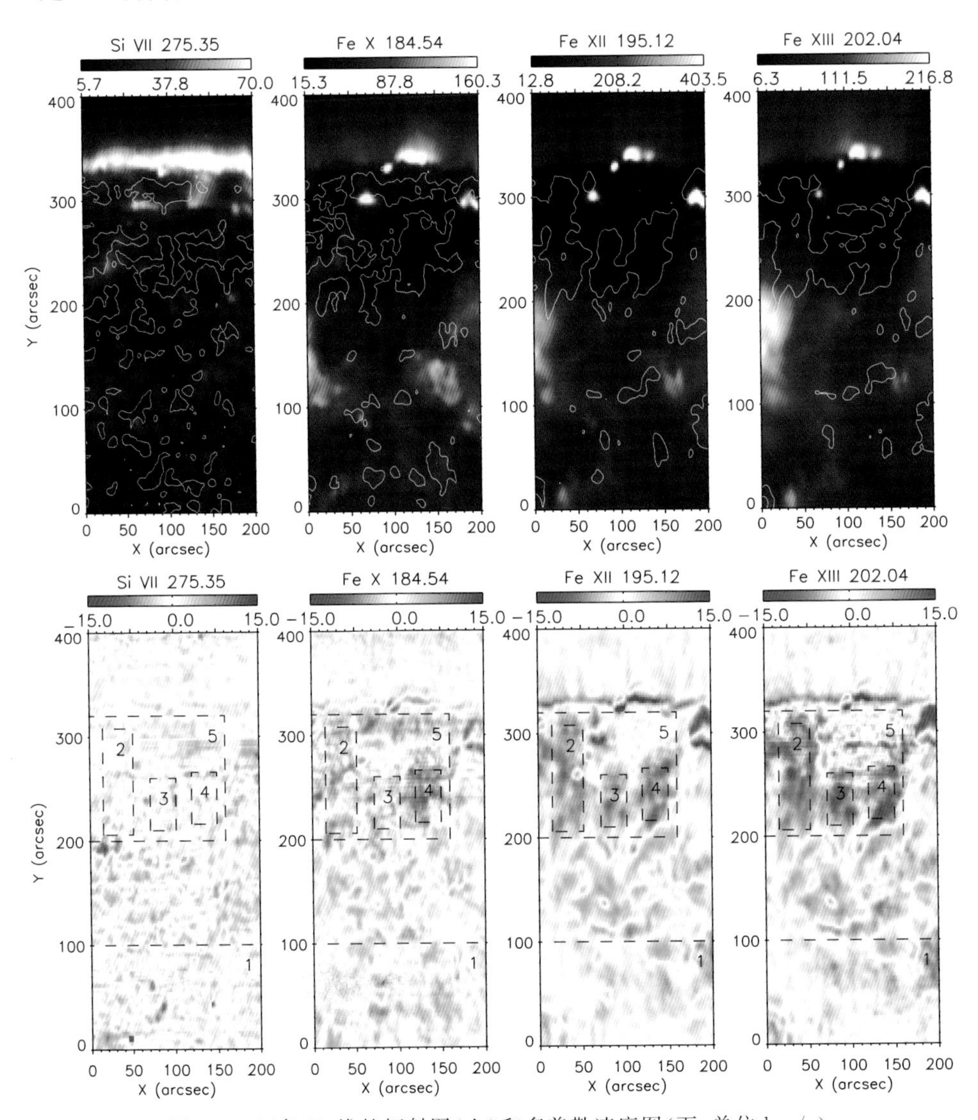

图 2.6 四条 Fe 线的辐射图(上)和多普勒速度图(下,单位 km/s)

辐射图中的等值线给出的是多普勒速度图中的蓝移区域(lowest 20%)(Tian et al.,2010)

基于冕洞区的长寿命冕流，Fu 等(2014)用 EIS/Hinode 的数据研究了出流速度随日冕高度的变化，发现校正视向效应之后，出流在 1.02 个太阳半径($R_{\odot}$)处的速度约 10km/s，1.03$R_{\odot}$处约 15km/s，1.05$R_{\odot}$可以达到 25km/s。这种持续稳定的加速特征为太阳风初始外流的加速提供了观测证据。在 1.03$R_{\odot}$处估算的密度约 $1.3\times10^{8}cm^{-1}$，通过径向膨胀假设推算出 1.03$R_{\odot}$处的出流在 1AU 可以提供的质子通量约 $4.2\times10^{9}cm^{-2}\cdot s^{-1}$，比太阳风中质子通量高一个数量级，说明观测到的出流足以提供太阳风所需的物质。

Tian 等(2014b)用 IRIS 在 1400 波段的成像观测发现，过渡区的网络组织边界充满了寿命为 20～80s，速度为 80～250km/s 的间歇性小尺度喷流结构(图 2.7(a))。喷发虽然是间歇性的，但是这些喷流结构是持续存在的，在过渡区 1400 波段的成像中的网络组织边界是随处可见的，所以这种过渡区喷流结构很可能为太阳风提供物质和能量来源。如此高速的喷流结构很可能是由于磁重联产生的，某些喷流结构的根部可以分辨出倒“Y”形结构。这和 Tu 等(2005)的太阳风磁重联图景吻合，运动到网络组织边界处低矮的 loop 结构与周围的开放场发生磁重联，形成太阳风的初始外流。此图景已通过 MHD 模拟实现(Yang et al.，2013)，模拟的出流速度约 60km/s，相对于 IRIS 的观测偏低，这可能是由于 2.5 维模拟的限制，因此需要更精细的三维 MHD 模拟工作。

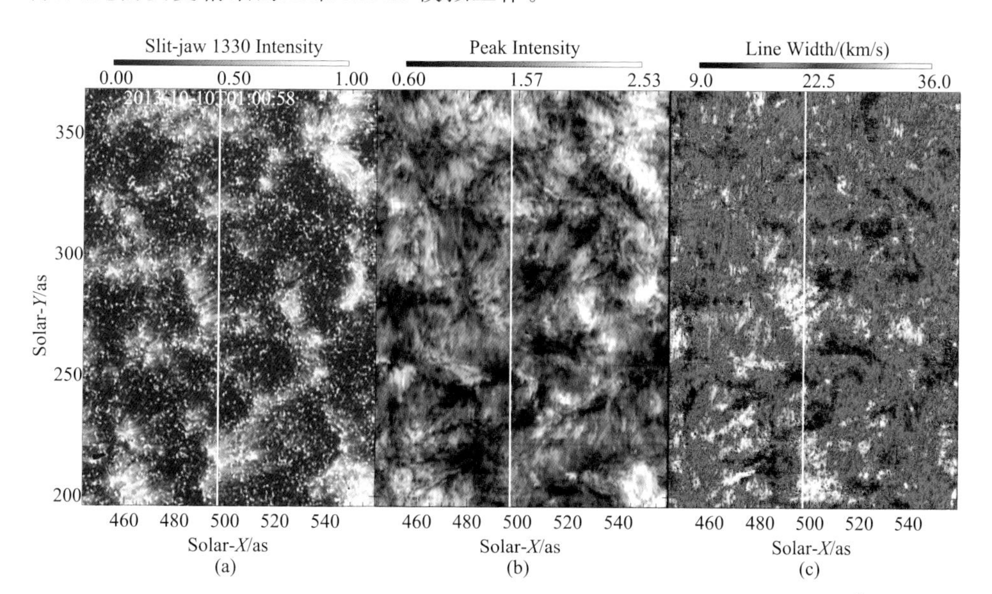

图 2.7　(a) 经过锐化处理的 IRIS 1330 波段的成像图；(b)、(c)对 Si IV 1393.77Å 谱形作单高斯拟合得到的峰值强度和谱线宽度图 (Tian et al.，2014b)

Tian 等(2014a)用 IRIS 高分辨率的光谱观测，首次给出激波观测较为全面的直接证据。从 Mg Ⅱ 2796.35Å，C Ⅱ 1335.71Å 和 Si Ⅳ 1393.76Å 的多普勒速度随时间的演化，可以看到多普勒速度会很快地变成蓝移并伴随强度的增加，之后会伴随缓慢的线性减速使得多普勒速度从蓝移变为红移(图 2.8(b))；并且蓝移可达到的最大速度和物质下落的加速度之间呈正相关，这和模拟激波的结果(Hansteen et al.，2006；De Pontieu et al.，2007)一致。激波可以在 Mg Ⅱ，C Ⅱ 和 Si Ⅳ 中看到，说明色球激波可以渗透到过渡区。Si Ⅳ 相对于 Mg Ⅱ 和 C Ⅱ 分别有约 6s 和 25s 的延迟(图 2.8(f))，这可能说明了激波的传播。激波的存在紧接着被 Yurchyshyn 等(2014) 验证。此外，他们发现 Si Ⅳ 相对于 Mg Ⅱ 和 C Ⅱ 的延迟是随时间变化的。

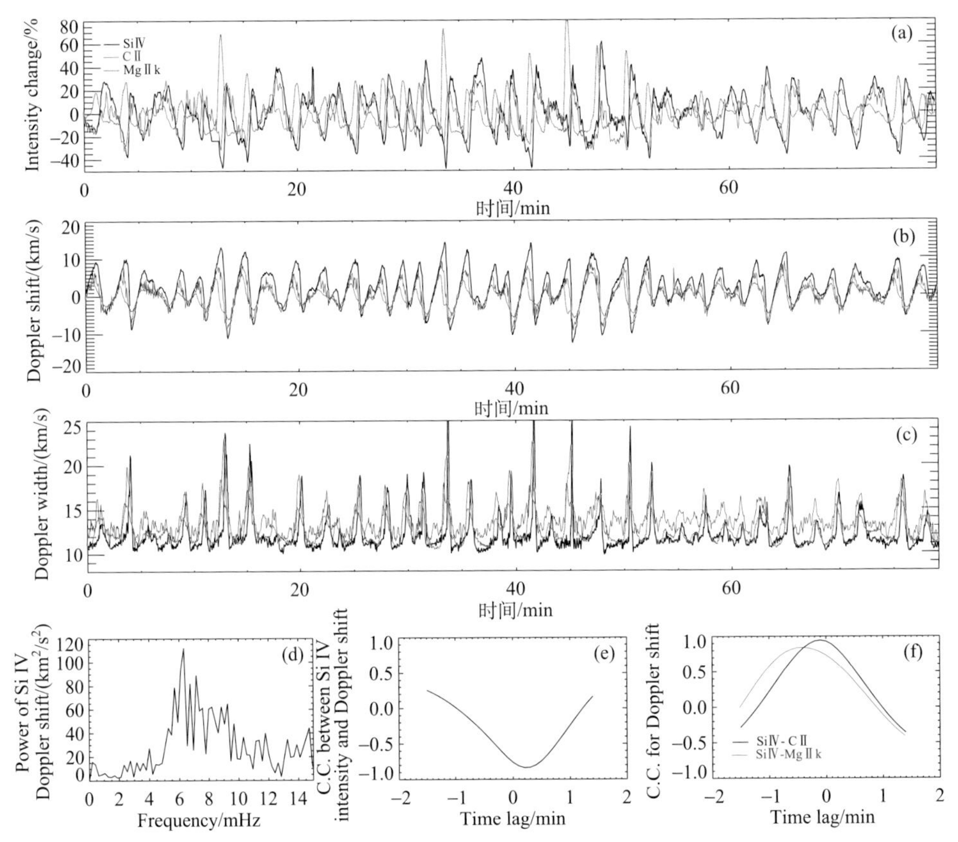

图 2.8 (a)～(c)分别给出了 Mg Ⅱ，C Ⅱ 和 Si IV 的单高斯拟合的峰值、多普勒速度和谱线宽度随时间的演化；(d)Si IV 多普勒速度的傅里叶功率谱；(e)Si IV 的强度和多普勒速度随时间延迟的相关性系数；(f) Si IV 的多普勒速度和 Mg Ⅱ/C Ⅱ 的多普勒速度随时间延迟的相关性系数 (Tian et al.，2014a)

2.2　太阳风起源模型的研究进展

受仪器设备精度的局限,观测无法给出更精细的太阳风起源过程。计算机数值模拟研究成为了一个十分重要的手段。

为了研究太阳风在磁流管内的加速加热过程,Suzuki 和 Inutsuka (2005)进行了带有辐射和热传导的一维磁流体力学模拟。初始时刻,他们设置了一温度为 10^4 K 的静态大气,并在根植于光球的开放磁流管底部引入描述米粒组织的横向运动(大小为 0.7km/s,周期为 20s～30min)以产生外传的阿尔芬波,进而加热加速等离子体形成日冕和太阳风。他们自洽地处理波和等离子体的加热加速,没有显示引入热源和动量源。模拟结果显示驱动的阿尔芬波在色球中损失了近 85%的能流通量,剩余的进入日冕并通过转化为非线性压缩模和激波来加热和加速等离子体。模拟结果表明光球磁场横向运动可以自然产生冕洞内 10^6 K 高温日冕和 800km/s 高速太阳风(图 2.9)。Suzuki 和 Inutsuka(2006)利用同样的模型,考虑了不同参数下光球横向运动所引起的低频阿尔芬波在日冕中的耗散。他们在不同磁场强度和扩散系数的开放磁流管底部引入不同幅度、频谱、极化的横向运动。模拟结果表明只要足够的阿尔芬能流通量进入日冕,10^6 K 的高温日冕和 800km/s 的高速太阳风是一个普遍结果。同时,他们的模拟结果也可以自洽地解释太阳风速度和日冕温度的反相关以及快速太阳风中大振幅阿尔芬波。Cranmer 等(2007)在太阳风流管模型中加入了氢原子的离化过程并假设中低频阿

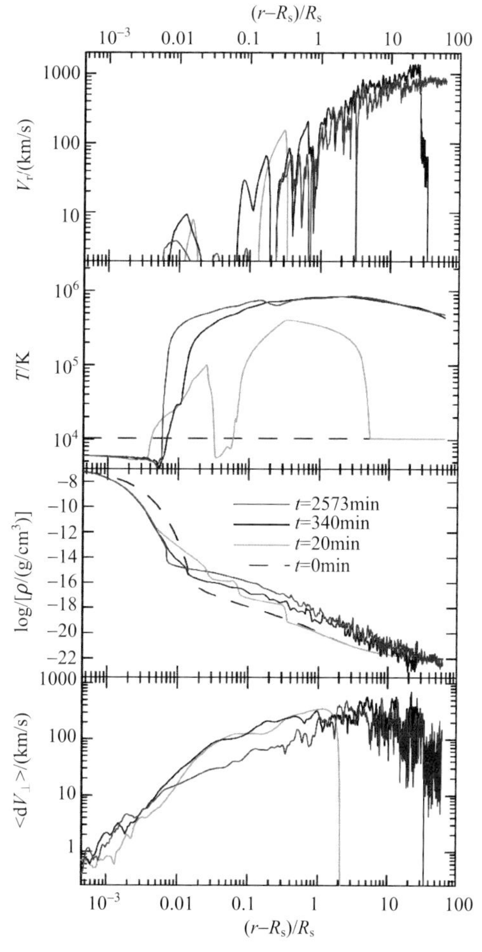

图 2.9　太阳大气的时间演化。为了和观测进行比对,模拟结果采用了 3min 的平均(Suzuki and Inutsuka, 2005)

尔芬波和磁声波由下边界光球注入,根据湍流串级概念计算阿尔芬波对流体的加热率。计算出太阳风外流速度在色球底部是 2m/s,到日冕底部被加速到 20km/s,到 1AU 被加速到 800km/s。为了更清楚地研究阿尔芬波加热日冕和加速太阳风的物理过程,Matsumoto 和 Suzuki (2012,2014)进行了从光球到行星际空间的 2.5 维数值模拟实验。他们仔细地设置网格以处理巨大的密度变化对阿尔芬波传播的影响。模拟结果表明阿尔芬波上传过程中经历了波模反射、非线性波模转换、湍流串级等过程(图 2.10)。这些过程导致了阿尔芬波耗散进而加热日冕加速太阳风。

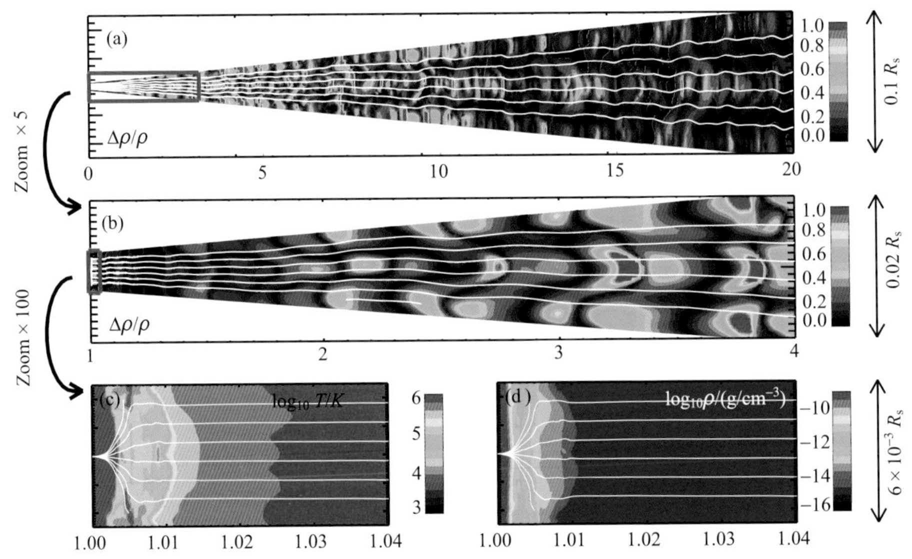

图 2.10　阿尔芬波从光球传播到行星际的模拟结果。白色实线是磁力线,长度是以太阳半径为单位(Matsumoto and Suzuki, 2012)

一维流管模型虽然可以自洽地解释高低速太阳风,然而其用定常流管描述物质从光球经色球到日冕的连续流动受到了质疑。而对太阳大气多尺度结构的观测进展,促使人们提出了三维太阳风起源的新构想。基本思想是:太阳风的等离子体来源于不同尺度的磁圈中(Fisk, 2003; Tu et al., 2005a, 2005b)。通过磁圈与开放磁力线重联,等离子体由磁圈注入开放磁力线管,并被加速形成初始太阳风,而磁重联产生的阿尔芬波向外传播,为初始太阳风的进一步加速和加热提供能量。

为了考察 Tu 等(2005a, 2005b) 提出的构想,Buchner 和 Nikntowski (2005) 进行了三维数值模拟实验。他们选定由冕洞区域底部光球磁场观测值进行外推得到的磁场结构为模拟的初态,在模拟空间中加入含有中性成分的等离子体。然后依据观测,令下边界等离子体做具有涡旋结构的水平运动。这种纵向磁场的涡旋运动将在模拟空间产生电流。数值模拟实验中,假设电流超过一定阈值时相应区域电阻率会突然升高,从而导致磁重联发生。他们发现由磁重联导致的初始太阳风流起始于过渡区高度,即在 1 万 km 左右。Peter (2007) 指出 Buchner 和 Nikntowshi (2005) 的模拟支持 Tu 等(2005a,2005b) 提出的基本图像。但是,这一模拟工作没有给出相应远紫外线和极紫外线的辐射输出,所以无法与该区域的观测直接比较。这种在重联区添加电阻率的数值模拟,可以研究由横向运动积累起来的磁能通过磁重联释放后加速和加热等离子体。虽然人为电阻率的大小不改变总能量,但影响磁能转化为动能和热能的效率。同时,He 等(2008)发展了一个一维数值模型,来检验 Tu 等(2005a, 2005b) 提出的关于太阳风起源的构想。与以往假设物质和能量由流管底部注入的惯例不同,该模型假设:物质和能量由 5Mm 的高度注入。模拟结果得到流管里 5Mm 高度处部分物质向上流动、部分物质向下流动,但没有平均的物质流动(图 2.11)。这满足 Tu 等(2005)对 C IV 谱线多普勒分布的观测结果。模拟计算了外流和内流的形成。为了进一步验证 Tu 等(2005a, 2005b) 提出的关于太阳风起源的构想,Yang 等(2012a)进行了二维数值

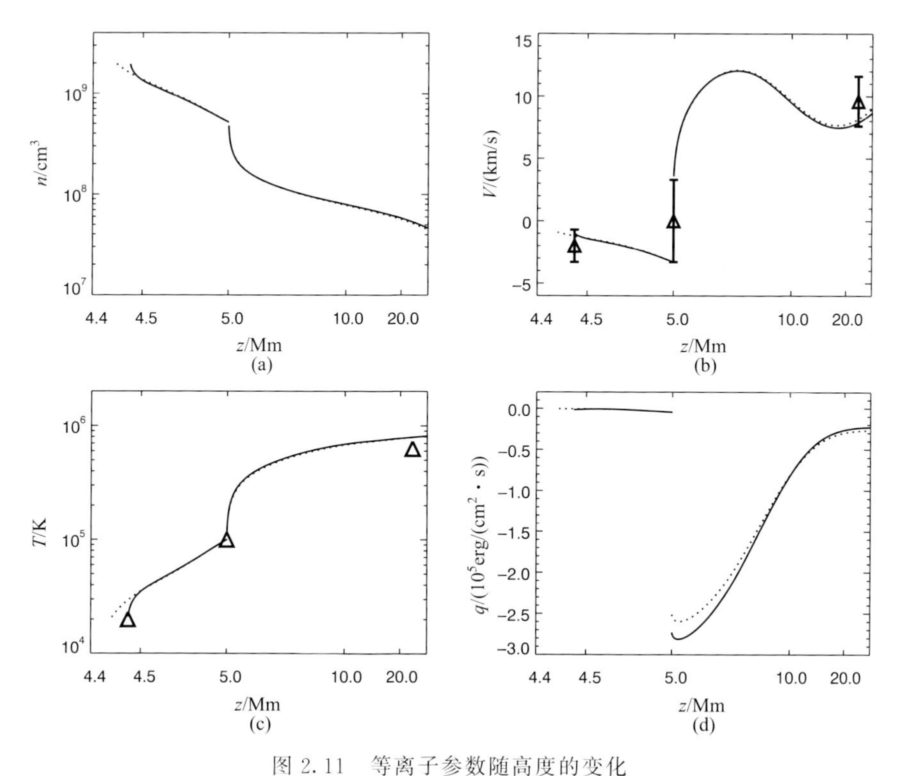

图 2.11 等离子参数随高度的变化

实线对应于波压为 0.52×10^{-2}dyn/cm^2;点线对应于波压为 0.45×10^{2}dyn/cm^{-2}(1dyn=10^{-5}N)

(He et al., 2008)

模拟。他们基于已发展的磁流体力学模型,引入了热传导、辐射损失、日冕加热等过程;同时考虑了闭合磁圈的加热,实施了超米粒水平流动,以模拟太阳大气超米粒组织尺度上水平对流引起的磁重联驱动太阳风起源的物理过程。模拟结果显示受到超米粒水平对流的驱动,闭合磁圈向网络中心运动,并和网络中心的开放场重联,产生向上和向下的出流。磁张力和重联后的热压梯度力进一步驱动向上的出流,形成稳态流动;流管内质量流量和 1AU 观测的太阳风质量流量一致。同时向下的出流携带新形成的闭合磁圈进入低层大气(图 2.12)。模拟表明太阳风的物质可由开发场旁边的闭合磁圈通过重联提供;支持磁重联驱动太阳风起源的图像。Yang 等(2012b)利用此二维模型模拟色球重联产生海葵状喷流与慢磁声激波。他们把重联点的位置移到色球,引入了移动的磁结构(MMF),模拟其与背景开放场的重联。模拟结果显示 MMF 与背景场碰撞重联,形成向上向下的出流。随着重联的持续,向上的出流形成一喷流。同时,加热的等离子体区域不断变大形成一倒 Y 状结构,这些与观测到的色球海葵状喷流一致。首次模拟海葵状喷流中重现

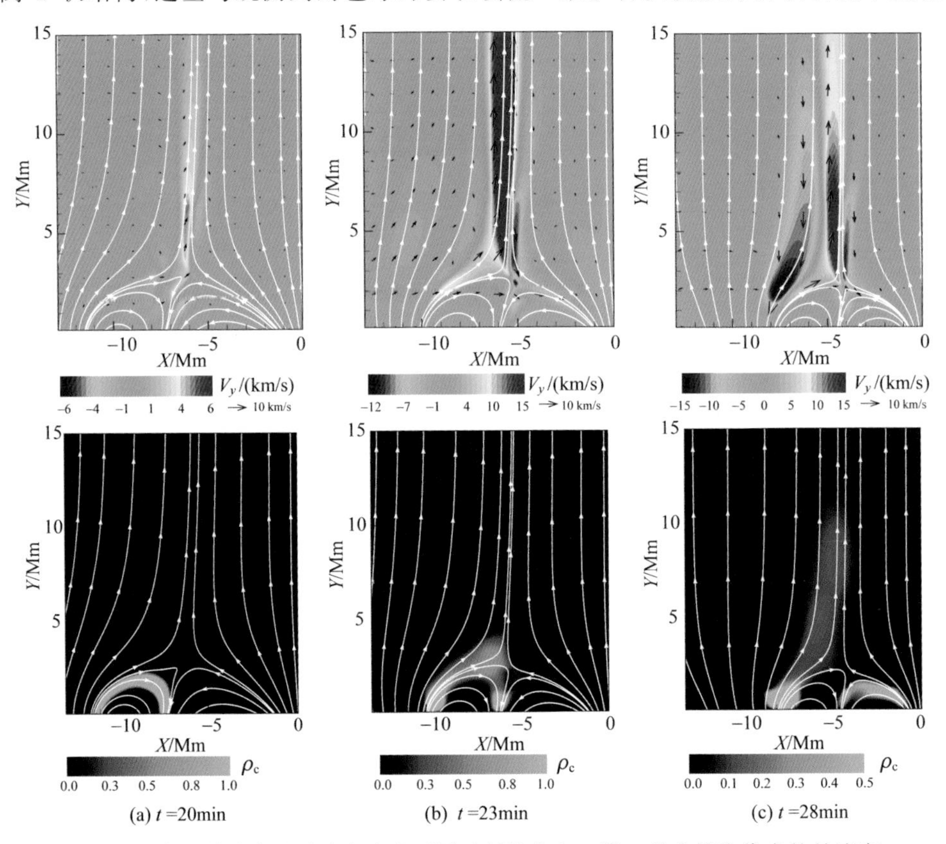

图 2.12　向上的速度和示踪密度在不同时刻的分布。第一排中箭头代表的是速度;第二排白色的线代表的是磁力线(Yang et al.,2013a)

的等离子团。首次对色球喷流的两种可能驱动源——重联和慢激波进行同时模拟，并指出喷流主要是由重联加速产生的，而慢激波的加速抬升作用不明显。

2.3　太阳风湍流动力学波动的研究进展

磁螺度被认为是诊断太阳风湍流的特征波模的重要参数，其中的阿尔芬离子回旋波对于太阳风等离子体加热有贡献，但之前没有从太阳风湍流磁螺度中识别出来。He 等(2011)根据归一化磁螺度角分布得到阿尔芬离子回旋波可能的特征。磁螺度随着时间变化的谱为

$$\sigma_{\mathrm{m}}(t,\omega)=\frac{(\omega/V_{\mathrm{SW}})H'_{\mathrm{m}}(t,\omega)}{E_{\mathrm{B}}(t,\omega)}=\frac{2\mathrm{Im}\,[\widetilde{B}_T(t,\omega)\cdot\widetilde{B}_N^{*}(t,\omega)]}{|\widetilde{B}_R(t,\omega)|^2+|\widetilde{B}_T(t,\omega)|^2+|\widetilde{B}_N(t,\omega)|^2}$$

其中，$\widetilde{B}_R$，$\widetilde{B}_T$，$\widetilde{B}_N$ 是 RTN 坐标系下的磁场三分量的小波系数。磁螺度对于波传播方向是很敏感的，所以需要在引入θ_{VB}来明确地识别出波模，可以将上述磁螺度$\sigma_{\mathrm{m}}(t,\omega)$转变为$\sigma_{\mathrm{m}}(\theta_{\mathrm{VB}},p)$，其中 p 是时间尺度，$\omega=2\pi/p$。

图 2.13 是 He 等(2011)观测到的外向和内向磁场扇区的两个事例。图(a1)中 B_R 分量大部分为正，说明磁场方向向外；时间平均的σ_{m}谱图(a3)中可以看到，在时间尺度 1s 附近存在一个峰，这与之前对于外向磁场在高频有非 0 的正磁螺度的结果相符合。图(a4)是$\sigma_{\mathrm{m}}(\theta_{\mathrm{VB}},p)$的谱图，从中可以看到在$\theta_{\mathrm{VB}}<30°$，$1\mathrm{s}<p<4\mathrm{s}$

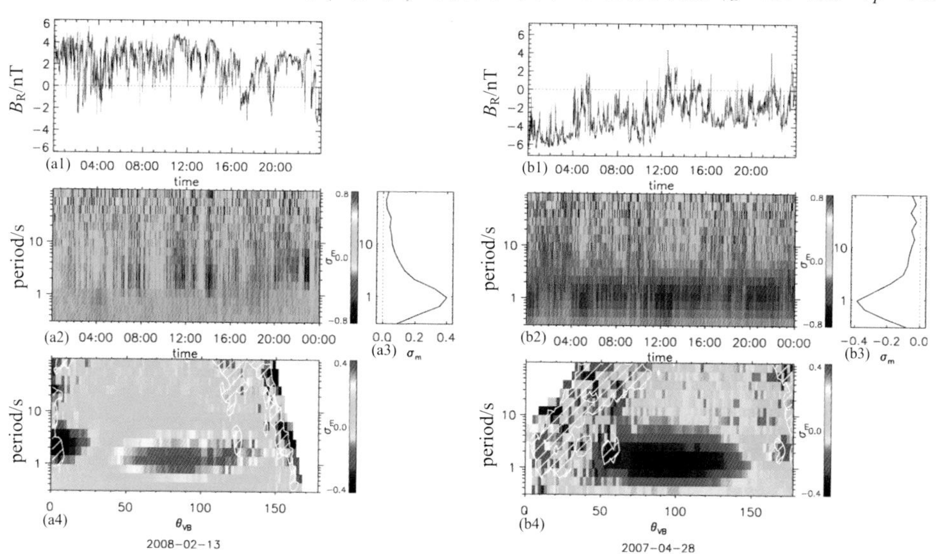

图 2.13　Stereo 观测的外向(2008-02-13)和内向(2007-04-28)磁场扇区的两个事例的磁螺度。(a1)和(b1)是磁场 B_R 分量时间序列；(a2)和(b2)是σ_{m}随着时间和时间尺度变化的谱；(a3)和(b3)是时间平均的σ_{m}；(a4)和(b4)是σ_{m}随θ_{VB}分布的谱(He et al. ,2011)

时，σ_m是负的，存在左旋阿尔芬离子回旋波，而在$40°<\theta_{VB}<140°$，$0.4s<p<4s$ 时，σ_m是正的，表明存在右旋极化的倾斜传播的动力学阿尔芬波或哨声波。图(b)所示为内向磁场的事例，从图(b3)中可以看到，在时间尺度 1s 附近存在一个低谷；从图(b4)可以看到在$\theta_{VB}>150°$，$1s<p<4s$ 时，σ_m是正的，表示在θ_{VB}接近 180°处存在左旋阿尔芬离子回旋波；而在$40°<\theta_{VB}<140°$，$0.4s<p<4s$ 时，σ_m是负的，可能是在$\theta_{VB}>90°$处存在右旋极化的倾斜传播的动力学阿尔芬波或哨声波。

He 等(2011)在$\sigma_m(\theta_{VB},p)$谱的高频区间发现的两种相反磁螺度极性，在以前的研究中没有揭示过，高频是很接近离子回旋频率的。这一磁螺度极性特征可以总结如下：在一个较宽的θ_{VB}范围 [40°,140°]、时间尺度 p 范围 [0.4s,4s] 内，磁螺度的极性为正(负)对于外向(内向)磁场扇区；而在θ_{VB}范围 [0°,30°]([150°,180°])、时间尺度 p 范围 [1s,4s] 内，磁螺度极性为负(正)对于外向(内向)磁场扇区。

为了决定在动力学尺度下太阳风湍流中盛行的波模，He 等(2012a)在垂直于太阳风速度平面研究小尺度扰动的磁极化并且分析它相对于局地背景磁场的取向。

图 2.14 是 He 等(2012a)文献中的 Figure 1，T 和 N 代表 RTN 坐标系中的 T 和 N，图(b)的局地背景磁场差不多垂直于纸面(TN 平面)，而图(c)的局地背景磁场差不多平行于纸面。图(b)显示了一个左手螺旋的圆极化，可能暗示出阿尔芬波/离子回旋波平行于局地背景磁场$B_{0,local}$传播或者哨声波反平行于$B_{0,local}$传播。图(c)显示一个右手螺旋的椭圆极化，椭圆的长轴垂直于$B_{0,local}$，垂直分量与平行分量的比($dB_\perp/dB_\parallel$)大约是 4。更多的事例研究显示在$\theta_{VB}\sim90°$时，dB_T 和 dB_N 呈现右手椭圆螺旋极化，并且椭圆长轴准垂直于$B_{0,local}$是很普遍的。

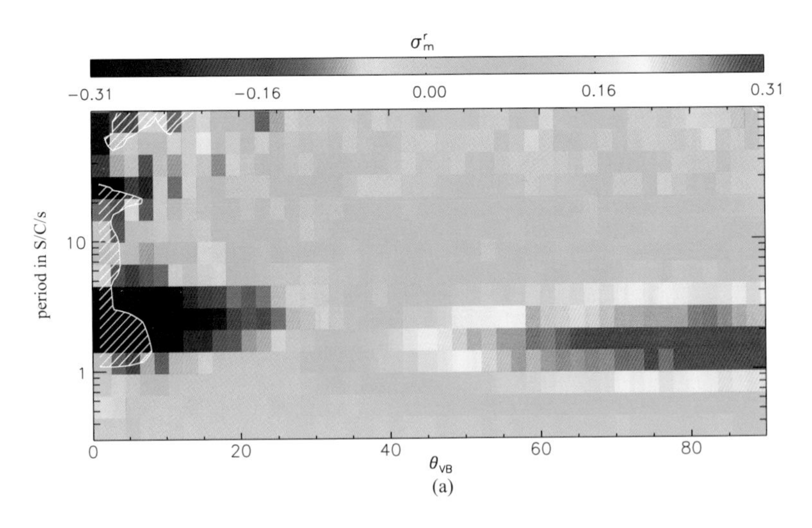

(a)

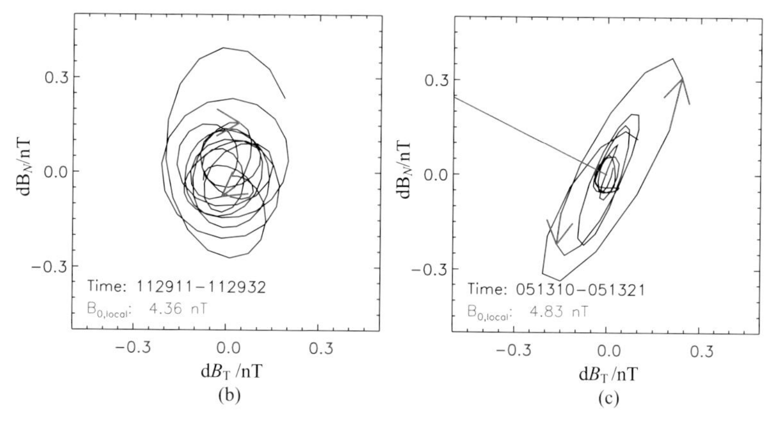

图 2.14　(a)由 STEREO 观测的 2008 年 2 月 13 日归一化磁螺度的角分布(即图 2.13 中的(a4);(b)为图(a)中负的磁螺度的 dB_T-dB_N 矢量图,是从原始时间序列的区间 [1.0s,3.0s] 的小波分解获得,时间区间是选取的准平行于 R 方向的时间段 [11:29:11,11:29:32] UT,红箭头代表围绕 R 方向的左手螺旋极化;(c)从原始时间序列的区间 [1.0s,3.0s] 的小波分解获得,时间区间是选取的 $80° < \theta_{VB} < 90°$ 的时间段 [05:13:10,05:13:21] UT,红箭头表示围绕 R 方向的椭圆右手螺旋极化,蓝线代表这段时间平均的局地背景磁场 $B_{0,local}$,垂直于椭圆的长轴,暗示 $dB_\perp > dB_\parallel$ (He et al., 2012a)

为了确定右手椭圆极化的波的本质,他们基于线性动力学理论继续研究了斜传阿尔芬波和哨声波。图 2.15 是斜传阿尔芬波和斜传哨声波的性质。由左图第一个可以看出,在同样的归一化波数下(kc/ω_p),准垂直的波有最低的频率;第二个图是阻尼率,说明准垂直的波有最低的阻尼,而另两条斜传波频率高、阻尼也很高,对扩散质子有很大作用;第三个图是归一化磁螺度,都是正的;第四个图是平行分量和垂直分量的比,能看到当波长变长时,这一比值更接近 0,说明在 MHD 尺度下阿尔芬波是不可压的,但是当 $kc/\omega_p > 1$ 时是可压的。图 2.15 右图是相应的哨声波,准垂直波在 $kc/\omega_p \sim 0.5$ 时更接近质子回旋频率,其也有最低阻尼,但其磁螺度随波数增加反而减少,对于哨声波,扰动的主要分量是平行分量。

过去的一段时间,这种波模在 MHD 湍流耗散中起重要作用,引起很多人的兴趣。He 等(2012a)证明了斜传动力学阿尔芬波在耗散区占优势,并且主导斜传哨声波,为太阳风中离子动力学尺度湍流的本质提供重要的新观测证据。

He 等(2012b)根据 He 等(2011) 的观测,建立动力学波动的二元模型,重现了磁螺度的角分布。他们依据 Matthaeus 和 Goldstein (1982) 对归一化磁螺度的定义,逐步建立模型,得到磁螺度和三维功率谱的模型。图 2.16 是模型模拟结果与实际观测的对比。他们发现模型模拟的结果大体上与观测是很符合的:在接近 1s 的时间尺度上,当$\theta_{VB} < 30°$时磁螺度$\sigma_m^r < 0$,并且当$\theta_{VB} > 30°$时磁螺度$\sigma_m^r > 0$;在

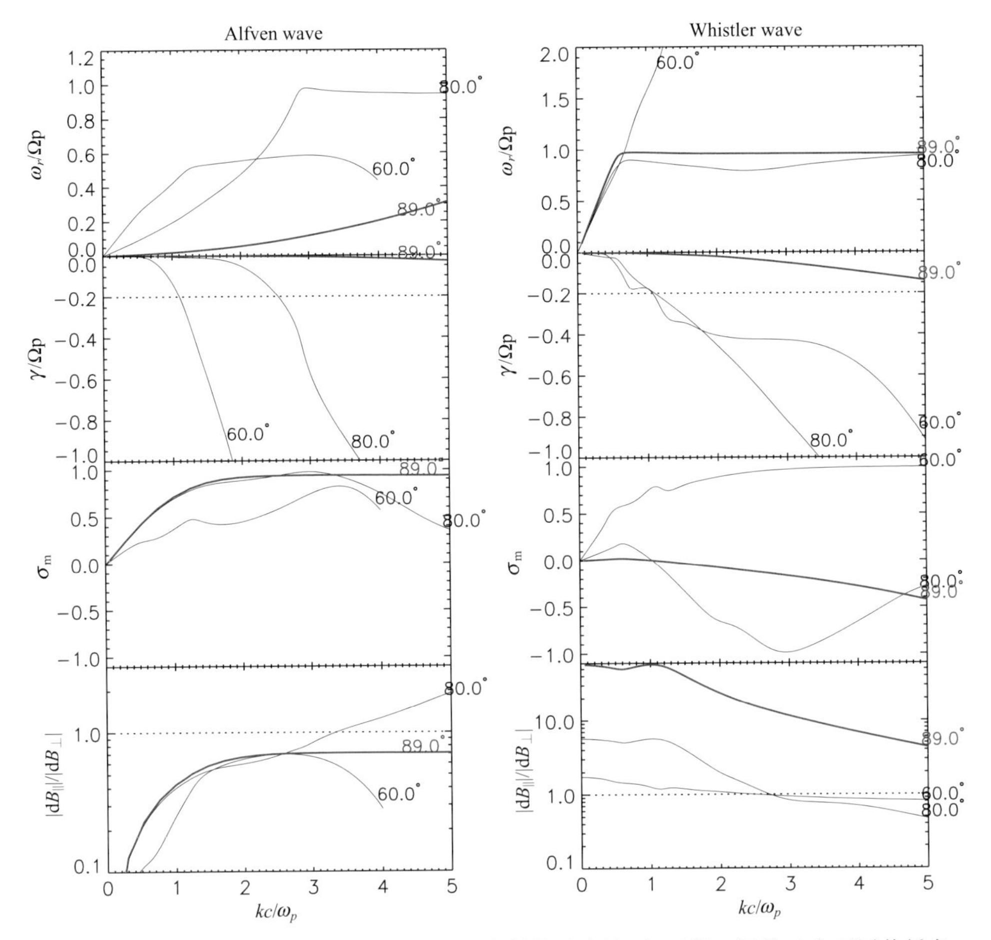

图 2.15 左图为斜传阿尔芬波的特性,右图为斜传哨声波;上面第一行是三个不同传播角度($\theta_{VB}=60°,80°,89°$)的斜传波的色散关系(ω_r/Ω_p 为归一化的实频率),对于$\theta_{VB}=89°$的轮廓线如红线所示;第二行图是斜传波的阻尼率(γ/Ω_p 为归一化的虚频率);第三、四行图是相应的归一化磁螺度和磁压缩性参量($|dB_\||/|dB_\perp|$)(He et al. , 2012a)

更大或更小的时间尺度上,磁螺度都接近 0。这里正的和负的磁螺度都是由准平行或者是斜传阿尔芬波贡献,而在更大的尺度上磁螺度很小是因为大尺度阿尔芬波在除了$\theta_{VB}=0°$的其他角度上都只有很小的磁螺度。在小尺度则是由于逐渐平衡的内传和外传阿尔芬波,使得磁螺度很小。

He 等(2012b)的模型计算解释了之前的磁螺度角分布双成分的观测。他们又计算了不同类的功率谱对应的磁螺度的谱图,如图 2.17 所示。图(a1)是各向同性的功率谱,模型计算出的磁螺度大部分是负的,与图 2.16(b)观测到的不相符;图(b1)是基于临界平衡理论的各向异性的功率谱,计算出来的磁螺度大部分是正的,同样与观测到的不符,只有当假设在 k 空间存在两成分的磁场功率谱(图

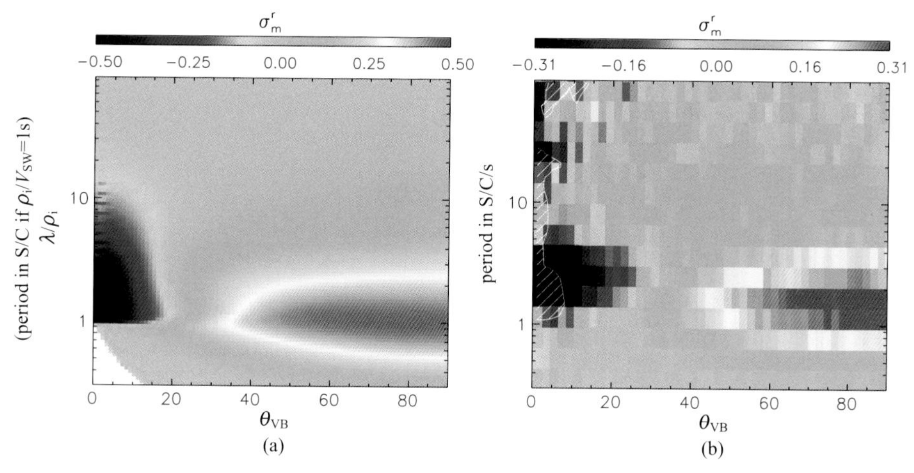

图 2.16 (a)He 等(2012b) 利用磁螺度模型得到的磁螺度谱图;(b)He 等(2011) 观测到的两成分的磁螺度谱图(He et al., 2012b)

(c1)),这时计算出的磁螺度才与观测相符合。由此可以说,先前 He 等(2011) 观测到的双成分磁螺度角分布是双成分功率谱的结果。

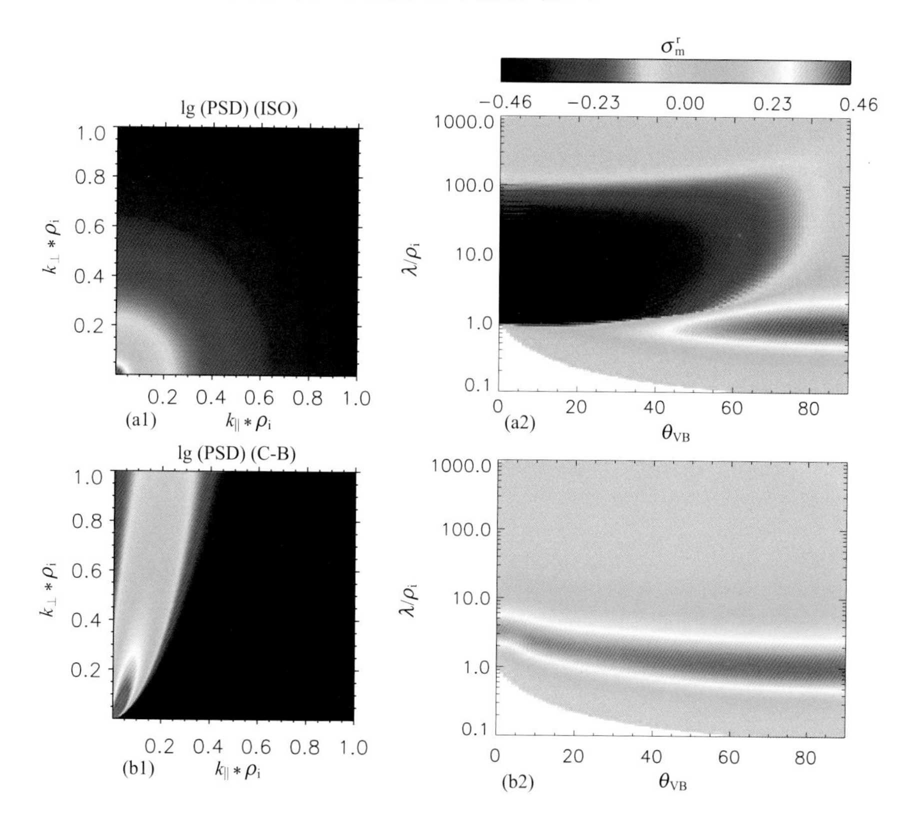

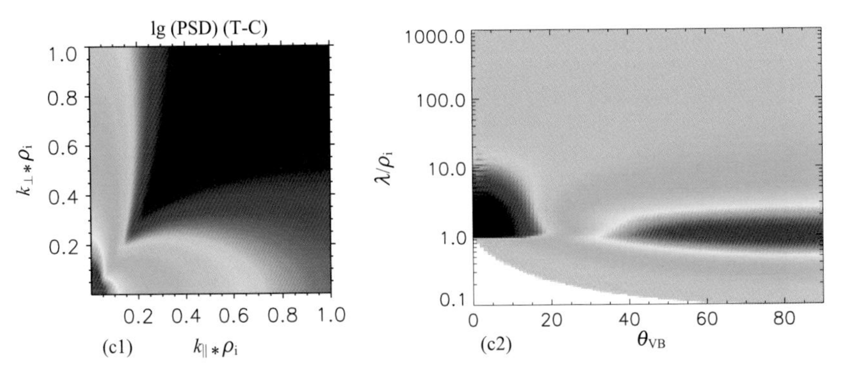

图 2.17 由不同类的磁场功率谱密度(PSD)得到的不同磁螺度的谱图

(a1)和(a2)是各向同性的功率谱;(b1)和(b2)是基于临界平衡理论的单成分功率谱;(c1)和(c2)是双成分功率谱(He et al., 2012b)

2.4 太阳风湍流各向异性和间歇的研究进展

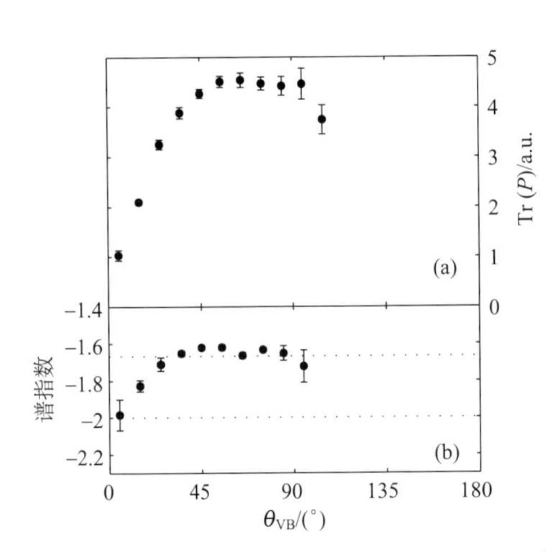

图 2.18 (a)在 61mHz 尺度上 B_x, B_y, B_z 功率谱之和("trace")与(b)谱指数随 θ_{VB} 的变化(Horbury et al., 2008)

在太阳风湍流的各向异性方面,Horbury 等(2008)使用小波分析方法,对 Ulysses 飞船在 1.4AU 处观测到的高速太阳风展开分析,研究湍流的各向异性谱。该工作假设湍流的各向异性谱,可以简化地分解为 slab 分量(平行流动)和 2D 分量(垂直流动)的贡献。这样,使用太阳风速度与磁场的夹角 θ_{VB}对数据分组,能够分离这两个贡献项。这段数据中的扰动在惯性区内,并叠加在大振幅阿尔芬波之上,大振幅波导致 θ_{VB}剧烈扰动。对这段磁场数据作小波分析,可以估计功率谱,按不同的 θ_{VB}值分组。该研究意在发现功率谱指数随 θ_{VB} 的变化。图 2.18显示了谱指数随 θ_{RB}的系统性变化,并证认了−2 这一谱指数,这符合临界平衡图景的预期。Podesta (2009) 进一步研究高速流中功率谱的角分布。该研究从 Stereo 飞船观测数据中选取九个事例,通过分析,指出在惯性区和耗散区都存在功率谱的方向角对称性,即谱与 θ_{RB}(径向方向与局地平均场方向的夹角,近似等于 θ_{RB})有关,而不依赖垂直于局地平均场平面内的方向角;给出垂直方向与平行方向谱指数分别为 1.6±0.1 与 2.0±0.1(图 2.19,横轴为 θ_{RB}),但无法证认垂直方向的谱指数到底接近于 3/2 还是 5/3。除谱指数的各向异性外,Podesta 还研究了功率的各向异性,显示功率集中在垂直方向附近(图 2.20),而且各向异性在耗散区表现得更加显著。Podesta 发现,各向异性随角度的分布呈现出双峰结构(图 2.20(b)),这很可能与$k_{\perp}\rho_i\sim 1$ 处阿尔芬波向动力学阿尔芬模式的尺度串级有关,而各向异性的耗散可能由动力学阿尔芬波的耗散所致。Wicks 等(2010)利用

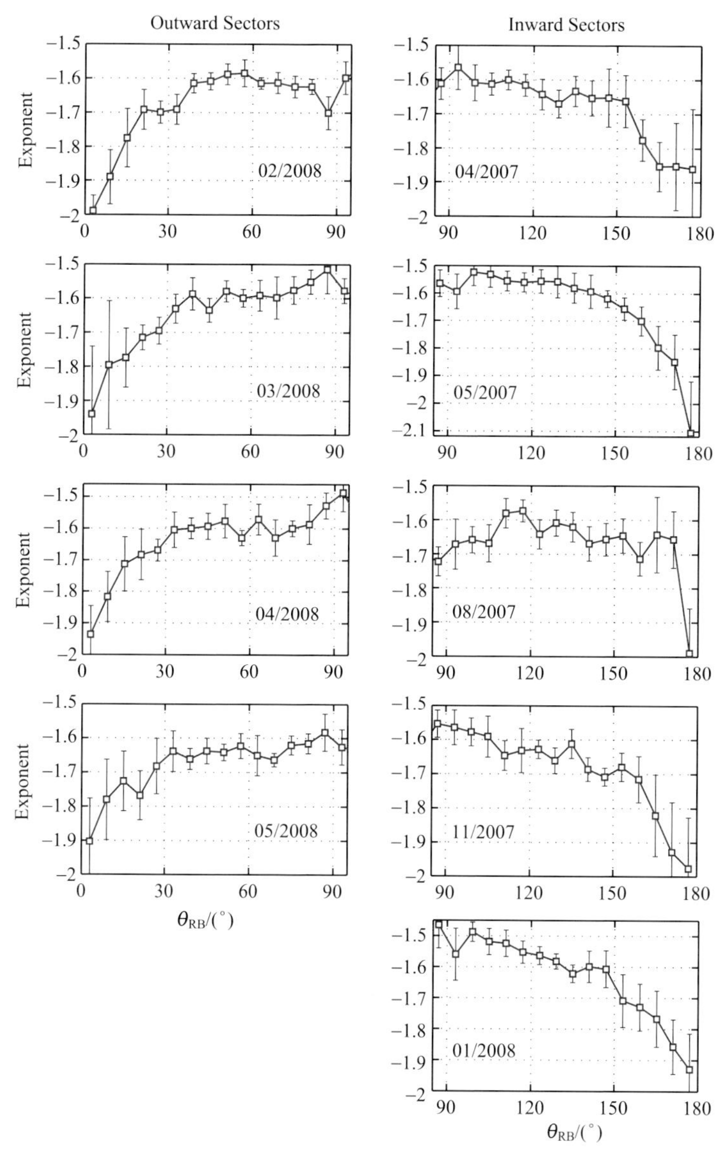

图 2.19　谱指数随 θ_{RB}的变化(Podesta, 2009)

同一套方法,将研究扩展到不同的日地距离,并分析湍流区尺度是否随日地距离变化,以及研究惯性区最小尺度附近的各向异性。该研究选取 Ulysses 数据,观测位置在 1.38~1.93AU 范围内,分析过程将离子回旋半径作为尺度标准。大尺度的谱斜率是各向同性的,在-1 上下(图 2.21 中的青色线),而随着尺度减小,谱指数的各向异性缓缓明晰起来。各向异性与尺度的关系,并不随日心距离变化(图 2.22)。图 2.23 显示惯性区的宽度也不随日心距离变化,并显示了 $k\rho_i \sim 0.7$ 处的峰,峰在垂直功率上更加明显。这个峰可能与离子动力学不稳定性有关。在这个尺度,各向异性开始减小。

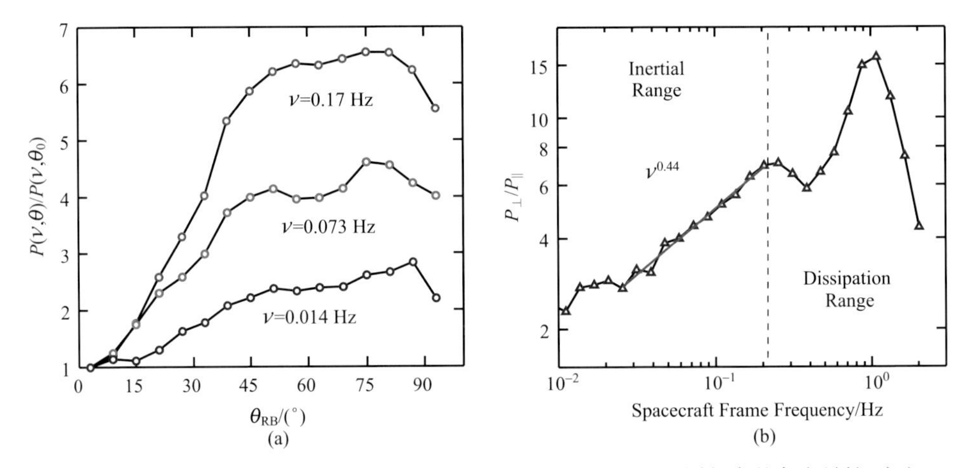

图 2.20 (a)功率谱沿 θ_{RB}的分布,以 $\theta_0=3°$为基准归一化;(b)不同频率的各向异性,定义为垂直方向功率与平行方向功率之比(Podesta, 2009)

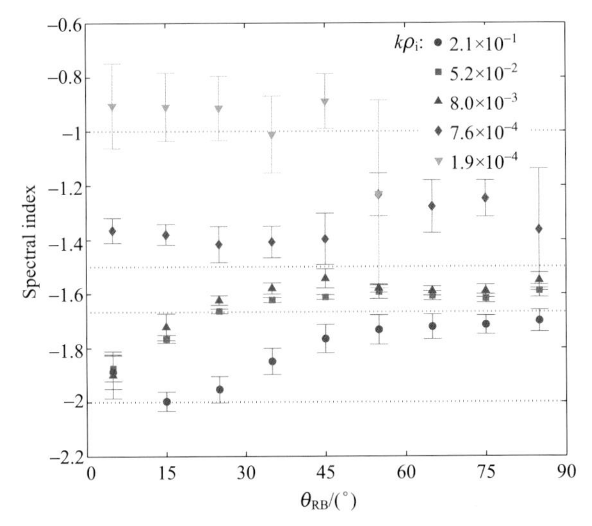

图 2.21 谱斜率随 θ_{RB}的变化。不同颜色的标记代表尺度,以离子回旋半径归一化(Wicks et al., 2010)

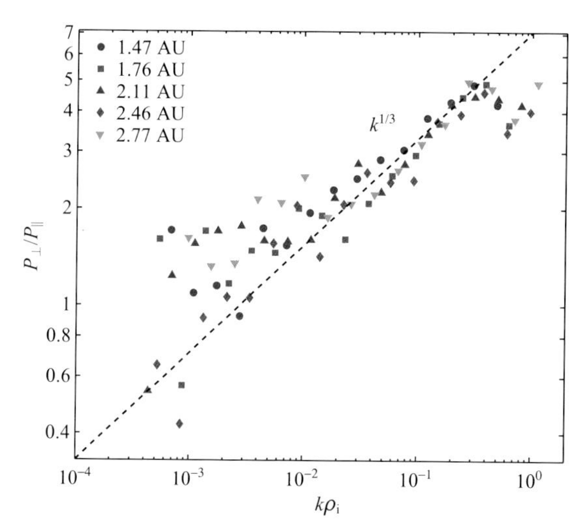

图 2.22　各向异性随尺度的变化，不同颜色的标记表示按日心距离分组(Wicks et al., 2010)

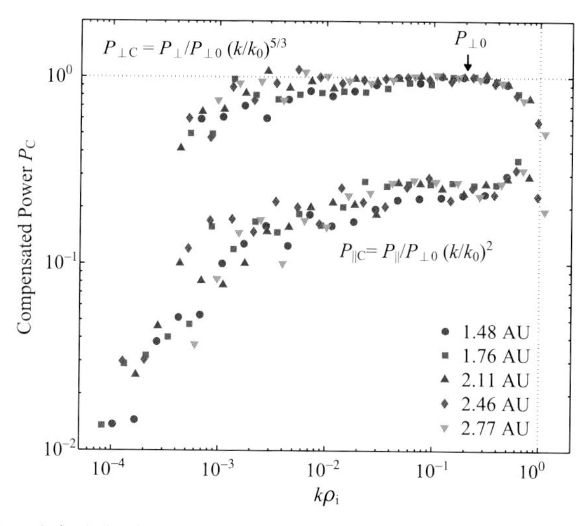

图 2.23　平行、垂直功率谱分别与 2 和 5/3 谱指数的比较。水平虚线表示严格遵守相应的幂律谱，纵轴表示与幂律谱相比的倍数(Wicks et al., 2010)

上述研究中，对功率谱的分析，建立在约化一维功率谱的基础上。二维功率谱密度是更好的近似。He 等(2013)仅依靠单卫星数据，使用投影切片定理，得到$(k_\parallel, k_\perp)$空间内的二维功率谱密度，并讨论了功率谱密度在日心距离 0.3～1AU 过程中的演化。这个算法(图 2.24)借助二阶结构函数计算二维功率谱。结构函数定义为

$$\mathrm{SF}(\tau',\theta'_{\mathrm{RB}})=\frac{\left.\int_0^T\left(\boldsymbol{B}\left(t+\frac{\tau'}{2}\right)-\boldsymbol{B}\left(t-\frac{\tau'}{2}\right)\right)^2\mathrm{d}t\,\right|_{\theta_{\mathrm{RB}}(t,\tau')=\theta'_{\mathrm{RB}}}}{\left.\int_0^T\mathrm{d}t\,\right|_{\theta_{\mathrm{RB}}(t,\tau')=\theta'_{\mathrm{RB}}}}$$

并可以由此得到结构函数 SF 与相关函数 CF 的关系

$$\mathrm{SF}(\tau,\theta')\approx-2\mathrm{CF}(\tau,\theta')+2\mathrm{CF}(\tau=0)$$

本来功率谱是相关函数的 Fourier 变换,但数据中的噪声将会干扰结果,导致功率谱的正定性不能保证。为了保证正定性,要么拟合二维结构函数,要么引入一维结构函数作为过渡。这里使用投影切片定理沟通二维结构函数和一维结构函数(Bovik, 2000)

$$\begin{aligned}\mathrm{PSD}_{2\mathrm{D}}(k,\theta_k)&=\int_{-\infty}^{+\infty}\int_{-\infty}^{+\infty}\mathrm{CF}_{2\mathrm{D}}(r_\parallel,r_\perp)\exp(-\mathrm{i}(k(r_\parallel\cos\theta_k+r_\perp\sin\theta_k)))\,\mathrm{d}r_\parallel\mathrm{d}r_\perp\\&=\int_{-\infty}^{+\infty}\int_{-\infty}^{+\infty}\mathrm{CF}_{2\mathrm{D}}(r'\cos\theta_k-u'\sin\theta_k,r'\sin\theta_k+u'\cos\theta_k)\exp(-\mathrm{i}kr')\,\mathrm{d}r'\mathrm{d}u'\\&=\int_{-\infty}^{+\infty}\mathrm{CF}_{1\mathrm{D}}(r';\theta_k)\exp(-\mathrm{i}kr')\,\mathrm{d}r'\end{aligned}$$

这里引入一个一维相关函数,定义为

$$\mathrm{CF}_{1\mathrm{D}}(r';\theta_k)=\int_{-\infty}^{+\infty}\mathrm{CF}_{2\mathrm{D}}(r'\cos\theta_k-u'\sin\theta_k,r'\sin\theta_k+u'\cos\theta_k)\,\mathrm{d}u'$$

从它出发考虑拟合,相对就比较容易。在该工作中,对结构函数拟合,即

$$\mathrm{SF}(\tau)=2R_0\cdot[1-\exp(-(\tau-\tau_c)^p)]$$

由此,可以得到与日心距离有关的二维结构函数和二维功率谱。图 2.25 显示了二维结构函数,主要部分沿着平行方向,呈马耳他十字状,符合前述二维分量的性质(Matthaeus et al., 1990);而 slab 分量(Matthaeus et al., 1990; Dasso et al., 2005)则在这里不明显。图 2.26 显示了二维功率谱,功率谱表现出强的各向异性,主要偏向于垂直方向,此趋势随日心距离增加而显著。这一图景揭示,太阳风中的湍流串级,在垂直方向比平行方向更剧烈。另外,靠近日心的分布中有一平行分量(图 2.26(a)),它随日心距离增长而逐渐消减(图 2.26(b)和(c))。两个分量似乎对应于如下的图景:非衰减的对流结构(垂直于 $\boldsymbol{B}_0$)叠加在衰减的阿尔芬波上(平行于 $\boldsymbol{B}_0$)。强的各向异性,可以拟合成

$$k_\parallel=\alpha\cdot k_0^{\frac{1}{3}}\cdot k_\perp^{\frac{2}{3}}$$

的形式。其中,k_0是最大尺度的波数;α 是拟合系数,在本例中为 3～4。这个关系也与临界平衡理论相容。这个拟合也可解释太阳风的加热机制,如可以把拟合结果外推,判断是回旋共振加热还是阿尔芬波的 Landau 阻尼加热;本事例中,以回旋共振加热为主。

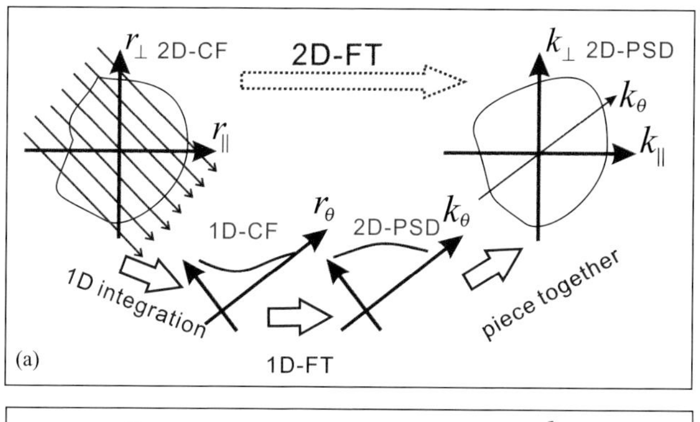

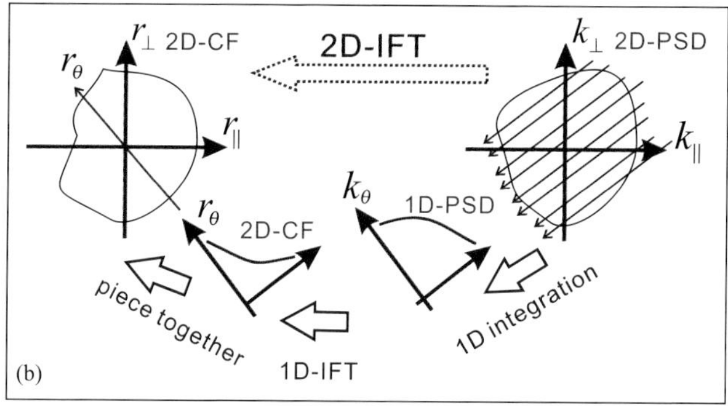

图 2.24 二维功率谱的解算原理

(a)如何由二维相关函数计算二维功率谱。使用二维相关函数直接进行Fourier变换，往往难以得到正确的功率谱，于是需要转而从一维积分得到一维结构函数，经过一维的Fourier变换，再叠加出二维的功率谱。(b)反之，如何由二维功率谱得到二维相关函数(He et al.，2013)

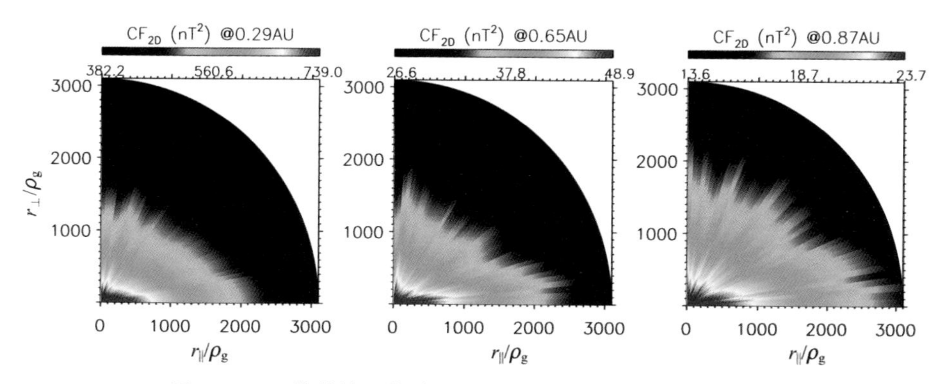

图 2.25 二维结构函数随日心距离的演化(He et al.，2013)

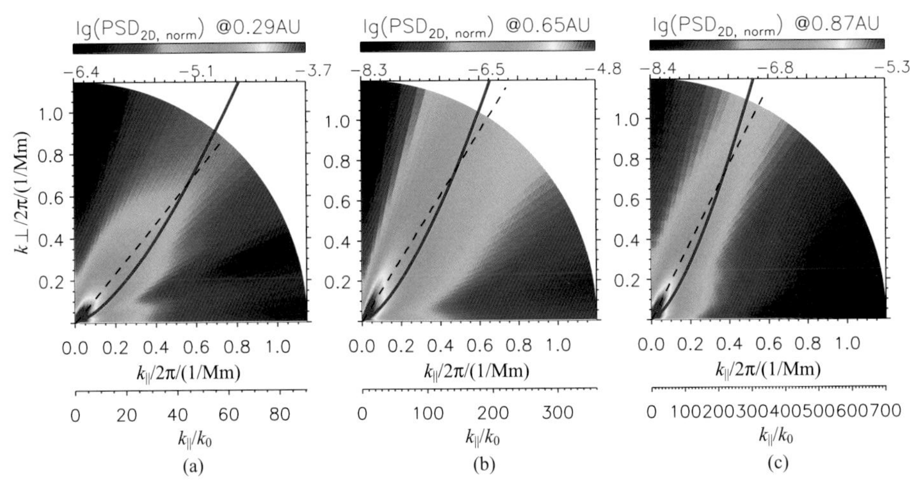

图 2.26　二维功率谱随日心距离的演化(He et al., 2013)

在太阳风湍流中也存在着间歇。近年来,太阳风间歇处的加热效应吸引着研究者的注意。在湍流的串级过程中,普遍存在着不规则串级的情况。不规则串级时,又往往形成间歇结构,间歇结构处有相当显著的加热效应。Osman 等(2012a)使用 PVI(partial variance of increments)识别 ACE 卫星磁场数据中的间歇(Marsch and Tu, 1994; Greco et al., 2008),并探讨间歇处的温度升高。PVI 参量追踪的是磁场的变化。太阳风的观测资料是时间序列,因此可以追踪它的磁场沿时间的变化,根据 Taylor 假设,也可以把它等价于空间变化。追踪磁场变化,需要计算一定尺度上相隔两点磁场的差,即计算磁场的增量

$$\Delta \boldsymbol{B}(t, \Delta t) = \boldsymbol{B}(t + \Delta t) - \boldsymbol{B}(t)$$

再将这个增量取系综平均,即

$$\mathrm{PVI} = \frac{|\Delta \boldsymbol{B}|}{\sqrt{\langle |\Delta \boldsymbol{B}|^2 \rangle}}$$

令 PVI 的平均值为 1,于是可以取 PVI 高于一定值的点认为间歇。图 2.27 运用时序叠加方法,说明质子温度在 PVI 较大的间断处有显著的升高,而 PVI 小于 1 的部分,质子温度有不明显的降低。该研究还估计了加热率 $\varepsilon_s \sim (\delta z_s^3)/s$,并用它估算高 PVI 事件(每体积)对太阳风加热的贡献 $U = C_V n_p k_B T_p$,即太阳风流体的定容比热、质子数密度、Boltzmann 常量与质子温度四者之积。图 2.28 给出了估计结果,蓝框内数字为 PVI 处之 U,红框内数字为事件所占的百分比。为了研究太阳风的各向异性加热及动力学性质,以及这些性质与间歇的关系,Osman 等(2012b)使用 Wind 飞船的磁场数据,同样计算 PVI,并把事件对应到

$\left(\beta_{\parallel}, R=\dfrac{T_{\perp}}{T_{\parallel}}\right)$平面上，研究它的分布。图2.29给出了平均质子温度与平均PVI的分布，显示平均质子温度与平均PVI较高的位置大体一致，都位于不稳定性（图中以点线、虚线、点虚线等画出）附近。图2.30给出了不同PVI质子平行温度与垂直温度的分布，反映出无论是平行温度还是垂直温度，高PVI事件都有明显的高温部分，而且平均值也有所升高。

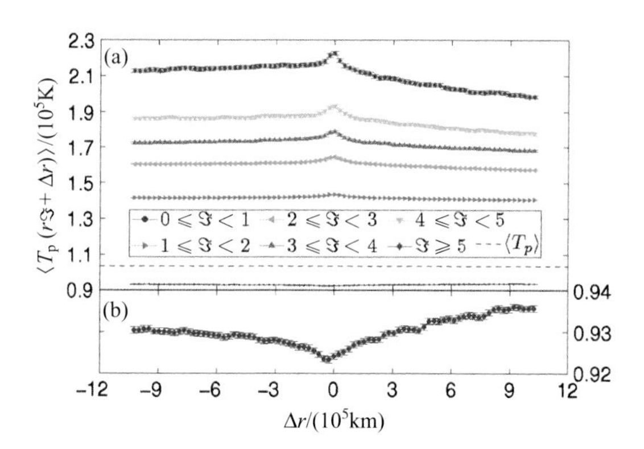

图2.27　太阳风中位于各PVI范围内事件的质子温度，所有事例在间断处对齐，进行时间序列叠加分析。不同颜色的标记代表不同的PVI范围（Osman et al., 2012a）

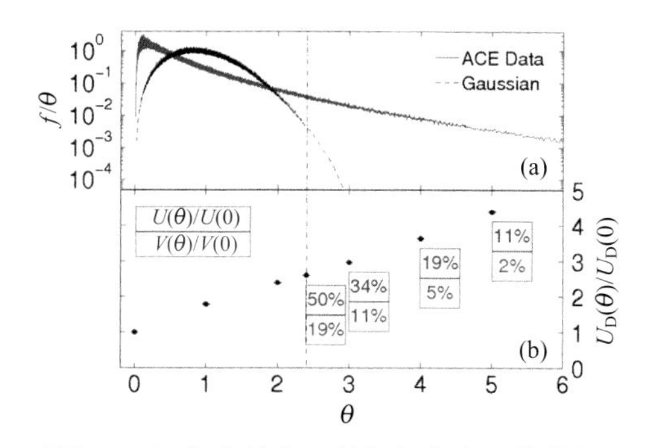

图2.28　不同PVI阈值事件的比例与加热率。横轴为PVI的阈值

(a)ACE卫星观测到PVI事件的比例（蓝），为比较，给出了Gauss分布（黑）；(b)对于PVI事件，给出单位体积对内能的贡献U（蓝色）和发生比例V（红色）（Osman et al., 2012a）

既然可以把间歇现象视为间断面，按间断面的类型进行分析，有助于进一步弄清间断面加热的物理机制。Wang等（2013）使用PVI技术识别间断面，并利用最小变差分析方法（Sonnerup and Cahill, 1967）求出间断面的法向，使用Smith（1973）的判据来判断间断面的类型。对间断面的质子温度进行时间序列分析，发

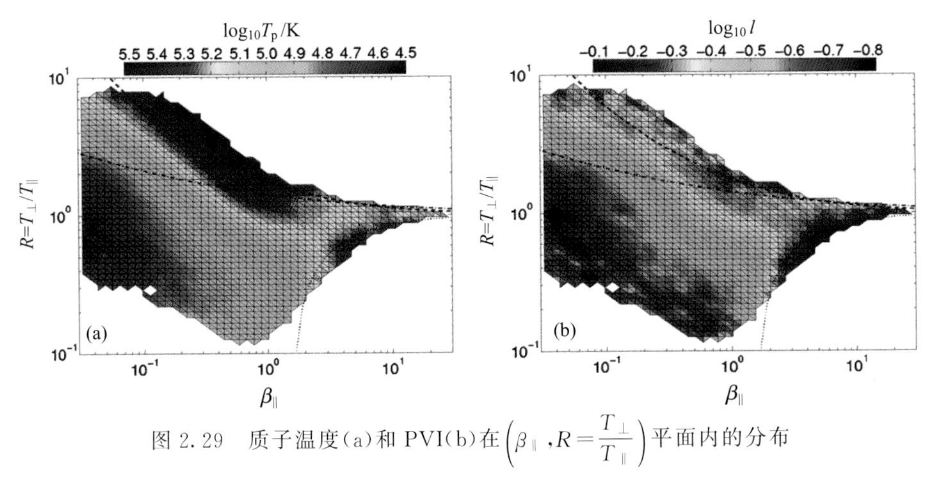

图 2.29　质子温度(a)和 PVI(b)在$\left(\beta_{\parallel}, R=\frac{T_{\perp}}{T_{\parallel}}\right)$平面内的分布

图中标线分别表示为 mirror 不稳定性(虚线)、回旋不稳定性(点虚线)和 fire hose 不稳定性(点线)(Osman et al., 2012b)

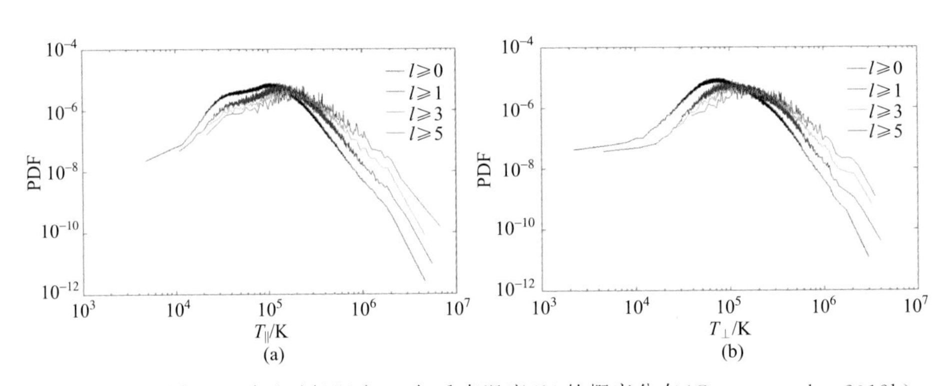

图 2.30　不同 PVI 质子平行温度(a)与垂直温度(b)的概率分布(Osman et al., 2012b)

现切向间断面有明显的质子温度升高,而旋转间断面的质子温度升高不明显(图 2.31、图 2.32)。该工作还发现,旋转间断面的数目也远较切向间断面多。

为了深入研究其中的物理机制,Wang 等(2014)以谱斜率为手段,研究间歇对串级过程的影响。该研究中提出了一种去除间歇的方法。这种方法以 PVI 为去除间歇的依据,但并不是指定某个阈值去除,而是使用了一套统计学方法。首先,引入参数 flatness,定义为 $F=\langle x(t)\rangle^4/\langle x(t)^2\rangle^2$,可以证明,对于 Gauss 分布,该参数的值等于 3。对数据进行小波变换,可以得到每个尺度上的时间序列。对每个时间序列计算 PVI,并试探性地取它的阈值,对阈值以下数据计算 flatness,直到 flatness 为 3,这对应于间歇被去除,分布回到 Gauss 分布(图

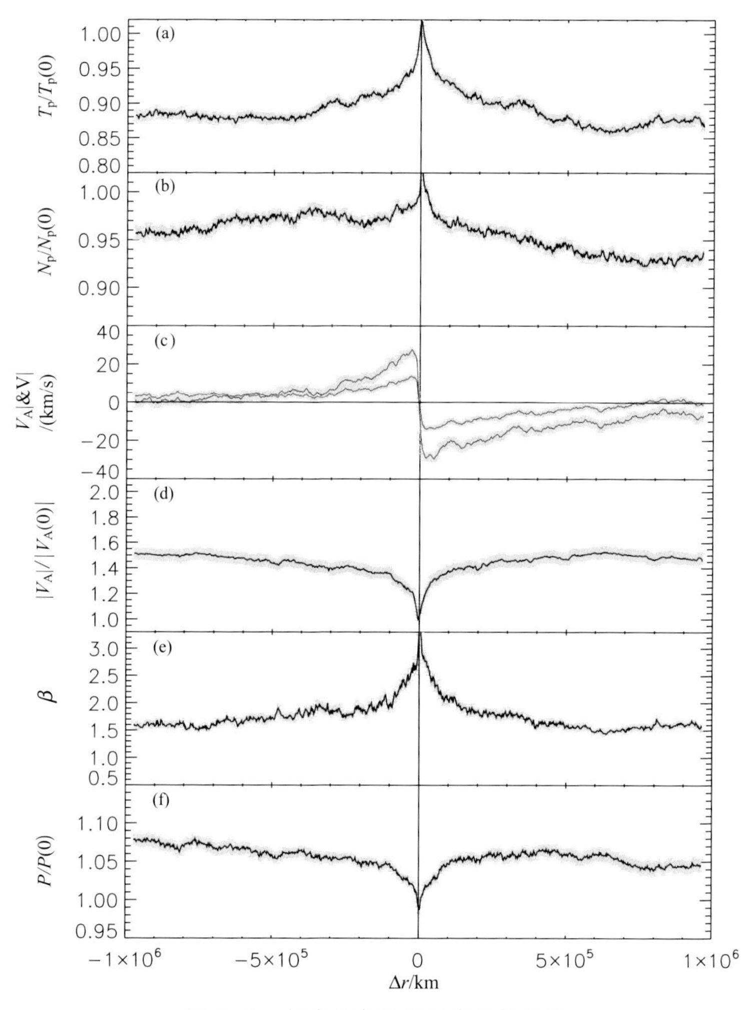

图 2.31　切向间断面的时序叠加分析

以磁场变化为最大值的点对齐，每个事例中还要计算其他点与该点的压强、质子温度、密度，以及阿尔芬速度、等离子体 β 之比。横轴为距离，(a)显示质子温度之比；(b)显示质子密度之比；(c)显示沿最大变化方向的阿尔芬速度分量(蓝)与等离子体体速度分量(红)；(d)为阿尔芬速度之比；(e)为等离子体 β 之比；(f)为压强之比(Wang et al.，2013)

2.33)。对这些阈值以下的数据作小波反变换，得到去除了间歇的时间序列，可以用它讨论功率谱的角分布(图 2.34)。这里，谱随角度的各向异性，随着间歇的去除而消失，反映出谱随角度的各向异性很可能是小尺度的间歇结构导致的。

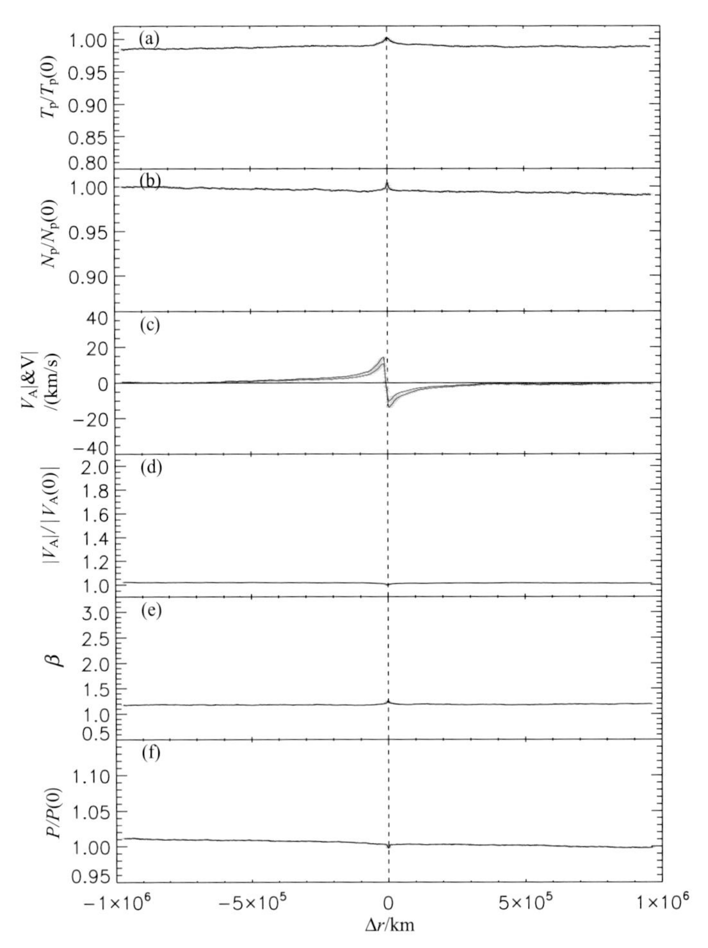

图 2.32　旋转间断面的时间序列叠加分析，格式与图 2.31 相同

(Wang et al. , 2013)

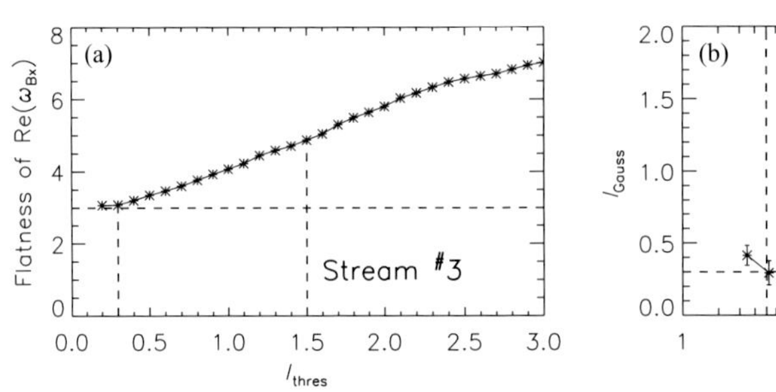

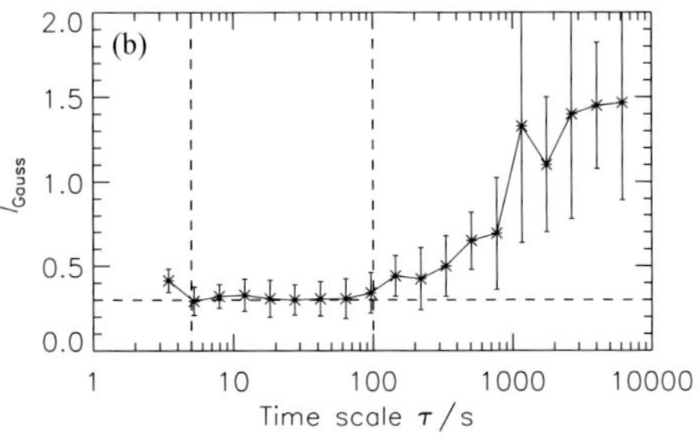

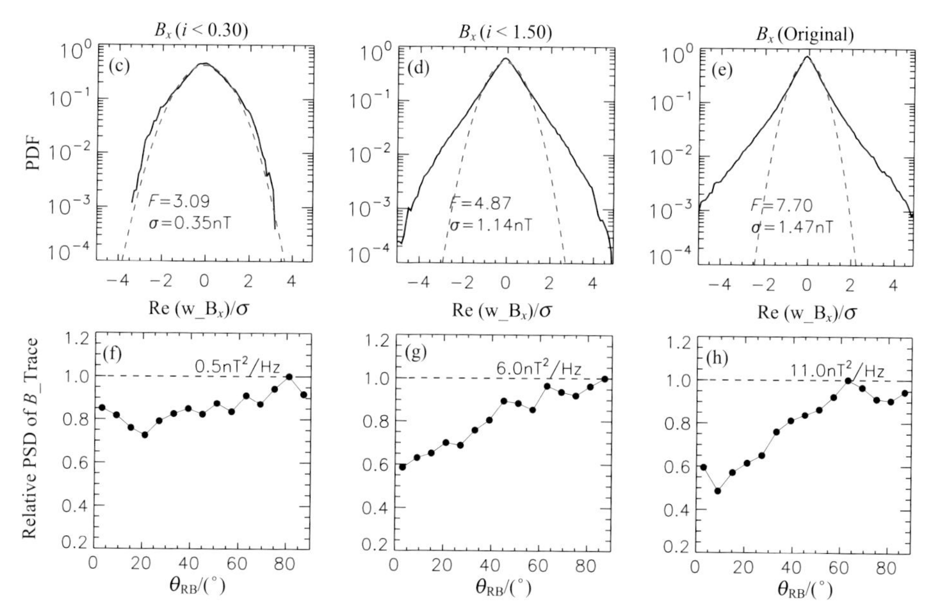

图 2.33　(a)不同尺度磁场谱的 flatness。横轴为 PVI 的阈值，计算 flatness 时，仅使用 PVI 小于所定阈值的部分。(b)各时间尺度上的平均 PVI，虚线所示部分为平均 PVI 值不随尺度显著变化的部分，即应用“去间歇”方法的部分。(c)～(e)不同 PVI 阈值以下事件 B_x 的概率分布(实线)，并与 Gauss 分布(虚线)相比较。(f)～(h)显示不同角度的相对磁场功率谱密度(Wang et al.，2014)

2.5　瞬态太阳风的研究进展

日冕物质抛射(CME)是在短时间内太阳的日冕层抛射大量物质的过程，一般表现在白光日冕仪拍摄的 K 日冕像中。CME 是太阳上十分强烈的爆发活动。每次爆发会释放 100 亿 t 太阳大气物质进入行星际空间，并且以将近 1000km/s 的速度背离太阳运动。CME 通常和太阳耀斑一同出现。在太阳高年，CME 平均每天出现三次；在太阳低年，CME 平均每五天出现一次。

CME 作为日地空间天气现象最重要的驱动源，一直是人们研究的热点。为了研究 CME 的形成过程和物理本质，美国在 2006 年发射了两颗几乎一样的日地关系探测卫星(STEREO)到太阳轨道上，分别领先和落后于地球，从不同方位观测太阳活动，实现对太阳和太阳活动现象(如 CME)的三维成像。以下所介绍的三个工作分别是 STEREO 观测到两次 CME 相互作用的事件以及利用 MHD 模拟对其中一次事件的再现。

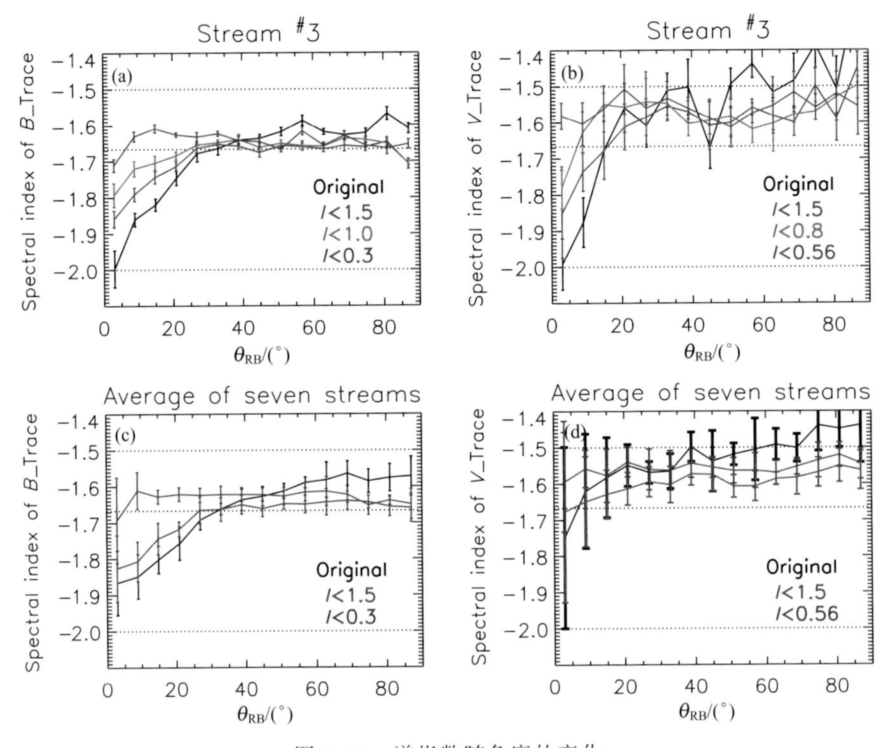

图 2.34　谱指数随角度的变化

上行为 3 号事例,下行为所有 7 个事例;左列为磁场功率谱,右列为速度功率谱,不同颜色代表不同 PVI 阈值(Wang et al., 2014)

2008 年 11 月 2～8 日期间,STEREO 观测到两个 CME 相互靠近并发生碰撞。Shen 等(2012)对该事件进行了分析,认为这两个 CME 发生碰撞有 73%的概率属于超弹性碰撞,系统总能量在碰撞后增加了 6.6%。两个 CME 在太阳上的产生时间分别为 2008 年 11 月 2 日 00:35UT 和 22:35UT。此时,STEREO-A 在日地连线西侧 41°距太阳 0.97AU 处,STEREO-B 在日地连线东侧 40°距太阳 1.07AU 处。两个 CME 的运动方向介于日地连线和日-STEREO-A 连线之间。文章认为这两个 CME 碰撞可以近似为两个弹性球的碰撞,碰撞过程分为碰撞前、挤压、回复和碰撞后。

图 2.35 是 STEREO-B 上的 COR2,HI1 和 HI2 仪器的滑动差分图在黄道面上的时间-距角图。自左下到右上的亮-暗条纹表明了结构背离太阳的运动。图中竖向的绿色虚线标明了碰撞过程的始末(11 月 3 号 18:49UT～11 月 4 号 10:49UT)。菱形和十字形标志分别指示 CME 的前沿和后沿,红色代表 CME1,蓝色代表 CME2。距角在一定假设下可以转变为距太阳中心的距离。通常把 CME 看

成球形，可以得到 CME 的半径 r 和 CME 中心到太阳中心的距离 d，以及 CME 中心的经纬度 θ 和 ϕ。从 COR2 给出的时间-距角图中可以发现，这两个 CME 几乎都是径向向外传播的，经纬度并不发生改变，直到它们发生碰撞。另外，文章通过 d 和 r 随时间演化的图像得到了 CME 的运动与膨胀速度，发现它们在碰撞前也是几乎不变的，即这两个 CME 匀速背离太阳运动并且匀速向外膨胀。另外，文章从上述速度结果反演出 CME1 前沿的距角随时间的演化曲线，即图 2.35 中的白色虚线，并推算到碰撞后。可以很清楚地看到在发生碰撞之前，它很好地符合了观测结果，但在碰撞后则开始偏离观测结果。这表明碰撞过程必然改变这两个 CME 的运动速度和方向。

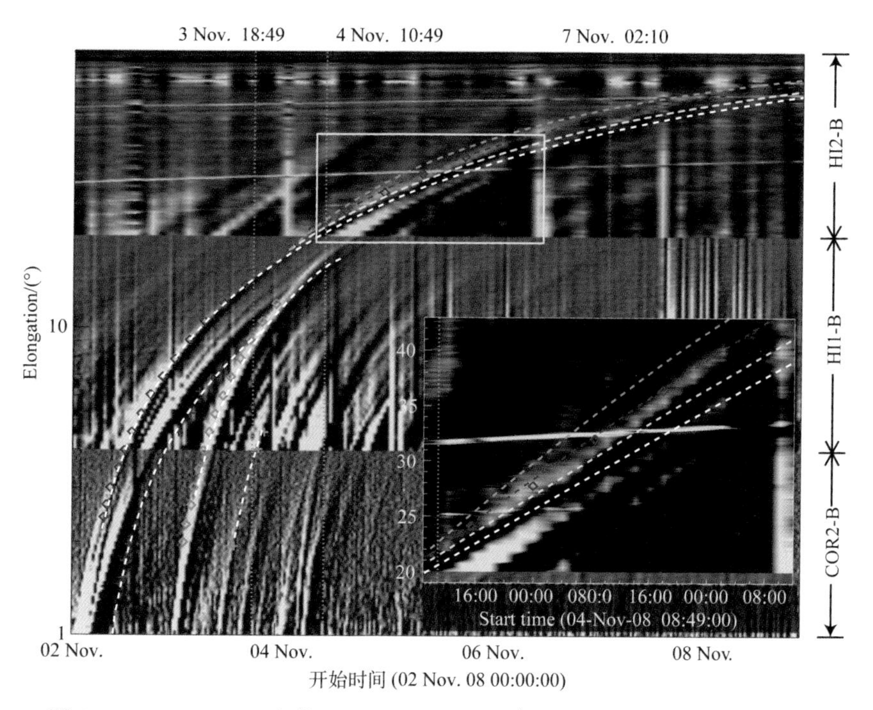

图 2.35　STEREO-B 上的 COR2，HI1 和 HI2 仪器的滑动差分图在黄道面上的时间-距角图（Shen et al.，2012）

文章将这两个 CME 看成两个膨胀的弹性球，认为在碰撞前后膨胀速度不发生改变的假设下，如果碰撞前两个球总膨胀速度大于它们相互靠近的速度，则这样的碰撞将会是超弹性碰撞。通过比较这两个 CME 在空间中的相对位置（由 r，d，θ 和 ϕ 可以得到）以及两者的速度，通过简单的几何运算文章给出了它们沿碰撞方向的速度差为 32km/s，而它们的膨胀速度之和为 117km/s。显然，如果理论正确，这样的碰撞将是超弹性的。

另外,从观测上可以通过计算碰撞系数和比较碰撞前后动能变化来判断这个碰撞是否是超弹性的。对于给定的碰撞系数 e,如果已知两个 CME 的初始速度和两者的质量比,可以计算出两个 CME 碰撞后的速度以及两者前后沿在时间-距角图上的轨迹。由于在时间-距角图上只有 CME1 的前沿在碰撞后能分辨出来,只能通过拟合 CME1 前沿的轨迹来寻找合适的碰撞系数 e。文章给出最佳匹配的 e 值为 5.4,相应的 CME1 前沿轨迹对应图 2.35 中的红色虚线。黄色和绿色虚线分别对应 e 等于 1 和 10。经过碰撞,CME1 的传播速度由 243km/s 上升至 316km/s,动能(包含膨胀的动能)增加了约 68%;CME2 由 407km/s 下降到 351km/s,动能减少了约 25%。系统总能量增加了 6.6%,这些增加的能量被认为是碰撞过程中磁能和热能的耗散转化而来。

为了进一步证实空间中两个 CME 的碰撞可以是超弹性碰撞,Shen 等(2013)对 2008 年 11 月 2～8 日期间,两个 CME 相互靠近并发生碰撞的事件进行了模拟。由于模拟程序的限制,CME 的边界难以确定。因此文章通过给出整个计算区域各类能量的变化来分析能量的转化,分别模拟了在同样条件下,两个 CME 发生碰撞和不发生碰撞两种情况。通过比较这两种情况中各类能量的时间演化,来分析碰撞过程中能量的转化。

图 2.36 给出了两种情况下计算区域各类能量的时间演化,以 CME2 引入时刻 $t=6\text{h}$ 为初始时刻,实线是发生碰撞的情况,虚线是不发生碰撞的情况。从上到下分别为总能量、动能、磁能、热能和重力势能。图中黑色曲线是计算区域实际总能量的变化,初期总能量迅速下降是因为将 CME2 引入计算区域时需要去除一部分背景太阳风。蓝色曲线是修正 CME2 引入影响之后的能量变化曲线,可以看出总能量几乎守恒,曲线上的小扰动是模拟程序的数值误差造成的。而其他各类能量的变化都远大于数值误差,可以认为它们的变化反映了真实的物理过程。在两个 CME 都引入计算区域之后,系统的动能和重力势能增加,而磁能和热能减少。这是因为 CME 携带的等离子体密度高于背景太阳风,而且 CME 在传播过程中会逐渐膨胀,热能和磁能转化为动能。

为了进一步分析 CME 碰撞对能量转化的影响,验证这一碰撞是超弹性碰撞,文章给出了计算区域各类能量在上述两种情况下的差值随时间的演化(图 2.37)。图中不同颜色分别表示不同能量在两种情况下的差异($E_{\text{case1}}-E_{\text{case 2}}$)。在 $t=7\text{h}$,即碰撞发生初始,ΔE_{k}开始出现显著增加。这表明在碰撞情况下,系统动能有额外的增加。文章指出这种额外动能的增加必定是由碰撞导致的,并且这两种情况中能量变化的差异可以看成碰撞前后的能量差异,所以这种显著的动能变化差异为 Shen 等(2012)文章中两个 CME 碰撞是超弹性碰撞这一结论提供了证据。另外,通过比较图中 ΔE_{i}和 ΔE_{m}可以发现,磁能是这种额外动能增加主要的能量来源。

以上是两例对 CME 之间超弹性碰撞的研究,Liu 等(2014)给出了两个 CME

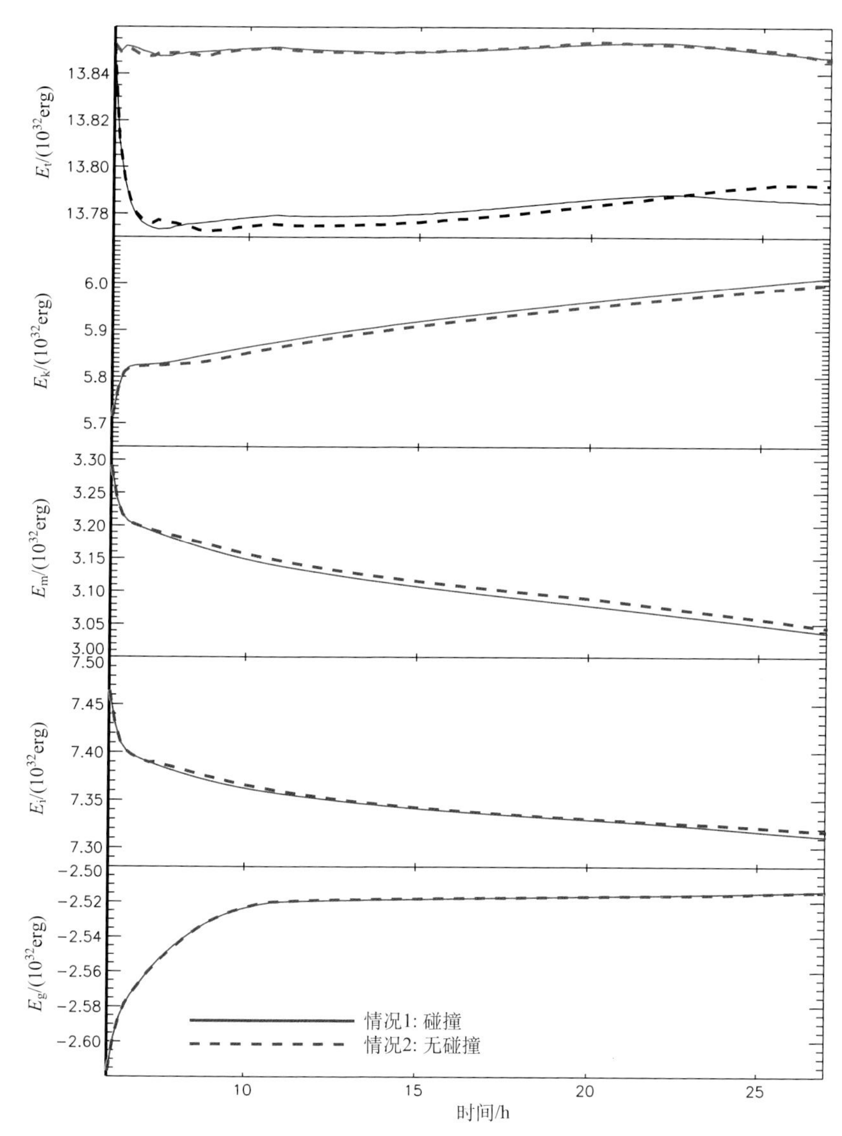

图 2.36　前后两个 CME 发生碰撞和无碰撞两种情况下，计算区域内各类能量的时间演化，从上到下子图依次是总能量、动能、磁能、热能和重力势能

黑色的线是修正前的情况，蓝色线是修正后的情况，实线是前后 CME 碰撞的情况，虚线是前后 CME 无碰撞的情况（Shen et al.，2013）

相互作用，并且融合在一起共同运动的观测研究。在 2012 年 7 月 23 日的太阳爆发性事件期间，STEREO-A 和 STEREO-B 分别位于日地连线西侧 121.3°距太阳 0.96AU 处，和日地连线东侧 114.8°距太阳 1.02AU 处。爆发性事件发生在日面

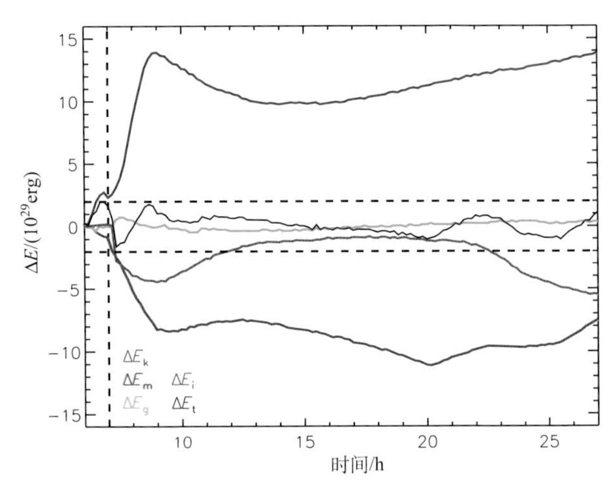

图 2.37 根据碰撞和无碰撞两种情况的差值,来估算碰撞前后不同类型能量的改变
黑色、红色、蓝色、紫色和绿色分别表示总能量、动能、磁能、重力势能和热能的差值(Shen et al.,2013)

上日-STEREO-A 连线以西 12°的黑子群区域,恰好能被 STEREO-A 正面观测,同时被 STEREO-B 和 SOHO 从侧面成像。

文章给出了由滑动差分图得到的黄道面上的时间-距角图。图 2.38 分别是由 SOHO 的 LASCO 和 STEREO-B 的 COR1 和 COR2 观测给出的时间-距角图。从 STEREO-B 的 COR1 给出的时间-距角图中可以看到两条明显的轨迹,分别表示事件期间两个相近喷发的 CME(CME1 和 CME2)。这两个事件的轨迹在 COR2 的图中合并在了一起。LASCO/C2 给出的图中在 03:00UT 附近也可以看到两条邻近的轨迹。

通过三角测量技术及给出的时间-距角图可以得到 CME 前沿的运动。图 2.39 给出了 CME 前沿在黄道面上的运动方向(与日-STEREO-A 连线的夹角,以西为正)、距日心的距离和运动速度。运动方向在 02:42~03:05UT 内发生了较大改变。而这段时间正好两个 CME 相互融合的时间一致。CME 前沿在 03:14UT,大约 13 个太阳半径处到达最快速度 3050km/s,随后减小到约 2700km/s。图 2.39 速度图像中虚线为 STEREO-A 在 195Å 的全视野 EUV 通量。EUV 通量存在两个峰值,间隔 15min,与 STEREO-B 在 304Å 的 EUV 图像看到的两次连续爆发的时刻一致。

文章随后给出了 STEREO-A 在 0.96AU 处对 CME 的局地测量,并且通过一系列分析指出这两个融合在一起共同运动的 CME 具有极高的径向速度和磁场,如果它们是朝向地球运动,将会造成有史以来最强的磁暴。文章仔细分析了这一爆发性事件期间局地测量数据,认为这种极强磁场是由于 CME 间相互作用造成

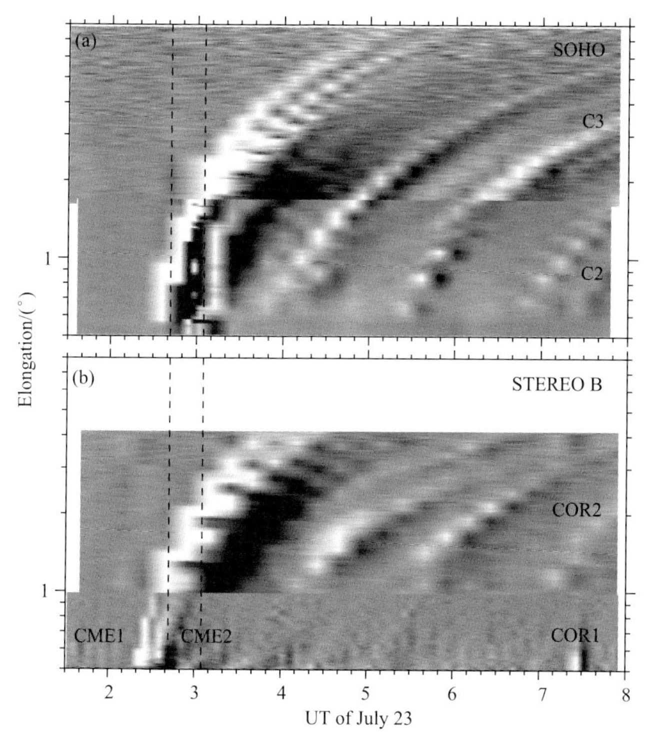

图 2.38　(a)和(b)分别是由 SOHO 的 LASCO 和 STEREO-B 的 COR1 和 COR2 的观测给出的时间-距角图(Liu et al.,2014)

的。极高的运动速度表明 CME 在传播过程中速度衰减很小,文章给出的解释是更早爆发的 CME 降低了太阳风的密度,同时使得太阳风中磁力线向外延伸,削弱了太阳风对 CME 的减速作用。这同时还能解释 CME 从太阳表面到 1AU 处超快速的传播(传播时间仅为 18.6h)。文章总结了这一事件中 CME 间相互作用的三个效应,一是导致 CME 传播方向改变,二是导致磁场剧烈增加,三是导致异常弱的速度衰减。

2.6　结论与讨论

基于多颗空间探测飞船的飞行并实施了丰富多样的观测、空间等离子体理论模拟的发展,人们对太阳风的研究有了全新的进展。如:①人们认识到太阳风起源是一个非常复杂的动态过程,包括磁重联驱动和波动驱动两种机制。磁重联能够使得闭合磁圈变成开放,从而为太阳风初始外流供应物质。波动上传演化成非线性波,其波压梯度力有利于太阳风的加速。另外,磁重联和波动本身也是互相耦合

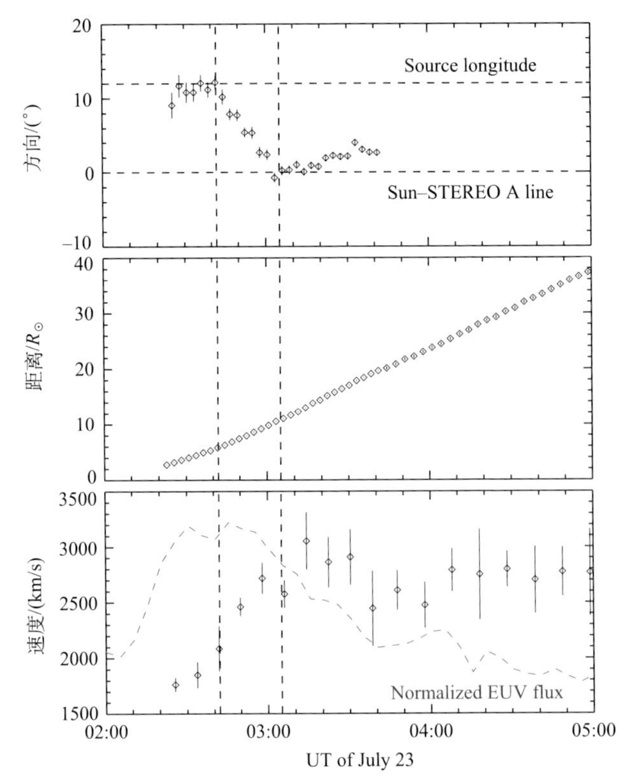

图 2.39　从上到下依次为CME前沿在黄道面上的运动方向(与日-STEREO-A连线的夹角,以西为正)、距日心的距离和运动速度(Liu et al.,2014)

的,磁重联能激发波动,包括阿尔芬波和快、慢磁声波;而波湍动反过来能使电流片变得更薄、电流更强,从而触发磁重联。②人们认识到太阳风湍流的功率谱在惯性区存在明显的各向异性特征,即空间频谱在垂直磁场的维度要强于平行磁场的维度。各向异性可能是由于波动的非线性相互作用导致能量主要沿着垂直方向串级有关。间歇结构的存在及其各向异性的特征,可能对太阳风湍流的各向异性有重要的贡献。③太阳风湍流在动力学尺度存在明显二元波动成分,即准平行的阿尔芬回旋波和准垂直动力论阿尔芬波。理论建模和观测结果比较表明,准垂直的动力论阿尔芬波似乎更占主导地位。④引起太阳风暴的日冕物质抛射事件经常是多发伴生的事件,这些多发事件在源区可能存在相互关联、相互感应的因果关系。这些伴生的喷射物在行星际空间可能存在强烈的相互碰撞,导致行星际介质状态的剧烈变化:可能存在超弹性碰撞,导致磁能向动能的转换;存在后发的抛射物的强激波进入前面的抛射物,导致前面抛射物的加速、加热、重联等。多发的日冕物质抛射事件都属于瞬态的太阳风类型,其冲击地球会造成典型的空间天气灾害性事件。

未来的重要研究方向可能包括如下方面：①需要对色球和过渡区的辐射动力学有更深入的认识，理解色球的局地加热、离化与太阳风起源的关系。②需要建立太阳风源区的动力学模型，更好地描述太阳风加热加速的实际情况。目前的磁流体力学模型对短距离快速加速和各向异性加热均无能为力。③需要找到太阳风湍流动力学二元波动耗散并加热太阳风的证据，建立相应的理论模型。需要探讨其他波模，如动力论慢磁声波、离子声波、哨声波所起的作用。④需要研究湍流各向异性和间歇结构产生的本质。如何从外传阿尔芬波占主导的太阳风湍动里，认识非线性相互作用导致的串级。⑤需要对瞬态太阳风有全面的了解，既包括大尺度的剧烈的伴生的日冕物质抛射事件，也包括小尺度的更普遍的喷流现象。

近期美国航空航天局和欧洲航天局将分别主导发射并执行 Solar Probe Plus 和 Solar Orbiter 计划。这两个雄心勃勃的空间探测计划将带领人们进入到对太阳风研究的新领地。SPP 飞船将史无前例的飞临日冕，在距离太阳不到 10 个太阳半径的地方，对初生太阳风进行高分辨率的实地探测，有望对太阳风的加速、加热问题取得重大突破。SO 飞船将在 0.3AU 以内近距离观测太阳极区，有望对极区冕洞的太阳风起源过程和太阳磁场发电机在极区发生极性反转等前沿问题取得突破性进展。

致　谢

本章撰写得到北京大学太阳风研究组和中国科学院国家空间科学中心的多位同事和同学的帮助。他们是杨利平博士、张磊、闫丽梅、裴仲添、毛守迪等。由于篇幅有限、时间仓促，只能对所熟知的太阳风进展的一部分进行简要阐述，尚未涉及国内外同行在太阳风其他方面的研究成果。

参考文献

Bovik A C. 2000. Handbook of Image and Video Processing. San Diego, CA: Academic Press.

Buchner J, Nikutowski B. 2005. Acceleration of the Fast Solar Wind by Reconnection. Proceedings of Solar Wind 11/SOHO 16, ESA SP-592: 141.

Cranmer S R, van Ballegooijen A A, Edgar R J. 2007. Self-consistent coronal heating and solar wind acceleration from anisotropic magnetohydrodynamic turbulence. The Astrophysical Journal Supplement Series, 171: 520-551.

Dasso S, Milano L J, Matthaeus W H, et al. 2005. Anisotropy in fast and slow solar wind fluctuations. The Astrophysical Journal Letters, 635: L181-L184.

De Pontieu B, Hansteen V H, Rouppe van der Voort L, et al. 2007. High-resolution observations and modeling of dynamic fibrils. The Astrophysical Journal, 655(1): 624-641.

De Pontieu B, McIntosh S W, Hansteen V H, et al. 2009. Observing the roots of solar coronal heating—in the chromosphere. The Astrophysical Journal, 701(1): L1-L6.

De Pontieu B, McIntosh S W, Carlsson M, et al. 2007. Chromospheric Alfvénic waves strong enough to power the solar wind. Science, 318(5856): 1574-1577.

Fisk L A. 2003. Acceleration of the solar wind as a result of the reconnection of open magnetic flux with coronal loops. Journalof Geophysical Research, 108(A4): 1157.

Fu H, Xia L, Li B, et al. 2014. Measurements of outflow velocities in on-disk plumes from EIS/Hinode observations. The Astrophysical Journal, 794: 109.

Greco A, Chuychai P, Matthaeus W H, et al. 2008. Intermittent MHD structures and classical discontinuities. Geophysical Research Letters, 35(19): L19111.

Hansteen V H, De Pontieu B, Rouppe van der Voort L, et al. 2006. Dynamic fibrils are driven by magnetoacoustic shocks. The Astrophyiscal Journal Letters, 647(1): L73-L76.

He J S, Tu C Y, Marsch E. 2008. Modeling of solar wind origin in coronal funnel with mass and energy supplied at 5 Mm. Solar Physics, 250(1): 147-158.

He J, Marsch E, Tu C, et al. 2009a. Excitation of kink waves due to small-scale magnetic reconnection in the chromosphere? The Astrophysical Journal, 705(2): L217-L222.

He J S, Tu C Y, Marsch E, et al. 2009b. Upward propagating high-frequency Alfvén waves as identified from dynamic wave-like spicules observed by SOT on Hinode. Astronomy & Astrophysics, 497(2): 525-535.

He J S, Marsch E, Tu C Y, et al. 2011. Possible evidence of Alfvén-cyclotron waves in the angle distribution of magnetic helicity of solar wind turbulence. The Astrophysical Journal, 731(2):85.

He J S, Tu C Y, Marsch E, et al. 2012a. Do oblique Alfvén/ion-cyclotron or fast-mode/whistler waves dominate the dissipation of solar wind turbulence near the proton inertial length? The Astrophysical Journal Letters, 745(1):L8.

He J S, Tu C Y, Marsch E, et al. 2012b. Reproduction of the observed two-component magnetic helicity in solar wind turbulence by a superposition of parallel and oblique Alfvén waves. The Astrophysical Journal, 749:86.

He J S, Tu C Y, Marsch E, et al. 2013. Radial evolution of the wavevector anisotropy of solar wind turbulence between 0. 3 and 1 AU. The Astrophical Journal, 773: 72.

Horbury T S, Forman M, Oughton S. 2008. Anisotropic scaling of magnetohydrodynamic turbulence. Physical Review Letters, 101: 175005.

Liu Y D, Luhmann J G, Kajdič P, et al. 2014. Observations of an extreme storm in interplanetary space caused by successive coronal mass ejections. Nature communications, 5: 3481.

Marsch E, Tu C Y. 1994. Non-Gaussian probability distributions of solar wind fluctuations. Annales Geophysicae, 12: 1127-1138.

Matthaeus W H, Goldstein M L, Roberts D A. 1990. Evidence for the presence of quasi-two-dimensional nearly incompressible fluctuations in the solar wind. Journal of Geophysical Research, 95: 20673-20683.

McIntosh S W, De Pontieu B. 2009. High-speed transition region and coronal upflows in the quiet sun. The Astrophysical Journal, 707: 524-538.

Osman K T, Matthaeus W H, Wan M, et al. 2012a. Intermittency and local heating in the solar wind. Physical Review Letters, 108: 261102.

Osman K T, Matthaeus W H, Hnat B, et al. 2012b. Kinetic signatures and intermittent turbulence in the solar wind plasma. Physical Review Letters, 108: 261103.

Podesta J J. 2009. Dependence of solar-wind power spectra on the direction of the local mean magnetic field. The Astrophysical Journal, 698(2): 986-999.

Shen C, Wang Y, Wang S, et al. 2012. Super-elastic collision of large-scale magnetized plasmoids in the heliosphere. Nature Phys., 8(12): 923-928.

Shen F, Shen C, Wang Y, et al. 2013. Could the collision of CMEs in the heliosphere be super-elastic? Validation through three-dimensional simulations. Geophys. Res. Lett., 40(8): 1457-1461.

Smith E J. 1973. Identification of interplanetary tangential and rotational discontinuities. J. Geophy. Res., 78(13): 2054.

Sonnerup B U O, Cahill L J Jr. 1967. Magnetopause structure and attitude from explorer 12 observations. J. Geophy. Res., 72: 171.

Suzuki T K, Inutsuka S. 2005. Making the corona and the fast solar wind: a self-consistent simulation for the low-frequency Alfvén waves from photosphere to 0. 3AU. Astrophys. J., 632(1): L49-L52.

Suzuki T K, Inutsuka S. 2006. Solar winds driven by nonlinear low-frequency Alfvén waves from the photosphere: parametric study for fast/slow winds and disappearance of solar winds. J. Geophys. Res., 111(A6): A06101.

Tian H, Tu C, Marsch E, et al. 2010. The nascent fast solar wind observed by the EUV imaging spectrometer on board hinode. ApJ, 709(1): L88-L93.

Tian H, DeLuca E, Reeves K K, et al. 2014a. High-resolution observations of the shock wave behavior for sunspot oscillations with the interface region imaging spectrograph. ApJ, 786(2): 137.

Tian H, DeLuca E E, Cranmer S R, et al. 2014b. Prevalence of small-scale jets from the networks of the solar transition region and chromosphere. Science, 346(6207): A315.

Tomczyk S, McIntosh S W. 2009. Time-distance seismology of the solar corona with CoMP. ApJ, 697(2): 1384-1391.

Tomczyk S, McIntosh S W, Keil S L, et al. 2007. Alfvén waves in the solar corona. Science, 317(5842): 1192.

Tu C, Zhou C, Marsch E, et al. 2005a. Solar wind origin in coronal funnels. Science, 308(5721): 519-523.

Tu C, Zhou C, Marsch E, et al. 2005b. Proceedings of the solar wind 11/SOHO 16.

"Connecting Sun and Heliosphere" Conference (ESA SP-592).

Wang T, Ofman L, Davila J M. 2009a. Propagating slow magnetoacoustic waves in coronal loops observed by Hinode/EIS. ApJ, 696(2): 1448-1460.

Wang T, Ofman L, Davila J M, et al. 2009b. Hinode/EIS observations of propagating low-frequency slow magnetoacoustic waves in fan-like coronal loops. A&A, 503(3): L25-L28.

Wang X, Tu C, He J, et al. 2013. On intermittent turbulence heating of the solar wind: differences between tangential and rotational discontinuities. Astroph. J. Lett., 772(2): L14.

Wang X, Tu C, He J, et al. 2014. The influence of intermittency on the spectral anisotropy of solar wind turbulence. Astroph. J. Lett, 783(1): L9.

Wicks R T, Horbury T S, Chen C H K, et al. 2010. Power and spectral index anisotropy of the entire inertial range of turbulence in the fast solar wind. Mon. Not. R. Astron. Soc., 407(1): L31-L35.

Yang L, He J, Peter H, et al. 2013. Injection of plasma into the nascent solar wind via reconnection driven by supergranular advection. Astrophys. J., 770(1): 6.

Yang L, He J, Peter H, et al. 2013. Numerical simulations of chromospheric anemone with moving magnetic features. Astrophys. J., 777(1): 16.

Yurchyshyn V, Abramenko V, Kilcik A. 2014. Dynamics in sunspot umbra as seen in new solar telescope and interface region imaging spectrograph data. ArXiv e-prints, arXiv: 1411. 0192.

第3章 太阳射电频谱成像观测

颜毅华[1,2]

1 中国科学院国家天文台,北京 100012

2 中国科学院太阳活动重点实验室,北京 100012

在厘米和分米波段的频谱成像对于研究能量释放、粒子加速和粒子输运等基本问题具有重要意义,该波段对应着耀斑初始能量释放区域。未来以中国射电日像仪为代表的新的主要观测设施将在宽频带区域获得高空间分辨率和高动态范围射电图像,将大为扩展太阳射电探测能力,为耀斑和日冕物质抛射打开新的观测窗口,为探测日冕磁场提供强有力的诊断能力。本章介绍太阳射电频谱成像研究的进展、中国频谱射电日像仪的建设与初步观测结果。目前,国际太阳射电频谱成像研究仍处于"婴幼儿期",可望取得重要进展。

3.1 引 言

太阳射电天文自20世纪第二次世界大战问世以来,发展极为迅速。至20世纪50年代末,太阳射电辐射的宁静、缓变和不同类型爆发成分已被射电通量仪、频谱议及多单元干涉仪所观测到。在20世纪60年代进入空间时代以后,一方面得以通过卫星观测获得直至地球空间附近的低频射电爆发;另一方面,澳大利亚的Culgoora射电日像仪首次观测到日冕射电像(McLean and Labrum,1985)。1973年Skylab发射以来,射电观测与γ射线、X射线、极紫外/紫外、就位粒子探测及日冕仪等多波段观测结合,得以深入研究耀斑、CME、粒子加速等爆发过程(Benz,1993; Gary and Keller,2004)。

在太阳射电天文的发展过程中,观测仪器和技术方法日臻完善,资料积累与日俱增,理论探讨不断深化,在实际应用中也得到了一系列重大成果。所有这些不仅为射电天文学和太阳物理学做出了巨大贡献,而且对推动无线电物理学、等离子体物理学、地球物理学和空间科学以及航空、航天等学科领域的发展,发挥了重要作用。

太阳剧烈活动,主要表现为太阳耀斑和日冕物质抛射等形式,其本质为太阳磁场能量快速释放而引起的物质团的迅速运动、高能粒子发射和相应的辐射增强。过去人们曾经把日冕物质抛射(CME)及相应的地球物理响应(包括行星际激波,质子事件/地磁暴等)等都归结为太阳耀斑发展进程中的派生现象。然而不断涌现的地面太阳仪器和空间航天器的联测结果表明,事实并非如此。现在已经基本了解到CME的出现,将大块磁化等离子体抛向日地空间或行星际空间,并驱动日冕行星际激波的产生,使低能粒子(电子、质子和离子)得到加速而变成高能粒子,这些高能粒子和激波不但能够毁坏在太空中运行的航天器上的科学仪器、危及航天员的人身安全,并将阻碍航天器的空间航行;灾害性的空间天气还将构成所谓的"太阳风暴"事件,产生严重的地球物理响应,如高能质子事件、地磁暴等(Kahler et al.,1978; Gosling,1993)。这些事件还能引起地球电离层的扰动,从而严重干扰卫星通信、地面和海上导航,甚至危及国防安全;太阳等离子体扰动感应的电流还能引起地面高纬度地区电力系统、石油管道输送系统,甚至电话线路系统的异常充电而毁坏。

因此研究太阳剧烈活动的起源和发生发展规律,不仅是天文学的重要问题,同时也直接关系国民经济长远发展和国家安全的重大科学问题,是我国《中长期科学和技术发展规划纲要》在学科发展和科学前沿问题中部署的主要研究方向之一。

3.2　太阳射电天文发展

射电波段的观测是我们研究天体(包括太阳、地球、行星及太阳系外天体)的一个十分重要的手段,称为射电观测。因为射电辐射反映出辐射体重要的特性和状态。在某些情况下的空间物质及一些重要的物理过程中,射电辐射是主要的、有时甚至是唯一的反映(克里斯琴森和霍格玻姆,1977; 王绶琯,1988)。不同波段的射电波反映出不同的特性和状态,其辐射频率与环境参数密切相关。因而根据某一频率上射电辐射的观测研究,可以推出源区的电子密度或磁场等物理信息(Kaiser,1990;Lin et al.,1981)。

在太阳物理领域,射电观测可以提供从太阳色球到日地空间广阔区域中有关等离子体和高能粒子动力学行为等信息,这是其他手段所不具备的。因此,射电观测是研究太阳剧烈活动的重要探测手段。多波段宽带频谱射电观测得到的各种频谱精细结构,可以提供关于太阳日冕磁场、能量释放机制、高能粒子的产生和传播,以及相应的辐射机制等方面的丰富信息。例如,按目前流行的理论,太阳射电Ⅲ型爆发是一种等离子体辐射,它的辐射与源区等离子体频率有关,具有极快的频漂率,是由能量10～100keV的电子流产生的。电子流从太阳喷出沿开放的磁力线运行至行星际空间,因而跟踪观测这样的射电源就可以描绘出这些电子流运行所沿磁力线的轨迹。由射电观测可得到辐射源区的电子密度 N,因而只要能给出电子密度沿径向距离的分布,就可以测定爆发源的空间三维位置。太阳射电Ⅱ型爆发是耀斑或CME产生的激波经日冕向外传播时,所激发的等离子体辐射,这种爆发的频漂率同激波速度有关。地面观测到的Ⅱ型爆发只能达到10m波段所涉及的小于$5R_{\odot}$的高度。研究发现,米波Ⅱ型爆发延伸到千米波以上,它显示出同样的频率漂移的特征,这些称为激波共生的射电事件,可用于诊断空间强激波和粒子加速过程。粒子得以在日冕高层、太阳风中加速,激波加速机制起着极为重要的作用。大多数行星际Ⅱ型爆发都是与高能粒子事件共生的。高能太阳激波的平均运行速度约800km/s,相应的运行时间约2天。初步分析表明,激波共生事件同白光瞬变现象可能存在很高的相关性。另外,各种射电频谱精细结构,如斑马纹结构、尖峰结构、脉动结构等还为我们提供了更多关于源区磁场位形、等离子体参数,以及动力学演化过程等物理信息(赵仁杨等,1997)。

但是,到目前为止,太阳射电的观测主要集中于高时间分辨的频谱流量观测和少数几个频点上(如日本野边山(Nobeyama)日像仪为2个频点:17GHZ,34GHZ;法国南茜日像仪为150～450MHz的5个频点,俄罗斯伊尔库茨克射电日像仪为5.7GHz上的单频)的成像观测,更为重要的是,对于太阳爆发活动初始能量释放区附近空间的成像观测完全是一片空白。在该区域的辐射主要发生在厘米-分米波段,在该波段成像观测的缺失严重制约我们探索太阳剧烈活动的起源和发生发展规律,并限制对太阳活动及对人类影响的研究和预报能力。因此,研制在厘米-分米波段的射电宽带日像仪就变得十分重要(Pick,2005;Dauphin et al.,2005;Maia,2005;Trottet et al.,2006;Hudson and Vilmer,2007;Tomczyk et al.,2013)。人们期待同时具有时间、空间和频谱分辨率的新一代射电日像仪的问世。

中国新一代射电频谱日像仪(颜毅华等,2006;Yan et al.,2009;2012)将为我们提供高质量的多频射电成像观测数据用以研究太阳爆发活动初始能量释放区的物理过程,其观测将毫无疑问地对确定和研究太阳电子加速地点起重要作用,从而在太阳的射电成像上开辟一个新的窗口(Vilmer,2005)。这些新的主要观测设施,特别是FASR和中国射电日像仪将大大扩展人类在太阳射电探测方面的能力(Hudson and Vilmer,2007)。美国的类似项目FASR迄今尚未立项。*Science*杂志2008年曾以“星星在中国出现”为题,介绍我国射电频谱日像仪项目的研制进展,指出“中国正在建设一双地球的新耳朵来聆听我们最近的恒星”。

目前,国外用于太阳射电成像观测的设备主要有:日本野边山的太阳射电日像仪,T字形排列,东西基线长488.96m,南北基线长220.06m;天线口径为0.8m,共84面天线;工作频率为17GHz和34GHz,空间分辨率为10″(Nakajima et al.,1994);法国南茜的米波太阳射电日像仪(Nancy Radio Heliograph,NRH),T字形排列,东西基线长3200m,南北基线长1250m;天线口径为2m、5m;观测频率为150～450MHz,共有5个频率点成像,空间分辨率为1.3～4′(Kerdraon and Delouis,1997);俄罗斯伊尔库茨克射电日像仪(Siberian Solar Radio Telescope,SSRT)的十字阵,T字形排列,东西、南北基线长度均为622.3m;东西、南北各128

面口径为 2.5m 抛物面天线;工作频率为 5.7GHz,空间分辨率为 22″(Smolkov et al.,1986);印度的低频射电日像仪在 70MHz 可成像观测(Ramesh et al., 1998);美国欧文斯谷的太阳射电日像仪目前只有 5 个天线单元(Gary and Hurford, 1994)。另外,还有美国的甚大阵和荷兰的威斯特堡射电阵,为非太阳专用设备,但它们仍在太阳射电研究中发挥了重要作用(Bridle et al.,1989)。

我国太阳射电观测经历了从单频到多频、再到频谱的发展过程。在国家天文台怀柔太阳观测基地运行的 10.7cm 波长太阳射电流量望远镜是国内目前唯一的设备,数据定期登载在《中国太阳和地球物理资料》和美国出版的《太阳和地球物理资料》上。设在密云的国家天文台米波综合孔径望远镜为非太阳专用设备,可用来进行太阳射电在 232MHz 频率上的一维成像观测。20 世纪 80 年代建成全国太阳射电观测网,2000 年建成太阳射电宽带动态频谱仪,具有高时间和频率分辨率,在研究日冕磁场和太阳耀斑活动方面具有重要作用(Fu et al., 2004)。该频谱仪 2002 年 4 月 21 日的观测展示出极为复杂甚至到了令人费解程度的各种各样的射电频谱精细结构(Chernov et al., 2004; Chen and Yan, 2007)。在 1.2GHz 的窄频率范围内和数分钟的短时间内的爆发情况呈现出“斑马纹”频谱结构,含有许多频率漂移现象。斑马纹结构是最引人入胜的精细结构,带有频率漂移结构的射电事件的出现及它们的出现程度原则上将会为我们提供许多有关辐射源区的物理信息,是诊断日冕磁场的可靠手段,反映了耀斑核的动力学过程。根据观测频率可知这些辐射源正好位于耀斑活动区的致密核心区。因此,如果能够正确理解它们,我们或许能够直接了解耀斑动力学。但这需要一个新的仪器,即具有真正成像能力的频谱仪,它在所有参数上都具有高分辨率,尤其是能够对耀斑致密核心区进行成像,这就要求该频谱日像仪的工作波段在厘米-分米波段的一个较宽的范围上(Hudson and Vilmer,2007)。

第一代太阳专用的射电望远镜包括日本的 Nobeyama 日像仪、法国 Nancay 日像仪、俄罗斯 SSRT 日像仪等,这些设备都只是在单频或几个频率点上成像。我国自 20 世纪 60 年代起就开始了建设射电日像仪的设想与尝试,曾开展过厘米波或毫米波射电日像仪的预研,但均未能够实施。我们在内蒙古正镶白旗找到了无线电干扰很小,适合建设日像仪的独特地形。经国家和内蒙古无线电管理委员会批准,在当地建立了无线电宁静保护区。这样我们就能够按照项目独特的设计方案,在很宽的工作频带范围内的数百个频率点上进行射电成像,研制出具有真正谱分辨能力的新一代日像仪(颜毅华等,2006;Yan et al., 2004,2009,2012)。

因此,建设 400MHz～15GHz 范围内的厘米-分米波日像仪将首次在该波段上实现同时以高空间、高时间和高频率分辨率观测太阳爆发活动的动力学性质,探测太阳剧烈活动的起源。它将填补目前国际上对太阳耀斑能量初始释放区分米波段高分辨射电成像观测的空白,可望在日冕物理研究中取得重要结果。

3.3 射电综合孔径成像技术

用射电方法进行成像观测通常有三种方法:单天线扫描、多波束天线和综合孔径技术。第一种方法最简单,但由于望远镜的空间分辨率由工作波长和天线口径的比值所确定,而受单天线的口径限制,显然单天线扫描的空间分辨率较低,并且扫描一块天区形成图像所需的时间也较长,不适合信号快速变化的场合。第二种方法采用多波束馈源在焦点同时进行多点观测,类似于光学望远镜的CCD成像,但由于焦面处几何空间的限制,多波束馈源的单元数远小于CCD的像元数,虽然时间分辨率可有所提高,但空间分辨率仍受单天线口径的限制,提高不多。第三种方法则是用若干天线两两干涉组阵进行观测,天线间的最长距离(称为最大基线)相当于等效口径,从而可以显著提高空间分辨率,并且由于所有单元的信号可以同时处理,时间分辨率也高,但是其代价是系统复杂。

用干涉仪进行相关观测,每一次测量出的结果相当于射电源亮度分布的一个傅里叶分量(Thompson et al., 2001)。理论上,如果可以测得所有的可见度函数,就可以真实地反变换出射电源的亮度分布图。但是,实际上在一次观测中,一对天线仅可以得到一个可见度函数点。而为了得到高分辨率,实际中的天线距离 d 都远远大于天线口径 D。这样,如果想完全得到所有的可见度函数,那么至少需要天线的数量约为 $(d/D)^2$。显然,这是不可能的。虽然在对星系观测时可以通过加长积分时间来得到更多的可见度函数点,但这还远不够实现不失真的成图。

由于实际观测中可见度函数的缺少,即观测到的图像是由所有基线的傅里叶变换所得到:

$$I^{\mathrm{D}}(l,m)=\sqrt{1-l^2-m^2}\iint\limits_{\text{baselines}} V^*(u,v)\mathrm{e}^{\mathrm{j}2\pi(ul+vm)}\mathrm{d}u\,\mathrm{d}v \tag{3.1}$$

其中,$V^*(u,v)$为所有基线的可见度函数分布,由于缺少很多可见度函数,导致傅里叶变换后的图像与真实图像差别很大,所以 $I^{\mathrm{D}}(l,m)$被称为脏图(dirty map)。

由式(3.1)知,连续分布可见度函数为真实亮度分布的傅里叶变换。那么,所有基线的可见度函数分布就可以表示为

$$V^*(u,v)=S(u,v)\cdot V(u,v) \tag{3.2}$$

其中,$S(u,v)$称为采样函数,即为二维的 sha 函数

$$S(u,v)=\sum_{i=0}^{N}\sum_{j=0}^{N}\delta(u-u_i,v-v_j) \tag{3.3}$$

定义采样函数的傅里叶变换为 $B^{\mathrm{D}}(l,m)$

$$B^{\mathrm{D}}(l,m)=\iint S(u,v)\mathrm{e}^{\mathrm{j}2\pi(ul+lm)}\mathrm{d}u\,\mathrm{d}v \tag{3.4}$$

也就是可以写成

$$I^{D}(l,m)=I(l,m)*B^{D}(l,m) \tag{3.5}$$

即观测到的图像为真实亮度分布与干涉仪相应函数的卷积,而 $B^{D}(l,m)$类似地被称为脏束(dirty beam)。图像复原的工作是在知道脏束 $B^{D}(l,m)$和脏图 $I^{D}(l,m)$的情况下,尽可能地逼近原始图像的亮度分布 $I(l,m)$。

频谱日像仪最后得到的天文图像质量将很大程度依赖于校准过程和后处理软件。由于观测源具有快的时变特性,所以系统通常都是工作在快照(snapshot)模式下。这样 UV 覆盖不完善的问题就变得突出,再加上源具有大动态范围及面源特性,因此研究针对系统的图像洁化算法是非常重要的。

由于硬件系统实现过程存在各种难以避免的误差,$B^{D}(l,m)$脏束与理论结果不符。为了在图像处理中修正掉各种误差,需要对系统作一系列校准(Wang et al., 2013)。校准内容包括自校准、增益校准、相位校准、带宽校准等,用不同的方法来修正来自大气、接收机、传输线等原因引起的幅度、相位误差。总体来说,有直接校准、外部源校准和自校准三种方法,其中直接校准是通过把信号传输至前端来测量整个回路的幅度和相位;外部源校准中可以选用标校塔、同步卫星和射电星作为校准源来校准系统,这两种方法较为成熟。

自校准方法不同于直接校准和校准源校准,自校准方法是对已观测到的数据进行一些分析和处理,可以得到更接近真实源的观测结果。一般的自校准过程为:创建初始观测源模型;计算天线复增益;利用计算到的复增益去修正观测数据;从修正过的数据中创建新的观测源模型;重复以上过程。

3.4 新一代厘米-分米波射电日像仪建设

新一代厘米-分米波射电日像仪由低频阵(CSRH-I,0.4～2.0GHz,40 个 4.5m 天线)和高频阵(CSRH-II,2.0～15.0GHz, 60 个 2.0m 天线)两个综合孔径阵列组成。由于采用了世界最佳性能的超宽带、双圆极化馈源,可实现多频点快速成像的先进高速大规模数字相关接收技术,并采用了通过光纤实现长距离和宽带模拟信号传输等先进技术,射电日像仪具备在超宽频带下同时具有高时间、高空间和高频率分辨率观测的能力。在项目研制建设中,克服了诸多技术难点,如对于太阳爆发双极化信号的观测要求,国际上最先进的 eleven 馈源在极化隔离度方面也不能满足,本项目研制的超宽带双圆极化馈源解决了该项难题,获得了突破(Yan et al., 2012)。

表 3.1 为新一代厘米-分米波射电日像仪性能指标,图 3.1 为新一代厘米-分米波射电日像仪现场照片,系统框图如图 3.2 所示。低频阵和高频阵天线分布如图 3.3 所示,在典型频率上的 uv 分布如图 3.4 所示。

表 3.1 新一代厘米-分米波射电日像仪主要技术指标(Yan et al., 2012)

	低频阵(CSRH-I)	高频阵(CSRH-Ⅱ)
频率范围	400MHz～2GHz	2GHz～15GHz
天线	4.5m×40 面	2.0m×60 面
最长基线	～3000m	
频率通道数	64	518
时间分辨率	CSRH-I：25ms CSRH-II：200ms	
空间分辨率	～10.3″～51.6″	～1.4″～10.3″
图像动态范围	⩾25dB	
极化方式	双圆极化(RCP,LCP)	

图 3.1 位于内蒙古正镶白旗的新一代厘米-分米波射电日像仪

3.5 太阳射电爆发频谱成像结果

非太阳专用的设备通常能够有 3%左右的时间用于太阳观测，以下展示美国更新的甚大阵观测结果(Chen et al.,2013)和中国厘米-分米波射电日像仪的初步观测结果。

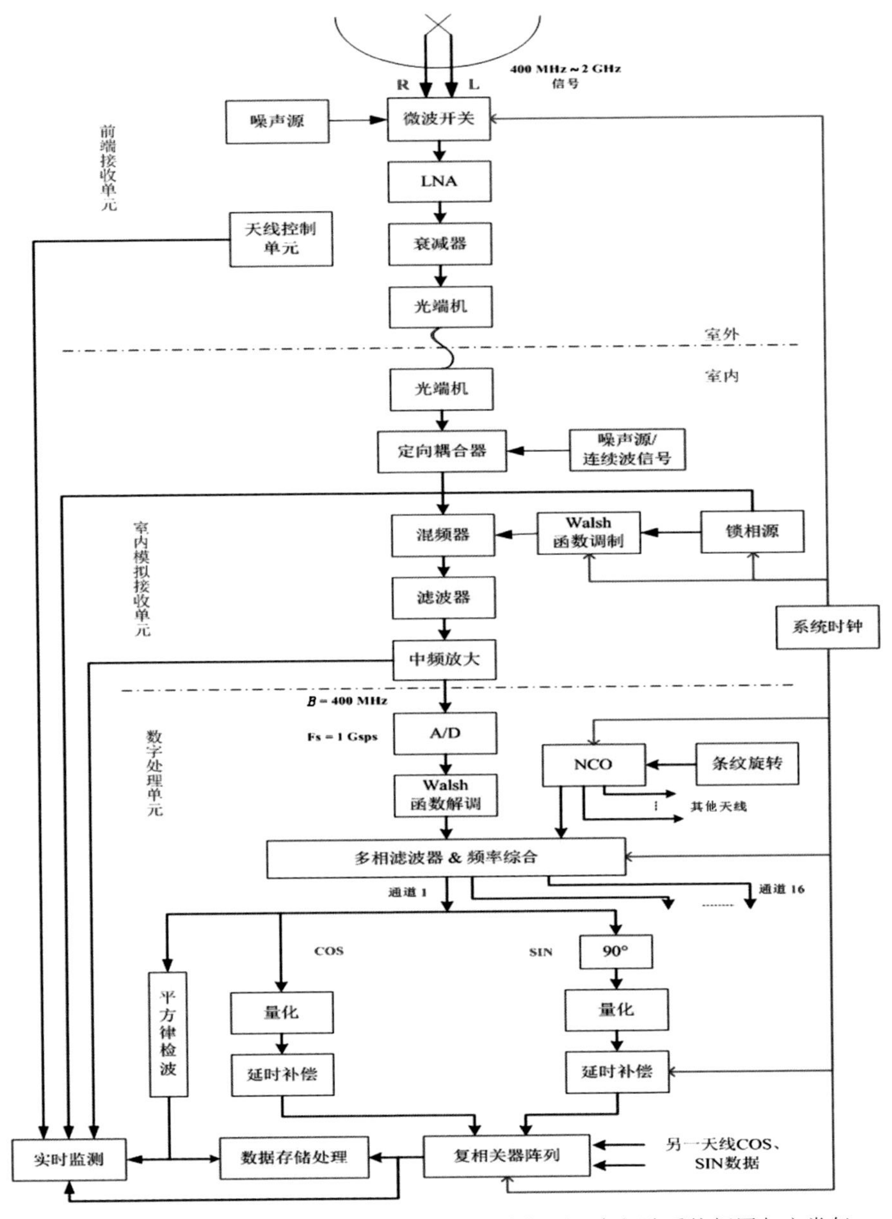

图 3.2 新一代厘米-分米波射电日像低频阵系统框图。高频阵系统框图与之类似，只是射频输入的频率范围从 400MHz～2GHz 变为 2～15GHz

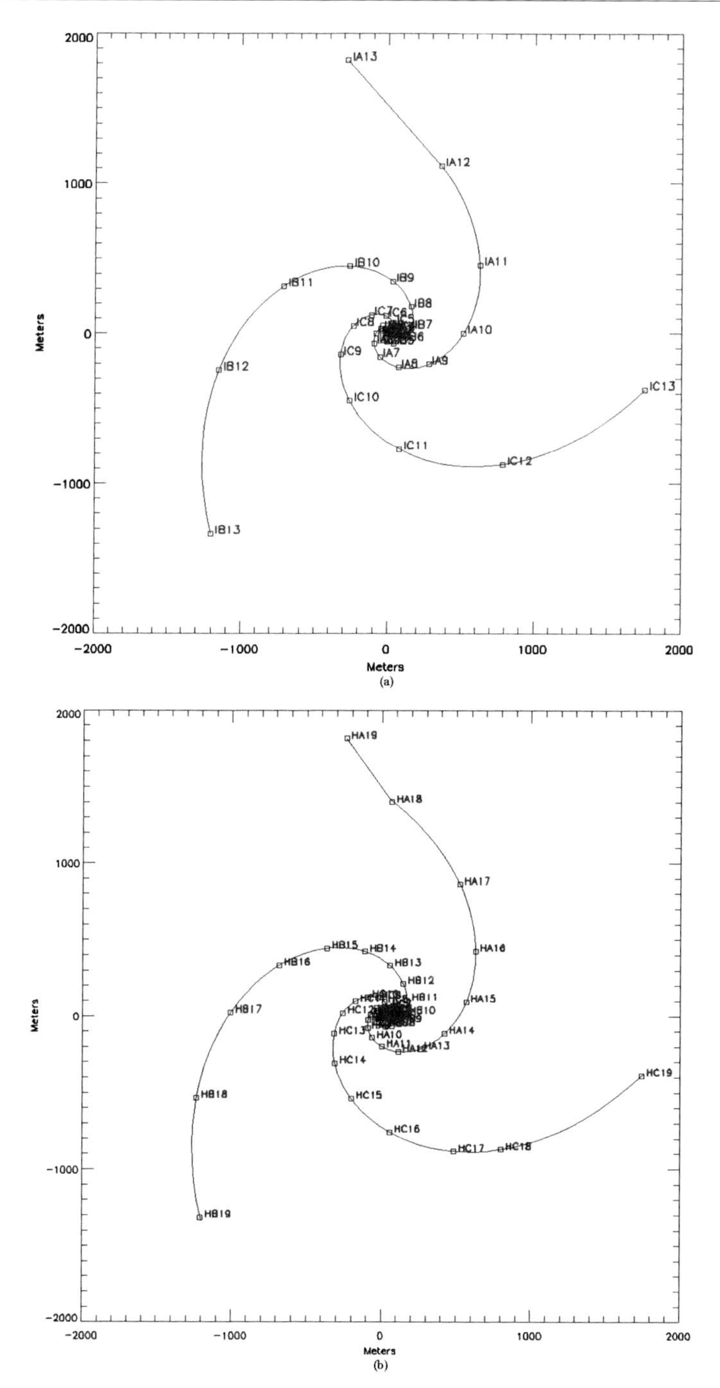

图 3.3　新一代厘米-分米波射电日像仪天线阵分布

(a)低频阵 40 个天线分布图；(b)高频阵 60 个天线分布图

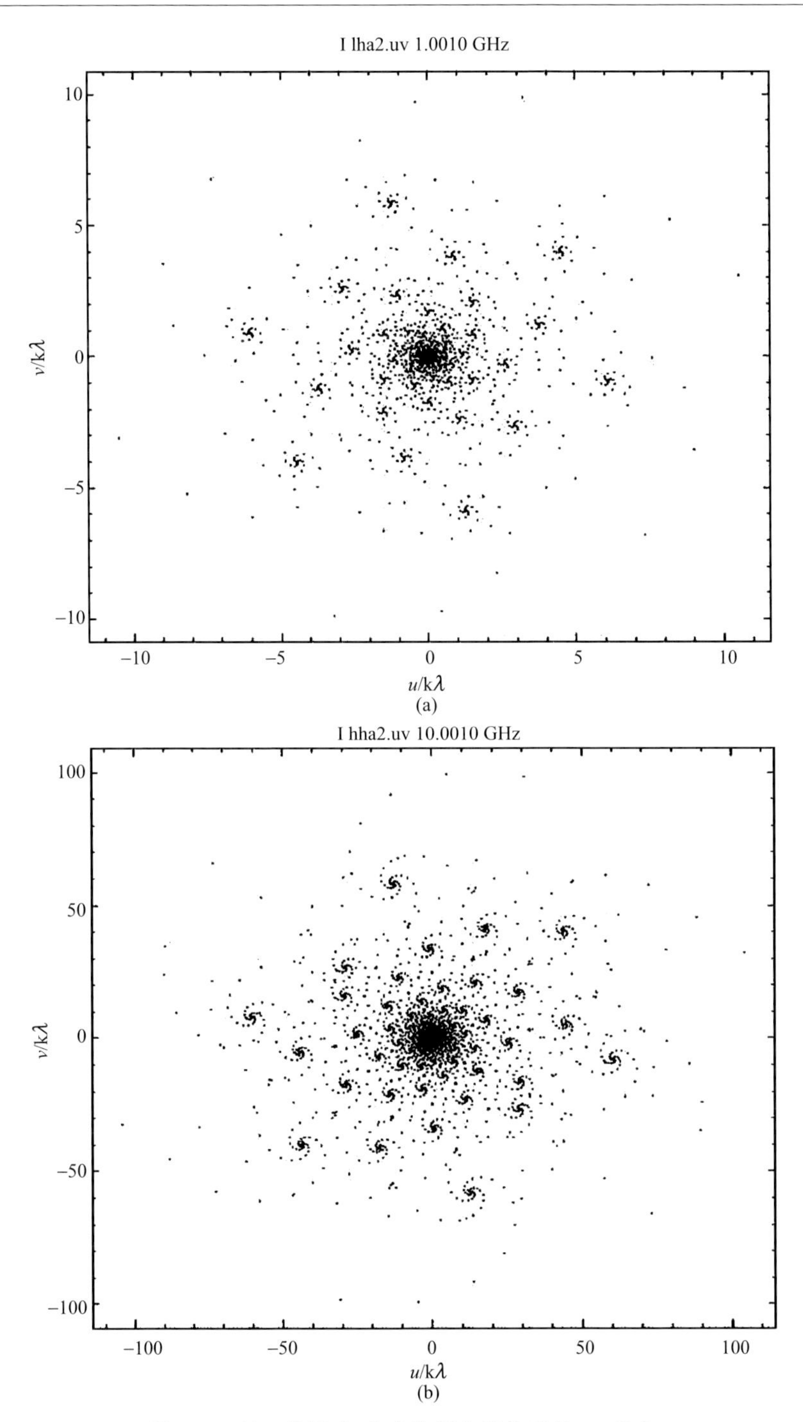

图 3.4　新一代厘米-分米波射电日像仪的 uv 分布

(a)低频阵在 1GHz 的 uv 分布图;(b)高频阵在 10GHz 的 uv 分布图

2011年11月5日21:18～21:25 UT对应一个极紫外喷流期间，更新的甚大阵观测到了许多分米波Ⅲ型暴，太阳Ⅲ型射电暴被认为是高能电子束沿磁力线运动产生的。通过首次对Ⅲ型暴的高时间和高频率分辨率成像观测，可以获得电子束从源区进入日冕的轨迹。结合硬X射线和极紫外观测，Chen等(2013)确认爆发源区的位置在低于约15Mm的低日冕中，这些电子束沿着离散的磁环向上传入日冕，根据观测得到这些磁环的直径应小于100km。电子束应该沿着磁力线环运动，但是这些电子束的轨迹并不能被SDO/AIA的极紫外波段所观测到。这些结果进一步表明太阳射电频谱观测的重要性。图3.5为美国更新的甚大阵对分米波Ⅲ型暴事件的射电频谱诊断分析结果，图中背景是SDO/AIA171Å波段的极紫外图像，红色等高线是硬X射线爆发的位置，其他彩色斑点为不同时刻不同频率射电爆发的对应位置，可见射电爆发从高频到低频大致排列成直线状，反应电子束确实沿磁力线向外传播出来，但没有极紫外波段的磁环结构所对应(Chen et al.，2013)。

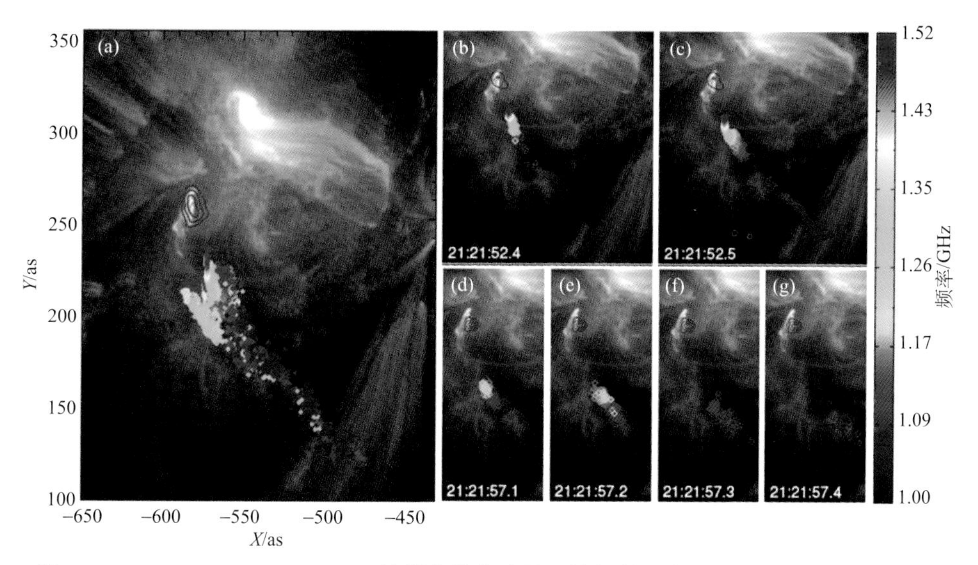

图3.5　21:20:30～21:22:10 UT的所有分米波Ⅲ型暴辐射的中心位置，由蓝色到红色对应从低到高的频率范围，反映了电子束的投影轨迹。背景是SDO/AIA 171Å在21:22:09 UT时刻的图像，红色等高线是21:21:50 UT的12～25keV硬X射线12s积分辐射图像(Chen et al.，2013)

图3.6为2014年1月22日05：15UT，射电日像仪低频阵CSRH-I在1.7GHz上用60ms积分时间观测得到的宁静太阳射电图像初步结果。与其他波段的太阳图像比较，可见CSRH-I图像的亮结构与太阳活动区、磁环等对应很好。验证了CSRH-I的系统稳定性和高性能，表明CSRH-I已具备分米波太阳射电观测的能力。

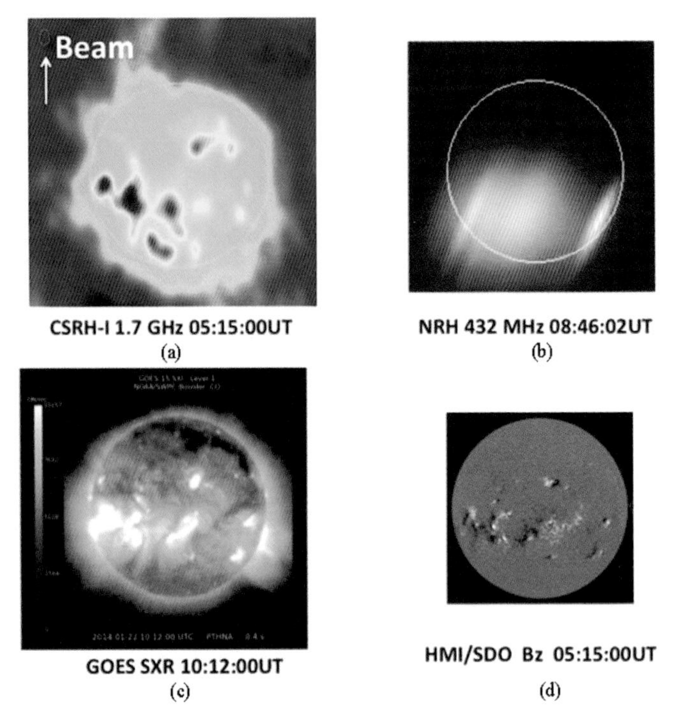

图 3.6　(a)CSRH－I 在 1.7GHz 的太阳像;(b)法国南茜日像仪在 432MHz 的太阳像;(c)美国 GOES 卫星的软 X 射线像;(d)美国 SDO 卫星观测的视向磁图

图 3.7 是 2014 年 11 月 11 日 CSRH 所观测到的第一个爆发事件的初步结果。根据国际 SGD 资料,在 04:22UT 的射电爆发之后,在日面中心(N16,W11)的 NOAA2205 活动区发生了一个小耀斑;但是射电成像结果表明这个射电爆发对应着日面东边缘甚至是日面背后的一个暗条爆发事件,与日面中心的活动区 C 级耀斑事件并不相关。表明了射电成像分析的重要性。

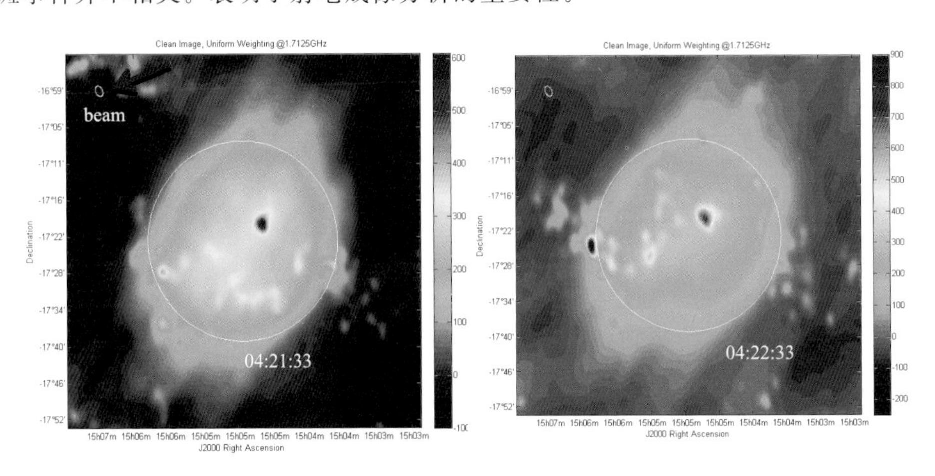

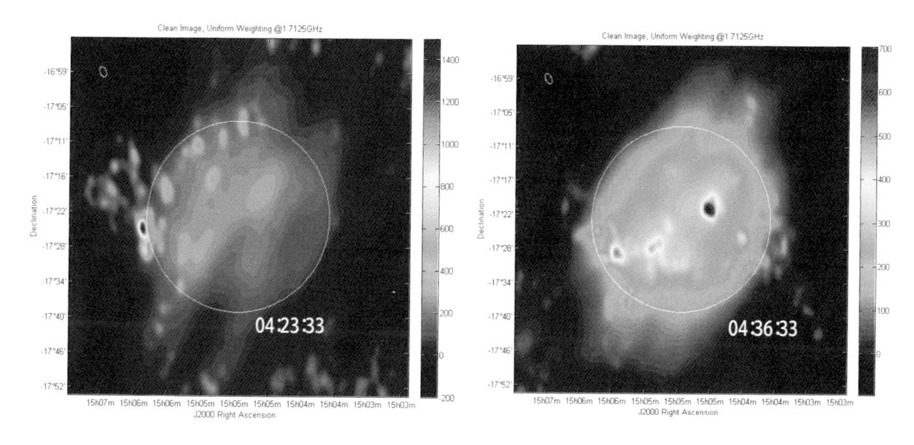

图 3.7　新一代厘米-分米波日像仪于 2014 年 11 月 11 日 04:22UT 第一次获得爆发事件成像的初步结果

图示为 1.7GHz 处的 3ms 积分太阳射电图像，分别为爆发前、爆发初期、爆发峰值和爆发后的时刻

3.6　结　　语

在厘米和分米波段的频谱成像对于研究能量释放、粒子加速和粒子输运等基本问题具有重要意义，该波段 0.3～9GHz 对应着 $3\times10^{8}\sim3\times10^{11}\mathrm{cm}^{-3}$ 的源密度，这正好是耀斑初始能量释放处对应的密度范围。未来以中国射电日像仪为代表的新的主要观测设施将在宽频带区域获得高空间分辨率和高动态范围射电图像，将大为扩展太阳射电探测能力，为耀斑和日冕物质抛射打开新的观测窗口，为探测日冕磁场提供强有力的诊断能力。射电频谱成像研究仍处于"婴幼儿期"，目前所获得的初步观测结果，已经表明太阳射电爆发频谱成像观测的重要性，可望取得重要进展。

致　　谢

中国射电频谱日像仪（CSRH）项目为国家重大科研装备研制项目（No：ZDYZ2009-3）。CSRH 的主要技术成员包括陈志军、王威、刘飞、耿立红、张坚及陈林杰、刘东浩、李沙等。本章部分工作得到基金委创新群体和重点项目（No：11221063，11433006）、国家重点基础研究发展计划（No：MOST2011CB811401）和中国科学院创新先导 B 项目（No：XDB09000000）的支持。基于射电日像仪观测的研究工作也得到了中国科学院创新先导 B 项目（No：XDB09000000）的支持。

参考文献

克里斯琴森 W. N,霍格玻姆 J. A. 1977. 射电望远镜. 北京:科学出版社.

王绶官,等. 1988. 射电天文方法. 北京:科学出版社.

颜毅华,张坚,陈志军,等. 2006. 关于太阳厘米-分米波段频谱日像仪研究进展. 天文技术与研究,3(2):91-98.

赵仁杨,金升震,傅其骏. 1977. 太阳射电微波爆发. 北京:科学出版社.

Achwanden M J. 2004. Physics of the Solar Corona. Berlin:Springer-Verlag.

Benz A O. 1993. Plasma Astrophysics. Dordrecht:Kluwer.

Bridle A,Perley R, Schwab F. 1989. Synthesis Imaging in Radio Astronomy. San Francisco:Astronomical Society of the Pacific.

Chen B, Bastian T S, White S M,et al. 2013. Tracing electron beams in the Sun's corona with radio dynamic imaging spectroscopy. ApJL, 763: L21.

Chen B, Yan Y H. 2007. On the origin of the zebra pattern with pulsating superfine structures on 21 April 2002. Solar Physics, 246:431-443.

Chernov G P, Yan Y, Fu Q. 2004. Different aspects of a relation: radio pulsation and zebra pattern in the broad frequency range 20-7000 MHz. The 35th COSPAR Scientific Assembly, Paris, France.

Dauphin C, Vilmer N, Krucker S. 2005. Type Ⅱ Onset and a CME. The 3rd French-Chinese Meeting on Solar Physics, Shanghai, China.

Fu Q J, Ji H R, Qin Z H, et al. 2004. A new solar broadband radio spectrometer (SBRS) in China. Solar Physics,222:167-173.

Gary D E, Hurford G J. 1994. Coronal temperature, density, and magnetic field maps of a solar active region using the Owens Valley Solar Array. ApJ,420:903.

Gary D E, Keller C U. 2004. Solar and space weather radiophysics. Dordrecht:Kluwer.

Gosling J T. 1993. The solar-flare myth. J. Geophys. Res,98: 18937.

Hudson H, Vilmer N. 2007. Small scale energy release and the acceleration and transport of energetic particles. Lecture Notes in Physics, 725: 81.

Kahler S W, Hildner E, Van Hollebeke M A I. 1978. Prompt solar proton events and coronal mass ejections. Solar Phys., 57:429.

Kaiser M L. 1990. Reflection on the Radio Astronomy Explorer Program of the 1960s and 70s. In Low Frequency Astrophysics from Space.

Kerdraon A, Delouis J M. 1997. The Nancay Radioheliograph. In Coronal Physics from Radio and Space Observations. Lecture Notes in Phyiscs, V483: 192.

Lin R P, Potter D W, Gurnett D A, et al. 1981. Energetic electrons and plasma-waves associated with a solar type-Ⅲ radio-burst. Ap. J.,251: 364.

Maia D. 2005. The Radio CME Phenomenon and Impulsive Electron Events. The 3rd French-Chinese Meeting on Solar Physics, Shanghai, China.

McLean D J, Labrum N R. 1985. Solar Radiophysics. Cambridge:Cambridge Univ. Press.

Nakajima H, et al. 1994. The Nobeyama Radioheliograph. Proc. IEEE, 82: 705.

Pick M. 2005. What We Learn from Radio on Coronal Mass Ejections and Link with the Interplanetary Medium. The 3rd French-Chinese Meeting on Solar Physics, Shanghai, China.

Ramesh R, Subramanian K R, Sundararajan M S, et al. 1998. The Gauribidanur radioheliograph,Sol Phys, 181: 439.

Smolkov G Ia,Pistolkors A A,Treskov T A,et al. 1986. The Siberian solar radio-telescope-parameters and principle of operation, objectives and results of first observations of spatio-temporal properties of development of active regions and flares. ApSS,119:1.

Thompson A R, Moran J M, Swenson G W Jr. 2001. Interferometry and Synthesis in Radio Astronomy. New York:John Wiley and Sons.

Tomczyk S, Zhang J, Bastian T, et al. 2013. Preface, Solar Physics., 288, 2: 463-465.

Trottet G, Correia E, Karlick M, et al. 2006. Electron acceleration and transport during the November 5, 1998 solar flare at similar to 13 : 34 UT. Sol Phys, 236:75.

Vilmer N. 2005. Radio and Hard X-Ray/Gammr-Ray Observations of Energetic Particles in Solar Flares. The 3rd French-Chinese Meeting on Solar Physics, Shanghai, China.

Wang W, Yan Y H, Liu D H,et al. 2013. Calibration and data processing for a chinese spectral radioheliographin the decimeter wave range. Publ. Astron. Soc. Japan,65: S18.

Yan Y, Zhang J,Chen Z J,et al. 2009. The chinese spectral radioheliograph—CSRH. Earth, Moon, and Planets, 104:97-100.

Yan Y H, Zhang J, Huang G, et al. 2004, Proc. 2004 Asia-Pacific Radio Science Conference, Qingdao, China, IEEE, Beijing.

Yan Y H, Wang W,Liu F,et al. 2012. Radio Imaging-Spectroscopy Observations of the Sun in Decimetric and Centimetric Wavelengths. In Solar and Astrophysical Dynamos and Magnetic Activity, IAUS No. 294, Kosovichev. Cambridge:Cambridge Univ Press.

第 4 章 太阳高能粒子的横向传播研究

秦 刚

中国科学院国家空间科学中心,空间天气学国家重点实验室,北京 100190

本章介绍一个基于汇聚公式的太阳高能粒子传播方程,可以用于研究由太阳表面附近的耀斑、日冕激波,以及行星际空间中传播的激波等发出的太阳高能粒子通量和各向异性大小。在太阳高能粒子传播方程中,包括垂直于大尺度平均磁场的垂直扩散效应,研究各种源的条件下横向扩散效应对太阳高能粒子的传播影响。

4.1 引 言

太阳高能粒子(solar energetic particle,SEP)事件通常可以划分为脉冲式和缓变式两种。脉冲式具有短时和低通量的特点,而缓变式通常具有高通量和长持续时间的特点。另外,人们通常认为脉冲式事件是由太阳耀斑产生的,而缓变式事件是由日冕或行星际激波生成的。

太阳高能粒子在行星际大尺度平均磁场中传播时会受到小尺度不规则结构的影响。粒子平行于大尺度磁场的扩散,即纵向扩散,由投掷角扩散产生;垂直于大尺度磁场的扩散,即横向扩散,由粒子横越平均磁场以及场线的随机行走引起。太阳高能粒子的扩散系数受太阳风中的磁场湍流影响。通常来说,粒子的横向扩散系数远小于纵向扩散系数,但不同太阳事件之间粒子的横向扩散系数的差别非常大,有时候会观测到横向和纵向扩散系数相当的情况(Dwyer et al., 1997; Zhang et al.,2003)。但是,有时候在脉冲式事件中不同能道粒子通量可能同时快速变化,产生所谓的坠落现象(dropout)和中止现象(cutoff)。坠落现象指粒子通量在几个小时内突然降低再恢复的现象,而中止现象是一种特殊的坠落现象:粒子突然降低但不再恢复。坠落现象和中止现象说明高能粒子的横向扩散系数远小于纵向扩散系数,这是由于强的横向扩散系数可以有效地抹平不同经度的粒子通量梯度。另外,在大型太阳高能粒子事件的开始阶段,不同行星际位置观测到的粒子通量变化非常巨大。但是,在衰减阶段,粒子通量的空间梯度却往往被抹平,空间位置分别很远的不同飞船观测到的粒子通量差别可能只有 2~3 倍。此粒子事件衰减阶段通量的均匀性被称为蓄水池(reservoir)效应。通常可以用行星际效应来解释太阳高能粒子的蓄水池现象,例如,横向扩散或行星际激波产生的扰动。

另外,扩散的理论研究(Matthaeus et al.,2003; Qin,2007)和数值模拟研究(Qin et al.,2002; Qin and Shalchi,2012)在不同的太阳风磁湍流条件下可以得到不同的扩散系数。有些情况下,横向扩散系数远小于纵向扩散系数,有些情况下横向扩散系数增大显著甚至可以和纵向扩散系数相当。所以,通过数值模拟和观测数据分析研究不同类型的太阳高能粒子事件的传播,可以更加深入地认识高能粒子的扩散机制,并且进一步认识非局地的行星际空间太阳风湍流。

4.2 主要模型

4.2.1 太阳高能粒子传播模型

如果太阳高能粒子速度分布是各向同性的,传播方程可以写为(Parker,1965)

$$\frac{\partial f}{\partial t}-\nabla\cdot\boldsymbol{\kappa}\cdot\nabla f+(\mathbf{V}+\mathbf{V}_{\mathrm{d}})\cdot\nabla f-\frac{1}{3}(\nabla\cdot\mathbf{V})p\frac{\partial f}{\partial p}=Q(t,\boldsymbol{x},p) \tag{4.1}$$

该方程考虑了高能粒子平行和垂直磁力线两种扩散效应及绝热冷却效应。对于各向异性的分布,多数研究者都采用如下考虑汇聚效应的粒子传播方程(Roelof,1969)

$$\frac{\partial f}{\partial t}+v\mu\frac{\partial f}{\partial s}+\frac{1-\mu^{2}}{2L}v\frac{\partial f}{\partial \mu}-\frac{\partial}{\partial \mu}\left(D_{\mu\mu}\frac{\partial f}{\partial \mu}\right)=Q(t,s,p,\mu) \tag{4.2}$$

这里,$f(t,s,p,\mu)$是分布函数,t 是时间,s 是沿磁力线的距离,v 是粒子速度,p 是粒子动量,μ 是粒子投掷角余弦;$D_{\mu\mu}$是投掷角扩散系数;$L=-B(s)/(\partial B/\partial s)$是汇聚长度。投掷角扩散系数与粒子平行于磁场的平均自由程的关系是

$$\lambda_{\|}=\frac{3}{8}v\int_{-1}^{1}\frac{(1-\mu^{2})^{2}}{D_{\mu\mu}}\mathrm{d}\mu \tag{4.3}$$

因为一般情况下粒子的平均自由程是 0.1～1AU 的量级,所以 SEP 从太阳传播到地球的过程必须按各向异性处理。

Qin 等(2004) 详细研究了粒子的绝热冷却原理,汇聚传播方程变为

$$\begin{aligned}&\frac{\partial f}{\partial t}+v\mu\frac{\partial f}{\partial z}+\mathbf{V}\cdot\nabla f-\frac{\partial}{\partial x}\left(\kappa_{xx}\frac{\partial f}{\partial x}\right)-\frac{\partial}{\partial y}\left(\kappa_{yy}\frac{\partial f}{\partial y}\right)+\frac{1-\mu^{2}}{2L}v\frac{\partial f}{\partial \mu}\\&-\frac{\partial}{\partial \mu}\left(D_{\mu\mu}\frac{\partial f}{\partial \mu}\right)+\left(-p\left[\frac{1-\mu^{2}}{2}\left(\frac{\partial V_{x}}{\partial x}+\frac{\partial V_{y}}{\partial y}\right)+\mu^{2}\frac{\partial V_{z}}{\partial z}\right]\right)\frac{\partial f}{\partial p}=Q(t,s,p,\mu)\end{aligned} \tag{4.4}$$

这里,z 为磁力线方向,κ_{xx} 为横向扩散系数,横向平均自由程可以定义为 $\lambda_{xx}\equiv$

$3\kappa_{xx}/v$,Q 为高能粒子源。这个传播方程更加完备,包括了很多重要的粒子传播机制,包括粒子沿磁场的流动、粒子在发散磁场中的汇聚效应、粒子在膨胀太阳风中的绝热冷却效应,以及粒子的横向和纵向扩散效应。

4.2.2 Markov 随机过程求解传播方程

为了在接近于真实的日球层结构中求解式(4.4),只能采用数值方法。这里采用蒙特卡罗方法通过三维空间内的时间后退 Markov 随机过程求解(Zhang, 1999)

$$
\begin{aligned}
\mathrm{d}X &= -V_x \mathrm{d}s + \sqrt{2\kappa_{xx}}\,\mathrm{d}w_1(s) + \frac{\partial \kappa_{xx}}{\partial x}\mathrm{d}s \\
\mathrm{d}Y &= -V_y \mathrm{d}s + \sqrt{2\kappa_{yy}}\,\mathrm{d}w_2(s) + \frac{\partial \kappa_{yy}}{\partial y}\mathrm{d}s \\
\mathrm{d}Z &= -(\Phi V + V_Z)\mathrm{d}s \\
\mathrm{d}\Phi &= \sqrt{2D_{\mu\mu}}\,\mathrm{d}w_3(s) + \left(\frac{\partial D_{\mu\mu}}{\partial \mu} - \frac{1-\mu^2}{2L}v\right)\mathrm{d}s \\
\mathrm{d}p &= \left(p\left[\frac{1-\mu^2}{2}\left(\frac{\partial V_x}{\partial x} + \frac{\partial V_y}{\partial y}\right) + \mu^2\frac{\partial V_z}{\partial z}\right]\right)\mathrm{d}s
\end{aligned}
\tag{4.5}
$$

这里,$w_1(s)$,$w_2(s)$和 $w_3(s)$是三个 Wiener 过程。我们通过一个程序进行一系列随机过程的蒙特卡罗模拟,这些随机过程代表分布函数的一组粒子。对沿随机轨迹的源函数的平均就得到传播方程的精确解。

4.3 对太阳高能粒子蓄水池效应的研究

太阳高能粒子的蓄水池现象可以认为由增强的横向扩散引起(McKibben, 1972)。最近,我们(Zhang et al. ,2009)采用数值方法研究了源局限于太阳表面一定范围内并迅速释放到行星际空间的太阳高能粒子(例如,近似于太阳耀斑加速的太阳高能粒子)传播问题。图 4.1 是观测者在 1AU 不同经度时的典型结果,粒子能量为 100MeV,源的经度范围为 90°,传播模型中包括了横向扩散。各种深线表示当观测者与源的连接程度不同时的不同太阳高能粒子事件观测,浅点线作为参照,表示粒子源均匀分布于太阳表面的情况。如果在事件的初始时刻观测者与源相连,太阳高能粒子事件的初始相与日面均匀源的结果相似。随着时间推移,观测者不再与源相连,粒子通量的衰减情况比均匀源的更快。当观测者与源变得不相连时,粒子通量没有突然的改变,这是由横向扩散造成的。但是如果在事件的初始时刻观测者与源不相连,粒子通量的升高发生了推迟。在初始时刻观测者足点与源不同距离的条件下,观测到的太阳高能粒子事件初始相通量大小和通量升高推迟时长相差很大。但是，在事件的衰减相，这种差别变得很小。因此，我们在类似耀斑的太阳高能粒子源条件下，包括横向扩散，利用数值方法重现了蓄水池效应。

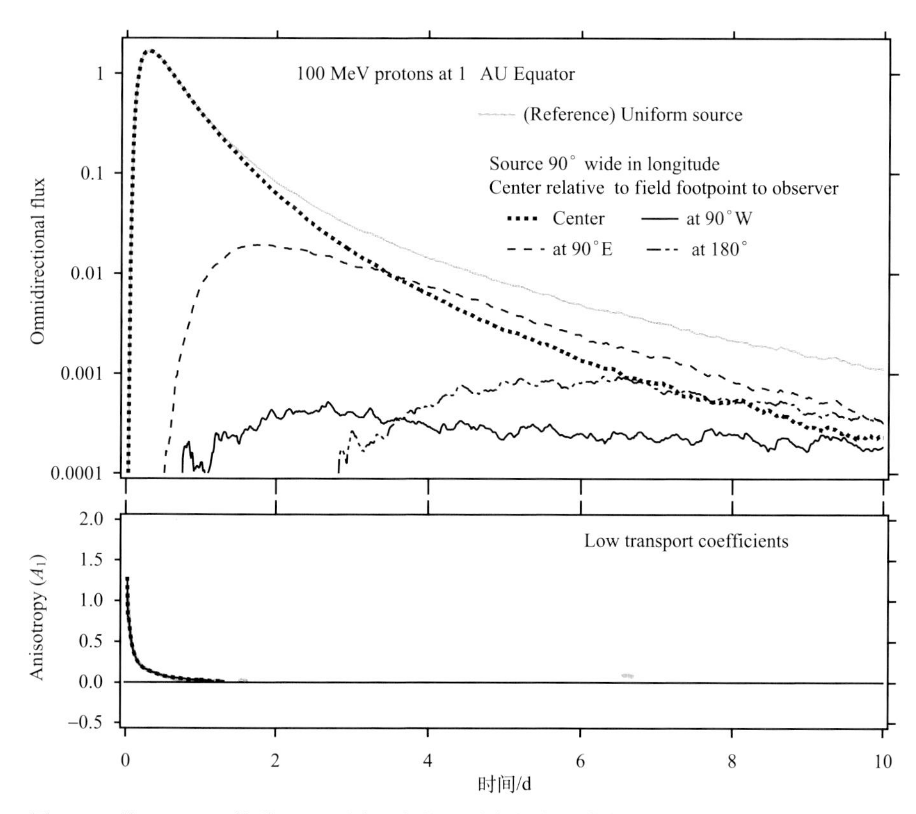

图 4.1　处于 1 AU 黄道面上不同经度的观测者的太阳高能粒子通量和各向异性观测。源局限于太阳表面 90°范围内(Zhang et al. ,2009)

另外，我们(Wang et al. , 2012; Qin et al. ,2013)基于以上 Fokker-Planck 传播方程，还研究了由行星际激波加速的太阳高能子的传播。这里，把以上模型中的太阳高能粒子的源改为运动中的激波。将数值模拟结果在不同位置进行了分析，以模拟处于不同地点的观测者的观测结果；对不同大小的横向扩散系数的影响进行了研究，重现了太阳高能粒子事件的蓄水池现象。

图 4.2 显示包括和不包括横向扩散的数值结果，用以模拟处于不同空间位置的观测结果(Qin et al. ,2013)。图中给出具有横向扩散(左图)和不具有横向扩散(右图)的 5MeV 质子通量的比较，观测者在黄道面上 1AU 处。上面两个图表示通量，其他图表示通量间的比率。竖虚线表示激波通过 1AU 的时刻。图(a)中的结果没有考虑横向扩散，图(b)考虑了横向扩散。“20E/60E” 指在 20E 和 60E 处

观测到的通量之比。如果不同位置观测到的通量比率在衰减相小于一个阈值(这里设为3),就认为得到蓄水池现象。从图4.2可看到,对于有限大小的源,有横向扩散,蓄水池现象得到了重现;没有横向扩散,就得不到蓄水池现象。

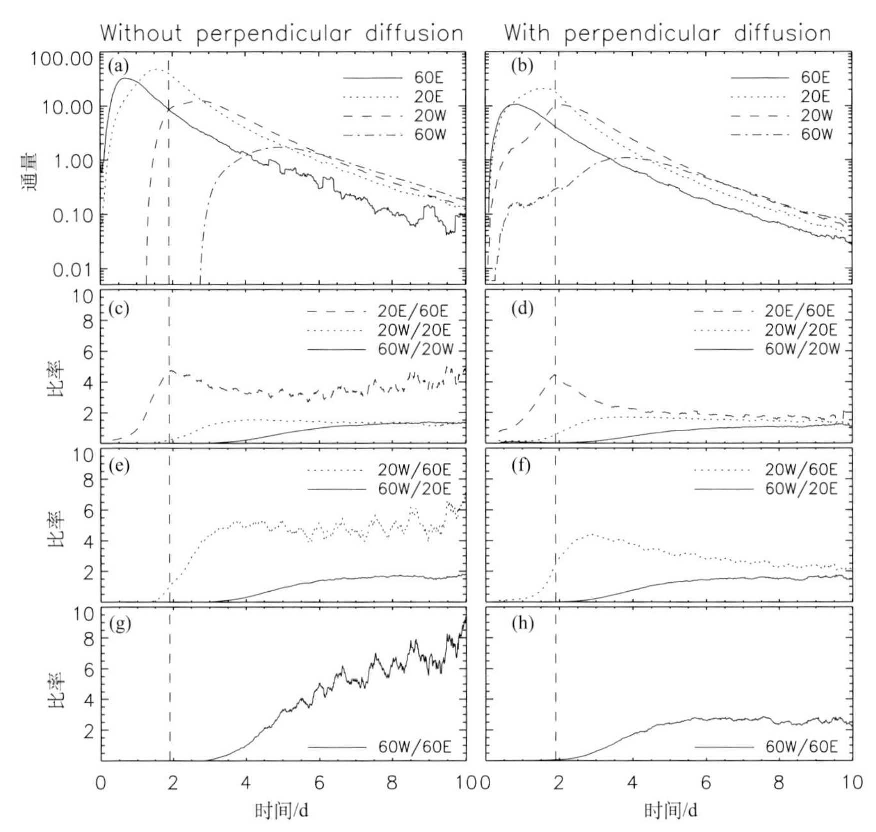

图4.2　具有横向扩散(左图)和不具有横向扩散(右图)的5MeV质子通量的比较,观测者在黄道面上1AU处

(a)和(b)表示通量,(c)～(h)表示通量间的比率。竖虚线表示激波通过1AU的时刻(Qin et al.,2013)

4.4　对太阳高能粒子坠落和中止现象的研究

为了研究太阳高能粒子坠落和中止现象,我们(Wang et al.,2014)假设粒子在太阳表面附近的源在某个经度和纬度范围内,即 $S_{long}\times S_{lat}$;并且,把高能粒子源区划分为经纬间隔都为1.5°的相间排列的两种小单元。带有高能粒子的小单元标记为"1",不带高能粒子的小单元标记为"0"。这种设置近似模拟低日冕磁力线

足点的随机行走引起的磁力线编辫效应。单元大小与典型的超米粒组织大小相当。如果没有横向扩散，粒子从源区小单元“1”出发只能沿着行星际磁力线运动。所以只有连着源区小单元“1”的磁流管有高能粒子，其他磁流管里没有高能粒子。当这些磁流管通过1AU的观测者时，就会看到高能粒子观测的交替打开和关闭。但是，如果有横向扩散，粒子可以横越磁力线。太阳高能粒子传播方程(4.4)中我们采用边条件来模拟上述模型的粒子注入。这样，就能够探究产生坠落和中止现象时扩散系数的量级。

图4.3(a)表示黄道面上的行星际磁力线的空间分布。源区在经度方向和纬度方向已被均匀分割。灰色区域表示磁力线与源区连。图4.3(b)表示在1AU处观测到的不同横向扩散系数的500 keV质子通量。太阳高能粒子的坠落和中止现象可以被解释为产生于交替通过观测者的充满和缺乏高能粒子的磁通管。这里，源区随着太阳自转而旋转，观测者处于1AU黄道面上，并且每2.7h从一种磁通管进入另一种磁通管。但是，如果有横向扩散，粒子可以横越磁力线，粒子在行星际空间的经向梯度就会受到削弱。从数值模拟看到，为了观测到太阳高能粒子的坠落和中止现象，横向扩散系数与纵向扩散系数之比小于或等于10^{-5}的量级。

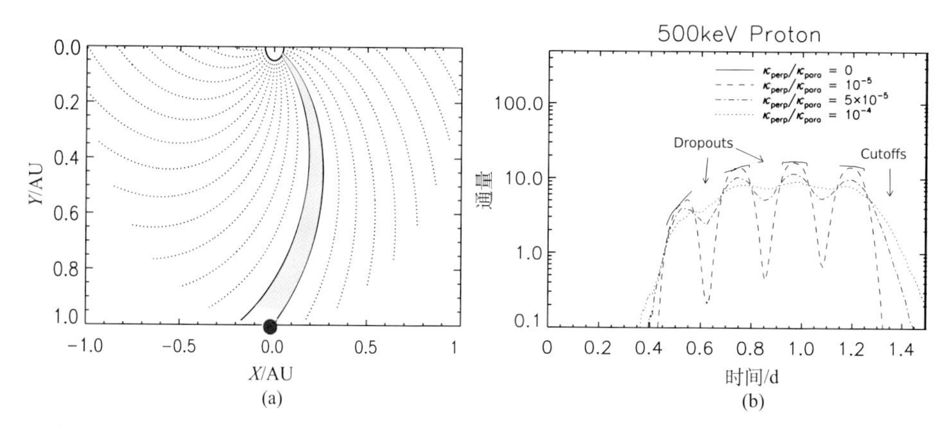

图4.3　(a)行星际空间磁力线的空间分布，源区在经度方向和纬度方向已被均匀分割；(b)不同横向扩散系数的500keV质子通量(Wang et al.，2014)

4.5　结　　语

采用更加真实的三维行星际磁场中的基于Fokker-Planck公式的太阳高能粒子传播方程，研究了横向扩散对粒子的作用。这个方程包括粒子沿磁场的流动、在发散磁场中的汇聚效应、在膨胀太阳风中的绝热冷却效应，以及横向和纵向扩散效应。我们采用求解三维行星际磁场中的太阳高能粒子传播方程的方法研究了横向扩散对太阳高能粒子的影响。发现卫星观测到的太阳高能粒子的蓄水池现象可以理解为粒子的传播效应,即不同经度和纬度之间的"通信"。特别地,研究了在太阳表面附近小范围内产生并且迅速释放到行星际空间的较高能量(100MeV)粒子情况,如太阳耀斑加速的粒子的情况。如果太阳高能粒子源在整个太阳表面均匀分布,粒子没有横向扩散也可以在内日球层产生蓄水池效应。但是,对于太阳表面有限经度范围的源,增强的横向扩散系数才能在内日球层产生蓄水池效应。进一步地,采用同样的数值模型研究了较低能量(5MeV)的行星际激波加速的太阳高能粒子横向扩散机制。在这个工作中,我们假设行星际激波是移动的太阳高能粒子源,研究了观测者在行星际不同位置处时得到的模型结果,发现当有很大的横向扩散时,如 $\lambda_{_}=0.13$AU 和 $\lambda_{\perp}=0.009$AU,太阳高能粒子在衰减相的经向和纬向梯度都可以被有效地减弱,这就重现了蓄水池效应。因此,蓄水池效应可以用来研究太阳高能粒子的加速和扩散效应。

另外,还研究了在太阳表面附近加速的较低能量(500keV 和 5MeV)的质子传播问题,采用数值模型研究了太阳高能粒子坠落和中止现象中的横向扩散效应。这种坠落和中止现象由交替通过观测者的两种磁流管引起,其中一种磁流管中充满高能粒子,另一种磁流管中缺乏高能粒子。数值模拟结果表明,要产生坠落和中止现象,横向扩散系数必须很小,大概是纵向扩散系数的 10^{-5} 的量级或更小。

太阳高能粒子蓄水池现象需要较大的横向扩散系数,但坠落和中止现象需要很小的横向扩散系数,这两者似乎是矛盾的。但是,太阳高能粒子蓄水池现象发生于大型太阳高能粒子事件中,坠落和中止现象一般都是在小事件中观测到。不同的太阳事件中太阳风磁湍流各个物理参量具有非常大的变化。根据高能粒子的扩散机制模型(Matthaeus et al. ,2003; Qin,2007),扩散系数可以有非常大的变化范围。在将来研究工作中,需要更加深入地研究不同太阳高能粒子事件的扩散机制问题。

致　　谢

本工作主要为综述课题组近年来在太阳高能粒子的行星际传播机制方面的研究进展,多项工作为与课题组其他成员合作而成,在此表示感谢。

参 考 文 献

Dwyer J R, Mason G M, Mazar J E. 1997. Perpendicular transport of low-energy corotating interaction region-associated nuclei. Astrophys Journal, 490, L115-L118.

Kallenrode M. 1997. The temporal and spatial development of MeV proton acceleration at interplanetary shocks. Journal of Geophys Research, 102: 22347.

Matthaeus W H, Qin G, Bieber J W, et al. 2003. Nonlinear collisionless perpendicular diffusion of charged particles. Astrophys Journal, 590: L53.

McKibben R B. 1972. Journal of Geophys Res, 77: 3957.

McKibben R B. 1972. Azimuthal propagation of low-energy solar — flare protons as observed from spacecraft very widely separated in solar azimuth, Journal of Geophys Res, 77: 3957.

Parker E N. 1965. The passage of energetic charged particles through interplanetary space. Planet. Space Sci., 13: 9.

Qin G, Matthaeus W H, Bieber J W. 2002. Perpendicular transport of charged particles in composite model turbulence: recovery of diffusion. Astrophys Journal, 578, L117-L120.

Qin G, Zhang M, Dwyer J R, et al. 2004. Interplanetary transport mechanisms of solar energetic particles. Astrophys Journal, 609: 1076.

Qin G. 2007. Nonlinear parallel diffusion of charged particles: extension to the nonlinear guiding center theory. Astrophys. Journal, 656: 217-221.

Qin G, Wang Y, Zhang M, et al. 2013. Transport of solar energetic particles accelerated by ICME shocks: reproducing the reservoir phenomenon. Astrophys Journal, 766: 74.

Qin G, Shalchi A. 2012. Numerical investigation of the influence of large turbulence scales on the parallel and perpendicular transport of cosmic rays. Advances in Space Research, 49: 1643.

Roelof E C. 1969. Propagation of solar cosmic rays in the interplanetary manetic field. In Lectures in High Energy Astrophysics. Ogelmann H, Wayland J R, NASA SP-199, 111.

Wang Y, Qin G, Zhang M, et al. 2014. A numerical simulation of solar energetic particle dropouts during impulsive events. Astrophys Journal, 789: 157.

Wang Y, Qin G, Zhang M, 2012. Effect of perpendicular diffusion on energetic particles accelerated by the interplanetary coronal mass ejection shock. Astrophys Journal, 752: 37.

Zhang M. 1999. A markov stochastic process theory of cosmic-ray modulation. Astrophys Journal, 513: 409-420.

Zhang M, Qin G, Rassoul H. 2009. Propagation of solar energetic particles in 3-dimensional interplanetary magnetic fields. Astrophys. Journal, 692: 109-132.

Zhang M, Jokipii J R, Mckibben R B. 2003. Perpendicular transport of solar energetic particles in heliospheric magnetic fields. Astrophys Journal, 595: 493.

第 5 章　地球磁尾高速流中的偶极化锋面研究

邓晓华　周　猛

南昌大学空间科学与技术研究院，南昌　330031

地球磁尾包含多时空尺度的复杂物理现象，其中之一就是高速流中的非线性结构——偶极化锋面。本章通过分析 THEMIS 和 Cluster 卫星观测数据，研究了伴随偶极化锋面的多种动力学效应，包括锋面的尺度和结构、锋面对应的高能电子加速，以及伴随锋面产生的从离子回旋频率到高于电子回旋频率的多种等离子体波动。这一系列研究对于理解磁尾的物质、动量和能量输运，以及磁层亚暴的动态发展过程有十分重要的意义。

5.1　引　　言

磁层亚暴是地球磁层中最常见的物理现象之一，其影响的区域以及所涉及的时空尺度都非常广，是空间天气的重要组成部分。由磁层亚暴或磁层暴产生的高能粒子沉降到电离层和高层大气层中，对地面的电波传播和通信有很大的影响，甚至会使得地面电网中断工作。亚暴的膨胀相通常伴随着磁层中的两个重要现象：高速流和磁场的偶极化(McPherron et al., 1973)。高速流是在等离子体片中观测到的很强的、瞬态和区域性的通量传输增长，等离子体整体流速通常在 400km/s 以上(Baumjohann et al., 1990; Angelopoulos et al., 1992)。随着亚暴膨胀相的开始，堆积在尾瓣的磁能开始释放，此时越尾电流强度减小，一般称这个过程为电流片中断(Lui, 1996)。此时必然伴随磁场拓扑结构的变化，这就导致了近磁尾出现磁场的偶极化，即磁场倾角的增大。在高速流中也经常观测到磁倾角的增大，这种短时的磁场偶极化的前缘称为偶极化锋面(Ohtani et al., 2004; Runov et al., 2009)。这种偶极化锋面跟全球尺度的磁场偶极化不一样，偶极化锋面一般对应短时(通常在 1min 以内)的磁场 B_z 分量增强，而亚暴膨胀相对应的全球尺度的偶极化往往持续 30min 甚至更长时间。偶极化锋面的地向运动过程可能伴随有非常显著的动量和能量输运，以及磁能向等离子体动能和热能的转化。下面将对偶极化锋面相关的动力学效应进行详细的介绍。

5.2 偶极化锋面的结构

图5.1给出的是THEMIS P4卫星在2008年2月15日对一次高速流中偶极化锋面的一个总体观测结果(Zhou et al., 2009)。首先可以看到,在0357~0358 UT P4观测到了两个偶极化锋面,这两个偶极化锋面伴随着一个高速地向等离子体流而来。第一个锋面在流的前端,第二个锋面在流的后部。另外可以看到,对应每个锋面,都伴随着密度的突然降低,等离子体压力的降低和磁压的增强,而总压力变化不是很大,这与等离子体泡的性质很相似(Chen and Wolf, 1993)。每个锋面都对应着很强的高能电子通量增加。对应15~200keV的电子通量非常迅速的增加,而15keV以下的电子通量有所降低。还可以看到,伴随着偶极化锋面有大的波动增强,频率范围从低于低混杂频率(f_{lh})到高于电子回旋频率(f_{ce})。

用最小变量分析方法(MVA)求得了锋面的法向(Sonnerup, 1979),发现其基本上是沿着日地连线方向。这里可以假设偶极化锋面是沿日地连线方向运动的,结合互相关性分析和时序分析方法,求出了锋面的运动速度。第一个锋面的速度大约是(324±21)km/s,第二个锋面的速度大约是(420±96)km/s。根据运动速度及锋面持续的时间,可以计算锋面的厚度,大约为一到几个离子惯性长度左右,这与最近的模拟结果是一致的(Sitnov et al., 2009)。

我们估算了锋面处y方向的电流密度J_y,也可以大致认为是垂直电流,因为磁场主要是沿z方向的。J_y是通过以下公式近似估算出来的:$J_y \approx -\mu_0 \dfrac{\partial B_z}{\partial x} = -\mu_0 \dfrac{\delta B_z}{v_x \mathrm{d}t}$,其中$v_x$是锋面沿$x$方向的运动速度,$\mathrm{d}t$是锋面持续时间。估算得到的锋面对应的平均电流为$(73\pm5)\mathrm{nA/m^2}$。可以发现对应锋面有强的沿锋面法向的直流电场($n=[0.94, -0.32, -0.07]$)。通过比较广义欧姆定律中的各项,可以发现Hall项$(j\times B)_n/ne$可以近似地平衡等离子体静止坐标系下的电场$(E+V_i\times B)_n$,因此这个直流电场很有可能是Hall电场(Zhou et al., 2009)。这一结论也得到了Cluster卫星观测结果的验证。他们发现在锋面处法向电场主要是由Hall项提供,而广义欧姆定律中的其他项,如对流电场项和电子压强梯度项都很小(Fu et al., 2012)。

更多的卫星观测发现,这种动力学尺度的锋面结构不仅存在于近磁尾的区域,也在稍微远离地球的磁尾重联出流区以及扩散区内被观测到,这就证明了部分偶极化锋面是非稳态重联的直接产物(Zhou et al., 2011; Fu et al., 2013)。

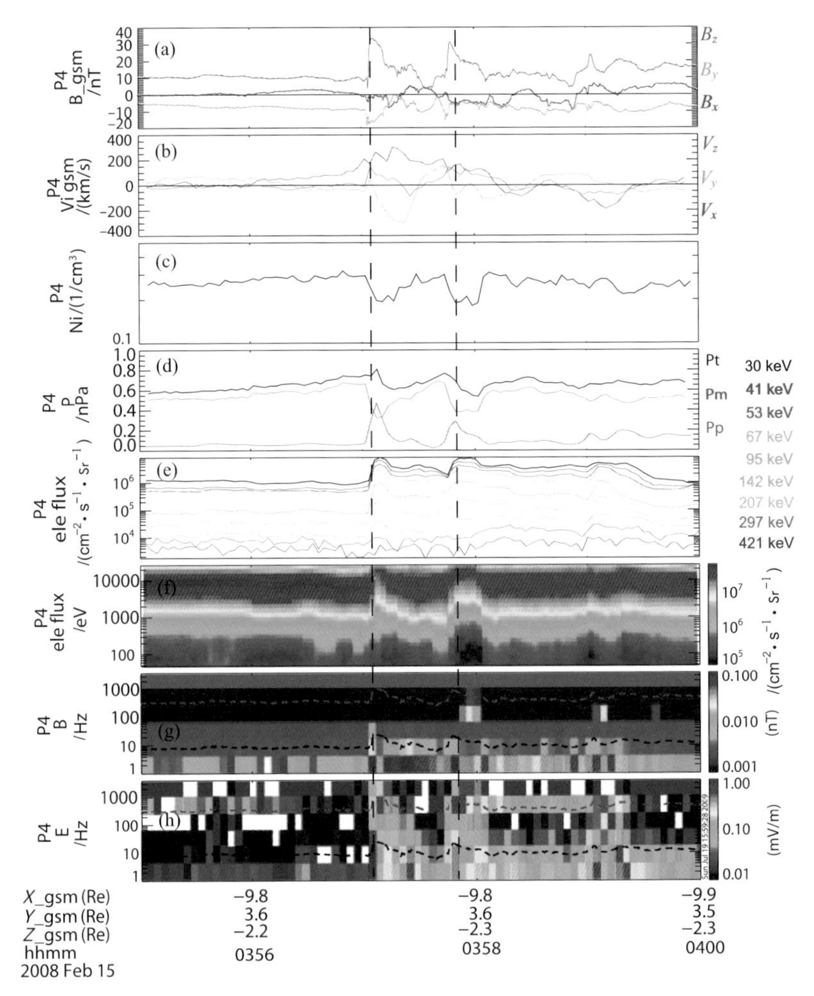

图 5.1　THEMIS P4 卫星的总体探测图

(a)磁场的三个分量;(b)离子整体流;(c)离子密度;(d)磁压(蓝),等离子体热压(红)和总压力(黑);(e)高能电子通量(来自 SST 仪器);(f)热电子通量(来自 ESA 仪器);(g)磁场平均扰动幅度;(h)电场平均扰动幅度

5.3　伴随偶极化锋面的电子加速

本节讨论伴随偶极化锋面的高能电子特征。从 5.2 节分析的事例中我们看到,伴随偶极化锋面有高能电子通量的增加。电子通量的增加不仅是局限在锋面,而是在整个锋面后面的通量堆积区中。由于这些锋面都是地向运动的,因此这些携带高能电子的通量堆积区很有可能对亚暴粒子注入有一定的贡献。

2009年2月27日,THEMIS卫星处于主要的联合观测期。THEMIS 5颗卫星在 $X=-20$ 至 $X=-11$ 个地球半径的区域从尾部到地向,按照P1,P2,P3,P4和P5的顺序依次排开。在07:48~07:56 UT,4颗卫星观测到了一个地向传播的偶极化锋面,锋面的运动速度约为300km/s,锋面的尺度在一个离子惯性长度左右(Runov et al., 2009)。在观测到锋面的同时,也观测到了离子和电子密度的降低和温度的增长,波动的突然增强以及高能电子通量的增加(Deng et al., 2010)。

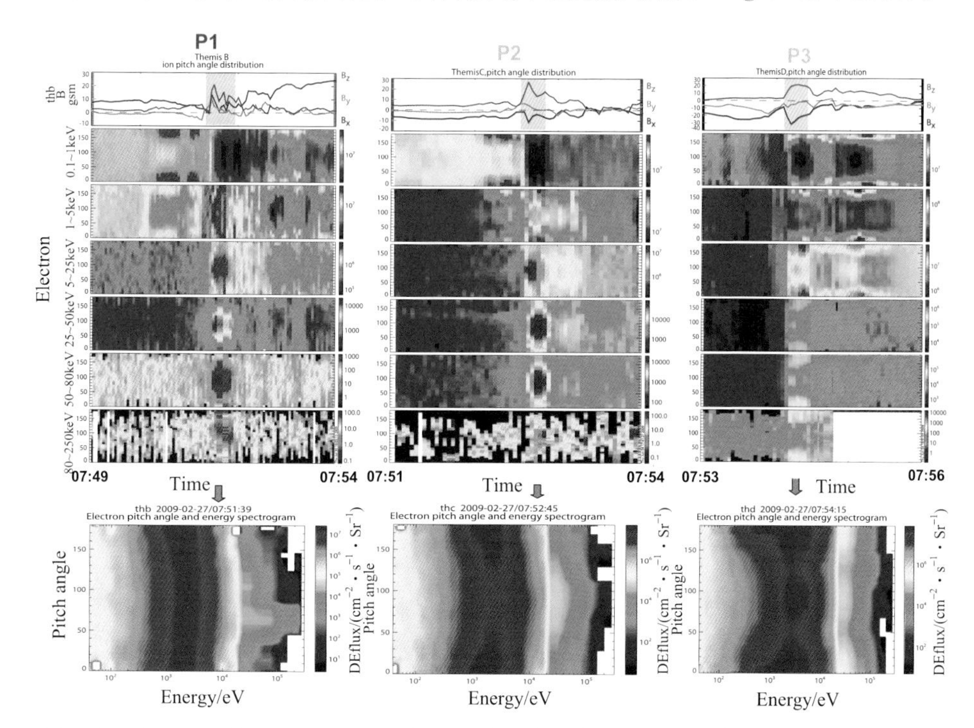

图5.2 从左至右依次为P1,P2和P3卫星的观测结果。顶部的面板是磁场三个分量向下,依次往下为不同能级的电子投掷角分布,对应的能级分别为(0.1~1) keV,(1~5) keV,(5~25)keV,(25~50)keV,(50~80)keV,(80~250)keV。最下方三图为全能段的电子投掷角分布

这里观测到的电子通量特征与2008年2月15日事件类似,都是高能部分(>2keV)通量增长,而低能部分通量降低(<2keV)。对应着锋面有平行和垂直方向电场的突然增强,垂直分量远大于平行分量。锋面正好是磁压和热压剧烈变化的边界层。由于P3和P4位置非常接近,这里用P3作为代表。有意思的是,处于不同区域的P1,P2和P3所观测到的离子温度各向异性特征不同。离地球较远的P1和P2观测到的是离子垂直温度大于平行温度,而离地球较近的P3观测到的温度几乎是各向同性的。电子温度的差异同离子温度相似。P1和P2卫星观测到的

也是电子垂直温度大于平行温度，而 P3 观测的是平行温度大于垂直温度。电子温度的差异可以从电子通量的投掷角分布看出(图 5.2)，不同的面板代表不同的能级范围。首先可以明显地看到对应着锋面，低能部分电子通量的突然降低及高能部分电子通量的增加。其次，P1 和 P2 卫星对应的高能电子能谱主要是煎饼状的分布，即垂直分布的电子多于平行分布的电子。而 P3 卫星探测到的高能电子除了在垂直方向通量较大之外，在平行和反平行方向也有较大通量。考虑到这三颗卫星观测到的是同一个结构，说明锋面后面通量堆积区的电子分布在传播过程中随时间在演变。Fu 等通过等离子体流速峰值跟 B_z 峰值出现的先后顺序划分了几种不同类型的通量堆积区：增长型、稳态型和衰退型。他们发现不同类型的通量堆积区内的高能电子投掷角分布出现不同的特征。在增长型堆积区内，由于磁场的压缩 betatron 加速起主导作用，电子主要呈现垂直分布；在衰退型堆积区内，电子主要呈现场向分布；而在稳态型堆积区内，电子主要呈现各向同性分布(Fu et al.，2011)。

科学家们通过结合全球尺度的磁流体力学模拟和大尺度动力学模拟来研究磁尾大尺度上的电子加速和输运。图 5.3 为对一次亚暴事件模拟所得到的电子通量分布。从中可看到，在偶极化锋面形成之前 (03:48 UT)，只有几 keV 的热电子通量增加，高能电子通量(>30keV)没有明显变化。热电子主要出现在近尾磁重联区附近。而当偶极化锋面形成并地向运动到 $X\approx-10$ 个地球半径时 (03:58 UT)，高能电子通量出现增强，而且主要出现在地向运动的偶极化锋面附近。通过比较源区电子和加速后电子的能量分布函数，发现它们和磁场大小的关系正好满足第一绝热变量守恒，这就证明了电子的加速是通过 betatron 机制完成的(Ashour-Abdalla et al.，2011)。这一研究表明在近磁尾观测到的注入高能电子主要是随着偶极化锋面一起地向运动的过程中获得的能量，而磁尾的磁场重联只能提供几个 keV 的种子电子，这对之前人们普遍认为的磁尾高能电子直接由重联产生的观点提出了巨大挑战。

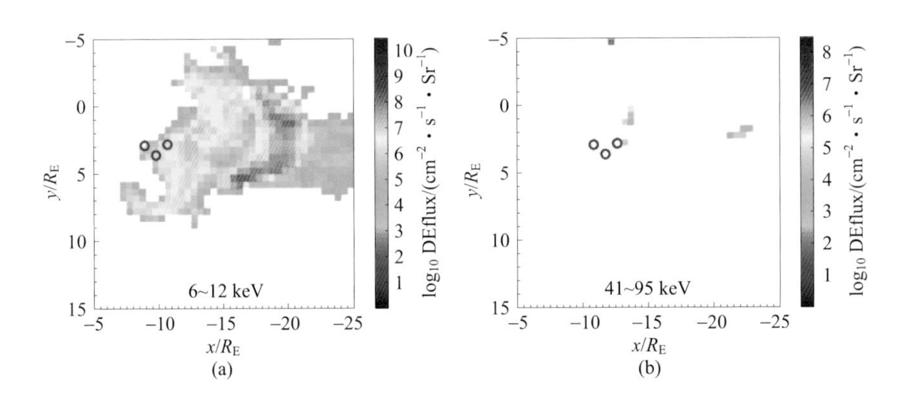

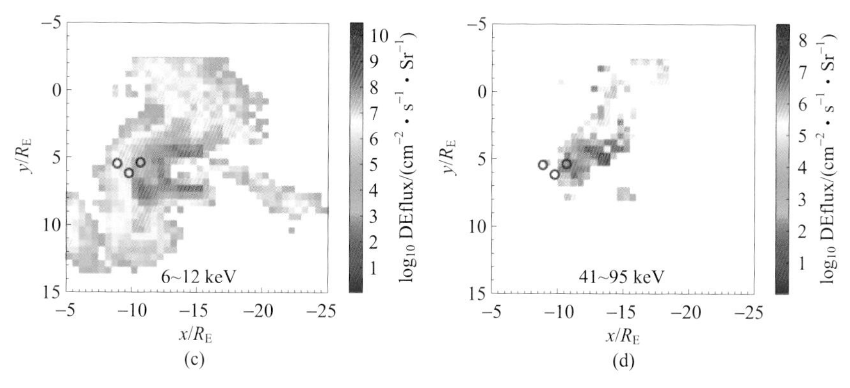

图 5.3　在最大压力面上两个不同能道的电子差分流。
a 和 b 表示的是 03:48 UT，而 c 和 d 表示的是 03:58 UT

除了偶极化锋面对应高能电子的通量增加，我们还发现在等离子体泡中也有高能电子加速迹象。这种等离子体泡不仅有非常陡峭的前缘结构(类似于偶极化锋面)，也有非常陡峭的后缘结构，即非常快速的 B_z 下降。前缘和后缘都是离子

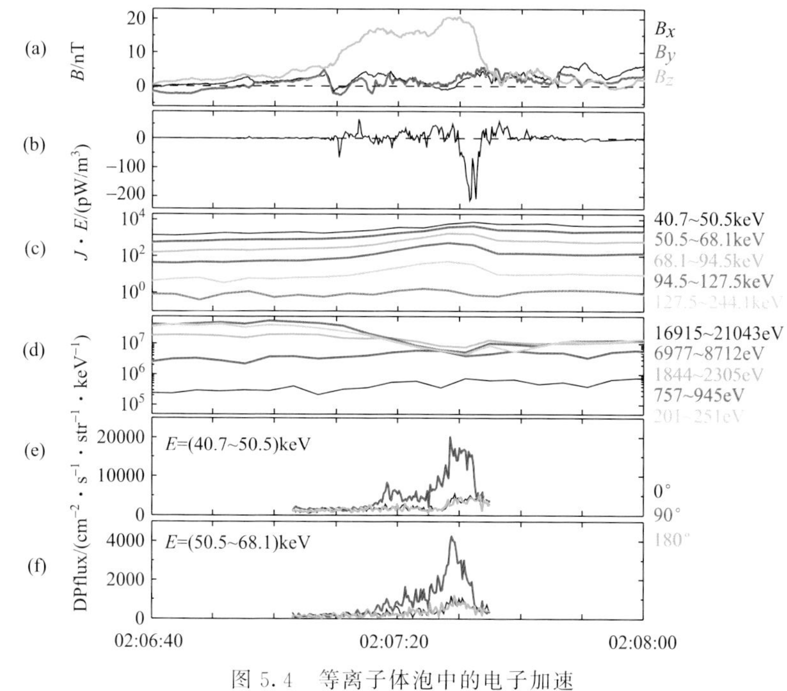

图 5.4　等离子体泡中的电子加速

(a) 磁场；(b) J · E；(c) 4s 分辨率的高能电子通量；(d)热电子通量；
(e)～(f) 0.25s 分辨率的两个不同能级的高能电子通量

尺度的薄电流片。特别地,我们发现在等离子体泡中出现了另外一个小幅度的 B_z 增加,称为次级偶极化(Pang et al., 2012; Zhou et al., 2013)。通过估算等离子体泡的前缘和后缘结构的运动速度,发现后缘的运动速度大于前缘,而且等离子体泡的受力主要指向内部,因此我们推测在等离子体泡中产生的次级偶极化是由于前缘和后缘的相互挤压作用产生的。特别地,对应次级偶极化有高能电子通量增加(图 5.4 中的高精度电子数据)。我们比较了对应次级偶极化的电子能谱与等离子体泡外面和等离子体泡内其他区域的电子能谱,发现对应次级偶极化的电子能谱最硬。另外,90°方向的通量增加远大于 0°和 180°方向上的通量增加,意味着电子主要是在垂直方向上获得加速。我们猜测对应次级偶极化的感应电场造成的回旋 betatron 加速机制可能是导致这里电子加速的主要因素。

5.4 伴随偶极化锋面的等离子体波动

在偶极化锋面附近观测到了多种等离子体波动,这些波动的存在可能对于磁层亚暴的触发,以及亚暴过程中能量的耗散和粒子加速起着重要的作用(Lui, 2004)。

5.4.1 低混杂漂移波

5.2 节中提到伴随着偶极化锋面有很大的波动,从低于 f_{lh} 一直到高于 f_{ce},现在来看对应锋面处在低混杂频率附近的波动。图 5.5 是对应偶极化锋面的磁场和电场波形图,波形的分辨率是 128Hz。容易看到,电场和磁场的最大扰动正好是在锋面处。锋面处的电场强度非常大(峰值约在 80mV/m),而且持续了 1s 左右(Zhou et al., 2009)。在图 5.5 中可以看到电场在 f_{lh} 附近有很强的扰动。图(d)和(e)表示的是在 f_{lh}(~20Hz)附近 15~30Hz 的滤波得到的磁场和电场波形。电场在低混杂频率频段有很大的扰动分量,另外磁场扰动在该频段也有增强。我们对磁场使用 MVA 方法求出了波动的传播方向,发现图(d)和(e)中阴影部分的波形有很高的极化度,传播角约为 85°。

前文也提到,对应锋面有很强的垂直方向的电流,而且锋面处有较大的密度梯度存在。因此这里观测到的低混杂波最有可能是由低混杂漂移不稳定性产生的,这种不稳定性是抗磁化电流在存在压力梯度的条件下激发出来的。

5.4.2 电子回旋谐振波

第二个要重点描述的波动是电子回旋谐振(ECH)波。可以从图 5.1(h)中看到,频率在 f_{ce} 之上有明显的电场波动,这些波动都发生在偶极化锋面刚过的时候。这里利用波动突发模式(wave burst)的高精度波形数据研究这种高频波动。图 5.6(a)是在

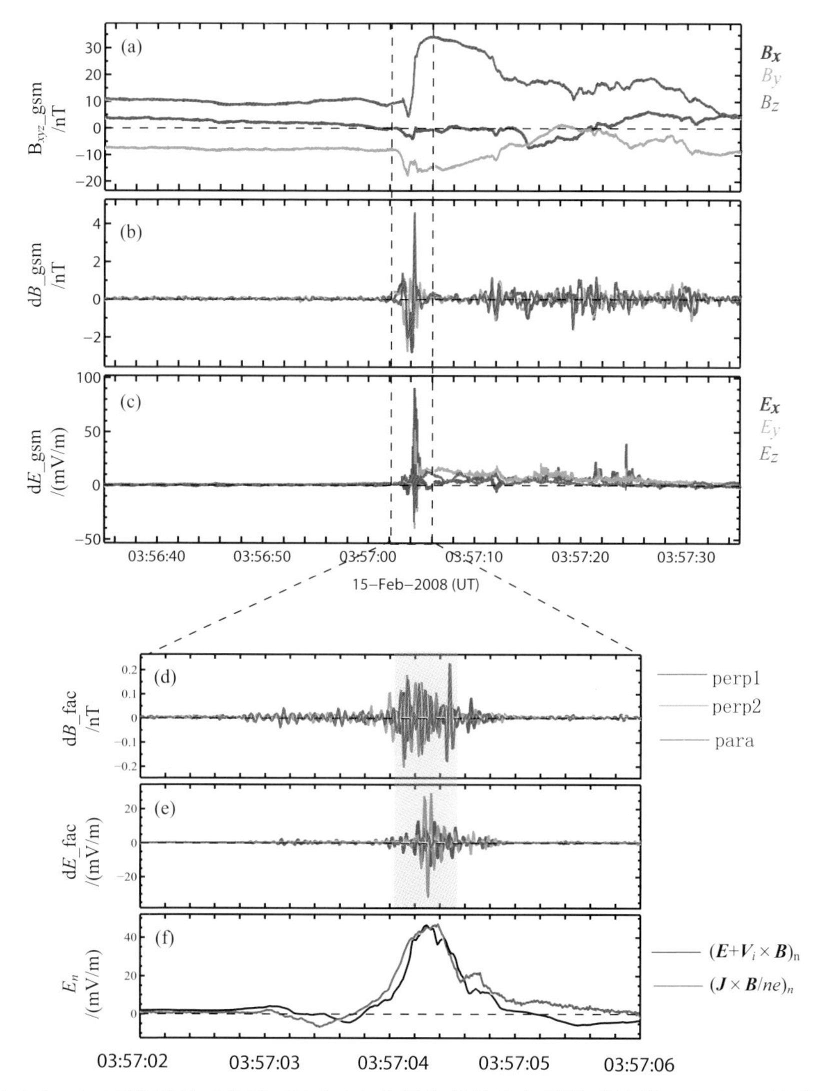

图 5.5　(a)直流磁场三分量;(b)和(c)分别为磁场和电场波动波形;(d)和(e)为磁场和电场波动在场向坐标系下的波形;(f)沿锋面法线方向的电场,黑线代表在等离子体静止坐标系下的实测电场,红线代表 Hall 电场

03:57:48.3～03:57:48.8 UT 的电场功率谱,可以看到功率谱在高频段有多个峰值,分别在 $1.1f_{ce}$(f_{ce}～850Hz),$2.2f_{ce}$,$3.3f_{ce}$ 和 $4.4f_{ce}$。最强的谱在 $2.2f_{ce}$ 处,其次是 $1.1f_{ce}$ 处的谱,其他两个频率的功率谱相对来说很小。这些波动很像是电子回旋谐振波。

为了确认这些波动,我们分析了它们的极化。图 5.6(b)和(c)是频率在 800～

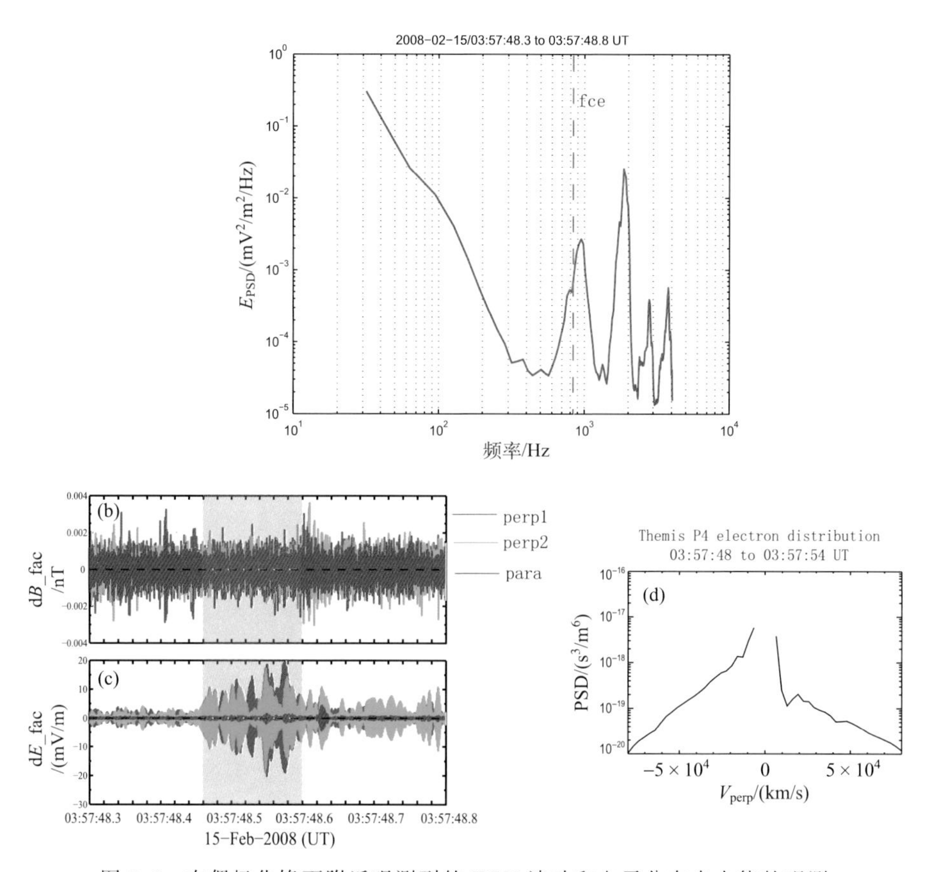

图 5.6　在偶极化锋面附近观测到的 ECH 波动和电子分布自由能的观测

(a)电场功率谱;(b)FAC 坐标系下 800~3000Hz 的磁场和电场波形;

(c)在 $V_{\|}=0$ 处得到的电子向空间分布同垂直速度的关系

3000Hz 滤波得到的磁场和电场波形。由于$|\delta E|/|\delta B|$的比值已经大于光速,因此我们认定这些波动是静电波。图 5.6(b)和(c)中阴影部分的波形具有很高的极化度,而且极化方向同背景磁场的夹角非常大,接近垂直。这些特征都表明这些波动是电子静电回旋波(Zhou et al., 2009)。这种波可以由电子垂直速度分布上正的梯度来激发,如损失锥或环状分布(Ashour-Abdalla and Kennel, 1978)。图 5.6(d)描绘的是在 ECH 波动观测到的时候电子的垂直速度分布,可以看到电子的垂直速度分布函数在 $v_{\perp}\approx 1.5\times 10^{4}$ km/s 处有正的梯度。通过求解由动力学方程推导出来的介电函数来求得线性假设下波动的色散关系(Rönnmark, 1981)。在代入真实观测的参数情况下,可以发现在频率 $2.3f_{ce}$ 和波长 $k\rho_{ce}\approx 6$ 处有一个极化角与背景磁场成 88°的增长的静电波模,因此我们更加确认在这里观测到的 ECH 波是由于电子垂直方向速度存在正梯度所激发的。

5.4.3 哨声波

在锋面之后的通量堆积区内经常观测到哨声波。如在上文报道的2009年2月27日THEMIS卫星观测到的偶极化锋面之后就观测到了哨声波的增强。离地球较远的P1和P2卫星都在锋面附近观测到了哨声波，而离地球较近的P3和P4则没有(Deng et al., 2010)。另外，通过Cluster卫星对多个偶极化锋面的观测，我们也发现了锋面B_z分量增强，高能电子通量增加，哨声波幅度增强和热电子垂直各向异性之间一一对应的关系(图5.7)。通过线性理论计算，可以发现实测到的电子垂直温度各向异性可以激发具有正增长率的哨声波，进一步说明这里观测到的哨声波是由热电子的垂直温度各向异性所激发(Huang et al., 2012)。

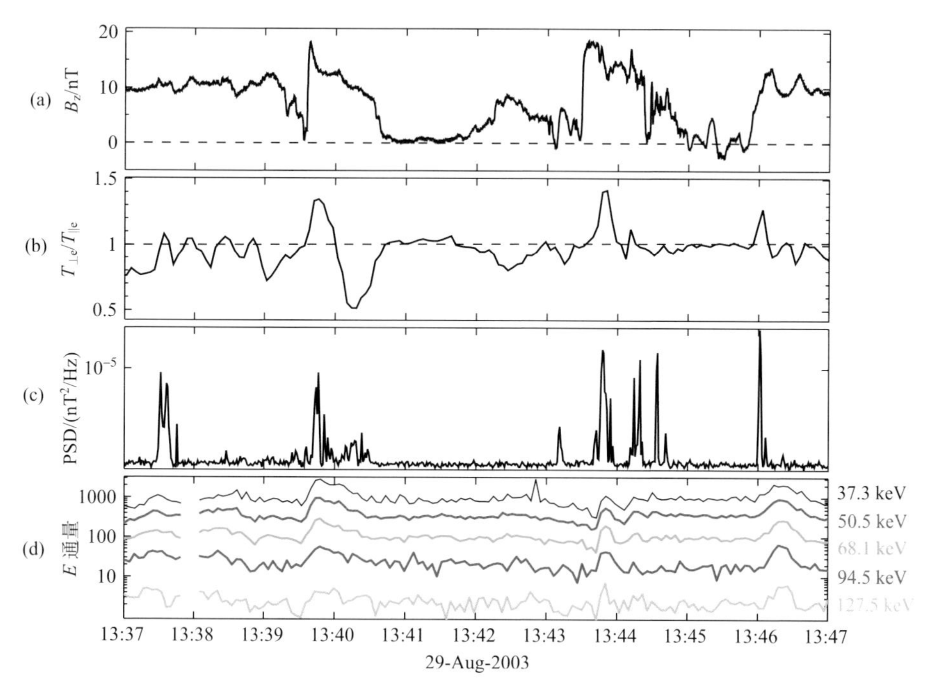

图5.7 (a) 磁场Z分量；(b) 电子的垂直和平行温度比，即电子温度各向异性；(c) 50～250Hz的磁场总功率密度，即哨声波的磁场功率密度；(d) 高能电子通量

5.4.4 磁声波

在偶极化锋面处也有大幅度的低频波动被发现。图5.8所示为在距地球$X \approx -10$个地球半径一个偶极化锋面处所观测到的波动(Zhou et al., 2014)。不同于之前观测到的锋面都是在地向流中运动，该锋面对应的是尾向流。而且通过MVA估算得到的锋面法向指向昏侧，说明该尾向流很可能是由于近磁尾压力增

强导致的地向流的反弹。

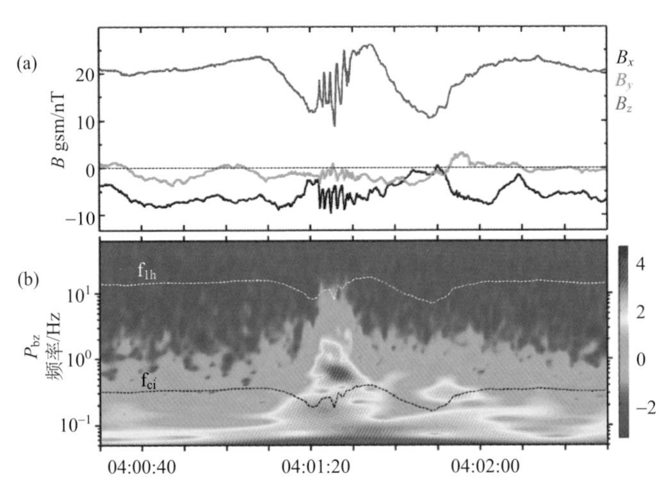

图 5.8 (a) 磁场三分量的 128Hz 高精度数据；(b) 磁场 B_z 的功率谱，其中黑线和白线分别表示当地离子回旋频率和低混杂频率

我们在锋面处观测到了类似于单色波的大幅度磁场波动，波动频率高于当地的离子回旋频率而小于低混杂频率（图 5.8)。对应峰值频率的波动磁场强度为 2～4nT。我们对波的详细信息进行了分析。首先，波动的磁场大小变化跟等离子体密度变化呈反相关性。其次，通过极化分析发现磁场扰动主要沿背景磁场方向，而电场扰动主要垂直于背景磁场。然后，我们发现磁场扰动的最大值往往对应着电场扰动的最小值，因此磁场扰动很可能是由于电子的 $\delta E \times B_0$ 运动引起的电流导致的。通过 Norgren 文中提到的公式(Norgren et al.，2012)，我们估算了该波动的传播相速度约等于 380km/s，传播角与背景磁场夹角约为 100°。通过相速度估算多普勒频移从而得到等离子体坐标系下的波动频率，约为当地离子回旋频率。这些观测特征都与内磁层中经常观测到的磁声波一致。事实上严格定义的磁声波是一种磁流体力学的波，频率很低一般都在离子回旋频率以下。我们这里观测到的波其实属于离子 Bernstein 波模。

这种波模是如何产生的，以及它在锋面处对粒子动力学起怎样的作用呢？我们获取了对应磁声波的离子能量分布函数，发现在 $E=500$eV 处存在正向的梯度，而能量分布函数上的正梯度正好是激发磁声波或离子 Bernstein 模的主要自由能之一。特别地，$E=500$eV 对应的速度正好与观测到的波的相速度接近，更进一步证明了激发源就是离子分布函数上的正向梯度。这里我们比较关心这种磁声波对电子动力学过程的影响，通过准线性理论计算了波对电子的能量和角扩散系数，发现波对电子的能量扩散系数较大，扩散时间从几十秒至几十分钟，因此只要波能维持足够长的时间,就能对电子加速起重要作用。另外,由于波对投掷角10°以下电子的角度扩散系数较小,因此波不太可能对电子的沉降起重要作用。当然,由于这里观测到的波动幅度很大,准线性理论可能已经不适用,因此以后将采用试验粒子模拟的方法对这一问题开展更细致的研究。

致　　谢

本工作得到了国家自然科学基金委的资助(No: 41174147, 41274170, 41331070)。在此非常感谢Ashour-Abdalla教授、袁志刚教授、黄狮勇博士、庞烨博士对本工作的完成提供的帮助。

参考文献

Angelopoulos V, Baumjohann W, Kennel C F, et al. 1992. Bursty bulk flows in the inner central plasma sheet. J. Geophys. Res., 97(A4): 4027-4039.

Ashour-Abdalla M, Kennel C F. 1978. Nonconvective and convective electron cyclotron harmonic instabilities. J. Geophys. Res., 83(A4): 1531-1543.

Ashour-Abdalla M, El-Alaoui M, Goldstein M, et al. 2011. Observations and simulations of nonlocal acceleration of electrons in magnetotail magnetic reconnection events. Nature Physics, 7: 360-365.

Baumjohann W, Pashman G, Luhr H. 1990. Characteristics of high-speed ion flows in the plasma sheet. J. Geophys. Res., 95(A4): 3801-3809.

Chen C X, Wolf R A. 1993. Interpretation of high-speed flows in the plasma sheet. J. Geophys. Res., 98: 21409.

Deng X, Ashour-Abdalla M, Zhou M, et al. 2010. Wave and particle characteristics of earthward electron injections associated with dipolarization fronts. J. Geophys. Res., 115: A09225.

Fu H S, Khotyaintsev Y V, Andre M, et al. 2011. Fermi and betatron acceleration of suprathermal electrons behind dipolarization fronts. Geophys. Res. Lett., 38: L16104.

Fu H S, Khotyaintsev Y V, Vaivads A, et al. 2012. Electric structure of dipolarization front at sub-proton scale. Geophys. Res. Lett., 39: L06105.

Fu H S, Cao J B, Khotyaintsev Y V, et al. 2013. Dipolarization fronts as a consequence of transient reconnection: In situ evidence. Geophys. Res. Lett., 40: 6023-6027.

Huang S Y, Zhou M, Deng X H, et al. 2012. Kinetic structure and wave properties associated with sharp dipolarization front observed by Cluster. Ann. Geophys., 30: 97-107.

Lui A T Y. 1996. Current disruption in the Earth's magnetosphere: Observations and models. J. Geophys. Res., 101: 13067-13088.

Lui A T Y. 2004. Potential plasma instabilities for substorm expansion. Onsets, Space. Sci. Rev., 113: 127-206.

McPherron R L, Russell C T, Aubry M P. 1973. Satellite studies of magnetospheric substorms on august 15, 1968, 9, phenomenological model for substorms. J. Geophys. Res., 78: 3131-3149.

Norgren C, Vaivads A, Khotyaintsev Y V, et al. 2012. Lower hybrid drift waves: Space observations. Phys. Rev. Lett., 109: 055001.

Ohtani S, Shay M A, Mukai T. 2004. Temporal structure of the fast convective flow in the plasma sheet: Comparison between observations and two-fluid simulations. J. Geophys. Res., 109: A03210.

Pang Y, Lin M H, Deng X H, et al. 2012. Deformation of plasma bubbles and the associated field aligned current system during substorm recovery phase. J. Geophys. Res., 117: A09223.

Runov A, Angelopoulos V, Sitnov M I, et al. 2009. THEMIS observations of an earthward-propagating dipolarization front. Geophys. Res. Lett., 36: L14106.

Rönnmark K. 1981. Waves in homogeneous, anisotropic multicomponent plasmas (WHAMP). Tech. rep., KRI.

Sitnov M I, Swisdak M, Divin A V, 2009. Dipolarization fronts as a signature of transient reconnection in the magnetotail. J. Geophys. Res., 114: A04202.

Sonnerup U O. 1979. Magnetic field reconnection. In Solar system plasma physics, Amsterdam, North-Holland Publishing Co., 3: 45-108.

Zhou M, Ashour-Abdalla M, Deng X, et al. 2009. THEMIS observation of multiple dipolarization fronts and associated wave characteristics in the near-Earth magnetotail. Geophys. Res. Lett., 36: L20107.

Zhou M, Huang S Y, Deng X H, et al. 2011. Observation of sharp negative dipolarization front in the reconnection outflow region. Chin. Phys. Lett., 28(10): 109402.

Zhou M, Deng X, Ashour-Abdalla M, et al. 2013. Cluster observations of kinetic structures and electron acceleration within a dynamic plasma bubble. J. Geophys. Res. Space Physics, 118(2):674-684.

Zhou M, Ni B, Huang S, et al. 2014. Observation of large-amplitude magnetosonic waves at dipolarization fronts. J. Geophys. Res. Space Physics, 119(6):4335-4347.

第 6 章　磁层中关键区域磁场结构及其动力学效应

沈　超[1,2]

1 中国科学院国家空间科学中心，空间天气学国家重点实验室，北京　100190

2 哈尔滨工业大学深圳研究生院，深圳　518055

6.1 引　　言

磁层的磁场几何位形是磁层物理的一个重要研究内容，磁层磁场是磁层的骨架结构，对磁层等离子体分布、各种宏观和微观不稳定性的发生、亚暴和磁暴的触发和发展等具有决定性的作用；而且磁层顶和磁尾等离子体片处的磁场重联也会改变磁层磁场的拓扑几何位形，产生通量传输事件（FTEs）、旋转间断（rotational discontinuties）、磁绳（flux ropes）与等离子体粒团（plasmoids）等瞬时磁场结构。内磁层磁场具有封密的、近似偶极场的结构，故能有效约束辐射带高能带电粒子、环电流区能量粒子，以及共转区等离子体层低能粒子。由于太阳风的作用，内磁层磁场在向阳面被压缩，在背阳面被拉伸，晨昏两侧磁力线存在拖曳效应。虽然通过单点卫星观测，已经获得内磁场位形的大致认识，总结出一些近似理论和经验模式（Tsyganenko，1990），但是在某些方面尚无确切的认识，如内磁层向阳侧和背阳侧的磁场梯度和磁力线曲率半径，晨昏两侧磁力线的结构，环电流和场向电流对内磁层磁场结构的扭曲作用等。极隙区是磁层结构的一个重要组成部分，磁层顶边界层磁力线都汇聚于极隙区，它是太阳风粒子进入磁层的一个重要通道，是磁层顶低纬和高纬磁场重联所连通的磁力线的运动必经之处；数据分析和理论研究发现极隙区也对带电粒子具有约束作用，是磁层粒子的一个存储区域，并且对粒子具有加速作用。虽然已经进行了定性的分析以及理论模拟研究（Tsyganenko，1990），但是目前我们对极隙区磁场结构极其动态变化过程仍然有待于深入认识，如极隙区的宽度、磁力线的弯曲特性，以及对太阳风条件的响应等。磁尾等离子体片是南北尾瓣磁场转向和过渡区，存在越尾电流片，也是磁尾存储粒子的重要区域。它是各种波动、振荡、电流不稳定性及磁重联发生的区域。对磁尾电流片的经典描述是Harris 磁场模式。然而，多年对磁尾电流片的探测数据分析显示，其磁场结构往往偏离 Harris 模式，经常观测到电流密度双峰或三峰结构（Runov et al.，2006；Zelenyi et al.，2002）。中性片可以很薄，其厚度经常在 500km 左右（约离子的回旋半径尺度），因此有必要对磁尾电流片的精细磁场几何结构（磁力线形状、中性片厚度等)进行深入的观测和分析研究,发现其位形特征和变化规律,也为进一步对磁尾电流片的动力学理论研究提供观测依据。磁场重联是磁层动力学的重要过程(Dungey,1961)。通常认为行星际磁场(IMF)满足一定条件的情况下,向阳面低纬边界层或高纬边界层能够发生磁场重联过程,导致太阳风磁通量和物质向磁层传输。当磁层南北尾瓣磁场累积到一定程度时,将触发尾瓣磁场重联过程,导致磁尾磁能的释放及亚暴、磁暴过程。目前对磁尾磁场重联的认识主要来自于间接证据,如出现高速流或磁绳等。有必要发现磁场重联的直接证据,确认磁尾和磁尾中性片 x 线点的真实磁场结构,这是磁层物理研究面临的一个紧迫任务。另外,目前我们对与磁场重联相关联的磁层瞬时磁场结构,如通量传输事件、旋转间断、磁绳与等离子体粒团等的磁场分布和磁力线几何位形的认识主要来自单点卫星探测(Russell and Elphic, 1978; Sonnerup and Ladley, 1974;Kivelson et al. , 1995; Slavin et al. , 2003),各种模式之间多有分歧,存在一定推测的成分。

欧空局 Cluster 和中国双星分别于 2000 年和 2003 年成功发射入轨以来,其 6 颗卫星已获得大量立体探测数据。Cluster 和双星能够穿越低纬边界层、高纬边界层、极隙区、磁尾等离子体片等关键性磁层区域,Cluster 4 颗卫星间距在 100～10000km 可调。因此,如果运用适当的数据分析方法,能够分辨各种小尺度磁场结构,将时间变化和空间变化区分开。为了利用多点探测数据,已经发展了一些数据分析方法。例如,Timing 方法(Schwartz, 1998)可以确定薄边界层的法线方向及速度,运用最小变化方法(Harvey, 1998)或线性差值方法(Chanteur and Harvey, 1998)可以得到磁场梯度矩阵,进而可计算电流密度矢量。近几年来,我们也进行了深入的探索和研究,发展了几种运用多点探测数据分析磁场结构几何位形的新方法。Shen 等(2003) 发展了曲率分析方法,从而能够获得磁力线局部几何位形(包括曲率矢量、曲率半径,以及次法线方向等),运用此方法首次获得了磁层电流片/中性片的磁力线曲率半径、曲率矢量以及次法向等微分几何参数的空间分布特征,并估算了中性片拍动的速度。我们还提出了运用磁场压力梯度确定边界层法线方向的新方法(Shen et al. , 2003),并运用于确定磁尾电流片的法线方向(Shen et al. , 2003)及弓激波的法线方向,Shi 等(2005)提出了分析磁场数据的最小磁场变化方法,并运用于确定磁尾电流片法线方向、磁层顶法线方向及通量传输事件的主轴方向。Shen 等(2007a)提出了磁场旋转分析的多卫星数据分析的新方向,可以分析磁场的三维空间旋转特征,从而不仅可以得出磁场结构的特征方向(平面边界层的法向、磁绳的主轴方向等),而且可以获得其内部几何位形(如磁力线曲率半径,FTE 或磁绳的螺旋磁场螺距、螺旋角,以及特征尺度大小等),具有广泛的应用价值。我们发展的以上数种创新性多卫星数据分析的新方法得到了国际同行的确认,其中曲率分析方法已成为 Cluster RAPID 组的通用工具软件。

我们运用自主研发的数种多卫星数据分析方法,分析研究了 Cluster 四点立体探测和双星两点探测磁场数据，得出磁层顶边界层和磁尾电流片区域的关键性磁场结构的磁场几何位形，对太阳风与磁层相互作用过程、磁尾电流片的磁场结构及其稳定性、磁层顶边界层磁场重联和磁尾磁场重联过程等若干磁层物理重要基本理论问题获得新的认识和发现。

6.2　磁层中磁场结构

6.2.1　向阳面地球弓激波的几何结构

弓激波的全球拓扑结构是磁层物理的重要课题。我们提出了利用 Cluster 多卫星观测确定弓激波波阵面形状的新方法。确定弓激波法向矢量的依据是，弓激波法向矢量平行于波阵面内磁压力的空间梯度方向。在 Cluster 四颗卫星处于弓激波波阵面内时期，由磁场观测能够得到磁场的梯度以及磁压力的梯度(Shen et al.，2007b)。Cluster 四颗卫星嵌入弓激波波阵面内时，弓激波波阵面具有较稳定的磁压力梯度方向；利用多点数据分析方法得出的磁压力梯度方向与经验模式(Farris et al.，1991)给出量值一致。图 6.1 是弓激波波阵面内磁压力空间梯度方向与其他三种方法给出的法线方向的比较，相互吻合得较好。如果观测点充分多，将能够从弓激波阵面内磁压力的空间梯度方向定量确定弓激波的全球空间形态。

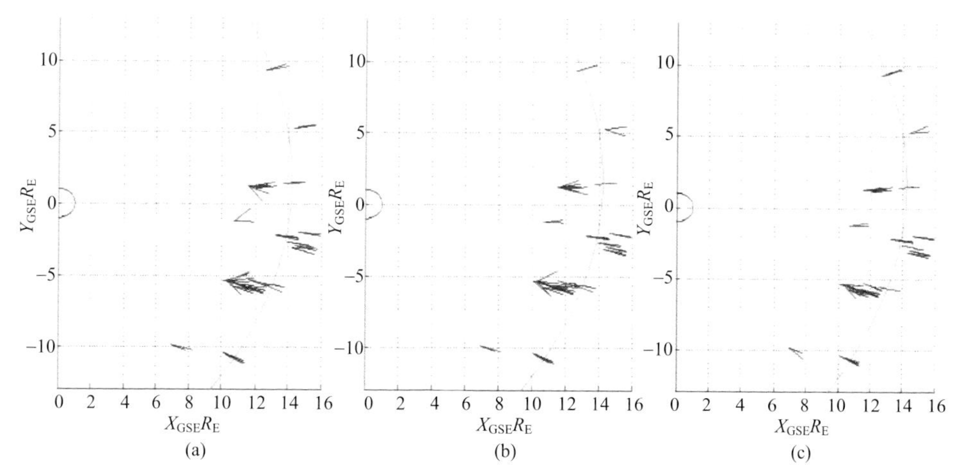

图 6.1　弓激波波阵面内磁压力空间梯度方向(蓝色线段)与其他三种方法(MVA，TD，Timing)给出的法线方向(红色线段)的比较，抛物线为标准模式给出的弓激波波阵面(Shen et al.，2007b)

6.2.2　向阳面磁层顶空间结构

磁层顶边界层是太阳风与磁层的分界面，决定着太阳风物质和能量向磁层的传输过程。我们采用曲率分析等多点探测分析方法,通过对 Cluster 四颗星的立体探测数据的研究,对磁层顶各区域进行分析,得出各区域中磁力线的曲率半径大小、曲率矢量及磁力线密切面法线矢量的方向,从而得出该区域中磁力线的空间构型(Shen et al., 2011)。考虑典型情况,这里着重于分析正午-午夜子午面区域以及太阳风动压为中等强度,并且因分析方法的精确性需要,我们只考虑磁层顶具有强剪切情形,即 IMF 南向时期的向阳面磁层顶和 IMF 北向时期的高纬背阳面磁层顶(以极隙区为界)。图 6.2 是磁层顶边界层曲率半径的空间分布,由此可揭示

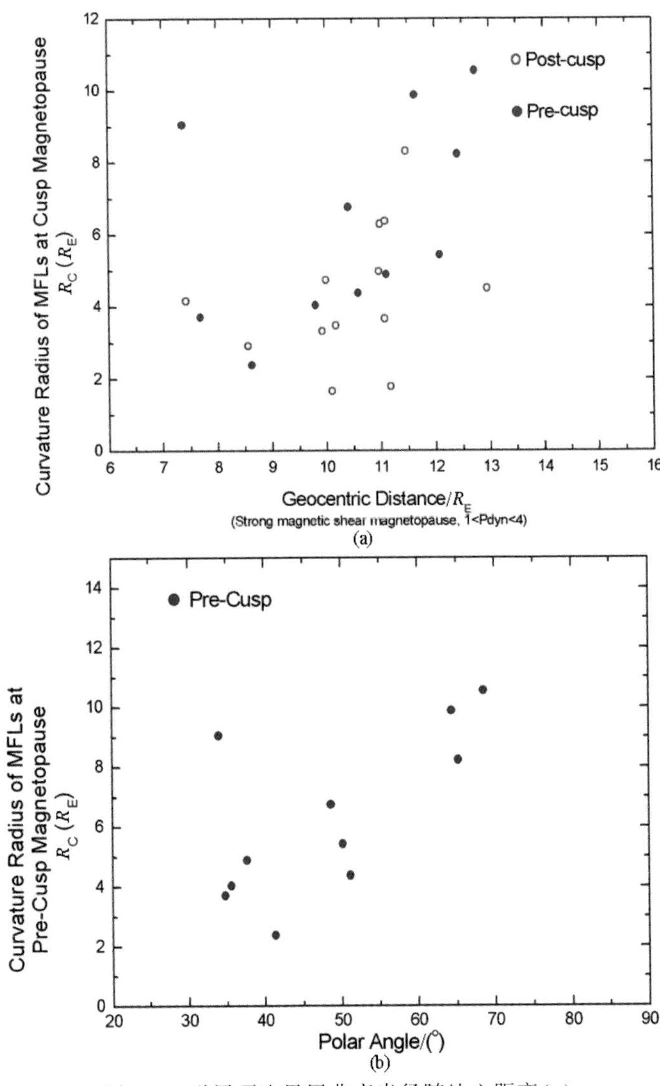

图 6.2　磁层顶边界层曲率半径随地心距离(a)和极向角(b)的空间分布(Shen et al., 2011)

该区域磁场的三维立体结构(图6.3)。这是首次由观测直接得到磁层顶边界层曲率的空间分布。极隙区存在凹陷结构,向阳面极隙区和背阳面极隙区的最小曲率半径为2～$3R_E$。背阳面极隙区比向阳面极隙区高,低纬边界层的曲率半径接近于地心距离大小。图6.3证实,磁层高纬极隙区存在磁瓶,能够约束和储存能量粒子。分析显示,磁层顶晨昏两翼存在磁力线的拖曳效应,赤道面附近磁力线的曲率半径约$5R_E$。这项由多卫星探测对磁层顶的精细分析结果对于建立准确实用的磁层顶边界层模式具有借鉴价值。

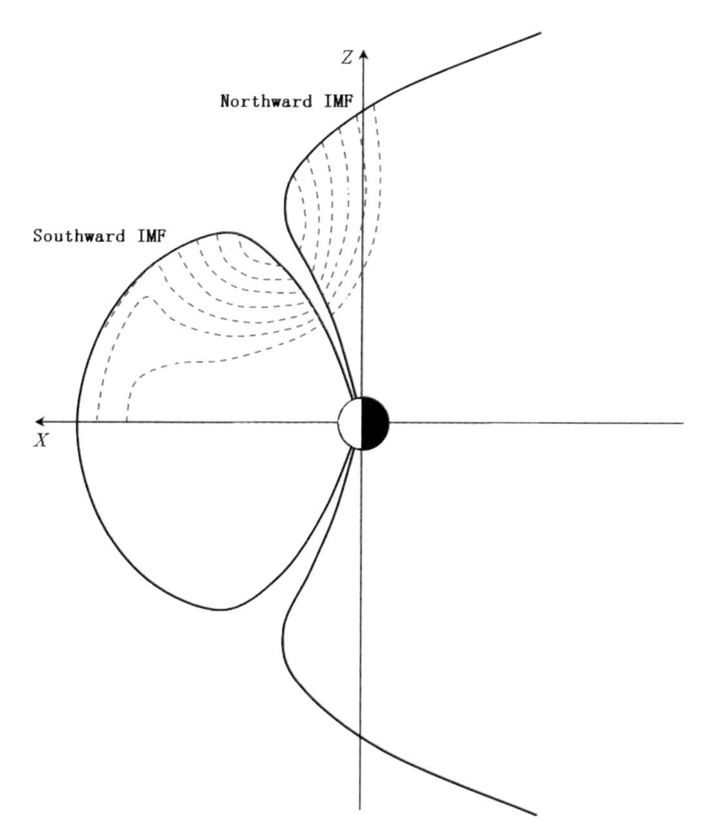

图6.3　磁层正午-午夜子午面空间结构示意图(地磁偶极子无倾斜),粗实线、绿线、蓝色间断线分别是磁层顶边界层、磁力线、磁场强度等值线(Shen et al., 2011)

6.2.3　内磁层磁场结构

内磁层磁场对辐射带高能粒子的空间分布、磁暴粒子动力学过程、磁层环电流和场向电流体系以及等离子体层的演化具有重要的支配作用。

我国双星近地空间探测计划(双星计划)赤道卫星轨道能够完全覆盖磁层赤道

区域,能够对该区域进行完整的磁场测量。利用双星计划赤道卫星 TC-1 在 2004 年近一年的探测数据,对磁层全球磁场特性进行了系统地统计分析研究,获得了磁层黄道区域的磁场全球分布规律(Shen et al., 2008a)。结果显示,在地心距离小于 $7R_E$ 的赤道平面附近,平均地球磁场近似是偶极子场形式;在磁层顶附近,因屏蔽效应磁场增加了约 0.5 倍;而在背阳面,地球磁场扰动较大,有可能是由近地磁尾电流片的存在造成的。

利用 Cluster 卫星多点探测数据能够分析磁暴期间环电流的分布特征和当地磁场拓扑结构的变化(Shen et al., 2014)。图 6.4 是 2001 年 3 月 31 日 Cluster 卫星在近地点附近穿越环电流区域时观测到的磁场结构及环电流变化情况。在此次强磁暴事件期间,电流强度达到 $100nA/m^2$,磁力线曲率半径大小只有宁静时期的约 1/3。图 6.5 是磁暴环电流及磁场曲率随磁暴强度变化的统计结果。此项研究直接探测到了环电流区域内侧较弱的东向电流;而在其外侧,存在着强度更大的西向环电流。此项研究首次通过直接探测定量化确认磁暴期间内磁层磁场拓扑结构的变化。在磁暴期间,随着磁暴强度的增加,整个环电流区域磁力线曲率半径减小。研究结果还表明,磁力线的几何结构以及环电流的分布均存在地方时的不对称性。在相同强度的磁暴条件下,磁力线的曲率半径在夜侧最小,昏侧次之,晨侧居中,日侧最大。

地磁力线的这种拓扑结构变化对环电流区域、等离子体层区域以及辐射带区域的粒子动力学过程具有重要影响。首先,磁力线几何结构的变化将引起这些区域各能段带电粒子的重新分布,而且更加向外延伸。其次,磁暴期间磁力线曲率半径以及磁场强度的减小将打破辐射带部分高能质子第一绝热不变量的守恒性,使其通过场线散射过程损失于大气层,从而确认磁暴场线散射效应是质子辐射带的一种重要损失机制。最后,由于环电流产生的磁场扰动值可与当地磁场相比,应该考虑环电流的磁能,磁暴 DPS 能量-磁扰动关系应当加以修正。

6.2.4 磁尾电流片结构及动力学

近地磁尾是磁尾粒子演化过程的重要区域,是亚暴和磁暴过程中物质和能量储存、转化和爆发性释放的关键区域。近地磁尾的磁场几何结构在不同太阳风条件下等离子体片粒子的注入和传输、磁尾的各种不稳定性过程以及磁暴和亚暴的触发及演化过程中发挥着关键性作用。目前,亟待进行大量的观测数据分析研究,以确定磁尾电流片的几何结构类型,各类电流片的粒子结构、磁场结构,电流密度空间分布特征等。

对磁尾电流片结构进行了分类研究工作。通过对 Cluster 磁场观测数据的分析研究,发现磁尾电流片具有三种基本类型:标准电流片、扁型电流片、倾斜电流片。三种类型电流片的结构不同,在磁尾动力学演化过程中发挥着不同的作用(具体结果见下面内容)(Shen et al., 2008b,2008c,2008d)。

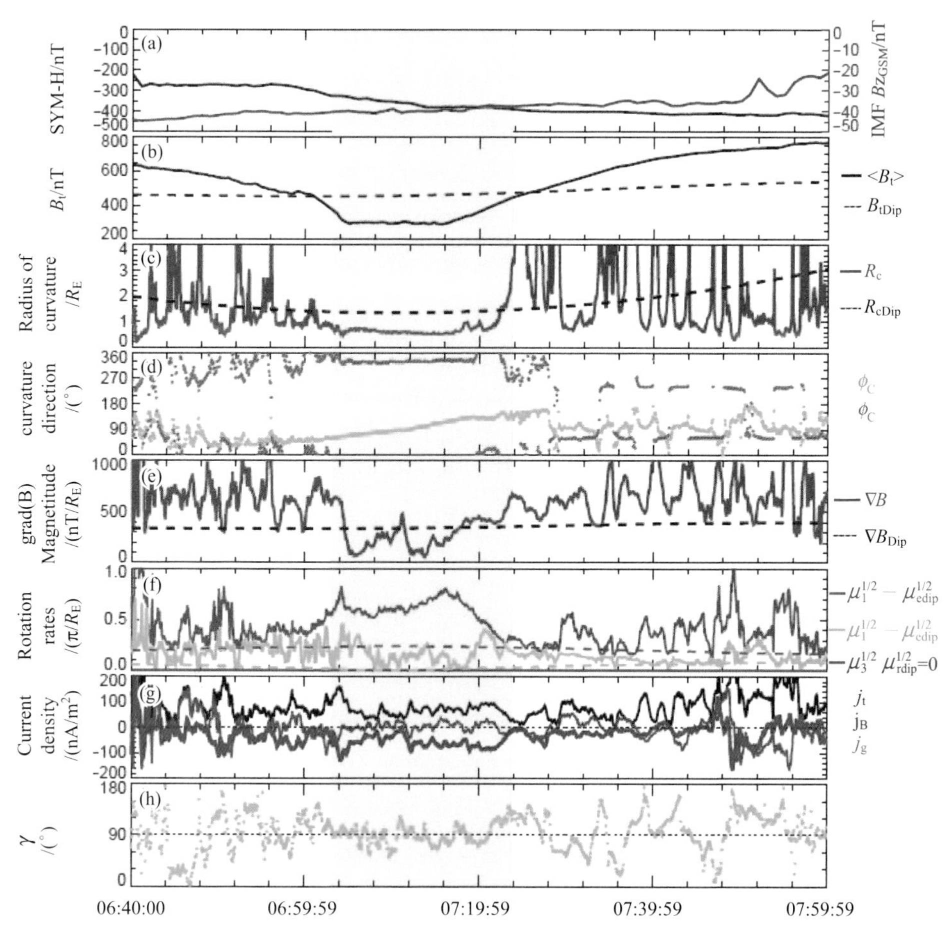

图 6.4　2001 年 3 月 31 日环电流穿越事件磁场结构及环电流观测(Shen et al.，2014)

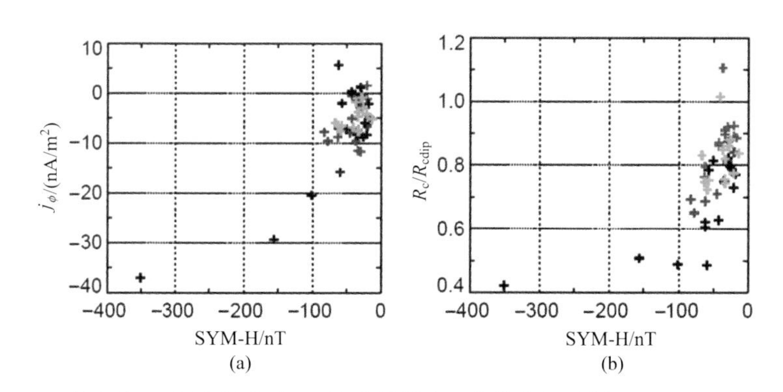

图 6.5　环电流(a)及磁场曲率(b)随磁暴强度变化的统计结果(Shen et al.，2014)

1. 标准电流片结构特征

标准电流片类似于 Harris 电流片,普遍存在于磁尾中(Shen et al., 2003)。图 6.6 是 2003 年 8 月 11 日 Cluster 观测到的磁尾标准电流片结构。观测分析显示,标准电流片的典型特征是:①电流片法线方向沿南北方向或者 GSM 坐标系 Z 轴方向;②电流密度沿晨昏方向,沿磁力线次法线方向;③磁力线为平面曲线,平行于子午面;在中性片之外的区域,磁力线的曲率指向外侧;④中性片的厚度一般小于 $2R_E$,经常出现薄的电流片。

2. 磁尾扁型电流片的磁场结构及其动态变化特征

磁尾扁型电流片是具有强导向场的电流片,在磁尾存在普遍性,是磁尾电流片的一种重要类型,并在磁尾动力学过程中发挥重要作用(Shen et al., 2008b)。

图 6.7 是 2003 年 10 月 18 日 Cluster 观测到的具有强 B_y 的磁尾扁型电流片的磁场结构、磁力线位形和电流分布情况。

磁尾扁型电流片的结构特征为:①具有晨昏方向导向场,磁力线非平面曲线,具有螺旋形状;②电流片法线方向近似沿南北方向;③中性片厚度通常很薄,远小于最小曲率半径;④电流片电流密度沿晨昏方向;在中性片内电流近似沿磁场方向;曲率电流贡献很小;⑤中性片电流载流子主要为电子,电子电流/质子电流比为 3.0～5.7;⑥磁尾扁型电流片中 B_y 与行星际磁场 B_y 具有正相关性,行星际磁场 B_y 在磁尾的穿透系数为 0.7;⑦扁型电流片是磁层磁尾的普遍现象,出现于磁尾所有地方时,以及平静和亚暴活动各阶段。

扁型电流片结构的磁力线位形如 6.8 所示。扁型电流片中的粒子运动学特征及其不稳定性应不同于标准电流片,有待于进一步分析研究。

磁尾扁型电流片在亚暴演化过程中具有一定的作用。图 6.9 显示 2004 年 8 月 10 日一次中等亚暴期间磁尾扁型电流片结构的演化特征(Shen et al., 2008b)。在亚暴增长相期间,①中性片逐渐变薄;②电流片中磁力线最小曲率半径逐渐减小,北向磁场逐渐减小;③中性片中电流主要是晨昏向的场向电流,电子为电流主要载流子;④最大电流密度逐渐增强。亚暴爆发增长相出现于增长相结束时,持续约 3min;此时中性片中北向磁场减小至 2nT,中性片变得非常薄,其半厚度减小至小于 $0.11R_E$ 或 700km;电流片中最大电流密度迅速增长至高于 $0.017\mu A/m^2$,电子为主要载流子。在亚暴膨胀相期间,电流密度迅速下降,呈现湍动状态。

现有理论模式尚不能解释扁型电流片中爆发增长相及电流中断过程。

3. 磁尾倾斜型电流片的磁场结构及其动态变化特征

磁尾电流片中的倾斜型电流片是近年来磁尾动力学的一个焦点问题。倾斜型

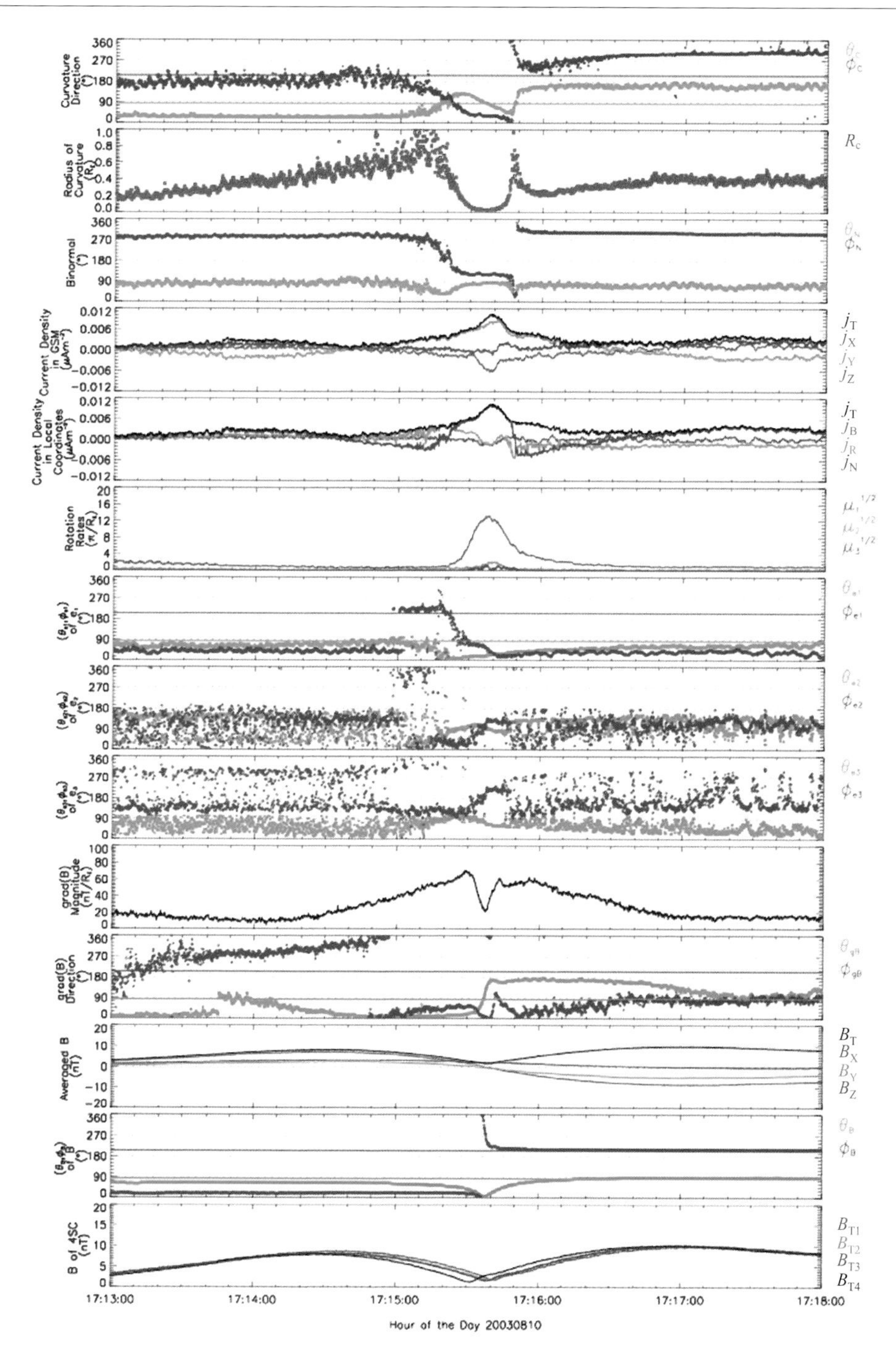

图6.6　2003年8月11日，Cluster观测到的磁尾标准电流片磁场结构、磁力线位形和电流分布

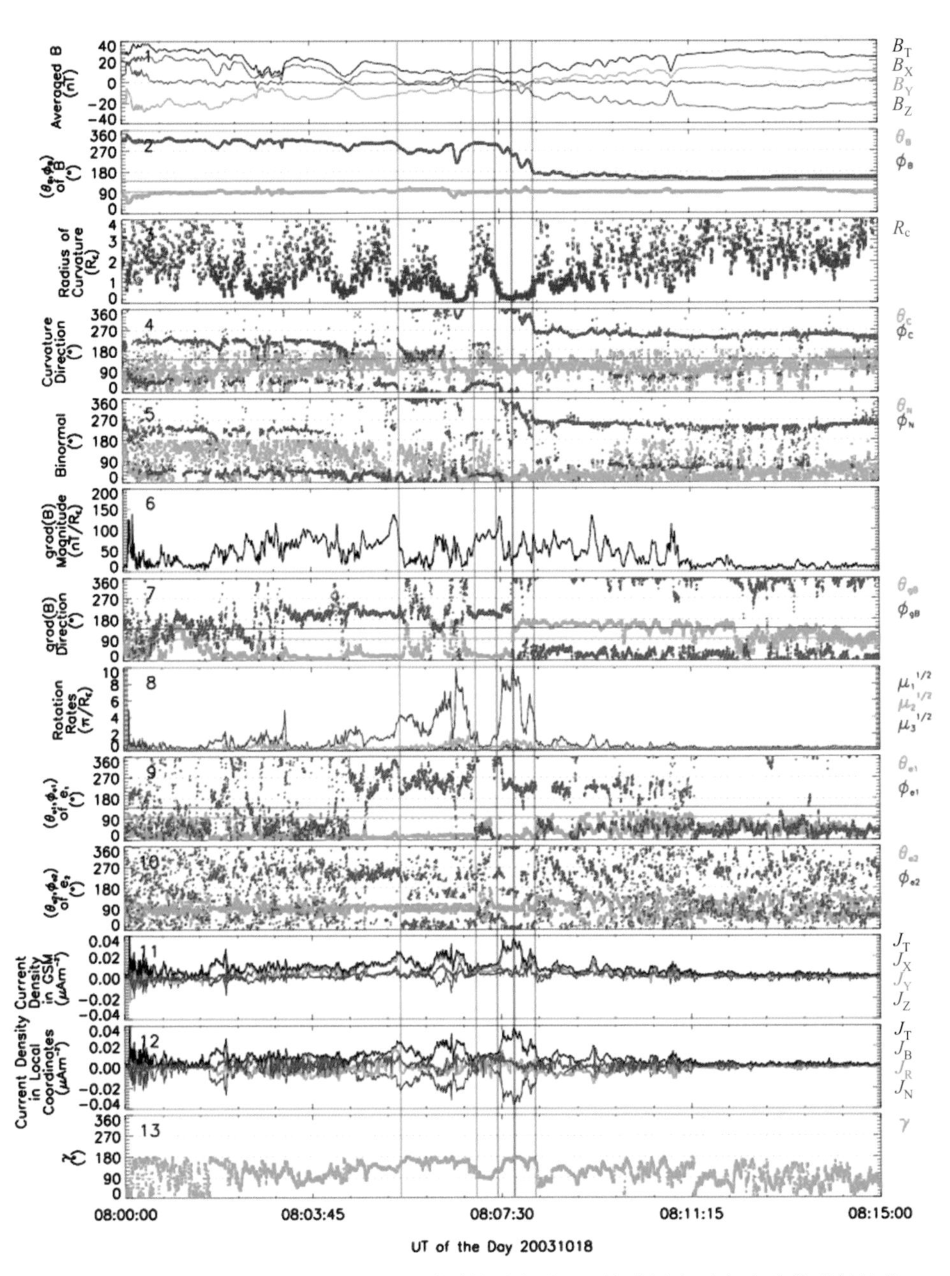

图 6.7　2003 年 10 月 18 日,Cluster 观测到的具有强 B_y 的磁尾扁型电流片的磁场结构、磁力线位形和电流分布情况(Shen et al., 2008b)

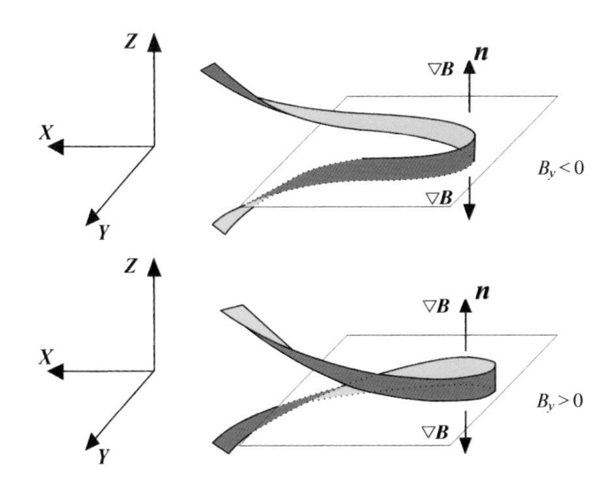

图 6.8　扁型电流片拓扑结构示意图(Shen et al., 2008b)

电流片的结构及电流片的拍动在磁层演化过程中的作用是目前亟待澄清的研究课题。我们运用了已经提出的多点卫星探测数据分析新方法，通过对 CLUSTER 观测数据的分析研究，揭示了倾斜型电流片的空间结构(Shen et al., 2008c)。

图 6.10 显示由 CLUSTER 多点探测分析得出 2001 年 8 月 5 日磁尾倾斜电流片磁场结构特性。大量的数据分析表明，倾斜型电流片是地球磁层电流片的一种常见结构类型(Shen et al., 2008c)。倾斜型电流片结构特征如下：①倾斜型电流片往往起源于厚电流片；②电流片法线方向向晨侧或昏侧倾斜；③电流密度具有强南北方向分量，在中性片具有强场向电流分量；④磁力线形状类同于标准电流片，为平面曲线；中性片厚度通常很薄，远小于最小曲率半径；⑤倾斜电流片中磁力线最小曲率半径 $R_{c,\min}$，中性片半厚度 h 与倾斜角 δ 之间满足关系式 $h \approx R_{c\min}\cos\delta$；⑥常发生于磁尾电流片拍动期间，如图 6.11 所示。

磁尾电流片拍动现象是与倾斜型电流片相关联的磁尾电流片运动过程。磁尾电流片拍动过程是发生于磁尾的大时空尺度过程。磁尾电流片拍动过程出现于厚电流片区域，经常在晨侧；拍动波长约几个地球半径，振荡周期约几十分钟，一般向磁层侧翼传播，波速约每秒几十公里；拍动过程一般持续数小时，一般发生于磁层平静或弱活动时期。磁尾电流片拍动过程可被解释为磁层等离子片中大时间尺度和大空间尺度波动的过程，太阳风的扰动过程(动压或/和速度增大)可能导致磁尾电流片拍动过程。然而，BBF 等磁尾小时空尺度能量释放过程不太可能提供电流片拍动所需的能量和动量。对于磁尾电流片拍动现象的详细综述参考《空间物理学进展》(第四卷)第 15 章(张铁龙和戎昭金)。

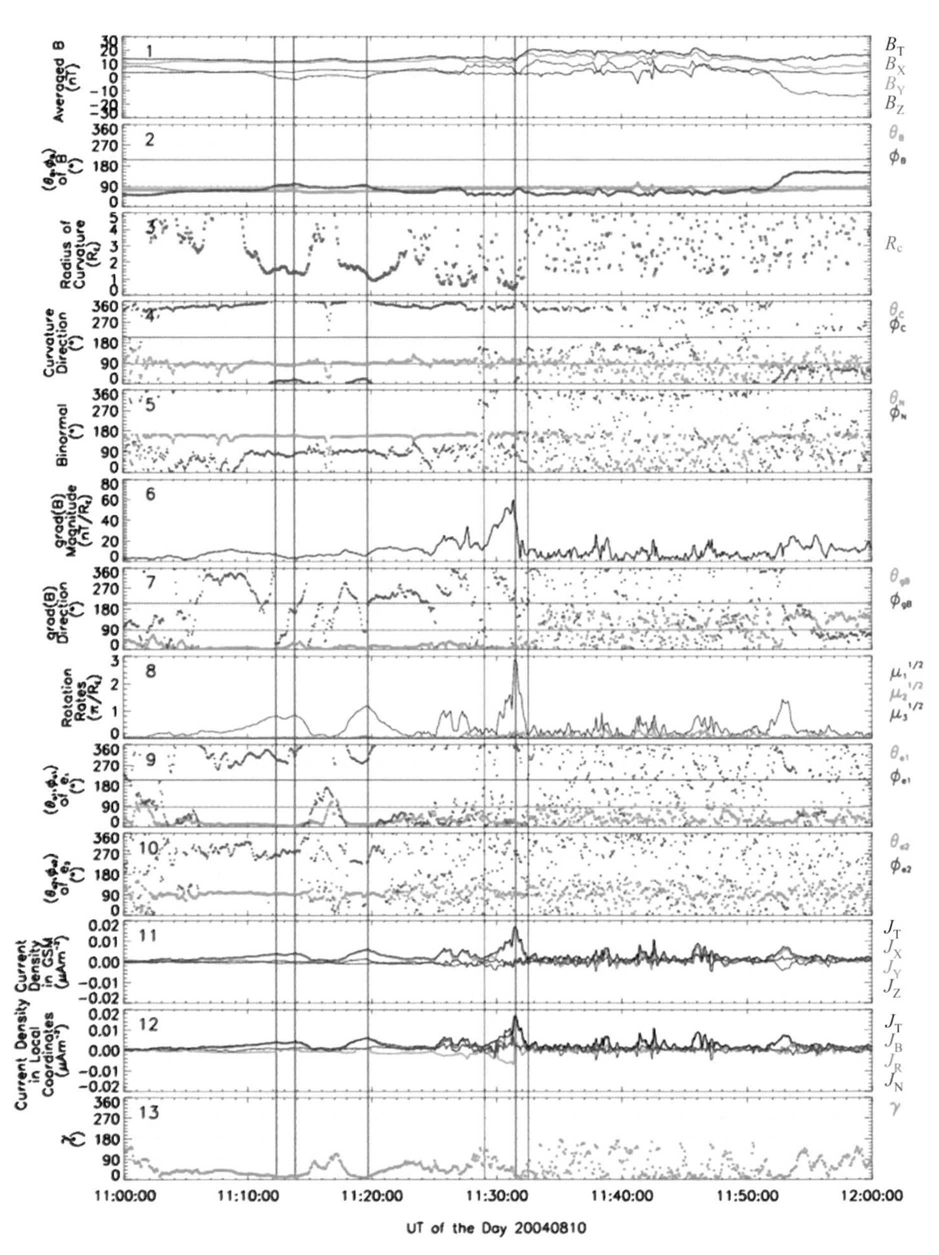

图 6.9　2004 年 8 月 10 日一次亚暴期间,磁尾扁型电流片结构的演化(Shen et al.,2008b)

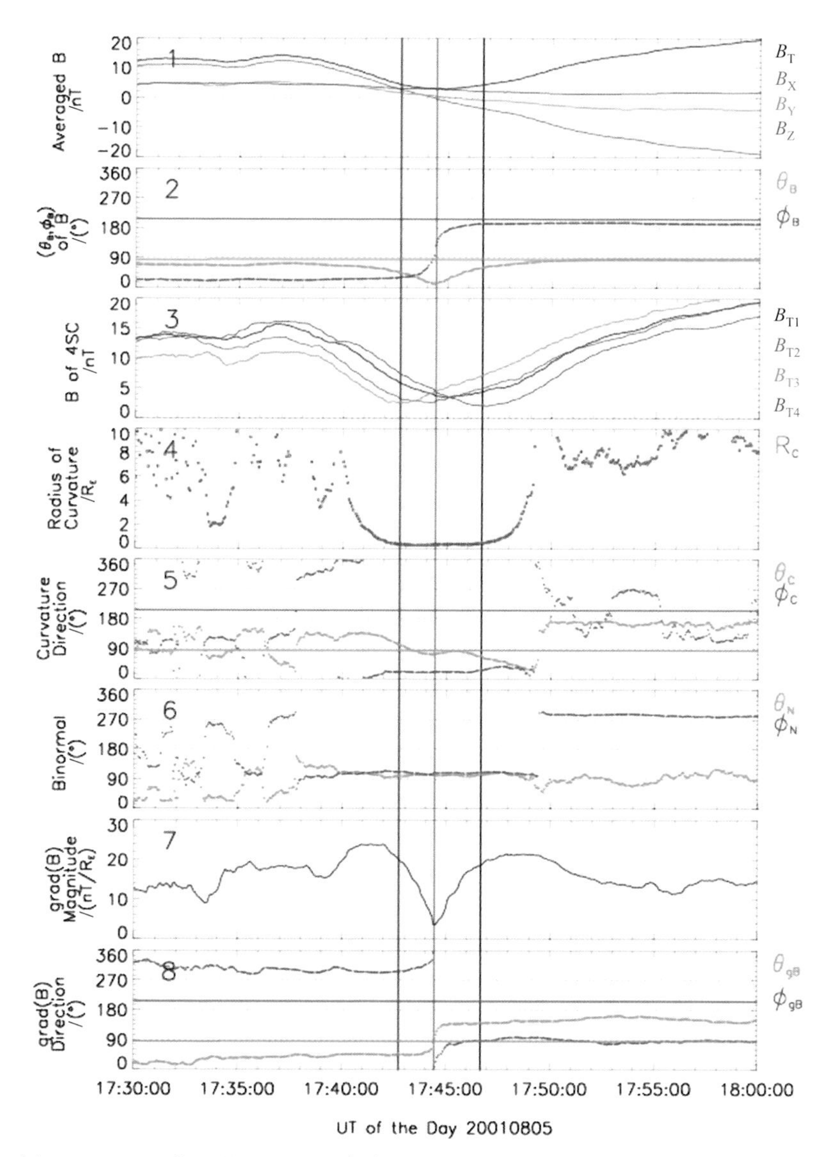

图6.10 2001年8月5日,磁尾倾斜电流片磁场几何结构CLUSTER多点探测数据分析结果(磁力线曲率与磁压力梯度分布)(Shen et al., 2008c)

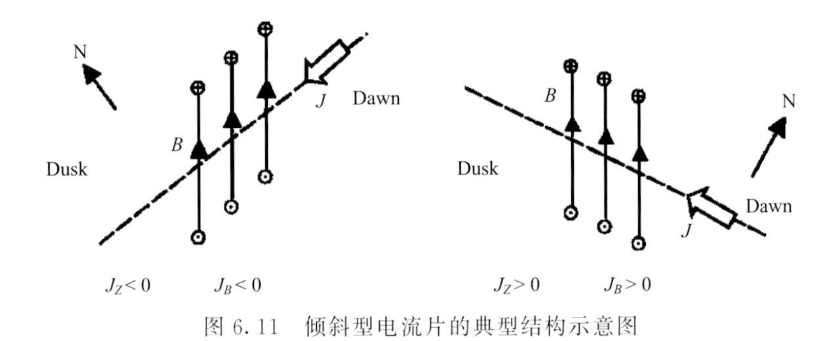

图 6.11　倾斜型电流片的典型结构示意图

4. 基于 Cluster 观测对地球磁尾电流片磁场分布的初步统计分析

为探究磁尾电流片的磁场分布特性，Rong 等（2010;2011）利用了 Cluster 在 2001～2005 年期间每年 6～11 月的 4s 精度的磁场数据对其进行了统计分析。分析结果表明，电流片中心处磁场及其 B_z 分量的强度在磁尾午夜区通常较弱，而在磁层晨、昏两侧处普遍较强，这表明午夜区的电流片较薄，而在晨、昏两侧的电流片较厚。在晨昏两侧处，电流片拍动剧烈，尤以晨侧最甚，而午夜区的电流片拍动相对最弱。在磁地方时 21:00～01:00 范围内，负 B_z 及扁平电流片出现的几率较大，重联或电流中断等活动比较容易发生。磁尾电流片中 B_y 分量和磁力线倾斜角的频次分布都近似满足正态分布，扁平电流片的出现几率约是标准电流片的 1/3；而磁场强度 B_{min} 和 B_z 分量则主要分布在 1～10nT 范围内。电流片中 B_y 分量的强度近似为 1AU 处行星际磁场 B_y 分量的两倍，两者的相关系数对于扁平电流片尤其高，这表明电流片中 B_y 的大小和符号易受行星际 B_y 等外部因素的影响。

6.2.5　IMF B_y 在磁尾的穿透机制分析

理论、观测和模拟都表明(Cowley, 1981; Kaymaz et al., 1994; Kullen and Janhunen, 2004;Guo et al., 2014)，当行星际磁场(interplanetary magnetic field, IMF)具有 B_y 分量时，地球磁尾的尾瓣和等离子片内会感应出一定比例的 B_y 分量，这种现象也称之为 IMF B_y 穿透。观测表明，IMF B_y 对磁尾的穿透效应在尾瓣区较弱，而在磁尾电流片中较强，在中性片中心处最强，在南北方向上呈钟形分布(Kaymaz et al., 1994; Petrukovich, 2011;Rong, et al.,2012)。统计结果显示，中性片 B_y 与 IMF B_y 之间的相关系数达到 0.67。

基于自主开发的全球三维磁层 MHD 模拟模型，Guo 等(2014)研究了 IMF B_y 分量对磁尾的“穿透”现象及其物理机制。如图 6.12 所示，向阳面磁场重联后的磁力线运动到磁尾并附加到尾瓣，同时向IMF方向拖曳，这是尾瓣区IMF B_y穿透的原因；而等离子片内的B_y则主要源于对流产生的南北尾瓣相对滑动和倾斜，使片内原来的B_z分量变成了B_y分量。IMF北向时等离子片内B_y"穿透"效应要强于IMF南向时的情形。

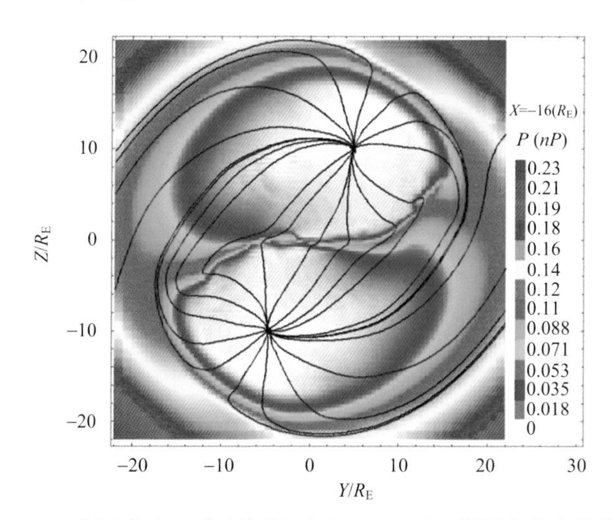

图6.12 IMF北向(60°时钟角)时，$X=-16R_E$平面内磁力线投影及粒子热压力分布(Guo et al.，2014)

对于磁尾薄电流片结构，动力论方法是合适的分析工具。Mingalev等(2012)运用1D稳态Vlasov-Maxwell方程初步再现磁尾有导向场薄电流片结构的两种模式。第一种模式描绘磁尾晨昏两翼的电流片几何结构，第二种模式反映具有导向场的磁尾扁型电流片结构，B_y沿Z方向空间上呈现钟形分布。

6.2.6 磁尾磁绳结构

磁通量绳广泛存在于太阳表面和大气、行星际空间、行星磁层及其他空间等离子体区域。它是一种螺旋形的磁场结构，在地球空间的空间尺度小于$1R_E$至几个R_E，时间尺度为数秒至数分钟。磁通量绳是空间等离子体储存磁场能量的一种重要形式。一般地，在磁层空间，磁通量绳的形成产生与空间等离子体的某种爆发性过程相关，如磁场重联。在地球磁层顶或磁尾，当卫星穿越电流片中的磁通量绳时，通常可以观测到磁场法向分量的双极信号以及强核心轴向场，且伴随着沿边界层高速流。

1. 磁尾磁绳的磁场结构

利用多点卫星磁场探测数据易于分析近地磁尾磁绳的精细磁场结构。利用

Cluster 多卫星所分析得出 2001 年 8 月 22 日近地磁尾磁绳的磁场结构，磁绳内电流为场向，无力位形因子为常量(Shen et al.，2007)。图 6.13 是由上述探测分析推测磁尾磁绳位形和磁场结构(Shen et al.，2007)。一般地，磁绳由两部分构成：内部刚性部分，具有强的核心轴向场，磁力线曲率半径向轴心逐渐增大；外部柔性部分，具有绕轴向螺旋磁场结构，磁力线曲率半径较小。近地磁尾磁绳为小空间尺度结构，特征半径约 $1R_E$。对通量绳事件个例进行 Grad-Shavranov 分析的结果表明磁通量的磁螺度 $H_r/L|_{FFT}$ 可达 $-0.386nT^2R_E^3$(张永存等，2011)。

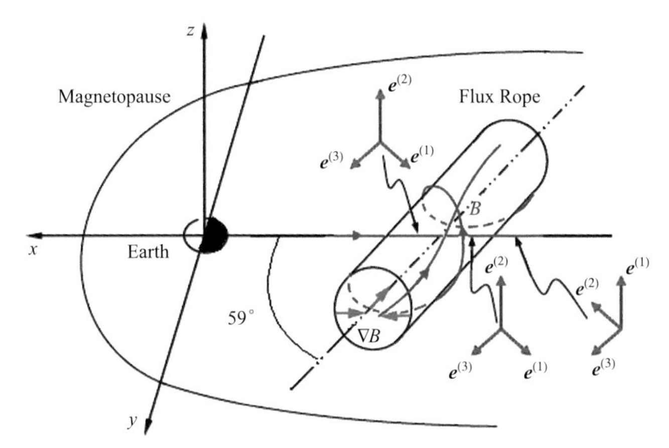

图 6.13　由 Cluster 多点探测分析得到 2001 年 8 月 22 日磁尾磁绳位形和磁场结构(Shen et al.，2007)

2. 地球磁尾磁通量绳无力位形结构特征

如果磁通量绳处于稳定的基态，即没有内部运动，满足无力位形条件，电流密度与磁场平行，磁通量绳内部仅存在沿磁场方向流动的电流。无力位形的磁通量绳易于建立理论模式，被广泛运用于分析行星际磁岛和行星磁层磁通量绳结构。然而，磁通量绳无力位形假设仍然没有经过观测验证，对磁通量绳是否为无力位形一直存在争议。近几年卫星多点观测的个例分析表明，磁通量绳结构位形十分复杂，它只是部分满足无力位形结构。

利用 Cluster 卫星多点探测方法系统地研究了磁通量绳事件，重点分析无力位形结构特征(Yang et al.，2014)。研究结果表明：磁尾磁通量绳主轴位于赤道平面；在磁通量绳中心处，磁场梯度最小，而曲率半径及电流密度(最大值为几十 nA/m^2)最大。研究还发现(图 6.14)，电流密度越强，磁场与电流密度之间的夹角越小；在实际观测中，只有准无力位形结构的磁通量绳被观测到，而且一般出现在低热压力区域(与理论分析相符合)。在磁通量绳中心附近有一准无力位形区域，其电流密度为场向且近似正比于磁场强度。在13例磁通量绳事件中，大约60%可被近似认为满足无力位形条件。对无力因子的直接探测还表明，其在准无力位形结构中不是一个常数，即磁通量绳的无力位形结构是非线性的。此项统计分析表明，低热压力是磁通量绳无力位形结构的重要判据。该项研究第一次通过卫星多点探测系统地分析了磁尾磁通量绳的无力位形特性，增进了我们对空间磁通量绳的三维结构的深入认识，为发展磁通量绳模型提供了重要观测基础。同时，它还对其他区域磁通量绳的研究具有启发意义。

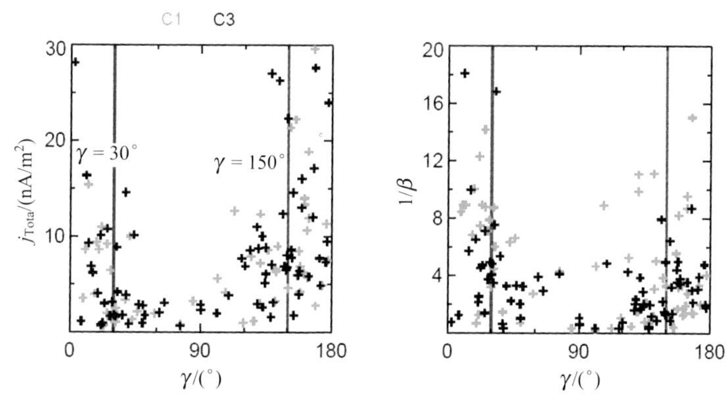

图6.14　γ（电流密度与磁场之间的夹角）与电流密度及等离子体β值之间的统计关系（Yang et al.，2014）

3. 磁尾通量绳 B_y 与 IMF B_y 正相关

张永存等（2007，2008）系统分析了Cluster卫星2001～2005年间观测到的磁尾磁通量绳事件，并对磁通量绳（magnetic flux rope）形成及其内部磁场结构与行星际磁场（IMF）的关系作了统计研究。考虑磁通量绳被观测到时行星际磁场的条件，在所有73个通量绳事件中，IMF B_y 分量在IMF中占有主导地位的事件有80%，78%的事件具有与IMF B_y 相同方向的核心场。IMF通过在磁层顶与地球磁场相互作用改变南北等离子体片内磁场的相对方向，形成有利于磁通量绳形成的磁场位形，并且IMF B_y 的方向对通量绳内部核心场的方向具有决定性影响。从统计结果来看，磁通量绳的形成并不会依赖于IMF B_z 分量的方向（张永存等，2008）。这项观测事实表明，磁通量绳是磁尾中具有导向场的扁型电流片中磁场重联的产物，并继承了扁型电流片中的导向场。

6.3 结　论

磁层磁场是磁层的骨架结构,对磁层等离子体及粒子分布、各种不稳定性的发生、波场的激发、亚暴的触发和磁暴的发展等具有决定性的作用。我们利用创新性多卫星数据分析方法,分析研究 Cluster 四点立体探测和双星两点探测磁场数据,得出磁层顶边界层和磁尾电流片区域的关键性磁场结构的磁场几何位形。分析了地球弓激波和磁层顶曲面的精细几何结构;完成了磁尾电流片结构的分类工作,运用自主原创的多点探测数据新方法揭示了磁尾结构及动力学演化规律。完成了磁尾电流片结构的分类研究工作。通过对 Cluster 磁场观测数据的分析研究,发现磁尾电流片具有三种基本类型:标准电流片、扁型电流片、倾斜电流片。三种类型电流片的结构不同,在磁尾动力学演化过程中发挥着不同的作用。扁型电流片具有螺旋形状磁力线,电流片中存在强场方电流,电流载流子主要为电子,其导向场 B_y 统计上受行星际磁场 B_y 的控制。首次直接观测到亚暴爆发增长相,行星际条件对亚暴膨胀相具有外部触发作用。倾斜型电流片往往起源于磁尾厚电流片的拍动过程,常发生于电流片振荡期间,磁力线形状类同于标准电流片;中性片厚度通常很薄,远小于最小曲率半径。电流片拍动是磁尾等离子体片中大时空尺度波动过程,可由太阳风的扰动过程引起。本项研究分析多点卫星探测数据,揭示了磁尾电流片的空间几何结构和三维电流分布,获得了磁尾电流片结构的清晰物理图像,这是过去单点探测分析无法实现的。对磁尾电流片结构的分类研究工作,为分析研究磁尾等离子体片中的不稳定性、磁场重联等动力学过程打下良好基础,增进了对磁尾储能和能量释放过程的理论认识。过去对磁尾电流片不稳定的分析往往忽略导向场的作用,本项研究揭示了具有导向场的电流片在磁尾普遍存在,尤其在亚暴增长相和膨胀相期间发挥重要作用。对于磁尾电流片拍动过程,过去流行的观点认为它源于高速流;通过精细分析发现,磁尾电流片拍动是长时间、大尺度的全球扰动过程,不能由小时空尺度的孤立高速流引起,提出了磁尾电流片拍动过程的合理物理模式。

由多点探测分析得出磁场磁尾磁绳的磁场结构及其演化规律。磁绳由两部分构成:内部刚性部分,具有强的核心轴向场,磁力线曲率半径向轴心逐渐增大;外部柔性部分,具有绕轴向螺旋磁场结构,磁力线曲率半径较小。近地磁尾磁绳为小空间尺度结构,特征半径约 $1R_E$。证实部分磁绳具有无力位形结构,磁场强度或电流密度越强,磁场结构越倾向于无力位形;低热压力是磁通量绳无力位形结构的重要判据。统计意义上 IMF B_y 的方向对通量绳内部核心场的方向具有决定性影响。

THEMIS 卫星的 3+2 探测模式以及低地球轨道卫星 Swarm 计划将增进我

们对磁层磁场位形结构、电流体系分布的深入认识，预期于 2015 年 3 月发射的 MMS 4 卫星星座探测计划将进一步揭示磁层顶边界层精细结构以及磁层三维磁场重联机制。

致　谢

本工作得到国家自然科学基金项目(No:41231066)，国家重点基础研究发展计划(No:2011CB811404)，空间天气学国家重点实验室专项基金资助。

参考文献

郭九苓，沈超，刘振兴. 2013. IMF 北向时磁层顶重联的模拟研究. 地球物理学进展，28(2):540-554.

郭九苓，沈超，刘振兴. 2014. MHD 模拟磁尾横断面结构与太阳风粒子注入机制. 科学通报，59：345-350. Guo J L, Shen C, Liu Z X. 2014. Simulation of the cross sections of the magnetotail and particle transferred into the plasma sheet under north-and southward IMF conditions (in Chinese). Chin Sci Bull (Chin Ver), 59: 345-350.

郭九苓，沈超，刘振兴. 2013. 模拟 IMF 北向且 By 分量占主导时磁层顶重联. 地球物理学报，56(4):1065-1069.

陈国阶. 1999. 长江上游洪水对中下游的影响. 许厚泽，赵其国. 长江流域洪涝灾害与科技对策. 北京：科学出版社.

张铁龙，戎昭金. 2013. 磁尾电流片拍动研究进展. 叶永烜，刘振兴，史建魁. 空间物理学进展(第四卷). 北京：科学出版社.

张永存，刘振兴，沈超，等. 2007. TC-1 对近地磁尾地向等离子体团(plasmoid)的观测. 科学通报，52:1064-1068.

张永存，刘振兴，沈超，等. 2008. 行星际磁场与磁尾磁通量绳形成的关系. 空间科学学报，28(2):97-101.

张永存，沈超，刘振兴. 2011. 利用重构方法研究磁尾通量绳的特征参量和内部结构. 物理学报，60:065201.

Chanteur G, Harvey C C. 1998. Spatial Interpolation for four spacecraft: Application to magnetic gradients. In Analysis Methods for Multi-Spacecraft Data. Paschmann G, Daly P W. ESA Publications Division, Noordwijk, The Netherlands.

Cowley S W H. 1981. Magnetospheric asymmetries associated with the y-component of the IMF. Planet. Space Sci., 29: 79-96.

Dungey J W. 1961. Interplanetary magnetic field and the aurora zones. Phys. Rev., 5: 47-48.

Dunlop M W, Zhang Q H, Xiao C J, et al. 2009. Reconnection at high latitudes: antiparallel merging. Physical Review Lett., 102: 075005.

Farris M H, Petrinec S M, Russell C T. 1991. The thickness of the magnetosheath: Constraints on the polytropic index. *Geophys. Res. Lett.*, 18: 1821.

Guo J L, Shen C, Liu Z X. 2012. Simulation and comparison of particles entering the plasma sheet under northward and southward IMF conditions (in Chinese). Chin Sci Bull (Chin Ver), 57: 3295-3300.

Guo J L, Shen C, Liu Z X. 2014. Simulation of IMF B_y penetration into the magnetotail. Physics of Plasmas, 21: 032903.

Harvey C C. 1998. Spatial gradients and the volumetric tensor. In Analysis Methods for Multi-Spacecraft Data. Paschmann G, Daly P W. ESA Publications Division, Noordwijk, The Netherlands.

Kaymaz Z, Siscoe G L, Luhmann J G, et al. 1994. Interplanetary Magnetic Field Control of Magnetotail Magnetic Field Geometry: IMP 8 Observations. J. Geophys. Res., 99(A6): 11113-11126.

Kivelson M G, Khurana K K. 1995. Models of flux ropes embedded in a Harris neutral sheet: force-free solutions in high and low beta plasmas. J. Geophys. Res., 100: 23637.

Kullen A, Janhunen P. 2004. Relation of polar auroral arcs to magnetotail twisting and IMF rotation: a systematic MHD simulation study, Annales Geophysicae, 22: 951-970.

Yi L, Cai X H, Chai L H, et al. 2011. Eigenmodes of quasi-static magnetic islands in current sheet. Phys. Plasmas, 18: 122110.

Ma Y, Shen C, Angelopoulos V, et al. 2012. Tailward leap of multiple expansions of the plasma sheet during a moderately intense substorm: THEMIS observations. J. Geophys. Res., 117: A07219.

Mingalev O V, Mingalev I V, Melnik M N, et al. 2012. Kinetics models of current sheets with the shear of the magnetic field. Plasma Physics Reports, 38(4): 300-314.

Petrukovich A A. 2011. Origins of plasma sheet By. J. Geophys. Res., 116: A07217.

Pu Z Y, Zhang X G, Wang X G, et al. 2007. Global view of dayside magnetic reconnection with the dusk-dawn IMF orientation: A statistical study for Double Star and Cluster data. Geophys. Res. Lett., 34: L20101.

Rong Z J, Shen C, Petrukovich A A, et al. 2010a. The analytic properties of the flapping current sheets in the earth magnetotail, *Planet. Space Sci.*, 58(10): 1215-1229.

Rong Z, Shen C. 2010b. The spatial distribution of the By component in the tail flattened current sheet. *Cinese. Sci. Bull.*, 55 (9): 820-826.

Rong Z J, Shen C, Lucek E, et al. 2010c. Statistical survey on the magnetic field in magnetotail current sheets: Cluster observations. *Chinese Sci. Bull.*, 55: 2542-2547.

Rong Z J, Wan W X, Shen C, et al. 2011. Statistical survey on the magnetic structure in magnetotail current sheets. J. Geophys. Res., 116: A09218.

Rong Z J, Wan W X, Shen C, et al. 2012. Profile of strong magnetic field By component in magnetotail current sheets. J. Geophys. Res., 117: A06216.

Runov, et al. 2006. Local structure of the magnetotail current sheet: 2001 Cluster observations.

Ann. Geophys., 24: 247-262.

Russell C T, Elphic R C. 1978. Initia l ISEE magnetometer results—Magnetopause observations. Space Sci. Rev., 22: 681-715.

Schwartz S J. 1998. Shock and discontinuity normals, Mach numbers, and related parameters. In Analysis Methods for Multi-Spacecraft Data. Paschmann G, Daly P W. ESA Publications Division, Noordwijk, The Netherlands.

Shen C, Li X, Dunlop M, et al. 2003. Analyses on the geometrical structure of magnetic field in the current sheet based on Cluster measurements. *J. Geophys. Res.*, 108 (A5).

Shen C, Li X, Dunlop M, et al. 2007a. Magnetic field rotation analysis and the applications. *J. Geophys. Res.*, 112: A06211.

Shen C, Dunlop M, Li X, et al. 2007b. New approach for determining the normal of the bow shock based on Cluster four-point magnetic field measurements. *J. Geophys. Res.*, 112: A03201.

Shen C, Liu Z X, Escoubet C P, et al. 2008a. Surveys on magnetospheric plasmas based by DSP exploration. *Sci. in China*, 51: 1639-1647.

Shen C, Liu Z, Li X, et al. 2008b. Flattened current sheet and its evolution in substorms. J. Geophys. Res., 113: A07S21.

Shen C, Rong Z J, Li X, et al. 2008c. Magnetic configurations of tail tilted current sheets. *Ann. Geophys.*, 26: 3525-3543.

Shen C, Dunlop M W. 2008d. Geometric structure analysis of the magnetic field. In *Multi-Spacecraft Analysis Methods Revisited*. Paschmann G, Daly P W. ISSI Science Report, SR-008, Kluwer Academic Pub.

Shen C, Dunlop M, Ma Y H, et al. 2011. The magnetic configuration of the high-latitude cusp and dayside magnetopause under strong magnetic shears. J. Geophys. Res., 116: A09228.

Shen C, Rong Z J, Dunlop M, et al. 2012. Spatial gradients from irregular, multiple-point spacecraft configurations. J. Geophys. Res., 117: A11207.

Shen C, Yang Y Y , Rong Z J, et al. 2014. Direct calculation of the ring current distribution andmagnetic structure seen by Cluster during geomagnetic storms. J. Geophys. Res. Space Physics, 119.

Shen C, Rong Z J, Dunlop M. 2012. Determining the full magnetic field gradient from two spacecraft measurements under special constraints. J. Geophys. Res., 117: A10217.

Shi Q Q, Shen C, Pu Z Y, et al. 2006. Motion of observed structures calculated from multi-point magnetic field measurements: Application to Cluster. *Geophys. Res. Lett.*, 33: L08109.

Shi Q Q, Shen C, Pu Z Y, et al. 2005. Dimensional analysis of observed structures using multi-point magnetic field measurements: Application to Cluster. *Geophys. Res. Lett.*, 32: L12105.

Slavin J A, et al. 2003. Geotail observations of magnetic flux ropes in the plasma sheet. J. Geophys. Res., 108(A1): 1015.

Sonnerup B U O, Ladley B G. 1974. Magnetopause rotational forms. J. Geophys. Res., 79: 4309.

Tsyganenko N A. 1990. Quantitative models of the magnetospheric magnetic field: methods and results. Space Sci. Rev., 54: 75.

Ji Y, Shen C. 2014. The loss rates of O+ in the inner magnetosphere caused by both magnetic field line curvature scattering and charge exchange reactions. Physics of Plasmas, 21: 032903.

Yan G Q, Shen C, Liu Z X, et al. 2005. Statistical study on solar wind transport into magnetosphere based on DSP explorations. *Ann. Geophysicae*, 23: 2961-2966.

Yan G Q, Shen C, Liu Z X, et al. 2008. Solar wind transport into magnetosphere caused by magnetic reconnection at high latitude magnetopause during northward IMF: Cluster-DSP conjunction observations. *Sci. in China*, 51: 1677-1684.

Yan G Q, Mozer F S, Shen C, et al. 2014. Kelvin-Helmholtz vortices observed by THEMIS at the duskside of the magnetopause under southward interplanetary magnetic field. Geophys. Res. Lett., 41.

Yang Y Y, Shen C, Zhang Y C, et al. 2014. The force-free configuration of flux ropes in geomagnetotail: Cluster observations. J. Geophys. Res. Space Physics, 119.

Zelenyi L M, Delcourt D C, Malova H V, 2002. "Aging" of the magnetotail thin current sheets. Geophys. Res. Lett., 29: 49-1-49-4.

Zhang Y C, Liu Z X, Shen C, et al. 2007. The magnetic structure of an earthward-moving flux rope observed by Cluster in the near-tail, *Ann. Geophys.*, 25: 1471-1476.

Zhang Y C, Shen C, Liu Z X, et al. 2010. Magnetic helicity of a flux rope in the magnetotail: THEMIS results. *Ann. Geophys.*, 28: 1687-1693.

Zhang Y C, Shen C, Liu Z X, et al. 2013. Two different types of plasmoids in the plasma sheet: Cluster multisatellite analysis application. J. Geophys. Res. Space Physics, 118: 5437-5444.

第 7 章　亚 Alfvén 剪切流对磁场重联过程的影响

马志为　李灵杰

浙江大学聚变理论与模拟中心，杭州　310027

本章主要研究平行与磁场的外加亚 Alfvén 剪切流对磁场重联演化的影响。研究发现，可压缩磁流体动力学模型下亚 Alfvén 剪切流不仅可以抑制撕裂模不稳定性的增长也可以促进撕裂模不稳定性的增长。更有意思的是，在低 β 情形下在重联的入流区会有一对或者两对慢激波出现，并极大地抑制了重联的发展。此外，在引入 Hall 效应的影响后，慢激波会引发哨声波的形成，从而导致爆发性的磁场重联现象。

7.1　绪　　论

空间等离子体和实验室等离子体中均存在着许多可以引起等离子体状态急剧变化的爆发现象，例如，太阳耀斑、地球磁层亚暴以及磁约束实验装置中锯齿振荡和破裂不稳定性等。人们发现这些爆发现象发生的区域具有较强的磁场剪切或等离子体电流密度，因此认为导致这些爆发现象的主要能源来自于磁场能量的快速释放，而磁场重联过程为磁能快速转化成等离子体动能和热能提供了极为有效的机制。磁场重联最早是由 Giovanelli(1946)提出，用于解释太阳耀斑产生的一种可能的物理机制。磁场重联的概念后来得到了广泛的应用，如在空间等离子体中，磁场重联被用于解释日冕物质抛射和地球磁层亚暴等现象。而在实验室等离子体方面，由 Furth，Killen 和 Rosenbluth(1963)共同提出的有限电阻撕裂模不稳定性(也可以称为自发性磁场重联)将导致 Tokamak 这类磁约束实验装置中等离子体的约束破坏。

无论是空间等离子体还是实验室等离子体往往都处于不断的流动状态。例如，在太阳风与地球磁层的磁层顶发生相互作用时，地磁层不同区域的等离子体流速并不相同，即存在剪切；再如，Tokamak 等磁约束实验装置中，当等离子体处于不断的转动状态时可以达到更好的约束效果。由于等离子体转动而引起的剪切流可以稳定撕裂模不稳定性，即抑制磁岛的生长，因而考虑等离子体的流动对撕裂模不稳定性或者磁场重联演变的影响是十分必要的。

在以往很多关于磁场重联的研究中，有不少理论和数值模拟已经考虑了等离子体流动对磁场重联的影响。这些理论和模拟研究中一般都是假定在初始平衡位形中存在一个剪切等离子体流。此剪切流的形式可以多种多样,但通常以双曲正切函数的形式居多,剪切流的方向可以与磁场平行、反平行或是有一个夹角。考虑到剪切流在自然界中也是普遍存在的,例如,在太阳风和地球磁场直接相互作用区域,磁鞘和磁层顶中等离子体流速是不同的,即存在速度剪切(图 7.1),研究此处发生的磁场重联时,为了更加真实模拟此区域的物理过程应该考虑等离子体剪切流的影响。

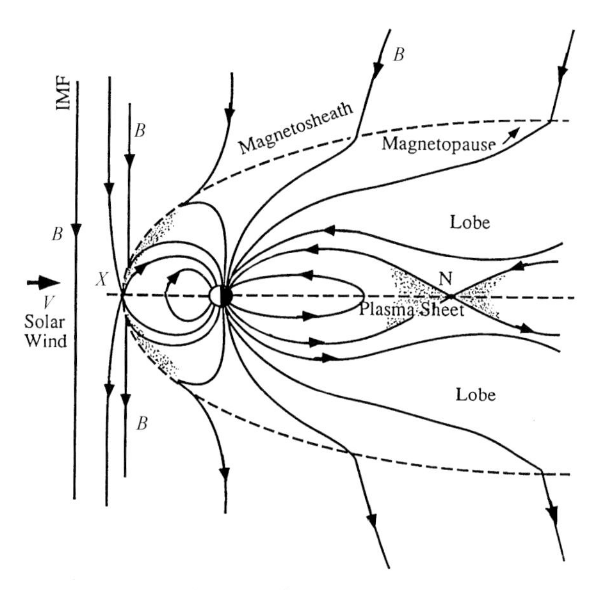

图 7.1 地球磁场示意图(Lin and Lee, 1994)

当考虑的系统中同时存在较强的磁场剪切和高速等离子体剪切流时,可以发现此系统中同时存在磁场重联和 Kelvin-Helmholtz 不稳定性。如果等离子体剪切流较小即小于 Alfvén 速度,那么撕裂模仍占主导,但是亚 Alfvén 剪切流仍然可以对磁场重联的发展产生很大的影响。以往的理论或者是模拟主要研究了亚 Alfvén 剪切流对磁场重联的线性发展阶段的影响,发现在 ψ 为常数或者为非常数近似下(所谓 ψ 为常数即认为磁场重联区域附近的磁场为常数)剪切流对磁场重联演变的影响明显不一致(李定等,2006)。

7.2 亚 Alfvén 剪切流对磁场重联的影响

7.2.1 研究背景

磁场重联在实验室和空间等离子体中都扮演着十分重要的角色。Furth、

Killen 和 Rosenbluth(1963)最早在不可压缩磁流体动力学模型下解析研究了撕裂模不稳定性(磁场重联)的线性增长率。在许多认为与磁场重联有关的自然现象中都普遍存在着等离子体剪切流,如在地球的磁层顶、太阳风以及 Tokamak 中。

剪切流对磁场重联的影响在以往有过很多的研究,在不可压缩磁流体近似下,解析和数值模拟方面都进行过相关的研究,在可压缩磁流体近似下也进行过数值模拟方面的研究。研究工作主要包括了存在剪切流的情况下磁场重联的线性和非线性动力学过程。当所考虑的剪切流是平行于背景磁场且是亚 Alfvén 速度时,人们分别通过解析(Paris and Sy, 1983; Chen and Morrison, 1990a; Chen and Morrison, 1990b; Shen and Liu, 1996)和数值模拟的方法(Einaudi and Rubini, 1986; Einaudi and Rubini, 1989; Ofman et al., 1991)在不可压缩磁流体动力学下求解了磁场重联的线性增长率。发现剪切流可以导致磁场重联线性增长率的增加或减小。通常来说,当剪切流足够大时磁场重联过程将被抑制甚至完全不能发生。黏滞效应对于撕裂模不稳定性也起着很重要的作用。另外,Ofman 等(1993)发现在非线性阶段等离子体对称剪切流总是使得磁场的重联率下降。然而,最近有研究发现当剪切流半宽度超过一个临界值时剪切流可以加速磁场重联的发展(Li and Ma, 2010)。

以往研究主要集中在不可压缩等离子体中剪切流对磁场重联的影响,而对可压缩等离子体中的有关问题研究相对较少。Chen 等(1997)在可压缩磁流体动力学近似下应用数值模拟的方法研究了剪切流对磁场重联的影响。他们发现磁场重联可以被对称剪切流抑制。同时,他们也证明了当剪切流速度是亚 Alfvén 速度时,磁场重联或者撕裂模不稳定性占主导;当剪切流速度为超 Alfvén 速度时,Kelvin-Helmholtz (K-H)不稳定性占主导。但是,也有人发现当等离子体的比压值 β 在一个很窄的范围内时,超 Alfvén 速度的剪切流可以使 K-H 不稳定性和磁场重联互相耦合并加速不稳定性的发展(Shen and Liu, 1999)。

在过去十多年中,人们发现在单磁流体动力学模型中引入与电子和离子运动解耦相关的 Hall 效应,可以导致快速磁场重联,因而认为 Hall 效应是导致快速磁场重联的物理机制之一(Birn et al., 2001)。Chacón 等在不可压缩 Hall 磁流体动力学的模型下数值模拟了剪切流对磁场重联的影响,他们发现存在平行剪切流时 Hall 效应同样可以加速磁场重联(Chacón et al., 2003)。

以往的非线性可压缩磁流体动力学模拟主要关注的是亚 Alfvén 速度的剪切流速 V_0 对磁场重联的影响,剪切流的剪切宽度 λ_v 一般是固定的。在这里我们将探讨不同的剪切流速 V_0 和剪切流的剪切宽度 λ_v 以及等离子体的比压值 β 对磁场重联的影响。我们的模拟研究是在可压缩电阻磁流体动力学和可压缩 Hall 磁流体动力学的框架下进行的。在这里将不考虑超 Alfvén 剪切流的情况,因为超 Alfvén 速度的剪切流和亚 Alfvén 速度的剪切流对磁场重联的影响区别很大

(Knoll and Chacón, 2002),因为超 Alfvén 速度的剪切流会引起 K-H 不稳定性,使问题变得非常复杂,需要另文讨论。

7.2.2 模拟模型

1. *磁流体力学方程组*

磁流体动力学模拟主要是通过求解磁流体动力学方程组来模拟等离子体的宏观行为。根据所采用的欧姆方程,人们把磁流体分为理想磁流体(ideal MHD)模型、电阻磁流体(resistive MHD)模型和 Hall 磁流体(Hall MHD)模型等。本节中应用的是 Hall 磁流体模型,所基于的方程组是 Hall 磁流体动力学方程组,但是模拟中可以通过参数的改变略去 Hall 项而变换为电阻磁流体模型。

模拟过程中,我们采用的是 $2\frac{1}{2}$维的模拟,即二维三分量。所采取的模拟平面是 x-z 平面,在垂直模拟平面的方向上,即 y 方向上,假定$\frac{\partial}{\partial y}=0$,沿着 y 方向物理量是均匀的。

为了模拟的方便,引入磁通函数 $\psi(x,z,t)$,磁场可以通过磁通函数表示出来

$$\boldsymbol{B}=\nabla\psi\times\hat{y}+B_y\hat{y} \tag{7.1}$$

这样的表达使得高斯定理$\nabla\cdot\boldsymbol{B}=0$ 自然得到满足。这样处理的另一个优点是使模拟中的变量个数减少,而且对于模拟结果中磁力线的描绘变得方便,只需绘出磁通函数的等高线。

模拟中所采用的 Hall MHD 方程组是(Ma and Bhattacharjee, 2001)

$$\frac{\partial\rho}{\partial t}=-\nabla\cdot(\rho\boldsymbol{v}) \tag{7.2}$$

$$\frac{\partial(\rho\boldsymbol{v})}{\partial t}=-\nabla\cdot[\rho\boldsymbol{v}\boldsymbol{v}+(p+B^2/2)\boldsymbol{I}-\boldsymbol{B}\boldsymbol{B}]+\nabla^2(\boldsymbol{v}-\boldsymbol{v}_{\mathrm{i}})/S_v \tag{7.3}$$

$$\frac{\partial\psi}{\partial t}=-v\cdot\nabla\psi+(J_y-J_{yi})/S+d_{\mathrm{i}}(\boldsymbol{J}\times\boldsymbol{B})/\rho \tag{7.4}$$

$$\begin{aligned}\frac{\partial B_y}{\partial t}=&-\nabla\cdot(B_y\boldsymbol{v})+\boldsymbol{B}\cdot\nabla v_y+\nabla^2B_y/S\\&-d_{\mathrm{i}}\{\nabla\times[(\boldsymbol{J}\times\boldsymbol{B}-\nabla p)/\rho]\}_y\end{aligned} \tag{7.5}$$

$$\frac{\partial p}{\partial t}=-\nabla\cdot(p\boldsymbol{v})-(\gamma-1)p\,\nabla\cdot\boldsymbol{v}+(J^2-J_{\mathrm{i}}^2)/S \tag{7.6}$$

方程组中的变量 $\boldsymbol{v},\boldsymbol{B},\psi,\rho,p,\boldsymbol{I}$ 分别是等离子体的速度、磁场、磁通函数、等离子体密度、热压力和单位张量。J_y 是 y 方向的电流密度。$\gamma(=5/3)$是等离子体的

绝热常数。$\boldsymbol{v}_i$，J_i 和 J_{yi} 分别是初始速度分布、初始总电流密度分布和 y 方向的初始电流密度分布。所有的变量按如下的方法归一化：$\boldsymbol{B}/B_0 \to \boldsymbol{B}$，$\boldsymbol{x}/a \to \boldsymbol{x}$，$t/\tau_A \to t$，$v/v_A \to v$，$\psi/(B_0 a) \to \psi$，$\rho/\rho_0 \to \rho$，$p/(B_0^2/4\pi) \to p$，其中 $\tau_A = a/v_A$ 是 Alfvén 时间，$v_A = B_0/(4\pi\rho)^{1/2}$ 是 Alfvén 速度，$a = 5\lambda_B$，其中 λ_B 是初始电流片半宽度。$S = \tau_R/\tau_A$ 是 Lundquist 数。$S_v = \tau_v/\tau_A$ 是 Reynolds 数，其中 $\tau_R = 4\pi a^2/\eta c^2$，$\tau_v = \rho a^2/\nu$。$c$ 是光速，η 是电阻率，ν 是黏滞系数。$d_i = c/\omega_{pi}$ 是离子惯性长度，d_i 作为参数用来表示 Hall 效应的强弱。假定所研究物理量的空间尺度远大于电子惯性长度，因此广义欧姆定律里忽略了电子惯性项的贡献。另外，还假定电子压力梯度是各向同性的。

上面已经提到，我们采用的是 $2\frac{1}{2}$ 维的模拟，模拟平面是 x-z 平面，模拟的系统尺度选为 $L_x = [-2,2]$，$L_z = [-4,4]$。在网格划分方面，x 方向和 z 方向都采用了均匀网格，网格点数为 501×1001。

2. 定解条件的确定

不管是解析求解还是数值模拟，都需要事先给出定解条件，即要给定模拟区域所在的边界条件以及初始条件。

我们的模拟从静平衡开始，即初始没有剪切流的情况下系统满足

$$\nabla\left(p + \frac{B^2}{2}\right) = 0 \tag{7.7}$$

即初始时刻 $p + \frac{B^2}{2} = \text{const}$。在初始时刻给定等离子体远离电流片处的渐近比压值 β（定义 $\beta = p/(B^2/2)$），则上述常数可以写为 $(1+\beta)B_0^2/2 = \text{const}$，其中 B_0 为远离电流片处的渐近磁场。因此，初始时等离子体的压力可以表示为

$$p = (1+\beta)B_0^2/2 - B^2/2 \tag{7.8}$$

初始的磁场位形我们采用经典的 Harris 电流片位形

$$B_x = B_0 \tanh(x/\lambda_B) \tag{7.9}$$

初始的剪切流位形我们采用如下形式

$$v_{xi} = V_0 \tanh(x/\lambda_v) \tag{7.10}$$

其中，V_0 为剪切流的渐近速度，λ_v 为剪切流的半宽度，这两个参数在模拟中是非常重要的物理量。有了初始的磁场位形，初始的磁通函数可以通过对式(7.9)的积分得到

$$\psi = B_0 \lambda_B \log[\cosh(x/\lambda_B)] \tag{7.11}$$

根据磁场重联演变过程的特点，磁场重联可以分为驱动重联和自发重联。当所研

究的系统初始是一个稳定的系统,即对任何微小扰动系统是稳定的,这样此系统的磁场重联需要外部驱动才能发生,所以此磁场重联过程称为驱动重联,通常驱动重联在线性阶段的增长是代数性的。当所研究的系统初始是一个不稳定的系统,即任何微小扰动会导致系统的不稳定,这样此系统的磁场重联是由各种微扰自主触发的,所以此磁场重联过程称为自发重联,通常自发重联在线性阶段的增长是指数性的。在这里考虑初始是一个不稳定的系统(即研究的是自发重联过程),因此在初始时刻我们在系统中对磁通函数加入了一个微小扰动,扰动的形式是

$$\delta\psi = \delta\psi_0 \cos(\pi x / L_x)\cos(\pi z / 2L_z) \tag{7.12}$$

对于边界条件,在 x 方向上采用周期边界;在 z 方向上采用开放边界,所谓开放边界是指物理量在边界上满足 $\partial/\partial z = 0$。由于在 z 方向上所取的系统尺度较大,所以 z 方向上的边界条件对模拟结果的影响几乎可以忽略。

数值模拟离不开对方程组在时间和空间方面的离散。在时间方面,采用的是显式的四阶精度的 Runge-Kutta 方法,这也是应用较为普遍的一种方法。由于采用的是显式的时间推进,所以在时步方面需要满足一定的稳定性条件,称为 Courant 条件即 $|c\Delta t / \Delta x| \leqslant 1$,其中 c 为系统中传播最快的波的传播速度,在模拟中采用的是可变时间步长。空间方面,采用的是四阶精度的中心差分格式。磁流体力学方程组中存在对流项,对流项指的是方程组中形式如 $\boldsymbol{v} \cdot \nabla$的项,这一项的处理对于数值模拟的结果及稳定性有很重要的影响。我们采用三阶精度的迎风格式来处理方程中的对流项。迎风格式指的是导数的逼近式中更多的应用了波传播方向上游点的函数值,这从物理上理解就是波从上游传播下来,因而波的演变应该由上游的信息确定(傅德薰等,2002)。上面提到的数值模拟的精度的含义是方程离散并 Taylor 展开后截断误差首项差分步长的幂次数,一般来说离散化采用 n 个网格基架点,精度最多可达 $n-1$ 阶。

7.2.3 可压缩电阻磁流体动力学模拟结果

在本节中不考虑 Hall 效应的影响,即在 7.2.2 节中所给出的 Hall MHD 方程组中取 $d_i = 0$。模拟所用的方程以及初始各参量的形式均在 7.2.2 节中已给出。本节选取的初始模拟参数如下:$\lambda_B = 0.2$,$B_0 = 1.0$,$B_y = B_z = 0$,$v_y = v_z = 0$,$\rho = 1$,$S = 10000$,$S_v = 10000$。

在模拟过程中,磁场重联率的定义如下

$$\gamma = \frac{\partial}{\partial t}\psi_r(t) \tag{7.13}$$

其中,ψ_r 为重联点的磁通函数,在模拟中取模拟平面的磁场最小处(即重联点)的磁通函数来计算重联率的大小。

首先,考虑剪切流的半宽度与初始电流片厚度相同的情况,即 $\lambda_v = 0.2$,模拟

不同剪切流渐近速度 V_0 下重联率随时间的演化过程。图 7.2(a)给出了在不同剪切流渐近速度 V_0 下重联率随时间的变化关系,而图 7.2(b)则给出了重联率峰值和剪切流的渐近速度 V_0 之间的关系,所选取的等离子体比压值均为 $\beta=5.0$。从图 7.2 中明显可以看出重联率随着剪切流的渐近速度 V_0 的增加而减小。此结果与先前非线性模拟结果一致(Ofman et al., 1993; Li and Ma, 2010; Chen et al., 1997),即亚 Aflvén 速度的剪切流抑制磁场重联。图 7.2(c)给出了在不存在剪切流的情况下,等离子体比压值 $\beta=0.2\sim5.0$ 对重联率随时间演化的影响。从图中可以看到,重联率的峰值随着等离子体比压值的增大而减小,在太阳风和地磁层的相互作用时的卫星观测(Scurry et al., 1994)也发现有类似的结果。

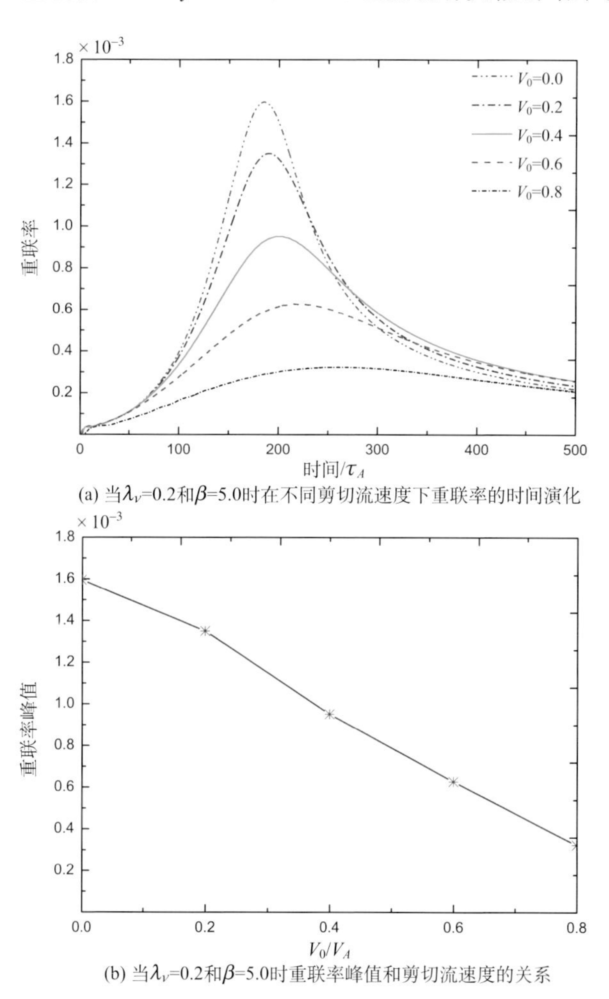

(a) 当λ_ν=0.2和β=5.0时在不同剪切流速度下重联率的时间演化

(b) 当λ_ν=0.2和β=5.0时重联率峰值和剪切流速度的关系

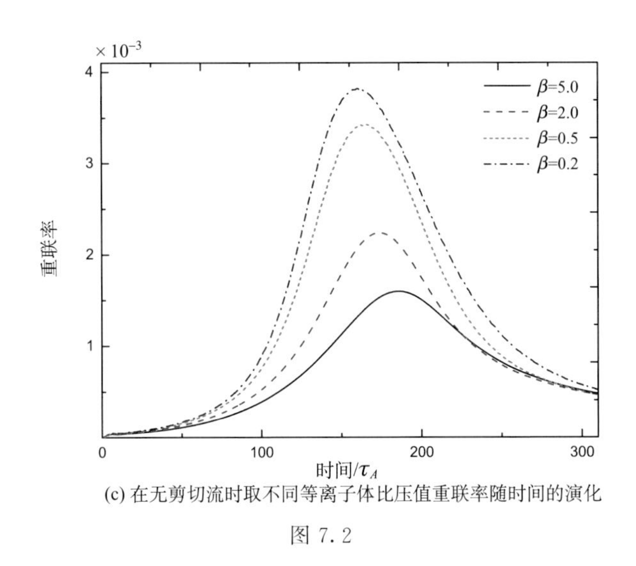

(c) 在无剪切流时取不同等离子体比压值重联率随时间的演化

图 7.2

当亚 Alfvén 速度的剪切流的渐近速度固定为 $V_0=0.8$ 时，通过改变剪切流的半宽度 λ_v 得到了重联率峰值和剪切流半宽度的关系(图 7.3)。图中红线表示没有剪切流的情况下磁场重联率的峰值。图 7.3(a)给出的是等离子体比压值 $\beta=5.0$ 时的结果(关于此图中蓝色和绿色线所表示的意义在后面讨论)。图 7.3(b)～7.3(d)分别给出了当等离子体的比压值分别为 $\beta=2.0$，$\beta=0.5$ 和 $\beta=0.2$ 时的模拟结果。从不同比压值下所得到的最大磁场重联率中，可以很明显地发现剪切流的半宽度存在一个特定临界值。当剪切流的半宽度小于这个临界值时，剪切流主要是抑制磁场重联的发展，即重联率的峰值小于未加剪切流的情况。然而，当剪切流的半宽度大于这个临界值时，磁场重联率的峰值将超过没有剪切流的情况，这一结果表明此时剪切流可以加速磁场重联的发展。同时，我们发现当剪切流半宽度在某一值时磁场重联率的峰值最大，这结果表明此剪切流对磁场重联的促进作用最强。过了这个最大值之后，磁场重联率的峰值将随着剪切流半宽度的增加而减小。

从图 7.3(a)中可以看到，当等离子体的比压值 $\beta=5.0$ 时，剪切流半宽度的临界值大约为 $\lambda_v\sim0.35$，当剪切流半宽度 $\lambda_v\sim0.6$ 时，磁场重联率的峰值达到最大。此结果与我们(Li and Ma，2010)以前用不可压缩磁流体动力学模拟得到的结果非常一致。我们知道当等离子体比压值逐渐变大时(另外导向磁场不是很强的情况下)可压缩等离子体也逐渐变得具有不可压缩性(Biskamp，2000)。因此，当等离子体比压值较高时($\beta=5.0$)，所得到的模拟结果与不可压缩磁流体动力学模拟结果类似是非常合理的。为了更好地表明在高等离子体比压下剪切宽度对重联率影响结果的合理性，我们将陈等(1990a)得到的关于线性的不可压缩磁流体动力学模型的解析结果，利用我们模拟中的参数得到图 7.3(a)中的蓝线和绿线，其中绿色

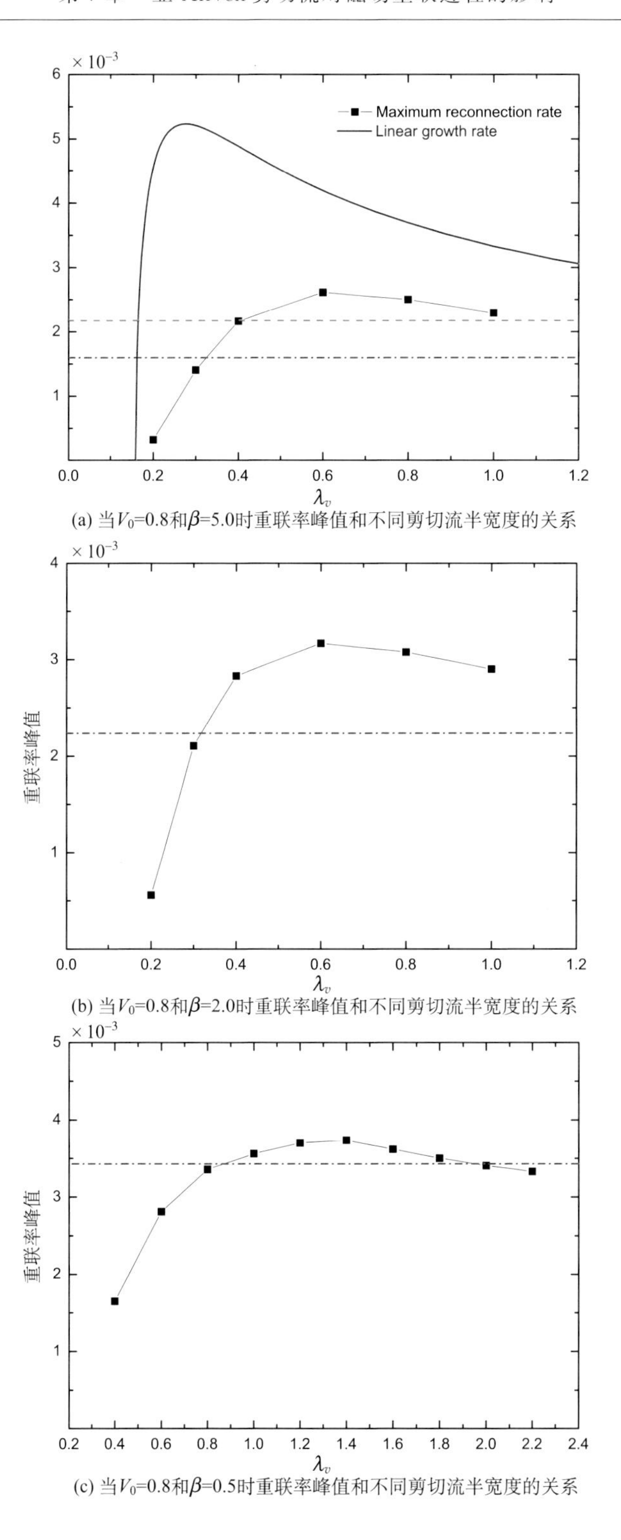

(a) 当V_0=0.8和β=5.0时重联率峰值和不同剪切流半宽度的关系

(b) 当V_0=0.8和β=2.0时重联率峰值和不同剪切流半宽度的关系

(c) 当V_0=0.8和β=0.5时重联率峰值和不同剪切流半宽度的关系

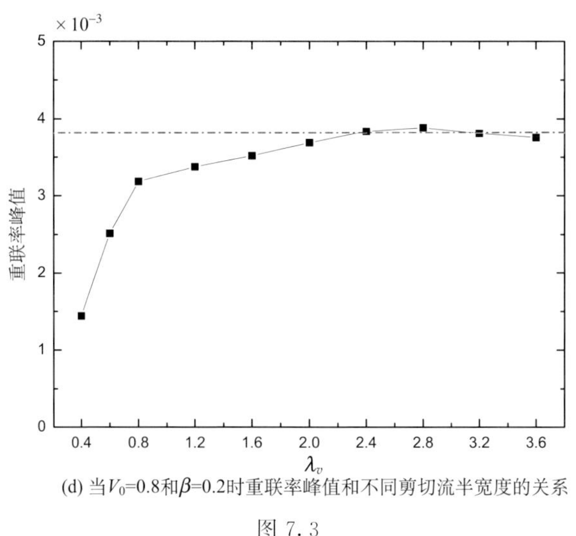

(d) 当V_0=0.8和β=0.2时重联率峰值和不同剪切流半宽度的关系

图 7.3

的虚线是表示解析得到的不存在剪切流情况磁场重联的线性增长率,蓝色的曲线表示解析得到的不同宽度剪切流对磁场重联线性增长率的影响(注意这里采用的剪切流形式与我们模拟中所采用完全一致)。很显然,剪切流对磁场重联的线性增长率的影响,不可压模型下得到的解析解和具有高等离子体比压($\beta=5.0$)的可压模型数值模拟结果相当类似。至于定量上的差别因为我们用的是磁场重联率而解析解用的是撕裂模的增长率,二者皆可用来描述撕裂模不稳定性或磁场重联的增长快慢,但定义略有不同。另外,引起不同的其他原因也许是我们采取的是非线性的可压缩的磁流体模拟,与他们所采用的是线性的不可压的模型。此处对比只是为了说明剪切宽度对重联过程影响与之前的线性结果趋势上基本一致。

随着等离子体的比压值的减少,可以发现剪切流对磁场重联发展的加速效应变得越来越弱甚至消失。在图 7.3(b)中,尽管随着剪切流宽度的变化剪切流对磁场重联的发展仍存在加速作用,但加速效应与图 7.3(b)中的情况相比要弱许多。当继续减小等离子体比压值时,如图 7.3(c)($\beta=0.5$)和图 7.3(d)($\beta=0.2$)所示,可以发现在大部分剪切流半宽度的参数范围内剪切流对磁场重联发展主要起抑制作用,而剪切流对磁场重联发展具有加速效应的参数范围越来越小或基本消失。需要注意的是,在 z 方向的系统模拟尺度是 $L_z=[-4,4]$,因此,在图 7.3(c)和图 7.3(d)中,剪切流的半宽度最大值已经非常大了。从初始所给的剪切流的形式可以很自然地推断没有剪切流的情况和剪切流的半宽度趋向于无穷大时的结果应该完全一致。因此,当剪切流的半宽度变得很大时,磁场重联率的峰值必将趋向于没有剪切流的情况下的磁场重联率峰值。由图 7.3(c)和图 7.3(d)可以发现,在等离子体比压值较低时所得到的模拟结果与先前不可压缩磁流体动力学的模拟结果

(Li and Ma, 2010)以及高等离子体比压值的模拟结果是有明显差异的。

从图 7.3 中所示的四种情况可以得出以下结论,在相对较高的等离子体比压值的情况下,通过改变剪切流半宽度的大小既可以抑制磁场重联的发展又可以加速磁场重联的发展。此种情况下剪切流对磁场重联的影响与不可压磁流体动力学模拟的结果类似。而对于相对较低的等离子体比压值的情况,剪切流对磁场重联的影响主要起抑制作用。至于为什么在低等离子体比压值时,宽度较大的剪切流不能加速磁场重联的发展,我们将会在下面进行仔细的分析。

为了更好地理解剪切流对撕裂模影响的动力学过程,我们采用和以往不可压缩模拟类似的分析方法(Li and Ma, 2010)。在图 7.4 中给出了等离子体比压值为 $\beta=5.0$ 时 y 方向扰动涡旋的分布图,此时磁场的重联率基本达到峰值。y 方向扰动等离子体流的旋度可由下式给出

$$\omega = \nabla\times(\mathbf{V}-\mathbf{V}_i)_y \tag{7.14}$$

其中,$\mathbf{V}_i$ 为初始所加的剪切流分布。在不存在剪切流的情况下,磁场重联总是导致严格对称具有四极分布的 y 方向扰动涡旋流(图 7.4(a))。然而,在加入剪切流后,对称性的四极扰动涡旋流结构被破坏(图 7.4(b))。在图 7.4(b)中剪切流的半宽度选取为 $\lambda_v=0.6$,在这个剪切流半宽度下磁场重联率的峰值达到最大。我们知道磁场重联的快慢与磁场重联区附近出流区的分岔角的开口大小有直接的关系。如果分岔角的开口较大,等离子体和重联磁场将较容易流出重联区,从而导致较大的磁场重联率。另外,从涡旋流的特性可以知道:两个极性相同的涡旋流相互吸引,而两个极性相反的涡旋流相互排斥。在重联出流区的上部和下部极性相反涡旋流之间的排斥力将使分岔角的开口变大从而导致磁场重联速度加快。当两个反对称扰动涡旋流的结构逐渐消失后,即对称性被破坏后,磁场重联速率完全被分

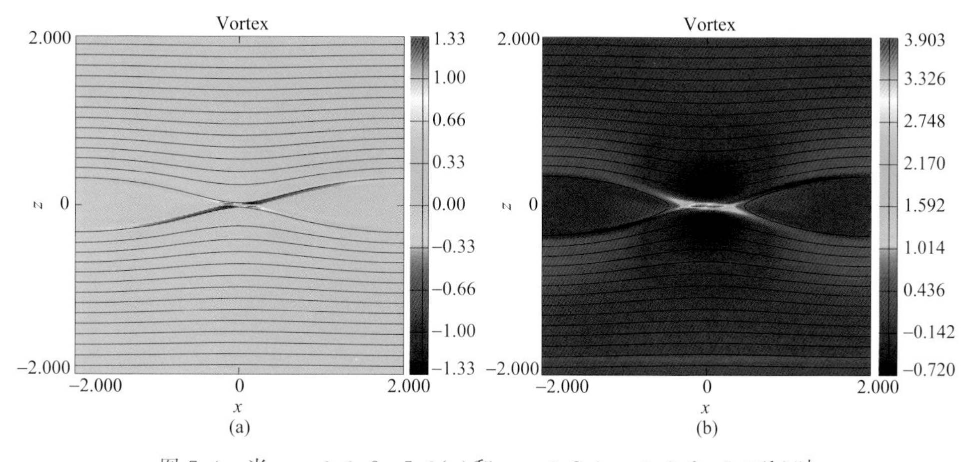

图 7.4　当 $v_0=0.0$,$\beta=5.0$(a)和 $v_0=0.8$,$\lambda_v=0.6$,$\beta=5.0$(b)时扰动涡旋和磁力线(黑线)的分布

岔角上部和下部涡旋流的涡旋强度和极性所决定。考虑到上面所说的理论和图7.4中所示的涡旋强度分布,很容易得出剪切流加速磁场重联的原因。

图7.5同样给出,在给定剪切流的半宽度 $\lambda_v=0.2$ 和等离子体的比压值取为 $\beta=5.0$ 的情况下,不同剪切流的渐近速度 V_0 对扰动涡旋强度分布的影响。从图中可以清楚地看出,随着剪切流的渐近速度从 $V_0=0.2$ 增加至 $V_0=0.8$,其中某一极性的扰动涡旋结构逐渐消失。而且,对比图7.5中各种的情况,可以发现在 $V_0=0.2$ 的情况下(图7.5(a))出流区分岔两边的扰动涡旋强度差最大。这可以用来解释同样剪切半宽度但是不同渐近速度的剪切流对磁场重联的抑制作用不同,即增加剪切流的渐近速度 V_0 可以降低磁场重联的速率,这与先前非线性模拟的结果基本一致(Ofman et al.,1993; Li and Ma, 2010; Chen et al., 1997)。我们必须提到这里考虑的剪切流都是亚Alfvén速度的。如果剪切流是超Alfvén速度的,则K-H不稳定性将占主导(Chen et al., 1997),它将加速磁场重联的发展(Chen and Morrison, 1990b)。

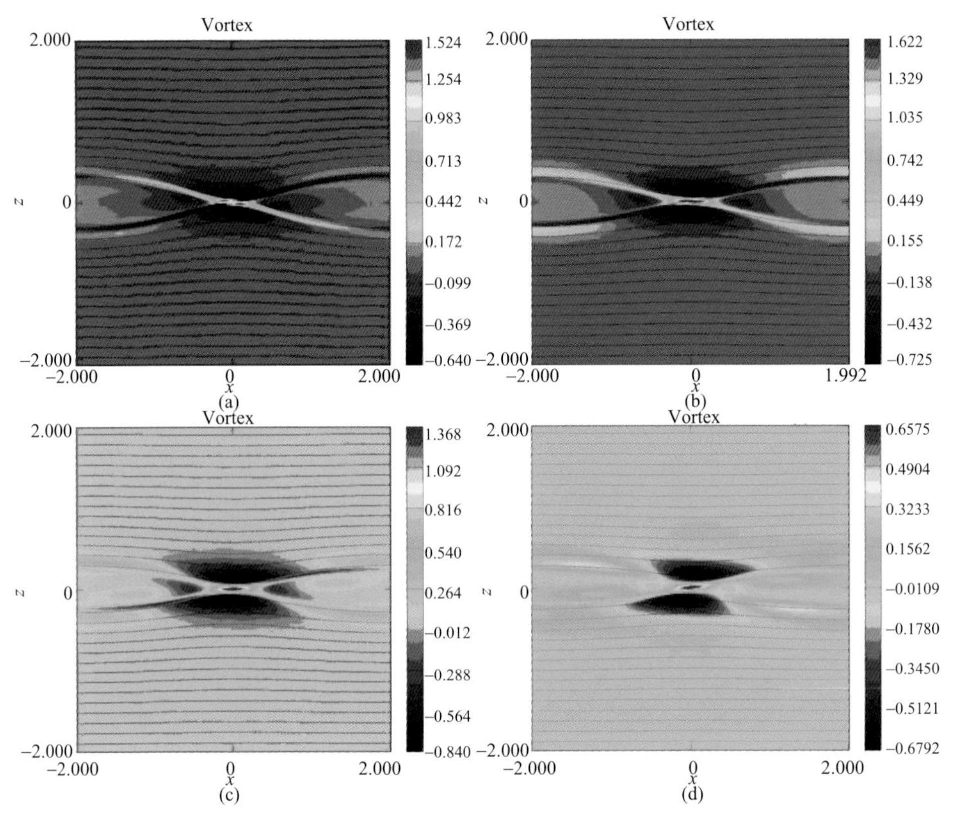

图7.5 当 $v_0=0.2$(a),$v_0=0.4$(b),$v_0=0.6$(c)和 $v_0=0.8$(d)固定剪切流半宽度($\lambda_v=0.2$)和等离子体比压值($\beta=5.0$)时,扰动涡旋和磁力线的分布

前面已经讨论了如何通过考察扰动涡旋强度来分析等离子体剪切流对磁场重联发展的影响，现在分析为什么在低等离子体比压值的情况下，宽度较大的剪切流不能加速磁场重联的发展。图 7.6 给出当等离子体比压值为 $\beta=0.2$ 时，存在和不存在剪切流情况下扰动涡旋强度的分布。图 7.6 所处的时刻为重联率达到峰值的时刻。图 7.6(a)是没有外加剪切流时扰动涡旋强度的分布，而图 7.6(b)是存在半宽度为 $\lambda_v=2.8$ 的剪切流时扰动涡旋强度的分布。在图 7.6(a)中扰动涡旋强度分布具有明显的对称四极分布。同样，在图 7.6(b)中扰动涡旋强度分布也有四极特征，但是发现一个非常不同的现象，即磁场重联入流区的上部和下部出现了一对不连续结构。磁场重联的快慢是由磁场重联入流区和出流区的等离子体速度决定的。考虑到图 7.6(b)中入流区的上部和下部不连续结构所处的位置，我们很容易推断左边上部入流区和右边下部入流区的等离子体回流被这对不连续结构阻挡而不能进入磁场重联区从而抑制了磁场重联的发展。因此，宽度较大的剪切流不能加速磁场重联发展的主要原因是由于入流区的上部和下部出现了一对不连续结构。

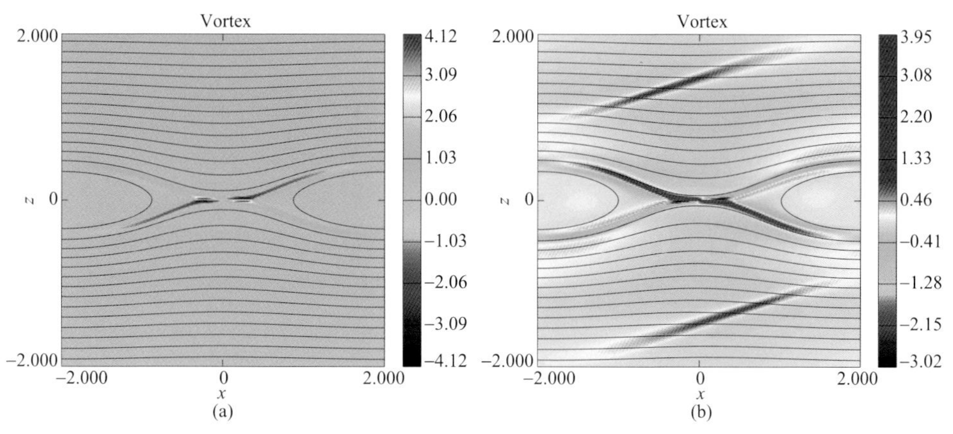

图 7.6　当 $v_0=0.0$，$\beta=0.2$(a)和 $v_0=0.8$，$\lambda_v=2.8$，$\beta=0.2$(b)时扰动涡旋分布和磁力线(黑线)示意图

7.2.4　可压缩 Hall 磁流体动力学模拟结果

在本节中，主要研究 Hall 效应的影响，即 7.2.2 节中所给出的 Hall MHD 方程组中 $d_i\neq0$。将离子惯性长度的变化范围限定为 $d_i=0.01\sim0.2$，将等离子体的比压值设为 $\beta=1.0$，并且同样只考虑亚 Alfvén 速度的剪切流。在这节的主要部分中，剪切流的渐近速度仍然取为 $V_0=0.8$，通过改变剪切流的半宽度来研究存在 Hall 效应时剪切流对磁场重联过程的影响。模拟中的其他初始参数和 7.2.3 节中给出的相同。

Hall 效应现在通常被视为用来解释快速磁场重联的一个重要机制,随着离子惯性长度 d_i 的增加,可以极大地提高重联率。图 7.7(a)所示的是没有平衡剪切流时不同离子惯性长度下重联率随时间的演化图,从图中可以明显看出 Hall 效应对磁场重联发展有很强的促进作用。图 7.7(b)中的曲线是在不同剪切流速度下磁场重联率随时间的演变情况,其中离子惯性长度 $d_i=0.1$,剪切流半宽度 $\lambda_v=0.2$。从图中发现,在考虑 Hall 效应时,亚 Alfvén 速度剪切流同样能抑制磁场重联的发展(Knoll and Chacón, 2002)。

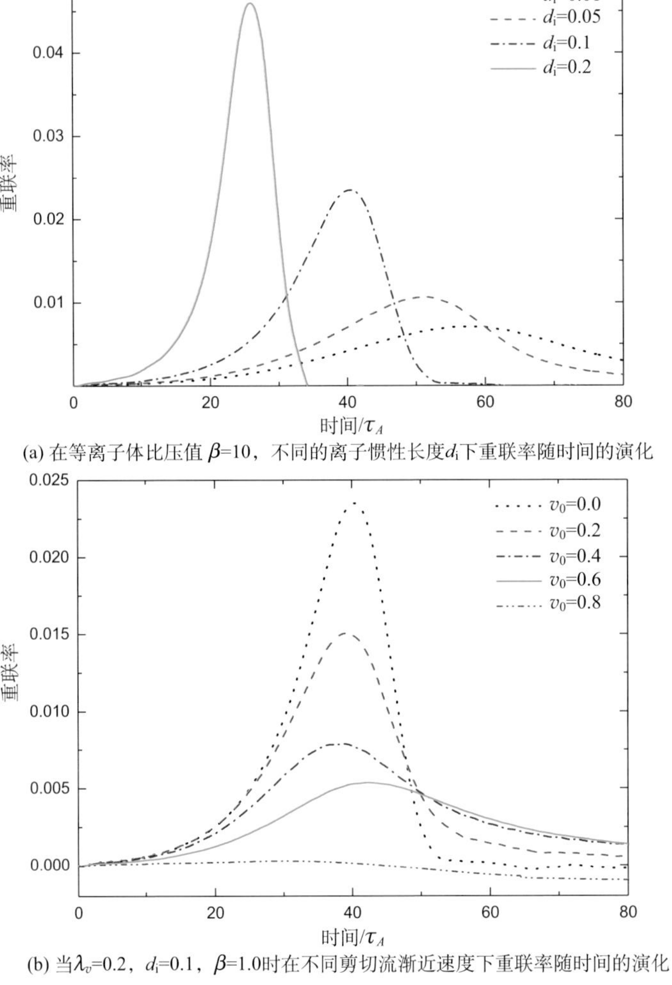

(a) 在等离子体比压值 β=10,不同的离子惯性长度d_i下重联率随时间的演化

(b) 当λ_v=0.2,d_i=0.1,β=1.0时在不同剪切流渐近速度下重联率随时间的演化

图 7.7

图 7.8 是磁场重联率峰值在不同离子惯性长度下与剪切流半宽度的关系。图 7.8(a)～7.8(d)分别代表 $d_i=0.01 \sim 0.2$ 的不同情况。从图中可以清楚地看到亚 Alfvén 速度剪切流对磁场重联的发展有抑制作用也有加速作用。和可压缩电阻磁流体动力学模拟类似,剪切流的半宽度也存在一个临界值 λ_{vc}。当剪切流的半宽度超过此临界值时,亚 Alfvén 速度剪切流将加速磁场重联的发展。同时剪切流的半宽度还存在一特定值 λ_{vm},在此特定的半宽度的剪切流下磁场重联率峰值达到最大的值(下文中简称为极值)。在图 7.8(a)中,临界值和极值分别为 $\lambda_{vc} \sim 0.45$ 和 $\lambda_{vm} \sim 0.8$。剪切流对磁场重联发展的促进作用在半宽度超过临界值时是很明显的。在图 7.8(d)中,临界值和极值分别为 $\lambda_{vc} \sim 0.7$ 和 $\lambda_{vm} \sim 1.0$。对于不同的离子惯性长度 d_i,临界值和极值是很不相同的。从图 7.8(a)到图 7.8(d),可以明显地看到临界值和极值都随着离子惯性长度 d_i 的增加而增加。另一个值得注意的现象是,当 Hall 效应变得显著即离子惯性长度 d_i 越来越大时,剪切流对磁场重联

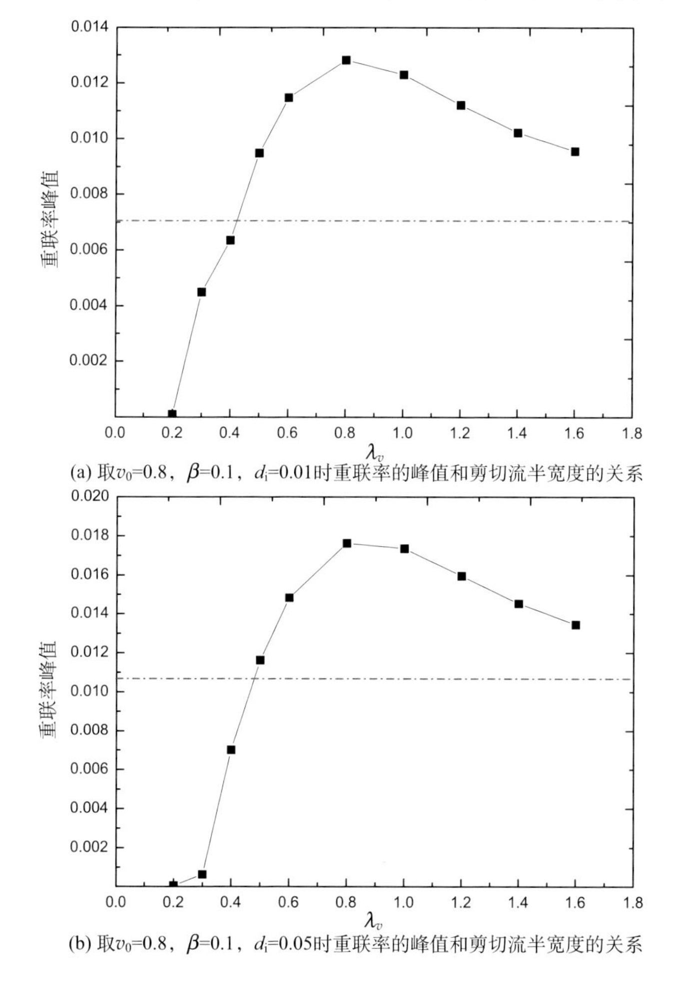

(a) 取v_0=0.8, β=0.1, d_i=0.01时重联率的峰值和剪切流半宽度的关系

(b) 取v_0=0.8, β=0.1, d_i=0.05时重联率的峰值和剪切流半宽度的关系

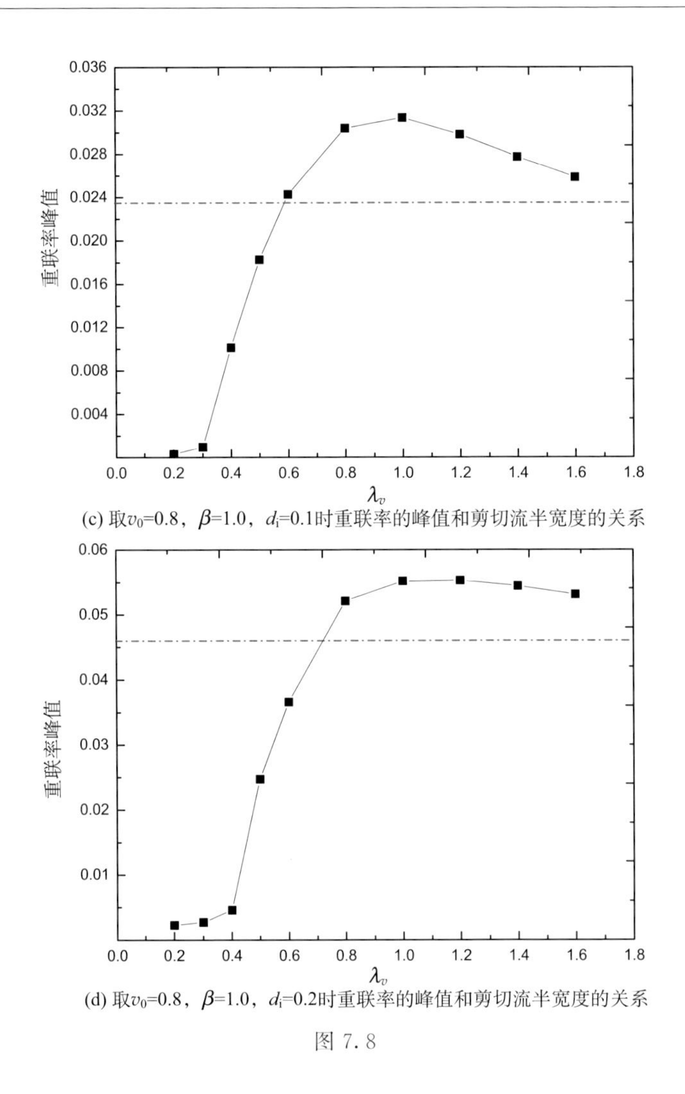

(c) 取v_0=0.8，β=1.0，d_i=0.1时重联率的峰值和剪切流半宽度的关系

(d) 取v_0=0.8，β=1.0，d_i=0.2时重联率的峰值和剪切流半宽度的关系

图 7.8

发展的促进作用逐渐减弱,即重联率峰值的最大值和没有剪切流时的重联率峰值(图中的红线)之间的差距变得越来越小。剪切流对磁场重联发展的促进作用减弱的原因是当离子惯性长度 d_i 较大时,例如 $d_i=0.2$(这个长度和电流片的半宽度 $\lambda_B=0.2$ 一致),没有剪切流的情况下磁场重联的速度已经相当快了。在 d_i 较大时虽然当剪切流半宽度超过临界值时,剪切流对磁场重联的发展还有一定的加速作用,但是这个加速作用已经变得十分有限。因此,对于没有剪切流时磁场重联速度已经很快的情况,剪切流对磁场重联发展的促进作用就会相对较小。

为了解释存在 Hall 效应时剪切流对磁场重联的抑制和促进作用的机理,同样需要研究 y 方向的扰动涡旋(方程(7.14))。为了简单起见,在图 7.9 中只给出了

离子惯性长度 $d_i=0.2$ 的情况。图 7.9(a)是没有剪切流时由磁场重联产生的 y 方向扰动涡旋分布图，它呈现出了严格对称的四极结构。在流区的分岔角的上部和下部的反极性涡旋存在排斥力，可以导致出流区的分岔角的增大进而使磁场重联的重联率增大。在图 7.9(b)中，剪切流的半宽度是 $\lambda_v=1.0$，这个半宽度使重联率的峰值达到最大值(如图 7.8(d)中所示)。可以发现流区的扰动涡旋仍然是有点不对称性的四极结构，但出流区的分岔角上部和下部的反极性涡旋的强度明显要比图 7.9(a)中所示的涡旋流的强度要大，因而导致磁场重联的速度要比没有剪切流的情况快。

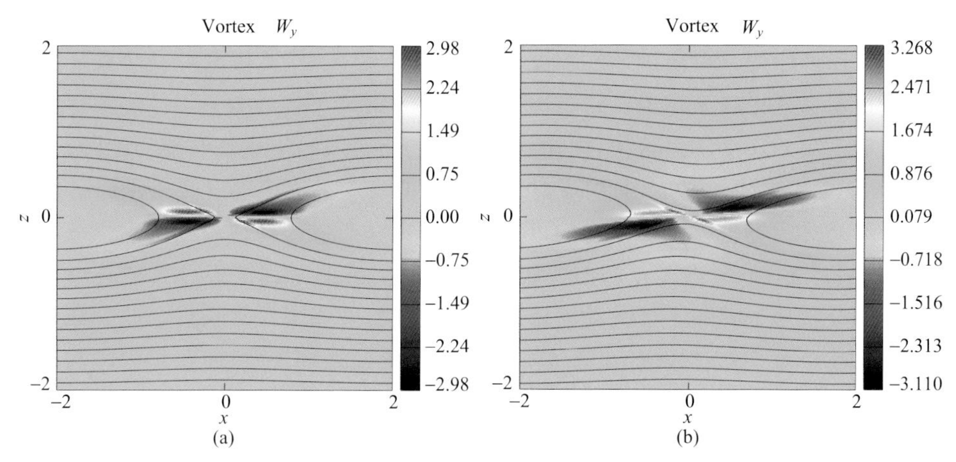

图 7.9　当 $v_0=0.0$，$\beta=1.0$，$d_i=0.2$(a)和 $v_0=0.8$，$\lambda_v=1.0$，$\beta=1.0$，$d_i=0.2$(b)时扰动涡旋和磁力线(图中黑线)的分布

从上面的讨论可知，剪切流对磁场重联发展的影响在可压缩电阻磁流体动力学下和可压缩 Hall 磁流体动力学下是有一定差别的，尽管它们对磁场重联既能产生抑制作用也可以产生加速作用。然而，当增大 Hall 效应(增加离子惯性长度 d_i)，剪切流对磁场重联发展的加速作用变得越来越弱，因为当离子惯性长度 d_i 较大时，没有剪切流时磁场重联的速度就已经很快。由此可知，对于较大的离子惯性长度 d_i，剪切流对磁场重联主要呈现出稳定作用。

7.2.5　结果讨论

我们在可压缩电阻磁流体动力学和可压缩 Hall 磁流体动力学的框架下仔细研究了亚 Alfvén 速度的剪切流对磁场重联发展的影响。所采用的方法是在平板位形下数值求解可压缩电阻磁流体动力学方程组和可压缩 Hall 磁流体动力学方程组。

首先，可以看到在不存在剪切流的情况下，重联率峰值随着等离子体比压值 β

的减小而增加。从不可压缩磁流体动力学模拟得出的重联率和高 β 可压缩磁流体动力学模拟得出的重联率基本一致。这是因为可压缩等离子体在高 β 下可以近似地看成不可压缩等离子体(Biskamp, 2000)。其次,对于高 β 等离子体的情况,剪切流既可以抑制磁场重联发展也能够加速磁场重联的发展,这也和先前不可压缩磁流体动力学模拟所得到的结果一致(Li and Ma, 2010)。然而,对于低 β 等离子体的情况,在剪切流半宽度的一个很大范围内,剪切流对磁场重联的发展都体现出抑制作用,并且在剪切流对撕裂模的解稳区域促进作用也几乎消失。通过引入 Hall 项,研究了可压缩 Hall 磁流体动力学模型下剪切流对磁场重联发展的影响。在 Hall 磁流体动力学近似下,亚 Alfvén 速度的剪切流对磁场重联的发展同样存在抑制和促进作用。当离子惯性长度 d_i 变得越来越大时,剪切流对磁场重联发展的促进作用将变得越来越弱。这是因为对于较大的离子惯性长度 d_i,在没有剪切流时磁场重联的速度已经很快,而初始剪切流的驱动效果毕竟是有限的。因此,在很强的 Hall 效应的情况下,剪切流对磁场重联的发展主要体现出减速作用。

剪切流对磁场重联发展的影响可以由磁场重联产生的扰动涡旋的变化来解释(Li and Ma, 2010)。当存在初始剪切流时,扰动涡旋的对称四极分布被破坏。在出流区的分岔角上部和下部扰动涡旋的强度决定着剪切流对磁场重联的发展是抑制还是加速。对于低 β 情况,出现了一个非常值得注意的现象,即在重联区的上部和下部出现了一对不连续结构。这对不连续结构能够阻止等离子体进入磁场重联区,从而导致剪切流对磁场重联发展的促进作用消失。这一现象在高 β 情形以及不可压缩磁流体模拟中均未被发现,将会在 7.3 节中作仔细的研究。

最后,需要强调以上所有的结果仅仅考虑剪切流是亚 Alfvén 速度的情况,这是由于当流速超过 Alfvén 速度时,K-H 不稳定性占主导(Chen et al., 1997),它的动力学过程和磁场重联过程极不相同(Knoll and Chacón, 2002)。

7.3 磁场重联过程中激波的形成

7.3.1 磁流体动力学不连续和磁流体动力学激波

通常,不连续的产生是由于波在传播过程中变得陡峭(wave steepening)的非线性过程(图 7.10)。下面对"wave steepening"过程的产生机制可以作简单分析。声波的传播速度为 $V_s^2=\mathrm{d}P/\mathrm{d}\rho_m$,绝热状态方程为 $P/\rho_m^\gamma=\mathrm{const}$,由此可知声波的传播速度 V_s 正比于 P^α,其中 $\alpha=(\gamma-1)/2\gamma$。图 7.10 中,如果在波包中部产生一个具有较大压力的脉冲,这个脉冲相应地也具有较高的速度,而波包前部的速度未发生变化,则波包中部将会追上波包前部,使波包前部变陡,直到形成一种较为稳定的不连续性。

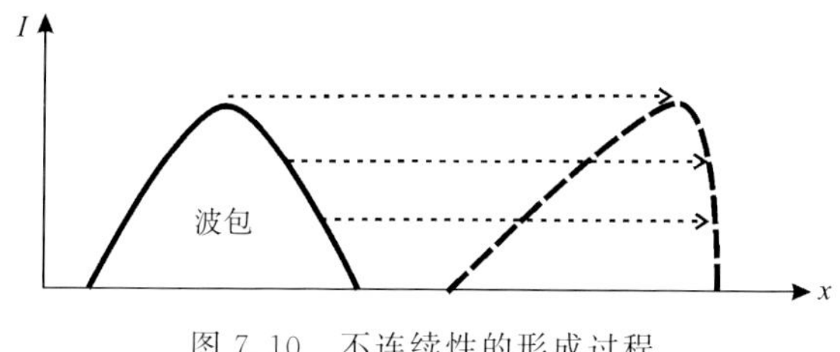

图7.10 不连续性的形成过程

对于磁流体动力学不连续性，我们应用理想磁流体动力学方程组在不连续层的上下游之间进行积分，并假定不连续层上下游的体积趋于零，可以得到如下的跳变关系，式中的 n 和 t 代表物理量垂直和平行不连续面的分量，$\{\}$代表下游值和上游值之差。

$$\{\rho_m U_n\}=0 \tag{7.15}$$

$$\left\{\rho_m U_n^2+P+\frac{B_t^2}{2\mu_0}\right\}=0 \tag{7.16}$$

$$\left\{\rho_m U_n \boldsymbol{U}_t-B_n\frac{\boldsymbol{B}_t}{\mu_0}\right\}=0 \tag{7.17}$$

$$\left\{\left(\frac{1}{2}\rho_m U^2+h+\frac{B^2}{\mu_0}\right)U_n-(\boldsymbol{U}\cdot\boldsymbol{B})\frac{\boldsymbol{B}_t}{\mu_0}\right\}=0 \tag{7.18}$$

$$\{\boldsymbol{U}_n\times\boldsymbol{B}_t+\boldsymbol{U}_t\times\boldsymbol{B}_n\}=0 \tag{7.19}$$

$$\{B_n\}=0 \tag{7.20}$$

磁流体动力学不连续一般可以分为三类：接触不连续(contact discontinuity)，旋转不连续(rotational discontinuity)和激波(shock wave)。它们的判定条件如表7.1所示。表中 U_n 代表垂直不连续面的流体速度分量，$\{\rho_m\}$代表不连续面的下游密度值和上游密度值之差。从表中可以清楚地看到，上下游之间密度不连续，而流体的垂直速度分量为零将形成接触不连续；上下游之间密度连续，而流体的垂直速度分量不为零将形成旋转不连续；上下游之间密度不连续和流体的垂直速度分量也不为零都将形成激波。除了这个分类方法，还有其他分类，例如按照垂直不连续面的磁场是否为零来分类。

表7.1 磁流体动力学不连续的分类(Gurnett and Bhattacharjee，2005)

	$U_n=0$	$U_n\neq 0$
$\{\rho_m\}=0$	无	旋转不连续
$\{\rho_m\}\neq 0$	接触不连续	激波

接触不连续是指没有流体流过不连续面,但是不连续的上下游之间有密度的跳变。若假设 $B_n \neq 0$,由跳变条件可以很容易地得到关系 $\{U_t\}=0$,$\{\boldsymbol{B}_t\}=0$ 和 $\{P\}=0$,这类接触不连续在中性气体中较为常见,但在等离子体中很少被观测到;若假设 $B_n=0$,由跳变条件可以很容易地得到关系 $\{U_t\}\neq 0$,$\{\boldsymbol{B}_t\}\neq 0$ 和 $\left\{P+\dfrac{B^2}{2\mu_0}\right\}=0$,这类接触不连续称为切向不连续(tangential discontinuity)。切向不连续在自然界的等离子体中较为常见,在地球磁场的磁层顶和太阳风中都有观测到。

旋转不连续是指有流体流过不连续面,但是不连续面的上下游之间没有密度的跳变。由垂直不连续面的速度和不连续上下游之间的密度变化条件,通过跳变关系可以很容易得到 $\{P\}=0$,$\{h\}=0$,$\{U_n\}=0$,$\{B_t^2\}=0$,其中焓 $h=\gamma P/(\gamma-1)$;同时也可以知道平行不连续面的磁场分量 $\boldsymbol{B}_t$ 在不连续面的上下游之间数值保持不变但方向改变,这也是这种不连续称为旋转不连续的原因。旋转不连续在自然界的等离子体中也较为常见,在磁层顶和太阳风中都有观测到。

相比于接触不连续和旋转不连续,激波的分析是较为困难的。激波在其本身的坐标系中是一个静态的结构,研究激波首先需要将激波变换到激波静止坐标系中,这个坐标系中的三个坐标分别为垂直激波方向、平行激波方向和 Z 方向,即 (n,t,z);然后,将激波变换到 De Hoffmann-Teller 坐标系(Hoffmann and Teller, 1950)。这个研究磁流体动力学激波的坐标系由 De Hoffmann 和 Teller 最先提出,在此坐标系中,激波上下游等离子体的速度和其中的磁场在同一个方向上,这样的坐标系会给激波的研究带来很大的便利。由理想欧姆定律 $\boldsymbol{E}+\boldsymbol{V}\times\boldsymbol{B}=0$ 可知,当速度和磁场在同个方向上时,电场将等于零。在激波的上下游,可以将物理量分为三个方向、平行激波方向、垂直激波方向和 Z 方向。由 Maxwell 方程组可知,激波上下游之间 E_z 连续,而速度和磁场只有切向和法向两个分量,因此可得

$$E_z=-(U_{n1}B_{t1}-U_{t1}B_n)=-(U_{n2}B_{t2}-U_{t2}B_n) \tag{7.21}$$

显然,要使 $E_z=0$,只需将上下游的等离子体切向速度减去一个值 U_{t0}

$$U_{t0}=U_{t1}-U_{n1}\left(\frac{B_{t1}}{B_n}\right) \tag{7.22}$$

这样就可以将激波转换到 De Hoffmann-Teller 坐标系中。在这个坐标系中研究激波所用的方程组非常著名,称为 Rankine-Hugoniot 方程组,可以在 De Hoffmann-Teller 坐标系中通过激波上下游的跳变关系得到。

$$\rho_{m1}U_{n1}=\rho_{m2}U_{n2} \tag{7.23}$$

$$\rho_{m1}U_{n1}^2+\rho_{m1}\frac{V_{s1}^2}{\gamma}+\frac{B_{t1}^2}{2\mu_0}=\rho_{m2}U_{n2}^2+\rho_{m2}\frac{V_{s2}^2}{\gamma}+\frac{B_{t2}^2}{2\mu_0} \tag{7.24}$$

$$\rho_{m1}U_{n1}U_{t1}-B_{n1}\frac{B_{t1}}{\mu_0}=\rho_{m2}U_{n2}U_{t2}-B_{n2}\frac{B_{t2}}{\mu_0} \tag{7.25}$$

$$\rho_{m1}U_{n1}U_{t1}\left(\frac{V_{s1}^2}{\gamma-1}+\frac{U_{t1}^2+U_{n1}^2}{2}\right)+\frac{B_{t1}}{\mu_0}(B_{t1}U_{n1}-B_{t1}U_{t1})$$
$$=\rho_{m2}U_{n2}U_{t2}\left(\frac{V_{s2}^2}{\gamma-1}+\frac{U_{t2}^2+U_{n2}^2}{2}\right)+\frac{B_{t2}}{\mu_0}(B_{t2}U_{n2}-B_{t2}U_{t2}) \tag{7.26}$$

$$U_{n1}B_{t1}-U_{t1}B_n=U_{n2}B_{t2}-U_{t2}B_n \tag{7.27}$$

$$U_{n2}B_{t2}-U_{t2}B_n=0 \tag{7.28}$$

$$B_{n1}=B_{n2} \tag{7.29}$$

Rankine-Hugoniot 方程组中，$V_s^2=\gamma P/\rho_m$ 是声速。通过 Rankine-Hugoniot 方程组可以由激波上游的值求出激波下游的值。

激波可以分为三大类，慢激波(slow shock)、中间激波(intermediate shock)和快激波(fast shock)，这种分类是通过激波上下游之间的关系得到的(Lin and Lee，1994)。首先对于慢激波，它的速度和上下游之间的物理量应满足的条件是

$$U_{SL1}<U_{n1}<U_{I1},\quad U_{n2}<U_{SL2}$$
$$\{\rho\}>0,\quad \{P\}>0,\quad \{|\boldsymbol{B}_t|\}<0,\quad \{U_n\}<0 \tag{7.30}$$

对于快激波，其速度和上下游之间物理量应满足的条件是

$$U_{n1}>U_{F1},\quad U_{I2}<U_{n2}<U_{F2}$$
$$\{\rho\}>0,\quad \{P\}>0,\quad \{|\boldsymbol{B}_t|\}>0,\quad \{U_n\}<0 \tag{7.31}$$

对于中间激波，速度应满足的条件较为宽松，上下游之间物理量应满足的条件则类似，只是切向磁场需要旋转 180°

$$U_{n1}>U_{F1},\quad U_{SL2}<U_{n2}<U_{I2}$$
$$U_{I1}<U_{n1}<U_{F1},\quad U_{SL2}<U_{n2}<U_{I2}$$
$$U_{n1}>U_{F1},\quad U_{n2}<U_{SL2}$$
$$U_{I1}<U_{n1}<U_{F1},\quad U_{n2}<U_{SL2}$$
$$\{\rho\}>0,\quad \{P\}>0,\quad \{|\boldsymbol{B}_t|\}\neq 0,\quad \{U_n\}<0 \tag{7.32}$$

在式(7.30)～(7.32)中，U_F 是快磁声波(fast magnetosonic wave)速度，U_I 是中间波(intermediate wave)速度，U_{SL} 是慢磁声波(slow magnetosonic wave)速度，它们的表达式分别为

$$U_I=U_A\cos\theta \tag{7.33}$$

U_A 为 Alfvén 速度，θ 为波传播方向与背景磁场的夹角。

$$U_F=\pm\left\{\frac{1}{2}\left[(U_s^2+U_A^2)+\sqrt{(U_s^2+U_A^2)^2-4U_s^2U_I^2}\right]\right\}^{1/2} \tag{7.34}$$

$$U_{\mathrm{SL}} = \pm \left\{ \frac{1}{2} \left[(U_s^2 + U_A^2) - \sqrt{(U_s^2 + U_A^2)^2 - 4U_s^2 U_I^2} \right] \right\}^{1/2} \tag{7.35}$$

以上两式中的 U_s 为声速(更详细有关激波的讨论可参考文献(Gurnett and Bhattacharjee, 2005))。

磁流体动力学激波在空间等离子体、宇宙等离子体和实验室等离子体中都被观测到,如超新星爆炸、太阳风和地磁层相互作用等都会形成磁流体动力学激波。较为著名的激波有地球磁场周围的弓形激波(bow shock),太阳系日光层(heliosphere)周围的终端激波(termination shock)等。在空间等离子体和宇宙等离子体中,快激波常常被观测到,例如,弓形激波一般都属于快激波;慢激波被观测到的次数相对较少。中间激波被认为在自然界中不能稳定存在,它是一个时变结构,但也有人认为中间激波可以存在(Wu and Kennel, 1992)。

以上讨论的都是等离子体可以应用磁流体动力学描述的时激波,这类激波的厚度都大于等离子体中粒子的平均自由程,可以认为是有碰撞的激波,但在自然界的等离子体中很多时候激波的厚度是小于粒子的平均自由程的,此时激波已经不能用磁流体动力学来描述了,此一类激波称为无碰撞激波(collisionless shock)。无碰撞激波和磁流体动力学激波的区别主要有以下几个方面。首先,磁流体动力学激波维持平衡是依靠对流(convective)和耗散(dissipative)效应;无碰撞激波则依靠对流和色散(dispersive)效应维持平衡。其次,磁流体动力学激波的密度、动量和能量的跳变关系和激波的结构无关;无碰撞激波的激波结构和激波下游是有关系的,激波中的等离子体并不一定能保持麦克斯韦分布,虽然密度、动量和能量在上下游之间依然守恒,但激波的结构可以影响到下游的状态。再次,磁流体动力学激波上下游之间的状态是没有联系的;无碰撞激波由于厚度小于粒子的平均自由程,因而上下游之间的状态是有联系的(Boyd and Sanderson, 2003)。

7.3.2 亚 Alfvén 速度的剪切流引起的激波

在前面为了解释剪切流对磁场重联的抑制和促进作用的机理,仔细研究了 y 方向的扰动涡旋结构,发现当存在初始剪切流时,扰动涡旋的对称四极分布被破坏。特别是在低 β 情况下,在磁场重联入流区的上部和下部出现了一对不连续结构。这对不连续结构能够阻止等离子体进入磁场重联区,从而导致剪切流对磁场重联发展的促进作用消失。这一现象在高 β 情形以及不可压缩磁流体模拟中均未被发现。为了研究不连续结构的形成机理及特征,对不同的等离子体的比压值($\beta=0.2$,$\beta=1.0$ 和 $\beta=5.0$)进行了模拟。

为了更清楚显示不连续层的位置和结构,特别采用了 y 方向的扰动涡旋分布来描述(图 7.11、图 7.13 和图 7.16)。图 7.11 给出的是当等离子体比压值 $\beta=0.2$,$\lambda_v=2.8$ 时重联率随时间的变化以及几个不同阶段的扰动涡旋的分布图。需

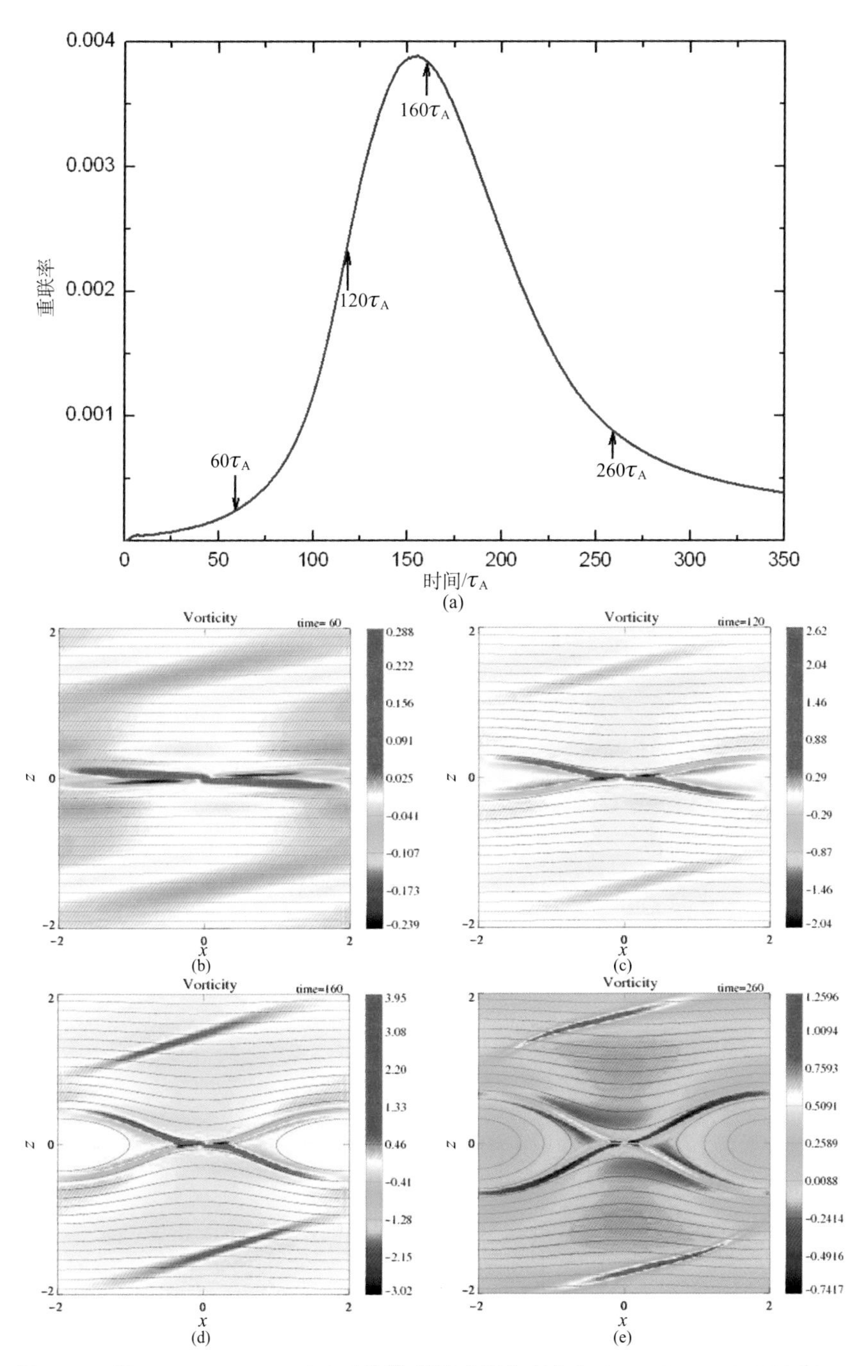

图 7.11　当 $\beta=0.2,\lambda_v=2.8$(a)时重联率随时间的变化和 $\beta=0.2,\lambda_v=2.8$ 时(b)～(e)磁场重联4个不同发展阶段 y 方向的扰动涡旋和磁力线(图中黑线)分布

要说明的是,图 7.11(b)~7.11(e)只给出了 z 方向模拟区域的一半。这四个不同阶段分别为“早期的非线性增长阶段”“最快的变化阶段”“最大重联率附近的阶段”和“接近饱和阶段”。从图 7.11(b)中可以看出在早期的非线性增长阶段重联的出流区域存在小扰动,在重联的分界面附近速度扰动已经出现一定的不连续性。这些不连续层随着磁场重联的发展逐渐演变成为慢激波(Yan et al., 1993)。在同一时间,入流区的小扰动发展成一对不连续层。从图 7.11(a)~(d)可以看出这个不连续性的强度在重联率达到峰值时到达最大值。

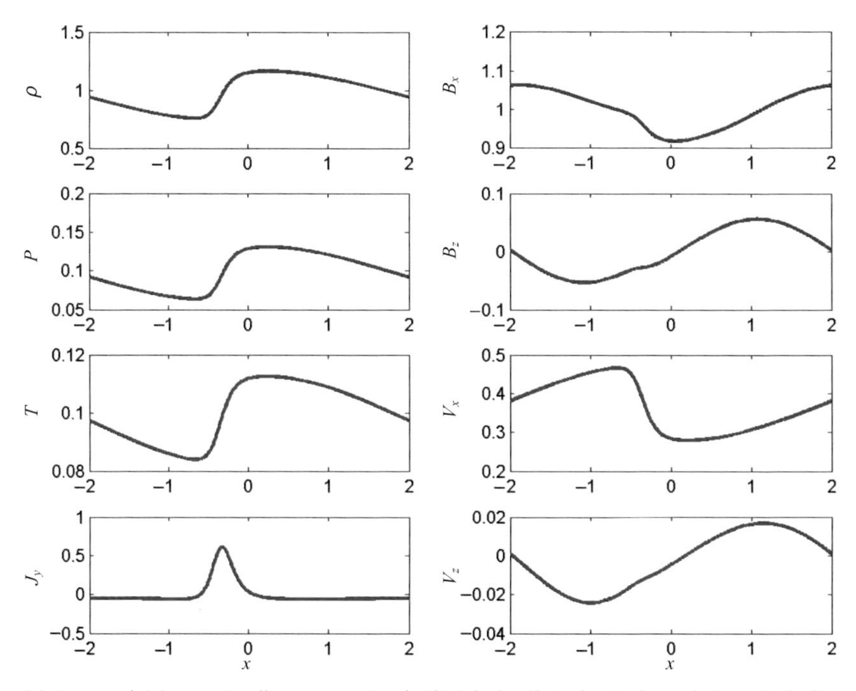

图 7.12 在图 7.11(b)位于 $z=1.38$ 中质量密度、热压力、温度、y 方向电流密度、x 和 z 方向的磁场以及等离子体速度关于 x 轴的变化关系

由于这对不连续扰动涡旋结构呈现中心对称,只需要研究图 7.11 和图 7.13 中上部的不连续扰动涡旋结构。图 7.12 所示的是在图 7.11(d)中 $z=1.38$ 处各个物理量的值随着 x 方向的变化关系。所以看到各个物理量在 $x=-0.3$ 附近剧烈变化。这些物理量上游值和下游值的差别很大。为了确定此 MHD 不连续性的特征和类型,利用 Rankine-Hugoniot 跳变关系。表 7.2 中给出了上游值、下游值和通过 Rankine-Hugoniot 关系计算所得的值,表 7.2 中的所有数据都已经变换到了 De Hoffmann-Teller 坐标系下(De Hoffmann and Teller, 1950)。方括号用来代表下游值和上游值之间的差别$[C]=C_2-C_1$,其中 1 代表上游,2 代表下游。误

差被定义为 $|C_2-C_R|/|C_2|$，C_R 是下游的 Rankine-Hugoniot 计算值。B_n 和 v_n 是垂直于激波平面的磁场和速度，B_t 和 v_t 是平行于激波面的磁场和速度。在这里所有的物理量都是共面的，它们都在模拟平面中。我们知道法向磁场和法向质量流密度通过激波面是连续的，利用这个条件可以计算激波的旋转角，即激波和 x 轴之间的夹角。从图 7.11(b)很容易得到上部的激波的旋转角为 $\alpha=149°$，激波的法向角为 $\theta=|\arctan(B_t/B_n)|=60°$。在表 7.2 中，可以清楚地看到通过 Rankine-Hugoniot 关系计算所得的下游值和模拟中所得的下游值符合得较好。同时，激波上游的中间波速度为 $v_{\mathrm{I1}}=0.570$，激波上游的慢磁声波速度为 $v_{\mathrm{SL1}}=0.178$，而激波下游的慢磁声波速度为 $v_{\mathrm{SL2}}=0.195$。因此有关系 $v_{\mathrm{SL1}}<v_{n1}<v_{\mathrm{I1}}$ 和 $v_{n2}<v_{\mathrm{SL2}}$。此外，从表 7.2 中也可以发现物理量满足关系 $[v_n]<0$，$[|B_t|]<0$，$[\rho]>0$，$[P]>0$。由此可知，图 7.11(c)～7.11(e)中所示的激波是慢激波。

表 7.2　在图 7.11(d)中位于 $z=1.38$ 处的激波通过 Rankine-Hugoniot 关系计算的结果

	ρ	P	B_n	B_t	v_n	v_t
Upstream	0.754	0.063	0.475	0.837	0.220	0.387
Downstream	1.162	0.131	0.480	0.795	0.143	0.236
R-H fitting	1.019	0.105	0.475	0.797	0.163	0.273
Error	12.3%	19.4%	1.0%	0.3%	14.0%	15.4%

注意到下游的模拟结果和 Rankine-Hugoniot 关系计算所得值不一样，造成此差异的原因可以归结为：①耗散不为零；②在我们的模拟中激波不是完全静止的。事实上，激波的位置和形状会随着磁岛的演变发生相应地改变(图 7.11)。但是，Rankine-Hugoniot 关系是基于理想的稳态假设推导出来的。

当 $\beta=1.0$ 时，由图 7.13 可以发现有两对激波形成，这一扰动涡旋的图像和低等离子体比压值的情形不同。图 7.14 同样给出了 $\beta=1.0$ 时电流密度的分布，可以清楚地看到电流密度的图像和图 7.13(c)所示同一时刻的扰动涡旋几乎完全相同。除了 $\beta=0.2$ 所形成的那对激波，有一对额外的激波在 $\beta=1.0$ 时出现。随着磁场重联的发展，这些弱的不连续性层逐渐发展为这两对激波，且几乎相互垂直。图 7.15(a)给出了图 7.13(c)中位于 $z=0.87$ 处的各个物理量的值随 x 方向的变化关系；图 7.15(b)给出了图 7.13(c)中位于 $z=2.34$ 处的各个物理量的值随 x 方向的变化关系。可以清楚地看到图 7.15(b)中各个物理量的变化关系比图 7.15(a)中的要剧烈很多。

同样用 Rankine-Hugoniot 方程来计算激波的跳变关系。在表 7.3 中给出了图 7.13(c)中磁场重联入流区的两支激波中位于 $z=0.87$ 处的激波的上游值、下游值和通过 Rankine-Hugoniot 方程计算所得的值。这支激波的旋转角为 $\alpha=$

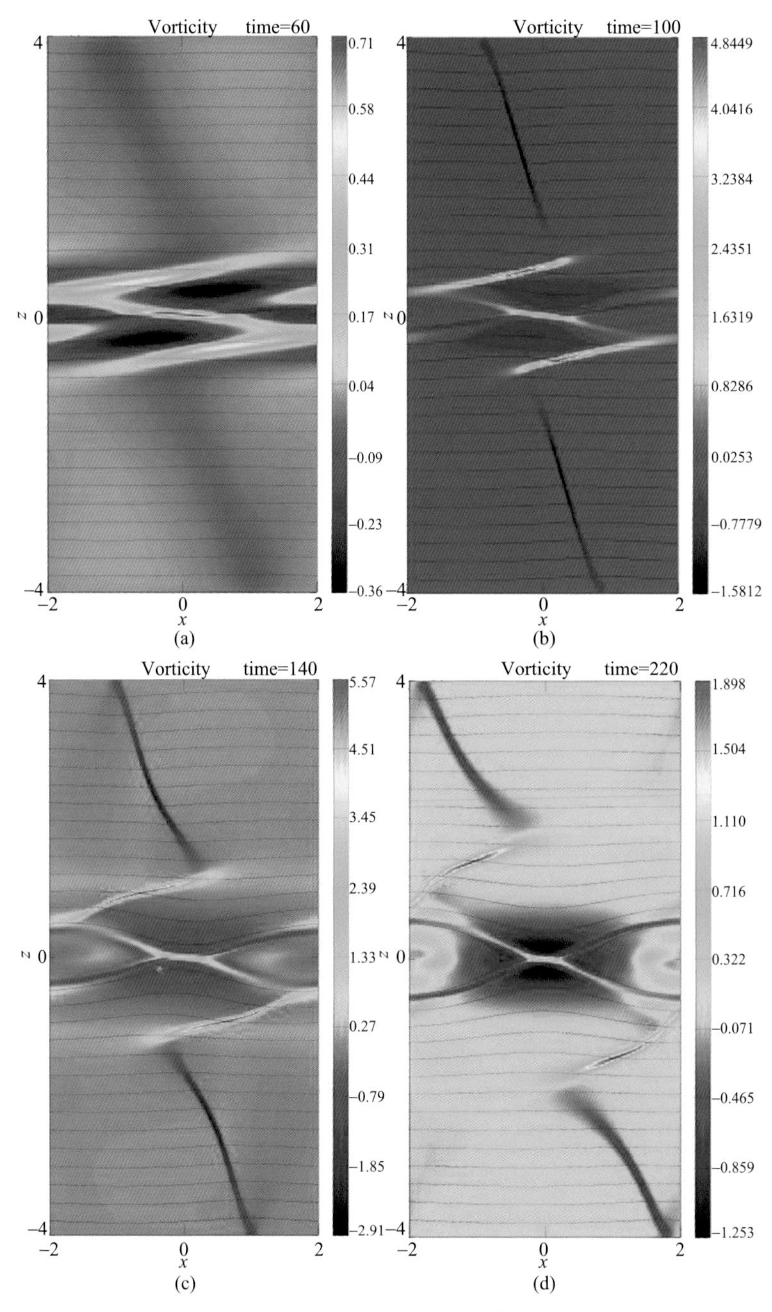

图 7.13　当 $\beta=1.0$，$\lambda_v=0.4$ 时磁场重联 4 个不同发展阶段 y 方向的扰动涡旋和磁力线(图中黑线)分布

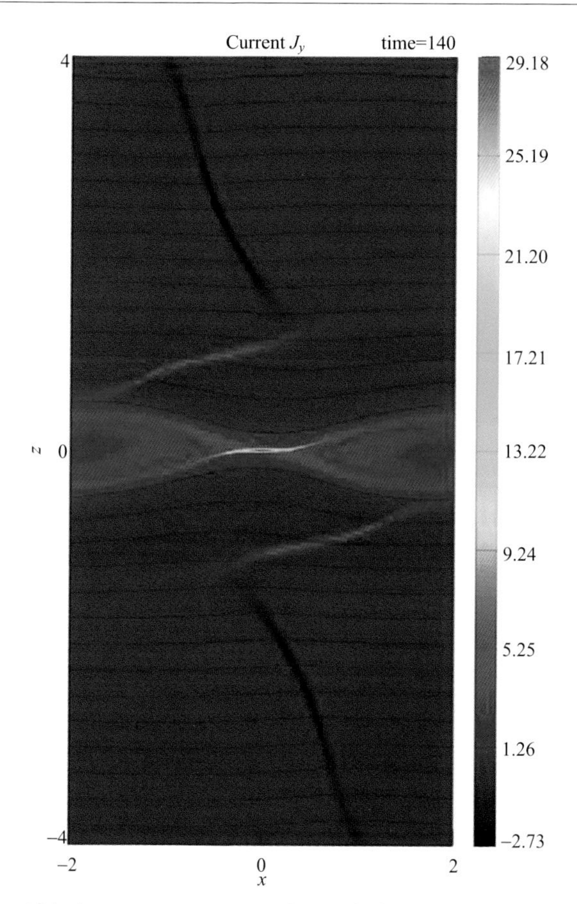

图 7.14 $t=140$ 时刻，当 $\beta=1.0$，$\lambda_v=0.4$ 时电流密度 J_y 和磁力线(图中黑线)的分布图

164°，激波法向角为 $\theta=|\arctan(B_t/B_n)|=73°$。激波上游的中间波速度、激波上游的慢磁声波速度和激波下游的慢磁声波速度分别为 $v_{I1}=0.390$，$v_{SL1}=0.214$ 和 $v_{SL2}=0.181$。慢激波物理量之间的关系 $[v_n]<0$，$[|B_t|]<0$，$[\rho]>0$，$[P]>0$ 对于这支激波也满足。但是，激波下游慢磁声波速度和表 7.3 中激波下游的法向速度很接近，它们的差别在误差范围内。因此，对于慢激波的速度条件没有很好满足。这支激波应该被视为弱慢激波(weak slow shock)(La Belle-Hammer et al.，1994)。

表 7.4 中给出了图 7.13(c) 中 $z=2.34$ 处激波上游值、下游值和通过 Rankine-Hugoniot 方程计算所得的下游值。旋转角和激波的方向角分别为 $\alpha=58°$ 和 $\theta=|\arctan(B_t/B_n)|=35°$。在表 7.4 中可以看到，通过 Rankine-Hugoniot 方程计算所得的激波下游值和模拟中所得的激波下游值很接近。采用和上文所述相同的分析方法，可以得到激波上游的中间波速度 $v_{I1}=0.913$，激波上游慢磁声波速度为 $v_{SL1}=0.626$，激波下游慢磁声波的速度为 $v_{SL2}=0.610$。如表 7.4 所示，很

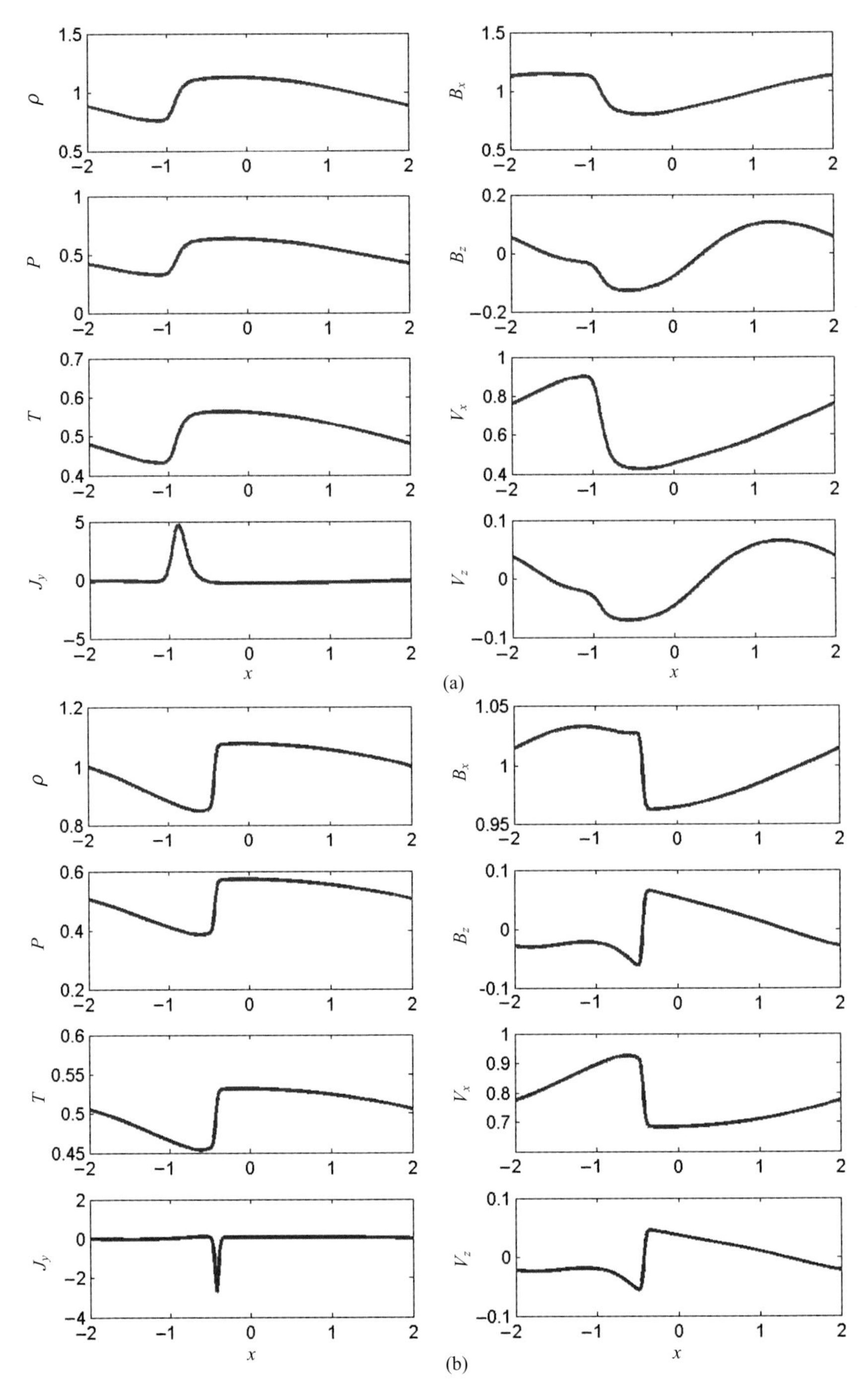

图 7.15　在图 7.13(c)位于 $z=0.87$(a)和 $z=2.34$(b)中质量密度、热压力、温度、y 方向电流密度、x 和 z 方向的磁场以及等离子体速度关于 x 轴的变化关系

动理学 Alfvén 波，而没有导向场时则是斜 Alfvén 波（哨声波）占主导。在理想区域，占主导的波是剪切 Alfvén 波。

Hall 效应引起的电子和离子的运动分离而产生的标志性重联平面外的四级磁场可以作为哨声波引发重联的一个重要表征（Mandt et al.，1994）。重联面外的磁场和哨声波都在观测中被发现（Wei et al.，2007）。研究还表明重联区域中形成的哨声波可以加速电子（Rogers et al.，2001；Drake et al.，2008）从而导致快速磁场重联。

剪切流很容易被观测到，如磁层边界、太阳风以及 Tokamak 中，并且被认为包含有撕裂模现象。剪切流对激波的形成和磁场重联都有影响（La Belle-Hammer et al.，1994；Li and Ma，2010；Zhang et al.，2011；Li et al.，2012；Shen and Liu，2000），关于剪切流的研究在上两节中已广泛提及，这里就不重复叙述。

在没有剪切流的情况下，Hall 效应对磁场重联的影响已经被广泛研究。在 7.3 节中重点研究了可压缩电阻磁流体动力学模拟中激波的形成，本节则在此基础上引入 Hall 效应的影响，我们第一次发现在慢激波下游区域（重联区的外面）形成的哨声波可以驱动快速磁场重联。

7.4.2　Hall 磁流体动力学模型下慢激波引起的哨声波

在 7.3 节中，我们发现在可压缩电阻磁流体动力学下，当存在亚 Alfvén 剪切流时，电阻性磁场重联过程中在入流区会有两对激波形成。本节将研究不同的 Hall 效应（通过变化离子惯性长度 d_i）对慢激波的影响。

图 7.19 给出了不同的离子惯性长度（$d_i=0.0$，0.1 和 0.2）下在 $t=70$ 时刻 y 方向扰动涡旋强度和磁力线（图中黑线）的分布。当不考虑 Hall 效应（$d_i=0.0$）时，可以清楚地看到两对不连续性结构，在 7.3 节中已经讨论过这两对不连续性结构均为慢激波（Li et al.，2012），靠近重联区的那对激波（红色）为弱的慢激波。为方便起见，将几乎垂直于背景磁场的那对激波（蓝色）命名为激波 I，而那对弱激波命名为激波 II。可以看到当考虑 Hall 效应之后，两对激波的尖锐结构几乎消失，取而代之的是慢激波下游区域的扰动涡旋呈现出多条带状结构。随着离子惯性长度的进一步增加，扰动涡旋的空间尺度增加但其强度减少。

为了测试激波 I 下游区域涡旋扰动的细致结构，图 7.20 中展示了扰动涡旋强度 Ω 沿 $z=2$ 的空间分布。从图 7.20 中依旧可以清楚地看到尖锐的长而尖的结构在 $d_i=0.1$ 和 $d_i=0.2$ 时分别在 $x\sim-0.9$ 和 $x\sim-0.35$ 的地方出现，它们与 $d_i=0.0$ 时发现的激波 I 相对应。在 Hall 磁流体动力学的模型中，下游区域流涡旋的振荡结构是由慢激波 I 引起的。

通过分析这些扰动结构相关的色散关系来确认其特性。图 7.20 给出了 $t=70$ 时刻 $d_i=0.1$ 和 $d_i=0.2$ 情形慢激波下游区域扰动涡旋强度的空间变化。对

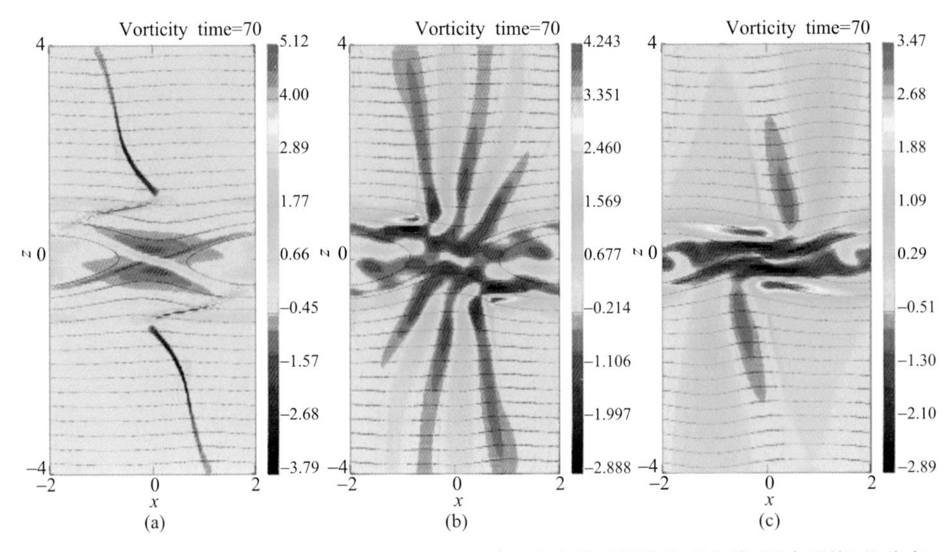

图 7.19　当 $d_i=0.0$(a)、$d_i=0.1$(b)、$d_i=0.2$(c)时 y 方向扰动涡旋和磁力线(图中黑线)的分布

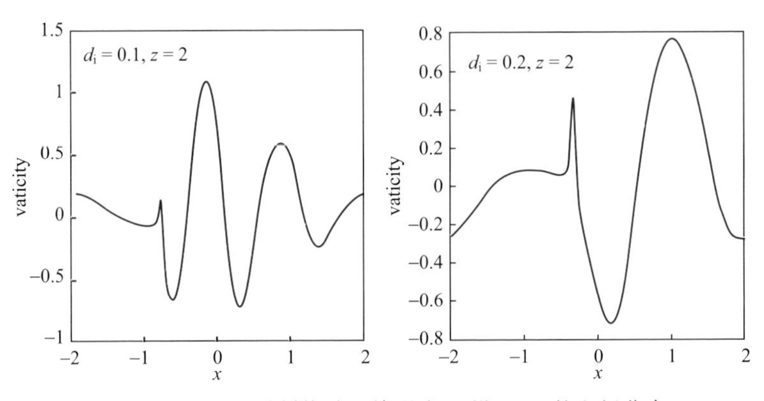

图 7.20　$t=70$ 时刻扰动涡旋强度 Ω 沿 $z=2$ 的空间分布

此扰动涡旋强度进行傅里叶变换之后,可以得到扰动涡旋强度 Ω 的空间能谱分布(图 7.21)。从图 7.21 中可以发现对于 $d_i=0.1$ 和 $d_i=0.2$ 时最高能量所对应的模的波数分别为 $k_x\approx5.0$ 和 $k_x=3.7$。同样的,记录下激波 I 下游区域 $(x,z)=(0,2)$ 处 $d_i=0.1$ 和 $d_i=0.2$ 时扰动涡旋强度 Ω 随时间的变化,并对其进行时间上的傅里叶变换,得到时间能谱和频率之间的关系(图 7.22)。从图中很容易得到在 $d_i=0.1$ 和 $d_i=0.2$ 时,最强能量所对应的模的频率分别为 $\omega\approx0.26\omega_{ci}$ 和 $\omega\approx0.54\omega_{ci}$。

在没有外加剪切流的 Hall 磁流体动力学模型下的磁场重联中,在磁场重联的

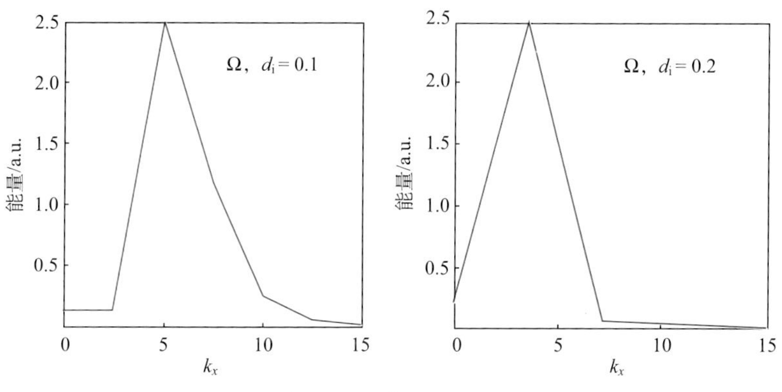

图 7.21　$t=70$ 时刻扰动涡旋强度 Ω 沿 $z=2$ 的空间能谱

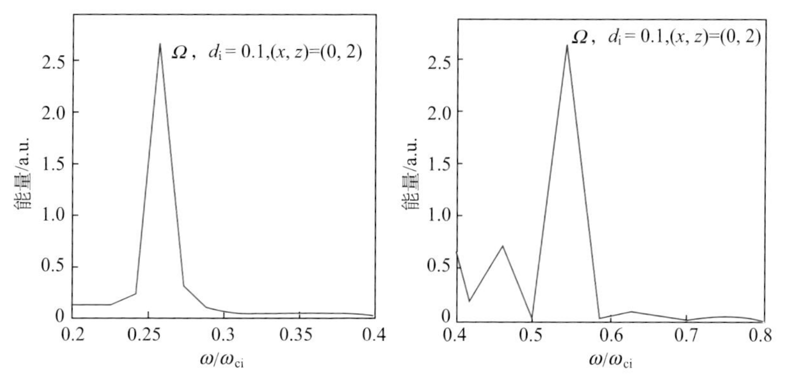

图 7.22　$(x,z)=(0,2)$处流涡旋 Ω 的时间能谱

入流区最主要的波动是剪切 Alfvén 波。靠近重联区占主导的波动为 Alfvén 哨声波，其色散关系为 $\omega=k_{\parallel}kd_i^2\omega_{ci}$（Wang et al.，2000；Wang and Luan，2013）。在具有均匀磁场的磁化等离子体中，哨声波的色散关系为 $\omega=k^2d_i^2\omega_{ci}$，其中 $k_{\parallel}\geqslant k_{\perp}$（Swanson，1989）。当外加亚 Alfvén 剪切流之后，发现在背景磁场很大并且近乎均匀的磁场重联的入流区出现多条扰动涡旋。根据前面得到的激波 I 下游区域涡旋最大波能所对应的频率和波数，发现此频率和波数很好地满足哨声波的色散关系 $\omega=k^2d_i^2\omega_{ci}$其中 $k_{\parallel}\geqslant k_{\perp}\sim0$。因此，激波 I 下游区域流涡旋的数条带状结构是由哨声波的扰动引起的。

对于激波 II 下游区域的扰动流涡旋，由于这些扰动处于磁场和等离子体在时间和空间上都快速变化的区域，不能够通过色散关系对其性质给出准确的分析。但是，我们知道导向磁场 B_y 的扰动和哨声波紧密相关，也就是说，如果激波 II 下游区域有哨声波形成，势必会伴随着磁场 B_y 强烈的扰动。从图 7.19(a)可以看到

在 $d_i=0.0$ 时磁场重联的入流区除了两对慢激波以外不存在其他的扰动结构。如果对 $d_i=0.0$ 模拟中从 $t=70$ 开始引入 Hall 效应,可以预见两对慢激波的下游区域会产生哨声波。如图 7.23 所示,加上 Hall 效应之后一个 Alfvén 时间内与哨声波相关的磁场扰动 B_y 变得清晰可见。因此,可以认为图 7.19(b)和图 7.19(c)中激波 II 下游区域的扰动与由慢激波(激波 II)产生的哨声波扰动相关。

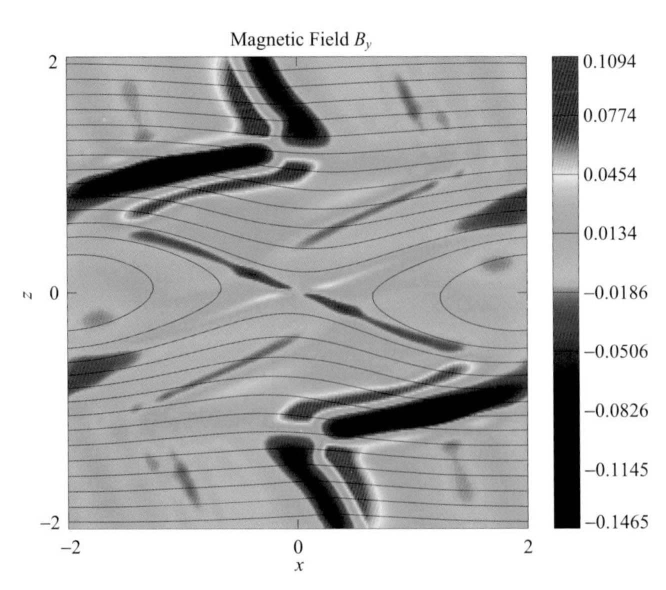

图 7.23　在图 7.19(a)$d_i=0.0$ 的情形下,$t=70$ 时刻开始加上 Hall 效应后一个 Alfvén 时间内所得到的磁场扰动 B_y 的分布

7.4.3　哨声波驱动的爆发磁场重联

图 7.24 展示了不同离子惯性长度 d_i 下重联率(x 点 $\partial\psi/\partial t$ 的值)随时间的演化过程。在 $d_i=0.0$ 即不考虑 Hall 效应时,可以看到重联率随时间的变化曲线相对比较平滑且只有一个峰值,但是考虑 Hall 效应时,重联率随时间的变化不仅只有一个峰值,在到达第一个峰值之后还出现了一些峰值。第一个峰值的大小主要依赖于初始给定的磁场和剪切流的大小,因为这个时候入流区域的扰动还十分小。当重联率到达第一个峰值之后,慢激波下游区域的哨声波扰动会极大地影响磁场重联的动力学过程。由图 7.19(b)可以看出,当 $d_i=0.1$ 时靠近重联区的扰动涡旋分布出现了一些小的涡旋结构,这与两对慢激波激发的哨声波直接有关。在磁场重联衰减阶段,这些小的涡旋扰动会导致重联率波动起伏。非常有意义的是,$d_i=0.2$ 时在磁场重联衰减阶段重联率又出现多个爆发性增长,尤其是和第二个爆发增长的重联率达到了第一个峰值的四倍以上。由图 7.19(c)可以清楚地看到

第二个爆发重联是由重联区附近的激波 II 激发的哨声波驱动的。图 7.25 给出了第二个爆发重联的增长期间三个不同时刻的扰动涡旋强度分布，可以清楚地看到在重联区的两侧有两个极性相同的涡旋结构存在。在磁场重联区上下附近两个互相吸引涡旋结构导致了磁场重联率的爆发性增长（$t=72$）。激波 I 产生的哨声波主要在入流区传播，因此对磁场重联的影响极其微弱。对于重联区的两侧而传播方向指向重联区的哨声波能够有效驱动磁场快速重联的机制是非常容易理解的。因为 Hall 效应导致了电子和离子运动的分离，而哨声波的扰动仅仅对电子运动有影响，即哨声波扰动的能量被全部用来驱动电子运动。这样传播方向指向重联区的哨声波能够有效地驱动电子和磁力线一起（此时磁力线与电子冻结在一起的）进入重联区域。因此，传播方向指向重联区的哨声波将导致磁场重联爆发性的增长，从而使得在磁场重联衰减阶段重联率又出现多个爆发性增长。

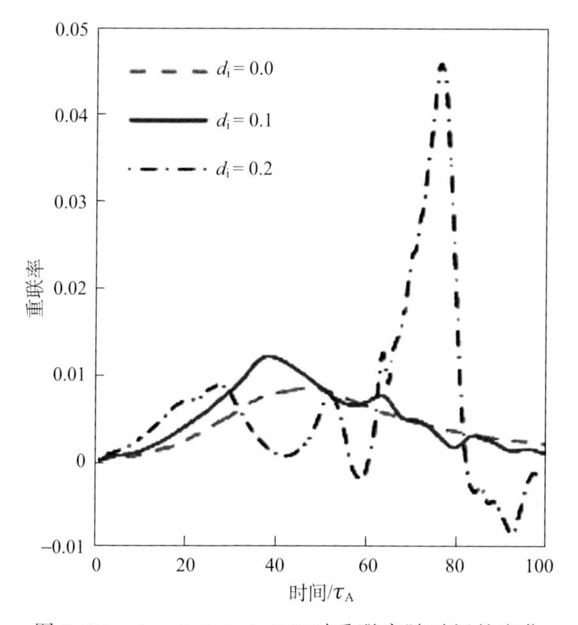

图 7.24　$d_i=0.0, 0.1, 0.2$ 时重联率随时间的变化

7.4.4　结果讨论

本节主要讨论了可压缩 Hall 磁流体动力学模型下初始电流片位形外加亚 Alfvén 剪切流后磁场重联的动力学过程。引入 Hall 效应的影响后，第一次发现慢激波的下游区域会有哨声波形成。该哨声波向重联区传播时会导致波扰动在重联区附近堆积，而哨声波可以非常有效地驱动电子和磁力线一起快速进入重联的扩散区，从而使得磁场重联在重联衰减阶段又出现多个爆发性增长。

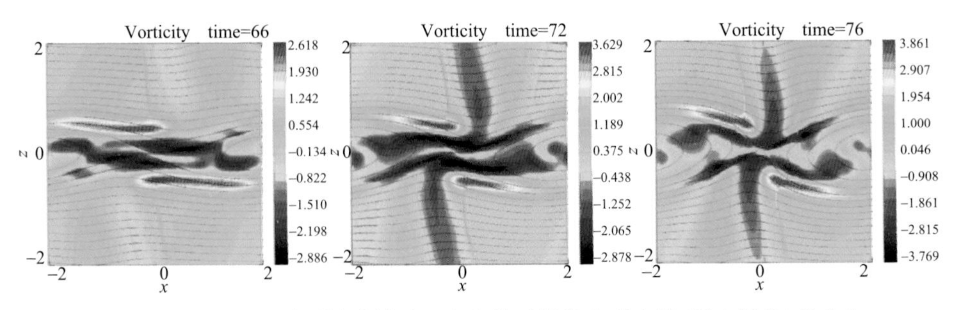

图 7.25 $d_i=0.2$ 时不同时刻下 y 方向扰动涡旋和磁力线(图中黑线)的分布

7.5 小 结

本章系统地研究了外加的平行于磁场的亚 Alfvén 剪切流对磁场重联演化过程的影响。我们发现,对于高 β 等离子体,剪切流既能抑制又能加速磁场重联的发展,这也和先前不可压缩磁流体动力学模拟所得到的结果一致。然而,对于低 β 等离子体,剪切流对磁场重联基本上起抑制作用,对磁场重联的加速作用基本消失。导致加速作用消失的原因是重联入流区的上部和下部出现了一对不连续的扰动结构,这对扰动结构能够阻挡等离子体流入磁场重联区,从而使得剪切流对磁场重联的加速作用消失。在 Hall 磁流体动力学近似下,亚 Alfvén 速度的剪切流对磁场重联同样存在抑制和促进作用,在很强的 Hall 效应情况下,剪切流对磁场重联发展主要起稳定作用。通过进一步仔细研究这一不连续的扰动结构,发现在重联的入流区出现的一对或者两对不连续扰动结构为慢激波。在考虑 Hall 效应的影响后,发现慢激波会在激波下游区激发哨声波,而传播方向指向重联区的哨声波会导致磁场重联爆发性地增长。

致 谢

本工作得到国家自然科学基金(批准号:11175156, 41074105),中国 ITER 项目(No:2013GB104004, 2013GB111004)部分资助。

参 考 文 献

李定,陈银华,马锦绣,等. 2006. 等离子体物理学. 北京:高等教育出版社.

傅德薰,马延文. 计算流体力学. 2002. 北京:高等教育出版社.

Birn J, Drake J F, Shay M A, et al. 2001. Geospace Environment modeling (GEM) magnetic reconnection challenge. J. Geophys. Res., 106(A3),3715-3720.

Birn J, Hesse M. 2001. Geospace Environment Modeling (GEM) magnetic reconnection challenge: Resistive tearing, anisotropic pressure and Hall effects. J. Geophys. Res, 106 (A3):3737.

Biskamp D. 2000. Magnetic Reconnection in Plasmas. Cambridge UK: Cambridge University Press.

Boyd T J M, Sanderson J J. 2003. The physics of plasmas. Cambridge UK: Cambridge University Press.

Chacon L, Knoll D A, Finn J M. 2003. Hall MHD effects on the 2D Kelvin-Helmholtz/tearing instability. Phys. Lett. A, 308: 187-197.

Chen Q, Otto A, Lee L C. 1997. Tearing instability, Kelvin-Helmholtz instability, and magnetic reconnection. J. Geophys. Res., 102: 151-161.

Chen X L, Morrison P J. 1990a. Resistive instability with equilibrium shear flow. Phys. Fluids, B 2(3): 495-507.

Chen X L, Morrison P J. 1990b. The effect of viscosity on the resistive tearing mode with the presence of shear flow. Phys. Fluids B, 2 (11): 2575-2580.

De Hoffmann F, Teller E. 1950. Magneto-Hydrodynamic Shocks. Phys. Rev. 80(4): 692-703.

Drake J F, Shay M A, Swisdak M. 2008. The Hall fields and fast magnetic reconnection. Phys. Plasmas, 15:0423069.

Einaudi G, Rubini F. 1986. Resistive instabilities in a flowing plasma: I. Inviscid case. Phys. Fluids, 29(8): 2563-2568.

Einaudi G, Rubini F. 1989. Resistive instabilities in a flowing plasma: II. Effects of viscosity. Phys. Fluids B, 1: 2224-2228.

Furth H P, Killeen J, Rosenbluth M N. 1963. Finite-resistivity instabilities of a sheet pinch. Phys. Fluids, 6: 459-484.

Giovanelli R G. 1946. A theory of chromospheric flares. Nature, 158: 81-82.

Gurnett D A, Bhattacharjee A. 2005. Introduction to plasma physics with space and laboratory applications. Cambridge UK: Cambridge University Press.

Hesse M, Birn J, Kuznetsova M. 2001. Collisionless magnetic reconnection: Electron processes and transport modeling. J. Geophys. Res., 106(A3): 3721.

Knoll D A, Chacon L. 2002. Magnetic reconnection in the two-dimensional Kelvin-Helmholtz instability. Phys. Rev. Lett., 88(21): 215003-1:215003-4.

Kuznetsova M, Hesse M, Winske D. 2001. Collisionless magnetic reconnection: Electron processes and transport modeling. J. Geophys. Res, 106(A3): 3799.

La Belle-Hammer A L, Otto A, Lee L C. 1994. Magnetic reconnection in the presence of sheared plasma flow: Intermediate shock formation. Phys. Plasmas, 1(3): 706-713.

Li J H, Ma Z W. 2010. Nonlinear evolution of resistive tearing mode with sub-Alfvénic shear flow. J. Geophys. Res., 115: A09216.

Li L J, Zhang X, Wang L C, et al. 2012. Slow shock formation and structure with sub-Alfvénic shear flow. J. Geophys. Res, 117: A06207.

Li Y, Jin S P, Yang Y A, et al. 2007. A Numerical Study of Low-frequency Waves in Hall MHD Reconnection. Chinese Astronomy and Astrophysics, 31: 341.

Lin Y, Lee L C. 1994. Structure of reconnection layers in the magnetosphere. Space Sci. Rev., 65: 59-179.

Ma Z W, Bhattacharjee A. 2001. Hall magnetohydrodynamic reconnection: The Geospace Environment Modeling challenge. J. Geophys. Res, 106 (A3): 3773-3782.

Mandt M E, Denton R E, Drake J F. 1994. Transition to whistler mediated magnetic reconnection. Geophys. Res. Lett, 21:73.

Ofman L, Chen X L, Morrison P J. et al. 1991. Steinolfson, Resistive tearing mode instability with shear flow and viscosity. Phys. Fluids B, 3(6): 1364-1373.

Ofman L, Morrison P J, Steinolfson R S. 1993. Nonlinear evolution of resistive tearing mode instability with shear flow and viscosity. Phys. Fluids B, 5: 376-387.

Otto A. 2001. Geospace Environment Modeling (GEM) magnetic reconnection challenge: MHD and Hall MHD—constant and current dependent resistivity models. J. Geophys. Res, 106(A3): 3751.

Paris R B, Sy W N C. 1983. Influence of equilibrium shear flow along the magnetic field on the resistive tearing instability. Phys. Fluids, 26(10): 2966-2975.

Parker E N. 1963. The Solar-Flare Phenomenon and the Theory of Reconnection and Annihiliation of Magnetic Fields. Astrophys. J., Suppl, 8: 177.

Pritchett P L. 2001. Geospace Environment Modeling magnetic reconnection challenge: Simulations with a full particle electromagnetic code. J. Geophys. Res, 106(A3): 3783.

Rogers B N, Denton R E, Drake J F. et al. 2001. Role of dispersive waves in collisionless magnetic reconnection. Phys. Rev. Lett., 87(19):195004-1:195004-4.

Scurry L, Russell C T, Gosling J T. 1994. Geomagnetic activity and the beta dependence of the dayside reconnection rate. J. Geophys. Res, 99 (A8): 14811-14814.

Shay M A, Drake J F, Rogers B N, et al. 2001. Alfvénic collisionless magnetic reconnection and the Hall term. J. Geophys. Res, 106(A3): 3759.

Shen C, Liu Z X. 1996. Tearing mode with strong flow shear in the viscosity-dominated limit. Phys. Plasma, 3(12): 4301-4303.

Shen C, Liu Z X. 1999. The coupling mode between Kelvin-Helmholtz and resistive instabilities in compressible plasma. Phys. Plasmas, 6(7): 2883-2886.

Shen C, Liu Z X, Huang T S. 2000. Shocks associated with the Kelvin-Helmholtz-resistive instability. Phys. Plasmas, 7(7): 2842-2848.

Swanson D G. 1989. Plasma Waves. San Diego: Academic.

Sweet P A. 1958. The production of high energy particles in solar flares. NuovoCimento, Suppl, 8:188.

Wang X G, Bhattacharjee A, Ma Z W. 2000. Collisionless reconnection: Effects of Hall current and electron pressure gradient. J. Geophys. Res，105 (A12)：27633-27648.

Wang X G，Luan Q B. 2013. Low frequency Whistler waves excited in fast magnetic reconnection processes. Frontiers of Physics，8：585-589.

Wei X H，Cao J B，Zhou G C，et al. 2007. Cluster observations of waves in the whistler frequency range associated with magnetic reconnection in the Earth's magnetotail. J. Geophys. Res，112：A10225.

Whang Y C. 2002. Hall magnetohydrodynamics model of double discontinuities. Phys. Plasmas，9(12)：4905-4910.

Wu C C，Kennel C F. 1992. Structure and evolution of time-dependent intermediate shocks. Phys. Rev. Lett. 68(1)：56-59.

Yamada M，Kulsrud R，Ji H. 2010. Magnetic reconnection. Rev. Mod. Phys，82：604.

Yan M，Lee L C，Priest E R. 1993. Magnetic reconnection with large separatrix angles. J. Geophys. Res，98 (A5)：7593-7602.

Zhang X，Li L J，Wang L C，et al. 2011. Influences of sub-Alfvénic shear flows on nonlinear evolution of magnetic reconnection in compressible plasmas. Phys. Plasmas，18(9)：092112.

第8章 磁层电离层电动耦合数值模拟研究

吕建永[1] 赵明现[2]

1 南京信息工程大学空间天气研究所,南京 210044

2 国家空间天气监测预警中心,北京 100081

磁层-电离层耦合是日地关系链中的重要一环,特别是太阳风与磁层相互作用产生的场向电流将能量传输到极光电离层,再经焦耳加热和电子沉降耗散掉。磁层和电离层这种动力相互作用对于许多现象来说都是很重要的,例如,极光的产生和极区电离层中的等离子体对流。另外,目前空间物理的研究现状和国民经济的发展,使得定量化研究空间天气的迫切性大大增加,耦合过程在日地关系链中扮演的角色受到各国空前的重视。作为太阳风-磁层-电离层耦合链中的一环,磁层-电离层的耦合对于理解来自太阳的能量如何进入地球近地空间环境起着关键的作用,因此其研究也引起广泛关注。本章主要介绍磁层-电离层电动耦合,特别是与极光现象相关的研究进展,包括电动耦合研究要考虑的磁层和电离层物理过程、极光产生的物理机制、磁层阿尔芬波场线共振和电离层反馈不稳定性在离散极光形成中的应用研究等,还将介绍我们提出的模型和理论解释,特别是数值模拟场线共振的结果。

8.1 引 言

在高纬度区域(如欧洲的挪威、瑞典,美国的阿拉斯加和加拿大等)居住的人们在浩瀚的星空经常可以看到一种炫目的发光现象——北极光。绚丽的极光在夜空中起舞,这些缎带般波动的美丽光线包括了从绿色到红色,从粉色到紫色的多种色彩。早期,欧洲的爱斯基摩人将北极光与死亡联系在一起,美洲的印第安人传说它与战争有关,而我们的祖先把它看成恶劣天气降临的象征。实际上,极光是人类肉眼能直接看到的空间物理现象,现在使用的这一科学词汇(aurora borealis)由伽利略在1619年引入,但应该说这个天才根本不知道北极光到底是什么,因为当时还没有建立磁场和电流的理论体系。20世纪物理学的飞速发展为人类对极光的认识提供了全面的基础,人们也逐渐将极光与太阳扰动联系起来,极光不再被披上传说中的神秘光环。对极光现象极为着迷的挪威科学家伯克兰(K. Birkeland)最早发现在磁层中存在一个大尺度的电流系统,在磁层中电流沿磁力线方向,而在高纬电离层电流垂直磁力线方向，所以场向电流又称为伯克兰电流。太阳不断地向行星际空间“吹”带电粒子，这些带电粒子与地球磁场相互作用后会产生沿磁力线的平行电场。带电粒子在这一电场的作用下被加速并沿着磁力线运动直至地球大气，与大气中的分子或原子相撞导致电子跃迁发光。极光的产生与磁层-电离层耦合中的电流系统密切相关。

磁层和电离层的电动耦合涉及许多物理现象和过程，如磁层中磁流体波的产生和传播、场向电流和电场的产生，电离层中电导率的变化、电流的闭合以及极光弧的形成等。通过场向电流和粒子沉降以及其伴随的波动过程，极光电离层和磁层耦合在一起。场向电流在这一耦合中扮演着重要角色，特别是磁层的场向电流需要被电离层的垂直电流（霍尔电流和皮德森电流）闭合，而来自磁层的粒子沉降和电离层电流的焦耳加热所带来的电离层中性成分电离化将改变电离层的电导率，也就是说磁层场向电流同时也受到电离层电导率的强烈影响。因此，磁层和电离层之间存在着复杂的相互耦合。

从产生机制上讲，目前大家普遍关注的主要有两种，一种是外部（如太阳风）驱动的磁层阿尔芬波场线共振（Streltsov, 1999; Rankin et al., 2000; Lu et al., 2003b; Tikhonchuk and Rankin, 2002; Streltsov and Lotko, 2004; Lu et al., 2005a; 2007 等），另一种是电离层起主动作用的反馈不稳定性机制（Atkinson, 1970; Sato, 1978; Lysak and Song, 2002; Streltsov et al., 2005; Lu et al., 2008）。虽然说电离层反馈不稳定性能更快地发展到极光弧观测的空间尺度，但无法解释极光的周期性增强和与之相伴的密度空腔的产生，而这些特征用磁层阿尔芬波场线共振来解释是相当成功的（Lu et al., 2003）。

早期的研究（Southwood and Kivelson, 1986; Streltsov and Lotko, 1995; Frycz et al., 1998; Bhattacharjee et al., 1999; Streltsov, 1999; Rankin et al., 1999）大都①只关注于电离层（Noel et al., 2000）或磁层（Streltsov et al., 1999; Rankin et al., 2000; Lu et al., 2003），而把磁层或电离层用简单的正弦函数或固定边界来描述，没有考虑到磁层-电离层之间的反馈效应；②使用包络或 WKB 近似，没有考虑有质动力带来的非线性效应；③磁层的磁场用直线磁场或偶极场。如前所述，即使是外源起主导作用的场线共振过程，电离层也不单单是被动接受的汇，不是一个只单纯消耗能量的负载。Lu 等（2003a; 2003b）在前人工作基础上将这一研究拓展到偶极和更接近实际的 T96 磁场非线性色散阿尔芬波场线共振情形。此外，前期与此相关的研究都使用了固定电导率，没考虑电离层对磁层的反馈作用。Prakash 等（2003）最早建立了考虑电离层反馈效应的阿尔芬波场线共振磁层-电离层耦合模型，但是该模型是基于 WKB 近似的弱非线性包络模型，使用经验公式计算沉降电子产生的 Pedersen 电导率，将沉降能量作为独立的参数，并且简单地用电子温度代表平均能量而没有考虑场向电势降和磁镜力的效应。Lu 等

(2007)将 Prakash 的工作扩展到非线性全磁流体情形,而且在计算电离层电导率时计入了场向电势降和磁镜力效应,不过在计算电子沉降平均能量和通量时使用了线性的 Knight 关系(Knight, 1973)。本章将陆续介绍这些主要成果。

Fridman 和 Lemaire(1980)曾经将 Knight 关系进行非线性扩展,已有个别的磁层-电离层耦合研究(Watanabe et al., 1993; Pokhotelov et al., 2002)将 Fridman-Lemaire 理论应用在电离层反馈不稳定性的研究之中,不过在计算电导率时使用了非物理的经验公式。而在研究磁层阿尔芬波场线共振的方面,还没有引入 Fridman-Lemaire 理论。

8.2 磁层场向电流与电离层电流

8.2.1 磁层场向电流

在磁层中存在着多个大尺度的电流体系,它们分别在太阳风-磁层、外磁层-内磁层、磁层-电离层等区域间发挥着物质、动量和能量的输运功能。虽然伯克兰在20世纪初就提出了磁层-电离层耦合电流系统的概念,但直到20世纪70年代,Schield 等(1969)提出了磁层场向电流的详细理论分析,场向电流的概念才被人们广为关注。图 8.1 展示了极光电离层电流与磁层场向电流形成的闭合回路,其中纬度较高的电流被称为 I 区电流,而纬度较低的电流称为 II 区电流。

从卫星等观测资料可以得到场向电流的全球分布图像,如图 8.2 所示。图 8.2 是 1973 年 TRIAD 卫星观测数据的统计结果,黑色部分表示流入电离层的电流,阴影部分是流出电离层的电流。在晨侧和昏侧,分别都有两个电流区域,一个是从磁层流入电离层的下行电流,另一个是从电离层流回磁层的上行电流。除此之外,还存在一个与极隙区相对应的电流,在图中以斜线表示。

在地磁活动平静期间,I 区电流分布在磁纬 67°~75°,并随地磁活动的加剧向赤道方向移动。地磁平静期间,电离层附近的电流密度为 $1\sim2\mu A/m^2$,在地磁扰动期间,最大电流密度可达 $5\mu A/m^2$。在地磁平静期间的 II 区电流一般分布在磁纬 63°~68°,在晨侧,该电流为上行电流,在昏侧为下行电流。II 区电流密度在夜间近似等于 I 区电流,在白天约为 I 区电流的 1/3~1/4。

I 区场向电流沿磁力线与较远的磁尾等离子体片电流相连,II 区场向电流则与较近的部分环电流相连(徐文耀, 2003)。不过对于场向电流如何跟磁尾电流和环电流相闭合,目前仍然是个争论比较大的问题。

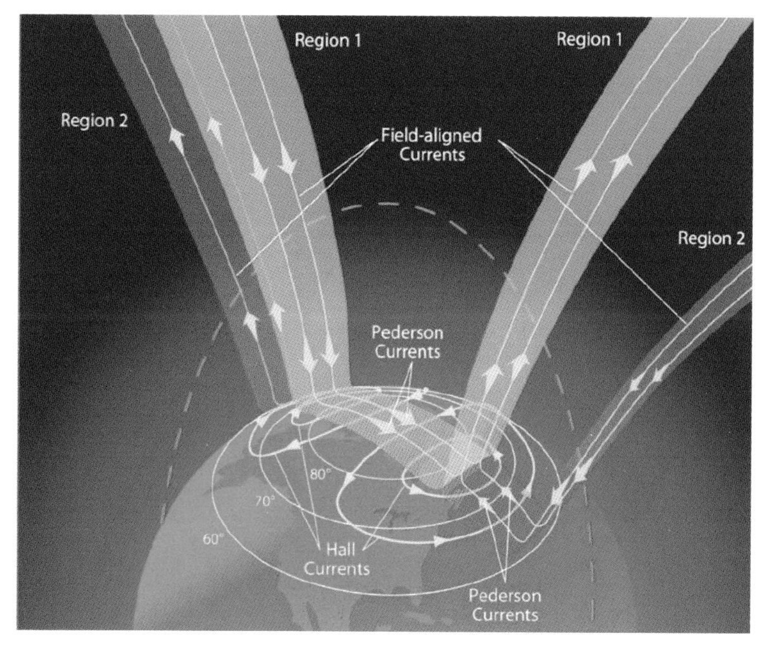

图 8.1　磁层场向电流与电离层电流闭合结构示意图(Le et al., 2010)

8.2.2　电离层电流

1. 电离层电导率

在电离层以上的无碰撞等离子体中，带电粒子沿磁力线方向可以自由运动，垂直磁力线方向做 $\boldsymbol{E}\times\boldsymbol{B}$ 运动，等离子温度很低(几电子伏的能量)，没有垂直磁场方向的净电流。在电离层中，包含有电子、离子、中性原子和分子，带电粒子与中性粒子之间的碰撞产生动量交换，阻碍电子和离子沿磁场方向的自由运动，使电离层中沿磁力线方向产生电阻(使沿磁力线方向的电导率由无穷变为有限值)，也扰乱了电子离子垂直磁力线的 $\boldsymbol{E}\times\boldsymbol{B}$ 运动，从而允许电流方向垂直于磁场。

沿$\boldsymbol{E}_\perp$方向的电流分量称为皮德森电流(Pedersen current)，沿 $\boldsymbol{E}\times\boldsymbol{B}$ 方向的电流分量称为霍尔电流(Hall current)。电离层中电场 $\boldsymbol{E}$ 和电流密度 $\boldsymbol{j}$ 之间的关系满足欧姆定律(Ohms's law)$\boldsymbol{j}=\boldsymbol{\sigma}\cdot\boldsymbol{E}$，其中电导率 $\boldsymbol{\sigma}$ 为张量，电场是定义在随中性风转动的坐标系中(忽略中性风时，也即随地球自转的坐标系)。若考虑电流在各个方向的分量，则可将欧姆定律分为三部分：场向(平行)电流$\boldsymbol{j}_\parallel=\boldsymbol{\sigma}_\parallel\boldsymbol{E}_\parallel$，平行于垂直电场$\boldsymbol{E}_\perp$的皮德森电流$\boldsymbol{j}_{\mathrm{P}}=\sigma_{\mathrm{P}}\boldsymbol{E}_\perp$，以及垂直于磁场和电场的霍尔电流$\boldsymbol{j}_{\mathrm{H}}=\sigma_{\mathrm{H}}\hat{\boldsymbol{b}}\times\boldsymbol{E}$。这三个电流分量分别受三个电导率($\sigma_\parallel$，$\sigma_{\mathrm{P}}$，$\sigma_{\mathrm{H}}$)的调制。如果存在中

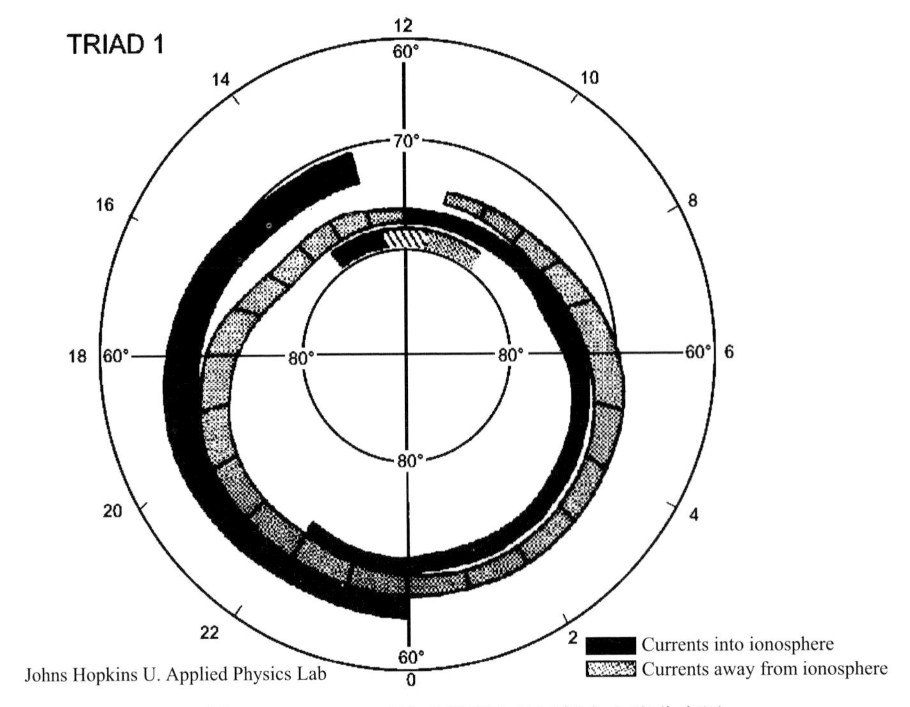

图 8.2　TRIAD 卫星观测到的极区场向电流分布图

性风,即使没有电场,仍然会有皮德森电流和霍尔电流,此时欧姆定律可写为(Boström, 1973; Paschmann et al., 2002)

$$\boldsymbol{j}=\sigma_{\parallel}\boldsymbol{E}_{\parallel}\hat{\boldsymbol{b}}+\sigma_{\mathrm{P}}(\boldsymbol{E}_{\perp}+\boldsymbol{v}_{n}\times\boldsymbol{B})-\sigma_{\mathrm{H}}(\boldsymbol{E}_{\perp}+\boldsymbol{v}_{\mathrm{n}}\times\boldsymbol{B})\times\hat{\boldsymbol{b}} \tag{8.1}$$

其中,$\boldsymbol{v}_n$为中性气体速度,$\boldsymbol{E}$ 为随中性风运动的坐标系中的电场。

电离层电流厚度约为几百公里左右,相对整个磁层的尺度来说是非常薄的一层。从磁层物理的角度,电离层被看成是薄的导电层,可以忽略垂直于该层的电流和电场,并定义高度积分电导率为 $\Sigma_{\mathrm{P,H}}=\int \mathrm{d}z\,\sigma_{\mathrm{P,H}}$,其中 z 为垂直方向的坐标。因而有高度积分的电离层欧姆定律:

$$\boldsymbol{J}=\Sigma_{\mathrm{P}}\,(\boldsymbol{E}+\boldsymbol{v}_{\mathrm{n}}\times\boldsymbol{B})_{\mathrm{h}}-\Sigma_{\mathrm{H}}\,[(\boldsymbol{E}+\boldsymbol{v}_{\mathrm{n}}\times\boldsymbol{B})\times\hat{\boldsymbol{b}}]_{\mathrm{h}} \tag{8.2}$$

其中,$\boldsymbol{J}$ 是高度积分(水平方向)的电流密度 $\boldsymbol{J}=\int \boldsymbol{j}\,\mathrm{d}z$,单位为 A/m。下标 h 表示矢量的水平分量。该高度积分表达式依赖于这样的假设:电场、磁场和中性风速$\boldsymbol{v}_{\mathrm{n}}$在电离层中随高度没有明显变化。由于磁层中$\sigma_{\parallel}\to\infty$,高度积分的平行电导率只有在电离层中才有意义,而在极光电离层区域,磁场方向与竖直方向的夹角很小,一般在~10°,所以上式中忽略了平行电场水平分量的微小贡献。

高度积分模式常用于描述平行电流与电离层电流的闭合。在电荷密度没有显著的时空变化时，电流连续方程$\nabla \cdot \boldsymbol{j}=0$可以分解为水平和垂直两部分（电流输出在水平方向，输入在垂直方向）

$$\nabla_{\mathrm{h}} \cdot \boldsymbol{j}_{\mathrm{h}}=-\frac{\partial j_z}{\partial z} \tag{8.3}$$

将式(8.3)从电离层底部到顶部积分得到

$$\nabla_{\mathrm{h}} \cdot \boldsymbol{J}_{\mathrm{h}}=-(j_z^{\mathrm{top}}-j_z^{\mathrm{bot}}) \simeq -j_{\parallel}^{\mathrm{top}} \cos\chi \tag{8.4}$$

其中，假设没有电流经由电离层底部流出进入不导电的大气层。使用近似$j_z=j_{\parallel}\cos\chi$，其中$\chi$为磁力线与竖直方向的夹角。在北极极光区域$\chi \simeq 180°$，所以$\cos\chi \simeq -1$。将$\cos\chi=-1$和$\boldsymbol{v}_n=0$代入式(8.2)，进入电离层顶部的场向电流为

$$j_{\parallel}=\nabla_{\mathrm{h}} \cdot (\Sigma_{\mathrm{P}} \boldsymbol{E}_{\mathrm{h}}-\Sigma_{\mathrm{H}} \boldsymbol{E}_{\mathrm{h}} \times \hat{\boldsymbol{b}}) \tag{8.5}$$

如果认为电离层中电导率分布均匀，则

$$j_{\parallel}=\Sigma_{\mathrm{P}}(\nabla_{\mathrm{h}} \cdot \boldsymbol{E}_{\mathrm{h}})-\Sigma_{\mathrm{H}}[\nabla_{\mathrm{h}} \cdot (\boldsymbol{E}_{\mathrm{h}} \times \hat{\boldsymbol{b}})] \tag{8.6}$$

在极坐标系下，磁层场向电流$j_{\parallel}$可由扰动磁场旋度得到

$$\begin{aligned}
\boldsymbol{j}_{\parallel} &= \boldsymbol{j} \cdot \hat{b}=\frac{1}{\mu_0 B_0} \nabla \times \boldsymbol{B}_1 \cdot \boldsymbol{B}_0 \\
&= \frac{1}{\mu_0 B_0}\left[\frac{1}{r\sin\theta} \frac{\partial}{\partial\theta}(\sin\theta B_{1\varphi})-\frac{1}{\sin\theta} \frac{\partial B_{1\theta}}{\partial\varphi}\right] B_{0r} \\
&\quad +\frac{1}{\mu_0 B_0}\left[\frac{1}{r\sin\theta} \frac{\partial B_{1r}}{\partial\varphi}-\frac{1}{r} \frac{\partial}{\partial r}(r B_{1\varphi})\right] B_{0\theta} \\
&\quad +\frac{1}{\mu_0 B_0}\left[\frac{1}{r} \frac{\partial}{\partial r}(r B_{1\theta})-\frac{1}{r} \frac{\partial B_{1r}}{\partial\theta}\right] B_{0\varphi}
\end{aligned} \tag{8.7}$$

其中，磁场分为两个分量，即背景磁场B_0和扰动磁场B_1。边界面上的垂直电场为

$$\boldsymbol{E}_{\mathrm{h}}=-\boldsymbol{v} \times \boldsymbol{B}_0 \tag{8.8}$$

于是

$$\nabla_{\mathrm{h}} \cdot \boldsymbol{E}_{\mathrm{h}}=-\frac{1}{r\sin\theta} \frac{\partial}{\partial\theta}(\sin\theta\, v_{1\varphi} B_{0r})+\frac{1}{r\sin\theta} \frac{\partial v_{1\theta} B_{0r}}{\partial\varphi} \tag{8.9}$$

出发方程中已经假设了边界面与磁力线方向垂直，即$B_0 \approx \mp B_0 \hat{\boldsymbol{r}}$，代入上式，平行电流可表示为

$$j_{\parallel}=\frac{\mp 1}{\mu_0}\left[\frac{1}{r\sin\theta} \frac{\partial}{\partial\theta}(\sin\theta B_{1\varphi})-\frac{1}{r\sin\theta} \frac{\partial B_{1\theta}}{\partial\varphi}\right] \tag{8.10}$$

边界面上的垂直电场为

$$\boldsymbol{E}_{\mathrm{h}}=-\boldsymbol{v} \times \boldsymbol{B}_0=-[\boldsymbol{v}_{1\varphi} \boldsymbol{B}_0 \hat{\theta}-v_{1\theta} B_0 \hat{\boldsymbol{\varphi}}] \tag{8.11}$$

将式(8.10)和式(8.11)代入式(8.6),由于边界面一般为等高度的面,地磁场强度变化不大,假设边界上的背景地磁场强度均一:

$$\frac{\partial B_{1\varphi}\sin\theta}{\partial\theta}-\frac{\partial B_{1\theta}}{\partial\varphi}=\mp\mu_0\ \Sigma_{\mathrm{P}}\ B_0\left[-\frac{\partial v_{1\varphi}\sin\theta}{\partial\theta}+\frac{\partial v_{1\theta}}{\partial\varphi}\right]\pm\mu_0\ \Sigma_{\mathrm{H}}\ B_0\left[\frac{\partial v_{1\theta}\sin\theta}{\partial\theta}+\frac{\partial v_{1\varphi}}{\partial\varphi}\right] \tag{8.12}$$

在二维磁层-电离层耦合模拟中,一般只考虑 θ 分量,则式(8.12)变为

$$\frac{\partial B_{1\theta}}{\partial\varphi}=\pm\mu_0\ \Sigma_{\mathrm{P}}\ B_0\ \frac{\partial v_{1\theta}}{\partial\varphi}\mp\mu_0\ \Sigma_{\mathrm{H}}\ B_0\ \frac{\partial v_{1\varphi}}{\partial\varphi} \tag{8.13}$$

等式两边对 θ 求积分,即得到边界条件

$$B_{1\theta}=\pm\mu_0\ \Sigma_{\mathrm{P}}\ B_0\ v_{1\theta}\mp\mu_0\ \Sigma_{\mathrm{H}}\ B_0\ v_{1\varphi} \tag{8.14}$$

在静电场近似下可以忽略 $\nabla\times\boldsymbol{E}_{\mathrm{h}}$ 项,式(8.14)就转化为二维磁层-电离层耦合研究中广为使用的边界条件(Russell and Wright,2012;Streltsov and Lotko, 2004; Lu et al., 2007,2008):

$$B_{1\theta}=\pm\mu_0\ \Sigma_{\mathrm{P}}\ B_0\ v_{1\theta} \tag{8.15}$$

2. 电子沉降与电导率

在磁层-电离层耦合系统中,由剪切阿尔芬波(SAWs)所携带的场向电流(FACs)与电离层皮德森电流和霍尔电流闭合。电离层中电子的产生主要来自于光致电离、电子撞击电离以及一些化学作用,而电子的损失主要由于离子-中性成分相互作用和电子-离子的复合。作为近似,如果忽略化学过程带来的电子产生和损耗,电子密度连续性方程为(Lu et al., 2007, 2008; Sato, 1978; Lu et al., 2005a)

$$\left(\frac{\partial}{\partial t}+\boldsymbol{v}\cdot\nabla\right)n=S\text{-}R(n^2-n_0^2) \tag{8.16}$$

其中,n_0 为只有太阳辐射情况下的平衡密度,R 是复合系数,约为 $2\times10^{-7}\,\mathrm{cm}^3/\mathrm{s}$ (Brown, 1966),S 是由电子沉降和其他过程引起的输入项。

极光的传统研究充分讨论了极光热电子沉降的效应。忽略其他电子产生过程,每 35eV 的沉降电子能量产生一对离子-电子(Rees, 1963),则源项 $S=\gamma_{\mathrm{hot}}=\epsilon/(35HeV)$,其中 $\epsilon=nWv_{\mathrm{e}\parallel}$ 表示能量为 W、平行速度为 $v_{\mathrm{e}\parallel}$ 的沉降电子的能量通量。式(8.16)的稳态解为

$$n=\sqrt{n_0^2+S/R} \tag{8.17}$$

在电子沉降强烈时,n_0^2 项可以忽略,从而平衡密度与能量通量的平方根成正比。碰撞频率由中性分子的密度决定,受等离子体密度影响较小,所以垂直电导率随等离子体密度变化而变化,且呈简单的正比关系。进而,高度积分电导率也与能量通

量的平方根成正比。观测表明(Harel et al., 1981) $\Sigma_P \simeq 5.2S\epsilon^{1/2}$,其中能量通量 ϵ 的单位为 erg/(cm^2 · s),$\Sigma_H = 0.55 W^{0.55}\Sigma_P$,其中沉降电子能量 W 的单位为 keV。可见,霍尔电导率随电子能量的增加而增大。高能电子在更低的高度沉积能量,而高度越低,霍尔效应越显著。电导率与沉降电子能量和能量通量更精确的关系如下(Reiff, 1984; Paschmann et al., 2002):

$$\Sigma_P = \frac{20W}{4 + W^2}\sqrt{\epsilon}, \quad \Sigma_H = W^{5/8}\ \Sigma_P \tag{8.18}$$

由此可见,电离层皮德森电导率与电子密度相关,在对磁层 SAWs 的反馈作用中扮演重要角色。

对于极光过程,电离层的焦耳加热如果超过中性成分的电离势,也将产生离化。Lu 等(2005a, 2005b)首次考虑到这一效应,提出了一个电离层电子加热的新理论。忽略化学过程带来的电子产生和损耗时电子密度连续性方程应该为(Lu et al., 2005a, 2007; Lu,2008; Sato, 1978)

$$\frac{\partial n_e}{\partial t} = \nu_{\text{ioniz}}\, n_e - R\,(n_e^2 - n_{e0}^2) - \frac{j_\parallel}{eh} + \gamma_{\text{hot}} \tag{8.19}$$

其中,n_e 为电子密度,n_{e0} 为 n_e 的背景值,$\nu_{\text{ioniz}} = 0.1\,\nu_e \exp(-\varphi/T_e)$ 为电离率,ν_e 为电子与中性分子的碰撞频率,R 为复合常数。方程(8.19)的最后两项分别表示来自 FACs 和极光电子沉降的外部源。

在随中性成分运动的参照系中,电离层能量平衡方程为(Lu et al., 2005a, 2005b)

$$\frac{3}{2} n_{e,i} \frac{\partial T_{e,i}}{\partial t} + n_{e,i}\, T_{e,i}\, \nabla \cdot \boldsymbol{u}_{e,i} + \nabla \cdot \boldsymbol{q}_{e,i} = Q_{e,i} - L_{e,i} \tag{8.20}$$

$$\frac{3}{2} n_n \frac{\partial T_n}{\partial t} + \nabla \cdot \boldsymbol{q}_n = L_e + L_i \tag{8.21}$$

方程(20)中,左边第二项表示热对流,第三项为传导项。$Q_{e,i}$ 为对应电子/离子释放的能量,$L_{e,i}$ 为与中性成分碰撞导致的能量损失。

在静态近似下,忽略耗散和对流损失,可以得到临界皮德森电流(Lu et al., 2005a, 2005b):

$$j_c = \sqrt{\frac{v_i/\Omega_i}{v_e/\Omega_e} \frac{\sigma_{P0}\, n_{e0}\, T_*}{1 + v_i^2/\Omega_i^2} \sum \left(\frac{3\, m_e\, \nu_{en} k}{m_n} + L_e(T_e = T_*) \right)} \tag{8.22}$$

其中,T_* 对应碰撞电离和碰撞复合的平衡状态。在线性区,电离层电流 $j_\perp < j_c$,T_e 升高到 T_*,电子密度变化可以忽略,电离过程也可以忽略。在非线性区域,T_e 饱和并达到 T_*,电离变得重要,n_e 增大,σ_P 也随之增大。

图 8.3 是忽略粒子沉降,焦耳加热效应所带来的电离层电导率变化情况,其初

始电导率分别为$\Sigma_{P0}=0.5S$(实线)、$1S$(划线)、$2S$(虚线)。图中可以看出,在电离层电流小时,电子密度不变,皮德森电导率保持不变;在经过一个临界电流值之后随着电离层电流的增加,非线性加热机制产生作用,电子密度和皮德森电导率都增加。这个临界电流就是式(8.22)中的j_c。而且,随初始电导率的增大,临界电流也增大。当电流超过临界电流之后,非线性加热机制依赖于电离层电流,而与初始电导率关系不大。

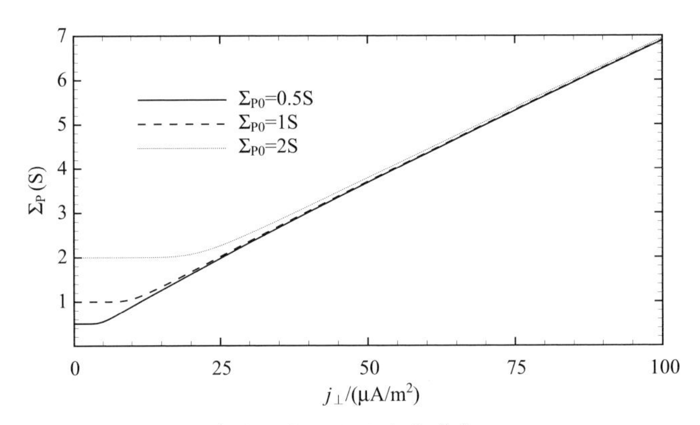

图 8.3 皮德森电导率随电离层电流变化曲线(Lu et al., 2005a)

极光电导率增强对电离层电流系统具有很大的影响。Lu 等(2005a)的二维模拟结果显示,电离层电导率对磁层波具有很强的反馈作用。当大尺度电离层电场$\boldsymbol{E}_0$与高电导率相互作用时,会发生微妙的极化效应。假设有一个由电子沉降产生的高电导率管(简称电导管),如图 8.4 所示,电导管沿东西方向,电场分为与电导管垂直和平行两种情况。当电场$\boldsymbol{E}_0$垂直于电导管时,产生的皮德森电流$\boldsymbol{j}_{P,0}$会在电导管两侧积累电荷从而形成极化电场$\boldsymbol{E}_1$,它会部分地抵消电场$\boldsymbol{E}_0$,使电导管中的实际电场$\boldsymbol{E}=\boldsymbol{E}_0+\boldsymbol{E}_1$小于$\boldsymbol{E}_0$。电导管内部由$\boldsymbol{E}$驱动的皮德森电流与电导管外部低电导率区域由$\boldsymbol{E}_0$驱动的皮德森电流相等($\boldsymbol{j}_{in}=\Sigma_{P,in}E_{in}=j_{out}=\Sigma_{P,out}E_{out}$),故电导管中的南北电场减弱为

$$E_{in}=E_{out}\,\Sigma_{P,out}/\Sigma_{P,in} \tag{8.23}$$

此式也可用于电导管内电导率小于电导管外电导率的情形,也即电导管中的南北电场增强。

当电场与电导管平行时,也即电场$\boldsymbol{E}_0$为东西方向时,产生东西方向的皮德森电流$\boldsymbol{j}_{P,0}$和南北方向的霍尔电流$\boldsymbol{j}_{H,0}$,电导管内部的霍尔电流要大于电导管外部,导致电导管南北两侧电荷积累形成南北方向极化电场$\boldsymbol{E}_1$,$\boldsymbol{E}_1$又产生沿电导管方向的霍尔电流$j_{H,1}$,它与$\boldsymbol{j}_{P,0}$叠加使电导管中东西方向电流增强。由南北方向电流连续有$E_0\Sigma_{H,out}=E_0\Sigma_{H,in}-E_1\Sigma_{P,in}$,得出$E_1$表达式并代入东西方向电流强度表达式

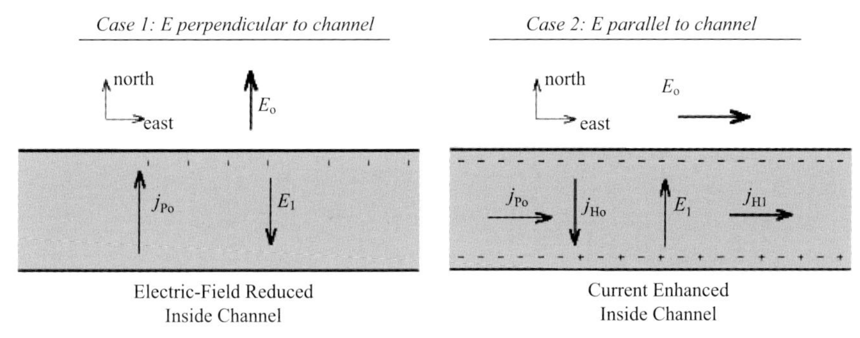

图 8.4 电场与高电导率管相互作用示意图(Paschmann et al., 2002)

$j_{ch}=E_0\Sigma_{P,in}+E_1\Sigma_{H,in}$,得到

$$j_{ch}=\Sigma_{P,in}\left(1+\frac{\Sigma_{H,in}^2}{\Sigma_{P,in}^2}-\frac{\Sigma_{H,in}\Sigma_{H,out}}{\Sigma_{P,in}^2}\right)E_0 \tag{8.24}$$

当电导管中的高度积分霍尔电导率$\Sigma_{H,in}$大于高度积分皮德森电导率$\Sigma_{P,in}$时,电导管(柯林管道,Cowling channel)中的总电流强度将大大增强。电场E_0之前的系数称为柯林电导率(Cowling conductivity),即为电导管中经霍尔效应放大后的皮德森电导率。在极光电急流区域,它可以比普通皮德森电导率大一个数量级,这种情况下,电流集中在电导管以内。

8.3 离散极光与磁层中的剪切阿尔芬波

8.3.1 离散极光

极光是一种发生在高地磁纬度电离层区域的一种发光现象,I 区、II 区和极隙区组合成一个环形区域,在该区域内,极光频繁发生。由于极光发生的环形区域类似卵形,所以通常又叫极光卵,极光纬度的电离层区域也称为极光电离层区。极光卵在夜侧一般分布在磁纬 67°~72°,在日侧分布在 76°~80°。

根据一般的定义,极光分为两类,弥散极光(diffuse aurora)和离散极光(discrete aurora)。弥散极光通常出现在极光卵的低纬一侧,产生弥散极光的高能(~MeV)电子和质子源于磁尾等离子体片。弥散极光通常发光比较均匀,没有明显的结构特征。本章不讨论弥散极光的物理机制,而是关注离散极光。

图 8.5 是 1998 年 10 月 29 日加拿大 Manitoba 州 Gillam 市的全天空照相机(All-Sky Imager,ASI)观测到的离散极光弧图像,波段为 558nm。ASI 是一种测量极光亮度二维分布情况的成像仪器,具有非常宽广的视角,且对光线的敏感度较强,是地基极光观测的重要设备。图 8.5(a)为 09:31~09:42 每分钟的全天空极

光图像,(b)为固定经度上极光亮度随时间的演化过程。可以清楚地看到,09:34在高纬区出现了一条极光弧,并在2min内迅速增强,之后该极光弧亮度减弱并最终消失,期间极光弧不断地向高纬移动。09:37在低纬区新出现一个极光弧,与第一个极光弧类似,该极光弧也几分钟内增强并消失,且向高纬移动。从地面向上看,极光弧是一个在经度方向延伸,而在纬度方向(即南北向)较窄的发光条带。极光弧的南北向尺度(宽度)约为几千米到约100km。由于太阳风对于磁层的作用是全球性的,所以要解释极光弧的产生必须找到一种能够能将磁层中的能量聚集到极光弧宽度尺度的物理过程,并且要求该物理过程的寿命与极光弧寿命相符。

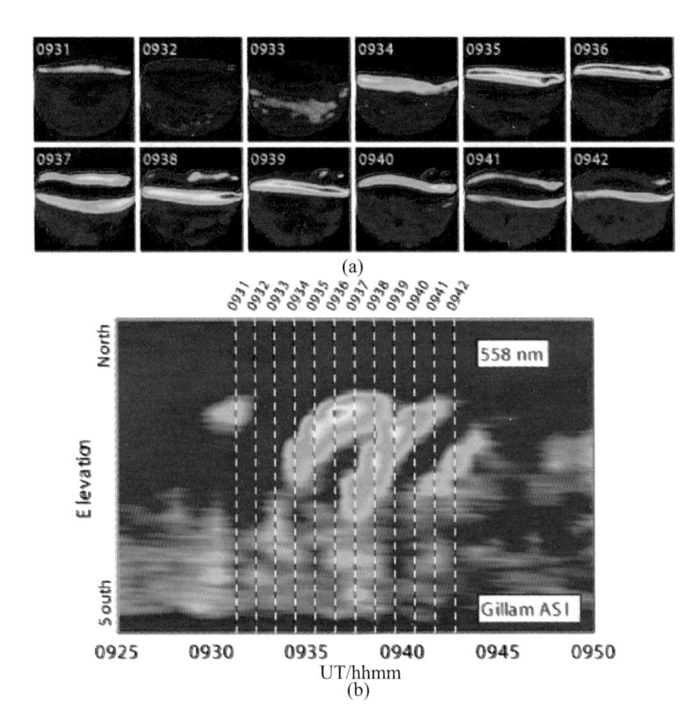

图 8.5　1998年10月29日拍摄到的离散极光弧演化过程(Rankin et al., 2005a)

已有很多实验结果(McIlwain, 1960; Gurnett and Frank, 1973; Evans et al., 1977)表明离散极光的产生与极光电离层之上高度$1\sim2R_E$范围内观测到的幅度为0.5～10keV的场向电势降有关。离散极光弧的出现位置不对应于磁层中的任何边界或不连续区域沿磁力线的足点,也就是说,磁层等离子体中的能量必须通过某种机制聚集到一个狭窄的区域内,并沿磁力线沉降进入电离层。磁层中沿磁力线向电离层沉降的被加速的高能电子形成一个比较窄的流束,与电离层中粒子碰撞,可以形成明亮的离散极光弧。很多工作试图解释离散极光弧的时间和空间演化特征,包括离散极光弧的重复出现、水平移动、横向尺度,以及其日变化和季节变化等。Borovsky (1993)对解释极光弧产生的22种理论机制进行了总结和比较,其中包括12种电子加速机制和10种发电机机制。

地面的光学观测数据、地磁观测数据以及HF雷达数据都表明,一些离散极光弧的产生和消亡受到1~4mHz波段磁层剪切阿尔芬波场线共振的调制(Samson et al., 1996, 2003; Rankin et al., 2004, 2005a)。FAST卫星的观测也证实了场线共振与极光粒子加速相关(Rankin et al., 2005b),阿尔芬波对极光卵贡献的能量占极光总能量的比例可达到1/3,在午夜前区域甚至能达到50%,并且该比例受到地磁活动的影响,地磁平静期间阿尔芬波对极光能量贡献较少(Keiling, 2009)。离散极光的周期性出现与~5mHz频率的磁层场线共振相对应(Rankin et al., 2004, 2005a)。数值模拟结果也都证明场线共振与离散极光关系密切(Streltsov, 1999; Streltsov and Lotko, 2004; Lu et al., 2003a, 2003b, 2007, 2008; Zhao and Lu, 2012)。

卫星观测表明产生离散极光的电子加速过程具有显著的日变化和季节变化特征,极光卵夜侧或者冬季(北极处于极夜)会出现更大强度的电子通量(Newell et al., 1996),对于极光的光学观测也证实了离散极光的季节不对称性和日变化不对称性(Liou et al., 2001)。

下面首先描述磁层阿尔芬波场线共振的形成过程,然后介绍电离层电导率变化对磁层阿尔芬波场线共振的反馈效应。

8.3.2 磁层场线共振

Chen和Hasegawa (1974)及Southwood(1974)对磁层场线共振(field line resonances, FLRs)的产生过程以及演化特征进行了详细的研究。他们提出磁层顶处太阳风驱动产生KH不稳定会激发表面波,若表面波为单色波,则会进一步激发单色的磁流体快压缩波并垂直于磁力线方向向磁层内部传播。如图8.6所示,由于阿尔芬速度存在朝向地球方向的梯度,快压缩波在拐点处一部分被反射,一部分转化为其他波模。在共振点,快压缩波的相位和频率与该处磁力线上的剪切阿尔芬驻波相匹配,形成与快压缩波频率相同的剪切阿尔芬波场线共振(Samson and Rankin, 1994)。磁层内全球尺度的快压缩波并不会携带场向电流或者平行电场,因此也不会形成极光弧中的高能电子,但是剪切阿尔芬波却可以携带这样的场向电流和平行电场。

快压缩波与剪切波之间耦合的程度依赖于方位角波数k_y的大小。若$k_y=0$,两个波模之间解耦,没有能量从快压缩波转化到剪切波,也就不会产生场向共振。随着k_y逐渐增大,拐点x_t与共振点x_r之间的距离也逐渐增大,由于两点之间压缩波波幅持续衰减,所以快压缩波到达共振点的波幅也逐渐减小,也就是说,传入FLRs的能量随之较小。当$k_y \to \infty$,两个波模之间再次解耦。快压缩波与剪切波之

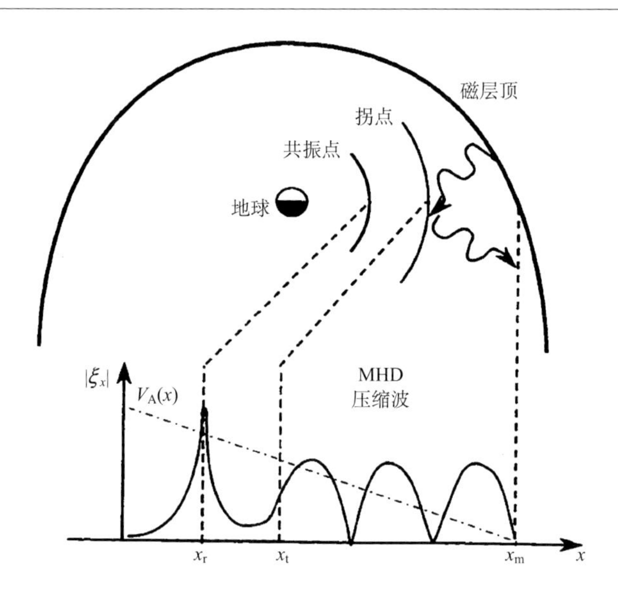

图 8.6　磁层中场向共振形成过程示意图(Samson and Rankin，1994)

间耦合的程度可以使用无量纲耦合参数表示(Speziale and Catto，1977)：

$$Q = \frac{k_y^2}{\left[k_z^2 V_A^2 \frac{\mathrm{d}V_A^{-2}}{\mathrm{d}x}\right]^{2/3}} \tag{8.25}$$

已有很多的观测证据表明磁层内部产生的 Ultra-Low-Frequency(ULF) FLRs 与离散极光弧和亚暴过程密切相关，包括各种观测方式，如高频雷达、地基磁场观测和光学观测(Cummings et al.，1969；Ruohoniemi et al.，1991)。观测结果表明，在磁层赤道面附近，场线共振的径向尺度为 1000～2000km，沿磁层磁力线映射到极区电离层高度，该尺度由于偶极磁场磁力线结构而缩小为 5～10km(南北方向)的尺度，也即离散极光弧的尺度(Samson et al.，1996)。

对共振区域剪切阿尔芬波的地面和卫星观测结果表明，场线共振总是发生在离散分布的固定频率上，且这些频率与地方时、太阳活动水平、地磁活动水平等均没有关系。这几个场线共振经常发生的频率分别为 0.9，1.3，1.95，2.6，3.3mHz，也被称为“魔术频率”(magic frequencies)。

8.3.3　电离层反馈不稳定

如上节所述，电离层中皮德森电流和霍尔电流与磁层场向电流闭合，电离层电流的变化对于磁层也会有影响。磁层场向电流和 MHD 波携带的能量通量会对电离层系统的参数产生影响，电离层的变化又反过来作用于磁层场向电流，并影响磁层 MHD 波的吸收和反射，这一过程，也就是所谓的磁层-电离层电动耦合过程。

前面提到，早期的磁层电离层耦合中，常常将电离层看成磁层中物理过程的结果显示屏幕，而磁层对于整个极光产生过程起主导作用。但是，场向电流和磁层 MHD 波可以使电离层电流系统产生明显的变化，这也就意味着，电离层也可以作为极光形成的触发器，尽管其影响程度也许没有磁层那么强烈。

电离层反馈不稳定(ionospheric feedback instability，IFI)机制就是由电离层中电导率的动态变化引起的，其中电离层在磁层-电离层耦合系统中起到主动驱动源的作用。如图 8.7 所示，为 IFI 机制示意图，描绘了电离层反馈不稳定的发生过程。当电离层中背景电场存在对流时，会出现局部的电离层电导率 Σ 增强(峰值区)，这又会产生一个与背景电场$\boldsymbol{E}_0$相反的极化电场 $\boldsymbol{E}$，减弱了电离层内该局部区域的焦耳耗散。这一部分减小的焦耳耗散能量(该能量初始存储在电离层中)部分以剪切阿尔芬波的形式辐射进入磁层。如图中所示，在电导率峰值区两侧，由于极化电场的出现，会产生一个上行电流和一个下行电流。右侧由于上行电流会聚集大量电子，而左侧由于下行电流电子数减小，因此右侧正电势区电子浓度增加，电导率增强，左侧电子浓度减小，电导率减弱，也就是该电导率峰值区将逐渐向右移动。由电离层电导率变化产生的场向电流以剪切阿尔芬波的形式传播进入磁层，并通过共轭电离层(慢反馈)或 1～2 R_E高度磁层阿尔芬速度不均匀区(快反馈)反射回来，反射回电离层的剪切阿尔芬波可以使电离层电导率进一步增强。如果电离层峰值区变化频率与磁层剪切阿尔芬波共振频率匹配，就形成正反馈过程。

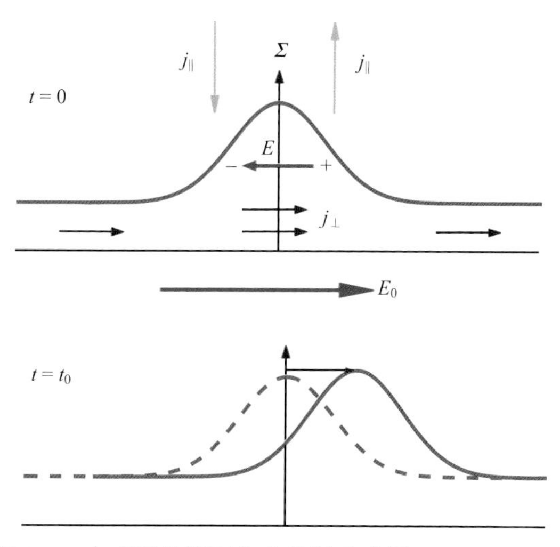

图 8.7　电离层反馈不稳定机制示意图(Lysak，1990)

Atkinson(1970)最早提出了电离层对磁层的主动反馈产生极光弧的模型，认为电离层中存在对流背景电场时，电离层电导率的扰动会使电离层中的能量以剪切阿尔芬波的形式传输进入磁层。后来，一些学者(Ogawa and Sato，1971；

Maltsev et al., 1977; Sato, 1978)又对该模型进行了进一步的发展和完善,指出反馈不稳定的生长率由背景电离层参数决定,而其饱和程度由等离子体的复合过程决定。最早使用数值模拟方法研究反馈不稳定产生极光的工作是在二维区域上进行的(Miura and Sato, 1980),模拟结果显示电离层背景参数能控制极光弧的基本变化特征,如水平移动、多重极光弧以及日夜不对称等,不过他们的数值模拟中非常简单地将磁层看成一团具有特定电阻的磁力线。Watanabe 等(1993)提出了更为完善的基于理想 MHD 的电离层反馈模型,不过假设了阿尔芬波沿磁力线的传输与地磁经度和纬度无关。在实际的磁层中,沿磁力线的阿尔芬速度分布极其不均匀,卫星观测数据表明,在电离层之上 1～2 R_E的高度存在一个等离子体密度空腔区。Poliakov 和 Rapoport(1981)最早认识到这种阿尔芬速度分布不均匀性对于磁层-电离层耦合的影响,认为剪切阿尔芬波可以在电离层和阿尔芬速度峰值之间形成共振,也即所谓的电离层阿尔芬共振腔。后来的研究也证明,共振腔中的阿尔芬波也可以形成反馈不稳定,而且由于共振腔阿尔芬波周期小,反馈不稳定的发展速度更快。由共振腔形成的反馈称为快反馈,由全球磁层阿尔芬波共振形成的反馈称为慢反馈(Lysak, 1991)。也可以把共振腔和场线共振归为一类,只不过共振腔是在一个不大的尺度内的局域共振,而场线共振是沿着整根磁力线的共振。

Lu 等(2008)用磁层-电离层耦合的磁流体力学互动模型模拟研究了偶极磁场时一个很小尺度、很小振幅的电离层密度扰动所激发的电离层反馈不稳定性。模拟计入了电子沉降和太阳辐射带来的电子密度变化,发现卫星观测到的小尺度波动结构可以用这一不稳定性解释。极光电子沉降可以强烈地改变磁层波动振幅和密度扰动,而电离层密度扰动和磁层波会被它们产生的效应所影响。图 8.8 是在南半球电离层高度上波扰动的磁场方位角分量、场向电流和垂直电场在不同沉降能量时的径向变化结果,横坐标是内边界电离层高度垂直于磁力线的横向距离。可以看出,粒子沉降的能量和能流对不稳定性的增长有重要影响,沉降粒子的能量越高,能流越大,不稳定增长的越快。但场向电流较小时热电子沉降对磁层波动的反馈很小。

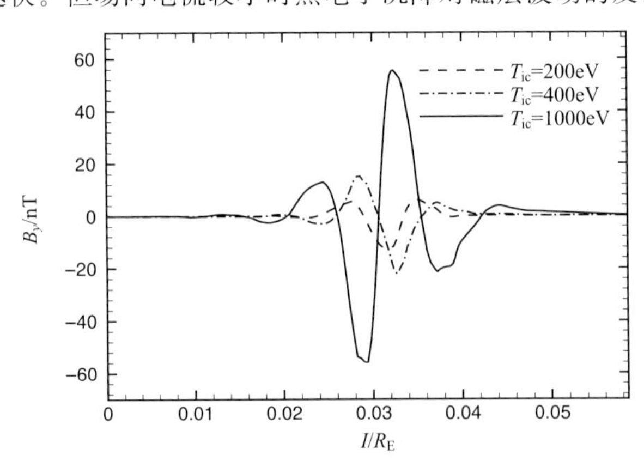

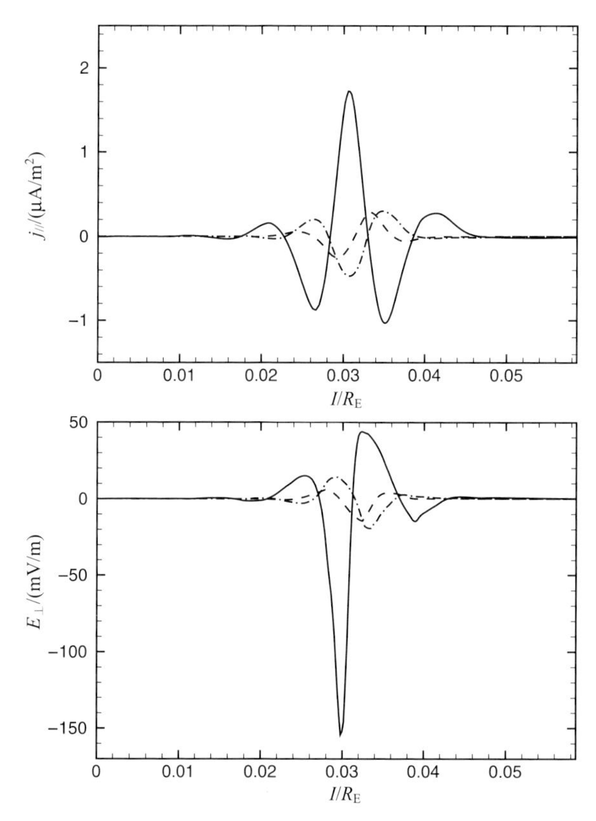

图 8.8　南半球扰动磁场方位角分量、场向电流和垂直电场在不同沉降能量时的径向变化结果(Lu et al.，2008)

8.4　磁层非线性色散阿尔芬波:理论特征和数值模拟

在电离层小尺度范围上(电子趋肤深度到约 100km),磁层阿尔芬波与极光动态变化密切相关(Borovsky，1993;Trondsen et al.，1997;Knudsen et al.，2001;Rankin et al.，2006;Zhang et al.，2010)。色散磁流体波的小尺度效应可以将能量从波输运至粒子(Chen and Wu，2011)。磁层 ULF 阿尔芬波在小垂直尺度上也对极光粒子加速起重要作用(Hasegawa，1976;Goertz，1984;Chaston et al.，2000),并且与离散极光弧相关(Rankin et al.，2006;Chaston et al.，2005)。Chaston 等(2005)的研究表明能量由磁层 ULF 波通过场向电子加速、横向离子加速和焦耳加热的方式传入极光等离子体,并且认为对波动的描述需要考虑非线性和非局地的动力效应。

极光区电离层与磁层通过场向电流(FAC)和高能粒子沉降相互耦合。电子沉降可以由准线性波粒相互作用有效地驱动(Xiao et al., 2010),而高能电子通量也可以使用动力学理论进行模拟(Li and Feng, 2011)。场向电流由磁层剪切阿尔芬波(SAWs)携带,并与电离层中垂直场线的电流闭合(Lu et al., 2007)。假设电离层是一个导电薄层,可以使用高度积分电流和高度积分电导率描述与FAC闭合的电离层电流。电流连续性方程为(Paschmann et al., 2002)

$$j_{\parallel} = \nabla_{\perp} \cdot (\Sigma_P \boldsymbol{E}_{\perp} - \Sigma_H \boldsymbol{E}_{\perp} \times \hat{\boldsymbol{b}}) \tag{8.26}$$

其中,Σ_P和Σ_H分别为电离层高度积分皮德森电导率和霍尔电导率。下标⊥和‖分别表示向量在平行于磁力线和垂直于磁力线方向上的分量。

FLRs是形成于磁层中闭合地球磁场磁力线上的SAWs驻波(Lu et al., 2003a)。当磁层受到如太阳风的外部驱动作用时,磁层顶形成的压缩波向磁层内部传播,如果压缩波频率与局地驻波频率相匹配,压缩波就会转换为剪切波并沿地球磁场磁力线向极光区传播(Rankin et al., 2006),在极光区可以形成低频(1~4mHz)的剪切阿尔芬驻波。许多研究(Rankin et al., 1999; Lu et al., 2003b)表明FAC和其他一些极光弧特征可以用FLRs解释,如电场、极光电子加速以及与亚暴相关的大尺度对流结构等。需要指出的是,虽然很多极光弧特征,尤其是极光的周期性增强和与之相关的密度空腔,可以很好地由FLRs解释(Lu et al., 2007, Lu et al., 2003b),但是FLRs的长振荡周期与观测数据符合得不好。与FLRs不同,IFI可以更快地发展到观测的极光弧尺度(Atkinson, 1970;Streltsov et al., 2005;Lysak and Song, 2002)。

当SAW垂直波长尺度较小时(离子回旋尺度ρ_s(Chen and Hasegawa, 1974),离子热回旋尺度ρ_i(Hasegawa, 1976),或电子惯性尺度λ_e(Goertz and Boswell, 1979)),色散过程开始变得重要。小尺度色散阿尔芬波在电子热速度($v_{te}=(2T_e/m_e)^{1/2}$)小于阿尔芬速度(v_A)的介质中,又被称为惯性阿尔芬波(IAW),此时平行电场由电子惯性支撑。在$v_{te}>v_A$的介质中,小尺度SAWs又被称为动力阿尔芬波(KAW),平行电场作用力与平行电子压力梯度平衡。色散阿尔芬波(DAW)表示IAW和KAW。IAW在等离子体β低时($\beta<m_e/m_i$)出现,KAW在$m_e/m_i<\beta<1$时出现。

本节首先基于双流简化MHD模型,总结磁层DAW的频率特征和时间空间演化特征,分析非线性动力尺度和惯性尺度阿尔芬波的理论结果,然后展示有限元方法模拟磁层色散阿尔芬波的结果,对磁层场线共振和电离层反馈不稳定两种机制中磁层等离子体的分布等进行比较分析,最后给出三维磁层电离层电动耦合模拟的初步结果。

8.4.1 固定边界的磁层场线共振

Frycz等(1998)在WKB近似下,基于磁流体双流方程和动力学理论,推出了

用磁势函数 A 和 φ 的含有离子回旋、电子惯性和电子热压力等色散效应的电子等温时的简化磁流体方程组。Lu 等(2003b)将此方程组推广为电子非等温时的非线性磁流体情形：

$$\nabla\cdot\left[\frac{\rho\mu_0}{B_0^2}\left(1+\frac{3}{4}\rho_i^2\nabla_\perp^2\right)\frac{\mathrm{d}}{\mathrm{d}t}\nabla_\perp\varphi\right]+\nabla\cdot(\boldsymbol{b}\nabla_\perp^2 A)=\nabla_\perp\cdot\left(\frac{\mu_0}{B_0}\boldsymbol{b}\times\nabla_\perp P\right) \tag{8.27}$$

$$\frac{\partial A}{\partial t}+\boldsymbol{b}\cdot\nabla\varphi=\lambda_e^2\frac{\partial}{\partial t}\nabla_\perp^2 A+\frac{1}{en_e}\boldsymbol{b}\cdot\nabla P_e \tag{8.28}$$

$$\rho\frac{\mathrm{d}V_\parallel}{\mathrm{d}t}=-\boldsymbol{b}\cdot\nabla P+\left(1+\frac{3}{4}\rho_i^2\nabla_\perp^2\right)\frac{\rho}{B_0^2}\nabla_\perp A\cdot\frac{\mathrm{d}}{\mathrm{d}t}\nabla_\perp\varphi+\frac{1}{B_0}\boldsymbol{b}\cdot(\nabla_\perp A\times\nabla_\perp P) \tag{8.29}$$

$$\frac{1}{\rho}\frac{\mathrm{d}\rho}{\mathrm{d}t}=\frac{1}{B_0}\frac{\partial}{\partial t}\delta B_\parallel-\nabla\cdot(\boldsymbol{b}V_\parallel) \tag{8.30}$$

$$\nabla_\perp\delta B_\parallel=-\frac{\mu_0}{B_0}\nabla_\perp P-\frac{\mu_0\rho}{B_0^2}\boldsymbol{b}\times\frac{\mathrm{d}}{\mathrm{d}t}\nabla_\perp\varphi \tag{8.31}$$

其中，ρ 为等离子体密度，B_0 为背景非扰动磁场，e 为电子电量，P 为等离子体压强，P_e 为电子压强，n_e 为电子数密度，$\boldsymbol{b}$ 为沿磁力线方向的单位向量，$V_\parallel$ 为沿磁力线方向的离子速度，$\delta B_\parallel$ 为扰动磁场的压缩分量。上述方程描述了 SAWs 和离子声波之间的相互作用(式(8.29)和式(8.30))，并在式(8.27)中包含了非线性效应(密度和压强扰动)，式(8.28)中包含了有限离子回旋半径、电子惯性和电子热压等色散效应的影响，式(8.31)为安培定律。

下面先定性分析上述简化双流体 MHD 方程的解。线性化上述方程的平面波解，可得到如下含色散效应的阿尔芬波色散关系(Rankin et al., 2006)：

$$\omega^2\sim k_\parallel^2 V_A^2\left(\frac{1+\frac{3}{4}k_\perp^2\rho_i^2+k_\perp^2\rho_s^2}{1+k_\perp^2\lambda_e^2}\right) \tag{8.32}$$

其中，$k_\parallel$ 和 $k_\perp$ 分别为平行和垂直波数，$\lambda_e=c/\omega_{pe}$ 为电子惯性长度；$\rho_s=C_s/\Omega_i$ 为离子声波回旋半径，Ω_i 为离子回旋频率，C_s 为声速。该色散关系在 $k_\perp^2\lambda_e^2(\rho_s^2)<1$ 时成立，适用与沿磁力线方向的平行波数较小的情况，即行波。

通过分析简化 MHD 方程组的本征解，可以得到阿尔芬驻波的频率和色散特征。Rankin 等(Rankin et al., 2004, 2006)给出本征函数满足：

$$-\omega^2 S_1=\frac{h_2}{h_1}\frac{\partial}{\partial l}V_A^2\frac{h_1}{h_2}\frac{\partial S_1}{\partial l} \tag{8.33}$$

其中，S_1 为磁力线上的基模本征函数，h_1 为垂直磁场方向坐标的标度因子，h_2 为方位角 φ 方向的标度因子，∂l 表示沿磁力线方向的位移微分。该关系式可以适用于偶极地磁场以及拉伸地磁场(Rankin et al.，2000)。磁层磁场位形随太阳风条件而变化，由太阳风参数可通过磁层模式(如 T96)计算磁层磁场位形，由上式构建的一维模式，以及地面地磁观测资料得到波频率，即可计算赤道面等离子体密度(Waters et al.，1996)。

描述剪切波磁场强度变化的方程为(Rankin et al.，2006)

$$\frac{\partial b}{\partial t}-\mathrm{i}\,\omega_0\frac{\partial}{\partial x}\left(\delta\frac{\partial b}{\partial x}\right)=+\mathrm{i}\Delta\omega b+\omega_0 R \tag{8.34}$$

$$\delta=L^2R_{\mathrm{E}}^2\int \mathrm{d}l\left[\frac{3}{4}\frac{\rho_{\mathrm{s}}^2}{\omega_0^2}\frac{V_{\mathrm{A}}^2}{h_3}(\partial_l S_1)^2+\frac{V_{\mathrm{Te}}^2}{\omega_0^2 h_3}(\partial_l S_1)\partial_l(S_1\lambda_{\mathrm{e}}^2)-\frac{\lambda_{\mathrm{e}}^2}{h_3}S_1^2\right] \tag{8.35}$$

其中，$\Delta\omega(x)=\omega_0 x/l_\omega$ 描述 SAWs 特征频率的变化，垂直磁力线方向的频率变化率依赖于阿尔芬波局地梯度 l_ω。色散参数 $\delta(x)$ 表示沿磁力线方向波色散的权重平均，在热效应主导时为正，在电子惯性效应主导时为负。在笛卡儿坐标系中，式(8.35)可以简化为 $\delta=\delta_{\mathrm{i}}+\delta_{\mathrm{e}}=\frac{3}{4}\rho_{\mathrm{i}}^2-\lambda_{\mathrm{e}}^2\left(1-\frac{V_{\mathrm{Te}}^2}{V_{\mathrm{A}}^2}\right)$(Rankin et al.，1999)。

如果不考虑色散，相混合时间依赖于背景等离子体密度和温度。对于驻波，考虑色散并忽略色散系数 δ 的径向变化，则可以推出色散饱和时间、宽度和幅度(Samson et al.，2003；Rankin et al.，2004,2005a)：

$$\omega_0 t_{\mathrm{dis}}=2\left(\frac{l_\omega^2}{|\delta|}\right)^{1/3},\quad l_{\mathrm{dis}}=(|\delta|l_\omega)^{1/3},b_{\mathrm{dis}}=R\left(\frac{l_\omega^2}{|\delta|}\right)^{1/3} \tag{8.36}$$

饱和时间和宽度与激发源的幅度无关。在色散大的区域，饱和宽度大，而波动幅度小。相反地，在色散小的区域，饱和宽度也会很小(δ 小)，波动幅度大。相混合也与垂直磁力线方向的波色散梯度有关，其效果是使 SAWs 散焦，并使得波动能量在赤道面内朝地球方向往色散小的场线上传播(Rankin et al.，2005b)。由阿尔芬波动可以得到沿磁力线上场向电流的分布情况：

$$j_{\parallel}=\frac{B_0^{\mathrm{eq}}}{\mu_0}\frac{h_3^{\mathrm{eq}}}{h_3}\mathrm{Re}\left[\frac{\partial b}{\partial x}S_1(l)\exp[\mathrm{i}(m\varphi-\omega_0 t)]\right] \tag{8.37}$$

平行电场为

$$E_{\parallel}=-\omega_0(\lambda_{\mathrm{e}}^{\mathrm{eq}})^2B_0^{\mathrm{eq}}\mathrm{Im}\left[\frac{\partial b}{\partial x}G_{\parallel}(l)\exp[\mathrm{i}(m\varphi-\omega_0 t)]\right] \tag{8.38}$$

$$G_{\parallel}(l)=\frac{\rho_0^{\mathrm{eq}}}{\rho_0}\frac{h_3^{\mathrm{eq}}}{h_3}\left[\left(\frac{V_{\mathrm{Te}}^2}{V_{\mathrm{A}}^2}-1\right)S_1-\frac{V_{\mathrm{A}}^2}{\omega_0^2}h_1^2\frac{\partial S_1}{\partial l}\frac{\partial}{\partial l}\left(\frac{1}{h_1^2}\frac{V_{\mathrm{Te}}^2}{V_{\mathrm{A}}^2}\right)\right] \tag{8.39}$$

垂直电场为

$$E_{\perp}=\frac{(V_{\mathrm{A}}^{\mathrm{eq}})^2}{\omega_0 LR_{\mathrm{E}}}B_0^{\mathrm{eq}}\mathrm{Im}\left[bG_{\perp}(l)\exp[\mathrm{i}(m\varphi-\omega_0 t)]\right] \tag{8.40}$$

$$G_{\perp}(l)=LR_{\mathrm{E}}\frac{\rho_0^{\mathrm{eq}}}{\rho_0}\left(\frac{h_3^{\mathrm{eq}}}{h_3}\right)^2\frac{h_2^{\mathrm{eq}}}{h_2}\frac{\partial S_1}{\partial l} \tag{8.41}$$

其中，L 为磁壳参数。由以上几个关系式可以估算磁力线上任意一点的电流和电场强度。如图 8.9 所示，为地磁偶极场中波动引起的平行电场沿磁力线的分布，磁力线长度起始位置为赤道处，不同磁力线的长度作了归一化。可以看出，磁力线越靠近地球（L 值越小），在电离层高度附近（图中右侧）的平行电场强度越大，从而可以加速粒子沉降产生极光。在 L 较大的磁力线上，电离层附近的平行电场受到等离子体温度效应的显著削弱。

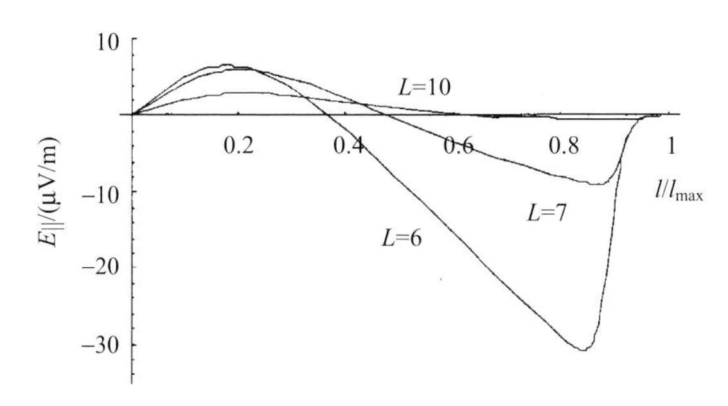

图 8.9　平行电场随磁力线的分布，磁力线起始点为赤道，不同磁力线的长度作了归一化（Rankin et al.，2006）

相混合饱和时间尺度和宽度也受垂直磁力线方向阿尔芬速度梯度影响。因此，考虑密度变化对于模拟产生小尺度（λ_e 和 ρ_s 尺度）波和密度空腔（1500～2000km 高度上、数千米尺度，以及 4 R_E 高度上，几十千米尺度）非常重要（Lundin et al.，1994；Stasiewicz et al.，1997）。Lu 等（2003a，2003b）使用有限元数值模拟技术，通过求解方程式（8.27）～（8.31），研究了 FLR 的非线性动力演化，该方程组中包含有质动力的影响。

图 8.10（a）和（b）分别为线性和非线性情况下地磁偶极场赤道面中电场垂直分量的演化过程，图 8.10（c）为地磁拉伸磁场中的非线性模拟结果。在线性模拟中，忽略了有质动力的影响，驱动源使波动能量变窄、增强，最终形成静态的阿尔芬驻波。图 8.10（b）中，初期演化过程与线性类似，因为此时非线性效应尚不明显。随着 FLRs 的发展，有质动力驱动密度扰动形成垂直磁场方向的非线性的陡峭的阿尔芬速度分布，等离子体特征频率也随之变化，共振位置向地球方向移动，并且波动结构变宽、变复杂。但并不是所有的色散效应都使共振位置向同一方向移动，有质动力和电子惯性使共振向地球移动，而热效应的作用是相反的。然而，在 Box 模式中得到的垂直电场太小（未在此处列出，见文献（Lu et al.，2003b）），在偶极磁场中得到的垂直电场又太大（图 8.10（a）和（b））。我们首次将阿尔芬波场线共振

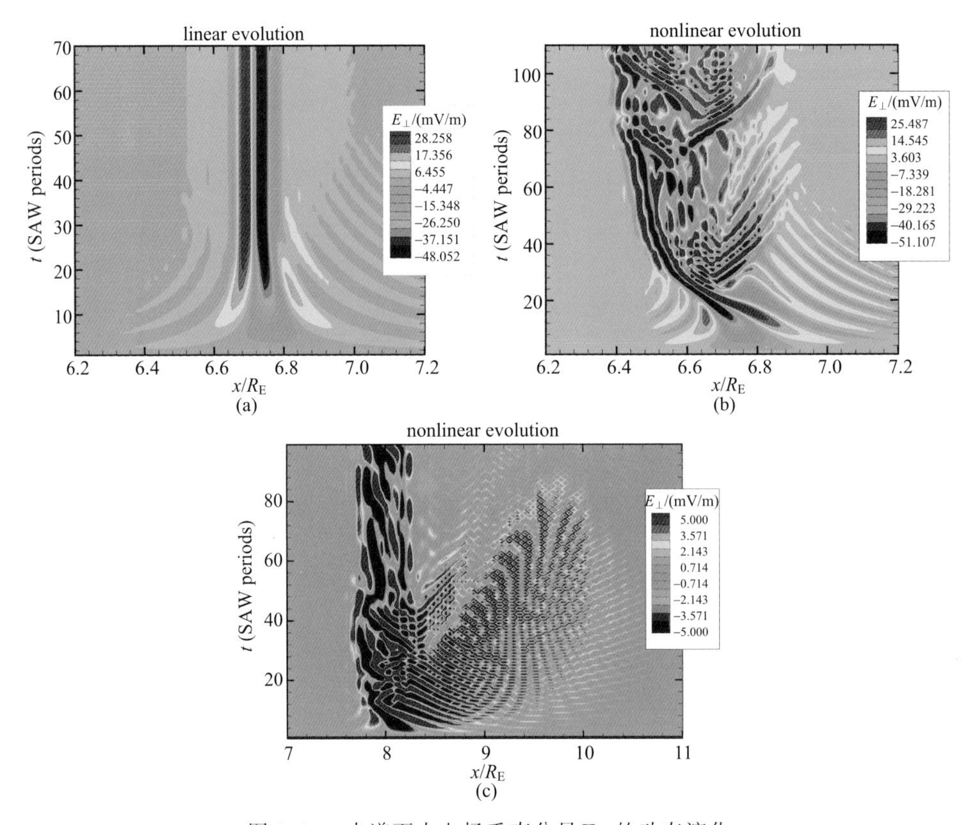

图 8.10　赤道面内电场垂直分量$E_{\perp}$的动态演化

(a)偶极场线性模拟;(b)偶极场中非线性模拟;(c)拉伸地磁场中的非线性模拟(Lu et al.,2003b)

的结果拓展到更接近实际的拉伸磁场(T96)情形,这也是目前为止唯一的在拉伸磁场中非线性场线共振的演化工作。图 8.10(c)展示了拉伸磁场时在赤道面上色散 FLR 非线性结构的时间演化过程,其中色散效应更加强烈,使垂直电场的强度相比于偶极场的情况大幅度减小。磁场的拉伸也使 FLR 频率达到与观测数据符合较好的程度,成功解释了接近魔术频率的结果。

在偶极磁场中,有质动力驱动密度扰动使等离子体沿磁力线从高纬地区向赤道运动,形成电离层密度空腔区和赤道密度峰值区,FLR 被密度峰值区捕获。但是在拉伸磁场中,电子热压导致一个背向地球的密度扰动传播,且此扰动最终减弱并消失。

随着密度扰动聚集到一个小的区域,也即卫星观测的密度空腔区,共振频率减小,色散增强。如图 8.11 所示,图中虚线表示相对密度扰动,左侧两图为 $t=23$ 周期时的结果,右侧两图为 $t=46$ 周期时的结果。有质动力驱动等离子体向赤道方向移动，形成一个赤道面附近的密度集聚区和电离层附近的密度空腔区。随时间增加，空腔区内密度扰动幅度增大，扰动宽度减小，最终剪切阿尔芬波被密度腔所捕获。这一工作可以很好地解释电离层上空密度空腔的存在，也适用于其他区域或领域密度空腔的研究。

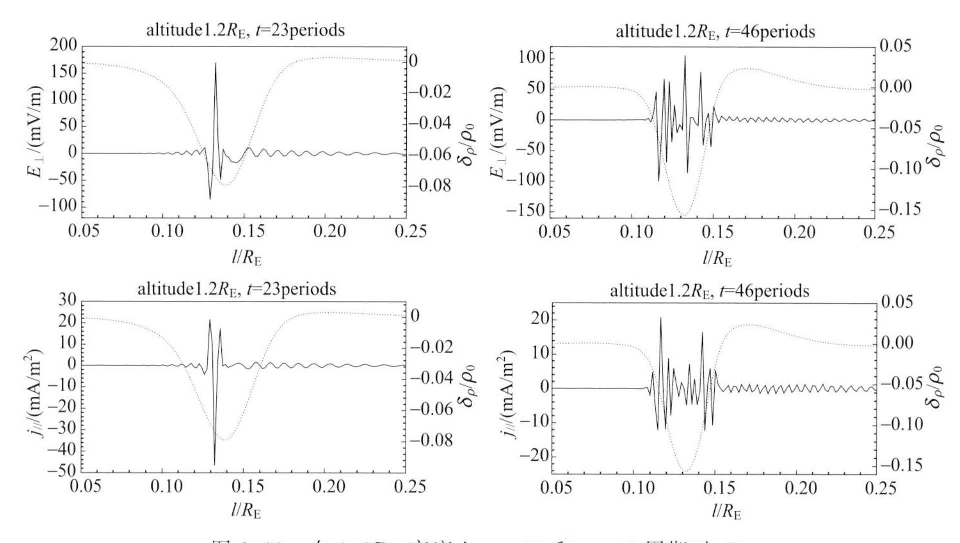

图 8.11　在 1.2R_E 高度上，$t=23$ 和 $t=46$ 周期时，$E_\perp$ 和 $j_\parallel$ 的径向变化。虚线表示相对密度扰动(Lu et al.，2003b)

8.4.2　交互式磁层-电离层电动耦合

在磁层-电离层耦合模式中，电离层常被简化为一个磁层边界薄层，并认为磁层 SAWs 所携带的 FACs 受到导电电离层的影响。另外，形成 SAWs 的磁层磁力线上的电导率也对 FLRs 的演化具有重要作用。然而，早期的磁层电离层模式(Noel et al.，2000；Lanchester et al.，2001)没有考虑到磁层和电离层之间的动态相互作用。他们要么使用固定的阿尔芬波输入并专注于研究电离层响应，要么使用固定的电离层边界并专注于研究磁层的演化过程。

Prakash 等(2003)基于一个包络模型研究了电离层反馈、非线性和色散效应的相互作用，发现数百电子伏的电子即可产生很强的 FACs 增强。但是该模式中沉降电子对皮德森电导率的调制被简单地用经验公式表示，而且沉降能量被当成独立参数。另外，简单地用电子温度来代表平均能量，而没有考虑场向电势降和磁镜力的效应。Lu 等(2005a，2005b)研究了大电流系统中焦耳耗散带来的电子加热对 FLR 幅度(线性处理)的影响，以上研究都表明，要理解包含 SAWs 的磁层-电离层耦合过程，必须适当地处理波和电离层电导率。

Lu 等进一步(2007, 2008)将 Prakash 等(2003)的工作扩展到全 MHD 情形,包含了全非线性过程及其与压缩模的耦合。磁层 FACs 与电离层皮德森电流通过式(8.26)和(8.19)闭合。

$$\frac{\partial \boldsymbol{B}}{\partial t}=-\nabla\times\boldsymbol{E},\quad \mu_0\left(\boldsymbol{j}+\varepsilon\frac{\partial E_\perp}{\partial t}\right)=\nabla\times\boldsymbol{B} \tag{8.42}$$

$$\boldsymbol{E}=-(\boldsymbol{v}\times\boldsymbol{B})-\frac{\nabla P_e}{ne}+\frac{m_e}{ne^2}\frac{\partial j}{\partial t} \tag{8.43}$$

$$\frac{\partial\rho}{\partial t}+\rho\,\nabla\cdot\boldsymbol{v}+\nabla\rho\cdot\boldsymbol{v}=0 \tag{8.44}$$

$$\rho\frac{\partial\boldsymbol{v}}{\partial t}+\rho\boldsymbol{v}\cdot\nabla\boldsymbol{v}=-\nabla P+\boldsymbol{j}\times\boldsymbol{B} \tag{8.45}$$

$$\frac{\partial P}{\partial t}+\gamma P\,\nabla\cdot\boldsymbol{v}+\boldsymbol{v}\cdot\nabla P=0 \tag{8.46}$$

使用 Knight 关系将 FACs 与粒子沉降的特征能量(或平均能量)和能量通量联系起来,以计算电离层 E 层电子沉降电离率$\gamma_{\rm hot}$。计算过程分为两步,先根据磁层边界处等离子体参数估算能量通量和平均能量,然后再根据场向电势降和磁镜效应对其进行修正。首先,初始能量ε_0和粒子通量Ψ_0由下式得到(Lu et al., 2007; Fedder et al., 1995; Slinker et al., 1999):

$$\varepsilon_0=\alpha C_s^2,\quad \Psi_0=\beta\rho\,\varepsilon_0^{1/2} \tag{8.47}$$

其中,α 和 β 为描述磁层等离子热通量与电离层能量之间关系的常数系数。其次,计算得到场向电势降$\varepsilon_\parallel$(Lu et al., 2007; Chiu and Cornwall, 1980; Chiu et al., 1981):

$$\varepsilon_\parallel=C\,j_\parallel\,\varepsilon_0^{1/2}/\rho \tag{8.48}$$

其中,C 为包含有效电阻的电势降与 FACs 之间的可调系数。之后即可得到粒子通量 Ψ 和平均能量ε(Lu et al., 2007):

$$\Psi=\Psi_0(8-7\exp[-\varepsilon_\parallel/(7\varepsilon_0)]),\quad \varepsilon_\parallel>0 \tag{8.49}$$

$$\Psi=\Psi_0\exp[\varepsilon_\parallel/\varepsilon_0],\varepsilon_\parallel<0 \tag{8.50}$$

$$\varepsilon=\varepsilon_0+\varepsilon_\parallel \tag{8.51}$$

最后,将 Ψ 和ε 输入热层-电离层模式计算得到电离率。我们使用 NCAR/HAO 开发的一个基于物理过程的电离层电离模式 GLOW。GLOW 中的中性大气模型使用的是 MSIS,电离层初始电子剖面使用的是 IRI 模型。与经验模式相比,GLOW 可以描述电离层对于粒子沉降时空变化的动态响应。

Lu 等(2007,2008)对产生电离层电导率增强的两种 SAWs 源进行了研究:磁层场线共振和电离层反馈不稳定。结果表明,极光电子沉降导致的皮德森电导率增加可以对磁层场线共振的波幅度和密度扰动产生很强的反馈作用。

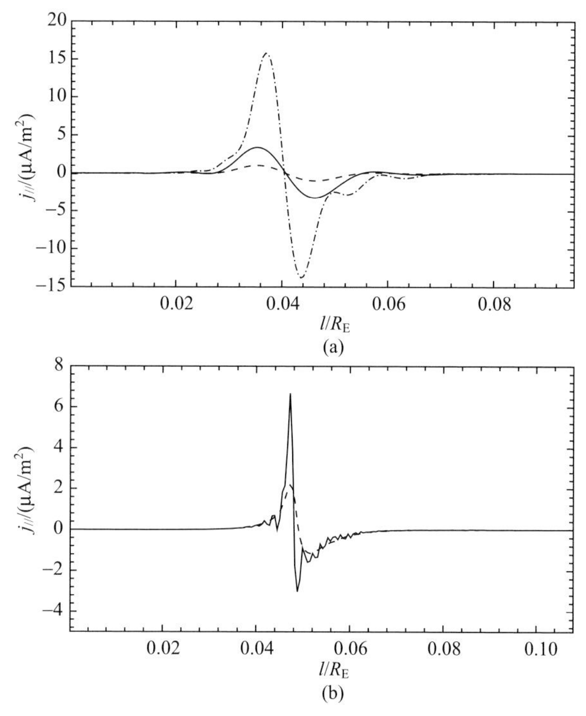

图 8.12 电离层边界处平行电流 $j_{\parallel}$ 的径向分布

(a)偶极场;(b)拉伸磁场(Lu et al.,2007)

如图 8.12 所示,为不同电导率边界条件下电离层高度的磁层场线电流径向分布情况。图(a)为地磁偶极场下的结果,分别计算了固定电离层电导率 $\Sigma_P=\infty$(点划线)、$\Sigma_P=1S$(划线)和初始 $\Sigma_P=1S$ 的交互式模拟结果(实线);图(b)为拉伸地磁场情况下的结果,分别计算了固定电离层电导率 $\Sigma_P=1S$(划线)和初始 $\Sigma_P=1S$ 的交互式模拟结果(实线)。在偶极场中,交互式模拟引入了场向电流和电子沉降对电离层电子浓度(也即电离层电导率)的影响,磁层能量输入导致的电离层反馈使场向电流 $j_{\parallel}$ 从 0.5 增大到 $3\mu A/m^2$,在拉伸磁场中,从 2 增大到 $7\mu A/m^2$。也就是说,当考虑场向电流和极光电子沉降时,皮德森电导率增加,剪切阿尔芬波耗散减小。图(a)与图(b)场向电流的大小比较说明,拉伸磁场结构能获得更强的场向电流。电离层的反馈作用依赖于沉降能量和波阻尼之间的竞争,尽管高的波阻尼可以使场向电流减小,可是磁场的拉伸会带来更强的场向电流和扰动磁场。在拉伸磁场结构中,触发电离层反馈效应的沉降能量也小于偶极场。

非线性效应会产生强的局地 FLR,极光电子沉降会使密度扰动大幅增强。图

8.13展示了相对密度扰动的分布。沿共振磁力线方向,等离子体从高纬向赤道运动,这与简化MHD模拟的结果相似(Lu et al., 2003a, 2003b),产生高纬地区的密度空腔区和赤道附近的密度峰值区。在简化MHD模拟中密度扰动主要沿磁力线分布,与之不同的是,在全MHD模拟中,存在明显的跨越拉伸磁力线的等离子体移动。这意味着在赤道附近,可能出现等离子体β高的区域,在低β情形下得到的简化MHD方程不再适用,受高等离子压强的影响,表现出新的特征,甚至可能激发不稳定性。

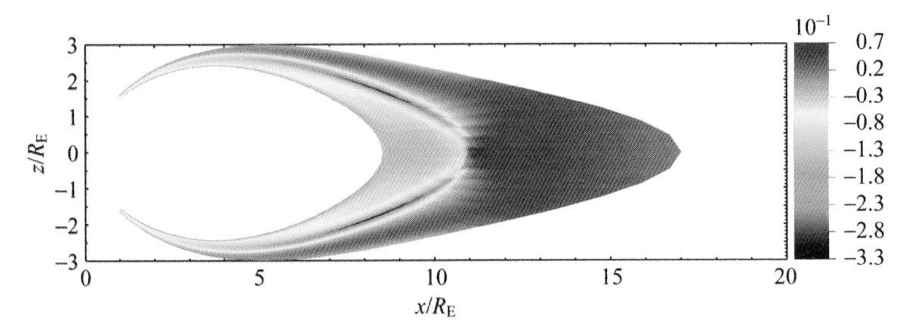

图 8.13　Topo-GLOW 耦合模拟 $t=12$ 周期时的相对密度扰动分布(Lu et al., 2007)

一个非常小尺度、小幅度的密度扰动(仅1%)即可触发反馈不稳定,卫星所观测到的小尺度波结构可以由反馈不稳定触发的波来解释。极光电子沉降可以大幅增强磁层波幅度和密度扰动,该效应会同时影响电离层密度扰动和磁层波。沉降能量和能量通量对反馈不稳定的增长速度有明显影响,高的沉降能量和能量通量导致更快的不稳定增长,然而对于小幅度的FACs,极光沉降电子对反馈过程没有明显的影响。

反馈不稳定机制中等离子体运动方式与场线共振机制中相差甚远,两者的比较如图8.14所示。反馈不稳定中,在赤道面跨越磁力线方向,等离子体朝向地球或背离地球运动,而在FLR中,等离子主要沿磁力线从高纬向低纬运动(低β时)。结果,两种机制形成的密度分布有很大不同:FLR中等离子主要沿磁力线(尤其是共振壳层)运动,形成赤道区密度峰值区和靠近电离层的密度空腔区;在IFI中,在某磁力线上,密度分布表现为空腔或峰值,跨越磁力线方向,峰值区和空腔区交替出现。跨越磁力线的大尺度和大幅度密度空腔区,可以用FLRs解释,高频的密度扰动可归因于IFI。

如图8.15所示,为电导率季节不对称效应模拟结果,其中初始冬季(北半球)电离层皮德森电导率为1S,初始夏季(南半球)皮德森电导率为3S。垂直电场$E_{\perp}$的两半球分布表现出很强的不对称性,这与极光弧观测结果一致(Newell et al., 1998;Liou et al., 2001)。

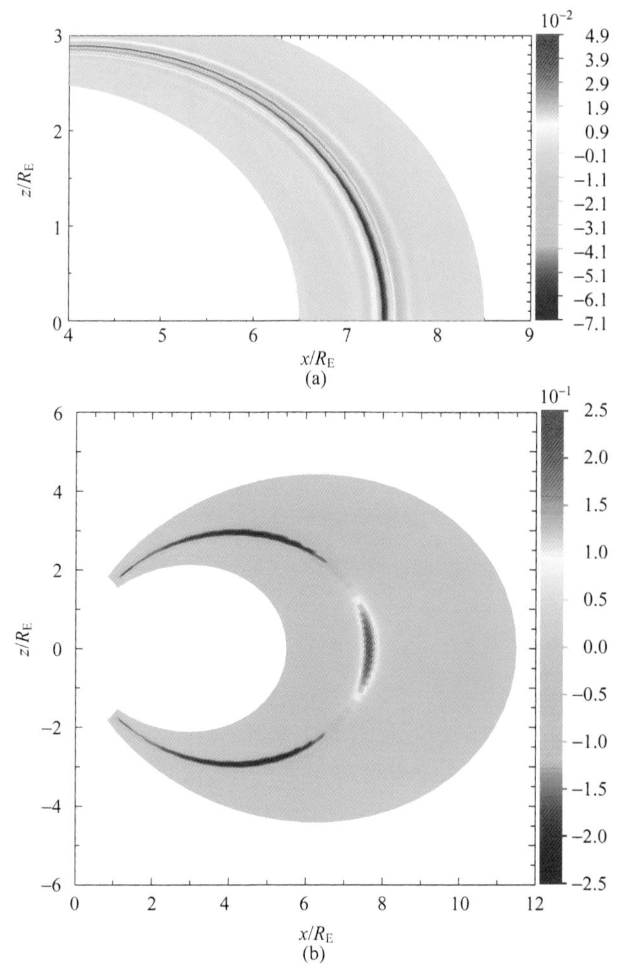

图 8.14　相对密度扰动的空间分布

(a) 反馈不稳定机制；(b) 场线共振机制(Lu et al.，2008)

8.4.3　模式应用

使用交互式耦合模型，我们对 1997 年 1 月 31 日极光事件进行了模拟，并与观测数据以及前人分析结果进行了对比，Lotko 等(1998)以及 Samson 等(2003)和 Rankin 等(2005a)都对该事件进行过讨论。FAST 卫星于世界时当天 04:25:50～04:26:20 横穿位于 4145km 高度的一个场线共振区，该结构同时被位于 Gillam 的全天空照相设备捕捉到，同时也有磁场和 HF 雷达观测。

如图 8.16 所示，为全天空照相设备在 630.0 nm 波段观测到的离散极光弧图

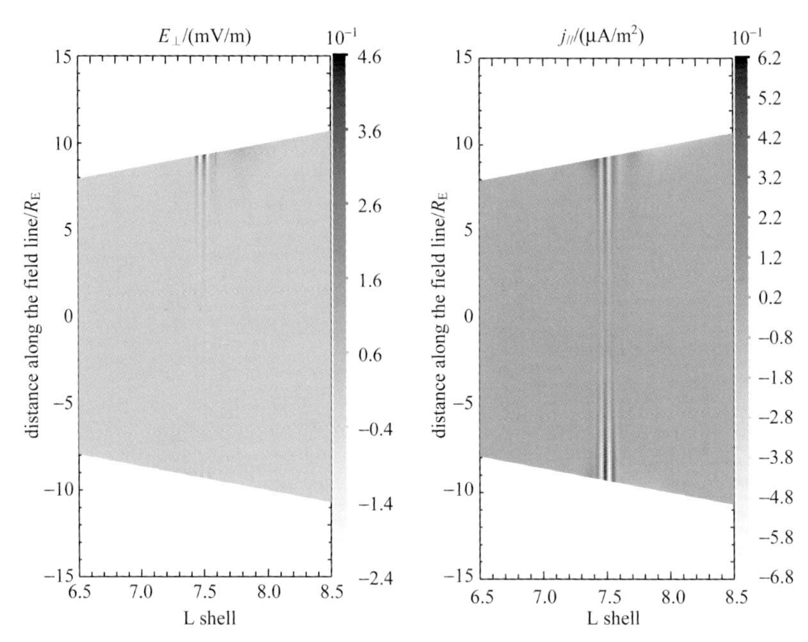

图 8.15　电导率季节不对称效应中垂直电场和平行电流的空间分布(Lu et al., 2008)

像,它对应于 1.3 mHz 的场线共振。图中灰度从白到黑表示光度从 0 到 600 瑞利,从上到下分别对应观测时间为世界时 04:22:03、04:24:03、04:26:03、04:28:03、04:29:03、04:30:03。极光事件发生时,对应的太阳风参数为$B_y=3\text{nT}$,$B_z=1\text{nT}$,$n=3.5\ \text{cm}^{-3}$,太阳风动压 $P=2.0\text{nPa}$,地磁指数 Dst=15nT,共振磁力线长度为 24.6 R_E,磁力线上的最远地心距为 10.97 R_E,最小磁场强度为 18.98nT(Rankin et al., 2005a)。使用 T96 磁层磁场模型,利用以上参数构建全球磁层磁场,得到共振磁力线的长度为 22 R_E,人为设定磁力线上等离子体密度以使磁力线上的共振频率与观测值 1.3mHz 吻合。沿赤道面磁力线上初始等离子体温度为 $T_{e0}^{eq}=400\text{eV}$、$T_{i0}^{eq}=1\text{keV}$,沿磁力线上的温度分布满足平衡条件 $B_0\cdot\nabla(n_0T_{e0,i0})=0$。交互式耦合模拟中,电离层皮德森电导率初始值设为$\Sigma_{P0}=2.5S$。

模拟结果如图 8.17 所示,为初始电离层皮德森电导率$\Sigma_P=2.5S$ 的交互式模拟中,场线共振达到饱和时的波动分布情况。左图中展示的是高度约为 3000km 的位置,波动磁场、平行电流和垂直电场在垂直磁力线方向的分布,扰动磁场的最大值为~65nT,平行电流和垂直电场的最大值分别为 $2\mu\text{A/m}^2$ 和 19mV/m,波动范围的径向宽度约为 35km。右图为模拟区域中两极电离层之间沿共振磁力线的分布情况,波动磁场的最大值为 85nT 左右,平行电流和垂直电场的最大值分别为 $2.8\mu\text{A/m}^2$ 和 33mV/m。这些参数与卫星和地面观测资料都比较吻合。

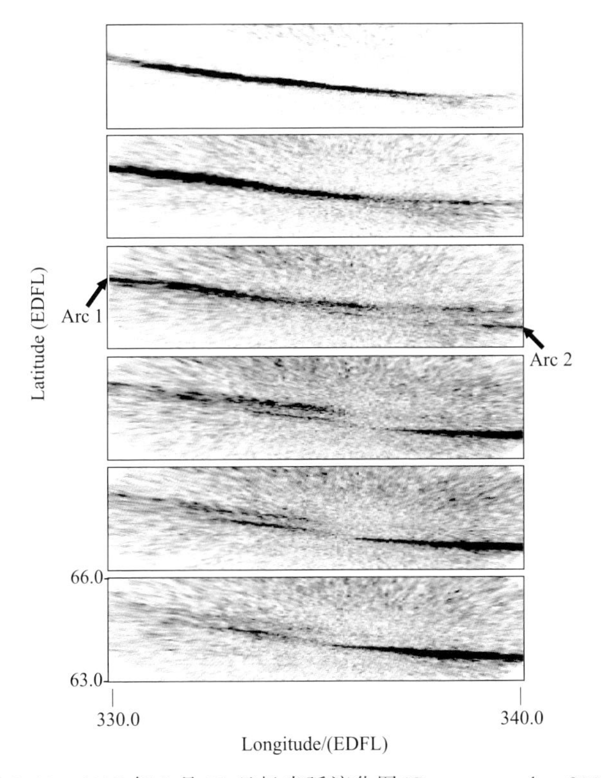

图 8.16　1997 年 1 月 31 日极光弧演化图(Samson et al., 2003)

8.4.4　三维模拟初步结果

三维模拟的模式是基于二维有限元模式 TOPO (Lu et al., 2007, 2008)发展而来的。对于有限元方法,二维问题和三维问题并没有本质的区别,最终都是转化为稀疏矩阵的求解问题。不过在矩阵组装以及物理问题的离散化,尤其是散度、梯度等几何运算等方面,二维情况与三维情况还是有差别的。另外,三维问题的运算量急剧增加,这就对运算速度提出了比较苛刻的要求。最近我们初步实现了场线共振的三维有限元模拟,下面介绍在这方面的结果。

这里设定偶极背景地磁场,模拟区域磁壳参数范围为 $L=6.5\sim10\ R_E$,南北电离层边界面为 $r=2.0\ R_E$。网格点沿磁力线分布,同一根磁力线在同一个子午面中,磁力线上的点对应的地心距 r 与极角 λ 之间满足如下关系:

$$r=r_0\cos^2\lambda \tag{8.52}$$

根据极角将磁力线分为若干份(可以等分,也可以在极区附近加密,而在赤道附近稀疏),由极角和磁力线对应的磁壳参数即可计算得到磁力线上各个格点的空间坐标。三维网格格点的连接使用 Delaunay 算法,Frey 和 George (1999)对三维网格的生成

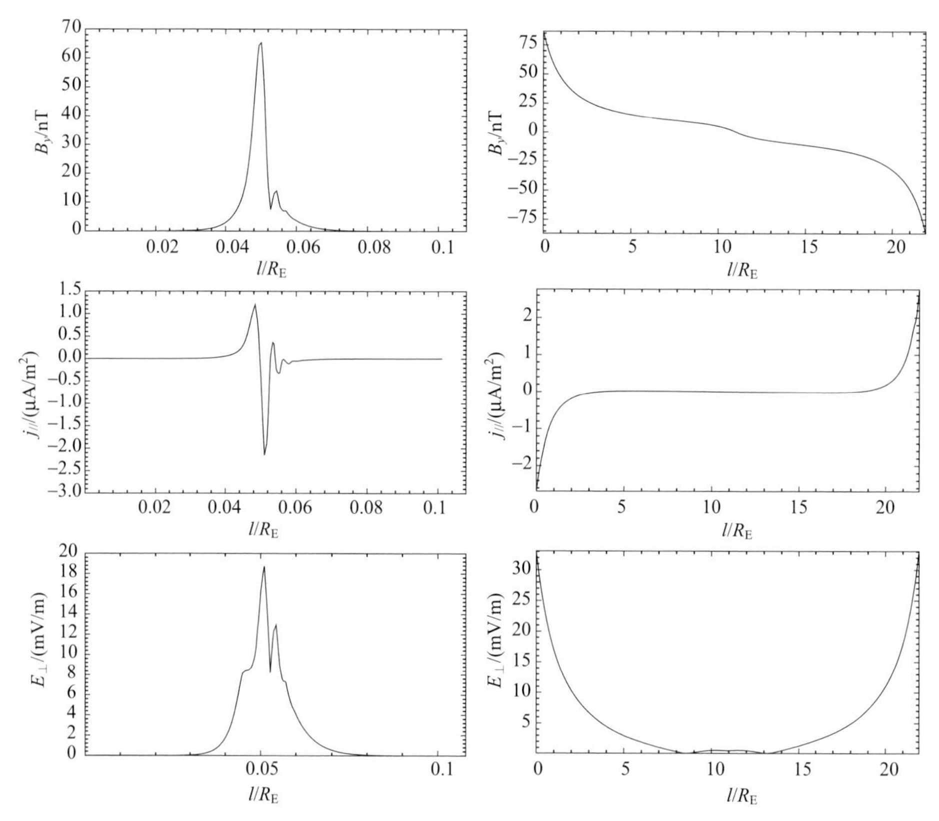

图 8.17　交互式模拟中场向共振饱和时的波动分布情况(Lu et al., 2007)

有详细的总结。Tetgen(http://www.tetgen.org)是由 Hang Si 博士开发的一个高效的开源有限元网格生成器(Si et al., 2010; Si and Gartner, 2011),我们使用它来完成网格点的连接工作。最后再将网格按照 TOPO 的数据格式进行转换。

在赤道附近施加与 $L=8.0$ 磁力线上共振周期相同的驱动源,驱动源产生的波动能量会在磁层中沿磁力线来回振荡,在波动频率与磁力线上的阿尔芬波固有频率相同时,波动能量在该磁力线附近聚集,波动幅度也就越来越大。而其他非共振区域的驱动源能量则被模式中的人工耗散项消耗掉。足够长的时间之后,随着共振磁力线上阿尔芬波能量的不断增强,就形成了幅度较大的阿尔芬驻波,并在极区电离层附近产生较强的场向电流。图 8.18 所示为波动稳定之后(8 个周期)速度扰动 v_x 分量在赤道面和子午面的分布情况。v_x 分量在共振位置两边分别有一个正值的峰(红色区域)和负值的峰(蓝色区域),取左右两侧峰值位置之间的距离作为阿尔芬波波动在赤道面上的宽度,随着时间演化,波动宽度逐渐变窄,波动幅度逐渐增强。在 $t=8T$ 达到稳定,波动宽度为 0.56 R_E,波动幅度约为 8×10^5 m/s。

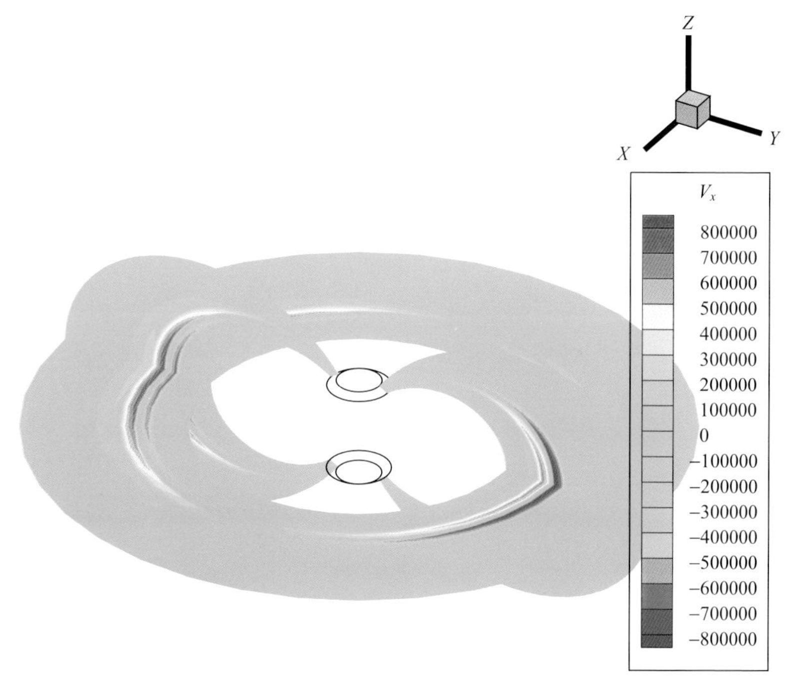

图 8.18　场线共振稳定(8T)后的波动速度v_x分量分布图(单位 m/s)

如图 8.19 所示为 $t=1T$ 到 $t=8T$ 过程中极区场向电流的演化情况。上行场向电流和下行场向电流之间为阿尔芬波共振发生的位置,共振位置在 $L=7.75$ 附近。由于场向电流主要分布在极区,所以图中只显示子午面上极区附近的情况。可以看到,模拟结果中极区场向电流在垂直磁力线方向上表现为一峰一谷的结构,也即一个上行电流一个下行电流,这与 Lu 等(2007)的结果一致。在 $t=1T$ 时,$j_{\parallel}$ 峰值和谷值之间的宽度(磁壳参数差值)约为 1.5 R_E,电流最大值约为$j_{\parallel\max}=0.22\mu A/m^2$;在 $t=2T$ 时,场向电流宽度约为 1.0 R_E,电流最大值约为 0.86$\mu A/m^2$;在 $t=3T$ 时,场向电流宽度约为 0.5 R_E,电流最大值约为 1.69$\mu A/m^2$;在 $t=4T$ 之后,由于网格密度的影响,场向电流宽度一直保持在 0.5 R_E,场向电流也基本饱和,达到$j_{\parallel\max}=2.69\mu A/m^2$;在 $t=4T$ 之后,共振略有增强,8T 之后场向电流稳定在 2.9$\mu A/m^2$左右。

总之,虽然还存在网格密度较为稀疏的问题,但是成功实现了三维磁层剪切阿尔芬波的数值模拟,能够得到三维磁层磁场结构中场线共振的发生和发展过程。共振位置也基本稳定在预设的共振磁力线附近;随时间的发展,波动的径向宽度逐渐变窄,波动的幅度逐渐增强,最终达到基本稳定。场线共振稳定之后的极区场向电流大小为 2.9$\mu A/m^2$左右,与 4.3 节中讨论的 1997 年 1 月 31 日极光事件观测结果和二维模拟结果得到的场向电流强度 2.8$\mu A/m^2$也符合得较好。

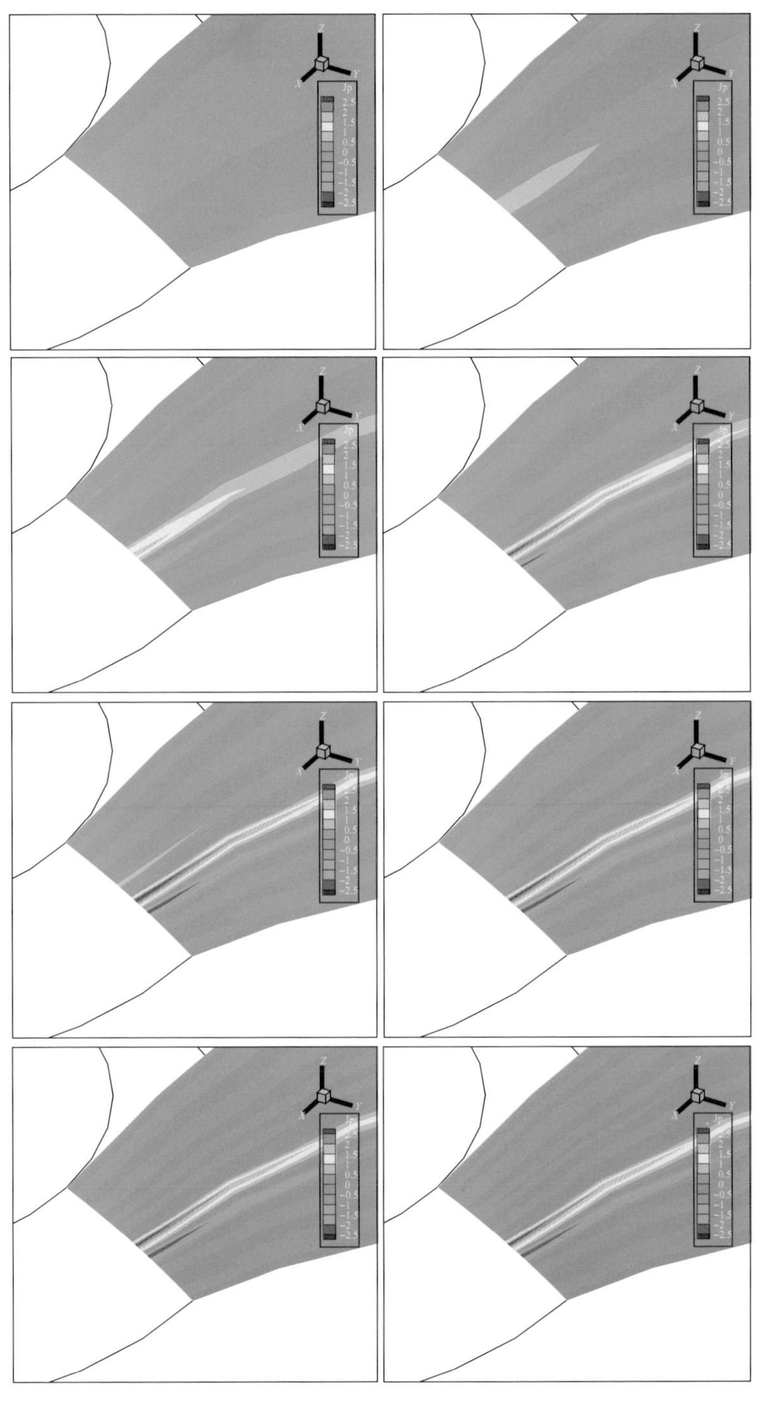

图 8.19　场线共振中极区场向电流$j_{\parallel}$的演化过程(单位 $\mu A/m^2$),依次为模拟时间为 $1T \sim 8T$ 的极区放大图

8.5 总　　结

磁层-电离层耦合是日地关系链中的重要一环,而电离层和磁层物理耦合中关键的电动因素是在两区域间沿场线流动的电流。本章介绍了磁层电流和电离层电流以及两者之间的闭合,讨论了电离层电子加热的非线性过程。SAWs对极光电子加热过程是非线性的,在电离层电流小于临界电流时,电子加热过程起主要作用;而在电离层电流大于临界电流时,电子温度接近饱和,电离过程起主要作用。电子密度的增加会导致皮德森电导率的增强,而皮德森电导率的增强可以对磁层场线共振的波幅度和密度扰动造成很强的反馈作用。

本章总结了小垂直尺度的剪切阿尔芬波基础理论,讨论了基于双流简化MHD方程组包络近似模型得到的剪切阿尔芬波的频率、时间和空间变化特征,并展示了双流简化MHD方程组的非线性演化数值模拟结果。结果显示,有质动力会驱动等离子体形成等离子体密度的重新分布,等离子体特征频率也随之变化,共振位置向地球方向移动,并且波动结构变宽、变复杂。但并不是所有的色散效应都使共振位置向同一方向移动,有质动力和电子惯性使共振向地球移动,而热效应的作用是与之相反的。

本章也总结了二维磁层-电离层电动耦合交互式有限元模式数值模拟的研究成果,数值模型基于全磁流体方程或者双流简化MHD方程,并考虑了磁层剪切阿尔芬波与压缩波的耦合,以及极光热电子沉降对磁层剪切阿尔芬波的作用;分析和模拟了极光产生的两种主要机制,即磁层起主要作用的磁层场线共振机制和电离层起主要作用的电离层反馈不稳定机制。

电离层反馈依赖于沉降能量和波阻尼的相互竞争。尽管高的波阻尼可以减弱场向电流,但是地磁场的拉伸可以带来平行电流和磁场扰动的增强。拉伸磁场情况下触发反馈效应所需要的沉降能量比偶极场情况下的要低。非线性效应可以产生强烈的局地场线共振,当引入极光电子沉降后,密度扰动大幅增强。全MHD计算得到的密度扰动分布与简化MHD情况的不同,前者存在明显的垂直于拉伸磁场方向的等离子体运动,而在后者中密度扰动基本是沿磁力线的。这表明在高β区域,简化MHD不再适用,高等离子体压强会导致新的等离子体行为。另外,非常小尺度、小幅度的密度扰动就可以触发反馈不稳定,高的沉降能量和能量通量会导致更快的不稳定增长。

磁层场线共振和电离层反馈不稳定这两种机制下的等离子体运动行为大不相同。在磁层场线共振机制中,等离子体基本沿磁力线运动(特别是在共振壳层),形成赤道附近的密度富集区和高纬电离层附近的密度空腔区;而在反馈不稳定机制中,每条磁力线上的密度要么是峰,要么是空腔,在垂直磁力线方向就表现为等离子体密度峰和空腔的交替出现。非常大尺度和大幅度的跨磁力线的密度结构更可能是由场线共振产生的,而高频的密度扰动可归因于反馈不稳定性。

本章还展示了针对1997年1月31日的磁层场线共振事件的模拟结果,使用当时的太阳风参数构建磁层磁场模型,模拟得到场线共振的波动幅度。结果显示,在磁层场线共振饱和之后,波动的径向宽度、波动幅度与卫星和地面观测资料的结果符合得较好。

在三维磁层-电离层耦合方面,虽然已有很多的三维磁层模式,如LFM、BATS-R-US、GUMICS等,但都使用理想磁流体或简化的磁流体方程,因而无法研究小尺度效应。而在研究小尺度剪切阿尔芬波方面,尚没有三维模拟方面的工作。本章给出了三维情况下偶极地磁场中的场线共振模拟的初步结果。场线共振稳定之后的极区场向电流的最大值为2.9μA/m^2左右,与观测数据吻合。

致　　谢

本工作由国家自然科学基金(批准号:41031063,41304144),公益性行业(气象)科研专项(No:201106011)和海洋公益性行业科研专项经费(No:201005017)联合资助。

参考文献

徐文耀. 2003. 地磁学. 北京: 地震出版社.

Atkinson G. 1970. Auroral arcs: Result of the interaction of a dynamic magnetosphere with the ionosphere. Journal of Geophysical Research, 75:4746-4755.

Bhattacharjee A, Kletzing C A, Ma Z W, et al. 1999. Four-field model for dispersive field-line resonances: Effects of coupling between shear-Alfven and slow modes. Geophysical Research Letters, 26(21):3281-3284.

Borovsky J E. 1993. Auroral arc thicknesses as predicted by various theories. Journal of Geophysical Research, 98(A4):6101-6138.

Boström R. 1973. Electrodynamics of the ionosphere. Cosmical Geophysics, 1:181.

Brown R R. 1966. Electron precipitation in the auroral zone. Space Science Reviews, 5(3): 311-387.

Chaston C C, Carlson C W, Ergun R E, et al. 2000. Alfven waves, density cavities and electron acceleration oberved from the FAST spacecraft. Physica Scripta, T84:64-68.

Chaston C C, Peticolas L M, Carlson C W, et al. 2005. Energy deposition by Alfven waves into the dayside auroral oval: Cluster and FAST observations. Journal of Geophysical Research, 110:A02211.

Chen L, Hasegawa A. 1974. A theory of long period magnetic pulsation 1: Steady state excitation of field line resonance. Journal of Geophysical Research, 79:1024-1032.

Chen L, Wu D J. 2011. Exact solutions of dispersion equation for MHD waves with short-wavelength modification. Chinese Science Bulletin, 56:955-961.

Chiu Y T, Cornwall J M. 1980. Electrostatic model of a quiet auroral arc. Journal of Geophysical Research, 85:543-556.

Chiu Y T, Newman A L, Cornwall J M. 1981. On the structures and mapping of auroral electrostatic potentials. Journal of Geophysical Research, 86:10029-10037.

Cummings W D, O'Sullivan R J, Coleman P J Jr. 1969. Standing Alfvén waves in the magnetosphere. Journal of Geophysical Research, 74(3):778-793.

Evans D S, Maynard N C, Trøim J, et al. 1977. Auroral vector electric field and particle comparisons, 2, electrodynamics of an arc. Journal of Geophysical Research, 82(16): 2235-2249.

Fedder J A, Slinker S P, Lyon J G, et al. 1995. Global numerical simulation of the growth phase and the expansion onset for a substorm observed by Viking. Journal of Geophysical Research, 100:19083-19093.

Frey P J, George P L. 1999. Maillages: Applications Aux Elements Nis. Paris:Hermes Science Publications.

Fridman M, Lemaire J. 1980. Relationship between auroral electrons fluxes and field aligned electric potential difference. Journal of Geophysical Research, 85(A2): 664-670.

Frycz P, Rankin R, Samson J C, et al. 1998. Nonlinear field line resonances: Dispersive effects. Physics of Plasmas, 5:3565-3574.

Goertz C K. 1984. Kinetic Alfven waves on auroral field lines. Planetary and Space Science, 32: 1387-1392.

Goertz C K, Boswell R W. 1979. Magnetosphere-ionosphere coupling. Journal of Geophysical Research, 84:7239-7246.

Gurnett D A, Frank L A. 1973. Observed relationships between electric fields and auroral particle precipitation. Journal of Geophysical Research, 78(1):145-170.

Harel M, Wolf R A, Spiro R W, et al. 1981. Quantitative simulation of a magnetosphericsubstorm 2. comparison with observations. Journal of Geophysical Research, 86(A4): 2242-2260.

Hasegawa A. 1976. Particle acceleration by MHD surface wave and formation of aurora. Journal of Geophysical Research, 81:5083-5090.

Keiling A. 2009. Alfven waves and their roles in the dynamics of the Earth's magnetotail: A review. Space Science Reviews, 142(1-4):73-156.

Knight S. 1973. Parallel electric fields. Planetary and Space Science, 21(5):741-750.

Knudsen D J, Donovan E F, Cogger L L, et al. 2001. Width and structure of mesoscale optical arcs. Geophysical Research Letters, 28:705-708.

Lanchester B S, Rees M H, Sedgemore-Schulthess K J F, et al. 2001. Ohmic heating as evidence for strong field-aligned currents in filamentary aurora. Journal of Geophysical Research, 106:1785-1794.

Le G, Slavin J A, Strangeway R J. 2010. Space Technology 5 observations of the imbalance of regions 1 and 2 field-aligned currents and its implication to the cross-polar cap Pedersen currents. Journal of Geophysical Research, 115(A7).

Li L, Feng Y Y. 2011. Energetic electron flux distribution model in the inner and middle magnetosphere. Science China Technological Sciences, 54:441-446.

Liou K, Newell P T, Meng C I. 2001. Seasonal effects on auroral particle acceleration and precipitation. Journal of Geophysical Research, 106(A4):5531-5542.

Lotko W, Streltsov A V, Carlson C W. 1998. Discrete auroral arc, electrostatic shock and suprathermal electrons powered by dispersive, anomalously resistive field line resonance. Geophysical Research Letters, 25(24):4449-4452.

Lu J Y, Rankin R, Marchand R, et al. 2005a. Nonlinear electron heating by resonant shear Alfvén waves in the ionosphere. Geophysical Research Letters, 32:L01106.

Lu J Y, Rankin R, Marchand R. 2005b. Reply to comment by J. -P. St. -Maurice on "Nonlinear electron heating by resonant shear Alfvén waves in the ionosphere". Geophysical Research Letters, 32:L13103.

Lu J Y, Rankin R, Marchand R, et al. 2003a. Nonlinear acceleration of dispersive effects in field line resonances. Geophysical Research Letters, 30:1540.

Lu J Y, Rankin R, Marchand R, et al. 2003b. Finite element modelling of nonlinear dispersive field line resonances: Trapped shear Alfvén waves inside field-aligned density structures. Journal of Geophysical Research, 108:1394.

Lu J Y, Rankin R, Marchand R, et al. 2007. Electrodynamics of magnetosphere-ionosphere coupling and fedback on magnetospheric field line resonances. Journal of Geophysical Research, 112:A10219.

Lu J Y, Wang W, Rankin R, et al. 2008. Electromagnetic waves generated by ionospheric feedback instability. Journal of Geophysical Research, 113:A05206.

Lundin R, Eliasson L, Haerendel G, et al. 1994. Large-scale auroral plasma density cavities observed by freja. Geophysical Research Letters, 21:1903-1906.

Lysak R L. 1990. Electrodynamic coupling of the magnetosphere and ionosphere. Space Science Reviews, 52:33-87.

Lysak R L. 1991. Feedback instability of the ionospheric resonant cavity. Journal of Geophysical Research, 96(A2):1553-1568.

Lysak R L, Song Y. 2002. Energetics of the ionospheric feedback interaction. Journal of Geophysical Research, 107(A8): SIA 6-1-SIA 6-13.

Maltsev Y P, Lyatsky W B, Lyatskaya A M. 1977. Currents over the auroral arc. Planetary and Space Science, 25(1):53-57.

McIlwain C E. 1960. Direct measurement of particles producing visible auroras. Journal of Geophysical Research, 65(9):2727-2747.

Miura A, Sato T. 1980. Numerical simulation of global formation of auroral arcs. Journal of Geophysical Research, 85:73-91.

Newell P T, Lyons K M, Meng C I. 1996. A large survey of electron acceleration events. Journal of Geophysical Research, 101(A2):2599-2614.

Newell P T, Meng C I, Wing S. 1998. Relation to solar activity of intense aurorae in sunlight and darkness. Nature, 393:342-344.

Noel J M A, St-Maurice J P, Blelly P L. 2000. Nonlinear model of short-scale electrodynamics in the auroral ionosphere. AnnalesGeophysicae, 18:1128-1144.

Ogawa T, Sato T. 1971. New mechanism of auroral arcs. Planetary and Space Science, 19(11): 1393-1412.

Paschmann G, Haaland S, Treumann R. 2002. auroral plasma physics. Space Science Reviews, 103:1-475.

Pokhotelov D, Lotko W, Streltsov A V. 2002. Effects of the seasonal asymmetry in ionospheric Pedersen conductance on the appearance of discrete aurora. Geophysical Research Letters, 29(10): 79-1-79-4.

Poliakov S V, Rapoport V O. 1981. The ionospheric Alfvén resonator. Geomagnetism and Aeronomy/Geomagnetizmi Aeronomiia, 21:816-822.

Prakash M, Rankin R, Tikhonchuk V T. 2003. Precipitation and nonlinear effects in geomagnetic field line resonances. Journal of Geophysical Research, 108:8014.

Rankin R, Fenrich F, Tikhonchuk V T. 2000. Shear alfven waves on stretched magnetic field lines near midnight in earth's magnetosphere. Geophysical Research Letters, 27(20): 3265-3268.

Rankin R, Kabin K, Lu J Y, et al. 2005a. Magnetospheric field-line resonances: Ground-based observations and modeling. Journal of Geophysical Research, 110:A10S09.

Rankin R, Lu J Y, Marchand R, Donovan E F. 2004. Spatiotemporal characteristics of ultra-low frequency dispersive scale shear Alfvén waves in the earth's magnetosphere. Physics of Plasmas, 11:1268-1276.

Rankin R, Marchand R, Lu J Y, et al. 2005b. Theory of dispersive shear Alfvén wave focusing in Earth's magnetosphere. Geophysical Research Letters, 32:L05102.

Rankin R, Samson J C, Tikhonchuk V T, et al. 1999. Auroral density fluctuations on dispersive field line resonances. Journal of Geophysical Research, 104(A3):4399-4410.

Rankin R, Watt C E J, Kabin K, et al. 2006. Theoretical aspects of kinetic and inertial scale dispersive Alfvén waves in Earth's magnetosphere. Geophysical Monograph, 169:91-108.

Rees M H. 1963. Auroral ionization and excitation by incident energetic electrons. Planetary and Space Science, 11(10):1209-1218.

Reiff P H. 1984. Models of auroral-zone conductances. Geophysical Monograph Series, 28: 180-191.

Ruohoniemi J M, Greenwald R A, Baker K B, et al. 1991. HF radar observations of Pc5 field line resonances in the midnight/early morning MLT sector. Journal of Geophysical Research: Space Physics, 96(A9):15697-15710.

Russell A J B, Wright A N. 2012. Magnetosphere-ionosphere waves. Journal of Geophysical Research: Space Physics, 117(A1).

Samson J C, Cogger L L, Pao Q. 1996. Observations of field line resonances, auroral arcs, and auroral vortex structures. Journal of Geophysical Research, 101(A8):17373-17383.

Samson J C, Rankin R. 1994. The coupling of solar wind energy to MHD cavity modes, waveguide modes, and field line resonances in the Earth's magnetosphere. Solar wind sources of magnetospheric ultra-low-frequency waves, 253-264.

Samson J C, Rankin R, Tikhonchuk V T. 2003. Optical signatures of auroral arcs produced by field line resonances: comparison with satellite observations and modeling. Annales Geophysicae, 21:933-945.

Sato T. 1978. A theory of quiet auroral arcs. Journal of Geophysical Research, 83:1042-1048.

Schield M A, Freeman J W, Dessler A J. 1969. A source for field-aligned currents at auroral latitudes. Journal of Geophysical Research, 74(1):247-256.

Si H, Gartner K. 2011. 3D boundary recovery by constrained Delaunay tetrahedralization. International Journal for Numerical Methods in Engineering, 85(11):1341-1364.

Si H, Gartner K, Fuhrmann J. 2010. Boundary conforming Delaunay mesh generation. Computational Mathematics and Mathematical Physics, 50(1):38-53.

Slinker S P, Fedder J A, Emery B A, et al. 1999. Comparison of global MHD simulations with AMIE simulations for the events of May 19-20, 1996. Journal of Geophysical Research, 104:28379-28395.

Southwood D J. 1974. Some features of field line resonances in the magnetosphere. Planetary and Space Science, 22(3):483-491.

Southwood D J, Kivelson M G. 1986. The effects of parallel inhomogeneity on magnetosphericHydromagnetic wave coupling. Journal of Geophysical Research, 91: 6871-6876.

Speziale T, Catto P J. 1977. Linear wave conversion in an unmagnetized, collisionless plasma. Physics of Fluids, 20:990.

Stasiewicz K, Gustafsson G, Marklund G, et al. 1997. Cavity resonators and Alfven resonance cones observed on freja. Journal of Geophysical Research, 102:2565-2575.

Streltsov A V. 1999. Dispersive width of the Alfvénic field line resonance. Journal of Geophysical Research, 104(A10):22657-22666.

Streltsov A V, Lotko W. 1995. Dispersive field line resonances on auroral field lines. Journal of Geophysical Research, 100:19457-19472.

Streltsov A V, Lotko W. 2004. Multiscale electrodynamics of the ionosphere-magnetosphere system. Journal of Geophysical Research, 109(A9):A09214.

Streltsov A V, Lotko W, Milikh G M. 2005. Simulation of ulf field-aligned currents generated by hf heating of the ionosphere. Journal of Geophysical Research，110：A04216.

Tikhonchuk V T，Rankin R. 2002. Parallel potential driven by a kinetic Alfvén wave on geomagnetic field lines. Journal of Geophysical Research，107(A7)：SMP 11-1-SMP 11-8.

Trondsen T S，Cogger L L，Samson J C. 1997. Asymmetric multipleauroral arcs and inertial Alfvén waves. Geophysical Research Letters，24：2945-2948.

Watanabe T H. 2010. Feedback instability in the magnetosphere-ionosphere coupling system：Revisited. Physics of Plasmas，17：022904.

Watanabe T H，Oya H，Watanabe K，et al. 1993. Comprehensive simulation study on local and global development of auroral arcs and field-aligned potentials. Journal of Geophysical Research，98(A12)：21391-21407.

Waters C L，Samson J C，Donovan E F. 1996. Variation of plasmatrough density derived from magnetospheric field line resonances. Journal of Geophysical Research，101（A11）：24737-24745.

Xiao F，Su Z，Chen L，et al. 2010. A parametric study on outer radiation belt electron evolution by superluminous r-x mode waves. Journal of Geophysical Research，115：A10217.

Zhang C M，Wei Y C，Yin H X，et al. 2010. The emission positions of kHz QPOs and Kerr spacetime influence. Science China Physics，Mechanics and Astronomy，53：114-116.

Zhao M X，Lu J Y. 2012. Nonlinear dispersive scale Alfvén waves inmagnetosphere-ionosphere coupling：Physical processes and simulation results. Chinese Science Bulletin，57（12）：1384-1392.

第9章　中间层和热层金属层的研究进展

窦贤康

中国科学技术大学,合肥　230026

中间层顶区域是大气光化学和动力学过程表现最为复杂的区域,也是中高层大气与电离层耦合过程关键节点。同时,这一区域也是流星注入地球大气后烧蚀的区域。流星在烧蚀过程中其内部的金属原子或离子挥发出来,在中间层顶区域(80～105km)形成了金属原子或离子(如钠、铁、钙、钙离子等)富集的“金属层”。金属层原子或离子能够对这一区域动力学和光化学过程起到示踪作用,从而获得人们的关注。自20世纪70年代初,伴随荧光共振激光雷达的研制,我们有机会对金属层中的各种金属原子或离子,以及大气中性温度和风场进行探测。

在金属层内各种金属原子中,钠原子由于具有合适的丰度和后向荧光共振散射截面,是被最早也是最广泛探测的原子。本章主要简述中国科学技术大学在中间层和热层钠层的研究进展。

9.1　观测手段

1. 荧光共振激光雷达

荧光共振技术是探测金属层区域金属原子/离子的最有效手段。中国科学技术大学在国家大科学工程“子午工程”等项目的支持下,在合肥(31.8°N, 117.3°E)建成了一台瑞利-钠荧光激光雷达,在钠荧光共振探测模式下,Nd:YAG激光器(波长532nm,重复频率20Hz)泵浦一台调谐染料激光器产生同频激光,通过钠蒸气泡将染料激光的输出波长锁定在钠D2吸收线上(中心波长589nm,能量60mJ),输出的589nm泵浦激光经过扩束后通过45°镜垂直发射到天空。后向散射的金属层钠层共振荧光光子被1m口径的卡塞格林式望远镜收集,经过窄带干涉滤光片后聚焦到光电倍增系统,而后经由多通道采集卡被计算机记录。全系统主要技术指标在表9.1(第三列)给出。

表 9.1 子午工程 4 台激光雷达主要系统参数

	Beijing	Hefei	Wuhan	Haikou
Location	(40.2°N,116.2°E)	(31.8°N,117.3°E)	(30.5°N,114.4°E)	(19.5°N, 109.1°E)
Transmitter				
Wavelength/nm	589	589	589	589
Pulse energy/mJ	30	60	60	30
Pulse width/ns	10	6	6	10
Line width/GHz	~1.5	~1.5	~1.5	~1.5
Telescope				
Diameter/mm	1000	1000	520	1000
POV/mrad	0.2—2	0.2—2	1	0.2—2
Time res. /s	180	250	300	180
Spatial res. /m	96	150	96	96

2012 年,中国科学技术大学在丽江(26.7°N, 100.0°E)与中国科学院成都光电技术研究所合作,在丽江高美古天文观测站,借助 1.8m 口径天文望远镜,建成了一套大口径的钠激光雷达。凭借高海拔、高大气洁净度,以及大口径的天文望远镜相等光学观测优势,该套系统具有很高的时间和空间分辨能力。

除中国科学技术大学两部激光雷达之外,我们还利用了国家大科学工程"子午工程"支持建设的位于北京(40.2°N, 116.2°E)、武汉(30.5°N, 114.4°E)、海口(19.5°N, 109.1°E)的 3 套瑞利-钠荧光共振激光雷达。北京、武汉、海口的瑞利-钠荧光共振激光雷达系统结构和中国科学技术大学的瑞利-钠荧光共振激光雷达非常类似,其主要参数由表 9.1 给出。这 3 套激光雷达和位于合肥的中国科学技术大学的瑞利-钠荧光共振激光雷达构成了我国沿 120°E 和 30°N 链的激光雷达观测台链。

2. 流星雷达

流星雷达通过发射高频无线电波,探测 70~110km 高度流星在大气中烧蚀形成的等离子尾迹的回波信号,从而获得流星数目随高度的分布。进一步,如果假定流星尾迹等离子在大气风场中漂移,还可以根据回波信号进一步反演 70~110km 高度大气的水平风场。本章主要利用位于中国科学院地质与地球物理研究所在武汉和中国电波传播研究所在昆明(25.6°N, 103.8°E)建设的两部全天空流星雷达。

3. 电离层数字测高仪

电离层数字测高仪是电离层探测中常见的仪器,这里利用国家大科学工程"子午工程"支持下,在武汉、海口建成的 2 套电离层数字测高仪,以及中国科学院地质与地球物理研究所和中国电波传播研究所分别在北京和昆明建设的 2 套电离层数字测高仪来提供电离层 E 层(90～130km)中突发 E 层(Es)的信息。

4. 电离层掩星观测

近年来,GPS 掩星技术也常常被用来研究电离层 E 层的一些不规则结构。掩星观测卫星,如美国和中国台湾联合发射的 COSMIC(Constellation Observing System for Meteorology, Ionosphere, and Climate)卫星,以及德国的 TerraSAR-X 卫星,通过接收两个 L 波段(L1＝1.6GHz, L2＝1.2GHz)的 GPS 掩星信号,可以反演低层大气温度、湿度,以及电离层高度的电子密度剖面。

9.2　突发钠层观测研究

在钠层的激光雷达观测中,常常观测一种所谓的突发钠层(sporadic sodium layer, SSL)现象。突发钠层是发生在 80～110km 高度钠层中的一种显著的密度突然增长事件,它是在某一个高度上出现的持续时间短、密度高(比背景密度高 2 倍以上)、宽度窄(一般半高全宽在 1～4km)的钠原子薄层。目前,对于突发钠层的形成机制,国际上还存在很多争论。

中国科学技术大学利用钠激光雷达在突发钠层研究中取得了一些重要的结果(Dou et al., 2009,2010,2013)。

图 9.1 给出了 2007 年 3 月 20 日夜间中国科学技术大学位于合肥的钠激光雷达观测到的一个典型的突发钠层事件的过程(a)和峰值时刻的主要参数特征(b)。从图 9.1(a)可以发现在 2007 年 3 月 21 日凌晨 00:12～01:53LT 出现了一个局地钠密度增强区域,并且持续发展了约 100min。在其发展峰值时刻(图 9.1(b)),通过其高度廓线可以测量它的一些典型参数,例如,峰值钠密度 17380cm^{-3},峰值

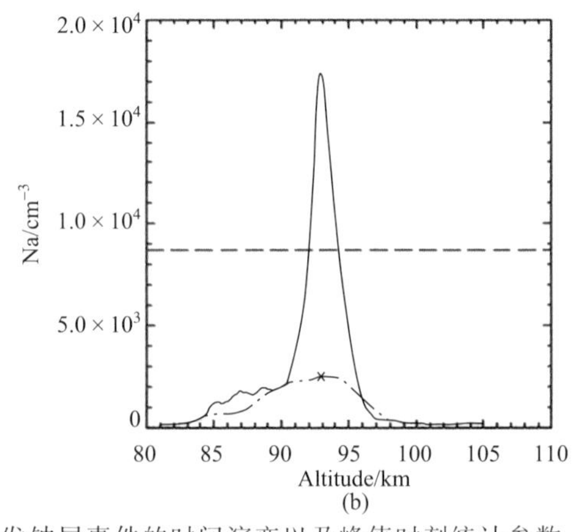

图 9.1　2007 年 3 月 20 日夜间观测到的突发钠层事件的时间演变以及峰值时刻统计参数

所在高度 93.0km，突发钠层峰值宽度 2.3km，强度 5.9（即突发钠层峰值密度与相应高度背景钠层密度比值）。

在中国科学技术大学位于合肥的钠激光雷达从 2005 年 12 月至 2008 年 11 月，累计 118 个夜间共 900 余小时的钠层观测数据中选取典型的突发钠层事件，主要判断标准为：①突发钠层最大的峰值密度至少要高于同一高度背景钠层密度 2 倍以上，背景钠层密度通过没有突发钠层事件的所有夜间观测平均获得；②突发钠层的半高全宽要小于 4km（突发钠层中一种 C-结构特例的宽度不受此限制）；③突发钠层事件至少要持续 4 个连续的钠层观测廓线（全过程大于 16min）。

在 118 个夜间观测中，一共有 64 次突发钠层事件，分布在 57 个夜间 900 多小时的观测数据中，出现率为 14h/SSL。几个主要的统计参数，如峰值高度、半高全宽度、强度因子、持续时间在图 9.2 中给出。突发钠层发生的高度多集中在 92～97km，平均值在 94.8km；半高全宽主要集中在 1～4km 范围；强度因子为 2～6 倍；持续时间大都在 1～3h。这些结果和前人文献报告的基本相当。

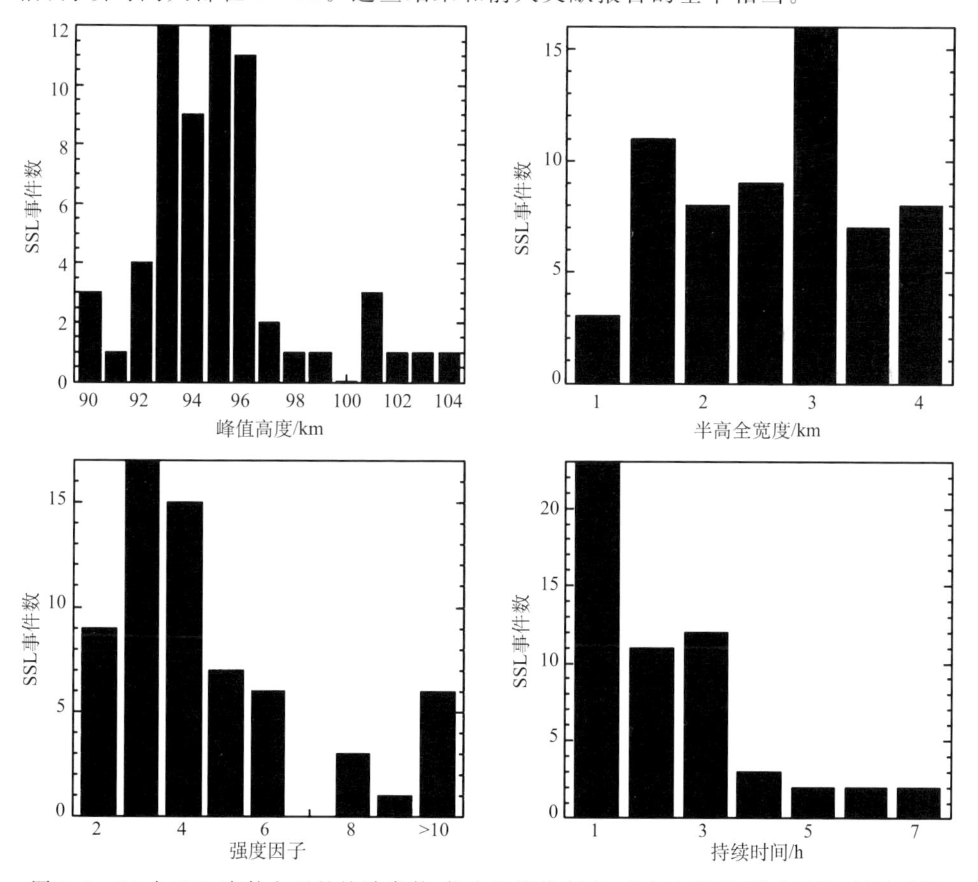

图 9.2　64 个 SSL 事件主要的统计参数，依次为峰值高度、半高全宽度、强度因子、持续时间

为了进一步研究突发钠层的可能成因，利用 9.1 节提到的多种探测手段，主要数据覆盖时段如下。

(1) 突发钠层：合肥激光雷达观测(2005.12～2008.10)。

(2) 流星注入：武汉流星雷达 (2003.01～2005.12)。

(3) Es：COSMIC 电子浓度廓线 (2006.06～2008.10)。

突发钠层、流星注入数目，以及电离层 Es 的平均年变化统计规律由图 9.3 给出，三者具有较好的一致性。表明如果假定流星注入是源，那么通过风场剪切导致 Es，进而由于大气波动等传播引发 SSL。

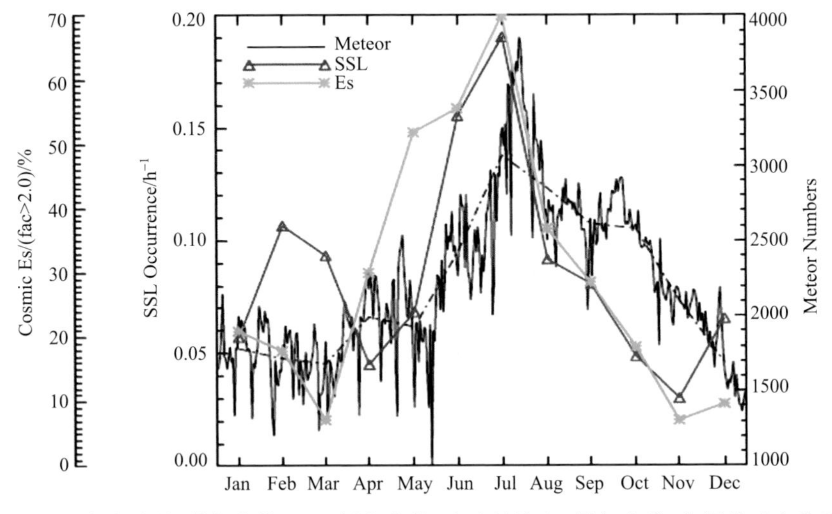

图 9.3 突发钠层(粉色实线)、Es(绿色实线)和流星注入(黑色实线)之间的对应关系

表 9.2 给出突发钠层和 Es 之间的对应关系：在有突发钠层观测的时间范围内，共有 16 次 COSMIC 对电子密度的同步观测，其中 9 次(56.3%)可以认定为 Es；而在没有突发钠层的激光雷达观测的时间范围内，共有 46 次 COSMIC 对电子密度的同步观测，其中仅有 8 次(17.4%)可以认定为 Es。

表 9.2 突发钠层(SSL)和 Es 之间的对应关系

日期	Es 事件					SSL 事件				
	T_{obs} /LT	$\Delta T^{(1)}$ /h	N_{max} /cm^{-3}	H_{max} /km	$F_{Es}^{(2)}$	H_P /km	$F_{SSL}^{(3)}$	$V_p^{(4)}$ /(km/h)	$T_p^{(5)}$ /min	SSL Tyap$^{(6)}$
2006-09-07	00:05	−2.53	33565.4	99.9	2.8	93.6	4.9	1.65	66	S
2006-10-16	00:39	−1.92	59161.0	96.7	1.3	100.8	3.7	−0.55	50	S
2006-12-16	23.56	1.77	62090.3	105.5	3.7	93.3	2.9	−0.95	167	T
2006-12-20	23.53	−0.12	20558.7	107.7	4.1	94.5	2.3	−1.99	63	S

续表

日期	Es 事件					SSL 事件				
	T_{obs} /LT	ΔT(1) /h	N_{max} /cm^{-3}	H_{max} /km	$F_{Es}^{(2)}$	H_P /km	$F_{SSL}^{(3)}$	$V_p^{(4)}$ /(km/h)	$T_p^{(5)}$ /min	SSL Tyap(6)
2006-12-29	22:17	−1.95	47972.4	89.0	1.7	95.3	2.7	−0.13	67	S
2007-01-07	01:19	0.13	72928.0	106.9	13.3	92.7	3.4	−0.48	355	T
2007-01-27	20:59	0.70	51078.2	91.5	1.3	98.9	5.6	0.30	37	S
2007-02-03	01:06	0.22	38277.9	93.3	1.5	93.0	5.6	0.89	50	S
2007-03-28	01:14	−2.45	16629.3	99.4	1.1	94.1	3.6	0.13	33	S
2007-03-30	01:05	0.47	24777.8	93.2	1.5	92.3	4.9	−1.85	>179	S
2007-07-28	02:46	−2.61	17950.6	111.0	3.9	92.8	2.4	−0.83	350	T
2007-08-08	21:48	1.42	103566.0	108.2	6.4	95.7	5.5	-0.64	>167	T
2007-12-14	23:06	0.65	28180.1	104.0	2.1	95.7	2.4	−0.38	>44	S
2007-12-20	02:55	−0.92	14861.6	120.0	2.5	96.0	2.2	0.80	100	S
2008-03-15	03:53	−2.30	13428.8	97.6	4.6	95.3	3.1	0.52	59	S
2008-09-01	22:52	0.75	25589.0	91.9	1.6	90.8	2.9	−0.50	299	T

同时，在以上 16 次突发钠层和 Es 共同观测中，5 次突发钠层可以认定为潮汐突发钠层(表中标注为 T 的事件，其表现为突发钠层呈现出稳定的下行结构，峰值下降速度约 1km/h)，而更值得注意的是，它们峰值高度在 95km 以下，并且 4 次伴随 Es，因此可以推测：大气潮汐可以通过风剪切汇聚离子形成 Es，并通过下传的相位将离子(特别是 Na 离子)带入到低高度，通过化学反应进而形成突发钠层。

“子午工程”建成后，使用同样的方法，利用“子午工程”部署在北京(40.2°N，116.2°E)、合肥(31.8°N，117.3°E)、武汉(30.5°N，114.4°E)、海口(19.5°N，109.1°E)的 4 套同类型的钠激光雷达，以及北京、武汉、海口的 3 套电离层数字测高仪在 2011～2012 年两年的观测资料，统计研究突发钠层的在不同纬度的出现规律(表 9.3)，以及突发钠层与 Es 在不同纬度地区的相关性(表 9.4)。研究发现，虽然四个站点突发钠层都显示了与 Es 在夏季的强相关性，但突发钠层在北京的发生频率(46h/SSL)远低于合肥、武汉和海口的突发钠层发生频率(～12～15h/SSL)，同时，具有较低峰值密度(2280cm^{-3})和较高的峰值高度(98.2km)。进一步，通过比较合肥-北京、合肥-武汉、合肥-海口的同步突发钠层观测发现，突发钠层在合肥-武汉、合肥-海口的同步观测的相关度要优于合肥-北京。以上这些结果暗示了北京地区的中高层大气在动力学/光化学特性上与其他站点的差异。

表 9.3　北京、合肥、武汉、海口四地观测突发钠层(SSL)和热层钠层(TeSL)的出现率、峰值密度、峰值高度、宽度、峰值时刻、上升和下降时间统计

		北京	合肥	武汉	海口
Obs. days		251	101	63	115
Obs. hours		2390	772	554	869
Numbers	SSL	52	63	40	58
	TeSL	21	2	2	10
$\overline{N}_p/cm^{-3}$	SSL	2280	6932	7020	5334
	TeSL	159	355	822	176
$\overline{H}_p/km$	SSL	98.2	95.9	95.3	95.9
	TeSL	110.3	110.1	103.3	109.4
$\overline{FWHM}/km$	SSL	1.9	2.0	1.7	1.9
	TeSL	4.0	3.5	2.8	3.3
$\overline{T_m}/LT$	SSL	23.4	1.4	0.3	0.8
	TeSL	0.0	23.4	4.0	23.8
$\overline{T_m - T_b}/h$	SSL	1.3	2.2	2.1	2.3
	TeSL	2.2	1.3	2.3	1.2
$\overline{T_e - T_m}/h$	SSL	1.9	2.2	2.9	2.6
	TeSL	1.9	2.6	0.4	1.6

表 9.4　北京、合肥、武汉、海口四地观测突发钠层和热层钠层的出现率、峰值密度、峰值高度、宽度、峰值时刻与 Es 的关系

		北京	合肥	武汉	海口
Total Es-Related:non-Es-Related		20:11	27:33	16:18	31:29
Summer Es-Related:non-Es-Related		15:1	19:8	10:4	27:9
$\overline{N}_p/cm^{-3}$	Es-Related	1227	5827	7896	3496
	non-Es-Related	3721	8060	6473	5247
$\overline{H}_p/km$	Es-Related	103.8	97.8	97.0	98.8
	non-Es-Related	98.9	95.3	94.4	97.1
$\overline{FWHM}/km$	Es-Related	2.6	2.0	1.8	2.4
	non-Es-Related	2.4	2.1	1.5	1.8
$\overline{T}_m/LT$	Es-Related	0.2	0.1	23.1	23.8
	non-Es-Related	22.5	2.2	1.2	1.1

9.3　热层钠层(thermospheric enhanced sodium layer, TeSL)观测研究

近年来，一些观测表明金属层可延伸至热层高度(～120～170km)，更新了之前人们对金属层仅局限于中间层顶(80～105km)的认识。

中国科学技术大学在丽江研发的一台大口径(1.8m)钠激光雷达配合中国电波传播研究所在昆明的电离层探测设备(流星雷达、电离层测高仪)，构成了一个具有高时空分辨率、多探测手段的综合观测实验区。利用它在热层钠层观测研究中取得了一些重要结果(Dou et al., 2013; Xue et al., 2013)。

在2012年3月至4月的观测实验中，这台具有高时空分辨率的激光雷达观测到了两次热层钠层。图9.4给出2012年3月12日夜间13UT～16:30UT(21LT～0:30LT)观测到的热层钠层结果。低热层钠层约于14:20UT左右开始出现，其初始密度约为60cm^{-3}，其峰值密度为120cm^{-3}(约占主钠层(80～110km)峰值密度6.7%)出现在15:00UT，随后逐渐减弱，在观测结束时已经基本消失。与此同时，在主钠层中还存在一个突发钠层，从13:00UT开始发展，至观测结束时达到峰值5500cm^{-3}。电离层数字测高仪和GPS掩星观测(Terra-X, COSMIC)显示(图9.5)，在热层钠层出现期间，电离层存在显著的Es(foEs～20MHz)，并存在复杂的多层Es结构(图9.5(b))。

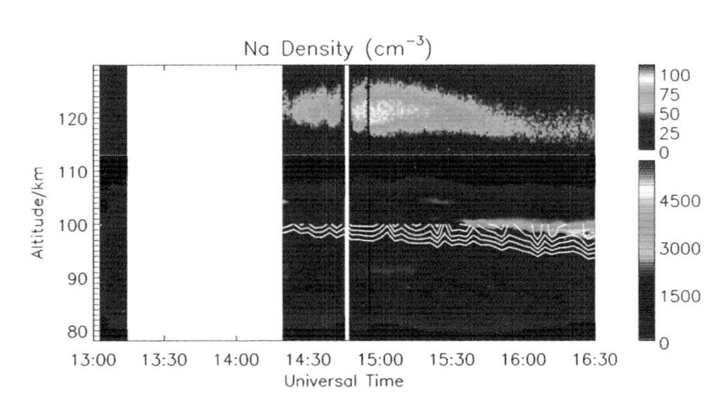

图9.4　2012年3月12日夜间在丽江观测的热层钠层

利用昆明流星雷达风场观测结合GSWM(Global Scale Wave Model)，通过带电离子垂直运动方程，可以定量计算带电离子的汇聚与发散区域，如图9.6所示。热层钠层事件与主钠层中突发钠层具有相同的成因，遵循“突发E层-热层钠层(突发钠层)”因果链，即由潮汐风场汇聚效应引发电离层突发E层，进而通过Na^+的化学中和形成热层钠层。2012年3月12日夜间的热层钠层，开始位于潮汐风场

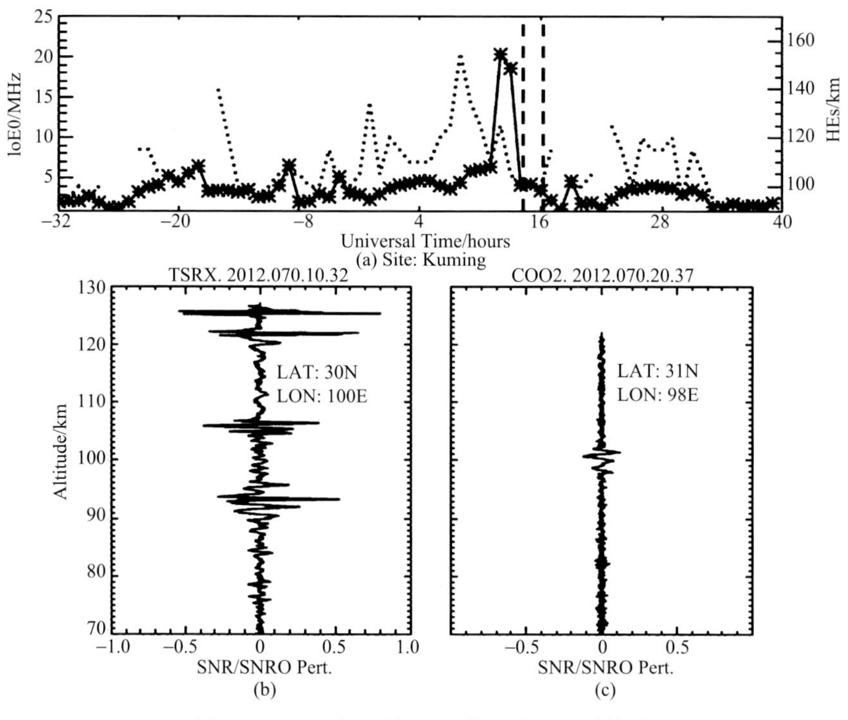

图 9.5　2012 年 3 月 12 日的电离层观测结果

(a)数字测高仪;(b)TerrSAR-xz(10:32UT);(c)COSMIC(20:37UT)

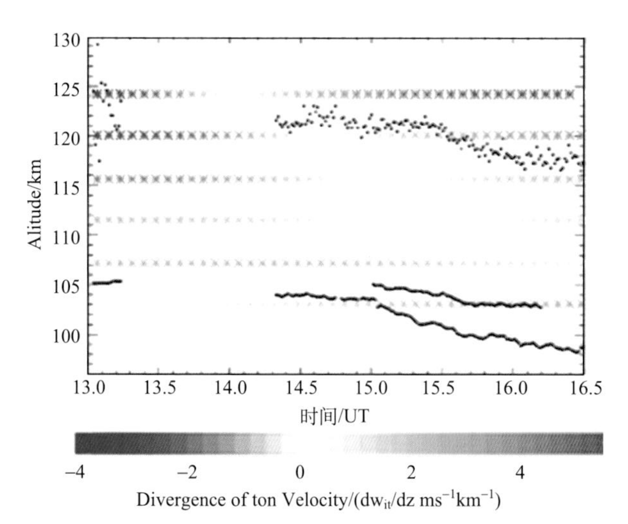

图 9.6　离子汇聚(蓝色)和发散(红色)随时间和高度的演化,

及其与热层钠层(115km 以上部分)和突发钠层(110km 以下部分)峰值高度演化的关系

的离子汇聚区，因此热层钠层逐渐加强，当其进入潮汐风场离子发散区后，逐渐衰减而消失；与此同时，主钠层的突发钠层则始终处于离子汇聚区，可以得以持续的发展，而获得显著的峰值密度。

进一步，利用“子午工程”的 4 部钠激光雷达统计研究热层钠层随纬度分布的规律，主要统计结果由表 9.3 和表 9.4 给出。2011～2012 年，北京、合肥、武汉和海口热层钠层出现率分别为 114h/TeSL，386h/TeSL，277h/TeSL，86h/TeSL；同时，热层钠层集中出现在夏季(5～8 月)，与 Es 的相关度高于突发钠层与 Es 的相关度。从统计来看，北京和海口的热层钠层出现率高于合肥和武汉，其中一个主要原因是合肥和武汉两地在夏季有限的观测条件制约了对此类事件的观测。

参考文献

Dou X K，Qiu S C，Xue X H，et al. 2013. Sporadic and thermospheric enhanced sodium layers observed by a lidar chain over China. J. Geophys. Res. Space Physics，118，6627-6643.

Dou X，Xue X H，Chen T D，et al. 2009. A statistical study of sporadic sodium layer observed by sodium lidar at Hefei (31. 8N，117. 3E). Ann. Geophys.，27：2247-2257.

Dou X，Xue X，Li T，et al. 2010. Possible relations between meteors，enhanced electron density layers and sporadic sodium layers. J. Geophys. Res.，115：A06311.

Xue X H，Dou X K，Lei J，et al. 2013. Lower thermospheric enhanced sodium layers observed at low latitude and possible formation：Case studies. J. Geophys. Res.，118：2409-2418.

第 10 章 高空短暂发光现象

陈炳志 许瑞荣 苏汉宗
台湾成功大学，台南 701

本章介绍大气电学中关于高空短暂发光现象(transient luminous events, TLEs)在实验和模拟研究上的最新发展。高空短暂发光现象发生在云层顶到电离层底部的中气层内，目前已知的类型有红色精灵、精灵晕盘、淘气精灵、蓝色喷流与巨大喷流等。这些现象由发生于对流层的雷爆活动，包含云间闪电与云对地闪电所触发。在本章中，主要探讨不同类型的高空短暂发光现象的形态与特征，以及它们原生雷爆系统与闪电放电的特性与物理机制，理论模型工作上的进展也会有仔细的讨论。近年来，由于太空轨道观测可以突破地域与时间上的限制，让我们得以对于高空短暂发光现象的全球分布与发生率作定量的分析，并且在大尺度上与气候系统变迁关联性有了更深入的了解。本章也讨论了观测上的新进展与发现。最后，也试着提出在高空短暂发光现象的实验与理论研究上，仍待解决与突破的挑战。

10.1 引 言

高空短暂发光现象是发生在高度 15～100km 的云层顶与电离层底部(中气层)之间的大气放电现象。这些现象和对流层的电气活动有密切的关系 (Sentman et al., 1995; Neubert, 2003; Pasko, 2003)。早在 19 世纪末的科学文献中，就曾经报道了在雷暴系统的上空，会在闪电之后发生一些短暂的发光现象。例如，诺贝尔物理学奖得主威尔森 (C. T. R. Wilson) 曾在 1956 年的观测报告中，提及他曾亲眼目睹一道光晕出现在云层上方的高空中，并推测这道光晕可能是雷雨云对地面闪电之后，在云层顶端与电离层间所引起的发光现象。到了 20 世纪 80 年代，飞机驾驶员也陆续报告他们在飞行时，看到云层上一闪而过的红色闪光。由于这些发光现象都很暗，而且持续的时间极为短暂，再加上当时可测量微弱光源的低亮度摄影技术尚在发展，因此这些报告都没有可以佐证的科学观测证据。直到 1989 年，美国明尼苏达大学的科学家 R. C. Franz 等，在测试黑白低亮度摄影机时，无意间拍到出现在雷雨云上空、延伸将近 30km 长的两道奇异光柱，这才有了第一个正式的观测纪录(Franz et al., 1990)。这个意外获得的证据，有如一把钥匙，启动了高空发光现象的研究列车。两年之后，O. H. Vaughan 等再重新检查航天飞机拍摄地球的录像带时，也发现了航天飞机曾不经意地录下了二十多个类似事件(Vaughan and Vonnegut，1982)。在这之后，发生于雷雨云上空、数种不同类型的高空短暂发光现象，也陆续被发现，包括淘气精灵 (elves)(Boeck et al.，1992；Fukunishi et al.，1996；Inan et al.，1991，1997)、红色精灵(sprites)(Sentman et al.，1995；Su et al.，2002；Yang et al.，2013)、精灵晕盘 (sprite halos or halos)(Barrington-Leigh et al.，2001；Frey et al.，2007)、蓝色喷流 (blue jet)(Wescott et al.，1995，1998；Boeck et al.，1995；Lyons et al.，2003)与巨大喷流(gigantic jet，GJ)(Pasko et al.，2002；Su et al.，2003；Pasko，2003；Hsu et al.，2005；Fukunishi et al.，2005；van der Velde et al.，2007，2010a；Kuo et al.，2007a，2009；Cummer et al.，2009)。淘气精灵是由云对地闪电所触发，产生的电磁脉冲(electromagnetic pulse，EMP)传递到电离层底，加热电离层所造成的环状发光体，其水平宽度超过 300km。淘气精灵的主要颜色是红色，发光持续的时间小于 0.001s(Boeck et al.，1992；Fukunishi et al.，1996；Inan et al.，1991，1997；Mende et al.，2005；Cheng et al.，2007；Frey et al.，2005；Kuo et al.，2007b)。红色精灵是云对地面放电(Cloud-to-Ground discharge，CG)后几毫秒内，在云层顶端离地面约 30～90km 的高空中，所产生的发光现象，发光体最宽的部分约 40km。发光过程的持续时间介于 10～200ms。红色精灵通常是先从 70km 的高空开始点亮，然后再分别以～10000km/s 的速度迅速向上和向下发展。上半段发光主体以红光为主，源自被激发的氮分子。下半段须状结构以蓝光为主，是源自氮离子以及被激发到较高能阶的氮分子(Sentman et al.，1995；Lyons，1996；Stanley et al.，1999；Gerken et al.，2000；Cummer et al.，2006b；McHarg et al.，2007；Stenbaek-Nielsen et al.，2007；Stenbaek-Nielsen and McHarg，2008)。精灵晕盘是持续极短暂的模糊发光体，横向伸展约 40～70km，经常伴随或在红色精灵之前发生(Barrington-Leigh et al.，2001；Frey et al.，2007)。蓝色喷流是由雷雨云顶部向上发展如喷流的漏斗状发光体，喷出的高度可以达到高约 40km，顶端的宽度小于 5km；发光的时间可持续约 0.3s，颜色偏蓝。而后续在 2001 年所发现的大型蓝色喷流(Pasko et al.，2002)，终止高度可达 70km，顶端宽度约 20km，持续时间也增长到约 0.8s(Wescott et al.，1995，1998；Boeck et al.，1995；Lyons et al.，2003)。巨大喷流也是由云顶向上发展的喷泉状结构，然而巨大喷流建立成一条连接云层顶至电离层的电气直接通道(Pasko et al.，2002；Su et al.，2003；Pasko，2003；Hsu et al.，2005；Fukunishi et al.，2005；van der Velde et al.，2007，2010a；Kuo et al.，2007a，2009；Cummer et al.，2009)。在这些高空短暂发光现象中，红色精灵与淘气精灵都是由 CG 所诱发的现象，而蓝色喷流与巨大喷流并没有与之对应的 CG 闪电。

自1989年发现红色精灵之后的二十多年以来,不论在理论还是实验上,这个领域都有令人惊讶的长足进步。但是地面观测受到观测站位置与天气条件的限制,使得部分重要课题,如高空短暂发光现象的全球性分布与紫外线辐射特性等,一直无法获得突破。直到安装于福卫二号卫星上的科学酬载(高空大气闪电影像仪(ISUAL))于2004年升空后,这个领域的研究又向前推进了一大步。

以下将就高空短暂发光现象的外观和对应的闪电与雷暴系统特性作介绍,并且回顾目前高空短暂发光现象的产生与传播理论机制和相关模型,最后再就近年来轨道观测的主要成果与发现作整理。在这个领域中,目前尚待解决与突破的一些问题也会明列并加讨论。

10.2 高空短暂发光现象与雷暴系统放电的关联性

早期TLE的研究,集中在导致TLE发生的雷暴系统特性与观测到的光学辐射性质。在本节中,将叙述红色精灵现象在观测上的最新结果与其衍生的一些议题。

目前红色精灵较为学界所接受的模型为Pasko等(1997)所提出的准静电场模型(quasi-electrostatic field model,QE模型,见图10.1):在云对地闪电之前,低空雷雨云中的电荷慢慢累积,此时高空区域被雷云电荷所诱发的空间电荷(space charge)所屏蔽,因此看不到雷云的准静电场。当雷云的正电荷因正云对地放电(positive cloud-to-ground discharge, +CG)而快速被转移到地面上时,雷云中剩下的负电荷和雷云上方的空间电荷会产生的强大准静电场。在瞬间,大范围的高度空间都能感受得到这个电场,并且持续一段时间,直到每一高度回到平衡状态。这个残余电场持续的时间称为区域松弛时间τ_r(the local relaxation time),而$\tau_r=\varepsilon_0/\sigma$随高度而异。这个瞬间电场加速附近的电子,并导致空气分子或原子游离化并造成光学发光现象(optical emission)。

而云层上方电场的快速变化并不是红色精灵形成的唯一因素,在中气层与电离层中的崩溃起始条件,如密度扰动、重力波、流星尘,皆能导致原生闪电与大气介质响应之间错综复杂的交互作用,对于红色精灵的形成亦有重要的贡献。除此之外,红色精灵有时候偏好发生于再发生区域(re-appear regions),这些区域往往在不久前(通常是数分钟)刚有红色精灵发生过。这意味着再发生区域内,中气层到电离层之间区域的电气及化学特性已经被前导的红色精灵所改变(Haldoupis et al., 2010),有利于后续红色精灵的形成。在建立量化起始条件与红色精灵形成之间的关系研究方面,过去几年已有相当的进展。

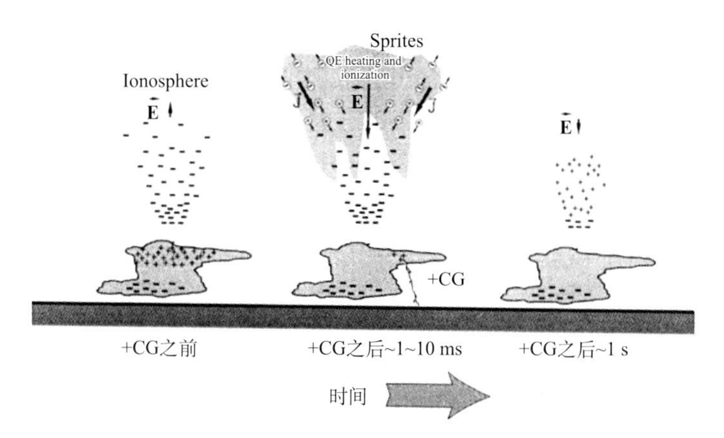

图 10.1　闪电前后的准静电场。正云对地放电（+CG）发生之前，云层与电离层之间会有一个较小的感应电场（左）；+CG 发生之后，1～10ms，云层与电离层之间会感应出一个强大的电场，加速中气层内的电子激发氮气电子，产生红色精灵（中）；约在不到 1s 之内，感应的电场很快变小，红色的精灵也就消失了（右）（Pasko et al.，1997）

10.2.1　引发红色精灵的闪电与雷暴系统的特性

1. 引发红色精灵的雷暴系统的气象学

不是所有的雷雨云都会引发红色精灵，事实上，就观测上来说，仅有少数的雷暴系统可以在它上方的高层大气引发可观测短暂发光事件。LIS/OTD 卫星观测的结果显示，全球的闪电平均发生率大约是每秒 44 次（Christian et al.，2003），而红色精灵的全球发生率则每分钟不到一件（Chen et al.，2008）。观测上显示超过 99％观测到的红色精灵，都是由正云对地放电（+CGs，也就是云层与地面之间的电荷转移是正电），只有极少数是由负云对地闪电（negative cloud-to-groundflashes，云层与地面之间的电荷转移是负电，简称-CGs）所引发。从闪电的数量上来说，-CG 占大多数，与+CG 的比例约为 10∶1（Rakov and Uman，2003）。因此，虽然闪电的发生很频繁，但是红色精灵并不是一个很常见的放电现象。此外，红色精灵经常发生在中尺度到大尺度对流系统的层状云区域（stratiform regions），这些层状云区域通常发生于陆地上。Williams 和 Yair（2006）把夏季与冬季天气系统中产生红色精灵的气象系统作了比对，发现在不同区域与条件下，雷暴系统的大小与电荷结构并不相同。Lyons 等（2009）则比较了不同形态的对流系统中发生红色精灵、精灵晕盘与淘气精灵的概率，结果显示在上述文献的图 17.1 中，最容易产生 TLE 的是中尺度对流复合系统（mesoscale convective complexes，MCC)，云层覆盖面积通常超过 100 000km^2 且持续存在超过 6h。中尺度对流系统(mesoscale convective systems，MCS)产生红色精灵的能力则次之。冬季对流系统、热带风暴与飑线(squall-lines)上的红色精灵发生率则相对较低。气团雷暴(air-massthunderstorms)和超级雷雨胞则很少产生红色精灵。

2. 原生闪电的特性

在大气电学中，经常使用以下几个参数来描述闪电放电。如闪电的极性(polarity)、峰值电流(peak current)、闪电的放电多重性(multiplicity)、M-分量 (M-components) 的存在与否、连续电流 (continuing current) 持续的时间长度与大小，以及闪电所导致的电荷矩改变量(charge moment change，CMC)。目前的研究显示，红色精灵发生与否的关键因素取决于垂直的电荷矩改变。垂直电荷矩定义为放电过程中移动电荷量 Q 与电荷移动距离 h 的乘积 Qh (Cummer et al.，2006b)。另一个类似的项脉冲电荷矩改变(impulsive charge-moment-change，iC-MC)则定义为闪电雷击发生之后前 2ms 的总电荷矩改变量。Lyons 等(2009)对一个 2007 年 6 月的 MCC 系统进行分析，显示产生红色精灵的＋CG 的 iCMC 比一般＋CG 闪电大，一般＋CG 闪电的 iCMC 通常小于 50Ckm。而闪电的 iCMC 如果大于 300Ckm，则有 75％的机会可以在光学上侦测到 TLEs。Hu 等(2002)所进行的分析指出，当＋CG 可以在 6ms 内产生大于 1000Ckm 的 CMC 时，有 90％的机会可以引发红色精灵。而 CMC 小于 600Ckm 时，则只剩下 10％的概率。Cummer 和 Lyons (2005)更指出引发短延迟 (从正闪电发生到 TLE 触发)红色精灵的 CMC 下限为 500Ckm。Greenberg 等 (2007) 分析极低频 (extremely low frequency，ELF) 观测资料发现，在东地中海区域的冬季系统中，引发红色精灵的＋CG 的 CMC 分布在 600～2800Ckm 的范围，但大部分的事件的 CMC 约为 1000Ckm。他们也同时发现，有产生红色精灵与没有产生红色精灵的＋CG 事件的闪电，在 ELF 电磁波段的特征与计算得到的 CMC 的强度，并没有显著的不同。而这意味着有其他的因子在红色精灵的触发上，也扮演了重要的角色。Lu 等(2009)则分析了数个极强的＋CG 闪电——CMC 范围在 1500～3200Ckm，但是这些极强＋CG 闪电并没有伴随发生 TLE。这些 CMC 数值和大范围面积的暴雨系统中转移电荷的概念是吻合的(Williams and Yair，2006)，不过纵使 CMC 低到 120Ckm，也有红色精灵(Hu et al.，2002)触发的实例。对于冬季暴雨系统，产生红色精灵的＋CG 的 CMC 统计平均值为(1400±600)Ckm，有的事件甚至于可以超过 3500Ckm (Yair et al.，2009)。除了闪电的 CMC 之外，在闪电接通到地面前的云内放电，还有后续的回击(return stroke)在红色精灵的形成以及其特性的决定上，也扮演了重要的角色。van der Velde 等(2006)检视了＋CG 发生位置与发生前的云内放电(可以由 VHF 爆发(bursts)判定)的距离差距，可以发现很明显的分成柱状红色精灵(column sprite)与萝卜状红色精灵(carrot sprites)两群。柱状红色精灵在+CG 发生前没有显著的 VHF 活动,但是萝卜状红色精灵则在+CG 触发前 25～75ms 经常可以发现显著的 VHF 爆发;而且萝卜状红色精灵在+CG 放电后,可以在电波波形中发现强烈的云内放电信号并持续约 50～250ms,这意味着放电通道中持续存在的连续电流从云内搬运电荷至地面。Yashunin 等(2007)则提出闪电的 M-components,也就是闪电第一次回击后在连续电流中的短暂突波(Surge)或扰动,可能扰动了放电垂直通道的电场极大值位置,造成了红色精灵的位移与延迟。然而,相对于+CG 位置的事件横向位移问题的成因,目前仍然尚未解决。van der Velde 等(2010b)分析了闪电放电现象中的云内放电单元,结果显示红色精灵的发展和+CG 的 VHF 爆发有关,并且和持续时间最长与最大横向放电的通道大小有高度的相关性。

10.2.2　红色精灵的形态

1. 红色精灵的大小和形状

不同分类的红色精灵在外形与大小上有相当大的差异。这几年,由于高速摄影、全球卫星观测、实验室仿真实验与计算机模型计算方法的精进,我们对于红色精灵形成与传播机制有了更清楚的了解。虽然,在一般摄影系统中,红色精灵看起来像一个涵盖相当大体积的巨大结构,但是这样的影像,只是由许多小而明亮且高度游离的流光头部(streammer head)快速移动与演化过程中产生的光子的叠加,是时间累积所造成的重叠(Marshall and Inan, 2006)。把红色精灵这样一个三维空间现象投影至二维影像上,使得从影像上去分析探讨红色精灵现象的全貌受到很大的限制。这个问题可以透过多点的地面联合观测(Stenbaek-Nielsen et al., 2010),或者是透过实验室内产生的流光,应用模拟和相似法则(analogies and similarity rules)等方法来克服。Nijdam 等(2008)使用立体成像方法(stereographic imagery)研究流光就是一个很好的例子。

红色精灵的形状可以简单到只有单根的短柱状结构,到包含许多不同的空间上可辨认、不同大小、形状与方向的单元所混合组成的复杂结构。在形态上可以简单区分为直柱状(straight columns)、萝卜状(carrot-shape)、水母状(jelly-fish)或是烟火状(fireworks)。直柱状红色精灵(columniform sprites 或 C-sprite)为单一或多重细而垂直的长柱状发光体。萝卜状红色精灵(carrot sprite)则包含了一个心形的核心结构与许多前后突出,类似树叶或毛的卷须(tendrils)。水母状红色精灵在体积与面积上比前两者还大,包含了一个巨大明亮的主要结构与覆盖在上面的冠状构造,冠状构造上有许多向下传播的卷须。天使红色精灵(angel sprite)是由许多明亮且斜向延伸通道所构成的分叉柱状结构。各类形状的红色精灵的影像显示在图 10.2 中。一般来说,可以从以下三个特征区域很快地区分红色精灵的外形类型:下层的流光区域、明亮的过渡区(transition region)与上层的扩散区(diffuse region)(Pasko et al.,1998a;Pasko and Stenbaek-Nielsen,2002)。这三个区域的相对大小、亮度和形状是所在高度放电过程中的表现,并且可以归因于流光的产生和传播的物理机制,而这个物理机制是折合电场(reduced electric field)的函数。在这里,折合电场定义为电场强度 E 对于空气密度 N 的比值 E/N(Ebert and Sentman,2008)。

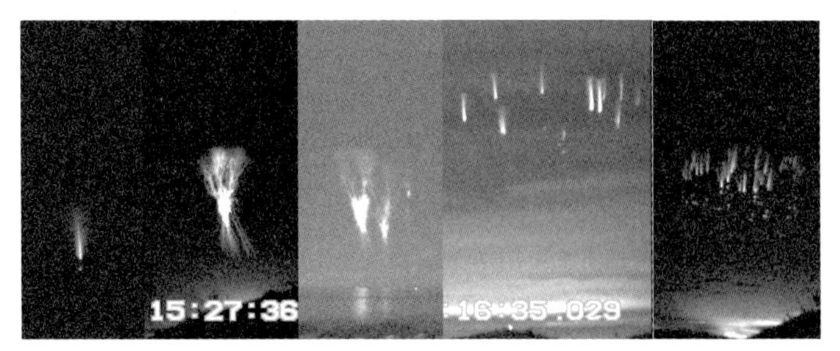

图 10.2　地面观测所记录的各类型的红色精灵

左起分别为:天使红色精灵,萝卜状红色精灵,成群出现的萝卜状红色精灵(group of cartot sprites),成群出现的柱状红色精灵(group of column sprites),成群出现的天使红色精灵(group of angel sprites)。图由台湾成功大学物理系高空大气闪电影像移团队提供

2. 红色精灵相对于+CG 原生闪电的时间延迟

红色精灵通常发生在+CG 闪电之后的数毫秒到数十毫秒之间,但是要决定这个时间延迟主要的挑战是要在第一幅强烈发光的影像中决定红色精灵的正确发生时间:在一般 NTSC 系统的摄影记录影像中,正常每幅画面的曝光时间为 16.7ms (1/60 s),因此每幅画面在决定发生时间上,就有约 17ms 的不确定性,而这还不包括 GPS 本身的误差在内。美国、欧洲、日本和以色列的观测结果显示可以用 10ms 作为分界,分为短延迟红色精灵,也就是紧接在+CG 发生后 10ms 以内的事件;与长延迟事件,也就是时间延迟大于 10ms 以上。Lyons 等(2008)的观测显示一半以上观测到的红色精灵时间延迟超过 10ms。这也是连续电流在红色精灵起始扮演重要角色的证据。可是 Li 等(2008)在 83 个观测到的红色精灵中,只能确认 46%是长延迟事件。作者分析了一个典型的长延迟事件,发现是由带有 193Ckm 脉冲电荷矩改变的+CG 所引发,这个 iCMC 低于一般引发红色精灵所需的脉冲电荷矩位准。而回击则发生在第一个红色精灵发光之后的 144ms,当时有平均电流量为 16kA 的连续电流正在流动中。整个事件积分后的总电荷矩改变为

2650Ckm。这个事件显示在红色精灵的起始条件上，总电荷矩改变应该比脉冲电荷矩改变的角色来得重要。在欧洲冬天的风暴系统中，van der Velde等(2006)发现柱状红色精灵通常发生在+CG之后的短时间延迟内，通常小于30ms，而萝卜状精灵的时间延迟可以达到+CG发生后的～200ms。Yair等(2009)对于东地中海区域冬天风暴的观测也有类似之结果。在观测到的红色精灵与极低频ELF波段上所记录的+CG事件的平均时间差约为55ms。柱状红色精灵具有短时间延迟，延迟平均值为(42±17)ms；而相对地，萝卜状红色精灵的延迟平均值则可达(68±17)ms。Matsudo等(2009)比较了西日本北陆(Hokoriku)地区冬天雷暴系统内红色精灵的时间延迟，在冬天雷暴系统中最常见的红色精灵是垂直、简单的柱状形，约占68%，其平均时间延迟为90ms。但是类似的雷暴系统如果发生在东日本的太平洋面上，则平均时间延迟则缩减到43ms。

3. 红色精灵的发生高度

Wilson在1925年所提出的理论认为，在大气中，雷暴系统所产生的电场应该可以在特定高度上超过大气的崩溃电场(Wilson，1925；Pasko，2010)。空气崩溃电场正比于空气密度，因此，在空气密度足够低时，雷暴系统所产生的电场在75～80km高度、具有高导电率的电离层环境下持续维持，进而导致红色精灵的引发。虽然在这个高度的电离层的缓解(relaxation)极快，使用一般速度的摄影观测影像在决定红色精灵的正确发生高度上有相当的困难。红色精灵的发光范围很难精确的决定，主要是由于摄影器材的感度限制，触发初期的发光因为捕捉到的光子数不足，很容易被错过。单站观测的距离误差即使使用星场来校正，也仍然存在。部分是因为红色精灵和对应的闪电在地面定位上会有偏移。即使如此，目前观测所显示的75～85km发生高度仍和Wilson的预测相吻合。图10.3显示了红色精灵从80km高的暗淡晕盘开始，形成几个独立的卷须，向不同方向延伸传播，一直到45km高。Cummer等(2006b)观测到流光出现前，在85km高度的昏暗晕盘之结果，这项结果成为Luque和Ebert (2009)进行理论模型的基础。Stenbaek-Nielsen等(2010)进行了10kHz的高速摄影三角测量，结果显示红色精灵下向传播的流光之交集高度在66～89km，而且在向下传播的流光启动不久后，大部分的红色精灵会接着发生向上传播的流光，发生的高度会在比较低的64～78km。这样的流光起始现象可能和红色精灵的负电单元有关(Luque and Ebert，2010；Li and Cummer，2011)。Gamerota等(2011)使用类似的方法比较观测与模型的红色精灵起始高度，共分析了20个红色精灵事件，发现长延迟红色精灵通常发生在较低的高度。量测与他们模型仿真得到的平均高度差异为0.35km，标准偏差为3.6km。

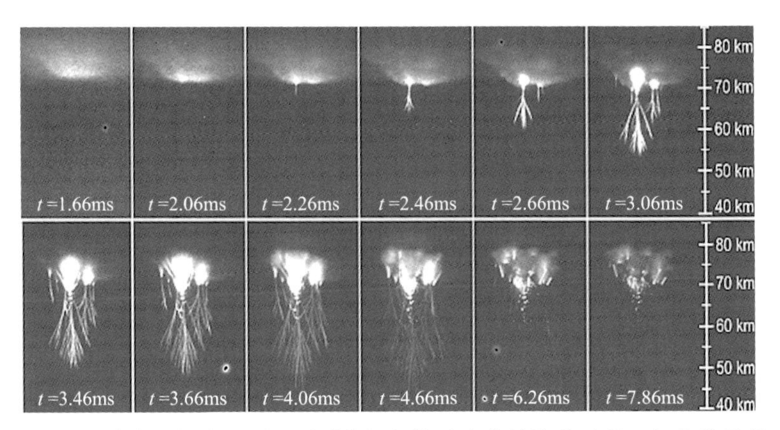

图 10.3　在高速摄影下所观测到的红色精灵流光的演化过程。红色精灵从扩散辉光区(晕盘)的下方发生,然后以复杂的卷须形态向下传播。红色精灵主体上半部则维持扩散发光的形式(Cummer et al., 2006b)

4. 红色精灵个别单元的大小

红色精灵的垂直长度可以从整个发光过程内,在周围电场的发光流光头部移动范围来量测。高速摄影(Marshall and Inan, 2006; McHarg et al., 2007; Stenbaek-Nielsen and McHarg, 2008; Montanya et al., 2010)显示红色精灵是由许多紧密、高速(~10^7 m/s)向下移动且逐渐变亮的单元所组成。每个单独流光头部的大小约在数十到数百米之间,并且在形成后维持一条狭窄路径。Gerken 和 Inan (2003)的望远观测显示了红色精灵内的十米波结构(decametric structures),如前所述,流光的移动,也就是我们前面所称的卷须,在一般速度摄影记录下,形成细长、垂直列状的假象。因此,这里所讨论的红色精灵垂直变化,实际上反映了这些单元的运动经过时间积分后的结果。如同 Ebert 等(2006)所提出不同曝光时间的类似实验室流光结果。Stenbaek-Nielsen 和 McHarg (2008)用"五彩碎纸从空中落下"(confetti falling from the sky)来描述这样的运动,也就是指许多这样的单元组成一根红色精灵光柱。在许多观测到的事件中,可以辨识出紧接在向下运动后约0.5~2ms 的向上传播运动,而且向上运动比向下运动速度略快(~6×10^7 m/s)。这些向上传播的流光也有横向速度的分量,使得红色精灵在尺度上变得更大,形成典型的萝卜状精灵。对于柱状红色精灵,并未观测到类似的向上运动,在形状上,也较萝卜状红色精灵简单。

5. 红色精灵个别单元的空间结构

红色精灵可以在横向上伸展相当的尺度,并且在中气层中对相当大的体积产生冲击。虽然大部分的观测影像可以提供红色精灵的二维视野，但是在观测上，仍然缺乏对红色精灵三维空间结构的了解。红色精灵的第一张彩色影像与首次对于其空间尺度与高度之测定，是利用两架小喷射机进行三角测量(triangulation)所完成(Sentman et al., 1995)。从最新的三角测量研究可知，向下传播的流光点燃高度为66～89km，而向上传播流光点燃的高度为64～78km；这些点燃高度皆与柱状和萝卜状红色精灵的形成有关(Stenbaek-Nielsen et al., 2010)。Stanley等(2007)将红色精灵位置定位与LMA所得到的闪电空间分布进行比较，发现红色精灵基本上是沿着放电路径的周围分布。Vadislavsky等(2009)展示在一些红色精灵事件中，红色精灵单元似乎成环状分布在+CG的上方，偶有一些位置上的水平偏移。Inan认为在红色精灵之前的云间放电，在+CG上方的空间形成了一个电子浓度较低的附着区，这种附着区阻止了红色精灵直接形成于+CG上方的空间。Adachi等(2004)则提出另一个看法，由于闪电所触发的电磁脉冲(EMP)呈圆形分布，而EMP扮演了形成准静电场前，在中气层中清空的角色。van der Velde等(2010a)发现在VHF爆期间，闪电通道的传播决定了红色精灵单元外貌的尺度，这结果和Stanley (2000)之前的结果类似。然而造成红色精灵中，不同单元的空间位置分布的原因，目前仍然不明。

6. 由负云对地闪电所触发的红色精灵

由过去累积的地面观测数据统计可以发现，超过99%的红色精灵是由正云对地闪电 +CG所触发(Lyons, 1996)，仅有极少数的红色精灵是和−CG相关(Barrington-Leigh and Inan, 1999; Barrington-Leigh et al., 2001)。对于这些极少数的−CG红色精灵的研究可以提供红色精灵在形成物理机制上很重要的线索。Barrington-Leigh等(1999)分析了三个观测到的−CG红色精灵的电荷矩分别为−1550C·km, −1380 C·km, −1340 C·km，比同一个雷暴系统中−CG闪电的电荷矩平均值～300C·km大很多，也比一般的+CG红色精灵电荷矩～600C·km大。Taylor等(2008)于2006年2月在阿根廷进行了高空短暂发光现象的观测，在6h的观测中，一共记录到445个高空短暂发光现象事件，只有一个带有晕盘的红色精灵与−CG闪电有关。这个闪电的电荷矩 −503C·km和其他的−CG闪电相比，明显偏大，且−CG红色精灵的向下负流光的长度与视亮度比起在附近位置的其他红色精灵为短。由于要维持流光向下传播需要比较大的电场门槛，因此会造成流光长度变短，这和观测到的现象相符。Li等(2012)统计了自2008年起杜克大学(Duke University)对高空短暂发光现象的光学与电波观测数据。共计有1651个事件，但是仅有6个事件是由−CG闪电所产生。结果显示−CG红色精灵向下流光的终止高度约为50～60km，比一般红色精灵为高。电荷矩平均值约为−450C·km，和之前的观测结果相类似，也比一般红色精灵或是其他−CG

闪电高很多。Li 等(2012)所作的数值仿真显示这样的脉冲电流源可以在晕盘高度,约 70～90km,产生很高(大于>2 E_k,E_k 为区域空气崩溃电场)但存在时间很短的电场。在流光终止高度,推估的背景电场约为 0.2～0.3 E_k,非常接近但仍低于该高度的负流光传播的电场门槛值 0.4 E_k。Lang 等(2013)分析了形成具有大电荷矩的－CG 形成气象条件,在 2009～2011 年两年中的 23 个观测天,记录到 38 个具有峰值电流超过 100 kA 与电荷矩改变超过 800C · km 的－CG 事件。在这些事件附近 15km 范围内,－CG 占所有云对地事件的 69.2%,而且 30dBZ 雷达反射的轮廓可以达到 14.2km 高,对应的面积大小约为 $6.73 \times 10^3 km^2$。除了三个事件以外,所有的事件都发生在强烈的多胞对流区(multicellular convection),而这些区域的 30dBZ 高度超过 10km 高,其他的事件则发生在中尺度对流系统的层状云区域中。

10.3 高空短暂发光现象的物理机制与理论模型

10.3.1 淘气精灵:闪电电磁脉冲和电离层的交互作用

Inan 等在 1991 年就预测了闪电可以透过电磁脉冲直接影响电离层(Inan et al., 1991),并且产生游离与发光的现象。这也是我们目前称为淘气精灵(elves)的现象。淘气精灵为"由电磁脉冲源所引发之光与极低频扰动的辐射"(Emission of Light and Very Low Frequency perturbations due to Electromagnetic Pulse Sources)的缩写,为了方便叙述,大部分的英文论文都是以 elves 表示复数,而以 elve 表示单数。Boeck 等(1992)在重新检视航天飞机影像后,首先确认了淘气精灵的存在。Fukunishi 等(1996)则是首次在地面观测中记录到淘气精灵事件。Inan 等(1997)随后使用数组式亮度计,对于淘气精灵进行光度量测。有关闪电所发射的电磁脉冲与电离层底的交互作用之历史发展及最新研究进展,可以参阅 Inanet 等(2010)所撰的回顾。Inanet 等(1997)假定了云对地垂直放电所产生的辐射场型,也就是一个类似线性天线单元,因此淘气精灵的发光应该是甜甜圈状(donut shape),而圈中心的发光暗点则在放电之正上方。Kuoet 等(2007b)对安装于福尔摩沙卫星二号(FORMOSAT-2)上的高空大气闪电影像仪(imager of sprites and upper atmospheric lightning, ISUAL)(Chern et al., 2003)所记录的淘气精灵作了深入的研究,在这个研究的模型工作里,直接比较了模型所计算的光子通量(photon flux)与 ISUAL 光谱亮度计(spectrophotometer)所观测得到的亮度,结果显示两者高度吻合。此外,也比较了两个 ISUAL 所记录的淘气精灵,其原生闪电也同时被 NLDN 所记录。据峰值电流所计算得到的光子通量和 ISUAL 影像仪(imager)所记录的亮度之比较,显示两者亦高度吻合(Kuo et al., 2007b)。图 10.4 显示了 Kuo 等(2007b) 理论模型对 ISUAL 太空观测在不同视角所预测之淘气精灵形状，包含地球临边(limb)前方、上方与后方之事件。仿真的结果和观测所得到影像一致。

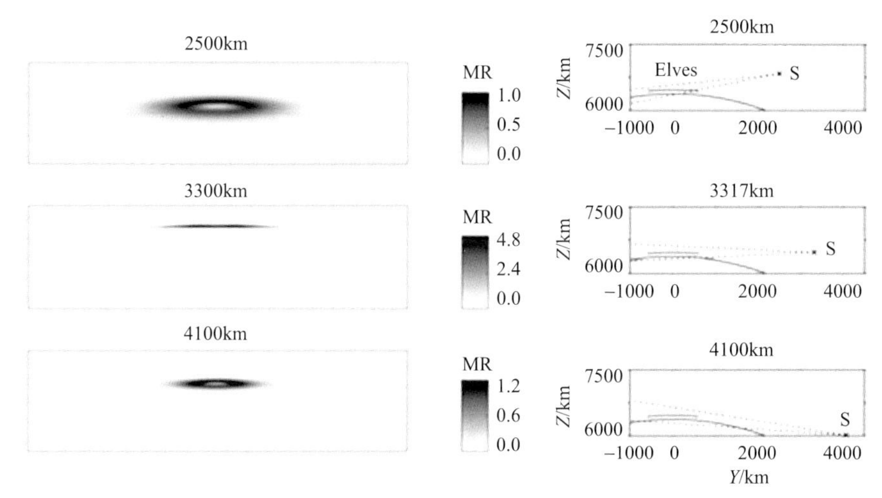

图 10.4　理论模型仿真位于地球临边前（距离 ISUAL 2500km）、临边上（3300km）与临边后方（4100km）之淘气精灵，来自 N_2 的第一正能带的光学发光(Kuo et al.，2007b)

Marshall 等(2010) 提出使用三维时域有限差分模型(three-dimensional finite difference time domain model, FDTD)，进行闪电电磁脉冲与电离层底交互作用的模拟。他们的结果与淘气精灵经常观测到的甜甜圈状光学发光特征相符，但是这个仿真结果也显示由于地球环境磁场的存在，将会使得结构表现出不对称性。不过，这个理论仿真结果所显示的不对称性，至今尚未获得观测上的明确佐证。除此之外，Marshall 等(2010)也指出云间横向闪电通道也可以在电离层底部产生非圈饼状的光学发光，而且发光强度比相同闪电电流所产生的圈饼状发光还要强。这个云间闪电活动的爆发模型，包含了真实脉冲强度与随机强度及方向的序列脉冲 (series of pulses)，计算结果显示这个序列脉冲可以在电离层底部产生超过200%的电子密度增加。Marshall 和 Inan (2010)更进一步地指出这个和淘气精灵相关、超过两个数量级的区域性电子密度增加，会对甚低频波段(very low frequency, VLF)发射站所发射的信号产生一个很小但是可侦测的电离层扰动。这个结果或许可以解释一些因为闪电电磁辐射与低层电离层直接交互作用所产生的扰动事件，这些观测到的扰动被称为早期或是缓慢 VLF 事件(early/slow VLF events) (Mika et al.，2006；Haldoupis et al.，2009；Haldoupis et al.，2010)。

Lay 等(2010)研究了 10 个接续闪电对低层电离层的叠加效应，并进行了理论模型的研究。这个 10 个接续闪电的峰值电流皆假定为 150kA，上升时间(rise time)为 20μs。雷击放电发生的频率则来自于全球闪电定位网(world-wide lightning location network, WWLLN)(Lay et al., 2004)的量测。在这个理论模拟中,使用了一个二维轴对称的时域有限差分模型,来描述闪电电磁脉冲对于电离层的效果。作者特别提到接续电磁脉冲的一个有趣效果:每个脉冲会和前一个脉冲影响过的背景电离层产生交互作用。在一段时间后,非线性电子密度扰动的形成会达到一个可以观测到的极限值。高度越高,电子密度的极大值就会越快到达,最显著的效应会发生在约88km的高度。在83～91km高度范围的模型电子密度分布,并不会因为起始电子密度而有所差异(Lay et al.,2010)。Lay等(2010)所提到的周围电子密度陡峭分布的效果可能对红色精灵流光的起始有直接促进作用(Qin et al., 2011)。

10.3.2 红色精灵理论模型

1. 红色精灵的大尺度电动模型

电荷矩改变量CMC定义为Qh_Q,也就是闪电移走的电荷Q乘上移走电荷所在的高度h_Q。在目前红色精灵的文献中,CMC一般认为可以用来量度闪电产生红色精灵的可能性,在理论模型中是一个关键性参数(Cummer et al., 1998; Hu et al., 2002, 2007; Li et al., 2008; Cummer, 2003; Cummer and Lyons, 2004, 2005; Cummer et al., 2006a)。Hiraki和Fukunishi (2006)及Asano等(2008)的计算机仿真指出,电流矩$I\,h_Q$和电荷矩Qh_Q乘积在红色精灵产生问题上的重要性。同时也建议了一个门槛值$(I\,h_Q)\times(Qh_Q) = 1.6\times10^6(\mathrm{A\cdot km})(\mathrm{C\cdot km})$。Hiraki和Fukunishi (2006)及Asano等(2008)强调闪电移除电荷的时间尺度,对于红色精灵触发有相当的重要性。这些结论一般来说和Barrington-Leigh等(2001)所分析的结果相符,这也显示虽然在高层大气中产生游离与光学发光的门槛较低,但是具有快速电荷矩改变(<1ms)的闪电放电,仍不足以在高层大气导致弥漫发光。如果闪电电流不继续流动,可能就没有足够的电场引发低于75km的流光。相反地,在没有足够强度的起始闪电下,缓慢的连续电流反而有可能在弥漫的晕盘区域形成延迟的红色精灵(Barrington-Leigh et al., 2001)。

近年来,对于产生红色精灵闪电的极低频波段ELF电荷矩在时间动态的量测可以就个别事件详细分析,来测试红色精灵的形成理论(Hu et al., 2007; Li et al., 2008)。Hu等(2007)所作的模型分析提供了闪电电流矩、电荷矩与产生红色精灵现象的电场之时间变化的定量信息,显示对于明亮且短延迟的红色精灵来说,量测所推断出的中气层电场与常态崩溃门槛E_k的差距在20%以内。然而,对于长延迟且较昏暗的红色精灵事件,量测推断的红色精灵起始中气层电场通常低于E_k(Hu et al., 2007)。图10.5显示在50～90km高度,典型的长延迟红色精灵之量测电流矩、电荷矩改变及模拟的电场强度,单位皆是E_k(Li et al., 2008)。红色精灵在闪电回击的144.4ms后产生。电场在红色精灵发生前因为连续电流的缓慢放大而持续增加。图10.5中产生了长延迟的红色精灵的归一化峰值电场(normalized peak electric field),在72km高度的E/E_k为0.45,此值和其他典型的短延迟、亮度没有特别明亮或昏暗的红色精灵相似(Hu et al.,2007)。模型计算的红色精灵起始高度为72km,也和高速摄影所推估的70~80km高度范围相符(Li et al.,2008)。比较模型与观测,显示长延迟红色精灵事件大约比短延迟事件的起始高度要低5km(Li et al.,2008)。Li等(2008)获得的结果,最近已被分析其他20个红色精灵事件的工作所确认(Gamerota et al.,2011)。比较二维时域有限差分模型与观测的结果显示,模型计算的起始高度(由峰值E/E_k所定义)与观测有很好的吻合:高度的差异为0.35km,标准偏差则为3.6km。Adachi等(2008)结合了福尔摩沙卫星二号ISUAL的数组亮度计(array photometer)与极低频ELF波段磁场量测的数据进行分析,获得红色精灵及晕盘与原生闪电电荷矩改变所导致的时间变化,他们发现引发不带流光晕盘的闪电放电,会造成较短的发光时间~1ms,并且具有中等大小的电荷矩Qh_Q~400C·km。当具有类似时间尺度的晕盘产生,但是具有流光时,电荷矩改变会增加到Qh_Q~1300C·km。但是,如果引发有较长的时间尺度~10ms、无可分辨的晕盘但带有流光的红色精灵之闪电放电,则会有较大的电荷矩改变量~1300C·km。这些结论和Barrington-Leigh等(2001),Hiraki和Fukunishi(2006),Asano等(2008)所获得的结果相符。闪电的M分量(M component)可视为连续电流的扰动或是瞬间增大(Rakov

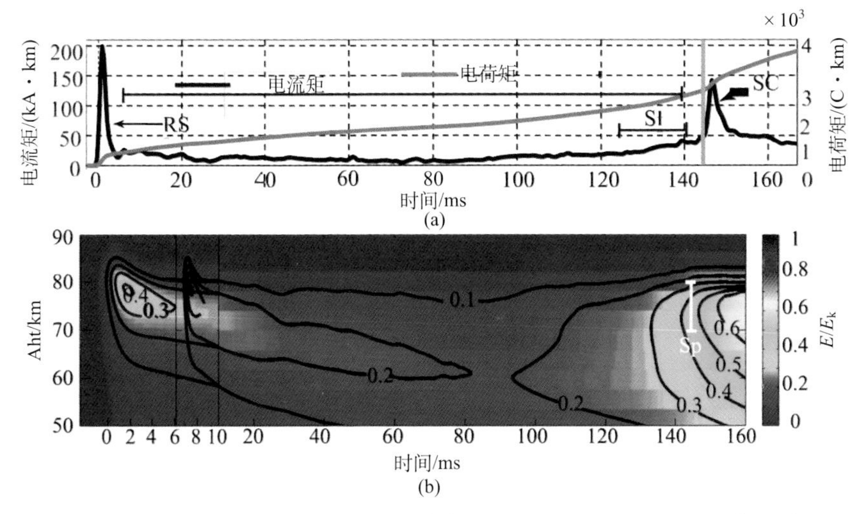

图10.5　对于一般的长延迟红色精灵事件的时域有限差分(FDTD)模拟结果

(a)估计的电流矩改变(currentmoment change)与总电荷矩改变;

(b)模拟的雷雨云上空电场(Li et al.,2008)

et al., 2001)。Rakov 等(2001)推测在正闪电的 M 分量过程,也许在延迟红色精灵的形成中扮演重要角色,这类型的延迟红色精灵通常发生在回击之后的数十毫秒之内。Yashunin 等(2007)的理论模型分析显示 M 分量的出现会使得电场极大值从闪电通道中移出,同时也增加了产生空间上相对于闪电通道具有位移的红色精灵的可能性。Asano 等(2009b)使用计算机进行仿真,指出在连续电流中首次出现且具有小振幅的 M 分量扰动,可以引发或是强化红色精灵的发生。Asano 等(2009a)使用三维的全电磁波模拟,来研究闪电放电过程中电流的横向分量的效应。这个仿真显示,横向信道所建立的电磁脉冲辐射可以产生额外的游离效应,而这个额外的游离效应,会使得红色精灵的位置在横向信道上产生明显的位移。

2. 红色精灵的流光模型

近年来有相当多的研究,集中在红色精灵中精细流光结构的仿真以及诠释上。流光是在冷空气(接近室温)中被游离的针状细丝,其头部由电荷分离所造成的强电场所驱动(Raizer, 1991),流光的极性则由头部电荷极性来定义。正流光会往电子漂移的相反方向移动,并且需要有向流光头部产生崩塌(avalanching)的环境种子电子,来持续空间上的发展(Dhali and Williams, 1987)。负流光通常不需要环境种子电子就可以传播,因为由流光头部所引发的电子崩塌和流光传播同向(Vitello et al., 1994; Rocco et al., 2002)。关于流光的不同特性的详细回顾可以参见文献(Pasko et al., 1998a);Pasko,2006, 2007, 2008)。这里只讨论近年来和红色精灵观测有关的流光理论与解读。

红色精灵流光的第一个粒子模拟由 Chanrion 和 Neubert (2008)所提出。这个模拟处理带电粒子在笛卡儿网格上移动的二维轴对称模型。由描述带电粒子密度的泊松方程(Poisson's equation)来控制和更新模拟电场。电子与空气分子间的碰撞依据截面概率(cross section probabilities)并使用蒙特卡罗法 (Monte Carlo method) 进行模拟。这个模拟还包含了受激发成分所辐射的光子造成的空气分子光游离过程。Chanrion 和 Neubert (2008)详细比较了新的粒子模型及先前 Liu 和 Pasko (2004)所提出的流体模型的结果;在一个 70km 高的空气中所产生的双头发展流光中,使用相同的起始电浆、电场与中性空气参数,结果显示两者的结果极为吻合。同时也发现在 1 大气压力下,电场必须要超过造成失控电子(runaway electron)的崩溃电场强度的 7.5 倍。同时,当背景电场强度等于 3 倍崩溃电场强度时,这个数值在负流光的尖端 10km 的高度就可以达成。由流光尖端所产生的高能失控电子,可以在负流光尖前产生很强的游离。这个仿真也指出,热失控电子机制也许在低层大气中,和闪电及雷暴系统内的起电(electrification)有关,但是对于发生在中气层的红色精灵产生或许并不重要(Chanrion and Neubert, 2008)。在高空短暂发光现象中,流光放电的电场,在目前一般的量测中被视为空间上对于特定波段辐射密度积分与不同能量激发门槛的比值(Kuo et al., 2005, 2009; Liu et al., 2006, 2009b; Adachi et al., 2006)。在流光中,头部负责游离与激发的重要角色,因此也是辐射的主要起源部位。流光放电的空间不均匀性,会使得最大激发速率和最大电场所在的空间位置有所偏离(Naidis,2009)。Naidis (2009)及Celestin和Pasko (2010)近些年的工作显示,之前在量测结果上所显示的流光头部的电子密度和电场的强烈空间变化可能会导致在高空短暂发光现象的电场峰值被显著低估。

Celestin和Pasko (2010)所作的关于流光、高度、折合电场与流光极性之间关联性理论模型分析显示,由光谱亮度计资料所推得的电场对正流光乘上一个大于1.4的修正系数,而对负流光则要乘上大于1.5的修正系数,才能得到电场的真正峰值。同时,他们在流光上模拟得到的电场值更接近先前观测所推得的电场值(Kuo et al., 2005; Adachi et al., 2006)。Kuo等(2009)所提出的负巨大喷流放电的折合电场$5.5E_k$,经修正后具有非常大的电场值$1.5 \times 5.5E_k \approx 8E_k$,这个数值非常接近甚至于超过热电子失控过程所需的强度(Moss et al., 2006; Li et al., 2009;Chanrion and Neubert, 2008, 2010; Celestin and Pasko, 2011)。这些结果对于喷流放电中失控电子的形成提供了直接的连接。

Liu等(2009a)进行了时间分辨率达到$50\mu s$的高速摄影红色精灵影像(McHarg et al., 2007; Stenbaek-Nielsen et al., 2007)和红色精灵流光模型结果的比较;模型与观测上都显示在红色精灵起始阶段,流光会加速和膨胀传播。在模型中,如果流光加上一个非常接近崩溃门槛强度E_k的电场,则计算得到的加速度尺度约为$(0.5\sim1) \times 10^{10}$ m/s^2,这和实验上所观测到的峰值非常接近。在一个加速的流光中,因为流光头部半径的增加,流光头部的亮度也会随之增加(图10.6)。Liu等(2009a)的结果显示红色精灵流光头部的亮度会随时间呈指数增

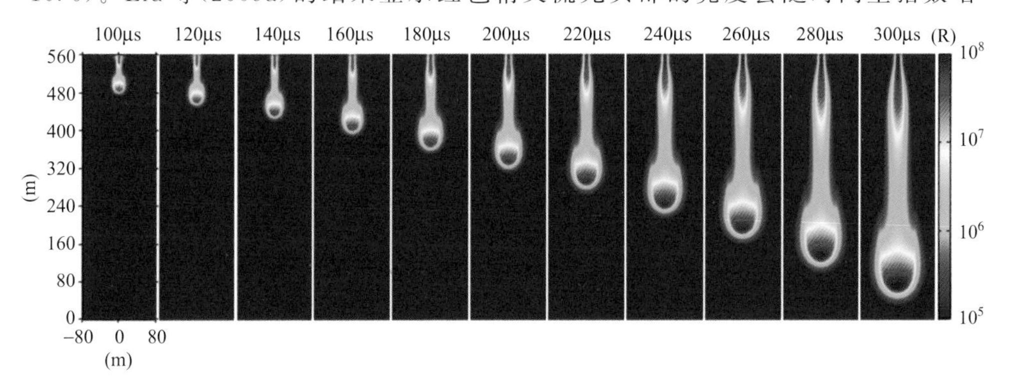

图10.6 模拟在75km高度向下传播的正流光来自于第一正能带强度分布的时间序列。这组时间序列影像时间间距为$20\mu s$,从流光传播开始后的$100\mu s$,一直到$300\ \mu s$。这个模拟的结果和Stenbaek-Nielsenetal(2007)的观测结果相符(Liu et al.,2009a)

加,并且在 1ms 的短时间内增加了 4 个数量级,而且增加速率会随着流光电场强度而增大。Liu 等(2009a)进一步提出了透过量测亮度变化速率来遥测中气层与低层电离层内红色精灵所驱动之电场的方法。尤其 Liu 等(2009a)指出由 McHarg 等(2007),Stenbaek-Nielsen 等(2007)所观测到的红色精灵事件都是由电场强度非常接近常规崩溃门槛 E_k 所引发。

我们也注意到流光的指数扩张与加速,是流光头部内的电位势差呈指数增长的重要效应,这个结果最近才被 Celestin 和 Pasko (2011)所发现。这个电位势差对于热失控电子所能获得的能量有很大的影响。Celestin 和 Pasko (2011)的定量分析结果显示,在一般条件下闪电前导所能得到的能量可以高达 ~100keV,足以进一步加速电子到数个 MeV 能量,达到可以在地球大气产生地球伽马射线闪光(terrestrial gamma-ray flashes, TGFs)的条件(Fishman et al., 1994; Smith et al., 2005)。此外,TGF 的光子能量可以高达 100MeV (Tavani et al., 2011),而且最近大部分的观测皆指出,许多 TGF 产生于常态极性分布的云间闪电之向上负前导(negative leader)的传播过程(Lu et al., 2010, 2011a)。

虽然早期认为红色精灵是由同时向上与向下传播的流光所引发(Liu and Pasko, 2004),但是最近的观测证据显示红色精灵偏好的引发形态,是在低层电离层边缘透过负流光的向下发展所引起的(Stenbaek-Nielsen et al., 2007)。红色精灵流光起始的确定机制目前仍然不很清楚,相关的研究结果在以下讨论。流光的起始机制可能和与精灵光晕有关电离层底层边界附近的上凹电离区之形成有关(Barrington-Leigh et al., 2001)。

Luque 和 Ebert (2009)提出了一个高分辨率模型,主张红色精灵流光是红色精灵晕盘所产生的筛选游离波(screening-ionization wave)锐化与塌陷之结果。他们的模型采用了不均匀、随计算调整之网格,流光是二维轴对称电浆流体模型中晕盘动态变化的结果。在这个模型中,流光的横向尺寸为 1km 数量级,其时间动态可以在 3 m 空间分辨率中的精细网格内解析出来。这个结果和之前低分辨率红色精灵模型结果在数量级上相类似。低分辨率模型中,观测到的游离柱横向范围大小为 10km 数量级,并且起始于红色精灵的向上凹陷区,并向下传播到约 45km 高度(Pasko et al., 1996)。虽然在红色精灵的形成过程中,向上凹陷的发光区域已被早期的论文广泛讨论(Pasko,1995, 1996, 1997; Veronis et al., 2001),但目前广泛地使用在这类事件中的"精灵晕盘"一名称,则是在准静电场所驱动的红色精灵首次发现后几年方开始使用。使用高速摄影机就可发现,这类事件可以和由电磁脉冲所造成的淘气精灵现象有明显的区分(Barrington-Leigh et al., 2001)。在早期模型工作,如 Pasko 等(1996)或现在的理论模型(Luque and Ebert, 2009)中,一项难题是流光在这些模型中是以精灵晕盘发展的连续电流型态出现,在目前许多高分辨率亮度计与摄影数据所记录的红色精灵流光,虽被视为是连续电流的过程,但是在许多高分辨率摄影观测中,所记录的红色精灵流光则随红色精灵晕盘的位置与时间变化,在水平与垂直方向皆呈现了明显的空间与时间区隔(Qin et al., 2011)。不同极性的云对地闪电,所引发的红色精灵流光上的不对称性,以及由极低电荷矩的云对地闪电所触发的红色精灵流,目前仍然无法由 Pasko 等(1996)及 Luque 和 Ebert (2009)的理论模型产生。除此之外,Qin 等(2011)也指出 Pasko 等(1996)及 Luque 和 Ebert (2009)所提出的精灵晕盘塌缩,是数值方法上的不稳定性所造成的,但是这个论点尚未通过增加仿真网格点的分辨率来加以证实。

向下传播红色精灵流光之上方,经常看到辉光轨迹(luminous trail)——余辉区(afterglow region)(McHarg et al., 2007; Stenbaek-Nielsen et al., 2007),Liu (2010)最近深入探讨其物理机制。在目前文献中对此现象所提出的物理机制包含:从氮分子 N_2 到氧分子 O_2 介稳电子态(metastable electronic states)能量传递造成的发光、低能量介稳态间的能量汇集,以及介稳态和 N_2 的振动激发基态之间的能量汇集(Morrill et al., 1998; Bucsela et al., 2003; Kanmae et al., 2007; Pasko, 2007; Sentman et al., 2008; Sentman and Stenbaek-Nielsen, 2009)。Liu (2010)的分析显示,这些辉光轨迹在流光的数值模型中会自然的出现,而在这个数值模型内,并没有考虑以上所提到的这些化学过程。这是因为当流光扩张、加速和变亮时,由于流过流光本体的电流增加所造成的效应。自洽增加的电流会导致在流光通道上电场的增加速度远落后于流光头部,使得因电子碰撞激发所产生 N_2 激发态得以有效增加,进而产生辉光轨迹 (Liu, 2010)。

Liu (2010)关于辉光轨迹研究的成果和近年 Luque 和 Ebert (2010)的结果一致。在 Luque 和 Ebert (2010)的理论模型中,使用了适性调整的格点,以研究具有1km 横向尺度数量级的长红色精灵流光,在具有显著环境空气密度变化高度中的传递。Luque 和 Ebert (2010)观察到在他们的模型中,光学发光密度正比于空气密度变化,而且速度与半径维持相对稳定的流光随着时间成指数变化。作者还观察到了向下传播的正流光顶端有负极充电 (negative charging)现象,并且认为这个负极充电可能有助于向上负流光的发生,并且把正流光吸引到已经形成的通道内,此一现象已获得实验证实(Luque and Ebert, 2010)。Li 和 Cummer (2011)进行了极低频 ELF 波段观测与红色精灵流光高速摄影的结合分析;在推得中气层高度闪电驱动的背景电场后,作者估计了出现在红色精灵上部的明亮柱状核心的电荷。在这个分析中,假设从明亮且带负电的核心所观察到的负流光,会沿着区域电场的场线方向传播,电荷垂直分布与数量持续迭代(iteration)直到高速摄影的影像和相对于垂直核心之负流光出现的角度有很好的吻合为止。该作者从六个由正闪电所驱动的红色精灵事件,去建立电荷的下限值。他们发现单一明亮红色精灵的核心包含了显著的空间负电荷,电荷量在−0.01～−0.03C。对于这个显著的负电荷,作者认为红色精灵的核心区域可能是一个由向下正流光所产生的负电荷沉降点(sink),这也进一步显示,当向下流光比红色精灵可吸收更多的电荷时,为了要分散这个这些电荷,会稍微延缓从红色精灵核心向上发展的负流光(Li and Cummer, 2011)。观测上,尤其是对于小型的红色精灵,向上流光并不一定会发生,这与作者的解读相符。Li 和 Cummer (2011)也发现二次负流光(secondary negative streamers)的出现也许和向下传播正流光上半部的负电荷有关,这点与 Luque 和 Ebert (2010)所提出的想法相似。另外,在文献(Li and Cummer,2011)中重要的工作是,首次使用红色精灵影像去找寻将近 10km 长的明亮红色精灵核心区域,是否和电离层底部的高导电性区域有电气连接。分析结果显示电离层和向下流光之间只有薄弱,甚至于不存在的电气连接。除了在之前所讨论的精灵晕盘至流光过渡区间的重要因素之外(Pasko et al., 1996; Luque and Ebert, 2009),Li 和 Cummer (2011)也发现支持精灵流光并不代表精灵晕盘发展中的一个连续过程,因为精灵流光和高导电率的地球电离层底部并没有连接。

精灵流光的起始过程,目前并无法使用流体模式作为框架来构建理论模型。然而为了了解精灵流光的起始,Qin 等(2011)使用了一个改良的雪崩导致流光的过渡条件,把闪电视为一个雪崩系统,研究电离层底层对闪电所造成的电荷矩改变的反应。Qin 等(2011)建立电荷矩改变与触发红色精灵流光所需要的环境电子密度两者之直接关联性;h_{tran}为电子密度下降到电子间的距离等于在雪崩过渡到流光瞬间的电子雪崩半径时之高度,h_{cr}为由雷雨云内电荷矩改变所产生的环境电场 E_{amb}等于常规崩溃电场 E_{k} 之高度。这里的常规崩溃电场可以由空气中解离与游离附着频率相等之状态来求解。电荷矩改变与触发红色精灵流光所需要的环境电子密度之关系可以写成 $h_{\text{tran}} \geqslant h_{\text{cr}}$。Qin 等(2011)针对触发红色精灵流光的+CG 与−CG 的极性不对称性之起源进行分析,结果显示由−CG 所产生的流光起始区(streamer initiation region, SIR)垂直范围,比由相反电性但是具有相同电荷矩改变之+CG 所产生的 SIR 范围要来得小。这是因为正 SIR 基本上等同于由精灵晕盘所建立的高电场区域 $E > E_{\text{k}}$,在低电子密度区所产生的向上雪崩,可以穿透进入精灵晕盘的高电子密度区。相反地,负 SIR 则被高电场区域所限制,在这个区域内,电子密度低到雪崩的发展不会产生重叠。Qin 等(2011)也显示了触发长延迟红色精灵的不对称性,是+CG 闪电放电所造成的精灵晕盘独特特性,而在+CG中形成的持久高电场区,可以因闪电的连续电流而被显著的放大。Qin 等(2011)也证实在低电离层中,起始不均性(initial inhomogeneities)对于红色精灵流光形成有其重要性,并且指出分布在一个密致区域的大量起始种子电子 $N_{0\text{e}}$,可以产生更有利于红色精灵流光形成的条件。

起始不均匀性在早期红色精灵模型的论文中有诸多的讨论(Pasko et al., 1996, 1997; Raizer et al., 1998, 2010; Zabotin and Wright, 2001)。例如,Raizer

等(1998, 2010)在80km高度的一个半径60 m柱体内,引进了电子密度为150 cm^{-3}的种子不均匀性(对应N_{0e}大小为~10^{14})。Qin等(2011)所使用的方法不同,他们考虑了一个许多雪崩互相竞争的架构,在这个架构内的种子电子,对巨观电场变得很重要,甚至观测得到。Qin等(2011)定量研究显示,即使种子电子数量比Raizer等(1998, 2010)所使用的低了12个数量级,亦即N_{0e}~10^2,在这个雪崩过程中,种子电子在精灵流光的起始中仍然扮演了明确的角色。电子的密度不均匀性,在红色精灵的亮珠(beads)结构和精灵流光分叉上所扮演的可能角色,则在Luque和Gordillo-Vazquez (2011)的论文中有进一步的讨论。

在观测上,可以试着探索在流光起始区域的亮度变化以了解可能的物理机制。Qin等(2014)首次提出观测与理论模型连接上的直接证据。透过高速摄影的影响,作者认为在电离层D层中,原本就已经存在的电浆不规则体(Plasma irregularity)可以引发精灵流光。在流光发生处附近减速或是停下的过程形成了流光附近的余晖,模拟结果重制了观测上所看到的精灵晕盘大小、形状与高度(请见图10.7),并且光学影像上显示向下移动的精灵晕盘结构在该位置可能有预先存在的电浆不规则体,这些不规则体的来源可能来自对流层的雷雨系统的扰动或是上大气层流星。不过,这样的电浆不规则体仅是由影像上推断,仍欠缺雷达或其他量测确认在该位置的电子浓度有显著的异常。

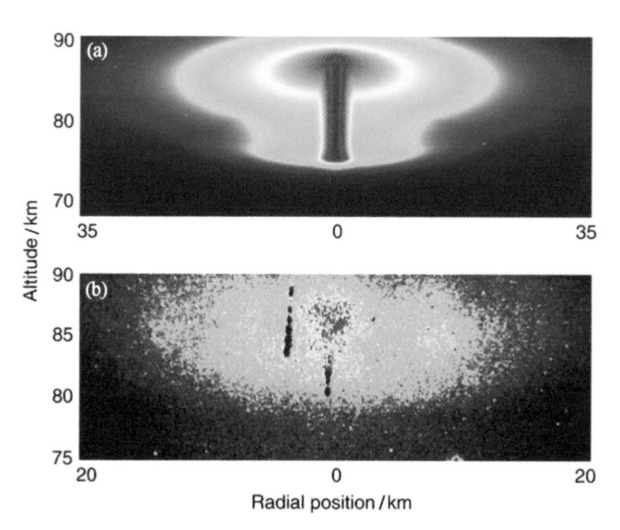

图10.7 (a) 使用理论模型,计算$t=0$~1.4ms影像的电浆不规则体结构;(b) 利用红色精灵晕盘影像所重建的电离层D层电浆不规则体(Qin et al., 2014)

10.3.3 喷流的理论模型

蓝色喷流与巨大喷流现象的重要特征及不同极性前导过程(leader process)之特性,在文献(Pasko,2008)中有概要的回顾讨论。假设这两种类型的喷流都起源于由雷雨云顶向上传播的闪电前导过程之流光区,光学上的观测差异,可能起源于经由连续正前导过程的蓝色喷流和 Wescott 等(1995, 1998, 2001)刚好对比于由负前导过程所引起脉冲式复亮的巨大喷流(Krehbiel et al. ,2008)。极性本身并不足以解释所有观测到的喷流事件,在型态上的差异。尤其,Krehbiel 等(2008)特别强调喷流起始位置和雷雨云中电荷的配置都是影响喷流发展的参数。虽然 Pasko (2008) 与 Pasko (2010)的回顾中,指出蓝色喷流与正前导的相关性,以及巨大喷流和负前导的关联性,但最近正巨大喷流的观测指出,正巨大喷流和负巨大喷流有类似的形态特征(van der Velde et al. , 2010a);这显示了我们所面对的情形比原先想的还要复杂。对于不同喷流事件的分类,可参见 Krehbiel 等(2008)详细的讨论。van der Velde 等(2010a)指出正巨大喷流可能是由电荷倒置的雷雨云所产生。这个推论和 Krehbiel 等(2008)宣称正巨大喷流源自电荷倒置雷雨云之说法一致;也就是云内主要负电荷区位于主要正电荷区之上,因而在合适条件下形成正巨大喷流。Raizer 等(2006, 2007, 2010)讨论了蓝色喷流与巨大喷流和正前导流光区的相关性,正前导流光区假设起源于 12km 高的正电荷区之上。结果显示高层雷雨云的电位势,会由前导信道向上转移到空气密度较低的区域,这个电位势转换与足以产生流光传播的低层电位势门槛 E^+ 成正比,使得让蓝色喷流得以维持中等云电荷 50 C 与半径 3km 的大小。Milikh 和 Shneider (2008)利用 Raizer 等(2007)的模型,探索由喷流电荷所产生的 300～400nm 辐射,以解释 Tatiana 微卫星上紫外线(UV)仪器所观测到位在赤道区、时间长度为 1～64ms 的闪光。这个模型以氮分子 N_2 的第二正能带(second positive band)与氮离子 N^+ 的第一负能带(first negative band)为闪光的主要发光机制,并且分别考虑了 N_2 的 $C^3\Pi_u$ 与 N_2^+ 的 $B^2\Sigma_u^+$ 能态激发与骤冷效应(quenching effects,与压力相关)。计算所得的紫外亮度流量,与观测量测到的脉冲长度与强度相符(Milikh and Shneider, 2008)。

除了对负极性巨大喷流的特性预测有明显的不符合之外,Pasko 等(1999), Pasko 和 George (2002), Raizer 等(2006, 2007, 2010)人所提出的模型,在支持 Petrov 和 Petrova (1999)所提出"喷流是由一般前导中受压力控制的流光区向上发展所形成"的论点上,也有诸多限制,因为他们共同的假设皆是:云顶附近有前导之存在。这些模型并无法解释为何会起始于云顶,而且对向上发展逃逸的前导过程之电荷分布,无法与闪电在观测上进行联结或佐证。举例来说,观测指出某些巨大喷流,是正常极性雷雨云的上层正电荷与下层负电荷之间,发生放电所致

al., 2006),Mende 等(2005)进一步分析了数个原生闪电(parent lightning)发生在地球临边后方的淘气精灵,由于闪电的发光都被地球阻挡,因此亮度分析上就可以排除闪电的污染。Mende 等(2005)的分析发现淘气精灵有显著的 391.4nm 发光,这个发光来自于氮离子的第一负频带(first negative N_2^+ band, $1NN_2^+$),作者分析了 ISUAL 亮度计的两个主要波段亮度比值,并且比较理论计算的亮度,进而估计了折合电场强度,发现得到的折合电场强度大于 200 Td。藉由这个折合电场强度,并且从 $1NN_2^+$ 发光强度推导得到的游离率,可以估计淘气精灵可以产生平均电子密度达到每立方厘米 210 个电子(210 electrons/cm^3),同时也发现确认了 ISUAL 所记录的淘气精灵会有远紫外线(far ultraviolet, FUV)发光,主要来自 Lyman-Birge-Hopfield(LBH)波段(Mende et al., 2005)。对于红色精灵,Kuo 等(2005)和 Liu 等(2006)使用了 ISUAL 亮度计的量测数据估计了流光尖端(streamer tip)的电场强度是 $2\sim4E_k$,而 Adachi 等(2006)使用数组亮度计则估计出在流光区的电场强度为 $1\sim2E_k$。在前面的流光理论模型中也讨论过,真正的电场强度大概要高出 1.5 倍(Celestin and Pasko, 2010)。

由于地面观测会受到地形与天气的限制,因此很难估计 TLE 的全球发生率,并且辨认出发生率较高的热区(hot zone),这也是 ISUAL 任务的重要科学目标之一。TLE 的全球发生率对于了解并且估计氮氧化物 NO_x 在中气层的影响,以及 TLE 直接对于大域电路的冲击相当关键。Sato 和 Fukunishi (2003)首次利用 2001 年 1 月 19 日至 2002 年 1 月 20 日期间,闪电放电在 ELF 波段的辐射进行了估计,利用一个具有特定电荷矩的红色精灵相对于闪电发生率的经验值,估计出全球的红色精灵发生率大约为每分钟 0.5 个(Sato and Fukunishi, 2003)。在 MEIDEX 任务中,TLE 的平均侦测率为每分钟 0.13 个红色精灵(Yair et al., 2004)。保守估计,地球表面同时有 100 个雷暴系统发生,可以得到在热带区域的红色精灵全球发生率约为每分钟 13 个。在 LSO 任务中,红色精灵的侦测率为每分钟 0.3 个,估计的红色精灵发生率约为每分钟 37 个红色精灵(Blanc et al., 2004)。Ignaccolo 等(2006)透过地面观测估计出红色精灵的全球发生率为每分钟 2.8 个。可以看到,这些实验所估计的发生率因为波段、观测方法与观测时间长度的不同,而有 1~2 个数量级的差异。Chen 等(2008)和 Hsu 等(2009)分析了 ISUAL 自 2004~2009 年的观测数据,对于不同类型的 TLE 分别给出了淘气精灵、红色精灵与精灵晕盘的全球发生率分别为每分钟 72, 1 与 3.7 个事件。并且首次发现淘气精灵为主要的类型,约占所有事件的 80%,红色精灵与精灵晕盘仅各占 10%左右。这完全推翻了之前地面观测是以红色精灵为主要类型的结果。由分布的位置来看,不同类型 TLE 的分布也大不相同:淘气精灵的分布在海陆上较为平均,约 1:1.2,这和目前已知的闪电的海陆分布比例(1:10)(Christian et al., 2003)相差 8 倍。但是红色精灵则主要发生于陆地上,比例约 1:4.8,这和目前已知的闪电的海陆分布比例只相差 2 倍。ISUAL 所观测到的闪电海陆分布比例约为 1∶5.5,红色精灵多分布在非洲中部、日本外海、西大西洋;淘气精灵则出现在加勒比海、中国南海、东印度洋、中太平洋、西大西洋和太平洋西南区域(图 10.9)。主要的热区和其他卫星闪电观测(LIS/TRMM)结果类似。由于海陆比例较低,因此,可以推估 ISUAL 所记录的闪电最低能量较 LIS/TRMM 为高。此外,Chen 等(2008)也发现当海洋表面温度高于 26℃,淘气精灵的生成率呈指数增加,26℃的海水温度是产生热带气旋的必要条件,显示温暖的水域能提供需要驱动带有高电流强烈海洋闪电的热的来源,进一步导致 ISUAL 所观测到的大量淘气精灵事件。这是海洋与大气以及电离层相互耦合的表现。对于这个全球分布结果,作者也对淘气精灵所释放至低电离层的自由电子数加以评估。结果显示,淘气精灵有可能会对大气层的电离层底部电子总量产生影响,淘气精灵所释放电子会增加部分闪电密集区的电离层电子浓度达 5%,平均增加全球电离层的电子浓度约 1%,此结果可能影响地面及空中的通信及导航。而在 $1PN_2$ 波段所观测到的淘气精灵、红色精灵与精灵晕盘的平均能量为 1.9, 2.2, 1.4MJ (Kuo et al., 2008),考虑在组成为氮气 78.1%与氧气 20.9%空气内之电子碰撞过程的 $1PN_2$ 的流离率与总碰撞率的比值,$1PN_2$ 能带内的能量与总能量比约为 1∶10。因此,淘气精灵、红色精灵与精灵晕盘的个别事件总平均能量分别为 19, 22, 14MJ (Kuo et al., 2008),

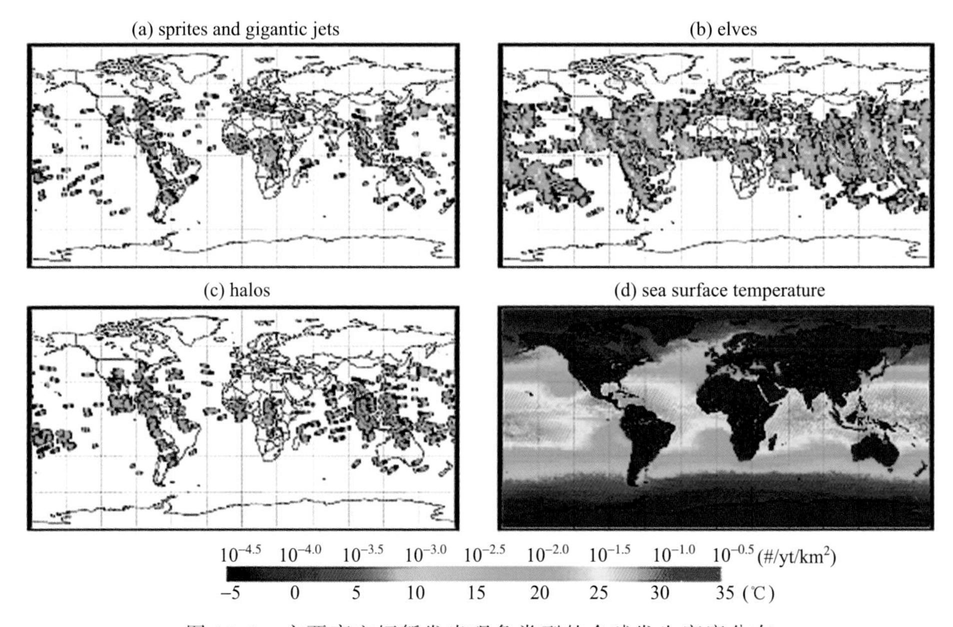

图 10.9 主要高空短暂发光现象类型的全球发生密度分布

(a) 红色精灵与巨大喷流(巨大喷流以红色实心圆标示);(b) 淘气精灵;(c) 精灵晕盘;2004 年 7 月到 2005 年 12 月的平均海水表面温度标示于(d)以供比较(Chen et al., 2008)

因此淘气精灵、红色精灵与精灵晕盘可以在中气层每分钟分别释放1370，22，52 MJ的能量(Hsu et al.，2009)。Kuo等(2008)所估计的个别红色精灵能量22 MJ和Sentman等(2003)所估计的1～10 MJ相差不大，但是相对于云对地闪电所具有的典型能量1～10GJ，仍然小很多。Takahashi等(2010)使用ISUAL数组亮度计的数据也估计了红色精灵在光学波段的能量，在1PN_2与2PN_2波段分别为176 kJ与119 kJ。

Wu等(2012)利用ISUAL所记录的主要类型为淘气精灵的分布数据，以及热带降水侦测任务卫星(TRMM)闪电影像仪的闪电数据，加上Nino 3.4 Index与南方振荡指数(southern oscillation index，SOI)等圣婴现象(El Niño southern oscillation，ENSO)相关指数，探讨圣婴现象对闪电及发生在中气层的淘气精灵之影响。利用标准化距平(standardized anomalies)量化闪电及淘气精灵活动在ENSO时期的变化程度，尤其在西太平洋，中太平洋及大溪地(Tahiti)等对ENSO反应显著的区域，闪电及淘气精灵的发生率可被视为ENSO的指标。另外，利用SOI来检验这些区域的发生率在时序方面与ENSO活动的相关性，结果显示无论在海洋或陆地，淘气精灵发生率与ENSO活动的相关系数可达0.6以上。闪电在海洋区域的发生率与ENSO活动也有高度相关，然而，若是选取包含较多陆地的西太平洋区域，其相关性却不高。由于淘气精灵是由高峰值电流的强闪电所引发，而且在海洋上也比较容易发生强闪电。因此，这个结果显示淘气精灵(也就是强闪电)的发生率会随着ENSO而变，而弱闪电容易受陆地因素影响，与ENSO活动的相关系数较低(Wu et al.，2012)。

Kuo等(2009)利用ISUAL的观测数据发表了世界上第一篇具有高时间分辨率的巨大喷流光谱与亮度分析，并首次估算出巨大喷流中在完全发展喷流(full development jet，FDJ)阶段时，高空中的电场与平均电子能量随高度变化的情形。巨大喷流基本上是一个从云顶向上放电的现象，与云对地的放电现象，有部分的类似，但也有些不同之处。类似之处是：都有前导，回击与连续电流的过程。不同之处是：由于高空大气越往上气体密度越稀薄，向上放电的巨大喷流，越往上就扩散的越广；而且在FDJ之后，高空大气的解离使得电离层下降，回击的过程是从50km的高空开始；展现连续电流的云内闪光与后续喷流的光学特征清晰可见。

Chou等(2010)将ISUAL所观测的巨大喷流，根据他们的产生动态与光谱特性分类为三种类型，第一型(type I)的巨大喷流如Su等(2003)，Kuo等(2009)所观测到的类型，在FDJ期间，放电通道完全建立后，ISUAL的亮度计可以记录到一个来自于类似闪电回击程序所造成的峰值，由地面极低频波段(ultra low frequency，ULF)电波观测所记录到的波形特征显示第一型的巨大喷流是负云对电离层放电(—CI)。第二型(type II)巨大喷流从蓝色喷流开始，大约在100ms以内发展成巨大喷流。蓝色喷流也经常会在第二型巨大喷流发生前或后出现在相同的区域。对于第二型巨大喷流,无法找到可确认的对应 ULF 波段之波形信号。Chou 等(2010)提及了一个特殊的事件:一个似乎为第二型的巨大喷流具有+CI 的 ULF 波形信号。所以在这些事件中的能量与电荷,并不足以累积高到可以形成非常明亮的巨大喷流。第三型(type III)巨大喷流发生之前不久会有闪电发生,第三型巨大喷流的光谱主要贡献来自闪电信号,ULF 的波形显示高背景噪声。第三型巨大喷流的平均亮度介于另外两型中间,它的放电极性可以是正性或负性,由触发闪电所遗留的电荷不平衡之电性决定(Chou et al., 2010)。

透过分析 ISUAL 所记录到淘气精灵在 $1PN_2$ 波段影像的亮度与远紫外线波段的亮度计强度,并且结合淘气精灵的理论模型,Chang 等(2010)的结果显示 ISUAL 所记录之淘气精灵的远紫外光强度可以用来估计其原生闪电的峰值电流。由于 ISUAL 远紫外亮度计比使用 $1PN_2$ 滤镜的影像仪灵敏了 16 倍,ISUAL 的淘气精灵侦测率可以藉此大幅改善。所以,远紫外亮度计可以用来进行淘气精灵的搜寻研究,并且估计对应产生淘气精灵闪电的峰值电流与其他的参数。除此之外,因为闪电的 M 分量或是多重回击所造成的多重淘气精灵(multielves)也首次在观测上被证实。Lee 等(2010)分析了 ISUAL 所记录的 TLE 分布,并且推测控制 TLE 发生的主要天气尺度变量(synoptic-scale factors)。在这个研究中,分析了两个不同的分布图像:对于低纬度热带区域(25° S ~ 25° N),84%的 TLE 发生在间热带辐合区(intertropical convergence zone, ITCZ)与南太平洋辐合区(south pacific convergence zone, SPCZ)上,TLE 的分布在赤道两侧南北移动,呈现了季节性的变化;对于中纬度区域(在 ±30°之外),88%的北半球冬季 TLE 与 72%南半球冬季 TLE 发生在接近中纬度的气旋系统。冬季 TLE 的发生密度与风暴密度轨迹两者的趋势是相同的,但是冬季 TLE 的分布会偏移 10°~15°。

Kuo 等(2013) 利用 ISUAL 在 2004~2010 年期间所观测的 5 个精灵晕盘事件,来了解没有伴随流光的精灵晕盘中的游离发光。为了降低闪电亮度的污染,因此也是选取原生闪电被地球临边所遮挡的事件。分析结果显示,晕盘区电子密度比背景电子密度高出 1~2 个数量级,估计的折合电场大小为 275~325 Td,比常规崩溃电场高。在精灵晕盘区由闪电所引发的电场的缓解(relax)速率比由环境电子密度所估计为快,这和目前精灵晕盘模型中,因为游离所引起的电子密度增强会造成精灵晕盘区内的短暂介电弛豫时间(dielectric relaxtion time)之结果相符。

红色精灵偶尔会伴随二次喷流(secondary jets)发生,这类的现象在地面观测极为罕见。Lee 等(2013)利用 ISUAL 观测数据成功地解释了发生的物理机制。2004 年 7 月至 2010 年 12 月,ISUAL 总共记录了 3 个跳出二次巨大喷流(pop-through secondary GJ)及 2 个偏移二次巨大喷流(shifted secondary GJ)。分析发现其中两个跳出二次巨大喷流发生后约 1ms 以内,光谱亮度计及数组亮度计信号中疑似有红色精灵的信号,且影像中也出现新的红色精灵。根据光谱信号的分析,新产生的红色精灵有可能为巨大喷流所引发。对于这样的观测结果，Lee 等(2013) 提出了以下的物理过程(图 10.10)：+CG 发生时，地面的负电荷流入云内，与云内上层的正电荷中和，此效应就像是云内忽然置入大量的负电荷，云顶上方至电离层之间瞬间感受到一强大且方向向下的准静电场，造成红色精灵发生。在前导红色精灵(preceding sprites)发生后 30～50ms，二次巨大喷流产生，云内中层的负电荷流入电离层底部。相对地，此效应就像是云内突然置入大量的电电荷，云顶上方的空间感受到一向上的电场。在二次巨大喷流发生后～1ms，在前导红色精灵发生位置的边缘有新的红色产生。

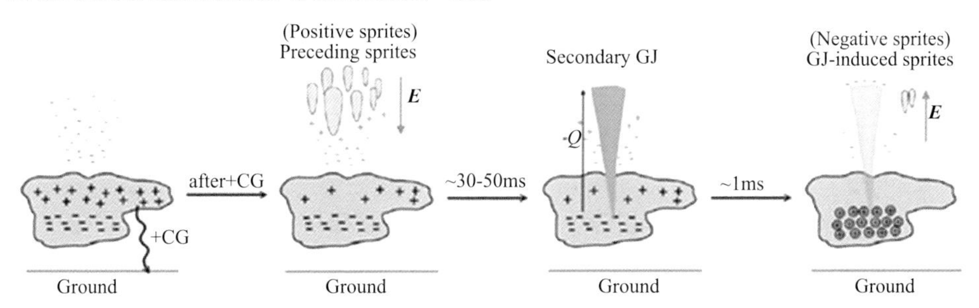

图 10.10 前导红色精灵，二次巨大喷流及巨大喷流引发之红色精灵发生的相对时间，以及可能的图像(Lee et al.，2013)

Tatiana-1 是莫斯科州立大学(Moscow State University)的研究与教学微卫星。量测实验期间为 2005 年 1 月至 2007 年 3 月(Garipov et al.，2005a，2005b，2006)。Tatiana-1 上的量测仪器包含了紫外线(ultraviolet，UV)波段，波长范围为 300～400nm 的光电倍增管(photomultiplier tubes，PMTs)，以及用来侦测极高能量宇宙射线(extremely high-energy cosmic rays，EHECRs)的侦测器，这个 EHECR 侦测器主要用来观测因高能电子通过大气的二次辐射所产生的切伦科夫辐射(Cherenkov radiation)。Tatiana-1 两年所记录到紫外线亮度计资料经过分析，发现 UV 事件的强度、能量与发生率和月相有关，并且可以得到两者的相关性。此外，在大气中释放能量超过 50 kJ 的 UV 事件发生率，其他月相期间会比满月期间高出 4 倍(Garipov et al.，2008)。Shneider 和 Milikh (2010)研究了短时间(约数个毫秒范围内)，紫外线事件的可能来源之大气电学现象。作者认为这些由 Tatiana-1 所侦测到数毫秒的 UV 事件可能来自于巨大蓝色喷流 (gigantic blue jets，GBJ)。在 GBJ 流光区，假设由自恰电场所规范，对于 UV 脉冲与时间长度的影响在文献(Shneider and Milikh，2010)也被讨论，他们的分析结果显示红色精灵也可能是这些具有相同时间尺度的 UV 事件来源之一，但是亮度低很多。

Tatiana-2 于 2009 年 9 月 17 日发射，装有紫外线(300～400nm)与红光(600～700nm)的光电倍增管、极强闪电微机电望远镜 (micro-electro-mechanical telescope for extreme lighting, MTEL)、照相亮度计(photo spectrometer)与电子流量计 (electron flux detector) (Panasyuk et al., 2009; Garipov et al., 2010)。电子流量计可以侦测由能量大于 1 MeV 电子穿透所发出的荧光。

SPRITE-SAT 是一颗由日本东北大学所设计发展的微卫星,主要的科学目标是同时在地底方向观测高空短暂光现象 TLE 与地球伽马射线闪光 TGF,以研究 TLE 与 TGF 两者之间的关系与产生机制。SPRITE-SAT 在 2009 年 1 月 23 日发射,目前由东北大学操作中。

安装在国际太空站(ISS)上日本实验模块(Japanese Experiment Module-Exposed Facility, JEM-EF)的"全球闪电与红色精灵量测"(Global Lightning and sprIte MeasurementS, JEM-GLIMS)实验(Sato et al., 2009)已经于 2012 年 7 月 21 日发射,并且在 2012 年 8 月 9 日完成安装。JEM-GLIMS 任务的科学目标要探索 TLE 的生成机制,并且了解闪电、TLE 与 TGF 三者的关系,JEM-GLIMS 所携带的仪器包含了两个 CMOS 照相机、两组亮度计、一组 VHF 波段干涉仪与一组 VLF 波段接收器(VLF receiver)(Sato et al., 2009)。

10.5 总　　结

本章介绍了不同类型的高空短暂发光现象,包含淘气精灵、红色精灵、精灵晕盘、蓝色喷流与巨大喷流等;也描述了红色精灵的一些特征,包含导致发生的气候条件、原生闪电参数,以及红色精灵的形状、大小与动态特性;也讨论了淘气精灵模型的最新进展,包含使用有限差分时域模型所分析的事件,与其和卫星观测结果的直接比较。在红色精灵与精灵晕盘理论的回顾上,则专注在近年来对于精灵流光起始、扩张以及与其和低层电离层的连接。近年来在蓝色喷流与巨大喷流的机制上,则集中在云内电荷不平衡造成类似云对地闪电的向上突破的喷发,并且往电离层的传播发展。我们也回顾了过去与现在的 TLE 轨道观测以及其重要观测结果。

在高空短暂发光现象的研究上,目前仍然有许多实验与理论上的问题待探索解决。在理论范围内,如在低外加电场情形下,精灵流光确实的起始与传播机制;在闪电与不同类型 TLE 中,热失控电子现象所扮演的角色;能够解释从低空主要为热能型态转换到高空低空气密度区非热型态的自恰模型,前者主要来自于前导过程,后者主要由流光所贡献(Pasko, 2006)。在实验上,包含了对于氮气分子谱线之旋转密度分布的高分辨率光谱量测需求,这可以更精确地决定红色精灵内的分子旋转温度(Pasko, 2007);以及在蓝色喷流与巨大喷流研究上,至少提升 100 倍时间解析力的观测,以了解发展过程中因时间分辨率不足而失去的细节(Pasko,2010)。

参考文献

Adachi T, Fukunishi H, Takahashi Y, et al. 2004. Roles of the EMP and QE field in the generation of colum- niform sprites. Geophys. Res. Lett., 31(4): L04107.

Adachi T, Fukunishi H, Takahashi Y, et al. 2006. Electric field transition between the diffuse and streamer regions of sprites estimated from ISUAL/array photometer measurements. Geophys. Res. Lett., 33(17): L17803.

Adachi T, Hiraki Y, Yamamoto K, et al. 2008. Electric fields and electron energies in sprites and temporal evolutions of lightning charge momentmeasurements. J. Phys. D, Appl. Phys., 41(23): 234010.

Asano T, Hayakawa M, Cho M, et al. 2008. Computer simulations on the initiation and morphological difference of Japan winter and summer sprites. J. Geophys. Res., 113 (A2):A02308.

Asano T, Suzuki T, Hayakawa M, et al. 2009a. Three-dimensional EM computer simulation on sprite initia- tion above a horizontal lightning discharge. J. Atmos. Sol. -Terr. Phys., 71: 983-990.

Asano T, Suzuki T, Hiraki Y, et al. 2009b. Computer simulations on sprite initiation for realistic lightning models with higher-frequency surges. J. Geophys. Res., 114: A02310.

Barrington-Leigh C P, Inan U S, Stanley M. 2001. Identification of sprites and elves with intensified video and broadband array photometry. J. Geophys. Res., 106(A2):1741-1750.

Barrington-Leigh C P, Inan U S, Stanley M, et al. 1999. Sprites triggered by negative lightning discharges. Geophys. Res. Lett., 26(24): 3605-3608.

Bazelyan E M, Raizer Y P, 1998. *Spark Discharge*. New York:Chemical Rubber Company Press.

Bazelyan E M, Raizer Y P. 2000. *Lightning Physics and Lightning Protection*. Bristol:IoP Publishing.

Blanc E, Farges T, Belyaev A N, et al. 2007. Main results of LSO (Lightning and Sprite Observations) on board of the International Space Station. Microgravity Sci. Technol., 19(5-6): 80-84.

Blanc E, Farges T, Brebion D, et al. 2006. Observations of sprites from space at the nadir: the LSO (lightning and sprite observations) experiment on board of the international space station. In *Sprites, Elves and Intense Lightning Discharges*. Füllekrug M, Mareev E A, Rycroft M J. NATO Science Series II: Mathematics, Physics and Chemistry, 225, Springer, Heidelberg.

Boeck W L, Vaughan O H, Blakeslee R J, et al. 1992. Lightning induced brightening in the airglow layer. Geophys. Res. Lett., 19: 99-102.

Boeck W L, Vaughan O H, Blakeslee R J, et al. 1995. Observations of lightning inthe stratosphere. J. Geophys. Res., 100: 1465-1475.

Boeck W L, Vaughan O H, Blakeslee R J, et al. 1998. The role of the space shuttle videotapes in the discovery of sprites, jets and elves. J. Atmos. Sol. -Terr. Phys., 60: 669-677.

Bucsela E J, Pickering K E, Huntemann T L, et al. 2010. Lightning-generated NO_x seen by the

Ozone Monitoring Instrument during NASA's Tropical Composition, Cloud and Climate Coupling Experiment (TC4). J. Geophys. Res., 115: D00J10.

Bucsela E, Morrill J, Heavner M, et al. 2003. N_2 ($B^3\Pi_g$) and N_2^+ ($A^2\Pi_u$) vibrational distributions observed in sprites. J. Atmos. Sol. -Terr. Phys., 65,583-590.

Campbell L, Cartwright D C, Brunger M J. 2007. Role of excited N_2 in the production of nitric oxide. J. Geophys. Res., 112: A08303.

Carlotti M, Brizzi G, Papandrea E, et al. 2006. GMTR: Two- dimensional geo-fit multitarget retrieval model for Michelson interferometer for passive atmospheric sounding/environmental satellite observations. Appl. Opt., 45(4): 716-727.

Celestin S, Pasko V P. 2010. Effects of spatial non-uniformity of streamer discharges on spectroscopic diagnostics of peak electric fields in transient luminous events. Geophys. Res. Lett., 37: L07804.

Celestin S, Pasko V P. 2011. Energy and fluxes of thermal runaway electrons produced by exponential growth of streamers during the stepping of lightning leaders and in transient luminous events. J. Geophys. Res.,116: A03315.

Chang S C, Kuo C L, Lee L J, et al. 2010. ISUAL far-ultraviolet events, elves, and lightning current. J. Geophys. Res., 115: A00E46.

Chanrion O, Neubert T. 2008. A PIC-MCC code for simulation of streamer propagation in air. J. Comput. Phys.,227(15): 7222-7245.

Chanrion O, Neubert T. 2010. Production of runaway electrons by negative streamer discharges. J. Geophys. Res.,115: A00E32.

Chen A B, Kuo C L, Lee Y J, et al. 2008. Global distributions and occurrence rates of transient luminous events. J. Geophys. Res., 113(A8): A08306.

Cheng Z, Cummer S A, Su H T, et al. 2007. Broadband very low frequency measurement of D region ionospheric perturbations caused by lightning electromagnetic pulses. J. Geophys. Res., 112(A6): A06318.

Chern J L, Hsu R R, Su H T, et al. 2003. Global survey of upper atmospheric transient luminous events on the ROCSAT-2 satellite. J. Atmos. Sol. -Terr. Phys., 65: 647-659.

Chou J K, Kuo C L, Tsai L Y, et al. 2010. Gigantic jets with negative and positive polarity streamers. J. Geophys. Res.,115: A00E45.

Christian H, Blakeslee R, Boccippio D, et al. 2003. Global frequency and distribution of lightning as observed from space by the Optical Transient Detector. J. Geophys. Res., 108 (D1): 4005.

Cooray V, Rahman M, Rakov V. 2009. On the NOx production by laboratory electrical discharges and lightning. J. Atmos. Sol. -Terr. Phys., 71(17-18): 1877-1889.

Cummer S A. 2003. Current moment in sprite-producing lightning. J. Atmos. Sol. -Terr. Phys., 65, 499-508.

Cummer S A, Frey H U, Mende S B, et al. 2006a. Simultaneous radio and satellite optical measurements of high-altitude sprite current and lightning continuing current. J. Geophys. Res., 111(A10): A10315.

Cummer S A, Fullekrug M. 2001. Unusually intense continuing current in lightning produces delayed mesosphericbreakdown. Geophys. Res. Lett., 28: 495-498.

Cummer S A, Inan U S, Bell T F, et al. 1998. ELF radiation produced by electrical currents insprites. Geophys. Res. Lett., 25: 1281-1284.

Cummer S A, Jaugey N C, Li J B, et al. 2006b. Submillisecond imaging of spritedevelopment and structure. Geophys. Res. Lett., 33: L04104.

Cummer S A, Li J, Han F, et al. 2009. Quantification of the troposphere-to-ionosphere charge transfer in a gigantic jet. Nat. Geosci., 2: 1-4.

Cummer S A, Lyons W A. 2004. Lightning charge moment changes in U. S. high plains thunderstorms. Geophys. Res. Lett., 31(5): L05114.

Cummer S A, Lyons W A. 2005. Implication of lightning charge moment changes for sprite initiation. J. Geophys. Res., 110: A04304.

Dhali S K, Williams P F. 1987. Two-dimensional studies of streamers in gases. J. Appl. Phys., 62: 4696-4707.

de Groot-Hedlin C. 2008. Finite-difference time-domain synthesis of infrasound propagation through an absorbingatmosphere. J. Acoust. Soc. Am., 124(3, Part 1): 1430-1441.

de Larquier S, Pasko V P. 2010. Mechanism of inverted-chirp infrasonic radiation from sprites. Geophys. Res. Lett.,37: L24803.

de Urquijo J, Gordillo-Vazquez F J. 2010. Comment on "NO_x production in laboratory discharges simulating blue jets and red sprites" by Harold Peterson et al. J. Geophys. Res., 115: A12319.

Ebert U, Montijn C, Briels T M P, et al. 2006. The multiscale nature of streamers. Plasma Sources Sci. Technol., 15: S118-S129.

Ebert U, Nijdam S, Li C. 2010. Review of recent results on streamerdischarges and discussion of their relevance for sprites and lightning. J. Geophys. Res., 115: A00E43.

Ebert U, Sentman D. 2008. Editorial Review: Streamers, sprites, leaders, lightning: from micro- to macroscales. J. Phys. D, Appl. Phys., 41: 230301.

Enell C F, Arnone A, Adachi T, et al. 2008. Parameterisation of the chemical effect of sprites in the middle atmosphere. Ann. Geophys., 26: 13-27.

Farges T, Blanc E. 2010. Characteristics of infrasound from lightning and sprites near thunderstorm areas. J. Geophys. Res., 115: A00E31.

Farges T, Blanc E, Pichon A L, et al. 2005. Identification of infrasound produced by sprites during the Sprite2003 campaign. Geophys. Res. Lett., 32(1): L01813.

Fischer H, Birk M, Blom C, et al. 2008. MIPAS: an instrument for atmospheric and climate research. Atmos. Chem. Phys., 8(8): 2151-2188.

Fishman G J, Bhat P N, Mallozzi R, et al. 1994. Discovery of intense gamma-ray flashes of atmospheric origin. Science, 264(5163): 1313-1316.

Franz R C, Nemzek R J, Winckler J R. 1990. Television image of a large upward electric discharge above a thunderstorm system. Science, 249: 48-51.

Frey H U, Mende S B, Cummer S A, et al. 2005. Beta-type stepped leader of elve-producing lightning. Geophys. Res. Lett., 32: L13824.

Frey H U, Mende S B, Cummer S A, et al. 2007. Halos generated by negative cloud-to-ground lightning. Geophys. Res. Lett., 34: L18801.

Fukunishi H, Hiraki Y, Adachi T, et al. 2005. Occurrence conditions for gigantic jets connecting the thundercloud and the ionosphere. Eos Trans. AGU, 86(52): AE11A-02. Fall Meet. Suppl., Abstract AE11A-02

Fukunishi H, Takahashi Y, Kubota M, et al. 1996. Elves: Lightning-induced tran- sient luminous events in the lower ionosphere. Geophys. Res. Lett., 23(16): 2157-2160.

Gamerota W R, Cummer S A, Li J, et al. 2011. Comparison of sprite initiation altitudes between observations and models. J. Geophys. Res., 116: A02317.

Garipov G, Khrenov B, Panasyuk M, et al. 2005a. UV radiation from the atmosphere: results of the MSU "Tatiana" satellite measurements. Astropart. Phys., 24(4-5): 400-408.

Garipov G K, Khrenov B A, Klimov P A, et al.2010. Program of transient UV event research at Tatiana-2 satellite. J. Geophys. Res., 115: A00E24.

Garipov G K, Khrenov B A, Panasyuk M I. 2008. Correlation of atmospheric UV transient events with lunar phase. Geophys. Res. Lett., 35(10): L10807.

Garipov G, Panasyuk M, Rubinshtein I, et al. 2006. Ultravi-olet radiation detector of the MSU research educational microsatellite Universitetskii-Tat'yana. Instrum. Exp. Tech., 49(1): 126-131.

Garipov G, Panasyuk M, Tulupov V, et al. 2005b. Ultraviolet flashes in the equatorial region of the earth. JETP Lett., 82(4): 185-187.

Gerken E A, Inan U S. 2003. Observations of decameter-scale morphologies in sprites. J. Atmos. Sol. -Terr. Phys.,65: 567-572.

Gerken E A, Inan U S, Barrington-Leigh C P. 2000. Telescopic imaging of sprites. Geophys. Res. Lett., 27: 2637-2640.

Gordillo-Vazquez F J. 2008. Air plasma kinetics under the influence of sprites. J. Phys. D, Appl. Phys., 41(23):234016.

Gordillo-Vazquez F J, Donko Z. 2009. Electron energy distribution functions and transport coefficients relevant for air plasmas in the troposphere: impact of humidity and gas temperature. Plasma Sources Sci. Technol.,18: 034021.

Gordillo-Vazquez F J, Luque A. 2010. Electrical conductivity in sprite streamer channels. Geophys. Res. Lett., 37: L16809.

Greenberg E, Price C, Yair Y, et al. 2007. ELF transients associated with sprites and elves in eastern Mediterranean winter thunderstorms. J. Atmos. Sol. -Terr. Phys., 69(13):

1569-1586.

Haldoupis C, Amvrosialdi N, Cotts B R T, et al. 2010. More evidence for a one-to-one correlation between sprites and early VLF perturbations. J. Geophys. Res., 115: A07304.

Haldoupis C, Mika A, Shalimov S. 2009. Modeling the relaxation of early VLF perturbations associated with transient luminous events. J. Geophys. Res., 114: A00E04.

Hiraki Y, Fukunishi H. 2006. Theoretical criterion of charge moment change by lightning for initiation of sprites. J. Geophys. Res., 111(A11): A11305.

Hiraki Y, Kasai Y, Fukunishi H. 2008. Chemistry of sprite discharges through ion-neutral reactions. Atmos. Chem. Phys., 8(14): 3919-3928.

Hsu R R, Chen A B, Kuo C, et al. 2005. Gigantic jet observation by the ISUAL payload of FORMOSAT-2 satellite. Eos Trans. AGU, 86(52): AE23A-0992. Fall Meet. Suppl., Abstract AE23A-0992.

Hsu R R, Chen A B, Kuo C L, et al. 2009. On the global occurrence and impacts of transient luminous events (TLEs). AIP Conf. Proc., 1118(1): 99-107.

Hu W Y, Cummer S A, Lyons W A. 2002. Lightning charge moment changes for the initiation of sprites. Geophys. Res. Lett., 29(8):1279.

Hu W Y, Cummer S A, Lyons W A. 2007. Testing sprite initiation theory using lightning measurements and mod- eled electromagnetic fields. J. Geophys. Res., 112(D13): D13115.

Ignaccolo M, Farges T, Mika A, et al. 2006. The planetary rate of sprite events. Geophys. Res. Lett., 33(11): L11808.

Inan U S, Barrington-Leigh C, Hansen S, et al. 1997. Rapid lateral expansion of optical luminosity in lightning induced ionospheric flashes referred to as 'elves'. Geophys. Res. Lett., 24(5): 583-586.

Inan U S, Bell T F, Rodriguez J V. 1991. Heating and ionization of the lower ionosphere by lightning. Geophys. Res. Lett., 18(4): 705-708.

Inan U S, Cummer S A, Marshall R A. 2010. A survey of elf and VLF research on lightning-ionosphere interac- tions and causative discharges. J. Geophys. Res., 115: A00E36.

Israelevich P, Yair Y, Devir A, et al. 2004. Transient airglow enhancements observed from the space shuttle Columbia during the MEIDEX sprite campaign. Geophys. Res. Lett., 31(6): L06124.

Kanmae T, Stenbaek-Nielsen H C, McHarg M G. 2007. Altitude resolved sprite spectra with 3ms temporal reso- lution. Geophys. Res. Lett., 34: L07810.

Kasemir H W. 1960. A contribution to the electrostatic theory of a lightning discharge. J. Geophys. Res., 65(7):1873-1878.

Krehbiel P R, Riousset J A, Pasko V P, et al. 2008. Upward electricaldischarges from thunderstorms. Nat. Geosci., 1(4): 233-237.

Kuo C L, Chen A B, Chou J K, et al. 2008. Radiative emission and energy deposition in transient luminous events. J. Phys. D, Appl. Phys., 41:234014.

Kuo C L, Chen A B, Hsu R R, et al. 2007a. Analysis of ISUAL recorded gigantic jets. In *Abstracts of Workshop on Streamers, Sprites, Leaders, Lightning: From Micro- to Macroscales*, Lorentz Center, Leiden University.

Kuo C L, Chen A B, Lee Y J, et al. 2007b. Modeling elves observed by FORMOSAT-2 satellite. J. Geophys. Res., 112: A11312.

Kuo C L, Chou J K, Tsai L Y, et al. 2009. Discharge processes, electric field, and electron energy in ISUAL-recorded gigantic jets. J. Geophys. Res., 114: A04314.

Kuo C L, Hsu R R, Su H T, et al. 2005. Electric fields and electron energies inferred from the ISUAL recorded sprites. Geophys. Res. Lett., 32: L19103.

Kuo C L, Williams E, Bór J, et al. 2013. Ionization emissions associated with N_2^+ 1N band in halos without visible sprite streamers. J. Geophys. Res.,118: 5317-5326.

Lang T J, Cummer S A, Rutledge S A, et al. 2013. The meteorology of negative cloud-to-ground lightning strokes with large charge moment changes: Implications for negative sprites. J. Geophys. Res. Atmos., 118: 7886-7896.

Lay E H, Holzworth R H, Rodger C J, et al. 2004. WWLL global lightning detection system: Regional validation study in Brazil, Geophys. Res. Lett., 31: L03102.

Lay E H, Rodger C J, Holzworth R H, et al. 2010. Temporal-spatial modeling of electron density enhancement due to successive lightning strokes. J. Geophys. Res., 115(0): A00E59.

Lee L J, Chen A B, Chang S C, et al. 2010. Controlling synoptic-scale factors for the distribution of transient lu- minous events. J. Geophys. Res., 115: A00E54.

Lee L J, Hsu R R, Su H T, et al. 2013. Secondary gigantic jets as possible inducers of sprites. Geophys. Res. Lett.,40: 1462-1467.

Lefeuvre F, Blanc E, Team J L P T. 2009. TARANIS—a satellite project dedicated to the physics of TLEs and TGFs. AIP Conf. Proc., 1118(1): 3-7.

Li C, Ebert U, Hundsdorfer W. 2009. 3D hybrid computations for streamer discharges and production of runaway electrons. J. Phys. D, Appl. Phys., 42(20): 202003.

Li J, Cummer S. 2011. Estimation of electric charge in sprites from optical and radio observations. J. Geophys. Res., 116: A01301.

Li J, Cummer S A, Lyons W A, et al. 2008. Coordinated analysis of delayed sprites with high-speed images and remote electromagnetic fields. J. Geophys. Res., 113(D20): D20206.

Li J, Cummer S, Lu G, et al. 2012. Charge moment change and lightning-driven electric fields associated with negative sprites and halos, J. Geophys. Res., 117: A09310.

Liu C, Williams E R, Zipser E J, et al. 2010. Diurnal variations of global thunderstorms and electrified showerclouds and their contribution to the global electrical circuit. J. Atmos. Sci., 67(2): 309-323.

Liu N. 2010. Model of sprite luminous trail caused by increasing streamer current. Geophys. Res. Lett., 37: L04102.

Liu N Y, Pasko V P. 2004. Effects of photoionization on propagation and branching of positive and negative streamers in sprites. J. Geophys. Res., 109: A04301.

Liu N Y, Pasko V P, Adams K, et al. 2009a. Comparison of acceleration, expan- sion, and brightness of sprite streamers obtained from modeling and high-speed video observations. J. Geophys. Res., 114: A00E03.

Liu N Y, Pasko V P, Burkhardt D H, et al. 2006. Comparison of results from sprite streamer modeling with spectrophotomet- ric measurements by ISUAL instrument on FORMOSAT-2 satellite. Geophys. Res. Lett., 33: L01101.

Liu N Y, Pasko V P, Frey H U, et al. 2009b. Assessment of sprite initiating electric fields and quenching altitude of $a^1 \pi g$ state of N_2 using sprite streamer modeling and ISUAL spectrophotometric measurements. J. Geophys. Res., 114: A00E02.

Lu G, Blakeslee R J, Li J, et al. 2010. Lightning mapping observation of a terrestrial gamma-ray flash. Geophys. Res. Lett., 37: L11806.

Lu G, Cummer S A, Li J, et al. 2009. Charge transfer and in-cloud structure of large-charge-moment positive lightning strokes in a mesoscale convective system. Geophys. Res. Lett., 36: L15805.

Lu G, Cummer S A, Li J, et al. 2011a. Grefenstette, Characteristics of broadband lightning emissions associated with terrestrial gamma ray flashes. J. Geophys. Res., 116: A03316.

Lu G, Cummer S A, Lyons W A, et al. 2011b. Light- ning development associated with two negative gigantic jets. Geophys. Res. Lett., 38: L12801.

Luque A, Ebert U. 2009. Emergence of sprite streamers from screening-ionization waves in the lower ionosphere. Nat. Geosci., 2(11): 757-760.

Luque A, Ebert U. 2010. Sprites in varying air density: charge conservation, glowing negative trails and changing velocity. Geophys. Res. Lett., 37: L06806.

Luque A, Gordillo-Vazquez F J. 2011. Sprite beads originating from inhomogeneities in the mesospheric electrondensity. Geophys. Res. Lett., 38: L04808

Lyons W A. 1996. Sprite observations above the U. S. high plains in relation to their parent thunderstorm systems. J. Geophys. Res., 101: 29641-29652.

Lyons W A, Nelson T E, Armstrong R A, et al. 2003. Upward electrical discharges from thunderstorm tops. Bull. Am. Meteorol. Soc., 84(4): 445-454.

Lyons W A, Stanley M A, Meyer J D, et al. 2009. The meteorolog- ical and electrical structure of TLE-producing convective storms. in *Lightning: Principles, Instruments and Applications*. Betz H, Schumann U, Laroche P Berlin:Springer.

Lyons W A, Stanley M A, Nelson T E, et al. 2008. Supercells and sprites. Bull. Am. Meteorol. Soc., 89(8): 1165.

Marshall R A, Inan U S. 2006. High-speed measurements of small-scale features in sprites: Sizes and lifetimes. Radio Sci., 41: RS6S43.

Marshall R A, Inan U S. 2010. Two-dimensional frequency domain modeling of lightning EMP-induced perturbations to VLF transmitter signals. J. Geophys. Res., 115: A00E29.

Marshall R A, Inan U S, Glukhov V S. 2010. Elves and associated electron density changes due to cloud-to-groundand in-cloud lightning discharges. J. Geophys. Res., 115: A00E17.

Mathews J D, Stanley M A, Pasko V P, et al. 2002. Electromagneticsignatures of the Puerto Rico blue jet and its parent thunderstorm. Eos Trans. AGU, 83(47). FallMeet. Suppl., Abstract A62D-02.

Matsudo Y, Suzuki I, Michimoto K, et al. 2009. Comparison of time delays of sprites induced by winter lightning flashes in the Japan Sea with those in the Pacific Ocean. J. Atmos. Sol. -Terr. Phys., 71(1): 101-111.

Mazur V, Ruhnke L H. 1998. Model of electric charges in thunderstorms and associated lightning. J. Geophys. Res., 103(D18): 23299-23308.

McHarg M G, Stenbaek-Nielsen H C, Kanmae T. 2007. Streamer development in sprites. Geophys. Res. Lett., 34:L06804.

Mende S B, Chang Y S, Chen A B, et al. 2006. Spacecraft based studies of transient luminous events. in *Sprites, Elves and Intense Lightning Discharges*. Füllekrug M, Mareev E A, Rycroft M J. NATO Science Series II: Mathematics, Physics and Chemistry, 225. Springer, Heidelberg.

Mende S B, Frey H U, Hsu R R, et al. 2005. D region ionization by lightning-induced EMP. J. Geophys. Res., 110: A11312.

Mika A, Haldoupis C, Neubert T, et al. 2006. Early VLF perturbationsobserved in association with elves. Ann. Geophys., 24(8): 2179-2189.

Milikh G M, Shneider M N. 2008. Model of UV flashes due to gigantic blue jets. J. Phys. D, Appl. Phys., 41(23):234013.

Mishin E V, Milikh G M. 2008. Blue jets: Upward lightning. Space Sci. Rev., 137(1-4): 473-488.

Montanya J, van der Velde O, Romero D, et al. 2010. High-speed intensified video recordings of sprites and elves over the western MediterraneanSea during winter thunderstorms. J. Geophys. Res., 115: A00E18.

Morrill J S, Bucsela E J, Pasko V P, et al. 1998. Time resolved N_2 triplet state vibrational populations and emissions associated with red sprites. J. Atmos. Sol. -Terr. Phys., 60: 811-829.

Moss G D, Pasko V P, Liu N Y, et al. 2006. Monte Carlo model for analysis of thermal runaway electronsin streamer tips in transient luminous events and streamer zones of lightning leaders. J. Geophys. Res.,111: A02307.

Naidis G V. 2009. Positive and negative streamers in air: velocity-diameter relation. Phys. Rev. E,79(5, Part 2):057401.

Neubert T. 2003. On sprites and their exotic kin. Science, 300: 747-749.

Nijdam S, Moerman J S, Briels T M P, et al. 2008. Stereo-photography of streamers inair. Appl. Phys. Lett., 92(10): 101502.

Panasyuk M I, Bogomolov V V, Garipov G K, et al. 2009. Energetic particles impacting the upper atmosphere in connection with transient luminousevent phenomena: Russian space experiment programs. AIP Conf. Proc., 1118(1): 108-115.

Pasko V, Inan U, Bell T. 1996. Sprites as luminous columns of ionization produced by quasi-electrostatic thundercloud fields. Geophys. Res. Lett., 23(6): 649-652.

Pasko V P. 2003. Electric jets. Nature, 423: 927-929.

Pasko V P. 2006. Theoretical modeling of sprites and jets. in *Sprites, Elves and Intense Lightning Discharges*. Füllekrug M, Mareev E A, Rycroft M J. NATO Science Series II: Mathematics, Physics and Chemistry, 225. Springer, Heidelberg.

Pasko V P. 2007. Red sprite discharges in the atmosphere at high altitude: the molecular physics and the similarity with laboratory discharges. Plasma Sources Sci. Technol., 16: S13-S29.

Pasko V P. 2008. Blue jets and gigantic jets: transient luminous events between thunderstorm tops and the lowerionosphere. Plasma Phys. Control. Fusion, 50: 124050.

Pasko. V P. 2008. Recent advances in theory of transient luminous events. J. Geophys. Res., 50: A00E35.

Pasko V P, Bourdon A. 2009. Air heating associated with transient luminous events. In *Proc. 28th Int. Conf. On Phenomena in Ionized Gases (ICPIG)*, 5*P*07-12, Institute of Plasma Physics, Prague, Czech Republic.

Pasko V P, George J J. 2002. Three-dimensional modeling of blue jets and blue starters. J. Geophys. Res., 107(A12):1458.

Pasko V P, Inan U, Bell T. 1999. Large scale modeling of sprites and blue jets. Eos Trans. AGU, 80(46): F218. Fall Meet. Suppl., Abstract A42E-11.

Pasko V P, Inan U S, Bell T F. 1995. Heating, ionization and upward discharges in the mesosphere due to intensequasi-electrostatic thundercloud fields. Geophys. Res. Lett., 22(4): 365-368.

Pasko V P, Inan U S, Bell T F. 1998a. Spatial structure of sprites. Geophys. Res. Lett., 25: 2123-2126.

Pasko V P, Inan U S, Bell T F, et al. 1997. Sprites produced by quasi-electrostatic heating and ionization in the lower ionosphere. J. Geophys. Res., 102(A3): 4529-4561.

Pasko V P, Inan U S, Bell T F, et al. 1998b. Mechanism of ELF radiation from sprites. Geophys. Res. Lett.,25(18): 3493-3496.

Pasko V P, Stenbaek-Nielsen H C. 2002. Diffuse and streamer regions of sprites. Geophys. Res. Lett., 29(10): 1440.

Qin J, Celestin S, Pasko V P. 2011. On the inception of streamers from sprite halo events produced by lightningdischarges with positive and negative polarity. J. Geophys. Res., 116: A06305.

Qin J, Pasko V P, McHarg M G, et al. 2004. Plasma irregularities in the D-region ionosphere in association with sprite streamer initiation. Nature Comm., 3740.

Raizer Y P.1991. *Gas Discharge Physics*. New York:Springer.

Raizer Y P, Milikh G M, Shneider M N. 2006. On the mechanism of blue jet formation and propagation. Geophys. Res. Lett., 33(23): L23801.

Raizer Y P, Milikh G M, Shneider M N. 2007. Leader-streamers nature of blue jets. J. Atmos. Sol. -Terr. Phys.,69(8): 925-938.

Raizer Y P, Milikh G M, Shneider M N. 2010. Streamer- and leader-like processes in the upper atmosphere: models of red sprites and blue jets. J. Geophys. Res., 115: A00E42.

Raizer Y P, Milikh G M, Shneider M N, et al. 1998. Long streamers in the upper atmosphere abovethundercloud. J. Phys. D, Appl. Phys., 31: 3255-3264.

Rakov V A, Crawford D E, Rambo K J, et al. 2001. M-componentmode of charge transfer to ground in lightning discharge. J. Geophys. Res., 106(D19): 22817-22831.

Rakov V A, Uman M A. 2003. *Lightning: Physics and Effects*. Cambridge:Cambridge University Press.

Riousset J A, Pasko V P, Krehbiel P R, et al.2007. Three-dimensional fractal modeling ofintracloud lightning discharge in a New Mexico thunderstorm and comparison with lightning mapping observations. J. Geophys. Res., 112: D15203.

Riousset J A, Pasko V P, Krehbiel P R, et al. 2010b. Modeling of thundercloud screening charges: Implications for blue and gigantic jets. J. Geophys. Res., 115: A00E10.

Rocco A, Ebert U, Hundsdorfer W. 2002. Branching of negative streamers in free flight. Phys. Rev. E, 66:035102(R).

Sato M, Fukunishi H. 2003. Global sprite occurrence locations and rates derived from triangulation of transientSchumann resonance events. Geophys. Res. Lett., 30(16): 1859.

Sato M, Ushio T, Morimoto T, et al. 2009. Science goal and mission status of JEM- GLIMS. Eos Trans. AGU, 90(52). Abstract AE23A-03.

Sentman D D, Stenbaek-Nielsen H C. 2009. Chemical effects of weak electric fields in the trailing columns of sprite streamers. Plasma Sources Sci. Technol., 18(3), 034012.

Sentman D D, Stenbaek-Nielsen H C, McHarg M G, et al. 2008. Plasma chemistry of sprite streamers. J. Geophys. Res., 113: D11112.

Sentman D D, Wescott E M, Osborne D L, et al. 1995. Preliminary results from the Sprites94 campaign: Red sprites. Geophys. Res. Lett., 22: 1205-1208.

Sentman D D, Wescott E M, Picard R H, et al. 2003. Simultaneous observations of mesospheric gravity waves and sprites generated by a Midwestern thunderstorm. J. Atmos. Sol. -Terr. Phys., 65: 537-550.

Shneider M N, Milikh G M. 2010. Analysis of UV flashes of millisecond scale detected by a low-orbit satellite. J. Geophys. Res., 115: A00E23.

Smith D M, Lopez L I, Lin R P, et al. 2005. Terrestrial gamma-ray flashes observed up to20 MeV. Science, 307(5712): 1085-1088.

Stanley M A. 2000. Sprites and their parent discharges. Ph. D. thesis, New Mexico Institute of Mining and Tech- nology, Socorro, NM.

Stanley M A, Lyons W A, Nelson T E, et al. 2007. Comparison of sprite locations with lightning channel structure. Eos Trans. AGU 88(52). Fall Meet. Suppl., Abstract AE41A-07.

Stanley M, Krehbiel P, Brook M, et al. 1999. High speed video of initial sprite development. Geophys. Res. Lett., 26: 3201-3204.

Stenbaek-Nielsen H C, Haaland R, McHarg M G, et al. 2010. Sprite initiation altitude measured by triangulation. J. Geophys. Res., 115: A00E12.

Stenbaek-Nielsen H C, McHarg M G. 2008. High time-resolution sprite imaging: observations and implications. J. Phys. D, Appl. Phys., 41: 234009.

Stenbaek-Nielsen H C, McHarg M G, Kanmae T, et al. 2007. Observed emission rates in sprite streamer heads. Geophys. Res. Lett., 34: L11105.

Su H T, Hsu R R, Chen A B, et al. 2002. Observations of sprites over the Asian continent and over oceans around Taiwan. Geophys. Res. Lett., 29(4).

Su H T, Hsu R R, Chen A B, et al. 2003. Gigantic jets between a thundercloud and the ionosphere. Nature, 423: 974-976.

Takahashi Y, Yoshida A, Sato M, et al. 2010. Absolute optical energy of sprites and its relationship to charge moment of par- ent lightning discharge based on measurement by ISUAL/AP. J. Geophys. Res., 115: A00E55.

Takahashi Y, Yoshida K, Sakamoto Y, et al. 2006. SPRITE-SAT: A University Small Satellite for Obser- vation of High-Altitude Luminous Events. In *Small Satellite Missions for Earth. Observation*. Sandau R, Roeser H P, Valenzuela A. Springer, Heidelberg.

Tavani M, Marisaldi M, Labanti C, et al. 2011. Terrestrial Gamma-Ray Flashes as Powerful Particle Accelerators. Phys. Rev. Lett., 106(1): 018501.

Taylor M J, Bailey M A, Pautet P D, et al. 2008. Rare measurements of a sprite with halo event driven by a negative lightning discharge over Argentina. Geophys. Res. Lett., 35: L14812.

Tong L Z, Nanbu K, Fukunishi H. 2005. Simulation of gigantic jets propagating from the top of thunderclouds to the ionosphere. Earth Planets Space, 57(7): 613-617.

Vadislavsky E, Yair Y, Erlick C, et al. 2009. Indication for circular organization of column sprite elements associated with Eastern Mediterranean winter thun- derstorms. J. Atmos. Sol. -Terr. Phys., 71(17-18): 1835-1839.

van der Velde O A, Bor J, Li J, et al. 2010a. Multi-instrumental observations of a positive gigantic jet produced by a winter thunderstorm in Europe. J. Geophys. Res., 115: D24301.

van der Velde O A, Lyons W A, Nelson T E, et al. 2007. Analysis of the first gigan- tic jet recorded over continental North America. J. Geophys. Res., 112: D20104.

van der Velde O A, Mika A, Soula S, et al. 2006. Observations of the relationship between sprite morphology and in-cloud lightning processes. J. Geophys. Res., 111: D15203.

van der Velde O A, Montanya J, Soula S, et al. 2010b. Spatial and temporal evolution of hori- zon- tally extensive lightning discharges associated with sprite-producing positive cloud-to-ground flashes in northeastern Spain. J. Geophys. Res., 115: A00E56.

Vaughan O H, Bales D M, Vonnegut B. 1982. Lightning to the ionosphere? Weatherwise, 35(82): 70-71.

Veronis G, Pasko V P, Inan U S. 2001. Characteristics of mesospheric optical emissions produced by lightning discharges. J. Geophys. Res., 104(A6): 12645-12656.

Vitello P A, Penetrante B M, Bardsley J N. 1994. Simulation of negative-streamer dynamics in nitrogen. Phys. Rev. E, 49: 5574-5598.

Wescott E M, Sentman D D, Heavner M J, et al. 1998. Blue jets: their relationship to lightning and very large hailfall, and their physical mechanisms for their production. J. Atmos. Sol. -Terr. Phys., 60: 713-724.

Wescott E M, Sentman D, Osborne D, et al. 1995. Preliminary results from the Sprites94 aircraft campaign. 2. Blue jets. Geophys. Res. Lett., 22(10): 1209-1212.

Wescott E M, Sentman D, Stenbaek-Nielsen H C, et al. 2001. New evidence for the brightness and ionization of blue jets and blue starters. J. Geophys. Res., 106(A10): 21549-21554.

Williams E R. 1989. The tripolar structure of thunderstorms. J. Geophys. Res., 94(D11): 13151-13167.

Williams E, Yair Y. 2006. The microphysical and electrical properties of sprite producing thunderstorms. In *Sprites, Elves and Intense Lightning Discharges*. Füllekrug M, Mareev E A, Rycroft M J. NATO Science Series II: Mathematics, Physics and Chemistry, 225. Springer, Heidelberg.

Wilson C T R. 1925. The electric field of a thundercloud and some of its effects. Proc. Phys. Soc. London, 37:32D-37D.

Wu Y J, Chen A B, Hsu H H, et al. 2012. Occurrence of elves and lightning during El Niño and La Niña. Geophys. Res. Lett., 39: L03106.

Yair Y. 2006. Observations of transient luminous events from earth orbit. IEEJ Trans. Fundam. Mater., 126: 244-249.

Yair Y, Israelevich P, Devir A D, et al. 2004. New observations of sprites from the space shuttle. J. Geophys. Res., 109: D15201.

Yair Y, Price C, Ganot M, et al. 2008. Optical observations of transient luminous events associated with winter thunderstorms near the coast of Israel. Atmos. Res., 91(2-4) Sp: Iss. SI, 529-537.

Yair Y, Price C, Levin Z, et al. 2003. Sprite observations from the space shuttle during the Mediterranean Israeli dust experiment (MEIDEX). J. Atmos. Sol. -Terr. Phys., 65(5): 635-642.

Yang J, Yang M, Liu C, et al. 2013. Case studies of sprite-producing and non-sprite-producing summer thunderstorms. Adv. Atmos. Sci., 30(6): 1786-1808.

Yashunin S A, Mareev E A, Rakov V A. 2007. Are lightning M components capable of initiating sprites and sprite halos? J. Geophys. Res., 112(D10): D10109.

Zabotin N A, Wright J W. 2001. Role of meteoric dust in sprite formation. Geophys. Res. Lett., 28(13): 2593-2596.

亦无法在此模式出现，因此贯穿电场无法被有效地阻断。但是本节的主轴是在磁爆期间中性风扰动发电现象的研究，因此重点是在外部能量进入地球高纬地区后产生压力梯度造成中性风扰动而形成之扰动电场。由 Richmond 等(2003)的研究得知极帽之缩收效应对于中性风扰动发电的影响非常微小，再加上扰动电场的建立需要数小时，因此由此模式所得的结果非常适用于磁爆的恢复期。其他有关利用各种模式来研究磁爆期间在中低纬度电离层电场的扰动为 Fuller-Rowel 等(2002)及 Richmond 等(2003)分别使用热力层电离层电浆层耦合电动模式(coupled thermosphere ionosphere plasmasphere electrodynamic Model，CTIPE)以及磁层热力层电离层电动力一般环流模式(magnetosphere-thermosphere-ionosphere-electrodynamics general circulation model，MTIEGCM)，亦值得参考。

11.3　模式结果

11.3.1　扰动电场的形成

磁爆期间扰动电场的来源是由进入高纬电离层的能量所驱动之扰动中性风场所建立，因此必须先对此扰动风场进行了解。图 11.1(a)和(b)是强磁爆时在春分季节之扰动中性风于 0000UT 时于白天在高度为 140km，以及于黑夜在高度为 250km，之分布情况，横轴为地理经度/局部时间，纵轴为地理纬度。这两个高度的选择是考虑白天与黑夜之主要发电的区域分别在电离层中之 E 层及 F 层。在高纬度地区，由于扰动中性风相对于地理纬度而言比较容易随地磁纬度而改变，因此在图中高纬地区扰动中性风的分布在其他经度会有所不同，但是在中低纬度地区时可以说不随经度而改变。在白天 140km 高度之扰动风除了清晨高纬度地区外，主要为西向。在黑夜 250km 高度主要为西向，除了午夜过后之高纬度地区呈现比较赤道向。这些模拟结果与 Emmert 等(2004)利用 WINDII 的观测非常一致，而且模拟之风场的大小与 Fejer 等(2002)与 Emmert 等(2004)观测的结果亦是相当。如同 Blanc 和 Richmond(1980)的讨论，上述之西向风场主要是赤道向扰动风场受到科氏力的影响所导致。

西向与赤道向的扰动中性风可以分别制造出赤道向的彼德森(Pedersen)及霍尔(Hall)电流，因此可以期待在低纬地区会有电荷的累积。图 11.2 为扰动电流由 90km 积分至 500km 高度的分布，横轴为地理经度/局部时间，纵轴为地理纬度。由图中可以清楚地看出，积分的电流主要是赤道向的，因此将有正电荷在低纬地区累积。由于导电率在白天时远高于黑夜，是故图中出现的电流强度在白天较大于黑夜。相对应于图 11.2 之电位分布可由模式中计算得出，图 11.3 为平均电位于国际时间 0000UT 之分布，高度平均由 90～500km，横轴及纵轴格式与图 11.2 相同。在此图之中纬度地区的电位值与真正高度较无关联，而在低纬度地区之数值

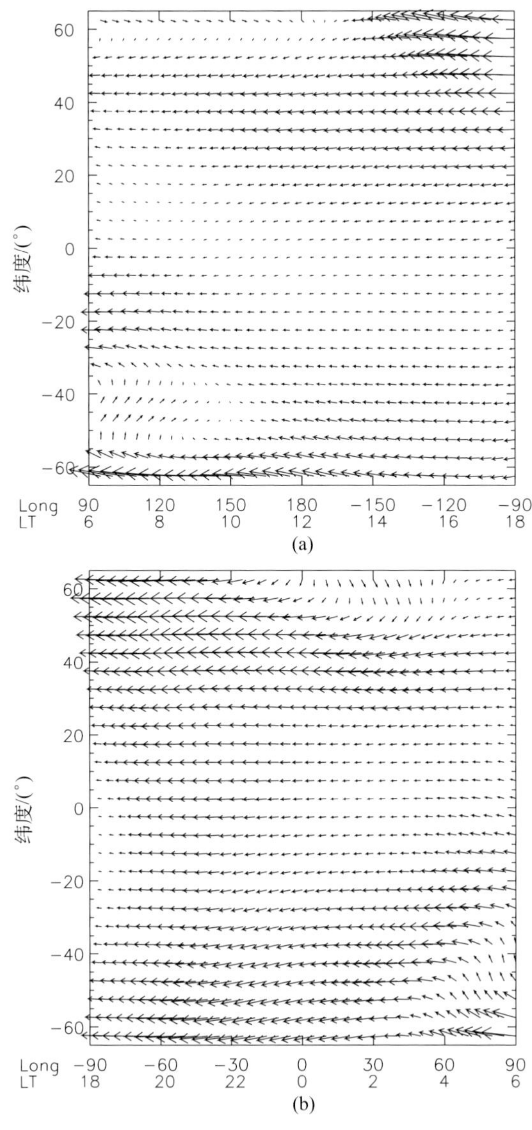

图 11.1　扰动中性风在 0000UT 的分布

(a)白天高度 140km;(b)黑夜高度 250km

与真正高度大约为 300km 时之值相似。图中之虚线代表磁赤道的位置。如期待的,高电位出现在磁赤道地区。虽然较大的赤道向电流出现在白天,但也由于在 E 层中具有非常高的导电率,因此可以期待的是正电荷的累积会在黑夜时,且在地方时靠近午夜时分。由图中亦可发现,电位的分布相对于磁赤道是对称的,这是由于在模式中假设沿着同一条磁力线之电位是常数。这个假设对于讨论大尺度的物理现象是合理的。从图 11.3 中可以约略地看出，在中低纬度地区，扰动电场在午夜的前后分别是西向与东向的。此纬向电场只在中低纬度具有较明显的振幅，而随着纬度的增加，纬向的电位梯度则减小。因此可以了解，纬向扰动发电电场在中低纬度较为重要。由子午向的电位分布可发现，在中低纬度地区的极向电场只在黑夜是明显的，而在白天时其振幅显得不是很重要。

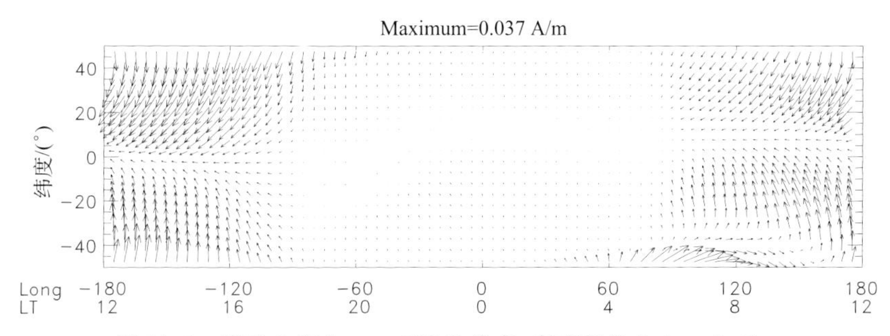

图 11.2　扰动电流在 0000UT 的分布，高度积分从 90～500km

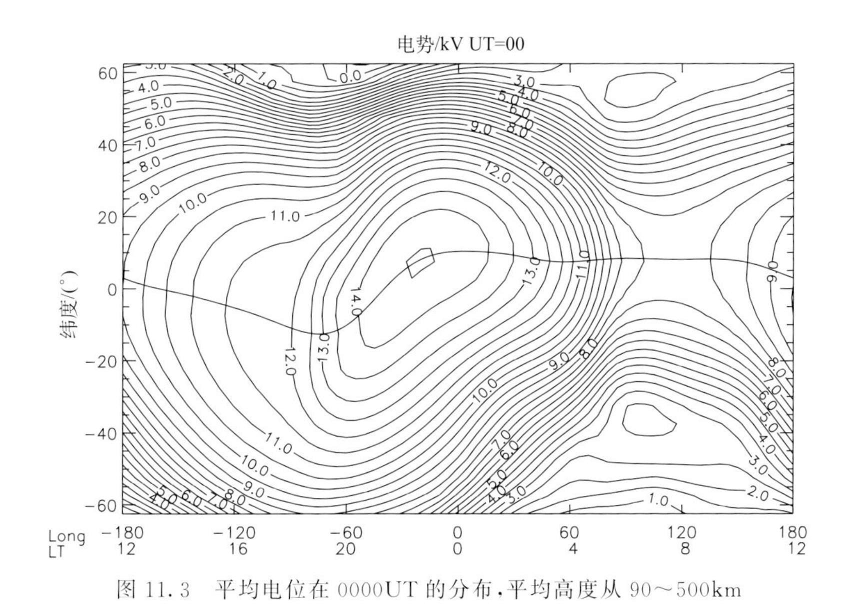

图 11.3　平均电位在 0000UT 的分布，平均高度从 90～500km

图 11.4 呈现的是在一个特定的网格点，地理南纬 12.5°，西经 75°时垂直于磁场之纬向电场随着地方时间变化的情形。这个地点非常靠近秘鲁的 Jicamarca 雷达站。图 11.4(a)是纬向电场分别在安静期(Kp=1;实线)，中等磁爆(Kp=4;点线)及强磁爆(Kp=6;虚线)时的变化情形。从实线在安静期的变化情形来看，非常符合观测的结果，包括黄昏时期的电场逆转前增加(prereveresal enhancement)

皆可明显地复制出来。图 11.4(b)呈现出中等磁爆(点线)及强磁爆(虚线)时纬向扰动电场随地方时的变化情形。由这个图可以看出:①扰动电场的大小与磁爆的强度有关;②扰动电场在白天是西向的,在黑夜是东向;③极大值出现在靠近晨昏的地方。其中的第三点与 Scherliess 和 Fejer(1997)利用 Jicamarca 雷达的数据所分析出来经验模式的结果非常吻合。乍看之下,此图的结果似乎与图 11.3 之电位分布不一致。但必须注意的是,图 11.3 只是国际时间为 0000UT 时之全球分布,而图 11.4 是单一地点随着地方时的变化。

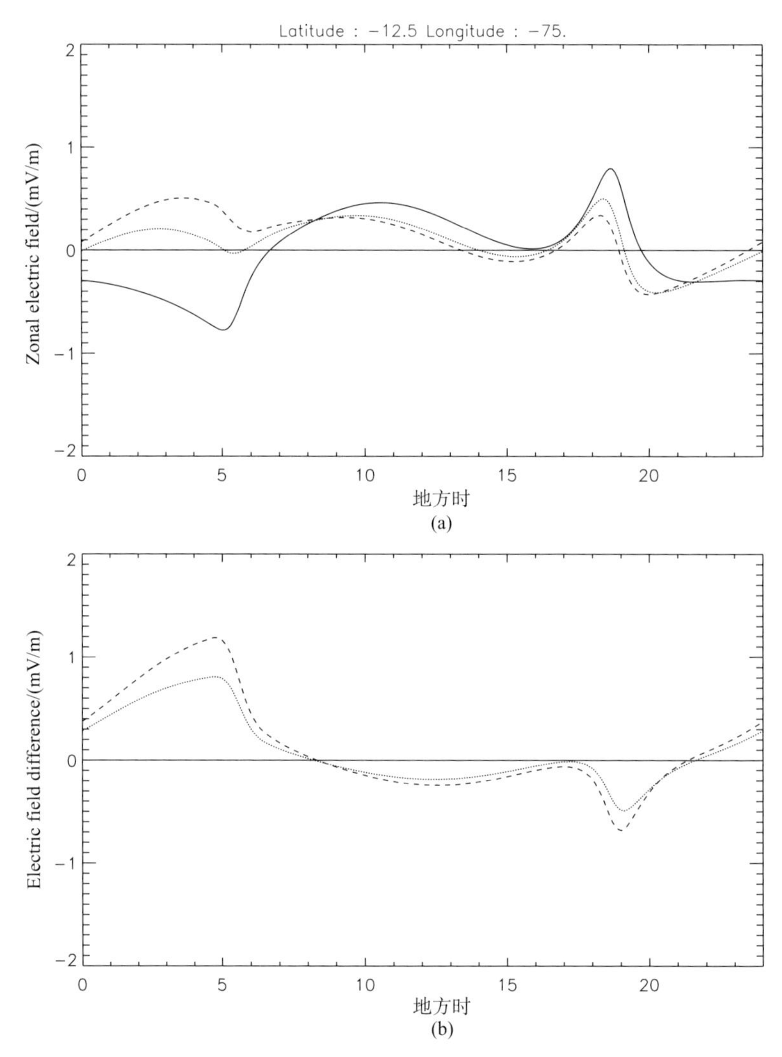

图 11.4 (a)纬向电场随地方时的变化(实线:安静期)(点线:中等磁爆)(虚线:强磁爆);(b)纬向扰动电场随地方时的变化(点线:中等磁爆)(虚线:强磁爆)

在图 11.4 的例子中可以发现，地方时约为 2130LT 时纬向扰动电场会由西向转为东向。事实上由图 11.3 可以得知，电位最大值的分布宛如水珠会随着时间沿着磁赤道向西方移动。在移动的同时，电位分布亦作变动。因此电场转向的时间会随着不同经度而作改变。在某些地区，转换的时间可以延至午夜时分(Huang et al.，2005)。

11.3.2　扰动电场振幅随时间的变化

上述的结果其目的是在了解扰动电场的形成及其在不同的地点可能出现随地方时之不同的变化情形。为了这个目的，上述的模式运行时间皆长于一天，因而其电场振幅已达一定程度以上。如果要知道扰动电场在磁爆发生后其振幅如何随时间变化，则必须另外设计模式执行的方式。如图 11.5 所示，在不同的国际时引发磁爆，并在相同的国际时停止程序的执行，因此可借此了解扰动电场振幅在能量进入地球系统后随时间如何演变，并且在数据的比较上尽量降低地球经度效应。由图 11.5 可知，模拟结果将可呈现出在能量进入 3，6，12，18，及 24h 后之全球的电场分布情形。模式执行时背景条件的设定如下：太阳辐射通量为 150×10^{-22} W/m^2Hz，安静期时 Kp＝1，磁爆期时 Kp＝6，季节为春分，因此潮汐参数与 11.2 节中介绍的一样。举例来说，图 11.5 中 3h 的例子为在国际时间 2100UT 时于安静期(Kp＝1)的条件下启动磁爆，且在 1h 的时间内线性地增加至磁爆期(Kp＝6)且保持该强度至国际时为 0000UT。其他的例子皆依此法执行。

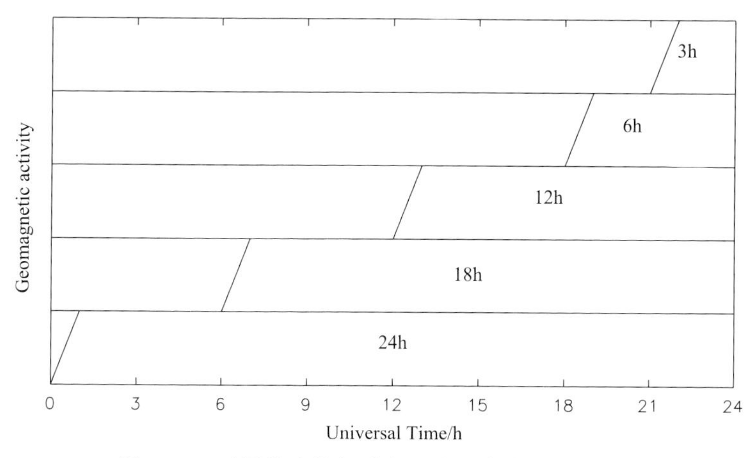

图 11.5　不同模式执行时之地磁活动随时间的变化

图 11.6(a)和(b)呈现的是磁赤道地区纬向扰动电场及垂直向扰动电场在国际时为 0000UT 时不同高度随着地理经度/地方时变化的情形。图中之实线、点线、虚线、点-虚线及 3 点-虚线分别代表在磁爆发生后 3，6，12，18，及 24h 之变化

曲线。从图中的数据可以发现,扰动电场在磁爆发生后 3h 就可建立可感受到的强度,但在 6h 后,除了晨昏及黄昏地区,强度几乎不变。换句话说,磁爆发生后 6h,扰动发电电场可以被完整地建立起来。在纬向扰动电场方面,超过 1mV/m 的强度出现在过了 18h 后的晨昏地区,并在 24h 之后几乎饱和。由法拉第定律所期待的(Kelley, 1989),水平电场随高度的分布是微小的,这在图 11.6(a)中亦可清楚看出;而垂直电场则在高度上有明显的变化。在 200km 高度,向上的电场主要存在于黑夜,最大的数值 2mV/m 出现在晨昏时;在白天时主要为向下的电场,最大的数值 1.5mV/m 出现在黄昏时。在 400km 高度的情形与在 200km 时非常不一样,尤其是在黄昏之后,在 200km 处的电场向下而在 400km 处是向上的。这个差异指出,在 200~400km 高度之间存在着一个相对较高的正电位。在白天时,相对于黑夜,电场的强度几乎是不重要的。这点在 11.2 节的图 11.3 中已提到过,尤其是在较高的高度。因此在大多数的卫星高度上磁爆期间所可能观测到相关于扰动发电电场的等离子体移动方向在黑夜应该是西向的。

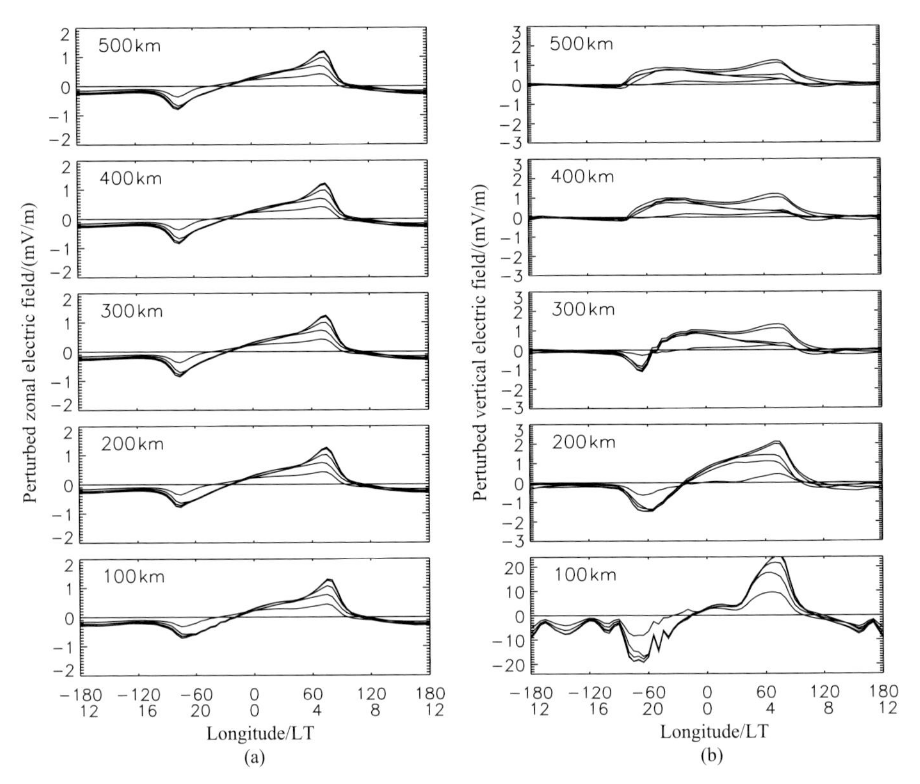

图 11.6　纬向与垂直扰动电场沿着磁赤道在 0000UT 时随地理经度/地方时的变化

磁爆后 3h(实线)、6h(点线)、12h(虚线)、18h(点-虚线)及 24h(3 点-虚线)。

背景为春分及中等太阳活动力

11.3.3　最大电位的高度及其与背景条件的关系

上述的结果引起另外一个有趣的问题：这个较高的电位位居于什么高度，且与电离层的背景条件有何关系？为了回答这个问题，将模式的执行季节设定在春分及夏至时期，且太阳辐射通量设定为 80×10^{-22}，150×10^{-22}，及 200×10^{-22} W/m² Hz，分别代表低、中及高太阳活动期。春分时的潮汐已在 11.2 节中介绍；夏至时使用的参数如下：(1,1)为振幅 300m(geopotential meter)，相位 16.1h。而(2,2)，(2,3)，(2,4)，(2,5)及(2,6)之振幅及相位分别为 380，83.5，121，87.7，及 56.1m 和 11.6，11.7，16.9，9.6，及 13.7h。在继续讨论之前，已确定夏至季节于安静期的模拟结果与观测大致符合，详细内容可参考文献(Huang and Chen，2008)。

图 11.7 相似于图 11.6，呈现的是在夏至，太阳活动力为中等的结果。水平的扰动电场(图 11.7(a))分布大致上相似于图 11.6 的结果，但在晨昏与黄昏时期之振幅稍弱。再一次地，在磁爆发生后 6h，其扰动发电电场已明确地建立起来。一个比较明显的差异存在垂直电场分布方面。相较于图 11.6(b)，图 11.7(b)指出一

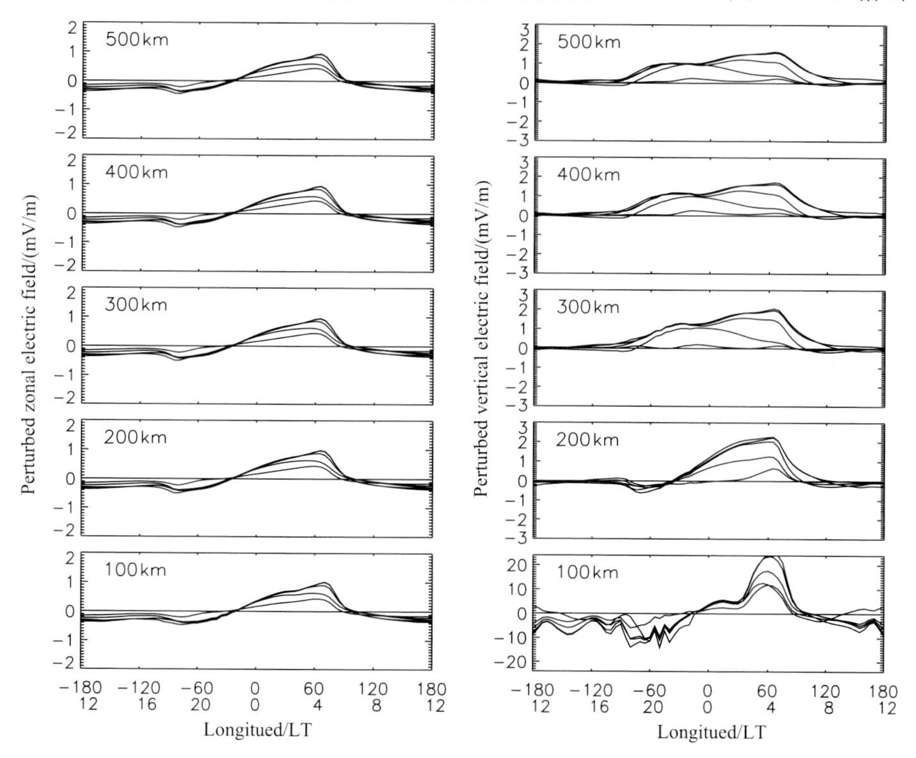

图 11.7　纬向与垂直扰动电场沿着磁赤道在 0000UT 时随地理经度/地方时的变化
磁爆后 3h(实线)、6h(点线)、12h(虚线)、18h(点-虚线)
及 24h(3 点-虚线)。背景为夏至及中等太阳活动力

个较高的电位存在于100～300km高度。因此得知,在这两个例子中,较高电位是处在不一样的高度。为了详细地检视其形成原因,计算了沿着每一条磁力线积分的扰动中性风所驱动之电流除以沿该磁力线积分之彼德森导电率(Pedersen conductivity)在磁赤道上100～500km高度随着地理经度/地方时的分布,如图11.8所示。其背景条件是在春分及中等太阳活动期,时间是在磁爆发生后6h。从图中可知,除了接近黄昏及晨昏地区,大部分盛行着向下的扰动电流。这个结果是必然的,因它反应的是赤道向的扰动电流。对应于图11.3,高电位容易在黑夜形成。在白天时,扰动电流几乎被远离赤道的E层高导电率所短路。一个比较奇特的现象发生在接近黄昏前逆转增加的地区并延伸至午夜,高度处于200～400km而地方时间介于2000LT～0000LT。可以期待的是一个高电位可以存在其间,因为在这个区域中有较大的电流密度收敛。其中,比较有趣的是在这个区域中向上的电流如何形成?乍看之下是不符合在磁爆期间之西向扰动中性风场的,因此相较于安静期间应该是向下的,但是从前面的初步介绍已经得知,磁爆期间在黄昏地区的逆转前增加是被压制的,可参考图11.4之结果。因此导电率相较于安静期是增强的。虽然扰动风场是西向的,但磁爆期间的整体中性风场依然是东向。由此可以得知,图11.8中向上电流形成的原因。图11.9呈现的是磁爆后6h电位的分布,横轴及纵轴相似于图11.8。较大的电位出现在夜间尤其是介于地方时2000LT～0000LT,而最大值的高度位于240km处。这个位置很清楚地相关于图11.8中具有较大电流收敛的区域。这个结果让我们强烈地相信磁爆发生之前在磁赤道地区电动力,如黄昏前逆转增加,对于在磁爆期间形成的扰动电场扮演着相当重要的角色。为了说明这个可能,再列举另外一个例子。除了是在夏至外,其余条件同图11.8及图11.9。在图11.10中可以明显地看出,夜间时候少了如图11.8中的扰动电流收敛。但如同前例,在白天时,由于导电率的关系,并无法有效地形成电荷的累积。黑夜的时候,可能的电荷累积高度已下降至约180km附近,详细如图11.11所示之电位分布。最大值位置的改变意味着扰动电场的极性,由西向至东

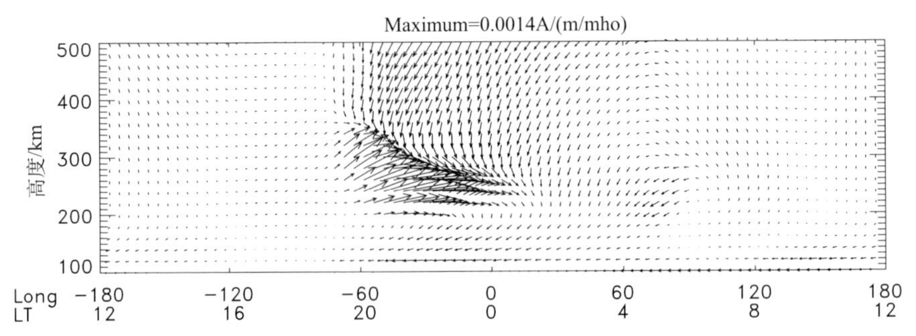

图11.8 磁爆发生后6h沿磁力线扰动发电积分与沿磁力线导电率积分比例的分布(背景为春分及中等太阳活动力)

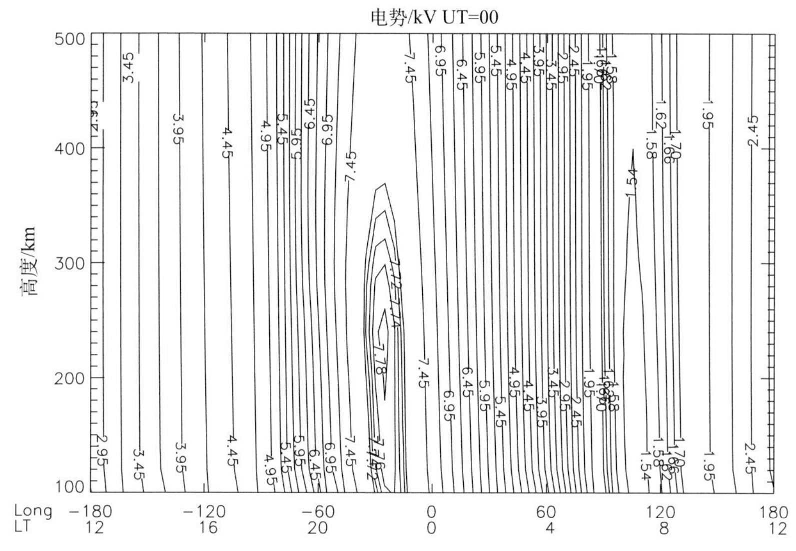

图 11.9　磁爆发生后 6h 沿磁赤道之电位分布(背景为春分及中等太阳活动力)

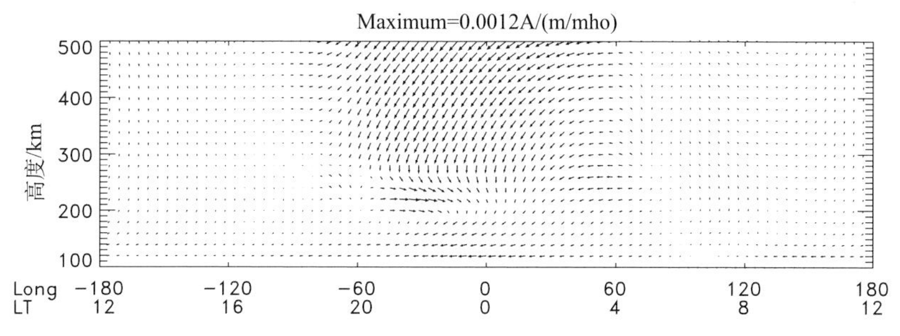

图 11.10　磁爆发生后 6h 沿磁力线扰动发电积分与沿磁力线导电率积分比例的分布(背景为夏至及中等太阳活动力)

向及由向下至右上,亦随着改变。直接的比较图 11.8 及图 11.10 可以得知磁爆的扰动发电机作用在中低纬度的电离层是季节性相关的,尤其是强烈的相关于安静期时的电动力,如黄昏前逆转增加,其强度亦是相关于季节及太阳活动力的。因此电离层在不同的条件下发生磁爆时,最高的电位分布应该是不一样的。以下就春分及夏至分别得出不同的太阳活动力时的电位分布情形。经由模拟计算结果指出,在春分时最高的电位位置(高度,地方时间),在太阳活动力为强、中及弱时,分别为(280km,21.6h)、(240km,22.3h)及(180km,23.3h)。在夏至时最高的电位位置(高度,地方时间),在太阳活动力为强、中及弱时,分别为(200km,22.0h)、(180km,22.3h)及(120km,23.3h)。由上述的结果可以发现,较强的黄昏前逆转

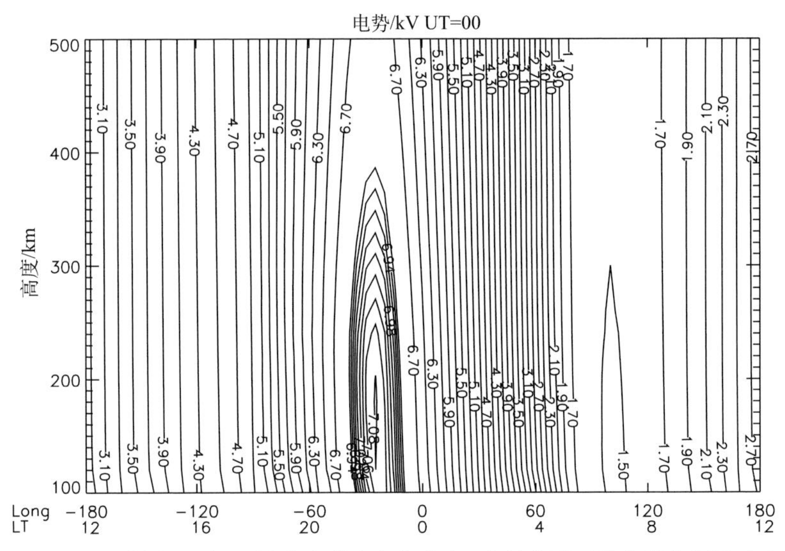

图 11.11 磁爆发生后 6h 沿磁赤道之电位分布(背景为夏至及中等太阳活动力)

增加可以使得最大的电位位置远离午夜而靠近黄昏的地方,而且处在较高的高度。

11.3.4 磁爆发生时子午向扰动电场的反应

在上述的结果中得知在扰动发电机于磁爆期间作用于中低纬度电离层的一些基本特性,尤其是扰动电场的建立需要几个小时,也得知在建立后,子午向的电场在白天不显著而在黑夜比较重要。但没有论及扰动量随着磁爆发生后如何变化,尤其是在固定的地方时,因为非常多的卫星任务所得到的数据皆是随着地方时作改变的。在下面的数值模拟中设定磁爆强度随时间的变化如图 11.12(a)所示,在国际时 0000UT 引发磁爆,强度线性递增,最大强度半球输入功率为 435GW,跨极区电位降为 160kV,发生在国际时为 1200UT,随后线性递减至 0000UT,回复至安静期。这样的分布约略可以相似于一个较大的磁爆。由前面的结果得知,在黑夜时子午向扰动电场远比白天时的重要,因此选取两个固定的地方时,1200LT 及 0000LT,来代表白天及黑夜,其随着国际时间的变化分别如图 11.12(b)和(c)所示。图中的结果取自磁赤道地区及高度为 600km 之处。事实上在相同高度且在较高之纬度地区,其结果类似于目前讨论中之图。除了约 4h 时间的延迟外,在黑夜之子午向扰动电场的时间变化情形强烈地正相关于磁爆的强度变化。而在白天部分,其电场强度显得非常不重要。从前面的结果亦得知,最高的电位处在远低于 600km 的高度之下,在地方时处于黄昏逆转增强与大约午夜之间,因此在 600km 高度的电场于黑夜之时应为向上/极向的。在这个磁爆的强度之下,最大的电场可达 6mV/m。这个模拟的结果与 Huang 等(2008)利用华卫一号(ROCSAT-1)上的酬载仪器,电离层等离子体电动仪(IPEI)所观测到的结果非常吻合,包括延迟时间及电场大小。在纬向扰动电场方面,其最大的值约为 2mV/m,且如前述结果,出现在地方时约为 0500LT。从这个结果亦可发现,纬向的电场远小于子午向的电场。其他与不同观测数据的比较将在 11.4 节中说明。

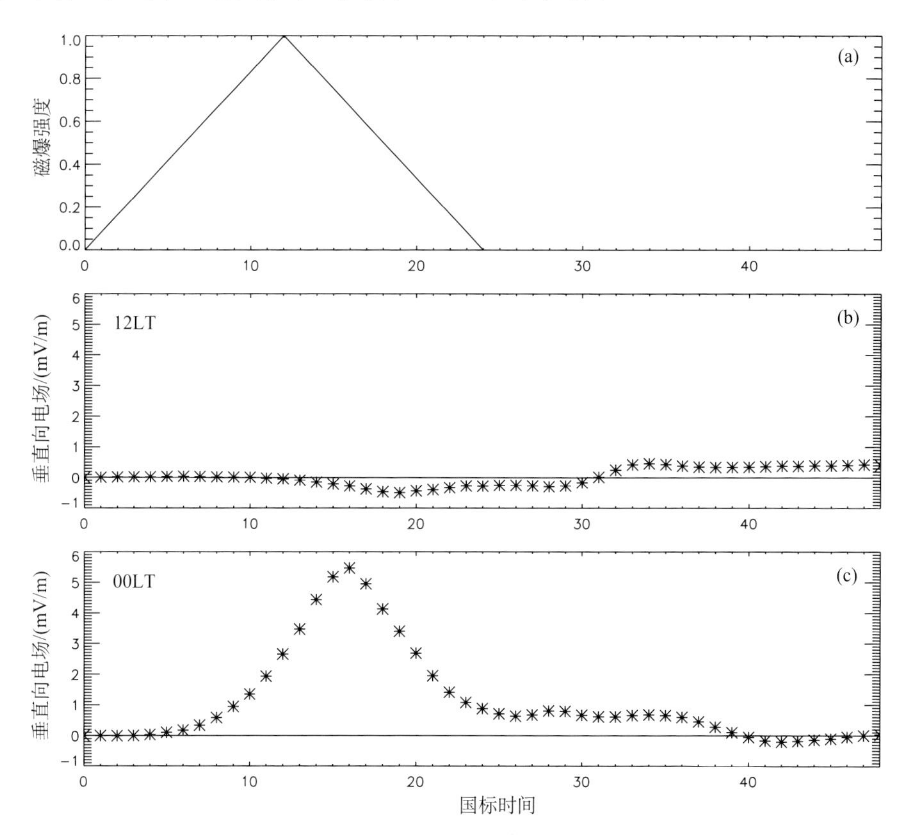

图 11.12　(a)磁爆强度随国际时间的变化,(b)垂直/子午向扰动电场于地方时 1200LT 随国际时间的变化,(c) 垂直/子午向扰动电场于地方时 0000LT 随国际时间的变化

11.4　观 测 资 料

11.4.1　全电子含量的观测

从前面的讨论得知,磁爆发生后数个小时即可建立明确的扰动电场,其极性约略相反于安静期及行星际磁场南向时之贯穿电场的极性。尤其是在中低纬度地区分别发生于晨昏与黄昏时候特别显著的东向与西向电场。为了与此理论结果作比

较,在此使用全电子含量(total electron content,TEC)的观测,数据源为全球等离子图(global ionospheric maps,GIMs),其可提供每两小时分辨率的全球数据,关于详细信息可参考 Ho 等(1996) 及 Zhao 等(2007)的相关研究。

在磁爆时可以同时有多个因子影响全电子含量的分布,因此使得在物理解释上有些困难。在此将呈现出扰动发电在磁赤道地区靠近黄昏的地方如何影响全电子含量。在黄昏时,纬向扰动电场是西向的,因而将压制喷泉效应(fountain effect),使得在磁赤道及低纬度地区的全电子含量的观测值相对于安静期是增加的。当然,电场并不是唯一影响全电子含量分布的因子,中性分子组成的改变亦会影响其分布,但是它只在高纬地区是重要的,与其相关的研究可参考文献(Fuller-Rowell et al., 1994, 1996; Prölss, 1993)。另外,数据的选取将尽量靠近春秋分时节,使得夏季至冬季的半球风效应是最小的。

第一个磁爆的例子发生在 2000 年的 9 月 17 日,指数 Dst 和行星际磁场的 Z 分量(B_z)随国际时间的变化如图 11.13 所示,时间起始于 9 月 17 日的 0000UT。磁爆开始于 1800UT,随着最大的 Dst 指数发生在靠近 2400UT 的地方。在图中由 Advanced Composition Explorer(ACE)所测量到的星际磁场作了时间延迟,以考虑卫星与磁层之间的距离。已知扰动发电电场需要几个小时来建立,因此选择次日(9 月 18 日)的全球等离子图来检视。在得到所需要的扰动全电子含量时,选择 9 月 14 日的资料当作安静期时之背景资料,结果如图 11.14 所示。事实上选择 15 或 16 日的资料当安静期背景,其结果亦相似于讨论中之图。在图中呈现出国际时在 0100UT,0300UT,0500UT 等之分布,且集中在南北纬 30°之内以强调中

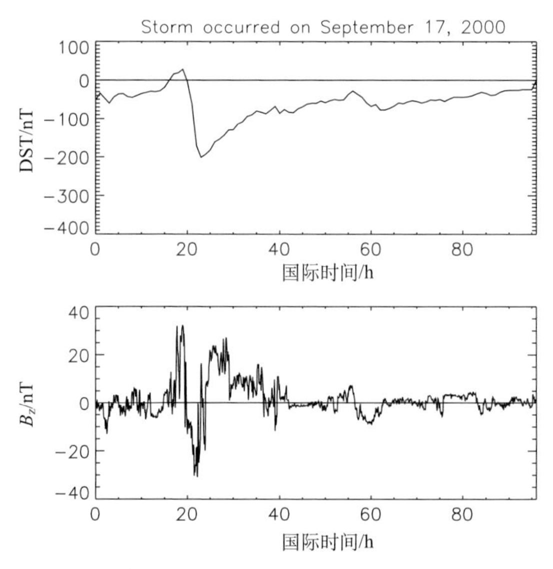

图 11.13 2000 年 9 月 17 日 Dst 指数及 B_z 随国际时间的变化

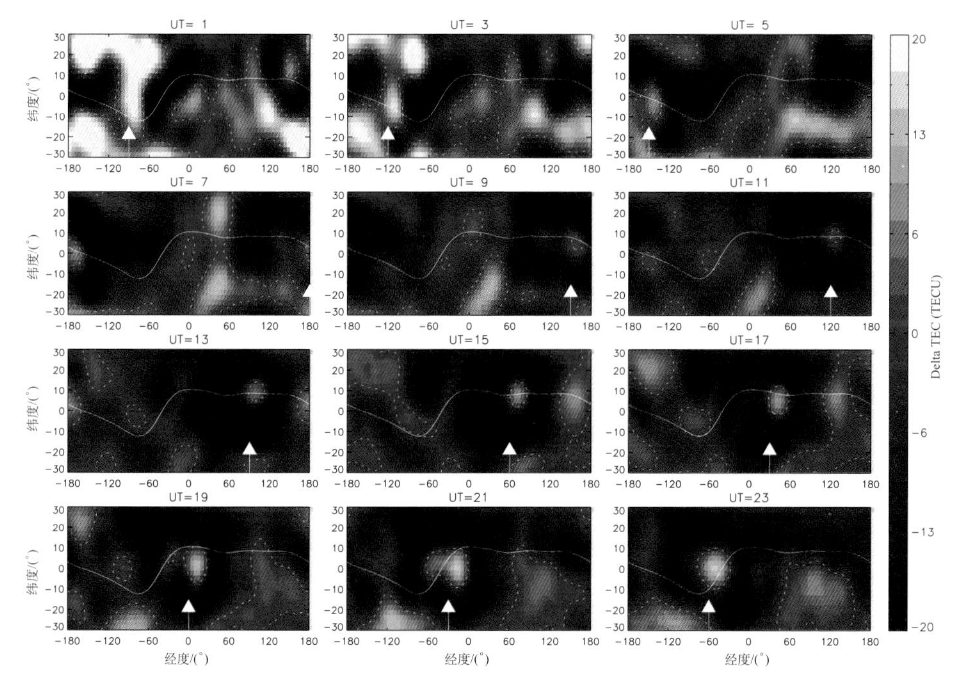

图 11.14　2000 年 9 月 18 日相对于 2000 年 9 月 14 日之全电子含量(TEC)随国际时间的变化

低纬度效应。图中的白色实线指出磁赤道的位置,而白色箭头及白色虚线分别指出接近黄昏的地方时(1900LT)及全电子含量差值为零的地方。现在注意图中时间在 0300UT 之分布。在西经 120°,也就是靠近黄昏,如箭头所指之处,在磁赤道出现一个明显的全电子含量增加。随着时间的前进,这个亮点一直沿着磁赤道出现在靠近黄昏的地方。事实上,在 0100UT 时亦出现同样的情形,只是它并不是一个独立的亮点。于黄昏时期的这些正磁爆相位(positive storm phase)在磁爆恢复期(storm recovery phase)中可以持续多个小时。这个现象可以引用扰动发电的原理来解释。磁爆期间,尤其是在磁爆恢复期,已建立的扰动电场在黄昏时期是西向的,而且与邻近的地方时相比,它具有可观的强度。此西向电场压制向上的等离子体运动,因此相对于安静期,形成正磁爆相位。此压制电场当然亦使得喷泉效应往低纬地区(即所谓的赤道异常区)发展,由于等离子体密度减弱,因此相对于安静期出现负磁爆相位(negative storm phase),也就是图中亮点旁之暗黑地区。

第二个例子发生在 2000 年的 4 月 6 日,磁爆起始于大约国际时间 1800UT,详细如图 11.15 所示。在这例子中,4 月 5 日的资料被当成安静期时的背景,而 4 月 7 日的资料将被用来说明磁爆发电效应,如图 11.16 所示。再一次地,将注意力放在国际时间 1300UT,可以发现在东经 90°的磁赤道靠近黄昏地区出现正磁爆相

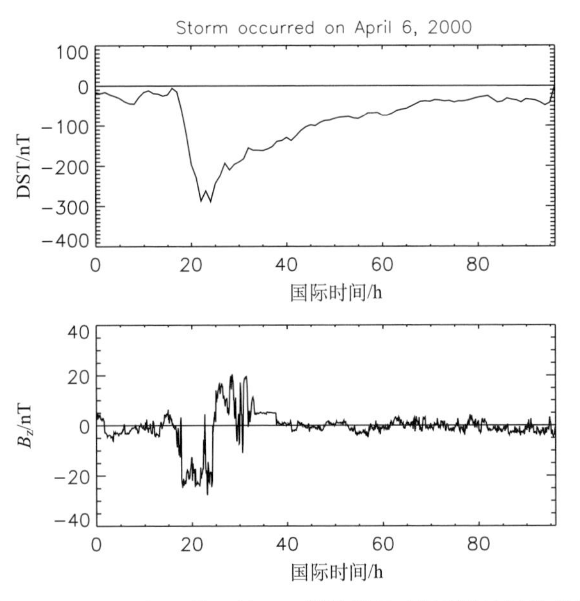

图 11.15　2000 年 4 月 6 日 Dst 指数及 Bz 随国际时间的变化

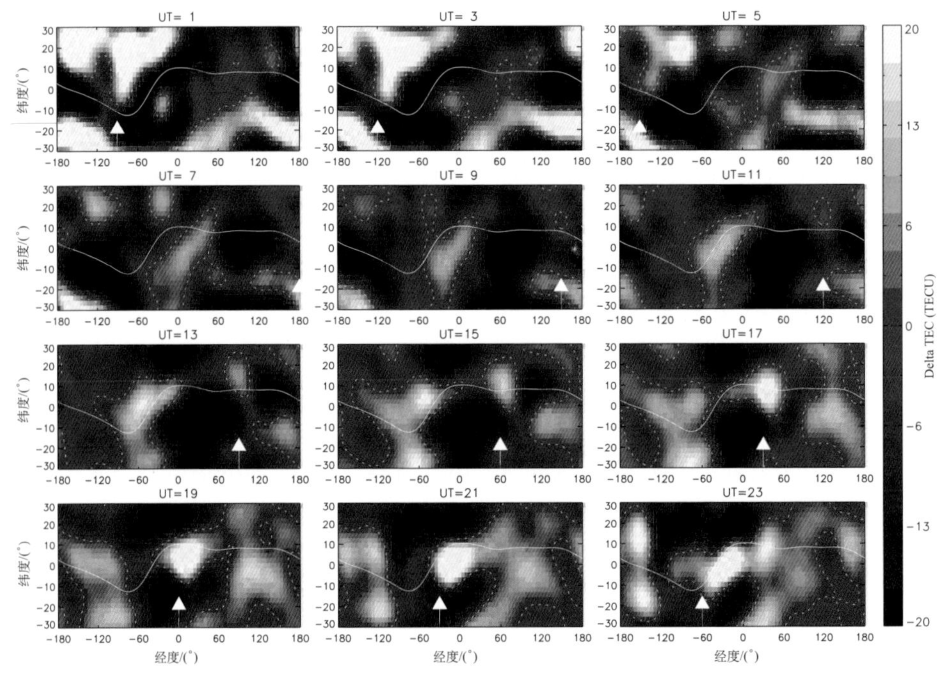

图 11.16　2000 年 4 月 7 日相对于 2000 年 4 月 5 日之全电子含量(TEC)随国际时间的变化

位。事实上，在1300UT之前亦是正磁爆相位，只是强度稍弱。如同前例，随着时间的推进，图中亮点沿着磁赤道移动。

有两个差异存在于这两个例子之间。第一点，在图11.16中之亮点旁边的负磁爆相位仅出现在赤道异常区，而在图11.14之中，则几乎是包围着亮点。图11.16中的结果比较可以直接地用上述的理由来解释。第二点，在第二个例子中的磁爆强度比较大(比较图11.13及图11.15)，但是明显的扰动发电电场似乎出现的比较慢。请留意，这两个例子的磁爆发生及持续的时间几乎一样，因此这个差异似乎又指出，建立扰动电场所需的时间并不单纯的只相关于磁爆的强度，详细内容可参考Huang等(2010)的工作。

11.4.2　中华卫星一号的观测

在研究讨论扰动发电电场时卫星观测可以提供丰富的资料。本节中所引用的数据来自中华卫星一号上的酬载仪器——电离层等离子体电动仪(ionospheric plasma and electrodynamics instrument，IPEI)，其有关的详细介绍可参考Yeh等(1999)的工作。卫星的观测高度约为600km，倾角35°，绕行地球一周的轨道周期为97min，因此一天约绕行15圈。在此引用的数据观测期间介于2000～2003年，共四年时间。在磁爆发生期间，扰动发电电场建立后可以持续相当长的时间，且整个结构笼罩地球系统，因此卫星运行时可以看到大范围不同地方时及不同磁纬度的电场分布。为了方便辨别，在数据的呈现时，卫星经过不同的磁纬度将用不同的颜色来代表。如表11.1所示，在磁纬度－3～＋3的区域划分为磁赤道地区并以黄色为代表。北半球以暖色系代表之，南半球以冷色系代表之。且讨论的范围仅限定于南北纬30°以内，即电离层的低纬度及磁赤道地区。

表11.1　不同磁纬度区间之颜色代表

磁纬度	30°~20°	20°~10°	10°~3°	3°~−3°	−3°~−10°	−10°~−20°	−20°~−30°
颜色							
区域	北半球			磁道赤	南半球		

在四年的资料中共有23个磁爆事件其Dst指数降至140nT以下。这个数字的选定是随意的，但至少指出磁爆的发生是明确的。第一个例子比较典型，此磁爆事件发生在2001年的11月24日，图11.17呈现所有相关的数据。在图11.17的右侧分别列有Dst指数、行星际磁场Z分量(B_z)，以及AE指数随着国际时间的变化，时间的起始点设定为磁爆发生日的前二天之国际时0000UT，时间长度为四天。明显地可以看出，磁爆起始于24日的清晨，磁爆的主相位用红色表示，恢复期相位用蓝色表示，其他期间用深蓝色表示。由这个事件的前一天及前二天的资料

亦可得知其背景是相对安静的。右侧图中之五对垂直绿色线条代表左侧每一个卫星轨道上测量到的垂直于地球磁力线之子午向等离子体移动速率的国际时间。对应于最右边一对绿色线之资料放置于左侧之最上面,用来说明扰动电场在不同的地方时及不同的磁纬度的变化情形。其起始时间为磁爆发生后 9.9967h,标示于左侧图之最下方。这个国际时的选择是为了要避开快速且剧烈的行星际磁场 Z 分量变化,因为在此时间由高纬度进入中低纬度的贯穿电场会影响对扰动发电电场的判断,而且,如同前面的结果建议,扰动电场需要数个小时来建立。左侧图中的横轴为卫星经过时之地方时,纵轴为子午向等离子体移动速率,正的速率相当于东向电场,负的速率相当于西向电场。每一小图上的彩色横条代表卫星当时所在的磁纬度,如前面所介绍,黄色代表处于磁赤道地区。因此由最上图中的数据得知,在地方时约 4 点的期间正好位处磁赤道地区。在此图中的数据点亦用不同的颜色来代表,如前述,红色代表处于主相位,蓝色代表处于恢复期相位。左侧图中的第二及第三小图分别为磁爆爆发前的连续两个轨道资料。第四及第五小图分别代表对应于最上图卫星轨道之前一天及前二天的资料。由于中华卫星一号的进动每天为 6°,此两图完全可以代表最上图在前一、二天且在相同经纬度之下的背景资料,此点亦可从个别小图上之彩色横条得知。

从此例中得知,在磁爆发生前,左侧第四及第五图所呈现的安静期数据相当稳定,亦即每日变化的效应非常小足以当成参考背景。在第二及第三图,磁爆前之连续两个轨道,所呈现的亦是非常稳定的结果。特别注意的一点,此两轨道与讨论中的轨道(最上图),在经度上是不一样的。在磁爆时,相较于安静期,可以发现于磁赤道地区在地方时 0400~0500LT 有一个较大的东向扰动电场产生。在午夜之后,扰动电场明显的是东向,而在接近正午时则发现明显的西向电场,但它们的强度明显地比在晨昏时为小。这个结果非常吻合图 11.4 的模拟结果。

可以发现的是,在图 11.17 中只呈现地方时介于 0000~1200LT,这是因为在资料比对时发现,在黄昏时候,没有发现模拟中的西向电场。可能的原因在后面再行讨论。

第二个例子发生于 2000 年 7 月 15 日。相似于图 11.17 的格式,相关指数随着时间的变化呈现于图 11.18。当作安静期参考的前一、二天的数据于晨昏时稍为有些变异,但对扰动量的讨论影响不大。同样的情形也发生在磁爆前的两个轨道资料。同样地,在地方时约为 0500LT 左右存在一个较大的东向电场,在靠近 1000LT 左右扰动量非常不明显。在午夜之后的数据由于卫星处于较高纬度,因此不加以讨论。

第三个例子发生于 2003 年 11 月 20 日。选择这个例子,除了在前二天有稳定的参考背景外,可以用来说明前述电位分布的特性,如图 11.3 所示。在图 11.19 中参考背景的日变化非常小,甚至磁爆前的两个轨道数据,除了在 0400LT,但不

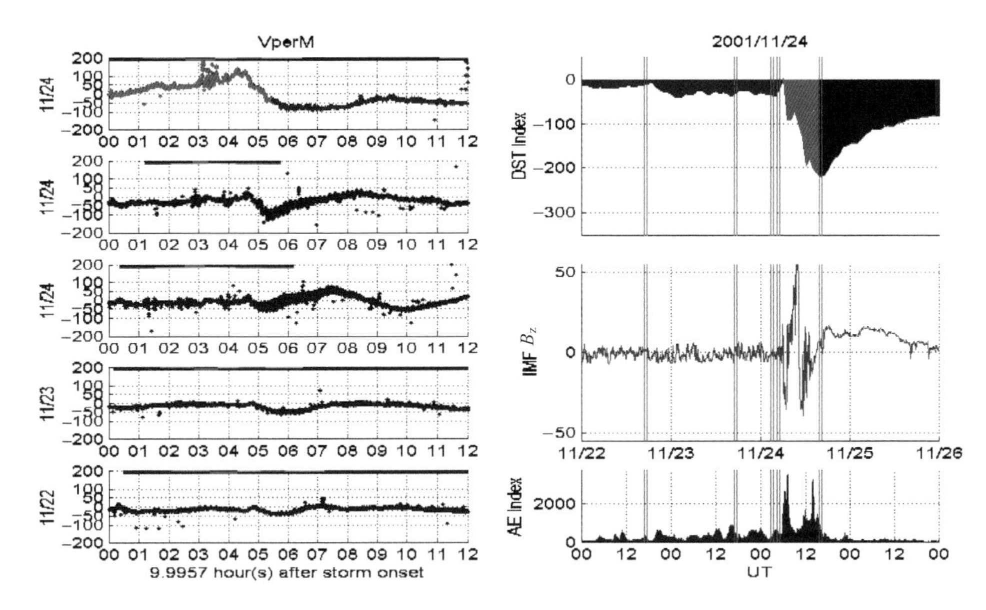

图 11.17　2001 年 11 月 24 日磁爆事件(右)各项指数随国际时间的变化(左)轨道上之子午向等离子体移动速率随磁纬度及地方时之变化

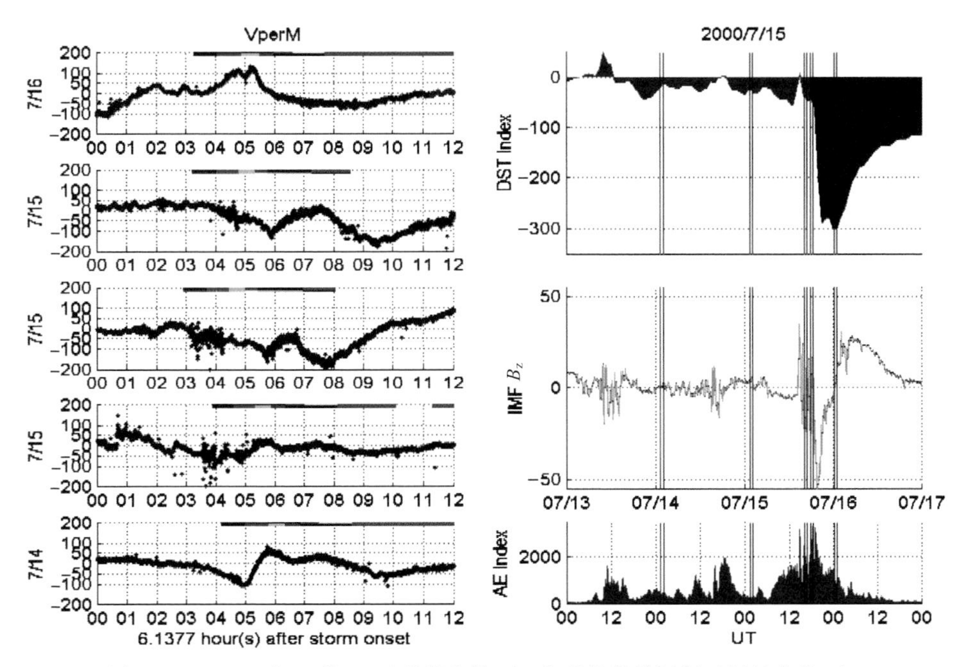

图 11.18　2000 年 7 月 15 日磁爆事件(右)各项指数随国际时间的变化(左)轨道上之子午向等离子体移动速率随磁纬度及地方时之变化

影响讨论的结果。在所选取的轨道资料中发现，午夜之后，于低纬度及磁赤道地区之扰动电场为东向，而强度随着地方时间及纬度的增加而变小。在超出南纬 30°后且刚好处于 0400～0500LT 时发现，扰动电场几乎为零，试比较图 11.19 左侧最上图与最下二图。这个结果非常合理。参考电位分布图可以得知，纬向的扰动电场在高纬地区逐渐变得不重要。因此可以合理的推断，此时还是笼罩在扰动发电的机制之中。时间再继续往前推进，回到低纬度地区，在地方时靠近 1200LT 时，出现西向的扰动电场。

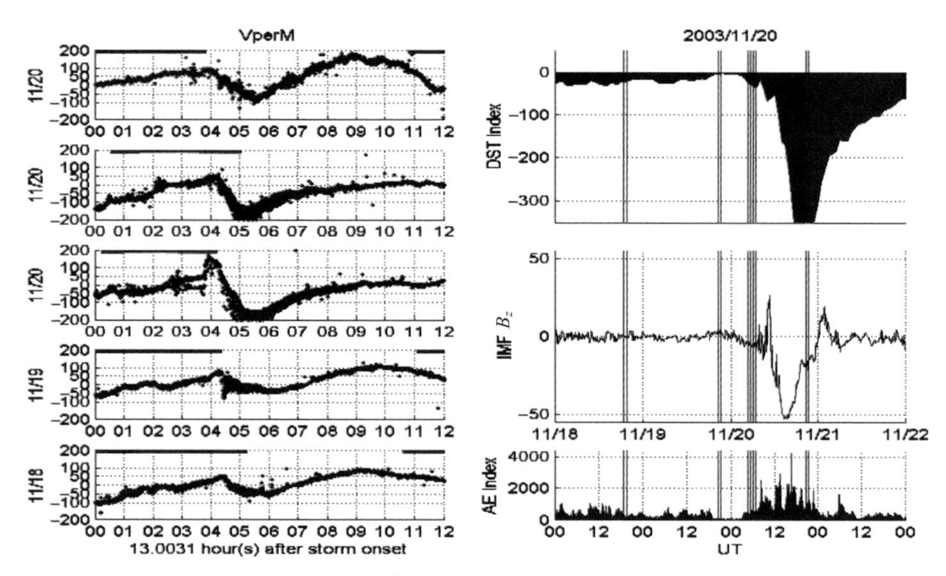

图 11.19　2003 年 11 月 20 日磁爆事件(右)各项指数随国际时间的变化(左)轨道上之子午向等离子体移动速率随磁纬度及地方时之变化

众多的研究指出(Kikuchi et al.，2008；Kobea et al.，2000；Peymirat et al.，2000)，在过度遮蔽(overshielding)的情况下，于晨昏之处亦会出现东向的扰动电场，尤其是在刚进入恢复期之后。但是在上述的三个例子中，所有出现夜间东向扰动电场皆在恢复期之前。另外，在大部分的中华卫星一号观测中发现，与上述三个例子一样的情况亦时常出现在恢复期的较后端，且当时的行星际磁场南北分量的时间变化是微小的。

经过所有事件的比对后发现，在黄昏时期待的西向扰动电场并没有像晨昏时时常的出现，甚至难以得到统计上有意义的结果。为了了解这个问题必须回到数值模拟的阶段来讨论。在一般安静期间，电离层的背景及太阳的活动力决定黄昏逆转前增强的效应，这在观测及数值模拟中可以得到证实。但是这个效应在晨昏时并不对称的存在，其中一个原因是在晨昏时的导电率变化并不像黄昏时来得剧烈(Kelley, 1989)。因此在多种不同背景条件的组合下,晨昏时并没有黄昏时具有不同程度的电动力表现,例如,不同强弱程度的黄昏逆转前增强。在 11.3 节的模拟研究中发现,在相同的太阳活动力下,分别于春分及夏至引发相同程度的磁爆时,在夏至时,由于黄昏逆转前增强的效应较小,因此在黄昏时刻出现的西向扰动电场亦相对较小,换言之,黄昏时刻的扰动电场很大程度上取决于磁爆前的电离层背景条件。在上述的仿真数据呈现中之扰动电场皆是在具有黄昏前逆转增加条件下所得,因此可能无法代表在不具有此条件时的结果。有关这点需要更进一步地从数值模拟中深入研究。

11.5　结　　论

磁爆期间,地球的电离层会发生与平常时期截然不同的电动力表现,进而改变各种物理量的分布。其中,电场的变化非常的复杂,除了平常存在的电场外,亦存在着太阳风与磁层交互作用所形成的太阳风发电电场,它可经由高纬地区直接穿透进入中低纬度及磁赤道地区。它的生命周期约为 1～2h,且取决于行星际磁场随时间的变化。另外,一个电场来源是磁爆期间进入高纬地区的能量及动量造成的扰动中性风场发电所形成。扰动风场主要为赤道向及西向,后者是因地球自转产生之科氏力所影响。两者所产生的电流主要为赤道向。由于导电率的关系使得扰动电流在白天远大于黑夜,纵然在黑夜时的扰动风场较大。在白天时的导电率较大,使得所产成的扰动电流在较低的电离层形成回路而无法有效累积电荷,亦即所谓的形成短路现象。因此只可能在导电率较低的黑夜形成正电荷的累积,进而产生扰动电场。最大的电位产生在磁赤道靠近午夜附近。此最高电位随着时间的推进,沿着磁赤道移动。在白天时,扰动电场是西向;在黑夜时,是东向。此极性大约与安静时期相反,且最大的电场出现在靠近晨昏之时。子午向扰动电场只在黑夜时重要且是极向的。在靠近赤道地区,扰动电场向上或向下视最高电位的位置而定。此位置与电离层在黄昏时的电动力现象,如黄昏逆转前增强,有密切的关系。在太阳活动力强且在春秋分季节,可高达 300km;在低太阳活动力且在夏冬季节,可低至 120km。因此扰动电场的向上或向下视背景环境而定。

扰动电场的建立需要数个小时,在这期间太阳风发电的机制可能为电离层电场的主要来源。在磁爆主相位之后及行星际磁场变化缓慢时,中性风扰动发电可能成为主要的电场来源,且可以持续相当的时间,甚至在磁爆已经结束之后。

从观测的结果可以证实中性风扰动发电电场的存在。在全球电离层图中之全电子含量的分布可以明显地看出,于磁爆期间,在磁赤道靠近黄昏的地区明显出现电离层正磁爆相位,而在其附近,尤其是磁赤道异常区,出现电离层负磁爆相位。随着时间的推进,这些现象沿着磁赤道移动。这些资料呈现的结果明确地指出于磁爆期间可能出现的西向扰动电场,完全符合数值模拟的期待。

在中华卫星一号多数观测数据中明确地指出,相对于磁爆前的电场分布,在晨昏时候出现非常明显的东向电场,而在白天时出现强度较小的西向电场。虽然卫星的高度在600km附近,数值模拟的结果仍可应用于此,因为在电离层中水平扰动电场随高度的变化是微小的,如图11.6及图11.7所示,详细内容可参考Huang和Chen(2008)的工作。在子午向电场方面,由于卫星的高度,可能观测到的电场皆为向上及极向的。除了几小时的延迟外,扰动电场强度随时间的变化与磁爆强度随时间的变化呈现很大的正相关,而且只在黑夜出现;在白天时几乎不重要。这些资料呈现的结果与仿真结果完全一致,详细内容可参考文献(Huang et al.,2008)。

虽然在全球电离层图中之全电子含量的分布于磁爆期间在黄昏地区完全符合理论模拟的期待,但在卫星数据中完全没有统计意义的数据可以支持。可以合理地解释这个情况的理由可能来自数值模拟时的电离层背景的设定。当背景环境适合出现黄昏逆转前增强时,则会产生强度明显的西向电场,反之,此西向电场则减弱。因此不会像晨昏时候,最大的电场总是在此出现。

如果使用同一个事件,就全球电离层图与卫星数据分别来讨论时发现,虽然在全电子含量分布中明显地指出西向扰动电场的存在造成黄昏时的观测结果,但是在卫星数据中完全不像在晨昏期间一般可以清楚地检视出来。因此可以确定的是,在黄昏期间会出现西向的扰动电场,但其强度可能低于数值模拟中得到的结果,且落在日与日之间的变化值(daily variations)。但此西向电场在磁爆期间于黄昏时期仍足以造成明显的电离层正磁爆相位。关于详细的情形可能需要更进一步地加以研究。

事实上当扰动电场相对于安静期的强度小于日与日之间的变化值时,在检视上是非常困难的,但中华卫星一号的数据指出,在大多数的情况下可以在晨昏时看到非常明确的东向电场。由Huang(2013)的模拟研究结果指出,在相同的太阳活动力及相同的磁爆强度下,于不同季节与不同国际时触发时会产生不同强度的扰动电场,其强度在晨昏之外的地方时可以明显地小于日与日之间的变化值,例如,在夏季磁爆触发于磁北极处于夜间之时。此时要检视扰动发电电场就可能产生困难。因为在这个背景条件之下,在高纬度所产生的中性扰动风场会穿透至另外一个半球,使得沿磁力线积分而得的扰动电流在南北半球作了部分抵消,进而减弱了电荷的累积,扰动电场的强度减小。当然,这些理论上的结果还是需要更进一步地利用各种观测数据来加以证实。

参考文献

Blanc M, Richmond A D. 1980. The ionospheric disturbance dynamo. J. Geophys. Res.,

85: 1669.

Emmert J T, Fejer B G, Shepherd G G et al. 2004. Average nighttime F region disturbance neutral winds measured by UARS WINDII: Initial results. Geophys. Res. Lett., 31: L22807.

Fejer B G, Emmert J T, Sipler D P. 2002. Climatology and storm time dependence of nighttime thermospheric neutral winds over Millstone Hill. J. Geophys. Res., 107, A5.

Fejer B G, Spiro R W, Wolf R A, et al. 1990. Latitudinal variation of perturbation electric fields during magnetically disturbed periods: 1986 SUNDAL observations and model results. Ann. Geophys., 8: 441-454.

Foster J C, Holt J M, Musgrove R G, et al. 1986. Ionospheric convection associated with discrete levels of particle precipitation. Geophys. Res. Lett., 13: 656-659.

Fuller-Rowell T J, Codrescu M V, Moffett R J, et al. 1994. Response of the thermosphere and ionosphere to geomagnetic storms. J. Geophys. Res., 99, A3: 3893-3914.

Fuller-Rowell T J, Codrescu M V, Rishbeth H, et al. 1996. On the seasonal response of the thermosphere and ionosphere to geomagnetic storms. J. Geophys. Res., 101, A2: 2343-2353.

Fuller-Rowell T J, Millward G H, Richmond A D, et al. 2002. Storm-time changes in the upper atmosphere at low latitudes. J. Atmos. Solar-Terr. Phys., 64: 1383-1391.

Ho C M, Mannucci A J, Lindqwister U J, et al. 1996. Global ionosphere perturbations monitored by the worldwide GPS network. Geophys. Res. Lett., 23: 3219-3222.

Huang C M. 2013. Disturbance dynamo electric fields in response to geomagnetic storms occurring at different universal times, I. Geophys. Res., 118: 496-501.

Huang C M, Chen M Q. 2008. Formation of maximum electric potential at the geomagnetic equator by the disturbance dynamo. J. Geophys. Res., 113: A03301.

Huang C M, Chen M Q, Liu J Y. 2010. Ionospheric positive storm phases at the magnetic equator close to sunset, J. Geophys. Res., 115: A07315.

Huang C M, Chen M Q, Su S Y. 2008. Plasma drift observations associated with intense magnetic storms by the IPEI on board ROCSAT-1, 113: A11301.

Huang C M, Richmond A D, Chen M Q. 2005. Theoretical effects of geomagnetic activity on low-latitude ionospheric electric fields. J. Geophys. Res., 110: A05312.

Kelley M C. 1989. The Earth's Ionosphere : plasma physics and electrodynamics. San Diego: Academic press.

Kelley M C, Fejer B G, Gonzales C A. 1979. An explanation for anomalous equatorial ionospheric electric fields associated with northward turning of the interplanetary magnetic field. Geophys. Res. Lett., 6: 301-304.

Kikuchi T, Araki T. 1979. Horizontal transmission of the polar electric field to the equator. J. Atmos. Terr. Phys., 41: 927-936.

Kikuchi T, Hashimoto K K, Kitamura T I, et al. 2003. Equatorial counter electrojets during a substorm. J. Geophys. Res., 108(A11): 1406.

Kikuchi T, Hashimoto K, Nozaki K. 2008. Penetration of magnetospheric electric fields to the equator during a geomagnetic storm. J. Geophys. Res., 113: A06214.

Kikuchi T, Luhr H, Kitamura T, et al. 1996. Direct penetration of the polar electric field to the equator during a DP2 event as detected by the auroral and equatorial magnetometer chains and the EISCAT radar. J. Geophys. Res., 101: 17161-17173.

Kobea A T, Richmond A D, Emery B A. 2000, Electrodynamic coupling of high and low latitudes: Observations on May 27, 1993. J. Geophys. Res., 105(A10):22979-22989.

Peymirat C, Richmond A D, Kobea A T. 2000. Electrodynamic coupling of high and low latitudes: Simulations of shielding/overshielding effects. J. Geophys. Res., 105: 22991-23003.

Prölss G W. 1993. On explaining the local time variation of ionospheric storm effects. Ann. Geophysicae, 11: 1-9.

Richmond A D, Peymirat C, Roble R G. 2003. Long-lasting disturbances in the equatorial ionospheric electric field simulated with a coupled magnetosphere-ionosphere-thermosphere model. J. Geophys. Res., 108: 1118.

Richmond A D, Ridley E C, Roble R G. 1992. A thermosphere/ionosphere general circulation model with coupled electrodynamics. Geophys. Res. Lett., 19: 601-604.

Scherliess L, Fejer B G. 1997. Storm time dependence of equatorial disturbance dynamo zonal electric fields. J. Geophys. Res., 102: 24037-24046.

Spiro R W, Wold R A, Fejer B G. 1988. Penetration of high latitude-electric-field effects to low altitudes during SUNDIAL 1984. Ann. Geophys., 6: 39.

Stewart B. 1883. Terrestrial magnetism. Encyclopaedia Britannica, 9th ed. 16: 159-184.

Yeh H C, Su S Y, Yeh Y C, et al. 1999. Scientific mission of the IEPE payload onboard ROCSAT-1, Terr. Atmos. Oceanic Sci., Supplementary Issue, 19-42.

Zhao B, Wan W, Liu L, et al. 2007. Morphology in the total electron content under geomagnetic disturbed conditions: results from global ionosphere maps. Ann. Geophys., 25: 1555-1568.

第 12 章　中高层大气波动研究

张绍东　黄春明　黄开明　龚　韵　甘　泉

武汉大学电子信息学院,武汉 430072

波动是中、高层大气的主要扰动形式。波动的传播和耗散使得能量和动量在不同大气层区之间相互耦合,影响甚至决定全球大气的动力学结构。波动间的相互作用不仅直接影响大气的能谱结构,也会影响波动对背景大气的动力学效应。波传播还会导致大气成分的输运,从而直接影响大气的光化过程。因而大气波动参数特征、波动传播和耗散过程、波动的激发和相互作用机制等一直都是中高层大气动力学研究中最基础的物理问题。

精确描述中高层大气环流及其变化必须考虑大气波动的效应,除了潮汐波和行星波等行星尺度的波动,中小尺度的重力波由于其在传播过程中的饱和和破碎也会对大尺度环流产生深远影响。事实上现在人们熟知的中高层大气动力学和热力学现象,大气波动都有着重要影响。例如,低纬低平流层纬向风的准两年振荡(QBO);中层顶夏季极低温度,高纬平流层大气的突然增温(SSW)以及随后的平流层顶抬升(ES)和恢复等。另一方面,背景大气结构的变化也会影响波动的传播和相互作用,由此大气波动和背景大气构成一个复杂的相互耦合体系,它们之间的耦合决定了大气的不同时空尺度的基本结构和变化。

从 20 世纪 60 年代开始,大气波动的理论体系逐渐建立并不断完善。同时伴随着探测技术的发展,特别是大型的地基遥感设备和卫星技术的发展,人们对大气波动基本参数特征的理解日益完整和深入。但是目前为止,大气波动参数的基本统计特征,特别是其全球分布和不同时空尺度的变化还有待更多的观测资料积累;并且关于大气波动及其效应的很多关键问题也有待进一步深入。例如,大气波动激发源的统计特征;大气波动能谱结构的形成机制;不同时空尺度波动对背景大气动力学和热力学结构形成的相对贡献;不同时空尺度波动之间的相互作用机制及其效应;波动的传播及其背景之间复杂的相互作用过程,以及这种相互作用导致的大气不同层区之间的响应和耦合等。

本章主要介绍 2010 年以来我们在中高层大气波动研究方面的主要进展,涉及利用卫星观测资料、地基观测数据,以及模拟研究方法所取得的成果,部分相关的内容可能会追溯至 2010 年以前的研究结果。前三节分别介绍重力波、潮汐和行星波的研究,11.4 节重点介绍波动之间的相互作用过程;11.5 节介绍波动与背景的相互作用。

12.1 重 力 波

重力波是中高层大气中最普遍、最重要的中小尺度扰动。在中、高层大气中,任取一段观测数据,几乎都可以找到重力波的痕迹。通过近年来的研究,人们已经认识到要认识大气波动对中高层大气结构和扰动的影响,必须将整个地球大气作为一个耦合的整体。而低层大气被认为是大气重力波的主要源区。更多的工作开始关注作为重力波主要源区——低层大气的重力波特征;并且随着探测手段的丰富和数据的不断丰富,开始从个例和局地的观测转而更多地关注更大区域甚至全球的重力波活动,以揭示不同层区重力波活动的季节变化甚至气候学变化特征。

卫星观测对于人们理解全球大气波动做出了重要贡献,而COSMIC掩星则被用于揭示低层大气重力波能量的全球分布。这些卫星的观测数据表明全球低层大气惯性重力波能量有着显著的纬度分布:其峰值出现在赤道和低纬地区,并且随着纬度的升高,其能量单调下降(Tsuda et al., 2000;Venkat Ratnam et al., 2004),这一卫星观测结果与Allen和Vincent(1995)利用低纬多个站点的探空数据结果吻合。Alexander等(2002)将这一纬度分布归因于Coriolis参数,即惯性频率f的纬度分布:由于惯性重力波的本征频率Ω在惯性频率与浮力频率之间,即$f<\Omega<N$,因此由于惯性频率随纬度增加,观测到的惯性重力波能量随纬度下降。

但是,Zhang和Yi(2007)分析中国从北京至海口多个站点的探空数据,发现武汉和宜昌等中纬站点的重力波总能量明显大于海口站点,这与过去的卫星观测和人们的预期不符。Zhang和Yi(2007)指出基于探空数据提取惯性重力波,惯性频率f的纬度分布只是决定提取,或者说观测到惯性重力波的概率,并不意味着低纬低的f值导致更宽的惯性重力波频谱范围会导致更强的重力波能量。而事实上Zhang和Yi(2007)的统计分析并未观测到低纬重力波的出现率更高。Zhang和Yi(2007)的进一步定量分析说明是中纬急流对惯性重力波的强烈激发导致了中纬重力波能量峰值。

在上述工作的基础上,Zhang等(2010)分析了美国92个站点1998～2008年11年间的常规探空数据,发现在对流层重力波总能量的峰值出现在中纬急流区域并不是低纬,而在低平流层,虽然重力波能量峰值出现在纬度最低的区域,但是并不随纬度增加单调下降,而是在中纬出现一个次大的峰值(图12.1)。这一结果与过去的卫星(Tsuda et al., 2000;Venkat Ratnam et al., 2004)及探空Allen和Vincent(1995)观测并不完全一致,揭示了新的重力波能量的纬度分布,证实了Zhang和Yi(2007)的分析。Zhang等(2010)解释了这一差异的原因在于卫星和过去的探空观测给出的只是重力波的位能,而不是总能量的纬度分布。而事实上在重力波总能量中，动能的贡献更大。此外，Zhang等(2010)的结果还说明，中纬急流是大气重力波重要的激发源，指出这一重力波机制在源的参数化过程中不可忽视。

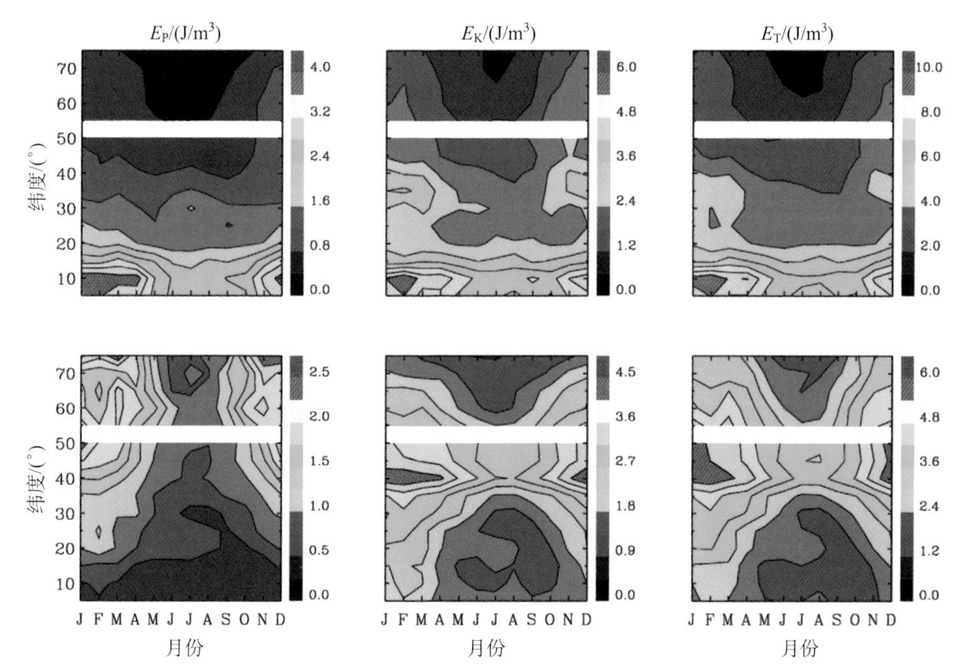

图12.1 对流层(下)和平流层(上)重力波位能(左)、动能(中)和总能量(右)的纬度分布和季节变化(Zhang et al.,2010)

在无线电探空仪资料分析中，注意到利用探空数据研究低层大气重力波已有近20年的历史。但是过去的重力波分析方法主要基于重力波偏振椭圆方法提取单色重力波信息，进而给出统计特征。但是这一方法不能给出重力波参量的高度变化，特别是不能给出10～18km这一段对流层向平流层过渡区域的重力波参数信息。此外，由于缺乏垂直风的探测信息，动量流和热流通量这些对于研究重力波对背景大气动力学和热力学影响的关键参量，过去都是利用单色重力波的偏振关系间接推导出来的。这导致尽管我们认同重力波会对大气的结构和扰动产生深远影响，但是从过去的探空观测难以精确揭示波与背景的相互作用。

Zhang等(2012)提出一种重力波宽谱分析方法，并将该方法应用于分析中纬地区Miramar Nas (32.87°N, 117.15°W) CA探空仪观测资料，从而提取得到重力波能量(图12.2)、频率和三维波矢量等完整的重力波参量及其连续的高度变化；并且该方法从探空的上升率中提取垂直风扰动信息，从而可以直接计算重力波动量流通量、波拽力、热流通量和波导致的温度变化等表征重力波与背景相互作用的关键物理量,进而可以清晰揭示重力波导致的背景动力学和热力学结构的变化。此外,Zhang 等(2012)还利用该宽谱方法并结合湍流谱模式,采用探空数据非常方便地给出低层大气湍流参数。接下来,Zhang 等(2013)又利用宽谱方法分析了美国北半球的 92 个站点,给出不同纬度重力波参量的连续高度变化。图 12.3 中展示出强的重力波耗散确实会导致中纬地区冬季中部对流层逆温,这证实了我们此前提出的对流层逆温机制(Zhang et al., 2009),并且这一方法已经用于定量计算重力波与 QBO 的耦合以及重力波对对流层顶热结构的影响。

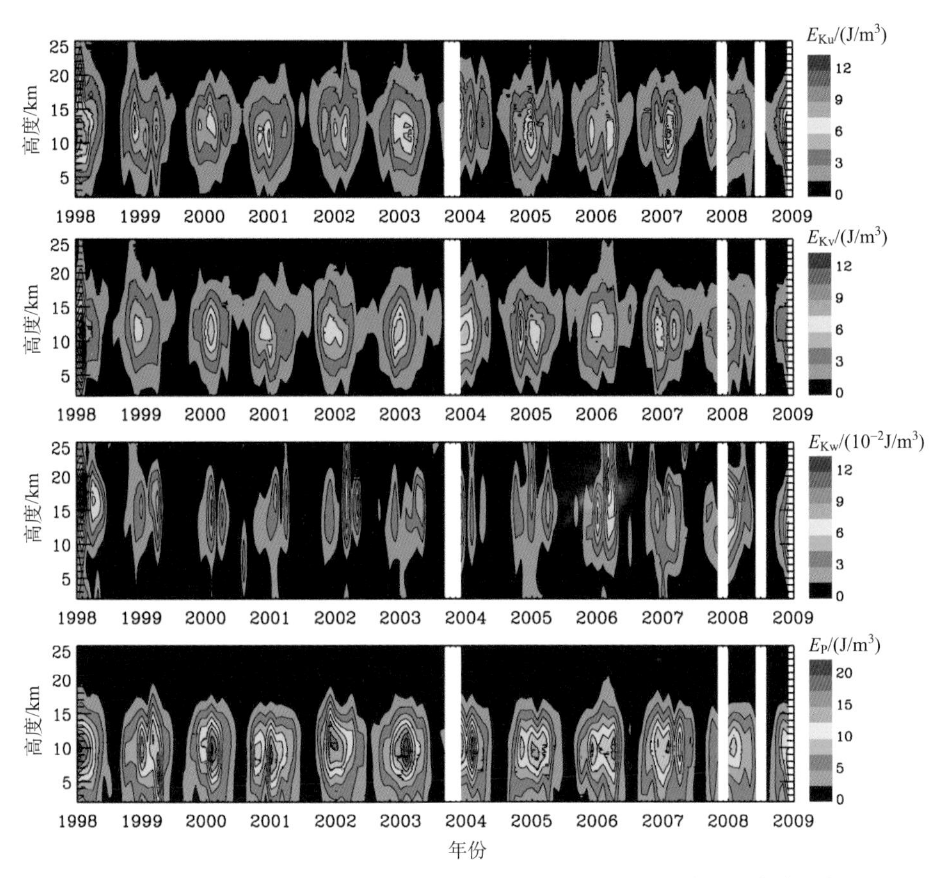

图 12.2　Miramar Nas (32.87°N, 117.15°W) CA 上空月平均的重力波纬向风动能、经向风动能、垂直风动能以及位能随高度的连续变化(Zhang et al.,2012)

受分析方法的限制,上述低层大气重力波研究都只能分析低频的重力波成分。而事实上高频重力波更容易传播到更高高度,对中高层大气的结构影响更为重要。Zhang 等(2014)将宽谱分析方法推广到中高频重力波研究,利用探空数据揭示了北半球中高频重力波的纬度、季节和高度变化。这对于在中高层数值模式中建立

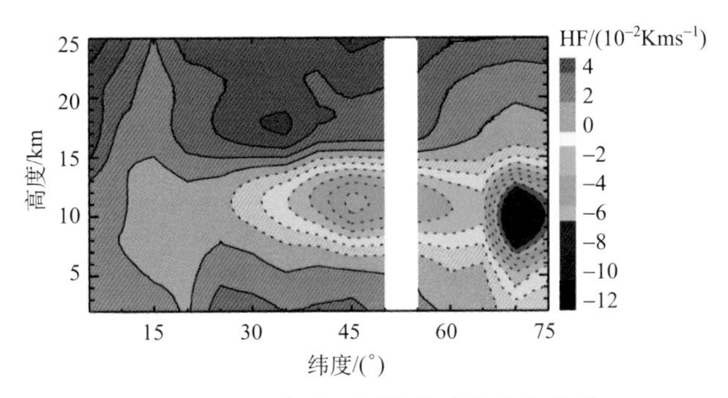

图 12.3 北半球不同纬度重力波热流通量连续的高度变化(Zhang et al.,2013)

完整的重力波参数化模式提供了更为完整的观测依据。

重力波对局地和全球大气的动力学和热力学结构都有重要影响,但是一般而言,相对于大尺度环流,重力波是一种中小尺度扰动,无法在现有的大多数全球环流模式中显式反映,因而在全球环流模式中重力波效应总是以参数化模式的形式体现。许多全球环流模式计算结果都说明要想得到更接近于观测的模式结果,必须给出合理的重力波源谱和重力波效应的参数化模式,而这正是目前的全球环流模式中最不确定的部分。另一方面,现有的很多重力波效应参数化模式计算结果强烈依赖于重力波的源谱,这些都说明给出合理的低层大气重力波源谱对于建立合理的全球大气环流模式至关重要。而目前的重力波效应的参数化模式中源谱模式多数完全是基于一些非常简单的函数形式,带有很大的主观性和随意性。基于实验观测的重力波源谱模式非常少,只有一些零星报道,尚未全面开展。马兰梦等(2012)对美国大陆92个北半球无线电探空仪站点11年的观测资料进行了系统分析,提取了对流层重力波动量流通量谱的统计结果(图12.4),并给出了它们的季节和纬度变化。此前的观测结果证实了对流层重力波特性事实上被激发源所控制(Zhang and Yi, 2007; Zhang et al., 2010),因而对流层重力波参数特征事实上反映了激发源特性。在此基础上,马兰梦等(2012)提出了一种简单易行重力波源谱的建模方法,并初步尝试建立基于实际观测资料的重力波源谱模式(图12.5),该模式可以给出重力波激发源的纬度变化、季节变化、年际变化以及对称性等关键特征。考虑到无线电探空仪广泛的陆地覆盖和长期积累,这一工作为建立真正基于实验观测的重力波源谱模式提供了有价值的新思路。

卫星观测能给出大气波动和背景结构的近似全球分布。Shuai等(2014a)采用新的迭代分析方法,有效克服卫星观测水平分辨率低的弱点,从SABER/TIMED卫星观测的温度数据中提取了2002～2010年,50°N～50°S纬度范围内,25～115km高度范围内重力波活动及其季节变化(图12.6),并发现在30～60km,

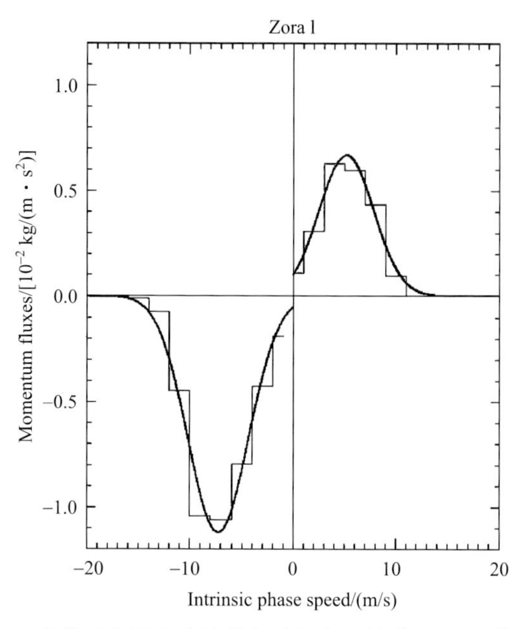

图 12.4　中纬对流层重力波纬向动量流通量谱(马兰梦等,2012)

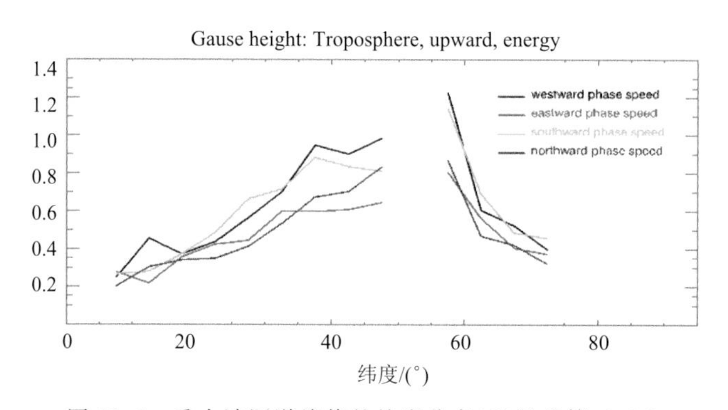

图 12.5　重力波源谱峰值的纬度分布(马兰梦等,2012)

85km 附近以及 100km 以上三个高度范围存在强烈的重力波耗散,其耗散机制并不完全一致:平流层(30～60km)重力波耗散主要来自背景风场;85km 中层顶区域的耗散可能主要来自大气湍流和背景风作用;而在 110km 以上的重力波耗散主要来自分子黏性。

重力波在传播过程中的反射和透射直接影响波能量存储和耦合,但是这一过程涉及色散方程的零点问题,观测与数值模拟均难以得到深入的研究结果,并且在现有的重力波效应参数化模式中均未能有充分体现。Huang 等(2010)采用自主

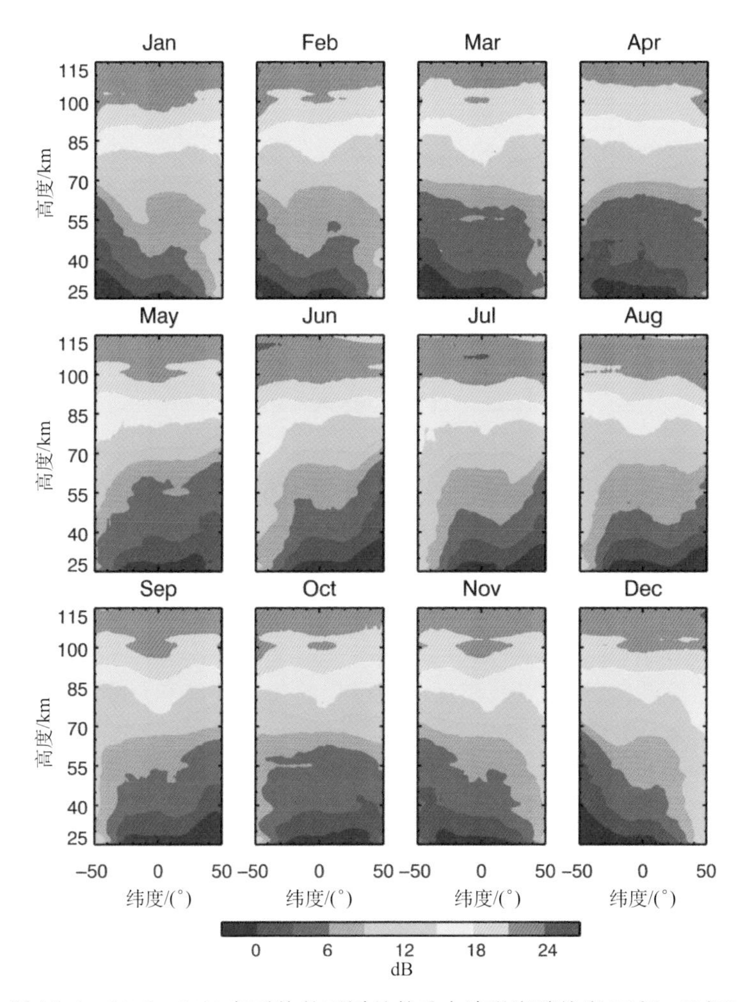

图12.6　2002～2010年平均的不同月份重力波强度随纬度(50°S～50°N)和高度变化(25～115km)(Shuai et al.,2014a)

建立的数值模式深入研究了重力波波包在剪切风场中的反射和透射过程。模拟结果发现在重力波的消散区域,波相位变化缓慢,振幅随着剪切风场的增强而减弱。在非线性环境下,部分入射波谱成分能够穿透消散层形成透射波,这与线性理论的结果不同。受波-流相互作用过程影响,波能量的反射率和透射率都会随着入射波振幅的增加而减小。波致背景流的主要作用是增强波能量向背景能量的转换而不是增强透射波,这与海洋中波动在剪切流中的反射过程显著不同。反射率和透射率不仅取决于入射波的振幅、频率和波数等参数,还取决于消散层的强度和厚度。背景大气在反射过程中总是会从波动中吸收能量,导致反射率和透射率之和总是小于1。这些结果说明了为了得到更为真实的中层大气环流模式结果，重力波效应参数化的工作中必须正确考虑重力波的反射和透射过程。

丁霞等(2011)则对不同背景下低层大气热源激发的重力波的传播详细过程及其特性进行了数值模拟研究。研究发现热源激发出来的重力波在初始阶段有很宽的频谱范围，随后由于重力波的传播效应，水平波长和垂直波长分布范围随时间都有所减小。顺风传播的重力波的小尺度和低频部分会容易被急流吸收，从而加强了对流层急流；而逆风传播的重力波更容易上传，会导致中间层区域向西的背景风增强。这体现了低层大气急流对中间层大气风场结构的影响。

12.2 中高层大气潮汐

潮汐是大气受太阳周期性加热的一种受迫运动。潮汐的频率是地球自转频率的整数倍。潮汐在全球大气的传播，直接影响中层和低热层大气环流和动力学结构，并且它和行星波、环流一起构成重力波传播的背景大气环境。国际上对大气潮汐的理论研究主要是基于一个线性的静态模式(GSWM)，这个模式虽然能很好地预言全球大气潮汐的振幅和相位分布趋势，但与全球潮汐的实际观测结果还有较大差距。对潮汐激发、耗散以及相互作用过程的物理理解和观测资料不足是导致模式与实测结果差异的主要原因。

利用加密探空资料，Huang等(2009)研究了宜昌上空低层大气潮汐和行星波的基本特征。研究结果表明在中纬低层大气中，周日潮汐是主要的潮汐分量(图12.7)。观测到的周日潮汐有很强的非迁移成分。这使得潮汐波长明显小于GSWM模式结果，并且在某些高度上由于高阶的非迁移潮汐成分的叠加，潮汐振幅出现迅衰减。这一结果无法从常规探空资料中得到。除了周日潮汐外，我们的实验观测还揭示出在中纬低层大气中有明显的准7天和准10天的行星波，准7天行星波主要呈现出驻波结构；而准10天行星波则呈现出行波结构。这些行星波会和周日潮汐发生强烈的非线性相互作用，并会显著影响对流层顶和急流特性。这是我国首次利用加密探空资料研究低层大气潮汐波。

Gong和Zhou(2011)利用位于Arecibo，波多黎各(18.3°N，66.7°W)的双波束非相干散射雷达的观测数据第一次报道了在低纬F层的8h潮汐波(图12.8)。8h潮汐波的波幅非常强，在268km处达到了最大值34m/s，并且发现8h潮汐波的振幅与F层较低高度上的背景经向风场有非常好的相关性。细致的机制分析则表明观测到的8h潮汐并不是人们认为的通过非线性相互作用而激发。

在模式研究方面，Gan等(2014)详细展示了extended Canadian Middle Atmosphere Model (eCMAM)模拟的大气温度周日潮汐的时空特性。通过利用ERA Interim reanalysis 1979～2010再分析数据对1hPa以下eCMAM模拟的水

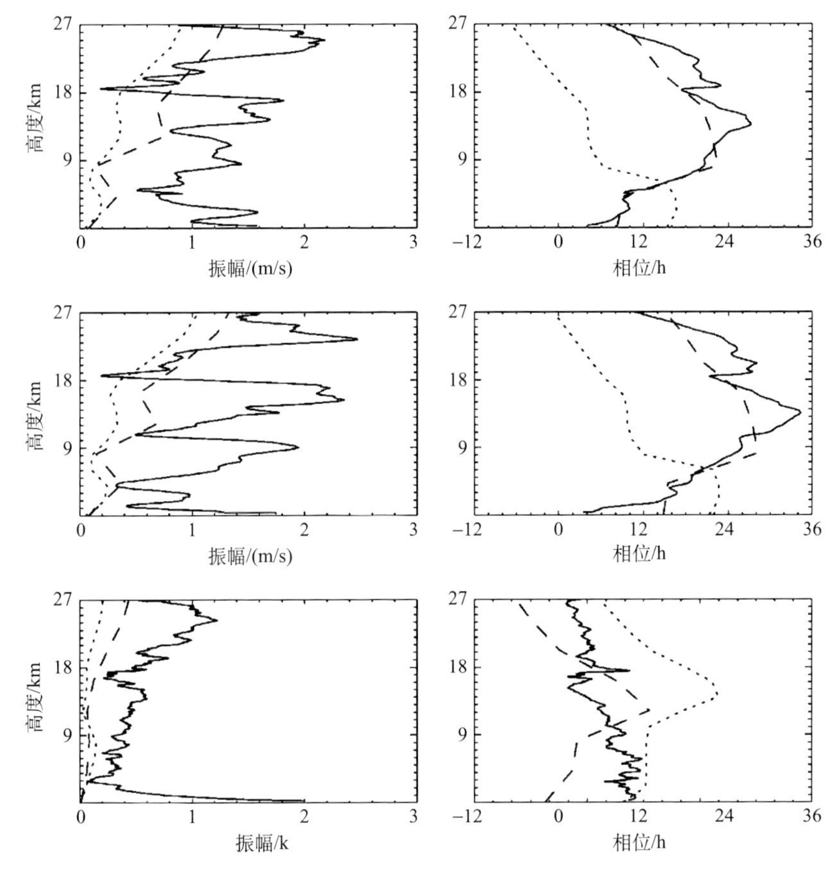

图 12.7　2006 年 8 月宜昌上空周日潮汐(实线)纬向风(上)、经向风(中)和温度(下)振幅(左)与相位(右)剖面,图中划线和点线分别为 GSWM-02 和 GSWM-00 的结果(Huang et al. ,2009)

平风和温度场进行每 6h 的松弛逼近(nudging)处理并与 SABER 多年(2002～2013)潮汐观测结果的比较,对模拟结果进行了全面的定量评估。比较结果显示,尽管 eCMAM 模拟的周日迁移潮汐(Dw1)振幅(图 12.9)在 MLT 区明显大于观测值,但在纬度-高度结构上与观测结果表现出了很好的一致性。模拟结果很好地还原了 Dw1 的季节变化和准两年年际变化。对于非迁移,eCMAM 不仅反映出了几个主要的分量(De3,Dw2 和 Ds0),而且较好地再现了非迁移分量的高度-纬度结构,其模拟的季节和年际变化与 SABER 观测结果也基本一致。通过对模拟结果的松弛逼近处理以及定量评估,为以后针对特定事件下潮汐响应的研究做了铺垫。

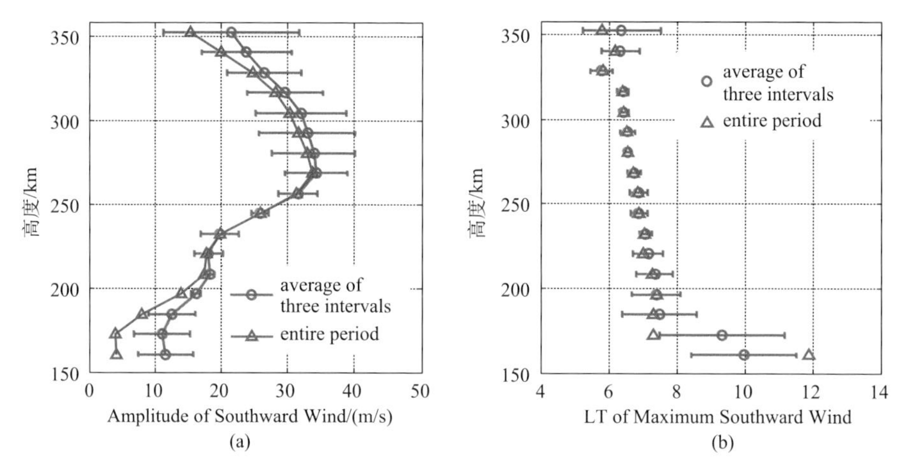

图 12.8　Arecibo 非相干散射雷达观测到的 F 层 8h 潮汐的振幅(a)和相位(b)(Gong and Zhou,2011)

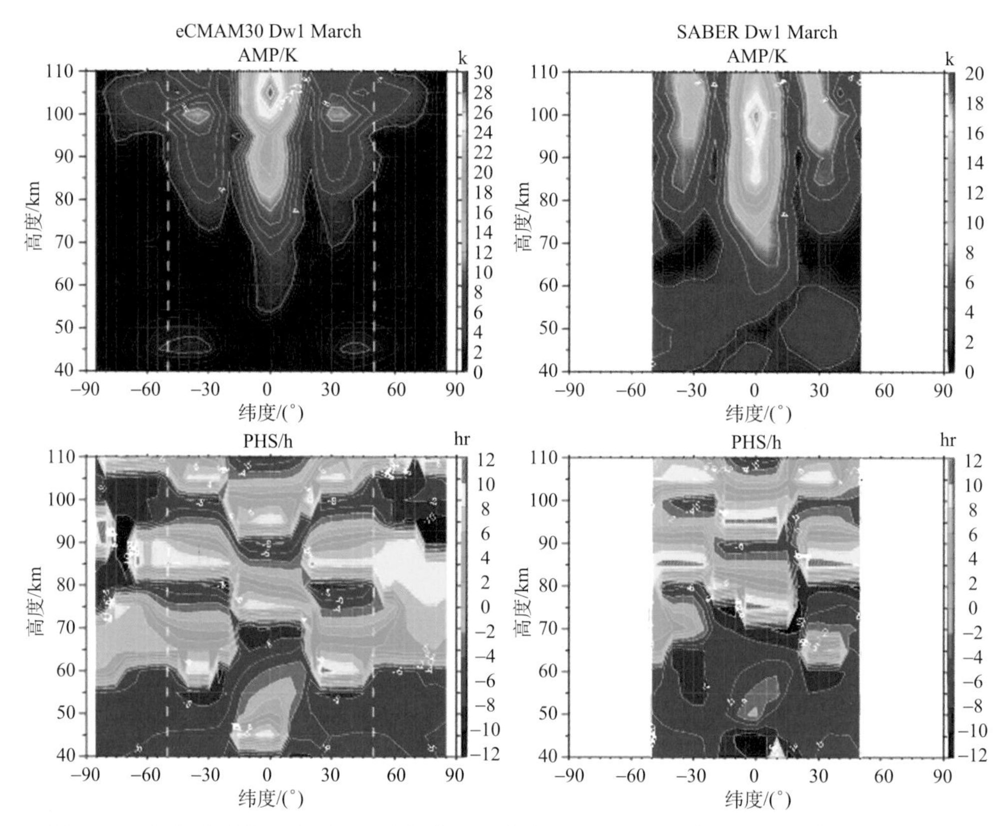

图 12.9　气候学平均温度周日迁移潮汐 Dw1 振幅(Kelvin)和相位(hours)的高度-纬度分布
左图:1979～2010 eCMAM30 模拟气候学平均;右图:2002～2013 SABER 观测气候学平均(Gan et al.,2014)

12.3 中高层大气行星波

行星波是大气中典型的大尺度波动，其周期一般在2～20天范围内。行星波除了对大气基本结构和环流有重要影响外，一些重要的中高层大气动力学和热力学现象如中间层逆温、低纬QBO和高纬平流层爆发性增温(SSW)都被认为与行星波密切关联。此外，行星波在许多大气不同层区的耦合中也起着直接作用。

一般认为行星波的主要激发源在低层大气。Wang等(2010；2011)通过分析美国无线电探空仪1998～2006年观测数据，研究了北半球高纬地区低层大气行星波特性，发现低层大气行星波都具有明显的间断性，持续时间一般不超过2个月。由折射指数分析可以看出，夏季在对流层上方有明显的反射层，冬季则较弱甚至消失，这很好地解释了平流层行星波主要在冬季出现的原因。

卫星是提供行星尺度波动全球参数的有效手段。于2001年底发射并投入使用的TIMED卫星，为研究中高层大气动力学和光化学提供了丰富的观测资料。Huang等(2013)利用TIMED/SABER在2002～2011年的观测数据，研究了中间层和低热层准2天波。分析表明南半球和北半球的准2天波分量分别是[2.13，W3]和[2.04，W4]。强的行星波活动总是出现在夏季半球的中高纬地区。准2天波有显著的半球间差异和年际变化。南半球准2天波振幅几乎是北半球的2倍；准2天波在南半球夏季也承受更强的耗散。在两个半球赤道QBO对准2天波的影响可以一直延伸至中高纬。

12.4 中高层大气波动间的相互作用

重力波之间的相互作用和能量交换是中高层大气波动研究的关键问题之一。这一相互作用过程会导致波动能量在不同尺度之间的传输，改变大气能谱结构，也会激发出新的波动。目前一些重力波能谱结构和重力波参数化研究工作中已有一些对重力波之间相互作用效应的概念性表达。Zhang和Yi(2004)在非线性环境下研究了重力波之间的共振相互作用，发现这一过程是不可逆的。Huang等(2009)利用自主建立的全非线性数值模式，展示了重力波和共振相互作用的完整过程。在相互作用的过程中，生成波的波长与频率都和共振相互作用的理论预言非常一致，并且生成波的能量主要来自主波。在相互作用过程中会伴随着强烈的能量交换，这说明重力波之间的非线性相互作用在大气波谱结构和高度上的动量输运过程中起着关键作用。在比较共振和非共振相互作用过程中，Huan等(2009)引入了“失配度”参数概念，该参数可以很好地表征在相互作用过程中重力波的能量交换效率。

Huang 等(2011)数值研究了重力波的和非共振相互作用。在和非共振相互作用中,相互作用波间也能出现显著的波能量交换。尤其是当次波足够强时,主波的绝大部分能量能转移给生成波。非共振相互作用不受共振条件的制约,因此这种强烈的非共振相互作用在中高层大气中可能频繁发生;并且由于非线性相互作用限制了波振幅的增长,这些波成分能进一步向上传播,可能对热层大气的能量动量收支有影响。Huang 等(2012)进一步研究了重力波的和差相互作用(图12.10),结果显示共振激发是可逆的,这与共振匹配条件的严格限制正好一致,而非共振激发是不可逆的;在非线性相互作用中,波能量易于在两个高频波间交换,而从大垂直尺度向小垂直尺度串级传输效率很低,明显不同于强烈的湍流串级传输。这表明重力波的非线性串级传输直至耗散可能不是重力波的一种重要的耗散方式。由于在相互作用中两个高频波间能发生强烈的能量交换,因此,这种非线性效应能有效扩展波谱。

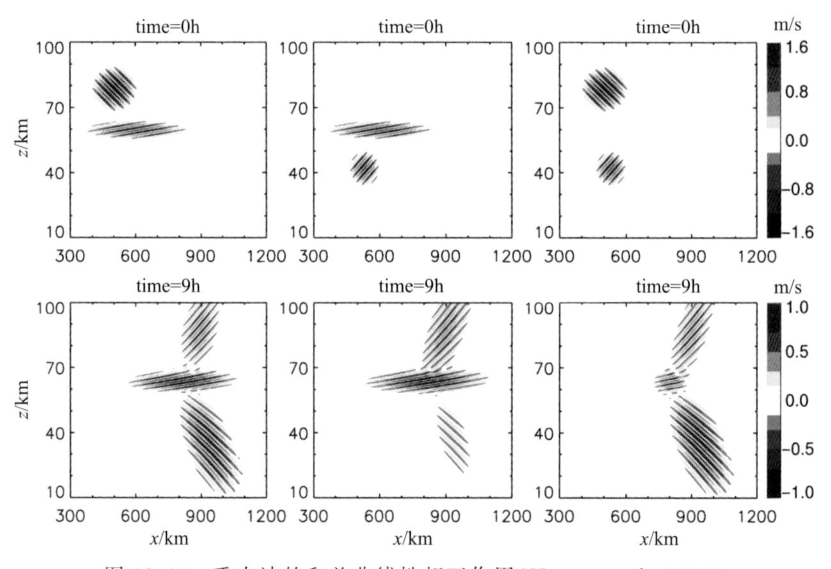

图 12.10 重力波的和差非线性相互作用(Huang et al. ,2012)

Huang 等(2013c)进一步数值研究了重力波之间的高阶相互作用,首次展示了大气重力波的三阶共振相互作用过程(图 12.11),并揭示了相互作用的物理机制,指明三阶非线性相互作用可能是中高层大气高频重力波的局地波源。研究表明,在三阶非线性相互作用中,波能量主要是从高频的主波向生成波转移,生成波的最终能量几乎正比于主波的初始能量,而且一支强的次波能强化这种能量转移。这与重力波二阶非线性相互作用的性质一致,因此这是相互作用中能量转移的共性。然而,三阶共振相互作用是通过主波直接两次参入非线性相互作用,而不是主波的二阶谐波与次波的相互作用，也不是学者们提议的“两步共振相互作用”，同时，在相互作用中，并不存在也不需要早期学者所建议的“中间强迫模”。根据数值研究，我们提出对于给定的初始主次波，只要存在一支波满足某高阶共振匹配条件，相应的高阶共振相互作用就会发生，波能量交换会随着非线性的阶数增大而减弱。这样，如果二阶和三阶失配度都较小，会有多支新波分别通过二阶和三阶非线性相互作用有效地激发出来。

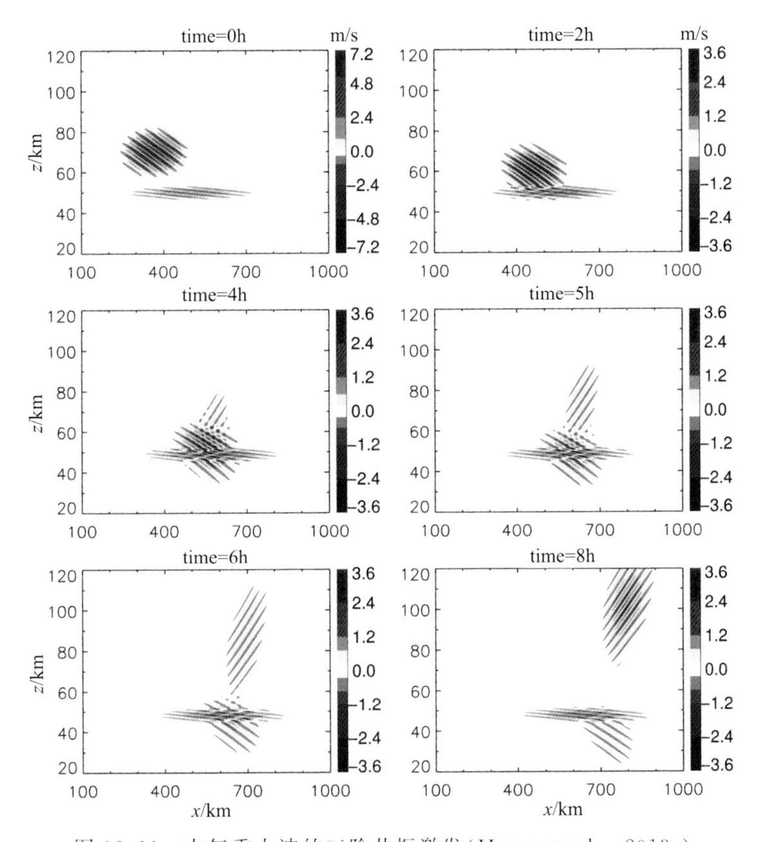

图12.11　大气重力波的三阶共振激发(Huang et al.，2013c)

进一步Huang等(2014)研究了重力波在非等温耗散大气中的相互作用。数值实验表明，由于在非等温大气中相互作用波的波长和频率的变化性(图12.12)，相互作用显示出非共振的特征。尽管如此，相互作用波的失配主要体现在垂直尺度上，而三波的水平波长匹配，三波的频率也趋近于匹配。在80km高度以下，分子扩散系数和湍流扩散系数较小，大气的耗散性对相互作用的影响相当弱。由于扩散系数几乎指数地增长，随着波在80km高度以上进一步传播，大气耗散性对波能量的衰减越来越强。在110km以下，大气扩散致使波能量的耗散十分明显，但还不足以使波的垂直波长减小。因为向上传播波的前沿受到更严厉的耗散,这种不均匀耗散导致波能量中心向上传播变慢。大气的耗散性既不能阻止相互作用的发生,也不能延长波能量交换的时间,这不同于基于线性化相互作用方程的理论研究结果。数值研究揭示的相互作用波的匹配关系和波能量的演化等特征,为进一步开展中高层大气中重力波相互作用的观测研究奠定了基础。

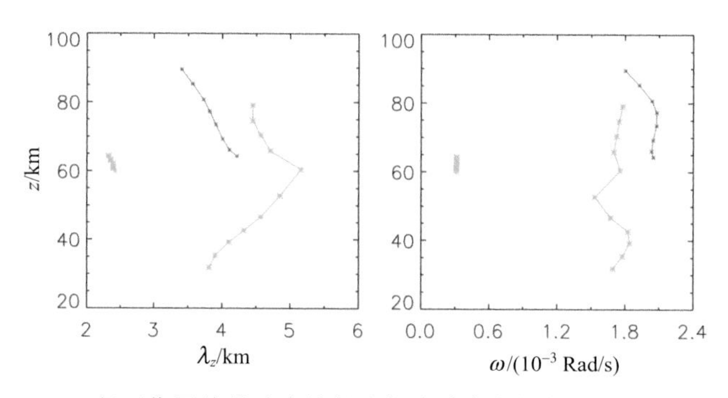

图 12.12　相互作用波的垂直波长和频率随高度的变化(Huang,2014)

潮汐和重力波相互作用也一直是中高层大气波动研究的重点。因为潮汐会调制重力波振幅,继而影响重力波对背景大气的拽力。另一方面,重力波与潮汐的相互作用也会影响潮汐振幅。但是过去的研究主要关注潮汐导致的暂态剪切风场对重力波传播的影响,很少考虑潮汐波动的时变性;此外过去的相互作用研究也很少涉及重力波频率等基本波参量的变化。Huang 等(2013)采用二维非线性数值模式,研究了重力波与时变潮汐场的非线性相互作用过程。研究发现,时变潮汐风场主导了重力波频率变化(图 12.13),并且在重力波临界层附近的潮汐风加速度总是引起重力波频率增加,这能够部分地解释为什么在中高层大气中观测到的高频重力波成分明显比在低层大气中观测到的丰富。潮汐风场的时间变化和潮汐/重力波相互作用还会导致重力波穿透预期的临界层,从而对更大高度上的背景大气产生影响,这说明低层大气传播上来的重力波对高层大气的影响可能比我们过去认识的更为显著。

行星尺度波动之间也会发生相互作用,并对背景风场、温度以及重力波的传播条件产生深远影响。Huang 等(2012)通过分析 Arecibo 双波束非相干散射雷达的观测数据,在 F 层高度上观测到强烈的大气波动成分(潮汐,重力波和行星波),并首次在热层高度上给出这些波动相互作用的观测证据。分析发现周日潮汐和重力波之间经常会发生强相互作用(相互作用的波振幅之间同时存在强的正相关和负相关)(图 12.14)。这种相互作用可以持续几天,伴随着相互作用的能量交换有时是不可逆的,并且周日潮汐和重力波的和与差相互作用一般同时发生。此外,潮汐和行星波以及潮汐波不同成分之间也会发生相互作用。在潮汐和行星波相互作用

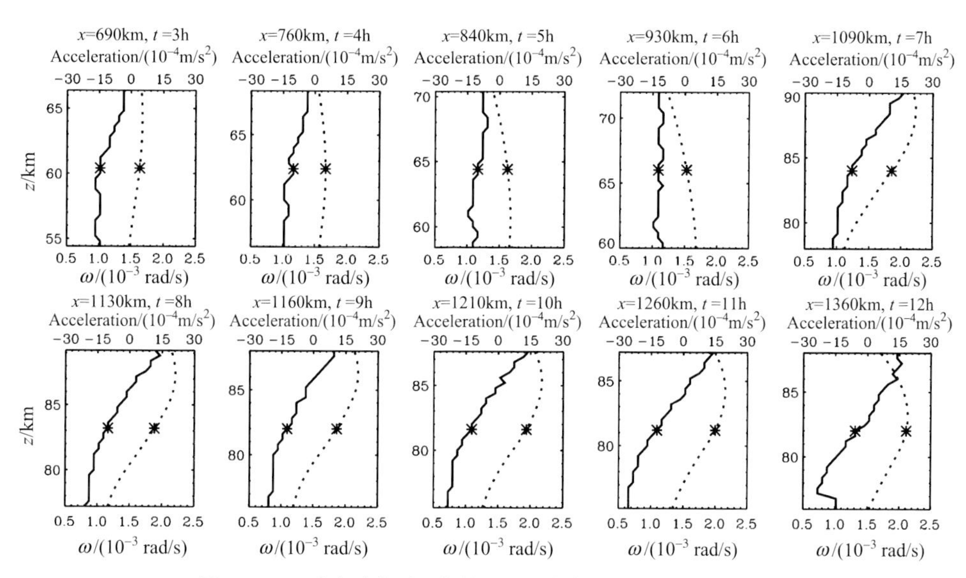

图 12.13　重力波频率(实线)和潮汐水平风加速度(虚线)的高度和时间变化(Huang et al.,2013)

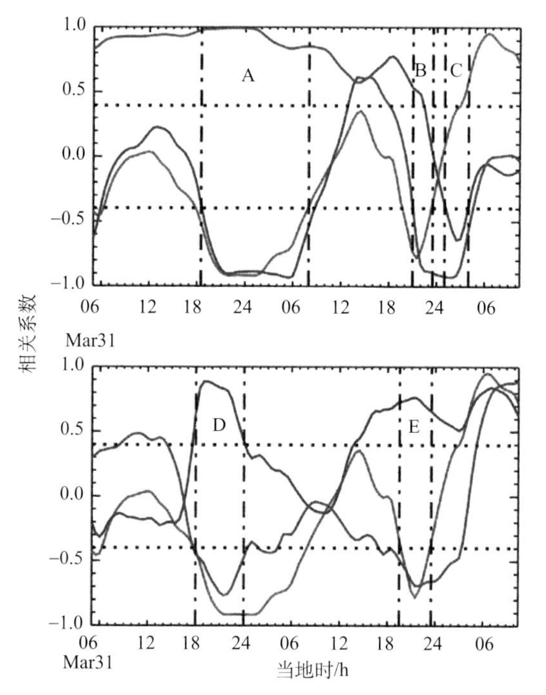

图 12.14　在330km高度上,周日潮汐与重力波差(上)和(下)相互作用过程中波振幅的相关系数随时间的变化(Huang et al.,2012)

中,潮汐波振幅会被行星波活动调制。而潮汐波之间的相互作用则会导致能量在潮汐波不同成分之间的重新分配。

Huang 等(2013b)则利用 Maui 流星雷达观测数据,研究了中层顶区域准两天波与半日潮、周日潮间一次强烈的非线性相互作用事件。周日潮和半日潮随准两天波的活动展示出短期变化,半日潮与准两天波的振幅变化趋势正好相反,而周日潮振幅的最小值通常要比准两天波振幅的最大值要晚几天出现,而且当准两天波活动减弱时,周日潮会明显增强。双谱分析表明,周日潮和半日潮都与准两天波发生了有意义的非线性相互作用。由于准两天波周期稍微偏离 48 h,准两天波与周日潮和半日潮相互作用生成的周期为 16.2 h 和 15.8 h 的两个波模能清楚地分辨出来。双相干谱证实了准两天波和半日潮的耦合度达到 0.92,如此高的耦合度表明了非线性相互作用是半日潮短期变化的主要机制。尽管周日潮和准两天波也发生了有意义的相互作用,但是相对于它们强的振幅,周日潮和准两天波间耦合度较弱。分析表明,强的准两天波诱致的背景流对周日潮有明显的抑制作用。因此,观

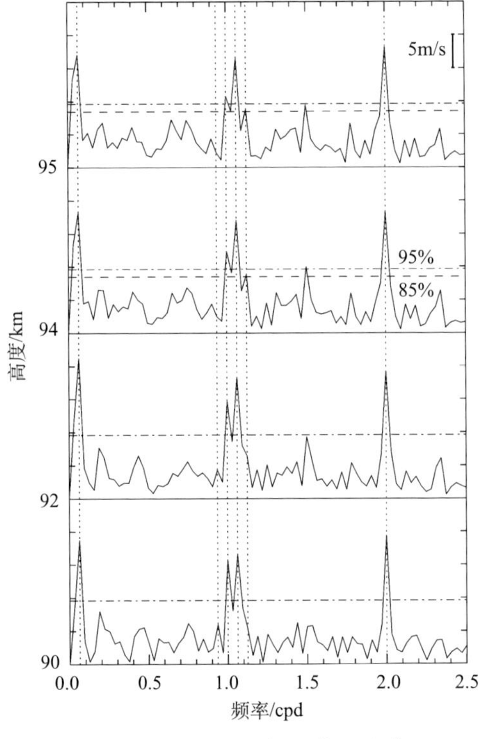

图 12.15 32 天风场的傅里叶谱

从左到右的垂直点线分别是 0.0625, 0.9375, 1.0, 1.0625, 1.125 和 2.0cpd 谱成分,对应于周期 16d, 25.6h, 24h, 22.59h, 21.33h 和 12h。虚点水平线和虚水平线分别代表 95%和 85%的置信水平(Huang, 2013a)

测到的周日潮的变化可以归结为由非线性相互作用和波致平均流共同作用的效果。

尽管大气行星波与潮汐间的非线性相互作用已被广泛研究，但这些研究主要集中于准两天波与潮汐间的相互作用。由于对观测数据的时间覆盖的高要求，关于16天波与潮汐间的相互作用事件鲜有报道。Huang等(2013a)根据Maui流星雷达和TIMED/SABER观测数据，研究了一个16天波与周日潮间强烈相互作用事件。观测显示，一个强的16天波活动持续约40天。在90～95km高度，波相位极缓慢地向下传播，表明波有一个非常长的垂直波长。波的垂直波长及与背景流的关系，与早期的观测研究一致，然而波振幅明显比早期的报道要大。谱分析显示，16天波与周日潮发生强烈的和相互作用，生成的22.59h波的强度比周日潮还要强，如图12.15所示。因此，这个22.59h波进一步与周日潮发生和相互作用，生成一个21.33h的新波，这种相互作用也可以看成早期学者提议的3阶相互作用。双谱分析也证实了16天波与周日潮间发生了2阶和3阶的非线性相互作用。由于强烈的相互作用，周日潮显著地被16天波所调制。这就表明大气波间确实能够发生有意义的3阶相互作用，证实了Huang等(2013c)的理论研究结果。

12.5　中高层大气波动与背景的相互作用

逆温的出现会影响大气的层结，阻碍大气成分在垂直方向的混合，并且会在逆温的上方产生强烈湍流，由此改变局地大气的热力学和动力学特性。由于逆温的持续时间通常只有几天，因而常规探空仪资料很难用于逆温的个利分析。Zhang等(2009)利用冬季加密探空资料开展对流层大气逆温的个例研究。在2007年1月发现了两个显著的低对流层逆温事件，它们对局地的大气层结都有显著影响，并且都伴随着强的风场剪切(图12.16)。深入的分析表明它们的产生都与重力波活动密切相关，但是它们的形成机制并不完全相同。第一个逆温事件是由于顺风传播的重力波被背景风场吸收，然后被强重力波活动产生的湍流将波能量向下输运产生；而第二个逆温事件则是重力波逆风传播被背景风场反射所产生。随后，Zhang等(2011)利用美国东部、中部和西部山地地区56个站点7年(2000～2006)的探空资料研究当地低对流层逆温层的一些基本结构参数，并研究了这些参数的季节和经度变化(图12.17)；深入讨论了低对流层逆温层产生的主要物理原因。研究发现逆温的出现率随经度变化十分显著。自西向东，逆温层出现率在四季均呈现明显的上升趋势。低对流层逆温层有可能是由背景大气的纬向风剪切和水汽潜热释放的共同作用产生的。具体而言，在冬季，逆温层主要是由于较大的纬向风剪切导致的动力学不稳定性产生的。在夏季，锋面相互作用导致逆温层。在春季和秋季，低对流层逆温层可能就是两种过程共同作用导致的。总体而言，由于冬季低对流层逆温层出现率和强度均大于夏季,因而纬向风剪切对整个对流层逆温的形成的贡献大于水汽潜热释放。

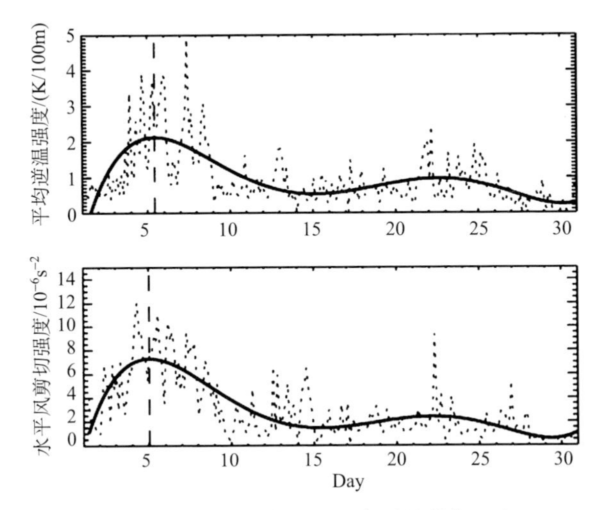

图 12.16　2007 年 1 月日平均逆温强度(上)和水平风剪切(下)(Zhang et al.,2009)

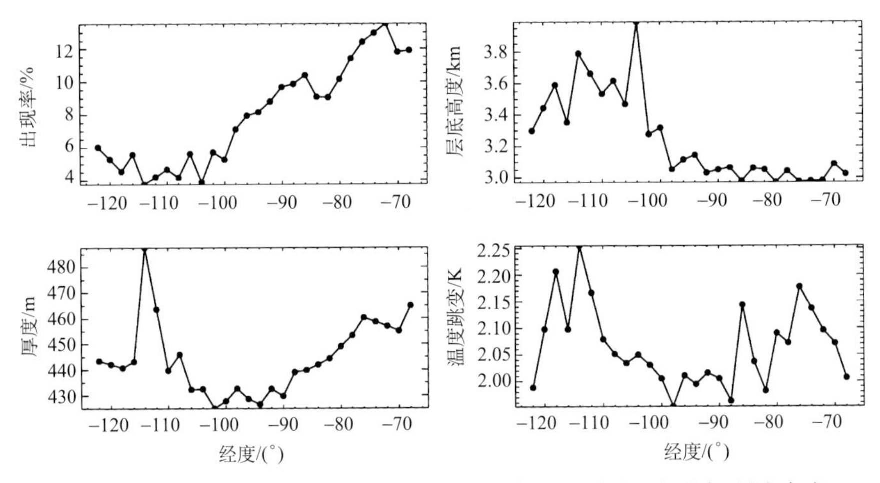

图 12.17　2000～2006 年美国大陆经向平均的低对流层逆温出现率、层底高度、厚度和温度跳变的经度分布(Zhang et al.,2011)

低中间层逆温(LMILs)是中间层的普遍现象,逆温的出现会直接改变低中间层大气层结,影响扩散和波动传播过程,由此直接影响平流层和中间层大气之间的能量耦合和物质输运。Gan 等(2012)利用 SABER/TIMED 温度数据,给出 LMILs 的全球分布、季节和年际变化(图 12.18),并深入探讨其形成机制。在低纬,LMILs 呈现半年变化,细致分析表明低纬地区背景温度的半年振荡(SAO)和周日迁移潮汐是形成低纬LMILs的关键原因。而在中纬地区,LMILs则呈现强烈的年变化。过去的大量研究都认为行星波耗散、重力波破碎,以及重力波和潮汐之间的相互作用是中纬LMILs的主要形成机制。而Gan等(2012)的深入分析表明中纬LMILs的经度分布和逐日变化与波数为1的静态波和准16天行星波混合暂态结构密切相关,它们之间的相关系数甚至可以接近1。混合行星波暂态结构至少能对LMILs有15～20K的贡献,同时考虑到LMILs的水平尺度和持续时间,Gan等(2012)认为混合行星波暂态结构才是产生中纬LMILs的关键原因。

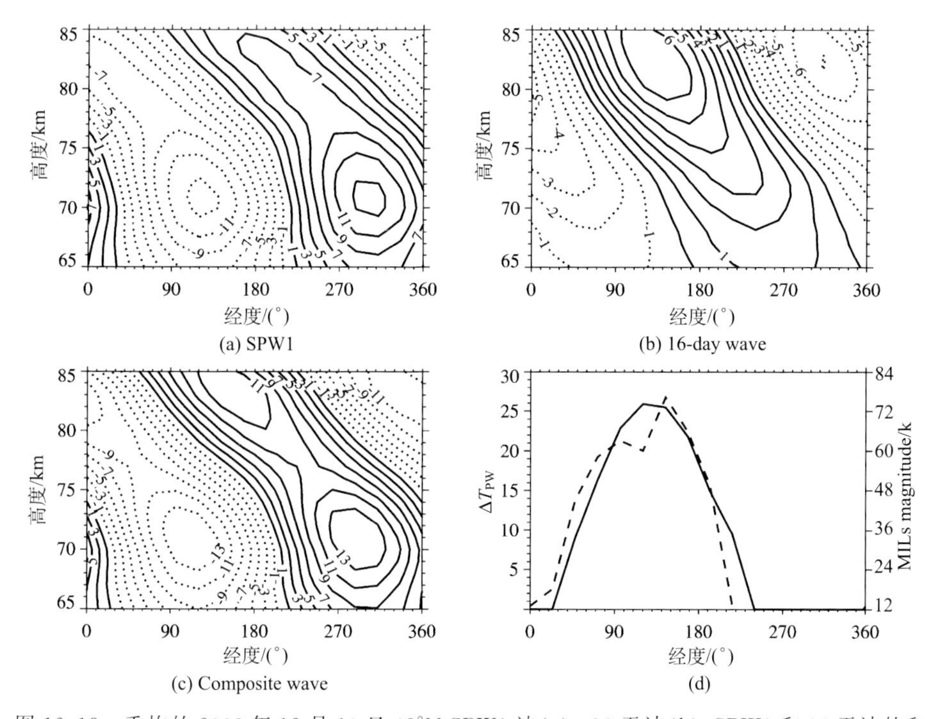

图12.18 重构的2003年12月10日48°N SPW1波(a),16天波(b),SPW1和16天波的和(c)的高度和经度变化。(d)中的实线表示不同纬度65～85km合成波暂态结构中峰值和谷值之间的温度差(ΔT_{PW}),虚线代表这一区域低中间层逆温的强度(Gan et al.,2012)

高纬平流层突然增温(SSW)是一种剧烈变化,这种增温被认为是行星波和极涡相互作用的结果,这种相互作用不仅在平流层导致增温,剧烈时会导致平均纬向风的反转,在极区中间层大气中也会有显著的响应。近年来的模式和观测研究还发现伴随SSW的产生,高纬重力波活动以及经向环流都会发生改变,由此SSW的效应可以一直延伸到中低纬的低层大气和电离层。Gong等(2013)通过分析Arecibo双波束非相干散射雷达从2010年1月14日至23日的观测数据,研究了低纬度大气潮汐的垂直结构与短时变化,探讨了观测到的大气潮汐对SSW(发生于2010年1月8～23日)的响应。从研究中发现：12h和8h潮汐对SSW有非常强的响应。在发生SSW的时期，12h和8h潮汐的波幅在F层显著增强，在E层明显减弱。在F层(图12.19)，在SSW期间的12h潮汐的波幅比在无SSW期间大

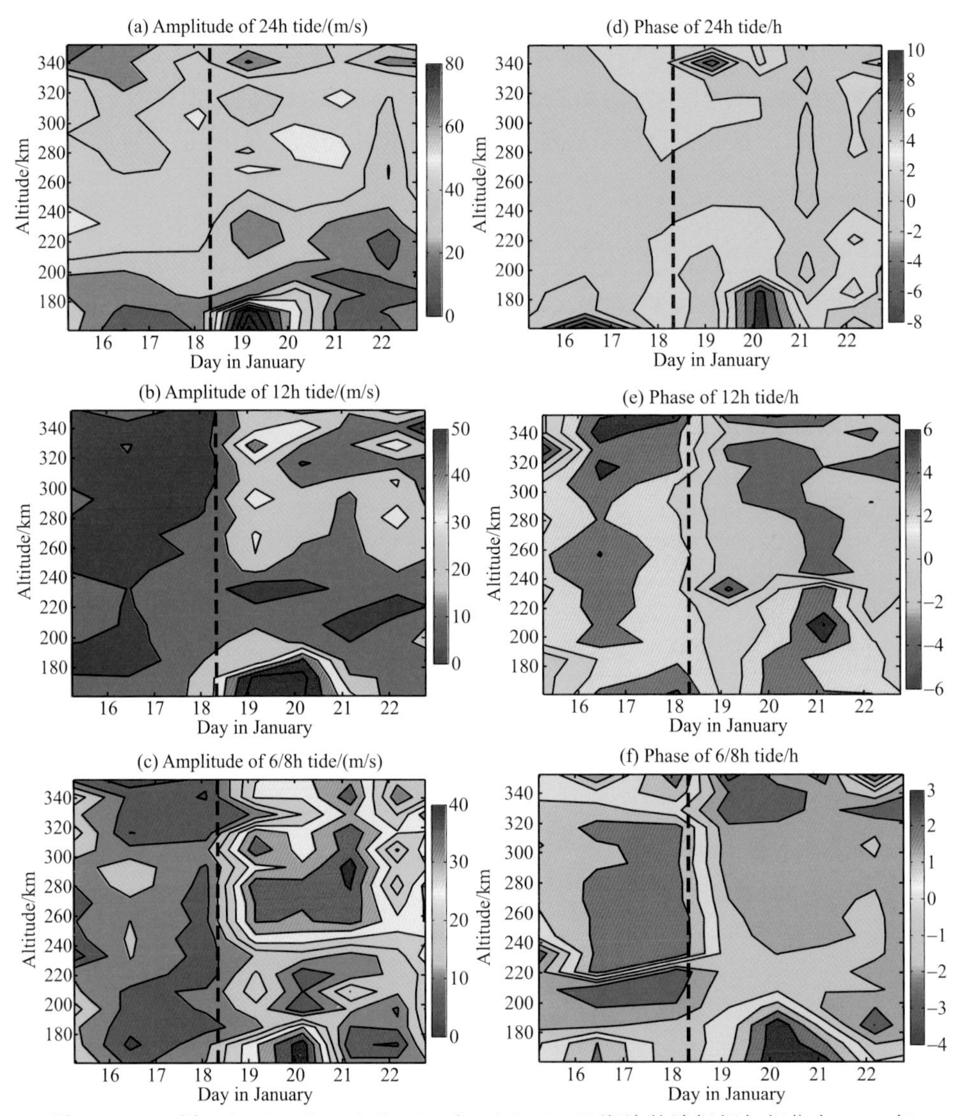

图12.19 F层24h(a)、(d)，12h(b)、(e)和6/8h(c)、(f)潮汐的波振幅与相位在2010年1月14～23日间的拟合结果

在non-SSW期间(1月14～18日)，波幅和相位是通过连续29h的数据拟合得到；在SSW期间(1月18～23日)，波幅和相位是通过连续24h的数据拟合得到。图中黑色的虚线表示的是SSW发生的时刻。在图(c)和(f)中，黑色虚线区分了6h和8h的拟合结果。因为在non-SSW期间主要存在6h波动，而在SSW期间，主要存在8h波动(Gong et al.，2014)

了两倍,并且有比较大的短时变化,其形成原因可能是12h潮汐受到了行星波的调制。12h潮汐的波相位在SSW和无SSW期间相差了180°。8h潮汐的波幅在SSW期间明显增强。似乎所有的潮汐分量对SSW的响应与SSW发生的时期是同步的,并没有发现超前或者延迟响应的现象。在160～180km的范围内,24、12和8h潮汐的波幅在SSW期间同时增强了。在E层,8h潮汐的波幅在SSW期间大幅减弱。其中,纬向分量的波幅减少了30m/s。与12h和8h潮汐不同,24h潮汐则对SSW没有明显的响应。

Jia等(2014)利用COSMIC掩星结合NCEP/NCAR再分析数据研究了SSW期间的重力波活动。研究发现在SSW期间重力波活动显著增强,重力波增强与SSW期间的纬向风反转几乎同时出现,并且主要出现在背景风较强的极涡边缘。但是增强的重力波活动的演化与SSW期间的极涡变化类型有关。Shuai等(2014b)则利用2003-2011年的SABER/TIMED温度数据研究了北半球高纬"平流层顶抬升"事件。分析表明伴随着平流层顶抬升,在抬升后的平流层顶高度处重力波活动出现显著增强。特别地,Shuai等(2014b)从现有数据发现"平流层顶抬升"事件均发生在强平流层突然增温之后,且伴随着极涡分裂,而在极涡发生位移的强平流层顶突然增温和弱增温事件中都没有发现平流层顶抬升。

参考文献

丁霞,张绍东,易帆. 2011. 热源激发重力波特征以及波流作用的数值模拟研究. 地球物理学报,54(7):1701-1710.

马兰梦,张绍东,易帆. 2012. 中纬低层大气重力波动量流通量谱的探空观测研究. 地球物理学报,55(10):3194-3202.

Alexander M J, Tsuda T, Vincent R A. 2002. Latitudinal variations observed in gravity waves with short vertical wavelengths. J. Atmos. Sci., 59: 1394-1404.

Allen S J, Vincent R A. 1995. Gravity-wave activity in the lower atmosphere: Seasonal and latitudinal variations. J. Geophys. Res., 100: 327-1350.

Gan Q, Du J, Ward W, et al. 2014. The climatology of the diurnal tides from eCMAM 30 (1979-2010) and its comparison with SABER. Earth, Planets and Space, 66(1): 103.

Gan Q, Zhang S D, Yi F. 2012. TIMED/SABER observations of lower mesospheric inversion layers at low and middle latitudes. J. Geophys. Res., 117:D07109.

Gong Y, Zhou Q. 2011. Incoherent scatter radar study of the terdiurnal tide in the E- and F-region heights at Arecibo. Geophys. Res. Lett., 38: L15101.

Gong Y, Zhou Q, Zhang S D. 2013. Atmospheric tides in the low latitude E and F regions and their responses to a sudden stratospheric warming in January 2010. J. Geophys. Res. Space Physics, 118(12):7913-7927.

Huang C M, Zhang S D, Yi F. 2009. Intensive radiosonde observations of the diurnal tide and planetary waves in the lower atmosphere over Yichang (111°18'E, 30°42'N). China, Ann.

Geophys., 27: 1079-1095.

Huang C M, Zhang S D, Yi F, et al. 2013. Frequency variations of gravity waves interacting with a time-varying tide. Ann. Geophys., 31:1731-1743.

Huang C M, Zhang S D, Zhou Q, et al. 2012. Atmospheric waves and their interactions in the thermospheric neutral wind as observed by the Arecibo incoherent scatter radar. J. Geophys. Res., 113: D02102.

Huang K M, Liu A Z, Zhang S D, et al. 2012. Spectral energy transfer of atmospheric gravity waves through sum and difference nonlinear interactions. Ann. Geophys., 30: 303-315.

Huang K M, Liu A Z, Zhang S D, et al. 2013a. A nonlinear interaction event between 16-day wave and a diurnal tide from meteor radar observations. Ann. Geophys., 31: 2039-2048.

Huang K M, Liu A Z, Lu X, et al. 2013b. Nonlinear coupling between quasi two-day wave and tides based on meteor radar observations at Maui. J. Geophys. Res. Atmos., 118:50872.

Huang K M, Zhang S D, Yi F. 2009. Gravity wave excitation through resonant interaction in a compressible atmosphere. Geophys. Res. Lett., 36: L01803.

Huang K M, Zhang S D, Yi F. 2010. Reflection and transmission of atmospheric gravity waves in a stably sheared horizontal wind field. J. Geophys. Res., 115: D16103.

Huang K M, Zhang S D, Yi F. 2011. Atmospheric gravity wave excitation through sum nonresonant interaction. J. Atmos. and Sol. -Terr. Phys., 73: 2429-2436.

Huang K M, Zhang S D, Yi F, et al. 2013c. Third-order resonant interaction of atmospheric gravity waves. J. Geophys. Res., 118(5):2197-2206.

Huang K M, Zhang S D, Yi F, et al. 2014. Nonlinear interaction of gravity waves in a nonisothermal and dissipative atmosphere. Ann. Geophys., 32: 263-275.

Huang Y Y, Zhang S D, Yi F, et al. 2013. Global climatological variability of quasi-two-day waves revealed by SABER/TIMED observations. Ann. Geophys., 31: 1061-1075.

Jia Y, Zhang S D, Yi F, et al. 2014. Observations of gravity wave activity during stratospheric sudden warmings in the Northern Hemisphere. Sci. China, Tech. Sci., 5(57): 998-1009.

Shuai J, Zhang S D, Huang C M, et al. 2014a. Climatology of global gravity wave activity and dissipation revealed by SABER/TIMED temperature observations. Sci. China. Tech. Sci., 5(57):998-1009.

Shuai J, Huang C M, Zhang S D, et al. 2014b. Elevated stratopause during 2003-2011 revealed by SABER/TIMED temperature observations. Chinese J. Geophys., 5(57): 998-1009.

Tsuda T, Nishida M, Rocken C, et al. 2000. A global morphology of gravity wave activity in the stratosphere revealed by the GPS occultation data (GPS/MET). J. Geophys. Res., 105: 7257-7273.

Venkat Ratnam M, Tetzlaff G, Jacobi C. 2004. Study on stratospheric gravity wave activity: Global and seasonal variations deduced from the Challenging Mini-satellite Payload (CHAMP)-GPS Satellite. J. Atmos. Sci., 61: 1610-1620.

Wang R, Zhang S D, Yi F. 2010. Radiosonde observations of high-latitude planetary waves in the lower atmosphere. Sci. in China, 40(5): 603-617.

Wang R, Zhang S D, Yang H G. et al. 2012. Characteristics of mid-latitude planetary waves in the lower atmosphere derived from radiosonde data. Ann. Geophys., 30: 1463-1477.

Zhang S D, Yi F. 2004. A numerical study on the propagation and evolution of resonant interacting gravity waves. J. Geophys. Res., 109:D24107.

Zhang S D, Yi F. 2007. Latitudinal and seasonal variations of inertial gravity wave activity in the lower atmosphere over central China. J. Geophys. Res., 112:D05109.

Zhang S D, Yi F, Huang C, et al. 2010. Latitudinal and seasonal variations of lower atmospheric inertial gravity wave energy revealed by US radiosonde data. Ann. Geophys., 28: 1065-1074.

Zhang S D, Yi F, Huang C, et al. 2012. High vertical resolution analyses of gravity waves and turbulence at a mid-latitude station. J. Geophys. Res., 113: D02102.

Zhang S D, Yi F, Huang C M, et al. 2013. Latitudinal and altitudinal variability of lower atmospheric inertial gravity waves revealed by U. S. radiosonde data. J. Geophys. Res., 113:D02102.

Zhang S D, Huang C M, Huang K M, et al. 2014. Spatial and seasonal variability of medium- and high- frequency gravity waves in the lower atmosphere revealed by U. S. radiosonde data. Ann. Geophys., 32: 1129-1143.

Zhang Y H, Zhang S D, Yi F. 2009. Intensive radiosonde observations of lower tropospheric inversion layers over Yichang. China, J. Atmos. Sol. -Terr. Phys., 71: 180-190.

Zhang Y H, Zhang S D, Yi F, et al. 2011. Statistics of lower tropospheric inversions over the continental United States. Ann. Geophys., 29: 401-410.

第13章 极区电离层观测研究

胡红桥 刘瑞源 刘建军 张北辰 杨惠根
中国极地研究中心国家海洋局极地科学重点实验室，上海 200136

13.1 引 言

极区是地球空间开向太空的天然窗口，在日地空间的质量、动量和能量传输过程中发挥着非常重要的作用。极区电离层通过地磁场与外磁层以及发生在那里的各种动力学过程相联系并受太阳风与行星际磁场的直接控制，它具有与其他地区电离层不同的特点。由于极区地球磁场的特殊位形，极区电离层通过对流电场、粒子沉降和场向电流等大尺度过程与磁层紧密耦合在一起，在太阳风-磁层-电离层以及热层耦合中起着重要作用。因此，对极区电离层的研究可以获得在其他地区无法获得的有关太阳风-磁层-电离层-热层耦合过程的重要信息。

自1984年开展极地考察以来，我国先后在南极建成了长城站、中山站和昆仑站，在北极建成了黄河站，它们的地理和修正地磁指标见表13.1。南极中山站和北极黄河站都位于极隙区纬度，并构成了地球极隙区纬度上唯一的地磁共轭对，它们也因此成为我国极区空间环境监测重点发展的两个台站。20世纪90年代，中山站即开始高空大气物理综合观测系统建设，观测要素涵盖极区电离层、极光和地磁。近10年来，在中国极地考察"十五"能力建设项目和国家重大工程项目"子午工程"的大力支持下，中山站高空大气物理观测能力得以快速发展，完成了高频相干散射雷达、极光CCD成像系统、磁子午面极光光谱仪、电离层闪烁三角观测网、电离层数字测高仪等观测设备的建设和更新，中山站已成为国际一流的日地空间环境监测站。北极黄河站在2004年建站之初，极区高空大气物理即是其三大重点

表13.1 我国极地考察站的地理和修正地磁坐标

	地理坐标		修正地磁坐标	
站名	纬度	经度	纬度	经度
长城站	62°12′59″S	58°57′52″W	−48.42°	11.83°
中山站	69°22′24″S	76°22′40″E	−74.82°	98.32°
昆仑站	80°25′01″S	77°06′58″E	−78.04°	55.29°
黄河站	78°55′12″N	11°55′48″E	76.52°	108.56°

发展方向之一，已建成的观测手段包括极光 CCD 成像系统、磁子午面极光光谱仪、成像式宇宙噪声接收机、电离层闪烁仪、通门式磁力计和 F-P 干涉仪等。同时，我国于 2006 年成为 EISCAT 成员国，使我国开展极区电离层观测的能力得到了极大的加强。

本章将简要介绍我国在极区电离层形态、极光粒子沉降与电离层吸收、极区电离层动力学过程观测研究以及极区电离层数值模拟等方面的近期进展。由于篇幅和水平所限，难以概全，对早期的情况可参看有关文献（刘瑞源，1996；刘瑞源和杨惠根，2012；Liu，1998）。

13.2　极区电离层形态

13.2.1　临界频率 f_oF_2 的变化特征

电离层 F_2 层临界频率是反映电离层密度剖面分布的一个重要参数。图 13.1 是中山站数字式电离层测高仪 1995～2004 年观测数据的统计结果（徐中华等，2006）。由图可见，中山站电离层 f_oF_2 存在明显的日变化和年变化，日变化中周日变化与半日变化相比占主导，年变化中周年变化与半年变化相比占主导；日变化中 f_oF_2 出现极大值的时间存在“磁中午异常”现象，最大值在 0900UT 附近；在 2000～0100UT f_oF_2 数值较小，可能是由于这段时间中山站正处于电离层极洞区域；中午 f_oF_2 在太阳活动低年不出现“冬季异常”，而在太阳活动高年出现“半年异常”。结合中山站所处的地理位置从太阳辐射电离、磁层的驱动和中性大气成分变化等因素，我们认为中山站磁中午现象可能主要由极隙区软电子沉降所致；南极中山站同时处于地理的高纬和地磁的高纬（极隙区纬度），必须考虑太阳辐射电离的极端变化（如极夜和极昼）和来自磁层的驱动作用（包括粒子沉降和对流电场）。中山站太阳活动高年出现“半年异常”中，激发态氮分子 N_2^* 可能起着重要的作用。

Cai 等（2007）利用 EISCAT 的 UHF 雷达和 Svalbard 雷达（ESR）在磁平静期间的长期观测数据，对极区 F_2 层电子密度的气候学特征进行了研究。发现 EISCAT 观测中的冬季异常在太阳活动高年十分明显，但是其在 ESR 所在的纬度上消失；另外在太阳活动高年时，在 EISCAT 的日间 N_e 峰值滞后于 ESR 1～2h，这种情况在四季均会出现；在 ESR 电子密度白天的峰出现在磁中午附近，它主要由于极隙区软电子沉降产生的电离所造成，在子夜前还有一个峰，它主要由于经常发生亚暴所造成。

南极中山站与北极 LYB（Longyearbyen）站地磁纬度相当，同处极隙区纬度；而与位于极光带纬度的北极 TRO（Tromsø）站地理纬度相近。朱爱琴等（2008）利用南极中山站和北极 TRO 站 1996 年、1997 年、1998 年及 2002 年的测高仪观测

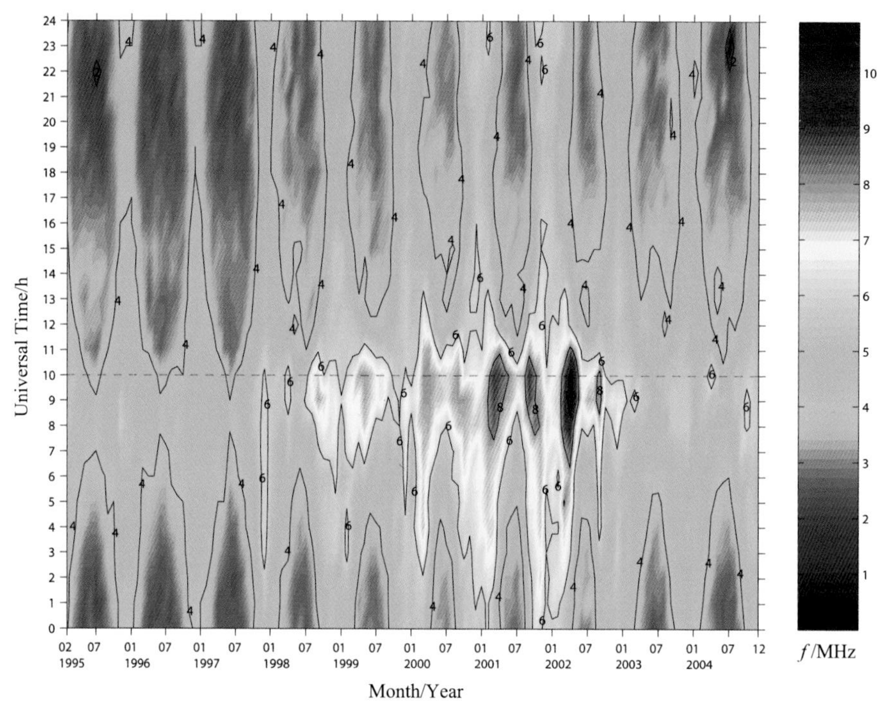

图 13.1　南极中山站电离层 F_2层临界频率变化特征(徐中华等,2006)

数据,对中山站(6 月份)和 TRO 站(12 月份)上空冬季 f_oF_2的日变化特性进行了对比研究,并结合数值模拟结果分析了中山站和 TRO 站 F_2层电离层的极区特征。结果表明,中山站和 TRO 站虽然地理纬度接近,f_oF_2日变化形成机理不完全相同。由于地磁纬度的差异,极区电离层对流与日侧光致电离的相互作用造成了两站日侧电离层的不同变化形态。中山站 f_oF_2日变化主峰出现在磁地方时正午附近,而 TRO 站 f_oF_2日变化主峰出现在地方时正午附近,两站日侧 f_oF_2受太阳辐射流量影响较大。极光沉降粒子电离在太阳活动低年对中山站 f_oF_2日变化形态影响显著。

基于上述三个台站各自超过一个太阳活动周期的电离层观测数据,Xu 等(2014a)对比分析了电离层 F_2层峰值电子浓度(N_mF_2)的气候学特征在南北极的异同。如图 13.2 所示 N_mF_2日变化的最大值在 TRO 站出现在地方时中午;在 LYB 站则出现在磁中午;在中山站则出现在地方时中午和磁中午之间,夏季靠近地方时中午,冬季则靠近磁中午,这表明在极隙区纬度,极区电离层对流与极隙区的软电子沉降对 N_mF_2形态分布有着重要影响。在太阳活动低年,TRO 站在N_mF_2年变化中表现出明显的半年异常,最大值出现在两分季;中山站和 LYB 站则是正常的夏季大冬季小;在太阳活动高年,三个台站均存在半年异常,同时在 TRO 站和中山站还表现出不同程度的冬季异常,LYB 站则不存在冬季异常,这是太阳辐射与中性大气成分共同起作用的结果。除午侧出现的峰值之外,在LYB站太阳活动高年冬季的磁子夜之前以及TRO站太阳活动低年冬季磁子夜附近各自还存在一个峰值,分别是穿过极盖区的逆阳对流和极光亚暴各自作用的结果。在太阳活动低年冬季,LYB站在地方时中午和磁中午均无明显峰值存在,其日变化中凌晨和午后的双峰结构是每天两次穿过极光带时受极光粒子沉降所致。

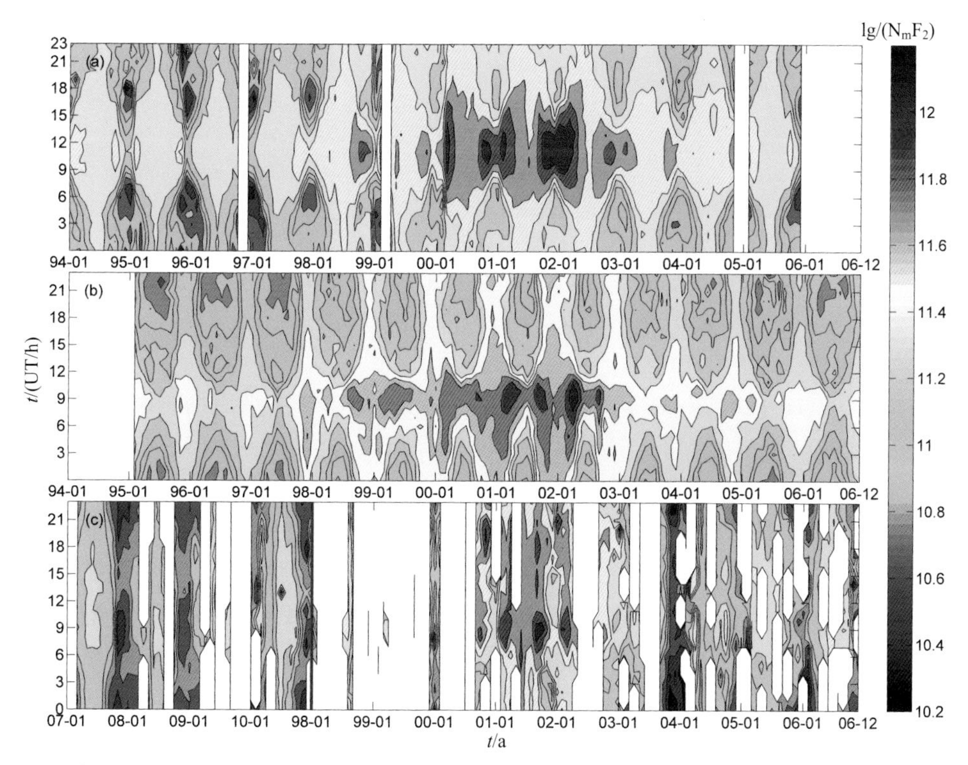

图13.2 TRO站(a),中山站(b)和LYB站(c)N_mF_2月中值等值线图(Xu等,2014a)

徐盛等(2013,2014b)对这三个台站N_mF_2的太阳活动依赖性做了研究,三个台站N_mF_2月中值随修正太阳10.7cm通量指数F10.7P(简称P)的增大在总体上呈线性增长趋势,这说明在这三个台站,太阳辐射仍是F_2层的主要电离源。从图13.3可以看出TRO站N_mF_2与F10.7P线性关系最好,中山站次之,LYB站最差。TRO站在冬季磁子夜附近,N_mF_2与P线性关系最差,主要是受极光亚暴影响;在LYB站冬季磁子夜附近,N_mF_2与太阳活动仍然有着较好的相关性,甚至大于其白天,是穿过极盖区的等离子体对流将日侧高密度等离子体输运到夜侧的结果,这也证实了Xu等(2014a)对这两个台站夜侧峰值形成机制论述的正确性。中山站在夏季日侧N_mF_2与太阳活动线性关系整体较差,可能是由于受到粒子沉降影响所致;而在冬季磁中午后以及磁子夜附近N_mF_2对太阳活动响应较弱且线性关系较差,则可能是受高纬电离槽和极洞影响。

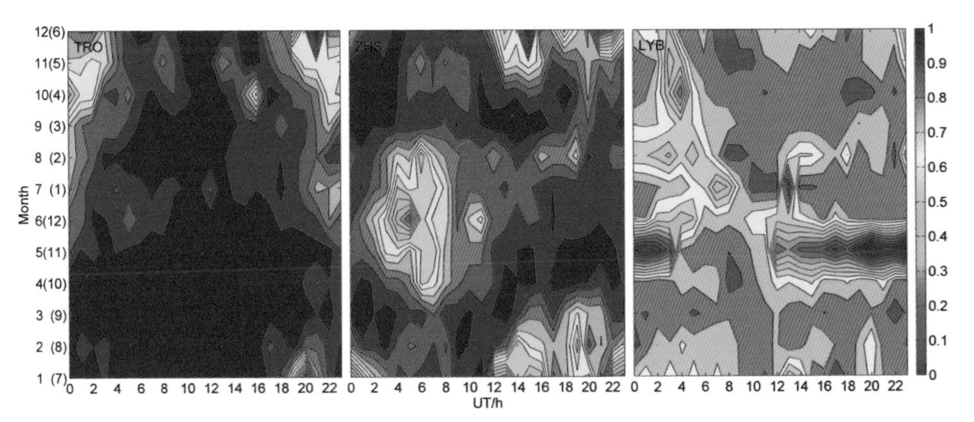

图 13.3　TRO (左),中山站 (中)与 LYB(右) N_mF_2与 P 的相关系数 r 在不同季节和时刻的分布图,纵坐标括号里面的标注为南极 ZHS 站的月份(徐盛等,2014b)

He 等(2011,2012)、徐盛等(2013)研究了太阳活动对南极中山站和北极 LYB 站 F_2层峰值电子浓度 N_mF_2的影响,并与国际参考电离层 IRI-2007 模式比较。发现在中山站 N_mF_2月中值随 F10.7P 增大而增大,绝大部分时间,两者具有良好的线性关系,其斜率($\Delta N_mF_2/\Delta F107P$)的极大值都出现在磁中午附近。在季节上,斜率的极大值均出现在春秋分,呈双峰结构。比较两地磁共轭台站 f_oF_2的结果表明,中山站秋季和 ESR 春季都有明显的磁中午极大值出现,且两分季节日变化幅度较其他季节都大。对于 h_mF_2,两分季节日变化均具有不对称的"W"形状特点,日变化幅度较大。较其他季节,两站夏季 h_mF_2在变化趋势和数值上都非常相似。与 IRI-2007 模式进行比较表明 IRI 的预测在光致电离占主导的白天具有较好的效果,而在极夜期间较差。在太阳活动低年,夏季两站的观测结果与 IRI 预测符合得较好,冬季预测都与实测结果符合得较差。两者差异表明,IRI-2007 模式对极区 f_oF_2和 h_mF_2的预测,考虑太阳光致电离的权重较大,而对极隙区软电子沉降和极光粒子沉降考虑的权重较小。对不同地磁活动条件下的沉降电子能谱的分析表明,当地磁活动加剧时,低能谱段的电子减少,从而导致较低的 N_mF_2。通过对不同地磁活动下 IRI 预测与 ESR 观测得到的 N_mF_2比较发现,在磁扰情况下的 N_mF_2与 IRI 的预测符合得较好,而磁静情况下偏差较大。利用极区电子沉降能谱模型对不同磁扰情况下的沉降电子的能谱进行分析发现,在夜侧磁扰情况(Kp=3…4+)下,沉降电子总能量增加,但是低能段的电子能通量降低,高能段的电子能通量增加。而由于 F_2层峰值电子密度 N_mF_2出现的高度一般为 200km 附近,主要受到 0.1~1keV 低能段沉降电子的影响,因此当引起电子密度增加的低能段电子能通量减小时,N_mF_2也随之减小。

13.2.2　测高仪电离图 F-lacuna 现象

F-lacuna 是发生在高纬电离层的一种典型现象，一般在夏季的白天比较常见。在测高仪电离图上表现为部分或全部 F 层描迹的消失。按照回波描迹消失的高度不同，将 F-lacuna 分为 F_1-lacuna，F_2-lacuna 以及 total lacuna。三种典型的 F-lacuna 在测高仪上的特征如图 13.4 所示。

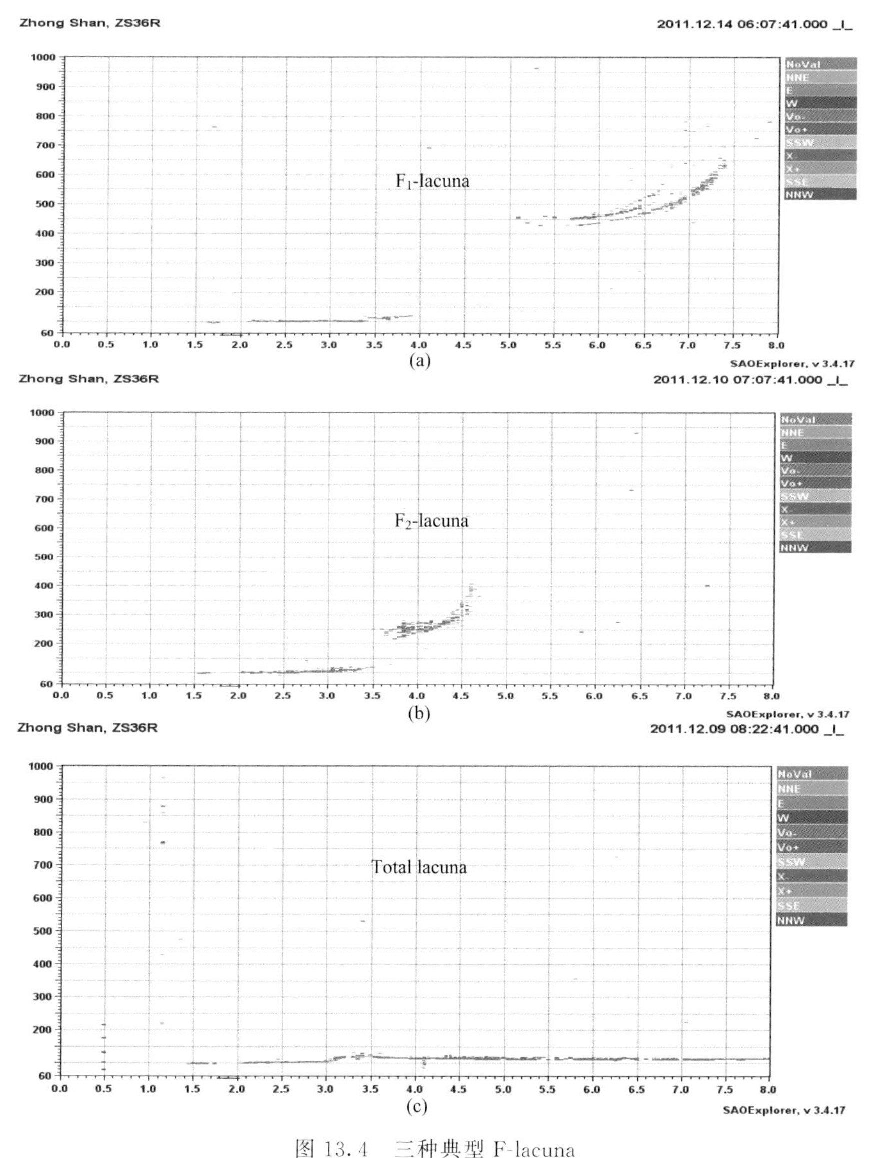

图 13.4　三种典型 F-lacuna

(a) F_1-lacuna，(b) F_2-lacuna，(c) Total lacuna (Yang et al., 2014)

自从20世纪80年代以来,很少有人再对极区F-lacuna现象进一步研究,尤其是对发生这种现象时的电离层行为研究很少,到目前为止,还没有对该现象所揭示的电离层物理过程给出合理解释。

Yang等(2014, inpress)利用中国南极中山站7.5min间隔测高仪电离层图数据,并结合本站GPS TEC数据,对F-lacuna的时间特性、同地磁指数、行星际磁场以及TEC相关性进行了统计分析研究,发现中山站几乎所有的F-lacuna都发生在03:00～13:00MLT (06:00～16:00LT)时间段,即主要集中于磁地方时晨侧,有很强的晨昏不对称性。对于季节变化而言,两分季所在月份的F-lacuna发生率小于夏至日所在月份,冬至日所在月份的F-lacuna几乎没有发生。F_2-lacuna和Total Lacuna同地磁活动表现出很强的正相关,F_1-lacuna发生率没有表现出相关。通过统计分析F-lacuna同TEC的相关性,结果如图13.5所示,TEC越大,F_1-lacuna发生率越大;TEC越小,F_2-lacuna发生率越小;Total lacuna在不同水平TEC下,发生率几乎不变。

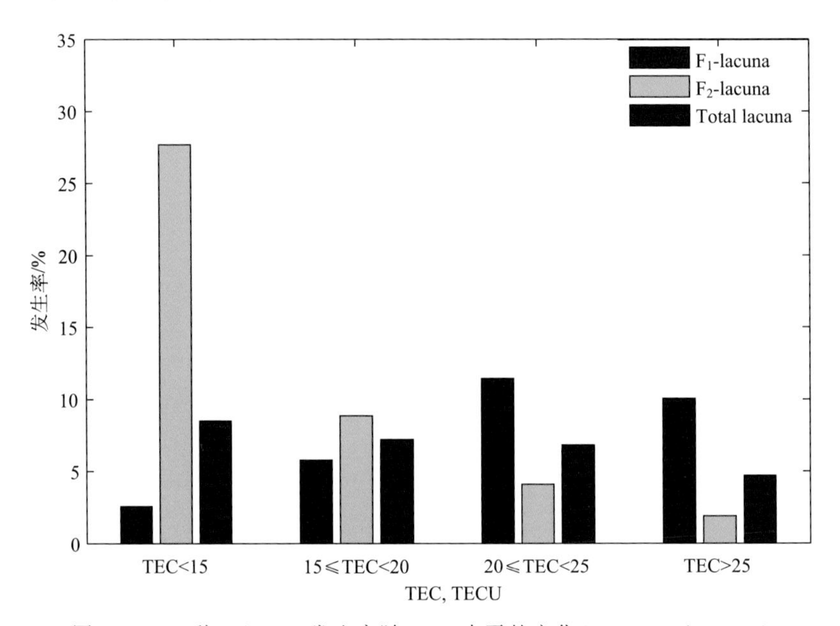

图13.5　三种F-lacuna发生率随TEC水平的变化(Yang et al. ,2014)

F_1和F_2空白的不同特性,不仅表现在日变化特性上,而且表现在和地磁以及TEC相关性上,说明F_1空白和F_2空白的发生机制可能不同。从统计结果来看,F_1-lacuna主要发生在极光椭圆区域,同时伴随着TEC的增大,却没有表现出明显的同地磁和IMF的相关性。F_1-lacuna产生的可能原因:高能电子沉降作用形成的偶发E层,极光E层,电子密度会大于F_1层,F_1层被遮蔽,导致F_1-lacuna产生,

这同 F_1-lacuna 更易在高水平 TEC 发生的观测结果相一致，同 F_2-lacuna 对应低 f_oF_2 和 f_oF_1 的结论并不矛盾；F_2-lacuna 产生的可能原因：大的垂直电场导致的离子上升流和大的复合率使得 F_2 层电子密度减小，同观测到的 F_2-lacuna 更易在低水平 TEC 发生相一致。

13.2.3 极夜期间 ELDI 分布及电离层形态

E 层占优电离层(ELDI)是指 E 层的峰值电子密度大于 F 层的峰值电子密度时的电离层，这是极区电离层的特殊扰动形态。武业文等(2013)利用 2007～2010 年的 COSMIC 掩星数据，分析了极夜期间极区电离层的统计分布特征，结果表明极夜期间电离层 ELDI 的分布与极光椭圆位形基本一致，而且其在夜侧的发生率较高，特别是磁子夜之后，北极为 70%左右，而南极为 90%左右。在 ELDI 高发区，电离层峰值电子密度要高于其两侧地区，磁子夜前的峰值电子密度接近甚至大于磁正午的峰值电子密度，在南极地区格外明显。这些现象主要是由于极夜期间极区高能粒子沉降引起底部电离层电离率增大所致；同时，由于地磁轴偏离地理轴的程度在南极要大于北极，极夜期间南极地区的电离层电子密度，特别是在 F 层，要相应地小于北极地区，从而导致了极夜期间南北半球极区电离层 ELDI 特征之间的差异。

Wu 等(2013)利用包括 GPS-TEC、掩星在内的多手段观测，分析了一次磁暴主相期间极区电离层的等离子体特征。研究结果表明，在北极的 SNRS(俄罗斯和斯瓦尔巴西北部)地区，电离层 TEC 明显增大，而且在这一区域内，E 层电子密度、D 层的电离层吸收强度以及 F 层电子温度也都有显著的增加；利用 IMAGE 地磁台链的数据，确认在 SNRS 地区上空电子密度增大的同时发生了亚暴，亚暴导致的高能粒子沉降可能是电离层变化的主要原因。

13.3 极光粒子沉降与电离层吸收

13.3.1 极光

除太阳辐射外，极光沉降粒子是极区电离层的一个非常重要的电离源。Hu 等(2009)利用北极黄河站的极光多波段观测得到了日侧极光分光强度的综观分布，证实卫星观测到的日侧极光卵上存在两个极光活动峰值区域(图 13.6)，即午前 09MLT 的“极光暖点”和午后 14～15MLT 的“极光热点”；光谱分析发现，午后“热点”是 427.8，557.7 和 630.0nm 极光激发峰值的重叠区域，午前“暖点”是午前 557.7nm 极光激发峰值区域。进一步分析发现，在 557.7nm 单波段的综观结果中存在 4 个激发峰值结构，其激发峰值分别位于 0630，0830，1400 和 1600MLT。利用地球磁场模型(T96)进行磁力线追踪，发现 0830 和 1400 MLT 分别对应午前和

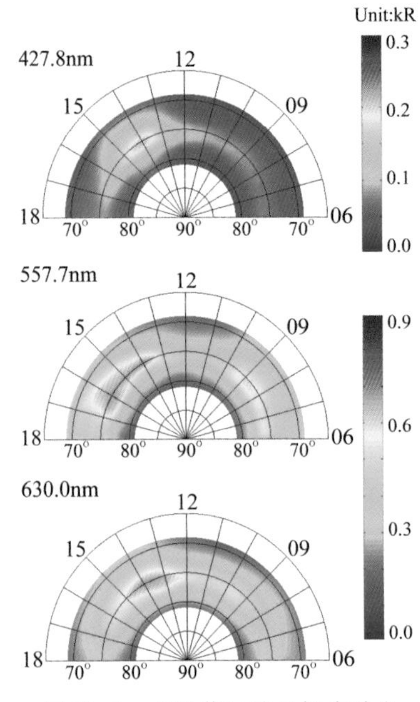

图 13.6　北极黄河站日侧多波段极光强度综观分布(Hu et al. ,2009)

午后磁层边界层，而 0630 和 1600 MLT 区域对应晨昏侧磁层边界层(Hu et al. , 2010)。

Shi 等(2012)分析了黄河站观测到的日侧弥散极光增强事件，结果表明日侧合声散射对日侧弥散极光的形成有重要的影响。邢赞扬等(2013)利用 2003～2009 年北极黄河站的多波段地面极光观测，结合 DMSP 卫星粒子沉降探测，对磁正午附近的极光强度与沉降粒子沉降能量之间的关系进行了定量研究。统计结果表明，在 10～13 MLT630.0nm 的极光发光占主导，以低能粒子沉降为主；而在 13～14MLT，630.0/427.8nm 极光强度比值降低，沉降粒子能量较高。利用极光强度与沉降电子的能通量以及极光强度比值与平均能量之间的函数关系，建立了北极黄河站磁正午附近极光强度与沉降粒子能量关系的反演参数模型。Xing 等(2012)利用黄河站极光观测对日侧极向运动的极光形态(PMAFs)进行了统计研究，发现超过 50% 的 PMAFs 出现在行星际磁场的三分量分别为 $B_x<0$，$B_y>0$ 和 $B_z<0$ 的条件下，午前和午后扇区的 PMAFs 随 B_y 方向的变化而呈现发生率的不对称性。

利用北极黄河站连续多年的三波段极光观测数据，Hu 等(2012)研究得到行星际空间环境对日侧极光激发具有明显的调制作用：①日侧 0900 MLT 和 1500 MLT 区域内，红色极光在行星际时钟角 90°和 270°时出现激发峰值，而 1000～1300 MLT 扇区的红色极光主要在 90°～270°激发。这可能与日侧磁层顶的不同重联过程有关。②当 B_y 为晨昏向时，午后 1530～1700MLT 扇区的绿色极光强度随半球间电场的增强而增强。这可能是由于半球间电场产生的上行场向电流的强度增强，导致该区域内 557.7nm 极光激发强度的增强。不同行星际磁场条件下的日侧极光综观分布见图 13.7。

基于 Polar 卫星极紫外成像仪在北极上空的大尺度极光图像，南极中山站地面全天空成像仪同时观测的极光数据，Hu 等(2013)观测到卫星大尺度的极光亮斑结构在地面精细结构表现的涡旋结构(图 13.8)。逆时针方向的多涡旋状地面亮斑结构与北极卫星采集的午后亮斑结构对应，认为地面极光涡旋结构其实是早前卫星紫外波段观测的午后极光亮斑(Murphree et al. , 1989)的精细结构，平行电场之上的电流片不稳定性是亮斑结构发生的源，午后上行场向电流是半球间极

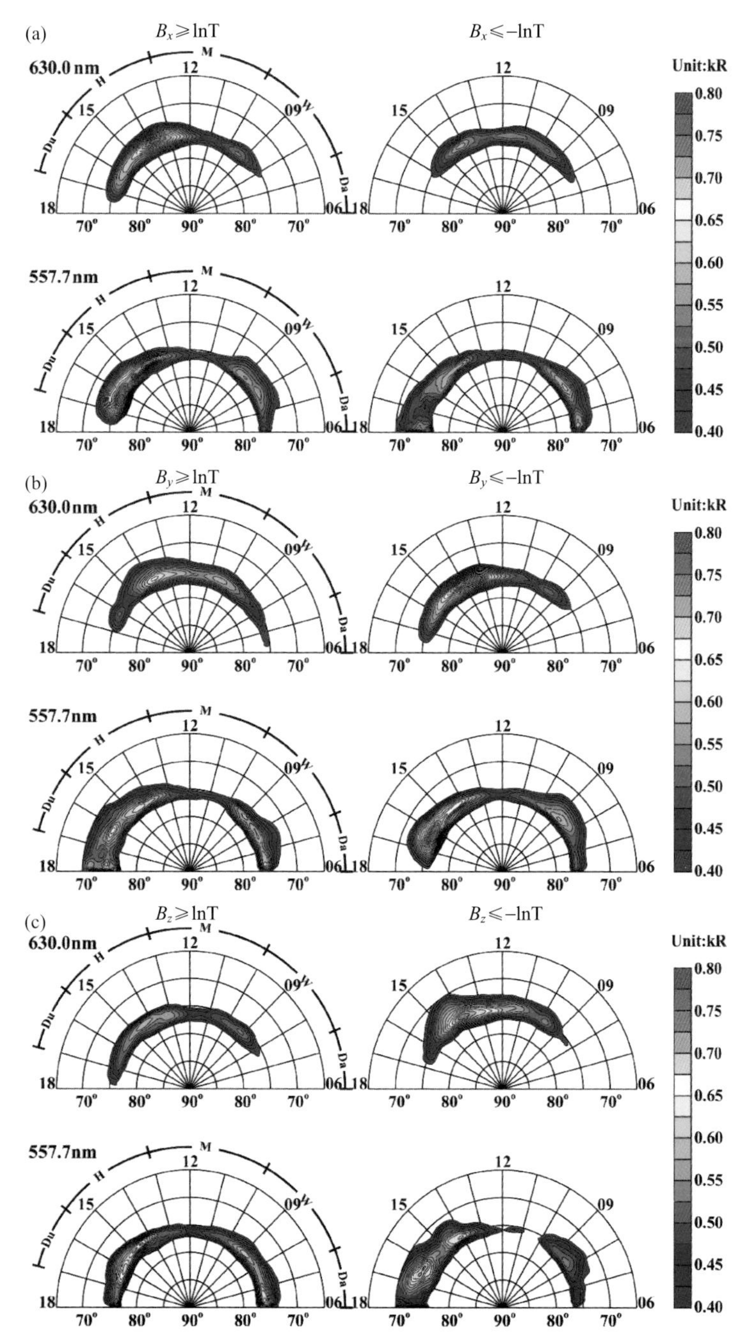

图 13.7　不同行星际磁场条件下的日侧极光(557.7/630.0nm)的综观分布

扇形坐标系是地磁纬度/磁地方时，磁纬度由 65°至 90°(间隔 5°)，磁地方时由顺时针方向的 06MLT 至左边的 18MLT(Hu et al.，2012)

光亮斑结构对称/非对称的控制因素。

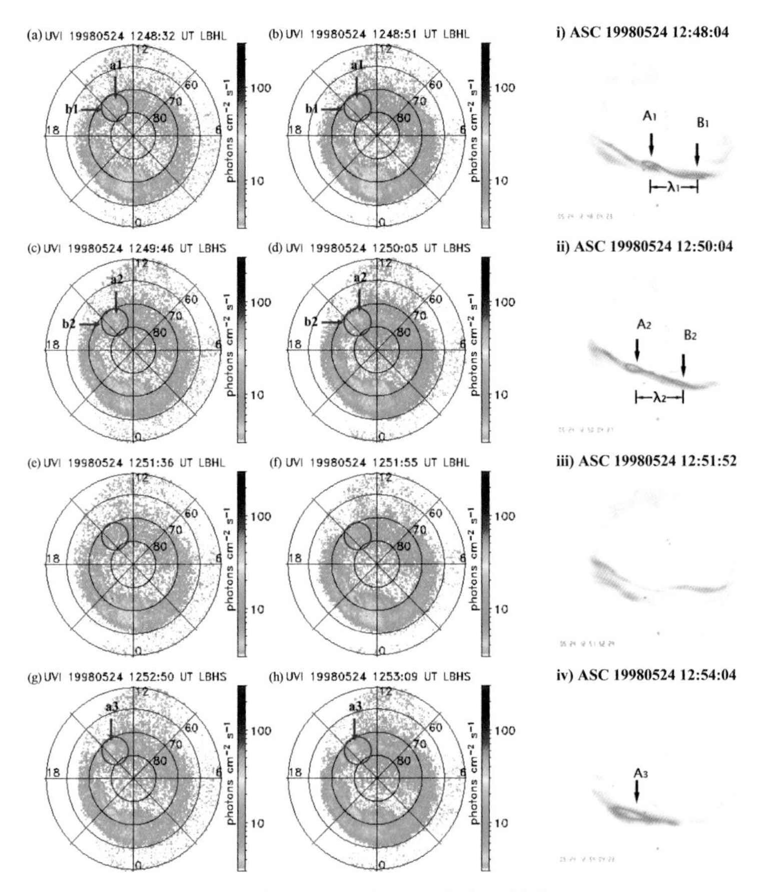

图 13.8 卫星地面共轭观测的午后极光亮斑结构(Hu et al.,2013)

13.3.2 电离层吸收

宇宙噪声通过电离层时,电离层对宇宙噪声有吸收。电离层吸收主要发生在D层和E层,吸收强度主要取决于带电粒子特别是电子与其他粒子相互碰撞的过程。极光粒子沉降在极区电离层产生附加电离,使电离层的吸收增强,因此在极区监测电离层吸收成为监测极光的一种手段。通过宇宙噪声测量电离层吸收的装置称为电离层浑浊仪(又称"宇宙噪声接收机")。宇宙噪声接收机对微小的吸收变化并不敏感,但对突发的吸收事件能给出非常好的测量精度。

邓忠新等(2005)通过对中山站成像式宇宙噪声接收机在2003年10月底太阳风暴事件观测的数据分析,得到了相应的极区电离层吸收效应。发现吸收强度主要是2.7dB的宇宙噪声突然吸收和强度高达31dB且持续四天的极盖吸收。邓忠新等(2006)对中山站宇宙噪声接收机连续两年的数据分析,发现了中山站在夜侧观测到电离层尖峰脉冲事件的几率是日侧的近乎两倍,并探讨了尖峰脉冲型吸收的产生机制。

电离层吸收是指电离层对背景宇宙噪声的吸收,但在地面无法测量背景宇宙噪声,如何利用长时间的地面观测得出背景宇宙噪声的分布,是提高电离层吸收观测精度的关键。基于升级改造后的南极中山站宇宙噪声接收机的观测数据,He 等(2014)提出了一种新的计算静日曲线(QDC)的方法。该方法考虑了地磁活动,人为电磁干扰对 QDC 的影响;同时引入滑动中值平滑和傅里叶变换优化最终的 QDC 数据。将新方法得到的 QDC 与日本研究人员近期提出的一种 QDC 计算方法进行了对比(图 13.9)。结果表明,利用新的计算 QDC 的方法得到的宇宙噪声吸收能更准确地反应宇宙噪声的空间二维变化的精细结构。

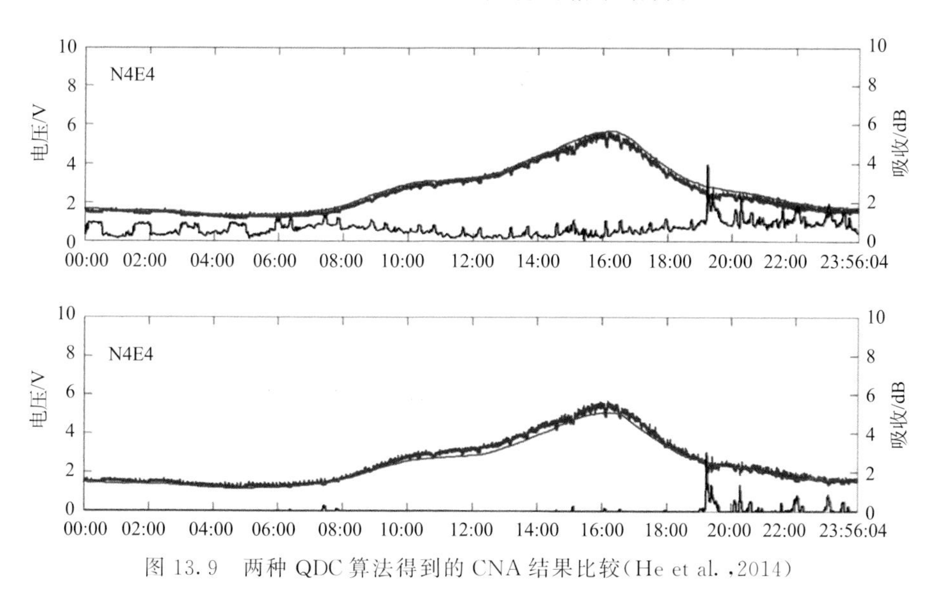

图 13.9　两种 QDC 算法得到的 CNA 结果比较(He et al.,2014)

13.4　极区电离层电动力学过程

13.4.1　日侧重联与极区电离层对流

极区电离层对流是太阳风-磁层-电离层耦合系的一个重要现象,是太阳风与磁层相互作用之下磁层等离子体对流运动的电离层映射表现。张清和等(2008)利用 Cluster 卫星和地面 SuperDARN 雷达的共轭观测(图 13.10),研究了行星际磁场南向时极区电离层对流对日侧磁层顶的通量传输事件(FTEs)的响应。2004 年 4 月 1 日 11:30～13:00 UT 期间 Cluster 卫星簇位于日侧高纬磁层顶附近(Zhang et al.，2008b)，并于12:20 UT左右穿出磁层顶进入磁鞘。Cluster卫星沿磁力线在电离层高度的投影部分落在北极StokskseyriSuperDARN雷达视野范围内，该雷达观测到了明显的“极向运动雷达极光”结构(PMARFs)和“脉冲式电离层对流”(PIFs)。FTEs与极区电离层“极向运动雷达极光”结构(PMARFs)有着一一对应关系。Zhang等(2008a)利用南北极SuperDARN雷达共轭观测数据推测出了FTEs的演化时间及在南北极的响应情况，发现南北极电离层对流对FTEs的响应有所不同，由此推断产生这些FTEs的重联点位于磁层顶日下点以北的区域。

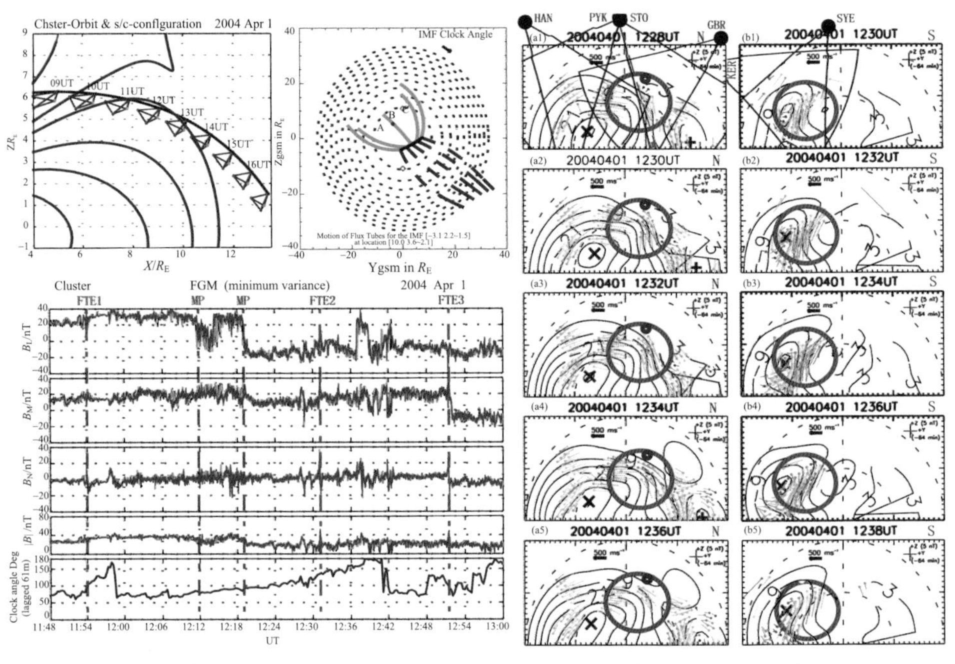

图13.10　2004年4月1日11:30～13:00 UT，Cluster卫星在高纬磁层顶北侧观测到了一系列FTEs，SuperDARN在南北极同时观测到了相应的对流增强，Cluster和SuperDARN观测的FTEs运动方向一致，并与Cooling模型的预测相符

Hu等(2006)利用北半球SuperDARN雷达观测和DMSP卫星的粒子和对流观测，研究了2002年3月2日13:00～15:00 UT行星际磁场(IMF)强烈北向时日侧电离层的向阳对流特征，找到了脉冲式磁瓣重联的电离层对流和粒子沉降观测证据，以及南北半球先后发生的高纬重联造成的开放磁力线闭合的征兆。在北半球观测到了持续时间长达2h的四涡对流(图13.11)。由SuperDARN观测导出的重联率表明北半球发生了周期为4～16min的准周期性高纬重联。在向阳对流的极隙区，DMSP-F14卫星在14:41 UT前后(卫星轨迹的红色部分)观测到齿状的反转离子弥散特征，证实北半球发生了脉冲式的高纬重联。

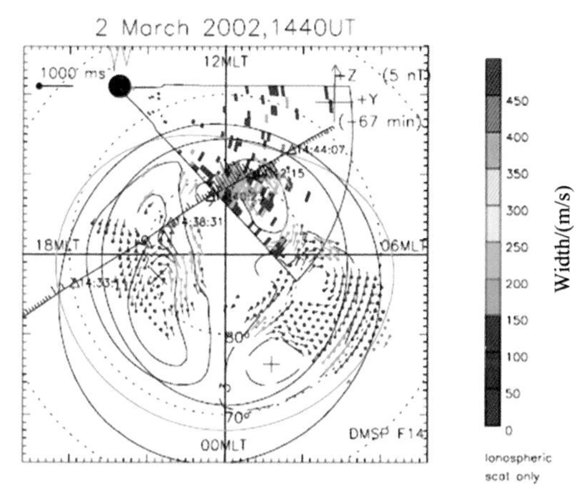

图 13.11　2002 年 3 月 2 日 14:40UT 时刻极区全域电离层对流图及 DMSP-F14 卫星穿越极区的轨迹和观测到的水平对流

利用 SuperDARN CUTLASS 芬兰雷达、Cluster 和我国双星计划之 TC1 卫星的联合观测，Zhang 等(2012)对北向 IMF 条件的极区电离层对流进行了研究。芬兰雷达观测到高纬度地区典型的“赤道向运动雷达极光结构”，这些雷达运动结构与局地增强的向日流密切相关，呈现了高纬磁瓣重联的电离层特征。与此同时，TC1 卫星位于赤道平面的磁层日下点区域，粒子和磁场观测的数据显示了清晰的低纬反平行重联特征，表明当时日侧高纬与低纬重联极有可能同时发生。

13.4.2　电离层对流对 SC 的瞬时响应

Liu 等(2011)基于中山站全天空相机和覆盖中山站上空的昭和东雷达(SENSU)对 2001 年 5 月 27 日的一个地磁急始(SC)事件进行分析，SC 之前中山站的电离层对流表现为通常的午后向日回流，回流速度为～200m/s。同时中山站全天空相机观测到中等亮度的极光弧结构(图 13.12)。行星际激波与磁层作用之后(第一条竖间断线)，午后电离层对流由之前的向阳流(绿色)瞬间反转为逆阳流(黄色)，同时全天空相机监测的极光亮度急剧减弱。对流反转与极光亮度减弱现象几乎同时发生，且该现象持续的时间约为 4min。中山站附近的地磁数据证实期间正好是行星际激波触发的 SC 初始扰动相。进入 SC 的主要扰动相之后，午后电离层对流由逆阳流回到寻常的向阳流，且不均匀体流速大幅增加；与此同时全天空相机观测到重新出现的极光弧状结构，极光亮度明显增加。位于午前的南极点站(south pole station)光学观测的现象与中山站极光正好相反，即 SC 之后极光发光强度先增加，进入主要扰动相极光亮度逐渐减弱。

结合全球地磁场观测的数据，我们推测 SC 之后有流入(出)午后(前)极区电

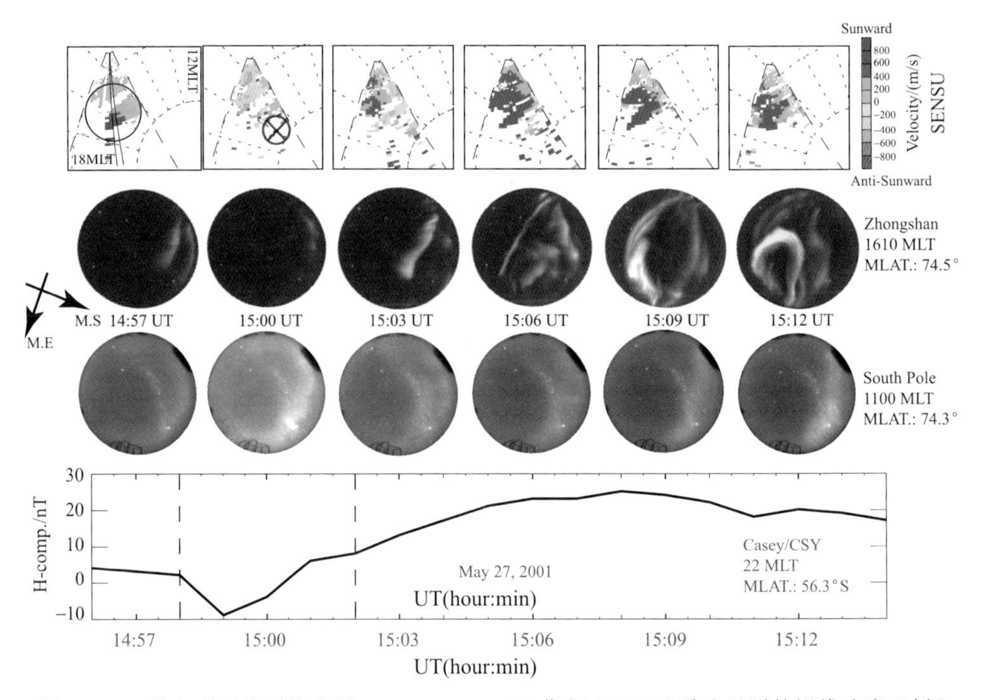

图 13.12　从上到下分别给出了 14:57～15:12UT 期间 SENSU 雷达观测的视线速度(时间分辨率为 3min)、中山站和南极点站的全天空极光图像以及南极凯西站的地磁水平分量。第一个雷达视线速度图中的圆圈给出了中山站极光图像的范围,第二个雷达视线速度图中带十字的圆圈表示下行的场向电流

离层的场向电流,该场向电流驱动的局域电离层对流与 SuperDARN 雷达观测的结果吻合,且下行场向电流携带的上行电子导致地面观测的极光亮度显著减弱。我们的观测结果与经典 SC 模型预测的结果一致(Araki,1994)。这是首次利用 SuperDARN 高频雷达和地面高时空分辨率的光学观测发现 SC 之后电离层对流瞬间反转以及午后极光亮度在增亮之前先减弱的瞬态现象。

Liu 等(2013)基于地面极光和电离层对流观测对一个行星际激波触发的突然脉冲(SI)事件开展了研究。研究结果显示激波触发 SI 之后的 7min 内,全天空成像仪几乎没有观测到极光结构的出现;7min 之后,一条西向运动的、持续时间为 14min 的极光细弧穿过中山站上空。与此同时,SuperDARN 雷达的视线速度观测结果呈现出显著的、周期为 8min 的等离子体往复运动特征(图 13.13)。联合分析共轭地磁观测数据,认为极区电离层对流往复运动是激波与磁层相互作用触发的场线共振(field line resonance, FLR)在电离层的表现,而与 SI 有关的大尺度场向电流的形成与演化是极光强度变化的主要控制因素。

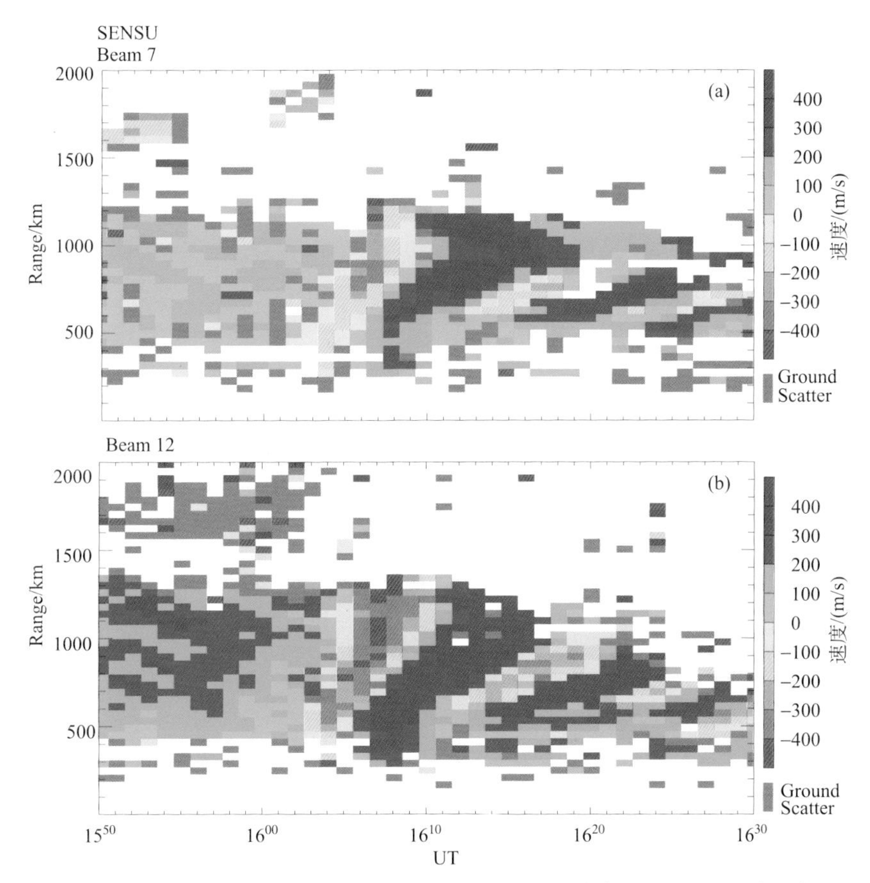

图 13.13 SuperDARN 之南极 SENSU 雷达观测的波束 7 和 12 的视线速度

13.4.3 亚暴期间极区电离层的电动力学特征

Liu 等(2011)利用 KRM 地磁反演算法,研究了触发型亚暴和自发型亚暴期间极区电离层的电动力学特征。研究结果发现直接驱动过程和装卸载过程在两类亚暴事件中都同时存在。但是对于自发型亚暴事件,太阳风的直接驱动作用更强;而对于触发型亚暴事件,卸载过程的作用在膨胀相时更明显。刘俊明等(2012)对 2004 年 12 月 13 日行星际磁场北向期间的亚暴事件的极区电离层电动力学特征研究发现(图 13.14),对该类事件,直接驱动过程很弱,卸载过程在亚暴膨胀相期间占绝对主导作用。同时结果显示粒子沉降引起的极区电离层电导率的增强是西向电集流急剧增强的主要原因。

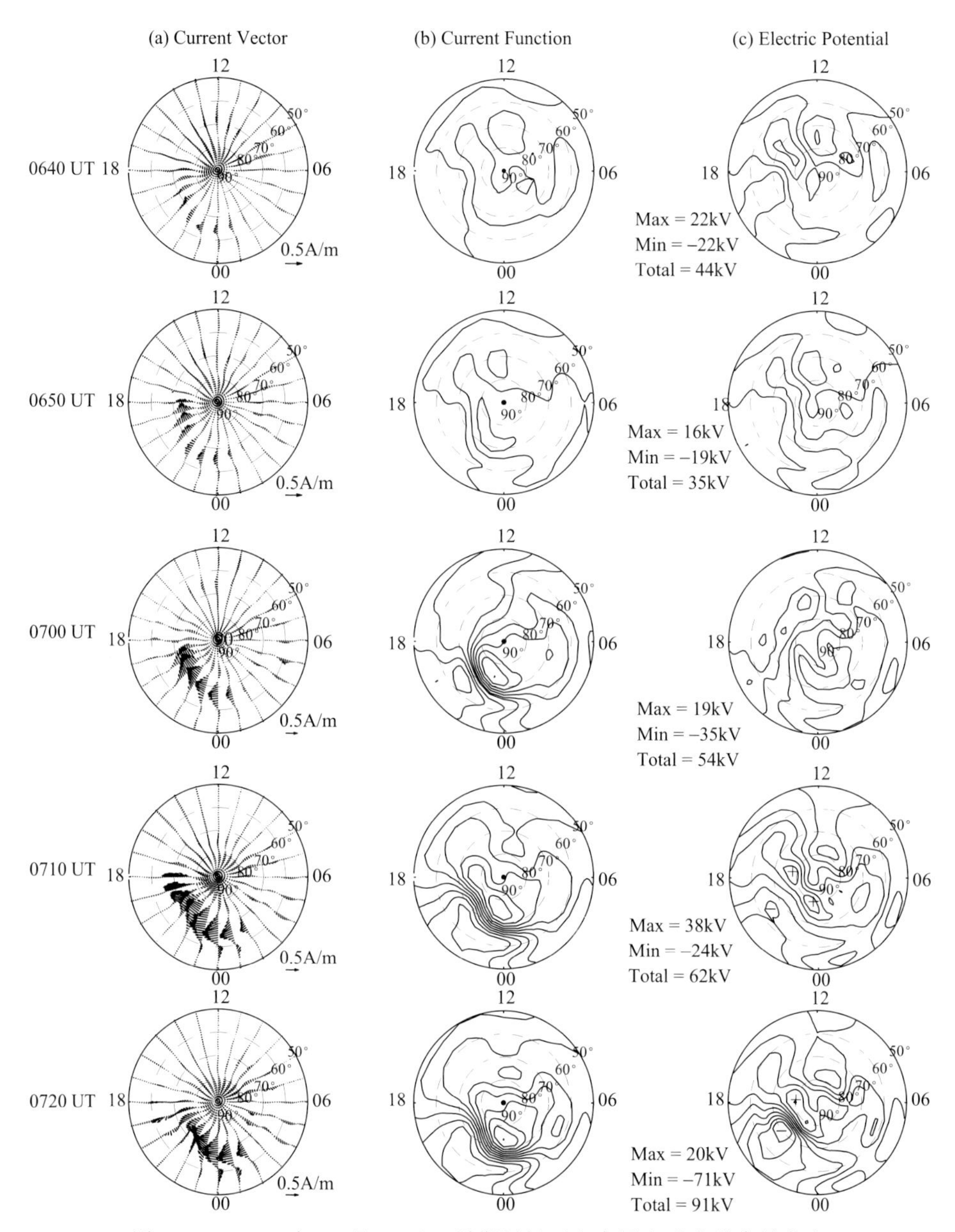

图 13.14　2004 年 12 月 13 日亚暴期间极区电离层电动力学参量分布

13.4.4　极区电离层电流的"关键点模型"

根据 Chapman 发展的等效电流理论,由地面磁场观测反演极区电离层电流体系，Xu 等(2008)提出了极区电离层电流结构和强度的“关键点模型”，其主要特点是：输入参量很少(只有极光电集流指数 AE 一个)、输入参量容易得到、计算程序简单、获得结果快捷。复杂的极区电流体系的基本特点归纳成 6 个“关键点”(图 13.15)：顺时针电流涡中心 K1、反时针电流涡中心 K2、最大西向电集流 K3、最大东向电集流 K4、最大北向电集流 K5、最大南向电集流 K6。输出参数包括这些关键点的空间位置(地磁纬度、地方时)及其相应电流强度，共 18 个。关键点一经确定，电流体系的基本轮廓随即确定。这个模型不考虑电流结构的细节，适用于空间天气预报需要。

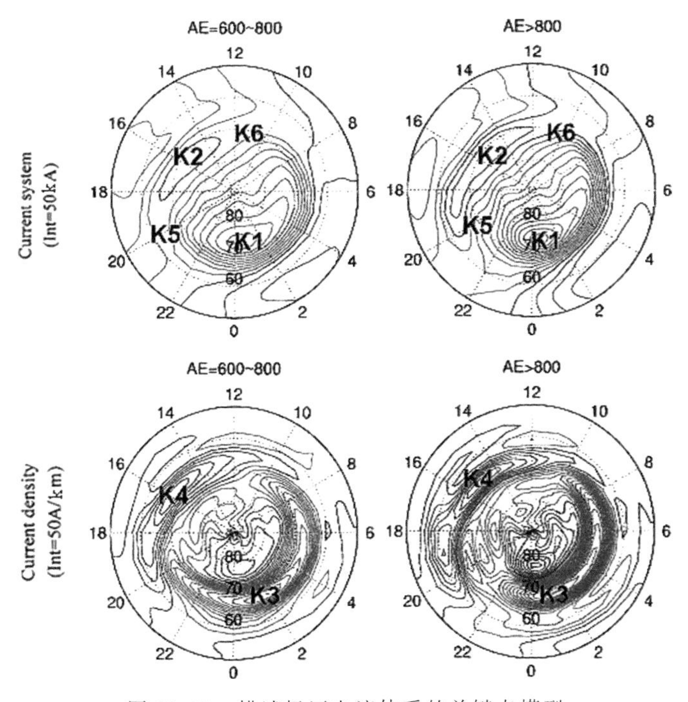

图 13.15　描述极区电流体系的关键点模型

13.5　极区电离层数值模拟

在用高纬电离层电导率来研究电离层-磁层耦合问题时，往往只注意到太阳辐射和来自磁层的高能粒子沉降对电导率变化的影响。Zhang 等(2004)首次明确指出，由强电场驱动的高纬电集流本身也能改变电导率，电导率变化不但来自外部因素，还来自内部因素。研究结果显示来自内部因素的作用相当显著。这使得电离层-磁层间电动力学耦合变得比人们以前认为的更为复杂。

刘顺林等(2005)考虑到极区电离层模型上边界与磁层的物质和热流交换，研究了沿磁力线方向不同电离层-磁层耦合条件下极区电离层的响应。研究发现,上边界条件在200km以上的高度能显著地影响电离层参量的形态。较高的O^+上行速度对应较低的F层峰值和较高的电子温度。不同边界O^+上行速度对应的温度高度剖面完全不同。200km以上电子温度高度剖面不但由来自磁层的热流通量所控制,同时还受到场向O^+速度的影响。

陈卓天等(2006)考虑到F层电离层水平输运过程的影响,利用一维自洽的时变极区电离层模型,研究极隙区极光粒子沉降对极区电离层F层电子密度影响的时变过程。假设一维时变电离层模型描述的磁流管中F层等离子体在对流作用下经过极隙区,随对流路径的不同,磁流管在极隙区经历的时间不同,以此考察极光粒子沉降作用下电离层随时间的演化过程。数值计算结果表明,当磁流管在极隙区停留的时间足够长,F层电子密度能显著增大。然而在磁流管经历极隙区实际时间较短的情况下,极隙区极光粒子沉降对F层电子密度的影响并不大。还给出了统计对流模型作用下磁流管在经历极隙区时,有沉降粒子作用和没有沉降粒子作用两种情况下,F层等离子体的时间变化过程的差异。

蔡红涛等(2008)从玻尔兹曼(Boltzmann)方程出发,根据带电粒子在中性大气中的传输理论,综合考虑弹性散射、激发、离化以及二次电子生成等重要物理过程,用数值方法求解沉降电子传输方程,获得随高度、能量和投掷角变化的微分沉降电子数通量。在单成分(N_2)大气近似条件下,模式计算结果较好地描述了沉降电子通量谱在极区高层大气中的传输规律和特性;由沉降电子微分通量计算得到的中性成分电离率主要特征与已有经验模式较好地吻合。将FAST卫星飞越欧洲非相干散射雷达(EISCAT)上空时观测到的沉降电子能谱作为模式输入,计算获得了与雷达观测数据反演得到的中性大气电离率相一致的结果。

利用极区电离层自洽模型,考虑沉降电子引起的电离,刘俊明等(2009)计算了极区电离层E层的高度积分电导率和F层电子浓度,模拟了不同能谱分布的沉降电子对极区电离层的影响。研究发现,在能通量一定的情况下,不同能谱分布对电离层电导率的影响不大,平均能量是决定电导率大小的决定因素,而能谱对F层电子密度影响很大,在平均能量大于0.4keV时,修正的麦克斯韦分布谱能明显地增强F层电子浓度。

利用张北辰等的耦合极区电离层模型,杨升高等(2014)模拟研究了电场和软电子沉降共同作用下F层等离子体密度的演化。结果表明,在局部电离层电场大于一定数值(80 mV/m)的情况下,"切割"效应能有效发生,O^+密度在250km高度减小幅度达到最大值,是F层等离子体密度减小的主要贡献者,NO^+密度的增大是F_1层明显增强的主要原因。"切割"过程解释为:磁场重联引起的局部电场增强使得等离子体对流增强,焦耳加热明显,电子温度增大。由于摩擦加热,离子温度快速增加,促使化学反应$O^+ + N^2 \longrightarrow NO^+ + N$的反应速率增大,导致$O^+$同分子离子的复合率增加和 O^+ 上行通量增加。

13.6 结　　语

地球磁场的特殊位形使极区电离层直接与磁层耦合在一起,极光粒子沉降和电离层对流等极区过程使极区电离层表现出不同于中低纬电离层的特征。本章对近年来我国在极区电离层特征、极光粒子沉降与电离层吸收、极区电离层动力学过程等方面的观测研究和极区电离层数值模拟研究方面的部分进展进行了总结。

以观测为基础,得到了极区电离层的气候学特征,如 F 层临频和峰值电子密度的日变化、季节变化和随太阳活动的变化,频高图 F 层空白现象的发生规律,极夜期间 E 层占优电离层的发生规律,日侧极光强度的纵观分布等统计特征;通过事件分析了极区电离层对日侧磁重联、地磁急始、地磁亚暴等典型空间物理过程的响应;通过数值模拟,很好地解释了南极中山站和北极 Svalbard 观测到的磁中午异常现象与极隙区软电子沉降和极区电离层对流的关系。

极区电离层是磁层结构和动力学过程的天然显示器,通过对极区电离层开展更加深入细致的观测与研究,必将揭示空间物理和空间天气的更多奥秘。

致　　谢

这项工作得到南北极环境综合考察与评估专项(CHINARE2014-02-03)和国家自然科学基金重点项目(No:41431072)的资助,中山站高频雷达和电离层数字测高仪得到子午工程的资助,在此表示感谢。

参考文献

蔡红涛,马淑英,濮祖荫. 2008. 极光沉降粒子在极区大气中传输的数值研究. 中国科学 E 辑,第 51 卷,第 10 期:1759-1771.

陈卓天,张北辰,杨惠根,等. 2006. 极隙区极光粒子沉降对电离层影响的模拟研究. 极地研究,第 18 卷,第 3 期:166-174.

邓忠新,刘瑞源,赵正予,等. 2005. 2003 年 10 月底太阳风暴期间中山站电离层吸收效应的观测与分析,极地研究,17(1).

邓忠新,刘瑞源,赵正予,等. 2006. 中山站电离层尖峰脉冲型吸收统计特征. 空间科学学报,26(3):172-176.

刘俊明,张北辰,刘瑞源,等. 2009. 不同能谱沉降电子对极区电离层的影响. 地球物理学报,第 52 卷,第 6 期:1429-1437.

刘俊明,张北辰,Kamide Y,等. 2012. 2004 年 12 月 13 日 IMF 北向期间极区亚暴电离层电动力学特征. 空间科学学报,第 32 卷,第 1 期:20-24.

刘嵘. 2005. 极隙区纬度扩展 F 特性研究. 武汉大学硕士学位论文.

刘瑞源. 1996. 我国南极日地物理研究进展. 徐文耀,等.《地磁、大气、空间研究和应用》. 北京:地震出版社.

刘瑞源,杨惠根. 2012. 中国极区高空大气物理学观测研究进展. 极地研究,第 23 卷,第 4 期:241-258.

刘顺林,张北辰,刘瑞源,等. 2005. 不同上边界条件下的极区电离层数值模拟. 空间科学学报,第 25 卷,第 6 期:504-509.

武业文,刘瑞源,张北辰,等. 2013. 极区极夜期间 E 层占优电离层的分布特征. 极地研究,25:132-141.

邢赞扬,杨惠根,吴振森,等. 2013. 磁正午附近极光强度与沉降粒子能量关系的参数模型. 地球物理学报,56(7):2163-2170.

徐盛, 张北辰, 刘瑞源,等. 2013. 太阳活动对中山站 F_2 层峰值电子浓度的影响. 极地研究, 25(2): 142-149.

徐盛, 张北辰, 刘瑞源,等. 2014b. 极区电离层 F_2 层峰值电子浓度对太阳活动依赖性的共轭研究. 地球物理学报, 57(11).

徐中华,刘瑞源,刘顺林,等. 2006. 南极中山站电离层 F_2 层临街频率变化特征. 地球物理学报, 49(1): 1-8.

张清和,刘瑞源,黄际英,等. 2008. 2004 年 2 月 11 日 Cluster 卫星和 CUTLASS 雷达同时观测的磁通量管传输事件. 地球物理学报,51(1):1-9.

朱爱琴,张北辰,黄际英,等. 2008. 南北极冬季 F_2 层电离层特性对比研究. 极地研究,20(1):31-39.

Araki T. 1994. A physical model of geomagnetic sudden commencement. In Solar Wind Sources of Magnetospheric UltraLow - FrequencyWaves, Geophys. Monogr. Ser, 81. Engebretson M J, Takahashi K, Scholer M, AGU, Washington, D. C.

Cai H T, Ma S Y, Fan Y, et al. 2007. Climatological features of electron density in the polar ionosphere from long-term observations of EISCAT/ESR radar. Ann. Geophys., 25: 2561-2569.

He F, Hu H Q, Hu Z J, et al. 2014. A new technique for deriving the quiet day curve from imaging riometer data at Zhongshan Station, Antarctic. Sci China Tech Sci, 57: 1967-1976.

He F, Zhang B C, Huang D H. 2012. Averaged $N_m F_2$ of cusp-latitude ionosphere in northern hemisphere for solar minimum-Comparison between modeling and ESR during IPY. Sci China Tech Sci, 55:1281-1286.

He F, Zhang B C, Joran M, et al. 2011. A conjugate study of the polar ionospheric F_2-layer and IRI-2007 at 75°magnetic latitude for solar minimum. Adv Polar Sci, 22:175-183.

Hu H Q, Yeoman T K, Lester M, et al. 2006. Dayside flow bursts and high latitude reconnection when the IMF is strongly northward. Ann. Geophys., 24: 2227-2242.

Hu Z J, Yang H, Huang D, et al. 2009. Synoptic distribution of dayside aurora: Multiple-wavelength all-sky observation at Yellow River Station in Ny-Ålesund, Svalbard. Journal of Atmospheric and Solar-Terrestrial Physics, 71(8-9): 794-804.

Hu Z J, Yang H, Liang J, et al. 2010. The 4-emission-core structure of dayside aurora oval observed by all-sky imager at 557.7nm in Ny-Ålesund, Svalbard. Journal of Atmospheric and Solar-Terrestrial Physics, 72(7-8): 638-642.

Hu Z J, Yang H G, Han D S, et al. 2012. Dayside auroralemissions controlled by IMF: A survey for dayside auroral excitation at 557.7 and 630.0nm in Ny-Ålesund, Svalbard. J. Geophys. Res., 117: A02201.

Hu Z J, Yang H G, Hu H Q, et al. 2013. The hemispheric conjugate observation of postnoon "bright spots"/auroral spirals. J. Geophys. Res.,: Space physics, 118: 1-7.

Liu J J, Hu H Q, Han D S, et al. 2011. Decrease of auroral intensity associated with reversal of plasma convection in response to an interplanetary shock as observed over Zhongshan station in Antarctica. J. Geophys. Res., 116: A03210.

Liu J J, Hu H Q, Han D S, et al. 2013. Optical and SuperDARN radar observations of duskside shock aurora over Zhongshan Station. AdvPolar Sci, 24:60-68.

Liu J M, Zhang B C, Kamide Y, et al. 2011. Spontaneous and trigger-associated substorms compared: Electrodynamic parameters in the polar ionosphere. J. Geophys. Res.,116: A01207.

Liu R Y. 1998. Present and Future Research Program in Solar-terrestrial Physics at Zhongshan Station, Antarctica. In: Magnetospheric Research with Advanced Techniques. Xu R L, Lui A T Y. Elsevier Science.

Murphree J S, Elphinstone R D, Cogger L L, et al. 1989. Short-term dynamics of the high latitude auroral distribution, J. Geophys. Res., 94: 6969-6974.

Shi R, Han D, Ni B, et al. 2012. Intensification of dayside diffuse auroral precipitation: contribution of dayside Whistler-mode chorus waves in realistic magnetic fields. Ann. Geophys., 30: 1297-1307.

Wu Y W, Liu R Y, Zhang B C, et al. 2013. Multi-instrument observations of plasma features in the Arctic ionosphere during the main phase of a geomagnetic storm in December 2006. Journal of Atmospheric and Solar-Terrestrial Physics, 105-106: 358-366.

Xing Z Y, Yang H G, Han D S,et al. 2012. Poleward moving auroral forms (PMAFs) observed at the Yellow River Station: A statistical study of its dependence on the solar wind conditions. Journal of Atmospheric and Solar-Terrestrial Physics, 86(0): 25-33.

Xu S, Zhang B C, Liu R Y, et al. 2014a. Comparative studies on ionospheric climatological features of N_mF_2 among the Arctic and Antarctic stations. J. Atmos. Sol. Terr. Phys., 119: 63-70.

Xu W Y, Chen G X, Du A M, et al. 2008. Key points model for polar region currents, J. Geophys. Res., 113(A3): A03S11.

Yang S G, Zhang B C, Fang H X, et al. 2014. F-lacuna at cusp latitude and its associated TEC variation. Journal of Geophysical Research-Space Physics, doi:10.1002/2014JA0202607, in press.

Zhang B C, Kamide Y, Liu R Y, et al. 2004. A modeling study of ionospheric conductivities in the high-latitude electrojet regions. J. Geophys. Res., 109: A04310.

Zhang Q H, Liu R Y, Huang J Y, et al. 2008a. Simultaneous Cluster and CUTLASS observations of FTEs on 11 February 2004. Chinese Journal of Geophysics, 51(1):1-11.

Zhang Q H, Liu R Y, Dunlop M W, et al. 2008b. Simultaneous tracking of reconnected flux tubes: Cluster and conjugate SuperDARN observations on 1 April 2004. AnnalesGeophysicae, 26(6): 1545-1557.

Zhang Q H, Liu R Y, Yang H G, et al. 2012. SuperDARN CUTLASS Finland radar observations of high-latitude magnetic reconnections under northwardinterplanetary magnetic field (IMF) conditions. Sci China Tech Sci, 55: 1207.

第14章 基于卫星信号测量的电离层研究

甄卫民 於 晓 欧 明

中国电波传播研究所，青岛 266107

14.1 引 言

电离层是指地面以上60km至数千公里高度的地球高层大气区域，也是距离地表最近的部分电离的大气区域。在那里“存在着大量的自由电子，足以影响无线电波的传播”。作为日地空间环境的重要组成部分，电离层对无线电工程系统和人类的空间活动有着重要影响。

自20世纪20年代中期，脉冲探测法实验证实了电离层的存在以来，人们对电离层的研究兴趣一直持续未减。早期的电离层观测资料主要来自地面测高仪、大功率雷达、激光雷达和长波探测。1957年，人类第一颗人造地球卫星的成功发射，开辟了电离层物理等空间科学与地球科学研究的新时代，从此，依赖卫星进行的实地探测成为获取电离层观测数据的主要来源之一。

依赖卫星对电离层的探测主要分为两类：一类是使用专门设计的物理仪器进行某些电离层参数的测量。另一类则依据电离层对电波传播的效应，即利用卫星信号作为信标，当电波穿过电离层传播时，其相路径、群路径以及信号强度受电离层的影响，产生多普勒频移或偏振面的旋转等，从而可得到沿传播路径的电离层电子密度积分效应——总电子含量(total electron content，TEC)，以及由电波路径不规则结构所引起的信号闪烁。

本章将讨论基于卫星信号测量的电离层研究的最新成果，主要包含以下三个方面的内容：一是基于多地面站卫星信标TEC测量的电子密度反演技术(电离层层析成像)研究；二是电离层闪烁变化的观测研究；三是卫星导航应用中的电离层修正模型研究。

14.2 电离层层析成像技术研究

层析成像技术较早主要应用于医学和分子生物学中，随后扩展到其他领域。1986年美国科学家Austen在国际上首次提出将CT技术与无线电信标结合应用于反演电离层电子密度的设想，并提出了电离层CT的概念(Austen et al.，

1986)。

按照研究所用卫星平台的不同,电离层 CT 主要分为基于极轨卫星观测的电离层 CT 技术、基于高轨 GNSS 卫星的电离层 CT 技术和多手段联合电离层 CT 技术。下面将分别对这几种技术进行简单地介绍。

14.2.1 基于极轨卫星观测的电离层 CT 方法研究

基于极轨卫星的电离层 CT 主要利用快速飞行的极轨卫星发射的无线电信标信号,实现在短时间内对待探测区域的电离层进行 CT 扫描,利用地面子午链上布设的接收机接收到的卫星信标信号,求解电离层 TEC,进而反演出子午链上随纬度和高度方向的电离层电子密度分布,从而获取大、中尺度的电离层结构变化。用作电离层 CT 信号源的信标卫星包括美国海军导航卫星系统(NNSS)卫星, RADCAL、DMSP 、俄国导航卫星系统(Cicada)系列卫星、美国和中国台湾合作的 COSMIC 系列卫星等(Pryse et al. , 1992; Kunitsyn et al. ,1994,;欧明等,2009; 甄卫民等, 2009; 赵海生等,2010)。以 NNSS 系列卫星为例,在台链纬度跨度为 20°的情况下,卫星大约 6min 就能对相应的电离层探测区域完成一次 CT 扫描。

根据极轨卫星的特点,提出了一种用于极轨卫星信标的函数基电离层 CT 算法(Ou et al. , 2014)。利用相对总电子含量作为输入数据,球谐函数(spherical harmonic function,SHF)和经验正交函数(empirical orthogonal functions,EOF)作为基函数用于表征电离层在水平方向和垂直方向的变化(Fremouw et al. , 1992; Hansen et al. ,1997),截断奇异值分解正则化方法用于求解病态矩阵的逆问题。

具体方法表述如下:首先,通过两个频段信号的差分,电子密度的积分量绝对 TEC 值可以表征为

$$\mathrm{TEC}=\frac{f_r c}{80.62\pi}\frac{m_1^2 m_2^2}{m_2^2-m_1^2}\left[\Phi(t)+\Phi_0\right]=\int_p N_e \mathrm{d}s \tag{14.1}$$

其中,N_e表示电子密度分布, p 是接收机和卫星间的路径,$\Phi(t)$ 是差分多普勒相位, Φ_0是相位未知积分常数, f_r是基准频率,m_1和 m_2是基准频率 f_r的倍数。

在基函数表征时,选择利用一组垂直和水平方向的函数代表电离层的空间变化。球谐函数和经验正交函数用于电子密度的表达式为

$$N_e=\sum_{k=1}^{K}\sum_{n=0}^{N}\sum_{m=0}^{n}\bar{P}_{nm}\left[\cos(\varphi)\right]\left[a_{nm}\sin(m\lambda)+b_{nm}\cos(m\lambda)\right]\mathrm{EOF}_k(h) \tag{14.2}$$

其中,φ 和 λ 代表纬度和经度,h 代表高度。$\bar{P}$ 是归一化的勒让德函数,m,n,k 是 SHF 和 EOF 的阶数。EOF 可以通过经验模式或测量的电子密度数据得到。通过

转换,电离层层析可以表示为以下矩阵方程的形式

$$y = Hx \tag{14.3}$$

其中,x 是需要求解的未知数,绝对 TEC 可以用一列的 y 来表示。H 是由 EOF 和 SHF 及几何路径组成的算子。由于极轨卫星信标求解绝对 TEC 存在未知积分常数的问题,接收机直接测量只能得到相对 TEC,因此采用一个接收机 TEC 相互差分的方法来消除未知积分常数的影响,表示为

$$b = y - y_0 = (H - H_0)x = Ax \tag{14.4}$$

其中,b 是 TEC 数据的差分结果,y_0是给定接收机的一个参考测量值。其中,前向算子 A 包含了 H 和参考算子 H_0。为了克服遇到的病态矩阵反演问题,常用的办法是直接引入背景电离层模型参数作为电子密度先验信息对成像算法进行约束,然后利用行作用技术对方程进行迭代求解,以获取一个稳定的电子密度解(邹玉华等,2004)。但由于背景电离层模型(通常采用经验电离层模型)只能反映出电离层的平均变化特征,它通常与真实的电离层电子密度分布存在较大的差异,这将导致层析成像的求解结果与问题真实解的偏差较大。截断奇异值分解(TSVD)是一种直接的正则化方法,该方法已有效应用于全球定位系统、生物发光断层成像等领域。根据矩阵的奇异值分解理论(欧明等,2014a),可将矩阵 **A** 分解为

$$\boldsymbol{A} = \boldsymbol{U\Sigma V}^{\mathrm{T}} = \sum_{i=1}^{n} u_i \sigma_i v_i^{\mathrm{T}} \tag{14.5}$$

$$\boldsymbol{X}_{\mathrm{TSVD}} = \sum_{i=1}^{k} \frac{\langle u_i, \boldsymbol{b} \rangle}{\sigma_i} v_i \tag{14.6}$$

式中,$\boldsymbol{U} = (u_1, u_2, \cdots, u_n)$,$u_i$ 为左奇异值向量;$V = (v_1, v_2, \cdots, v_n)$ v_i 为右奇异值向量;$\Sigma = \mathrm{diag}(\sigma_1, \sigma_2, \cdots, \sigma_n)$,$\sigma_i$ 为奇异值。TSVD 方法的核心即为通过截断过小的奇异值,以保证层析成像过程中,真实的电子密度分布不被放大的噪声所淹没,从而保证解的可靠性。基于 TSVD 正则化的 CT 本质上是数学中利用适定问题来逼近原问题的一种方法,该方法利用有界的算子$\boldsymbol{A}_k$ 来逼近原始算子 $\boldsymbol{A}$,从而实现在噪声数据中提取最优化的电离层电子密度信息的目的。在 TSVD 正则化用于 CT 的过程中,截断参数 k 的选择是非常重要的,k 选择太小,电离层成像结果将受测量噪声的影响较大,若 k 选择过大,则成像结果将过于平滑而无法体现电离层变化的结构特征,利用广义正交法可求解得到最优化截断参数。

利用低纬电离层层析成像网(low-latitude ionosphere tomography network, LITN)的极轨卫星信标观测数据进行电离层 CT 反演,图 14.1 所示为 2012 年 5 月 1 日一次卫星过境期间,LITN 网的电离层 TEC 变化;图 14.2 为采用函数基电离层 CT 算法得到的反演结果。可见,电离层 CT 反演结果清晰地显示电离层电子密度随着纬度的增加而降低,电离层随纬度的变化情况与实际相当吻合,反演结

果从电离层形态学上验证了方法的有效性。

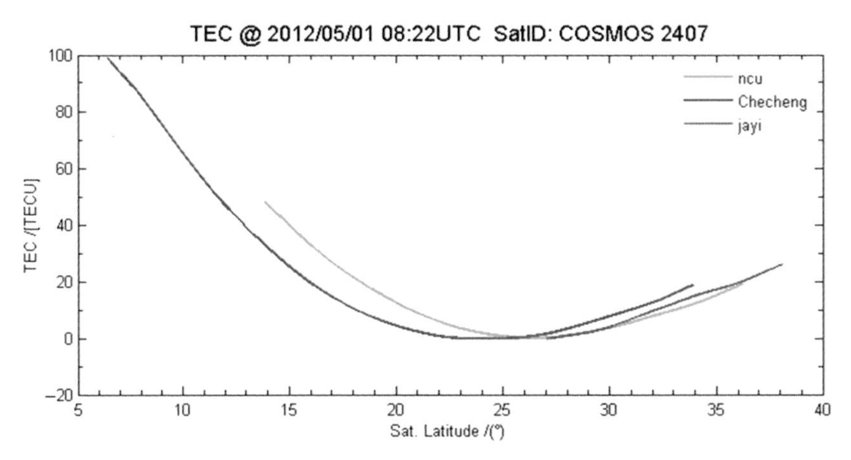

图 14.1　基于极轨卫星的电离层 TEC 测量结果(横坐标为卫星星下点纬度)

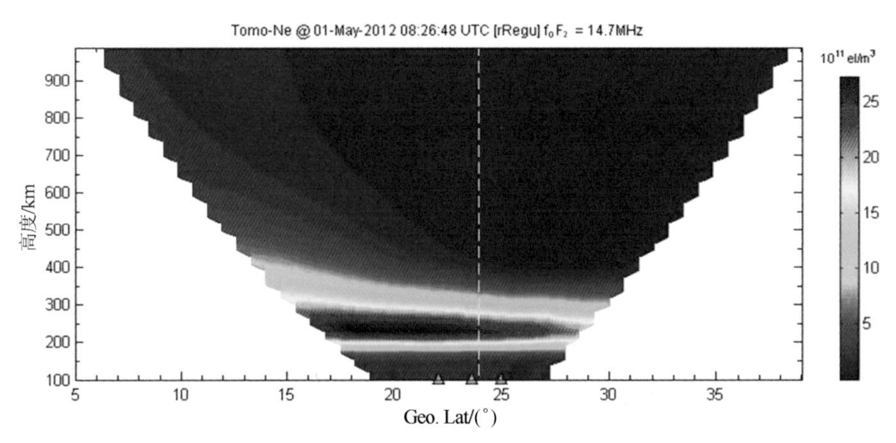

图 14.2　基于极轨卫星的电离层 CT 反演结果(横坐标为卫星星下点纬度)

为实现对基于极轨卫星信标的电离层 CT 方法的进一步验证,采用 2012 年 5 月台湾花莲站的测高仪测量结果与 IRI 模型及电离层 CT 反演结果进行对比,结果如图 14.3 所示。从反演结果可以看出,电离层 CT 计算的电离层 F_2 层临界频率 f_oF_2 结果明显要比 IRI 模型更高,IRI 模型相比测高仪的反演误差为 2.6MHz,精度为 23.2%;而电离层 CT 的误差为 1.3MHz,精度为 13.4%。比较结果验证了方法的准确性和有效性。

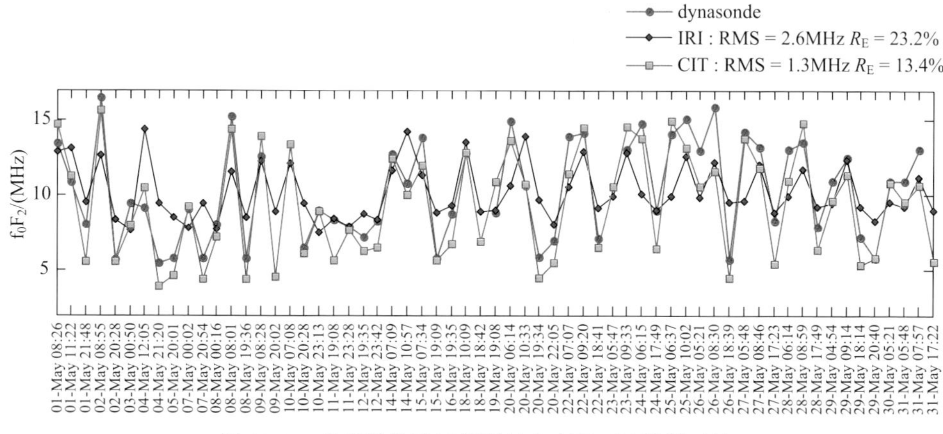

图 14.3　基于极轨卫星信标的电离层 CT 结果对比

14.2.2　基于高轨 GNSS 观测的电离层 CT 方法研究

随着全球 IGS 站和各个区域地面观测站的建立，基于全球导航卫星系统(global navigation satellite system，GNSS)的电离层层析技术逐渐兴起(Ou et al.，2011)。Kunitsyn 在国际上率先论证了基于 GPS 观测的电离层 CT 技术实现三维甚至四维电离层结构重构的可行性(Kunitsyn et al.，1997)。随后，国内外研究者先后从理论模型和方法上对基于 GPS 的电离层层析成像技术进行了深入的研究(Thampi et al.，2004；Yin et al.，2005；Yizengaw et al.，2006；Xiao et al.，2012；刘裔文等，2013，2014)。然而受有限观测角的影响，基于高轨 GNSS 卫星观测的电离层 CT 成像的垂直精度仍然有待于提高(於晓等，2010)。为试图解决该问题，提出了基于垂测数据约束的 IRI 模型用于 GNSS 电离层 CT 的算法(Ou et al.，2012)。该方法使用地面探测设备获取的峰值电子高度(h_mF_2)输入到 IRI 模型中作为约束，将约束后的 IRI 输出作为背景电子密度。图 14.4 所示为仿真验证结果，其中(a)为 IRI 模型电离层 CT 反演的电子密度，(b)为约束的 IRI 模型电离层 CT 反演的电子密度，(c)和(d)分别为这两种方法的反演误差。从图中可以看出，约束的 IRI 模型电离层 CT 反演的结果要比不约束的 IRI 模型明显精度要高。

利用北京、泰安、郑州、武汉、厦门和广州站六个台站 2004 年 11 月的电离层 CT 反演结果与测高仪的测量结果进行比较，如图 14.5 所示。从图上可以看出，约束的 IRI 模型的 CT 反演结果与测高仪的观测结果非常吻合，数据相关性超过 90%，f_oF_2 相对误差仅 9.2%。反演的结果表明，利用测高仪 h_mF_2 数据约束后的地基 GPS 层析成像反演精度较好，非常适于进行大区域的电离层监测。

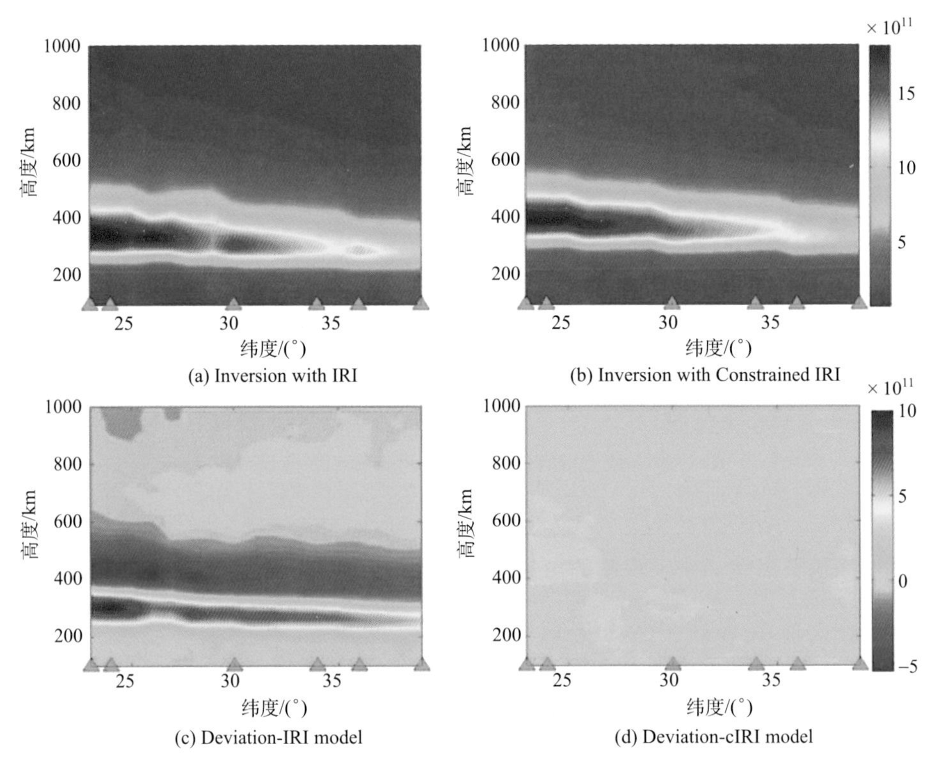

图 14.4　IRI 模型约束的 IRI 模型电离层层析成像比较

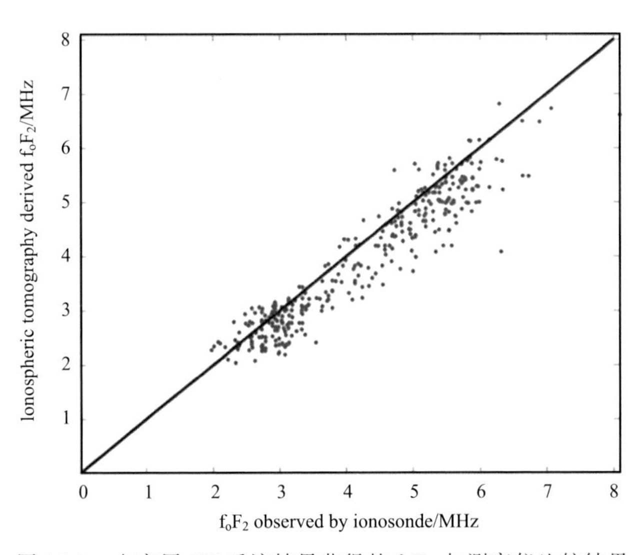

图 14.5　电离层 CT 反演结果获得的 f_oF_2 与测高仪比较结果

14.2.3　多手段联合电离层 CT 方法研究

现阶段几乎所有的地基 CT 算法都不同程度存在着电子密度垂直分辨率不高的问题(Zhao et al.,2010；赵海生，2010)，为解决电离层地基 CT 的不足，有学者

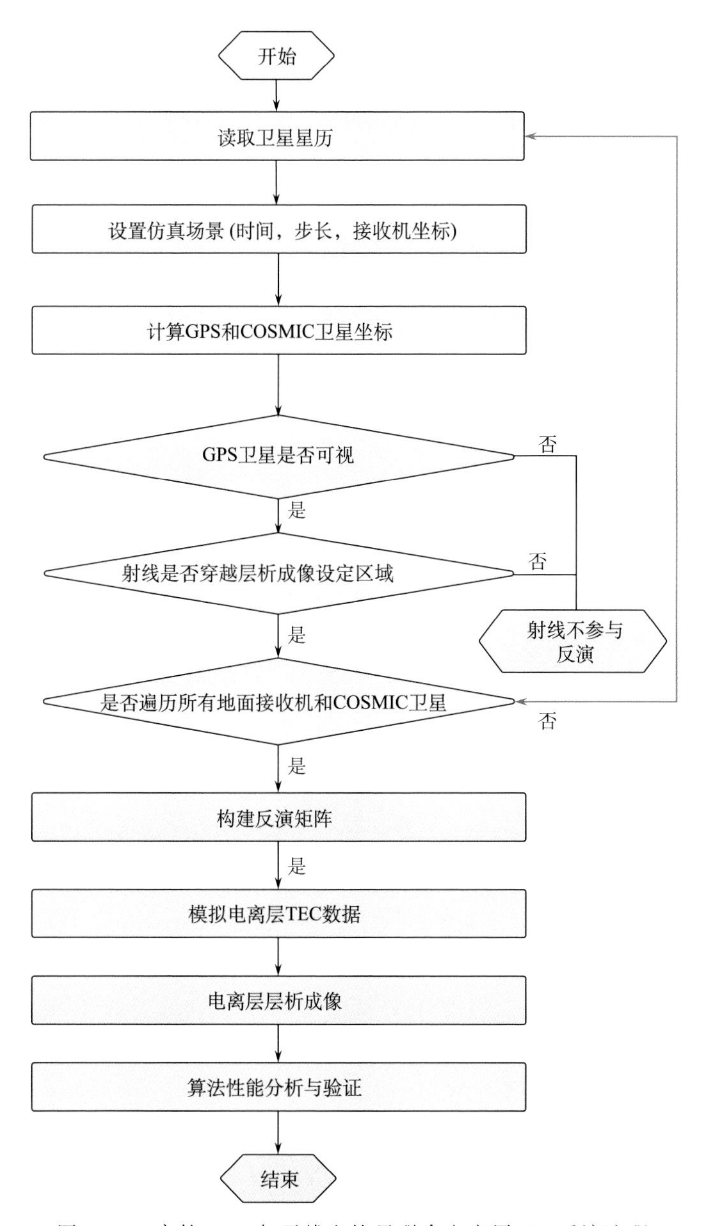

图 14.6　高轨 GPS 与无线电掩星联合电离层 CT 反演流程

提出了联合利用地基和空基观测数据来进行电离层反演的设想(Hajj et al.,2000)。电离层掩星探测技术是一种伴随GPS技术发展起来的可用于长期稳定测量从地面至800km高空电离层电子密度的新技术。掩星观测具有精度高、垂直分辨率高、全天候观测的特点,与地基GNSS能形成互补,可有效提升电离层层析成像的反演精度和垂直分辨率。

我们开展了地基GPS与掩星联合的电离层层析成像方法研究,结果表明与仅利用地基GPS相比,联合掩星进行电离层CT,不仅在电离层电子密度反演精度方面有明显提升,在 h_mF_2 和TEC的精度方面同样有明显提高(欧明等,2014b)。多手段联合电离层CT反演流程如图14.6所示。

我们对多手段联合前后的电离层CT反演误差进行统计分析,如图14.7所示。图中PIM代表背景电离层模型,GPS代表只利用GPS进行电离层CT,GPS+RO代表多手段联合电离层CT方法,由分析结果可以看出,背景模型、GPS、联合方法反演得到的电离层电子密度误差基本符合正态分布特征。其中背景模型误差最大,GPS方法次之,联合方法最小。

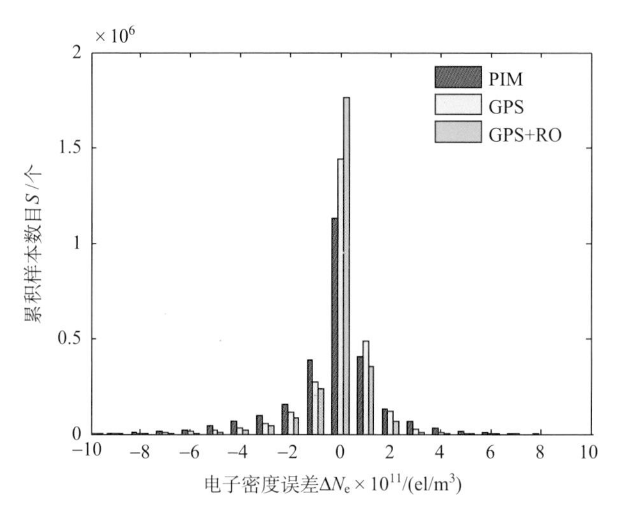

图14.7 电离层CT反演电子密度误差比较

F_2 层峰值高度 h_mF_2 是验证CIT算法垂直分辨率的重要参考量。我们计算出每个反演时刻对应的峰值电子密度 N_mF_2、峰值高度 h_mF_2 以及积分得到的TEC,计算了它们的平均误差和均方差,分别如表14.1～表14.3所示。可见,ΔN_mF_2 和ΔTEC误差白天大于夜间,而背景模型 Δh_mF_2 误差分布与时间变化并无呈现明显规律。从全天来看,三个参数都是背景模型的日平均误差最大,GPS方法次之,联合方法最小。在反演稳定性方面,同样是联合方法更为出色。

表 14.1　电离层 CT 反演的 ΔN_mF_2 性能比较

（单位：$\times 10^{11}$ el/m^3）

层析时刻(UTC)	平均误差			均方根误差		
	PIM	GPS	GPS+RO	PIM	GPS	GPS+RO
00:00～02:00	1.6	1.3	0.9	1.9	1.3	1.1
02:00～04:00	3.5	2.1	1.3	1.2	1.4	0.9
04:00～06:00	5.5	2.4	1.7	1.9	2.2	1.5
06:00～08:00	6.0	2.0	1.4	1.9	2.3	1.8
08:00～10:00	4.6	1.3	1.0	1.5	1.7	1.2
10:00～12:00	2.9	0.9	1.0	1.5	1.3	1.4
12:00～14:00	2.5	0.7	0.7	1.4	0.9	0.9
14:00～16:00	1.6	0.6	0.5	1.4	0.7	0.8
16:00～18:00	1.2	0.4	0.3	1.4	0.6	0.6
18:00～20:00	1.2	0.3	0.3	1.4	0.4	0.4
20:00～22:00	3.3	0.5	0.3	1.8	0.7	0.4
22:00～24:00	3.4	0.8	0.4	1.7	1.0	0.6
日均值	3.1	1.1	0.8	1.6	1.2	1.0

表 14.2　电离层 CT 反演的 Δh_mF_2 性能比较　（单位：km）

层析时刻(UTC)	平均误差			均方根误差		
	PIM	GPS	GPS+RO	PIM	GPS	GPS+RO
00:00～02:00	25.4	22.1	17.9	29.8	24.8	21.6
02:00～04:00	23.1	20.3	13.6	25.4	22.5	17.4
04:00～06:00	27.5	24.6	13.8	22.9	18.7	18.9
06:00～08:00	21.2	16.8	12.3	25.3	22.5	19.3
08:00～10:00	27.6	24.8	16.9	22.1	20.8	17.5
10:00～12:00	27.3	23.6	22.9	20.9	20.0	18.7
12:00～14:00	25.1	20.7	14.4	26.4	23.2	19.8
14:00～16:00	17.4	17.1	10.1	23.0	22.3	16.1
16:00～18:00	9.7	11.0	6.8	15.1	13.4	12.3
18:00～20:00	28.5	27.4	11.1	28.9	27.8	19.6
20:00～22:00	57.1	49.8	22.1	19.3	21.9	28.8
22:00～24:00	42.0	37.7	21.1	29.0	33.8	28.4
日均值	27.7	24.7	15.2	24.0	22.6	19.9

表 14.3 电离层 CT 重构的 ΔTEC 误差比较 (单位：TECU)

层析时刻(UTC)	平均误差			均方根误差		
	PIM	GPS	GPS+RO	PIM	GPS	GPS+RO
00:00～02:00	4.8	1.5	1.0	4.9	2.3	1.8
02:00～04:00	5.4	0.9	0.8	4.4	1.5	1.4
04:00～06:00	9.8	1.8	1.6	3.0	2.1	2.1
06:00～08:00	11.4	2.1	1.8	2.0	2.5	2.4
08:00～10:00	9.2	1.7	1.5	3.2	2.3	2.2
10:00～12:00	6.8	1.3	1.3	3.3	1.9	1.9
12:00～14:00	6.3	1.0	1.0	3.4	1.8	1.7
14:00～16:00	4.0	0.9	0.9	3.4	1.7	1.7
16:00～18:00	2.8	0.7	0.7	3.1	1.3	1.3
18:00～20:00	2.7	0.6	0.4	3.3	0.9	0.7
20:00～22:00	7.8	1.0	0.5	3.8	1.6	0.8
22:00～24:00	9.6	1.4	0.9	3.6	1.9	1.6
日均值	6.7	1.3	1.0	3.5	1.8	1.6

14.3 电离层闪烁变化研究

当电离层存在不规则结构时,它可引起穿越电离层的无线电波振幅和相位的快速起伏,称为电离层闪烁。当电离层闪烁引起的信号振幅衰落低于接收机的门限时,或引起的信号相位起伏超过接收机的动态范围时,可能造成信号中断。由于闪烁是电离层不规则结构引起的,因此,基于卫星信号的测量,一方面,可以统计获取电离层闪烁的观测特征;另一方面,也可以分析闪烁观测数据包含的电离层不规则结构信息,如电离层不规则结构的漂移速度等。最后,为得到引起电离层闪烁的不规则结构生成与演化的完整图像,我们开展了一类重要的电离层不规则结构(等离子体泡)的非线性数值模拟研究。

14.3.1 中国区域电离层闪烁的观测特征

利用我国中低纬地区海口、广州、上海等13个观测站的电离层闪烁观测数据,统计分析了我国中低纬地区电离层闪烁的变化特征规律(陈丽等,2006),发现:①随着太阳活动水平的降低,闪烁发生率逐渐减少;在两分季和冬季,随着太阳黑子数的增加,闪烁活动增多,在夏季却没有明显的变化。②随着纬度的增加,电离层闪烁发生次数逐渐减少,闪烁强度也逐渐减弱。在统计的观测站中,海口发生闪烁次数最多,闪烁强度最大,广州次之,其次是昆明、厦门,而重庆、上海、北京、青岛等地闪烁事件较少。③2003 年 7 月～2007 年 12 月期间,海口观测站 L 频段闪烁随地磁活动指数 A_p的统计分析表明,随着 A_p指数的增大,闪烁事件明显减少,地磁活动对幅度闪烁起抑制作用。④对海口观测站 109 次闪烁事件的统计分析发现,大多数为弱闪烁(闪烁指数为 0.1～0.3);其次为中等强度闪烁(闪烁指数为 0.3～0.5);强闪烁(闪烁指数为 0.5～1.0)较少。

联合使用低纬海口、广州、厦门和昆明四个观测站的 GPS 观测数据,我们对 2003 年 10 月 14 日发生的一次电离层闪烁事件期间电离层不规则结构的漂移特性进行了分析(甄卫民等,2007)。图 14.8 给出了 20:00～20:30,电离层不规则结构的运动变化。通过利用多个观测站的同时观测,对观测结果进行联合分析,得到了我国低纬地区电离层不规则结构的一些运动变化规律:不规则结构先是由磁赤道向北映射到达北纬 20°附近的范围;在继续向北映射的同时,还会以一定的速度向东漂移;经过约 2h 后,不规则结构在较高纬度(北纬 23°以北)上首先衰减并消失,之后在较低纬度的磁异常区(北纬 20°～23°内)持续一段时间后消失;电离层不规则结构经常出现在东经 105°～120°,北纬 27°以南地区。这导致了处于此地区的海口和广州多次闪烁现象的发生。

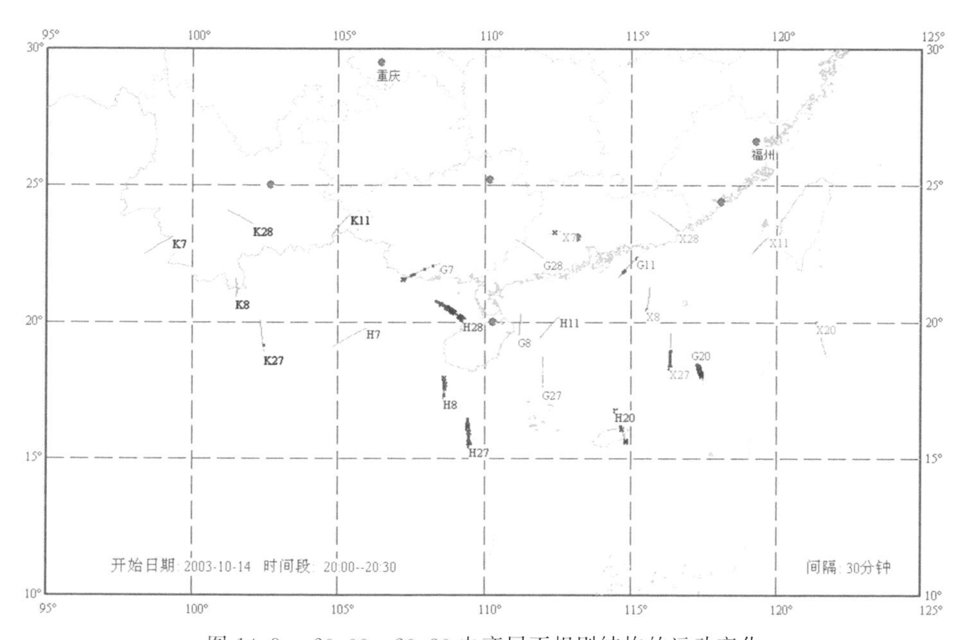

图 14.8　20:00～20:30 电离层不规则结构的运动变化

我们也对不同观测站的电离层闪烁形态特征进行了对比分析(周彩霞等,2009)。2004 年 1～12 月,昆明站和海口站的 GPS 电离层闪烁形态的对比分析结果表明,电离层闪烁主要发生在夜间 20:00 至凌晨 03:00 之间,午夜附近闪烁发生最为频繁;闪烁主要集中于春秋两季,3～4 月和 9～10 月份尤为突出;闪烁发生的方位主要以南向和天顶方向为主,且受纬度影响较大。昆明站的闪烁频率和强度均弱于海口站,其闪烁发生的时间比海口站晚大约 1h,昆明站将近 90%的闪烁事件发生在观测站以南,仅个别事件发生在北向,而海口站闪烁事件发生在南向的不到 70%。这充分体现了昆明站的地域特性及赤道异常区电离层不规则结构的发展特性。

14.3.2 电离层不规则结构的漂移速度研究

作为对雷达和卫星测量电离层的一种重要补充,地基卫星信标接收机台阵测量是获得电离层不规则结构漂移信息的一种有效且十分方便的技术手段(Kil and Kintner, 2000)。近年来,国内外的很多学者和研究机构相继开展了很多相关的实验研究工作(Kil and Kintner, 2000;Ledvina et al., 2004; Kintner et al., 2004; 王霄等,2004;徐良等,2009)。在这些电离层闪烁研究中,通常假设"冻结场"条件成立,即电离层不规则结构在一段时间内的漂移速度是恒定的,且内部形态没有发生变化。同时把不规则结构从三维的空间状态"压缩"到一个二维平面上进行研究,不考虑其在高度上的运动,只研究其在水平方向上的漂移。取电离层不规则结构的高度为 350km,位于电离层电子密度值最大的 F_2 层。

我们在 2005 年 9 月到 10 月在海口进行了电离层闪烁观测实验,使用三台电离层闪烁监测仪接收 UHF 频段卫星和 GPS 卫星的信号,采样频率为 20 Hz(张艳磊等,2010)。对于频率为 350 MHz 的 UHF 频段卫星信号,对应的菲涅耳尺度为 $\sqrt{2\lambda z}$,约 775 m。因此,可以用距离 100 m 左右的台网测量菲涅耳尺度不规则结构及其引起的振幅闪烁涨落图样的漂移速度(Kintner et al., 2004)。表 14.4 给出了三个观测站点的地理经纬度,三站之间的距离分别是 116.1 m(AB),166.8 m(BC),68.5 m(AC)。

表 14.4 三个观测站的经纬度

站点	经度(东经)/(°)	纬度(北纬)/(°)
A	110.340878	19.995822
B	110.339872	19.995381
C	110.341414	19.995511

本次实验共观测到四次电离层闪烁事件,发生的时间分别是 2005 年 10 月 19 日地方时 21:20～22:40,22:58～23:33,10 月 29 日 20:07～20:32,21:47～22:47。这四次电离层闪烁事件的幅度闪烁指数 S4 最高都达到了 0.9 以上,属于较

强的电离层闪烁。

计算电离层不规则结构漂移时，首先对三站的数据两两做相关性分析，求信号间的互相关系数(Briggs et al.，1968；Briggs，1968；Briggs et al.，1950)。求 AB 两点信号的相关性时，A 点信号不动，B 点信号左右平移，每移动一个采样点，计算一次相关系数的值。求 AC 和 BC 之间的相关性时，分别是 A 点和 B 点的信号不动，C 点信号做左右平移。接收机的采样频率为 20 Hz，把互相关系数的最大值对应的平移点数和采样频率相乘，可以得到两站间的信号延迟 T，再由两站间的距离 S，根据 $V=S/T$，可以得到电离层不规则结构的漂移速度在两站连线方向上的“投影速度”。然后由三个方向上的“投影速度”求得不规则结构的漂移速度。

依次取 5min，2min 和 1min 的数据，用上面介绍的方法求不规则结构的漂移速度，结果为所取时间段内的平均速度。图 14.9 给出了这次试验中观测到的四次电离层闪烁事件的不规则结构漂移速度变化图。10 月 19 日 21:20～22:40 发生的闪烁事件持续 80min，如图 14.9(a)所示。10 月 19 日 22:58～23:33 发生的闪

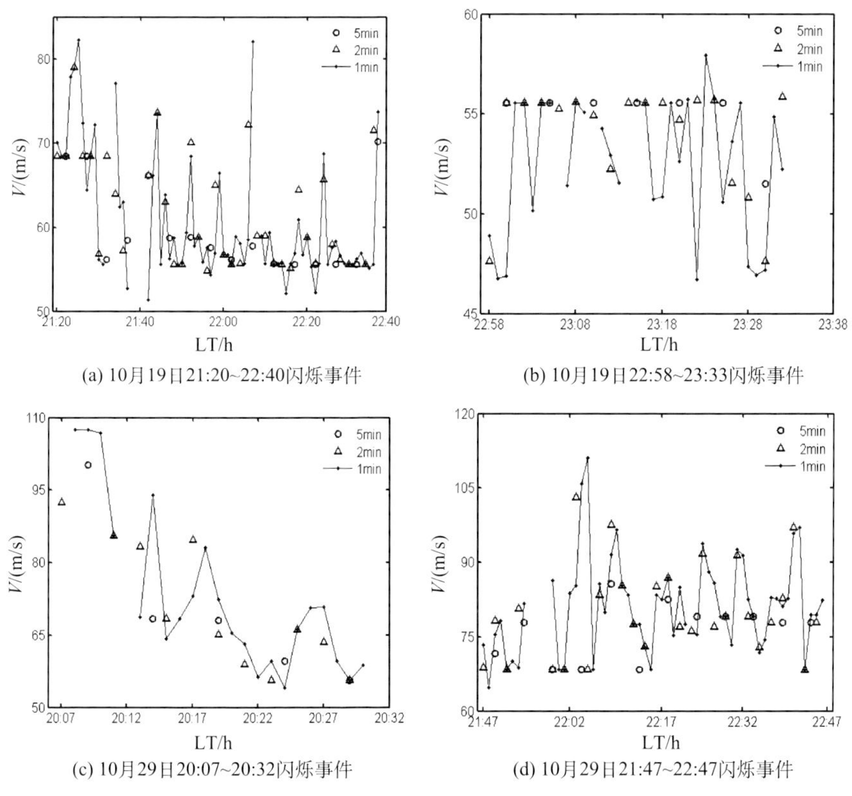

(a) 10月19日21:20~22:40闪烁事件

(b) 10月19日22:58~23:33闪烁事件

(c) 10月29日20:07~20:32闪烁事件

(d) 10月29日21:47~22:47闪烁事件

图 14.9 2005 年海口观测到的四次电离层闪烁事件中不规则结构漂移速度的变化图(向东漂移为正)

烁事件持续35min,如图14.9(b)所示。10月29日20:07～20:32发生的闪烁事件持续25min,如图14.9(c)所示。10月29日21:47～22:47发生的闪烁事件持续60min,如图14.9(d)所示。可见,本次实验观测到的四次电离层闪烁事件发生在地方时20:00～23:30,漂移速度的值在50～110m/s,方向为东向,符合海南地区夜间子夜前的电离层不规则结构沿纬圈向东漂移这一结论(徐良等,2009)。不规则结构东西向的空间尺度分别是在300km,120km,90km,290km之间。整体上来看,22:00之前漂移速度的值变化较大,之后相对比较稳定,这一点在闪烁事件一和二中表现得非常明显,这一结果和其他学者的结论一致。

通过这次三站电离层不规则结构漂移速度测量实验可知,对同一次电离层闪烁事件,取不同长度的数据进行处理,得到的平均漂移速度的变化范围不同,数据段越长,速度的变化范围越小。5min的平均速度变化范围最小,2min的结果次之,1min的平均速度变化范围最大。不同长度的数据得到的平均速度在整体上的变化趋势基本一致,该方法的时间分辨率可以达到1min。现有研究结果表明,有多种因素可能引起电离层不规则结构漂移速度的估计误差,仅特征随机速度一种因素,就可能产生1～10 m/s的估计误差(Briggs, 1968; Wernik et al., 1983)。此外,还有垂直漂移的影响(Kil and Kintner, 2000; Ledvina et al., 2004),实验中接收机的硬件误差,对三站之间距离的估计误差,速度合成时的算法误差等。另外,由于接收机是在地面上接收闪烁信号,所以该结果是电离层不规则结构的漂移速度在接收机平面上的"投影"(Ledvina et al., 2004; Kintner et al., 2004),因此需要利用卫星和信号在电离层上的穿透点以及接收机之间的位置关系对结果进行修正。由于卫星和电离层之间的距离远大于电离层和地面之间的距离,因此误差可以忽略。

我们也研究了功率谱分析法反演电离层的不规则结构漂移速度。该方法认为特征尺度小于第一菲涅耳带尺度($\sqrt{\lambda z}$)的不规则结构对闪烁起主要作用,因此在频率小于f_F(空间尺度大于第一菲涅耳带尺度)的低频端,功率谱曲线比较平坦;频率大于f_F的高频端,功率谱曲线呈幂律下降。因此可以利用菲涅耳频率f_F,由$v=f_F \cdot \sqrt{\lambda z}$估计不规则结构的漂移速度。我们把2005年10月19日21:21～23:35和10月29日20:06～22:48两次闪烁事件中的信号每隔两三分钟取一段数据,用谱分析法分别计算每段数据对应的漂移速度,然后和地基卫星信标接收机台阵测量方法得到的速度对比,计算相对误差(Err),结果如表14.5所示。可见相对误差小于20%的样本分别达到70%和90%。

地基卫星信标接收机台阵测量方法通过分析三站闪烁信号之间的相关性可以较准确地得到电离层不规则结构的漂移速度,但是该方法需要建立在同时有三个观测站的闪烁数据的基础上,对硬件设备的要求比较高。谱分析法仅需要一个观

表 14.5　相对误差的分布

时间 \ 样本数	总数	Err＜10%	10%＜Err＜20%	20%＜Err＜30%	Err＞30%
10 月 19 日 21:21～23:35	43	15	16	5	7
10 月 29 日 20:06～22:48	39	23	12	1	3

测站的数据就可以对东西方向上的漂移速度进行估计，且结果误差在可接受的范围内。在很多实际应用中，我们通常只需要知道漂移速度的大概范围，因此可以通过谱分析法对电离层不规则结构的东西向漂移速度进行估计。

14.3.3　中低纬等离子体泡的非线性数值模拟

扩展 F 即是一种发生在电离层 F 区的不规则体，多见于赤道及低纬地区，主要包括等离子体泡、羽状不规则体和底部正弦型不规则体等多种形态（Abdu，2001）。有关扩展 F 生成和发展的物理机制，已经有许多理论分析和数值模拟研究。相关数值模拟工作主要在赤道-低纬地区展开，而中纬地区则相对较少（谢红，1991；谢红和肖佐，1993；黄朝松和 Kelley，1997），这些模拟结果与实验观测较为一致，可用于解释不规则体生成和发展的基本机制。但仍有一些观测结果不能用现有理论来解释。我们从带电粒子粒子质量守恒方程和动量守恒方程出发，经过适当的近似和简化，推导出描述电离层不稳定性随时间演化的方程组，给出磁赤道地区和中低纬地区不同台站（海口、广州和北京）的数值模拟计算结果（佘承莉等，2010）。

在中低纬地区，由于地磁场与水平面存在一个夹角，必须考虑建立三维坐标系 (x, y, z)，这里取 x 轴沿东西方向，向西为正，y 轴沿垂直方向，向上为正，z 轴沿南北方向，向北为正，同时假设磁场在 y-z 平面内（不考虑磁偏角），$n_0(y)$ 为背景电子密度。数值模拟计算的出发方程，是带电粒子的质量守恒方程和动量守恒方程。引入背景中性大气静止和电流准中性的假设，忽略电子-中性粒子的碰撞和与电子有关的惯性项，不考虑扰动沿磁场方向的传播和电离层 F 区沿磁力线的电位降。引入无量纲量 $Q=n/n_0$，可以得到

$$
\begin{cases}
\dfrac{\partial Q}{\partial t}-\dfrac{c}{B}\left[\dfrac{\partial}{\partial x}\left(Q\dfrac{\partial \phi}{\partial y}\right)/\cos I-\dfrac{\partial}{\partial y}\left(Q\dfrac{\partial \phi}{\partial x}\right)\cos I\right]=-\dfrac{c}{B}\dfrac{Q}{n_0}\dfrac{\partial n_0}{\partial y}\dfrac{\partial \phi}{\partial x}\cos I-\nu_{\mathrm{R}}(Q-1) \\
\dfrac{\partial^2 \phi}{\partial x^2}+\dfrac{\partial^2 \phi}{\partial y^2}+\left(\dfrac{1}{\nu_{\mathrm{in}}}\dfrac{\partial \nu_{\mathrm{in}}}{\partial y}+\dfrac{1}{Q}\dfrac{\partial Q}{\partial y}+\dfrac{1}{n_0}\dfrac{\partial n_0}{\partial y}\right)\dfrac{\partial \phi}{\partial y}+\dfrac{1}{Q}\dfrac{\partial Q}{\partial x}\dfrac{\partial \phi}{\partial x} \\
=\left(E_{0x}-\dfrac{B}{c}\dfrac{g}{\nu_{\mathrm{in}}}\cos I\right)\dfrac{1}{Q}\dfrac{\partial Q}{\partial x}
\end{cases}
\tag{14.7}
$$

分别采用通量改正法(Zalesak, 1979;傅竹风和胡友秋,1995)和交替方向隐式法(傅竹风和胡友秋,1995)求解上述两式。数值模拟计算时,取二维正交均匀网格,网格间距为5km,背景电子密度取自IRI-2007(Bilitza and Reinisch, 2008),ν_{in}和ν_R取值参考其文献(Strobel and Mcelroy, 1970)。计算中初始扰动源表示为一维密度扰动

$$\begin{cases} Q = 1 - e^{-3}\cos\dfrac{\pi x}{80}, & 0 \leqslant |x| \leqslant 80\text{km} \\ Q = 1 - e^{-3}\ \dfrac{1}{2}\left(\cos\dfrac{\pi x}{80} - 1\right), & 80 \leqslant |x| \leqslant 160\text{km} \\ Q = 1, & |x| > 160\text{km} \end{cases} \tag{14.8}$$

上述Q初始值取0.95~1.05,即初始扰动幅值为背景值的5%左右。计算给出太阳活动高年春季,110°E子午圈附近的磁赤道和中低纬台站(海口、武汉和北京),在不同的背景电场作用下,电离层不稳定性随时间的演变。计算结果表明,在磁赤道地区,不稳定性激发的等离子体泡较强,而且上升到F层峰值高度的速度也最快(图14.10);而在海口地区(20°N)则需要在东向电场的作用下等离子体泡才能生成,这些等离子体泡最终也能到达F层峰值高度;武汉地区(30°N)的情形与海口地区相似;在北京地区(40°N)只能生成较弱的等离子体泡,并且泡很难上升到F层峰值高度之上。

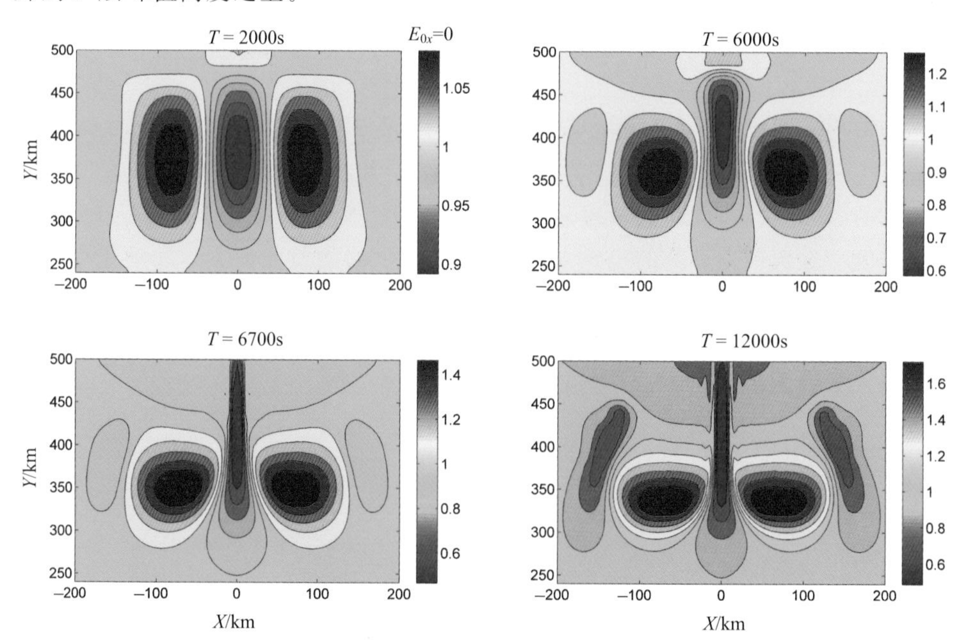

图14.10 背景电场为零时,磁赤道地区Q随时间的演化

对比结果发现，对相同的密度扰动，在不同背景电场条件下，不同纬度地区的等离子体不稳定性发展过程不同。当背景电场为零时，仅磁赤道地区的扰动能发展成等离子体泡，其他地区的扰动很快稳定下来；随着东向电场的增强，中低纬地区的不稳定性才逐渐发展起来。这可能是由于各个地区的背景电子密度分布不同导致的。通常认为，不稳定性的发展和背景电子密度梯度以及F层峰值高度有关，电子密度梯度和峰值高度越大，越有利于不稳定性的增长，本研究中用到的磁赤道地区的峰值高度显著高于其他地区，而背景电子密度梯度也各不相同，相应地等离子体不稳定性的发展过程也差别很大，这也表明磁赤道地区扩展F出现规律可能有别于中低纬地区。在同一地区上空，不稳定性在不同背景电场条件下的演化过程也各不相同，随着东向电场分量的增强，不稳定性过程也发展得越迅速，程度越剧烈，这与已有文献的结论也是一致的（罗伟华等，2009）。

14.4　卫星导航应用中的电离层修正模型研究

对于使用GHz波段信号的卫星导航应用来说，来自电离层的最主要的影响是载波相位的超前和伪距的延迟所引起的测距误差，它依赖于电离层TEC和信号频率，一般通过电离层模型提供的TEC值来进行修正。现有的电离层修正模型主要包括GPS电离层修正模型和Galileo电离层修正模型，我们首先对两种模型进行了比较，然后详细分析了Galileo系统电离层修正的精度，并提出了我国的卫星导航应用中应该考虑的一些问题。

14.4.1　卫星导航系统电离层修正模型比较

GPS系统电离层修正模型由Klobuchar于1975年提出（Klobuchar，1987），在Bent模型的基础进行了适当的简化。假设电离层电子密度都集中分布在高度为350km的薄层，采用余弦函数的形式反映电离层的周日变化特征，参数的设置考虑了电离层周日变化的振幅和相位变化，表达了电离层时间延迟的周日平均特性：

$$I_v = \begin{cases} A_1 + A\cos(2\pi(t - A_3)/P) & \text{day} \\ A_1 & \text{night} \end{cases} \tag{14.9}$$

其中，t 为电离层穿刺点的地方时；A_1代表夜间的电离层延迟值，取为5ns；A_3代表余弦曲线取得最大值时的相位，对应于地方时14:00；A 和 P 分别代表余弦曲线的振幅和周期，采用穿刺点地磁纬度的三次多项式来描述，模型的系数通过大量的GPS测量数据对Bent模型的拟合来获得，欧洲定轨中心（Center for Orbit Determination in Europe，CODE）从2000年7月中旬定期发布。Galileo系统电离层修正模型基于 NeQuick 模型(Nava et al., 2008),并引入了有效电离因子——A_z 指数作为等效的太阳活动参量,并考虑了 A_z 指数随空间的变化,计算过程描述如下:①每个地面观测站分别计算 A_z 指数,使得前一天观测到的 TEC 值与 NeQuick 模型输出的 TEC 值的误差均方差达到最小。②将所有观测站计算得到的 A_z 指数值拟合为修正的地磁倾角(Modip,μ)的二阶多项式($A_z=a_0+a_1\mu+a_2\mu^2$),三个系数(a_0,a_1 和 a_2)通过导航电文播发。③ 用户接收卫星导航电文播发的系数,计算得到用户位置处的 A_z 指数,用来驱动 NeQuick 模型得到电离层 TEC 值,转换为给定频率的电离层延迟值,进行电离层误差修正(Arbesser-Rastburg, 2006;Roberto et al., 2014; Aragón-Ángel et al., 2005)。

选用我国地壳形变监测网中 5 个台站(北京、泰山、郑州、厦门和广州)在 2004 年 11 月的 GPS 实测数据进行分析。GPS 系统电离层修正模型的模型系数由 CODE 提供。由于 Galileo 系统尚未投入运营,因此选用 CODE 发布的全球电离层图(global ionospheric map, GIM)中的 TEC 数据作为地面监测站网的监测数据。参照 Galileo 模型算法,首先利用前一天的 TEC 观测数据计算得到 A_z 指数,经拟合得到导航电文的播发系数 a_0、a_1 和 a_2,然后计算出观测站位置的 A_z 指数,用来驱动 NeQuick 模型,得到台站上空的 TEC 值。最后,将模型的 TEC 计算结果与不同台站的 GPS TEC 观测值进行比较。选用误差($\Delta TEC=TEC_{NeQuick}-TEC_{GPS}$)的偏差(BIAS)和均方差(RMS),以及模型的平均修正精度(Acc)三个参数来进行评估,分别定义如下

$$
\begin{aligned}
\mathrm{BIAS}&=\frac{1}{n}\sum_{i=1}^{n}\left|\mathrm{TEC}_{\mathrm{NeQuick},i}-\mathrm{TEC}_{\mathrm{GPS},i}\right|\\
\mathrm{RMS}&=\sqrt{\frac{1}{n}\sum_{i=1}^{n}\left|\mathrm{TEC}_{\mathrm{NeQuick},i}-\mathrm{TEC}_{\mathrm{GPS},i}\right|^2}\\
\mathrm{Acc}&=\frac{1}{n}\sum_{i=1}^{n}\left(1-\frac{\left|\mathrm{TEC}_{\mathrm{NeQuick},i}-\mathrm{TEC}_{\mathrm{GPS},i}\right|}{\mathrm{TEC}_{\mathrm{GPS},i}}\right)
\end{aligned}
\tag{14.10}
$$

图 14.11 给出了 2004 年 11 月 15 日,北京站 TEC 观测数据误差的统计分布。可见,在北京站当天共计 23060 组的数据中,GPS 系统电离层修正模型误差的平均值和均方差分别为 9.4 TECU 和 11.4 TECU,模型修正精度为 52%左右;Galileo 系统电离层修正模型误差的平均值与均方差分别为 5.1TECU 和 6.4TECU,模型修正精度约 68%。

表 14.6 给出了这 5 个台站在一个月内所有观测数据分析的统计结果。平均来说,Galileo 系统电离层修正模型的精度要高于 GPS 系统,前者误差的平均值、误方差和模型修正精度分别为 8.9 TECU、11.3 TECU 和 66.9%,后者的误差的平均值、误方差和模型修正精度分别为 12.1 TECU、14.8 TECU 和 55.1%。国内

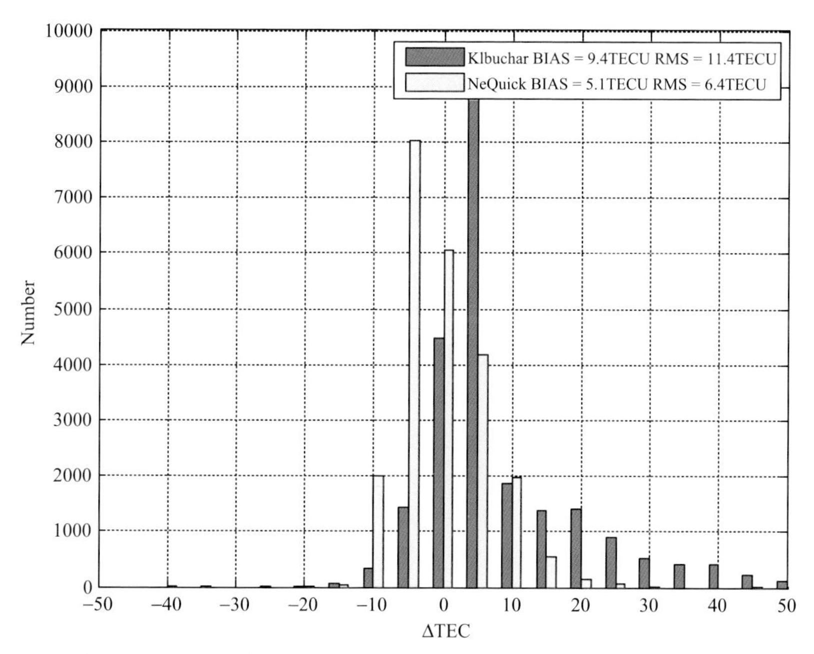

图 14.11　2004 年 11 月 15 日，北京站电离层 TEC 修正误差分布

外不少学者都计算或比较过 GPS 系统和 Galileo 系统电离层修正模型的精度。这些研究结果表明，与 GPS 系统电离层修正模型相比，Galileo 系统电离层修正模型的误差较小且分布变化较为平缓。

表 14.6　中国区域 5 台站电离层模型 TEC 修正性能比较分析

参数 站名	误差的平均值 (TECU)		误差的均方差 (TECU)		模型平均修正精度/%	
	GPS 系统	Galileo 系统	GPS 系统	Galileo 系统	GPS 系统	Galileo 系统
北京	10.8	6.7	13.8	8.4	51.5	65.8
泰山	13.1	8.4	15.7	11.1	45.7	64.9
郑州	13.7	10.5	16.5	11.9	46.1	60.0
厦门	12.1	9.8	14.7	13.1	64.9	71.0
广州	10.9	9.0	13.4	12.3	67.1	73.1
平均值	12.1	8.9	14.8	11.3	55.1	66.9

14.4.2　Galileo 系统算法的精度及一些考虑

选用 1998～2011 年间，美国喷射推进实验室（Jet Propulsion Laboratory，

JPL)和CODE发布的GIMs数据作为观测值,研究了Galileo算法的精度(Yu et al.,2014a; Yu et al.,2014b)。GIMs数据的时间分辨率为2h。每幅GIMs数据给出纬度从87.5°N到87.5°S,间距为2.5°,经度从180°E到180°W,间距为5°网格点的垂直TEC值。JPL的垂直TEC计算采用太阳-地磁参考坐标系和三次样条插值,Kalman滤波技术用来同时求解仪器的测量误差和网格点TEC。CODE的垂直TEC计算采用太阳-地磁参考坐标系和球谐函数展开,所有卫星和地面接收站的仪器测量误差同时估算,且认为在一天内不变。首先计算出每一天所有网格点处的TEC残差(误差的均方差)和有效电离因子A_z的全球分布。图14.12给出2000年1月10日的计算结果,(a)为TEC残差(误差的均方差),(b)为有效电离因子A_z。可见,电离层TEC残差在磁低纬地区较大,最大值甚至超过15TECU。这可能是由于:①低纬电离层复杂的动力学和电动力学过程;②GIM和NeQuick建模所用数据在低纬地区的覆盖不足;③低纬地区TEC实验数据的精度较差。A_z指数的极大值出现在南、北两极,且远大于当天的$F_{10.7}$观测值。这可能是由于NeQuick模型本身没有考虑极区高能粒子沉降在大约120km高度处产生的电离密度增强。

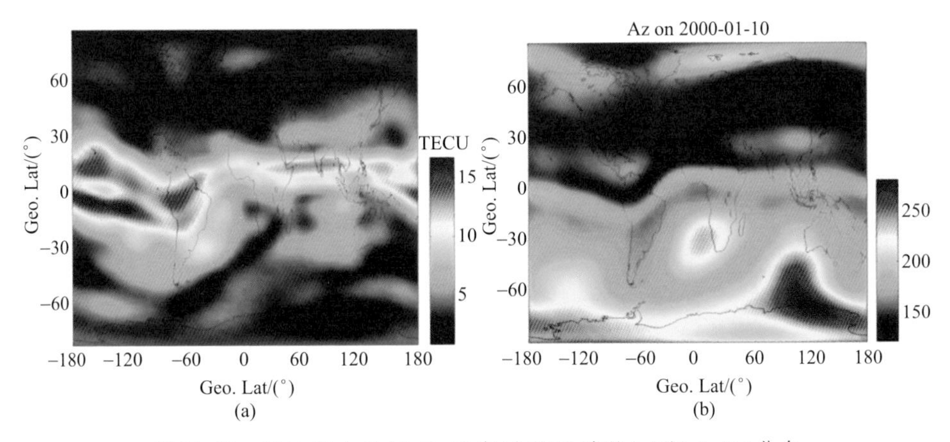

图14.12 2000年1月10日,电离层TEC残差(a)和A_z(b)分布

然后,将所有网格点前一天的A_z指数计算结果进行修正倾角纬度的二次多项式拟合,得到三个系数a_0、a_1和a_2,然后计算出所有的A_z指数,用来驱动NeQuick模型,得到Galileo系统电离层修正模型的TEC预测结果,然后与当天的GIMs数据进行比较,统计了电离层TEC残差的绝对值不超过10TECU的累积概率(zi_{10})。图14.13给出了测量数据来自CODE GIMs时,zi_{10}随时间的变化序列,标题给出了所有数据的平均值。当测量数据来自JPL时,zi_{10}随时间的变化趋势与它基本相似,只是幅值略小。zi_{10}的时序变化都包含了多种时间尺度,如年变化、半

年变化和太阳活动周变化。由图可以发现：①总的说来，Galileo 系统电离层修正模型能较好提供全球 TEC 的预测。zi_{10} 值通常不小于 60%，平均值接近 85%。②Galileo系统电离层修正模型的精度也随太阳活动而变化，在太阳活动低年较好。在 2007～2010 年，90%左右的 TEC 误差绝对值均小于 10TECU。

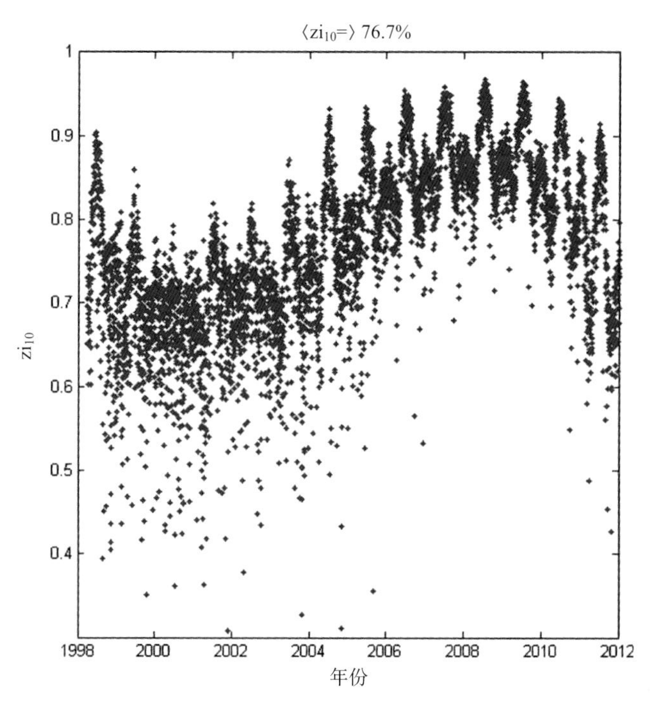

图 14.13　NeQuick 2 模型吸收 CODE GIMs 后的 zi_{10} 时序图

Galileo 系统电离层修正模型的精度分析计算结果也表明，在我国卫星导航系统的开发设计中需要考虑如下问题：

(1) 对电离层经验模型本身的改进，尤其是在赤道和高纬地区。例如，我们考虑了 NeQuick 模型吸收某些电离层特征参数的实测值，如 F_2 层的临界频率 f_oF_2 和传播因子 M3000，然后与采用标准输入（F10.7）的结果进行了对比。图 14.14(a)图给出了 2002 年北京站上空，GPS 测量、NeQuick 模型采用标准输入和吸收测高仪数据后的 TEC 均值，以及两种模型的偏差和均方差结果，图 14.14(b)为百分比误差。可见吸收测高仪数据后，NeQuick 模型的计算结果更接近真实值：偏差在零上下的波动更小，误差均方差和百分比误差都更接近于 0。

(2) 对 A_z 指数建模过程的改进。由于 Galileo 系统电离层修正模型 A_z 指数的建模过程采用修正的磁倾角参数，由它的定义可知它仅随磁倾角和地理纬度而变化，而它随地理经度的变化被忽略。图 14.15 给出了 2003 年 4 月 12 日，所有网

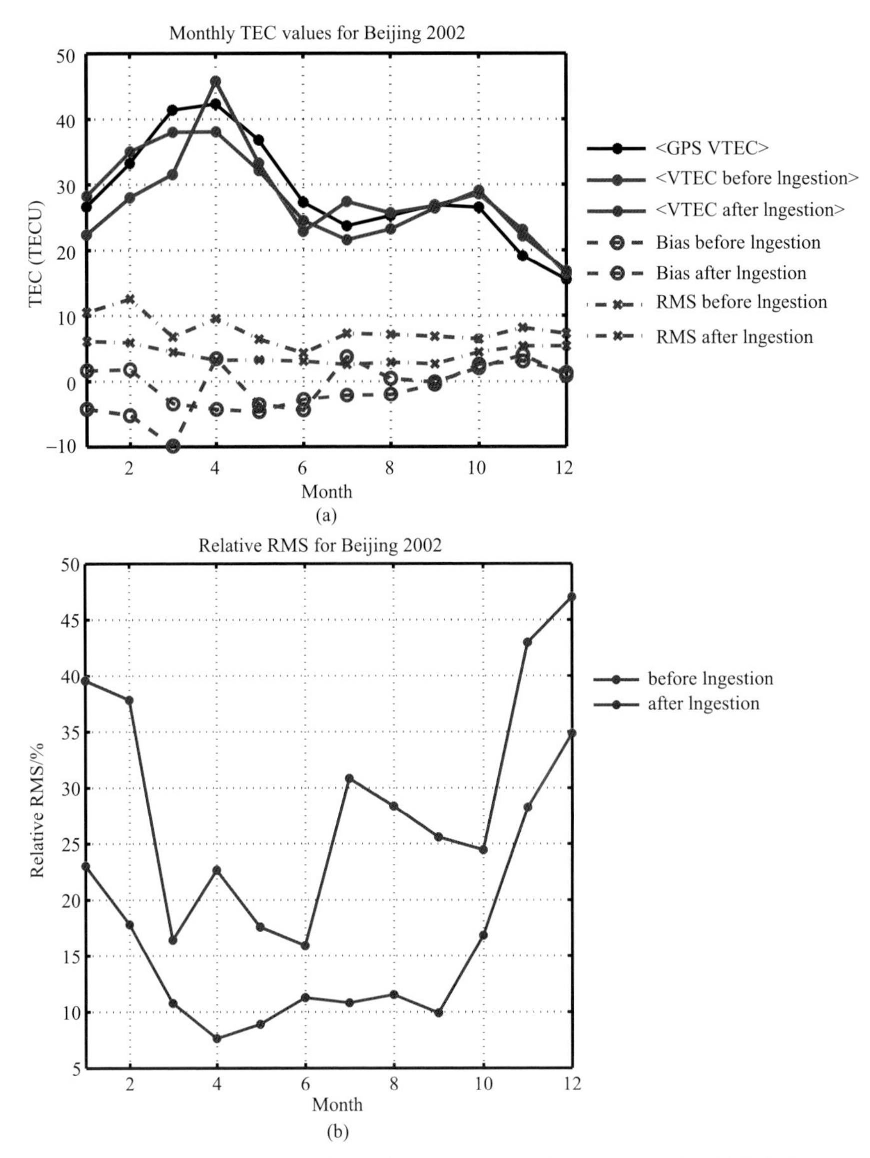

图 14.14　北京站 2002 年,垂直 TEC(a)和百分比误差(b)随月份的变化

格点处 A_z 指数随修正的地磁倾角的变化,其中蓝色原点为计算得到的 A_z 指数值。

可见,对于某一个固定的地磁倾角,A_z 指数也有一定的变化范围,例如,在 40°N 附近时 A_z 变化范围可以达到 50,而经过拟合后仅用一个固定的 A_z 指数(绿色圆点)来表征它,势必会引入较大误差。另外,采用二次多项式来拟合 A_z 指数

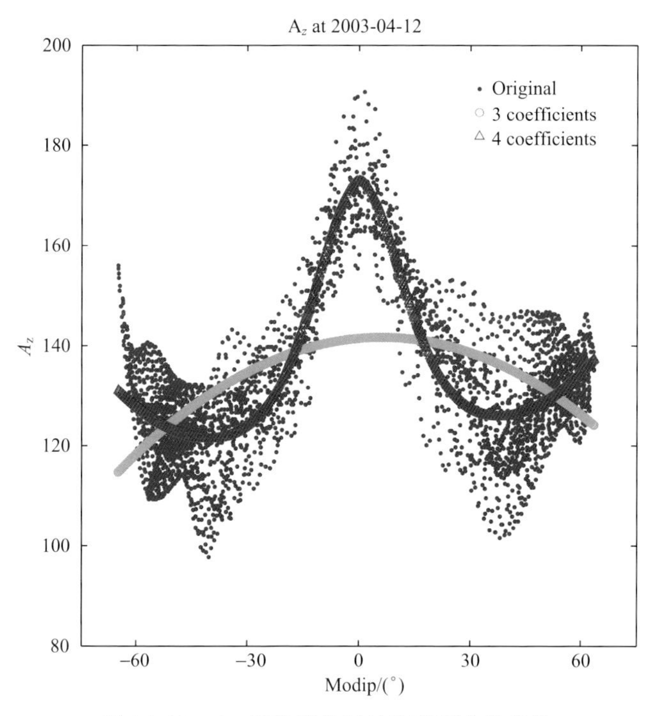

图 14.15　A_z 指数随修正的地磁倾角的变化

(绿色曲线)随修正磁倾角的变化,在磁赤道附近的误差较大。事实上,A_z 指数随修正磁倾角的变化更多地呈现出类"W"型曲线。我们尝试在 A_z 指数建模过程中增加一项:

$$A_z = a_0 + a_1\mu + a_2\mu^2 + a_3\mu^{-2} \tag{14.11}$$

采用 4 系数的拟合结果用红色曲线给出,可见它能更好地呈现 A_z 的变化趋势,尤其是赤道异常区的峰值更加显著。表 14.7 给出了 zi_{10} 的平均值以及对应的改进。

表 14.7　zi_{10} 的平均值以及对应的改进

	3 系数拟合	4 系数拟合	改进
当天	87.56%	89.03%	1.47%
前 1 天	86.46%	87.80%	1.34%
提前 1～3 天	86.08%	87.42%	1.34%
提前 1～5 天	85.66%	86.98%	1.32%

可见,在增加第 4 个系数后,模型预测全球 TEC 的能力得到进一步提高,平均改进约为 1.37%。改进并不显著的原因可能是,NeQuick 模型本身不能准确地描

述赤道电离层的周日变化,导致 Galileo 系统电离层修正模型的精度也有一个周日变化。因此在驱动因子 A_z 的建模过程中,需要考虑采用新的多项式函数来包含这种周日变化的影响。

(3) 一些其他考虑。例如,实际应用中某些观测站的数据可能会缺失,导致可用的观测数据在全球范围内覆盖不均匀等问题。当某一观测站数据缺失时,通常采用更早时间的历史数据来代替。因此,对 1998～2012 年的观测数据分别用过去 1～3 天,1～5 天的数据来进行 TEC 预测,并和利用前 1 天数据的计算结果进行对比。研究结果发现,提前 1 天,1～3 天和 1～5 天预报的结果中,有近 13.5%、13.9%和 14.3%的垂直 TEC 误差超过了 10TECU。如果单独采用提前 3 天或提前 5 天的历史数据来进行预测,模型的精度可能会进一步降低。因此,在电离层修正模型中如果需要采用历史数据,提前的时间不宜超过 3～5 天。

参 考 文 献

陈丽,冯健,甄卫民. 2006. 利用 GPS 进行电离层闪烁研究. 全球定位系统,9-12.

傅竹风, 胡友秋. 1995. 空间等离子体数值模拟. 合肥: 安徽科学技术出版社.

黄朝松, Kelley M C. 1997. 中纬电离层大尺度扰动的数值模拟 . 地球物理学报, 40 (3) : 301-310.

刘裔文. 2014. 电离层中纬槽研究-统计分析、建模与 CT 反演. 武汉大学博士学位论文.

刘裔文,徐继生,徐良,等. 2013. 顶部电离层和等离子体层电子密度分布——基于 GRACE 星载 GPS 信标测量的 CT 反演. 地球物理学报,56(9): 2885-2891.

罗伟华, 徐继生, 徐良. 2009. 赤道电离层 R-T 不稳定性发展的控制因素分析. 地球物理学报, 52(4) :849-858.

欧明. 2009. 地震电磁卫星中的电离层反演方法研究. 中国电波传播研究所硕士学位论文.

欧明,甄卫民,於晓,等. 2014. 一种基于截断奇异值分解正则化的电离层层析成像算法. 电波科学学报,29(2):345-352.

佘承莉,於晓,罗伟华,等. 2010. 中低纬等离子体泡的非线性数值模拟. 电波科学学报,25(6): 1140-1145.

王霄,史建魁,肖佐,等. 2004. 海南地区电离层漂移的初步研究结果. 科学技术与工程,4(6): 451-454.

谢红. 1991. 中低纬 Spread F 的数值模拟及 BSS 现象的讨论. 北京大学,1991.

谢红,肖佐. 1993. 中低纬 Spread F 的数值模拟. 地球物理学报, 36(1) : 18-26.

徐良,徐继生,朱劼,等. 2009. 电离层不规则结构漂移的 GPS 测量及其初步结果. 地球物理学报,52(1):1-10.

於晓,欧明,刘钝,等. 2010. 地磁暴期间中国中低纬电离层的 CIT 研究. 空间科学学报,30(3): 221-227.

张艳磊,吴健,甄卫民,等. 2010. 利用三站卫星闪烁数据测量电离层不均匀结构漂移速度. 地球物理学报,53(7): 1515-1519.

赵海生. 2010. 三频信标电离层扰动探测及层析成像方法. 中国电波传播研究所硕士学位论文.

甄卫民,冯健. 2009. 星载三频信标探测技术. 第十三届全国日地空间物理学术讨论会论文集.

甄卫民,冯健,陈丽,等. 2007. 多站多路径 GPS 信号研究低纬电离层不均匀体. 电波科学学报,22(1):138-142.

周彩霞,吴振森,甄卫民,等. 2009. 昆明站电离层闪烁形态与海口站的对比分析. 电波科学学报,24(5):832-836.

邹玉华. 2004. GPS 地面台网和掩星观测结合的时变三维电离层层析. 武汉大学博士学位论文.

Abdu M A. 2001. Outstanding problems in the equatorial ionosphere thermosphere electrodynamics relevant to spread F. J. Atmos. Solar Ter r. Phys., 63(9): 869-884.

Aragón-Ángel A, Orús R, Amarillo F, et al. 2005. Preliminary NeQuick assessment for future single frequency users of Galileo. 6th Geomatic Week, 8th -11th February 2005, Barcelona, Spain.

Arbesser-Rastburg B. 2006. The Galileo Single Frequency Ionospheric Correction Algorithm. Presented at the 3rd European Space Weather Week, Brussels, Belgium.

Austen J R, Franke S J, Liu C H, et al. 1986. Application of computerized tomography technique to ionospheric research. URSI and COSPAR International Beacon Satellite Symposium on Radio Beacon Contribution to the Study of Ionization and Dynamics of the Ionosphere and to Corrections to Geodesy and Technical Workshop. Oulu, Finland, Proc. Part I, 25, A. Tauriainen, Ed., University of Oulu.

Bilitza D.2008. Reinisch. International reference ionosphere 2007: improvements and new parameters. Adv. Space Res., 42(4): 599-609.

Briggs B H. 1968. On the anyalysis of moving patterns in geophysics-II. Dispersion analysis, J. Atmos. Solar-Terr. Phys., 30:1789-1794.

Briggs B H, Phillips G J, shinn D H. 1950. The analysis of observation on spaced receivers of fading of radio signals. Proc. Phys. Sci., 63:106-121.

Briggs B H, Phillips G J, shinn D H. 1968. On the analysis of moving patterns in geophysics-I. Correlation analysis. J. Atmos. Solar-Terr. Phys., 30(10):1777-1788.

Fremouw E J, Secan J A. 1992. Application of stochastic inverse theory to ionospheric tomography. Radio Sci, 27(5): 721-732.

Hajj G A, Lee L C, Pi X, et al. 2000. COSMIC GPS ionospheric sensing and space weather. Terrestrial, Atmospheric and Oceanic Sciences, 11(1): 458-467.

Hansen A J, Walter T, Enge P. 1997. Ionospheric correction using tomography. Proceeding of Institute of Navigation ION GPS-97, Kasas City, Missouri, USA, September, 16-19: 249-260.

Kil H, Kintner P M. 2000. Global Positioning System measurements of the ionospheric zonal apparent velocity at Cachoeira Paulista in Brazil. J. Geophys. Res., 105(A3): 5317-5327.

Kintner P M, Ledvina B M, Paula E R, et al. 2004. Size, shape, orientation, speed, and duration of GPS equatorial anomaly scintillations. Radio Sci., 39: RS2012.

Klobuchar J A. 1987. Ionospheric Time-Delay Algorithm for Single-Frequency GPS Users. IEEE Trans. Aerosp. Electron. Syst., AES-23 (3): 325-331.

Kunitsyn V E, Andreeva E S, Razinkov O G. 1997. Possibilities of the near-space environment radio tomography. Radio Sci., 32(5),13(12):1953-1963.

Kunitsyn V E, Andreeva E S, Razinkov O G, et al. 1994. Phase and Phase-Difference Ionospheric Radio Tomography. Int. J. Imag. Sys. Tech., 5:128-140.

Ledvina B M, Kintner P M, Paula E R. 2004. Understanding spaced-receiver zonal velocity estimation. J. Geophys. Res., 109: A10306.

Nava B, Coïsson P, Radicella S M. 2008. A new version of the NeQuick ionosphere electron density mode. Journal of Atmospheric and Solar-Terrestrial Physics, 70: 1856-1862.

Ou M, Chen L, Yu X, et al. 2014. A new function-based computerized ionospheric tomography algorithm. IEEE, XXXIth URSI General Assembly and Scientific Symposium (URSI GASS).

Ou M, Zhang H B, Liu D, et al. 2011. GNSS Based Computerized Ionospheric Tomography and its Potential Applications. China Satellite Navigation Conference, CSNC.

Ou M, Zhang H B, Zhen W M. 2012. GPS-based ionospheric tomography with constrained IRI as a regularization. IEEE, Antennas Propagation and EM Theory (ISAPE), 10th International Symposium.

Pryse S E, Kersley L. A preliminary experimental test of ionospheric tomography. J. Atmos. Terr. Phys.,54:1007-1012.

Roberto P C, Raül O R, Edward B, et al. 2014. Performance of the Galileo Single-Frequency Ionospheric Correction during In-Orbit Validation. GPS World, June 1, 2014. http://gpsworld. com/innovation-the-european-way/.

Strobel D F, Mcelroy M B. 1970. The F_2 layer at mid-latitudes. Planet Space Sci., 18:1181-1202.

Thampi S V, Pant T K, Ravindran S, et al. 2004. Simulation studies on the tomographic reconstruction of the equatorial and low-latitude ionosphere in the context of the Indian tomography experiment: CRABEX. Ann. Geophys., 22: 3445-3460.

Wernik A W, Liu C H, Yeh K C. 1983. Modeling of Spaced-receiver scintillation measurements. Radio Sci., 18(3):743-764.

Xiao R, Xu J S, Ma S Y, et al. 2012. Abnormal distribution of ionospheric electron density during November 2004 super-storm by 3D CT reconstructions from IGS and LEO/GPS observations. Sci China Tech Sci, 55(5):1230-1239.

Yin P, Mitchell C N. 2005. Use of radio occultation data for ionospheric imaging during the April 2002 disturbances. GPS Solutions, 9:156-163.

Yizengaw E, Moldwin M B, Komjathy A, et al. 2006. Unusual topside ionospheric density response to the November 2003 superstorm. J. Geophys. Res., 111: A02308.

Yu X, She C, Zhen W, et al. 2014. Ionospheric correction based on ingestion of Global Ionospheric Maps into the NeQuick 2 model. The scientific world Journal, accepted.

Yu X，Zhen W，Ou M，et al. 2014. Ionospheric correction based on NeQuick 2 model adaptation to Global Ionospheric Maps. 31th URSI workshop，Beijing.

Zalesak S T. 1979. Fully multidimensional flux corrected transport algorithms for fluids. J. Comput. Phy s.，31：335-362.

Zhao H S，Xu Z，Wu J，et al. 2010. Ionospheric tomography of small-scale disturbances with a triband beacon A numerical study. Radio Sci，45：RS3008.

第15章 极区电离层“等离子体云块”研究

张清和[1,2] 张北辰[2] 杨升高[2,3] 王 勇[1]

1山东大学空间科学研究院,山东省“光学天文与日地空间环境”重点实验室,威海 264209

2中国极地研究中心,国家海洋局极地科学重点实验室,上海 200136

3解放军理工大学气象海洋学院,南京 211101

15.1 引 言

极区是地球开向太空的天然窗口,地球磁力线在极区垂直高度会聚并对太空开放,因而,来自太阳风的能量和粒子等能直接进入极区高层大气,且太阳风-磁层相互作用引起的各类动力学过程可直接映射到极区电离层,使得极区电离层等离子体沉降、输运等过程极为复杂多变。

极区电离层等离子体沉降、输运等过程中伴随着众多的不均匀体结构,其中包括:日侧高纬电离层的舌状电离区(tongue of ionization)(Sato and Rourke, 1964),极区电离层等离子体云块(polar ionospheric plasma patches)(Weber et al., 1984; Crowley, 1996)和高纬等离子体槽(high-latitude trough)(Collis et al., 1988, Evans et al., 1983)等。其中极区电离层“等离子体云块”最为常见(图15.1)。像天气预报里的云一样,极区电离层等离子体云块是在电离层高度(80~1000km)上由密度高出背景(红色箭头所指)两倍或两倍以上的等离子体团组成(Crowley, 1996)。其尺度从几百到几千公里不等。

自20世纪80年代初Weber等(1984)首次从630.0nm波段全天空成像仪中观测“等离子体云块”以来,人们就其等离子体来源、形成机制、演化特征等开展了众多研究工作。由于地球大气中性成分会因受太阳光的照射而被电离(光致电离),在日侧会形成密度较高的电离层等离子体。这些等离子体在受到地球自转和电离层对流的影响后,部分被“甩”成一个“舌状”的窄带从磁正午附近伸进极盖区(通常被称之为舌状电离区(“tongue” of ionization))。Sojka等(1993)研究认为舌状电离区(tongue of ionization)可能是等离子体云块的源区。理论上,极区电离层等离子体云块在亚极光带或极隙区附近产生,并沿极区电离层对流线向极盖区运动,最后从夜侧流出极盖区。整个演化过程中“等离子体云块”内带电粒子因与周围相反极性带电粒子复合而密度逐渐减小。然而,由于极区的恶劣自然环境和观测数据的缺乏,这些“等离子体云块”如何形成和演化,尤其是在恶劣空间天气环

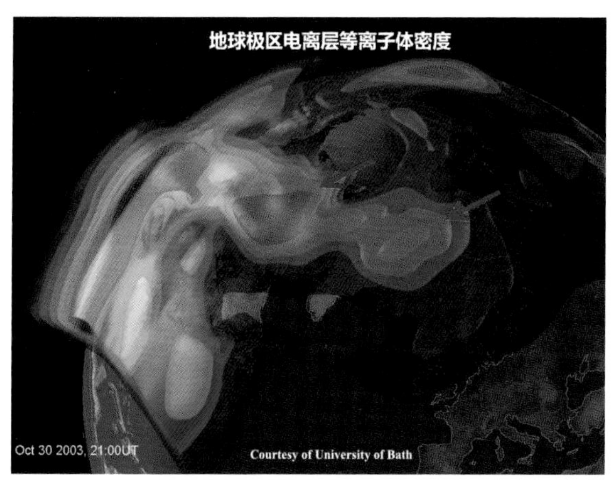

图15.1 极区电离层“等离子体云块”示意图

境下如何形成和演化，一直是困扰国际空间天气和通信导航等领域科学家的一大难题。

目前，该等离子体云块的形成机制被归纳为以下三种（Moen et al.，2006；Lockwood et al.，2005a，2005b；Oksavik et al.，2006）：①极隙区对流模式受行星际磁场（IMF）调制，导致不同密度等离子体先后进入极隙区而形成（Anderson et al.，1988；Rodger et al.，1994；Milan et al.，2002）；②由新开放磁通管中增强的等离子体复合引起爆发式对流通道中的等离子体耗散而形成（Rodger et al.，1994；Sojka et al.，1993；Valladares et al.，1994；Pitout and Blelly，2003；Pitout et al.，2004）；③脉冲式日侧磁重联的发生使得开闭磁力线边界向赤道方向高密度光致电离区域侵蚀，随后携带高密度等离子体沿极区电离层对流线向极盖区运动而形成（Lockwood and Carlson，1992；Carlson et al.，2004，2006；Zhang et al.，2011a，2013a）。然而，研究发现这些机制间相互关联、彼此依存，哪种机制占主导作用仍不清楚。我们之前的工作就首次发现行星际磁场（IMF）$|B_Y|$通过对日侧磁重联的发生位置的调制作用而直接影响等离子体云块的形成（Zhang et al.，2011a）。近年来，为弄清极区电离层等离子体云块的形成机制，国际上开展了众多的地面多设备联合观测会战，挪威和美国等也制定或完成了一系列的火箭探测计划，也在一定程度上揭示了极区等离子体云块的形成过程（Lorentzen et al.，2010）。然而，由于地面探测的区域覆盖局限性、火箭探测的空间和时间局限性等，极区电离层等离子体云块的形成机制仍有待进一步研究和证实。另外，欧美科学家曾通过数据同化等技术简单地揭示了极区等离子体云块的演化过程。然而，由于极区恶劣的自然环境和缺乏大范围连续的观测，之前的很多结果研究仍旧是“盲人摸象”，无法给出完整清晰的动态物理图像，因此准确建模十

分困难。

极区电离层“等离子体云块”的形成和演化常常引起极端空间天气环境,给人类的通信、导航、电力设施和航天系统等造成很大的危害(Weber,1984; Basu et al.,1987,1988)。例如,这些结构所引起的极端空间天气环境能使人类的超视距无线通信和卫星-地面间的通信中断,直接影响近地飞行器(飞机、宇宙飞船等)和低轨卫星等的正常运行及其与地面通信。Oksavik 等(2010)曾利用 SuperDARN 雷达网对北极极区的全域对流观测并结合 EISCAT 雷达的协同观测数据,简单地推测了其所观测的等离子体云块事件的演化过程。然而,由于地面和卫星观测的空间和时间局限性以及极区电离层的复杂多变性,极区电离层等离子体云块的演化特征至今仍远未清楚。因此,研究极区电离层“等离子体云块”如何形成和演化及其所伴随的现象是国际空间天气领域中重要的研究课题。

本章下面将介绍山东大学(威海)和中国极地研究中心极区电离层联合研究小组利用欧洲非相干散射雷达(EISCAT)、国际超级双子激光雷达网(SuperDARN)雷达和电离层测高仪的协同共轭观测以及全球定位系统(GPS)地面接收机反演获取的电离层总电子含量(TEC)数据,结合部分磁层和电离层卫星的实地探测,以及极区电离层数值模拟,对极区电离层等离子云块的形成机制和演化特征及其相伴随的物理现象的研究。

15.2　极区电离层等离子体云块的形成机制

15.2.1　观测设备介绍

(1) EISCAT 雷达

欧洲非相干散射雷达(EISCAT)(Wannberg et al.,1997)出现于 20 世纪 80 年代早期。包括我国在内,目前全球已有八个国家参与 EISCAT 合作项目。非相干散射雷达根据介电常数的热随机起伏引起电磁波散射的原理,在地面向电离层高度发生大功率电磁波并接收其回波以探测电离层特性。雷达探测的散射回波信号的功率、能谱(或自相关函数)和极化特征,可推测算出电离层电子密度、电子温度、离子温度和等离子体平均漂移速度等多种电离层参数,是一种在地面上探测电离层的最有效的手段,可以获得作为时间和空间函数的电离层形态的几乎完整的结构。

EISCAT Svalbard 雷达(简称 ESR,位于 Longyearbyen,78.15° N,16.03° E)由两部 UHF 雷达组成。一部为直径 32m 可旋转碟形天线,其方位角可在 0～360°范围内变化,仰角可在 30°～180°范围变化,可观测地磁纬度范围约为 75°～82°。另一部为直径 42m 固定碟形天线,其方位角为 181°,仰角为为 81.6°,其视线沿磁力线方向,可测量高度范围为 100～1000km。

EISCAT VHF雷达(位于Tromsø，69.59° N,19.23° E)由4个30m×40m的抛物面天线构成,其工作频率为224MHz。方位角可在±15°范围内变化,仰角在北向的30°～90°范围内变化。

当ESR雷达32m天线和EISCAT VHF雷达低仰角北指向观测时,其视线方向可从挪威北部对地磁维度为68°～85°范围(覆盖亚极光-极隙区和部分极盖区)实施同时观测,能很好地监测等离子体云块的形成和演化过程。

(2) SuperDARN雷达

超级双子极光雷达网(SuperDARN)(Greenwald et al.，1995)是由分布在南北半球的31部高频相干散射雷达组成,其中北半球22部,南半球9部。在正常工作模式下,每部SuperDARN雷达在16个波束方向上连续扫描(波束0～15),相邻波束间隔为3.24°,波束停驻时间为7s时,一次完整的扫描需要2min,覆盖大约52°的方位角,门距45km时覆盖最大距离约3000km(图15.2所示)。所有雷达的扫描同步开始于0:00UT,利用这2min内所有雷达测量的视线速度,通过球谐拟合的算法可以推断电离层电势的分布,进而得到全球对流图像。这样的空间覆盖范围和时间分辨率使得该雷达网能在全球尺度上对高纬电离层等离子体对流和磁层多个重要区域的电离层踪迹进行即时的监测。它是探测大尺度极区电离层对流的最有效手段之一。

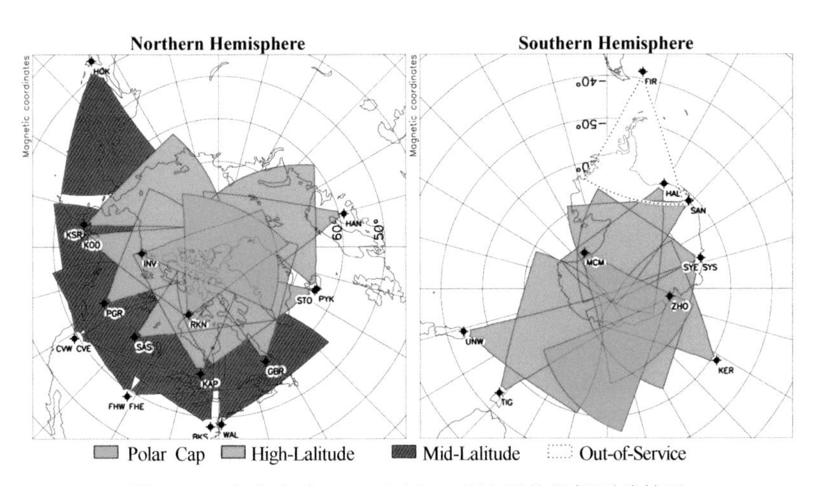

图15.2 南北半球SuperDARN雷达网的视场覆盖情况

CUTLASS雷达是英国莱斯特大学在芬兰(位于Hankasalmi,62.32° N,26.61° E)和冰岛(位于pykkvybær,63.86° N, 19.20° W)建立的两部高频相干散射雷达,是SuperDARN雷达网的重要组成部分。其中,芬兰雷达第9波束和冰岛雷达第5波束正好交叉覆盖我国北极黄河站上空电离层区域,对该区域F层形成二维观测。

(3) GPS TEC

全球导航卫星的广泛应用为我们探测和研究电离层带来了革命性的变化。众多导航卫星组成了全球定位系统(GPS),地面 GPS 接收机可通过接收 GPS 信号,利用 GPS 信号折射效应导出电离层总电子含量(total electron content,TEC)。GPS 地面接收机也密集覆盖北半球整个极区,可获取电离层全域等离子体密度分布(Coster et al.,2003)。

15.2.2 证实等离子体云块的主要形成机制——日侧磁重联

(1) 等离子体云块的形成与 IMF $|B_y|$ 密切相关

我们(Zhang et al.,2011a)利用 2004 年 2 月 11 日 11:30～13:00 UT 期间 EISCAT Svalbard 雷达(ESR)和 Tromsø VHF 雷达以及 SuperDARN CUTLASS 芬兰雷达的协同观测研究了等离子体云块的形成机制。在此期间,行星际磁场条件为较强南向。ESR 32m 天线以 30°仰角指向地磁北极点(方位角 336°),同时 Tromsø VHF 雷达也以 30°仰角指向地理北极点(方位角 359.45°)。图 15.3 画出了 ESR 32m 天线和 VHF 雷达的视线方向,ESR 32m 天线视线方向覆盖 76°～85°范围,而 VHF 雷达覆盖 68°～80°范围。因此,能几乎在同一个方向上同时监测从亚极光带到极盖区的电离层等离子体的输运情况。这些雷达均能提供电子数密度、电子温度、离子温度和离子视线速度监测数据。

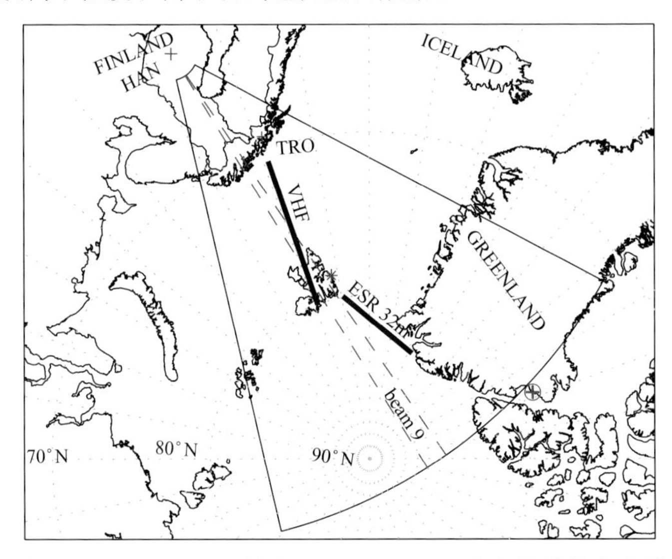

图 15.3　ESR 32m 天线和 EISCAT VHF 雷达的视线方向及 CUTLASS 芬兰雷达视场范围示意图。红色虚线表示 CUTLASS 芬兰雷达第 9 波束的视线方向,"⊕"表示地磁的北极点

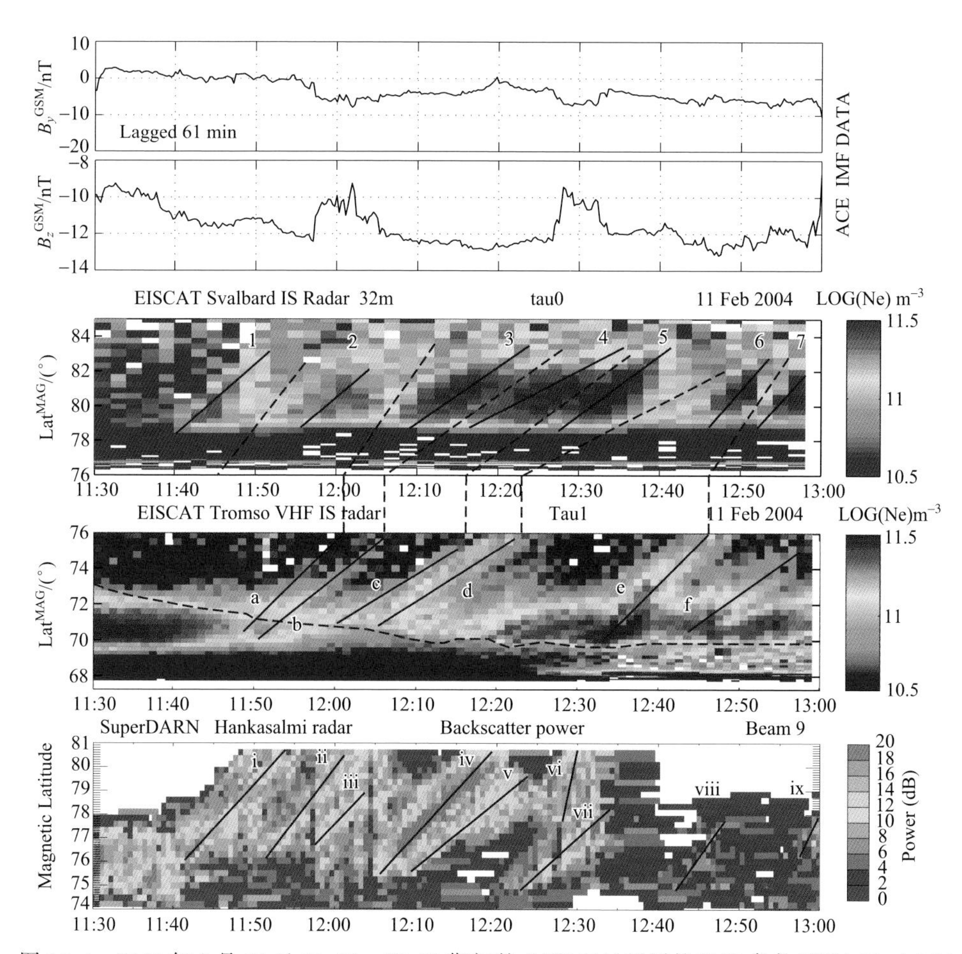

图 15.4　2004 年 2 月 11 日 11:30～13:00 期间的 ACE 卫星观测的 IMF 条件(延时 61min)与 ESR 32m 天线和 VHF 雷达观测的电子数密度以及 CUTLASS 芬兰雷达观测的后向散射强度随时间和地磁纬度的变化情况

由图 15.4 可知，在整个时段内，IMF B_z 均保持负值(－9～－13nT)，即保持南向，同时 IMF B_y 分量在 11:54 UT 之前保持小的正值，之后便转为负值(只在 12:20 UT 附近接近于零)。在这种 IMF 条件下很容易导致日侧磁层顶磁场重联的发生(Zhang et al.，2008，2011b)。在此期间，ESR 和 Tromsø VHF 雷达观测的电子数密度中均出现了一系列的间歇性高密度区域沿雷达视线方向向高纬的运动(被称之为极向运动等离子体密度增强(PMPCEs)，或等离子体云块)。我们将这些等离子体云块用黑色实线标出，并加以编号。同时，SuperDARN CUTLASS 芬兰雷达第 9 波束亦观测到了一系列的“极向运动雷达极光结构”(PMRAFs)，PMRAFs 通常被人们视为日侧磁层顶低纬磁重联产生的通量传输事件(FTEs)在极区电离层的典型雷达观测特征。这些事件具有准周期性,其周期约为10min,与FTEs出现周期一致。比较以上三部雷达的观测结果,发现ESR和VHF雷达所观测的等离子体云块与SuperDARN CUTLASS芬兰雷达观测到的PMRAFs几乎有着一一对应的关系,表明这些结构与日侧磁重联有关。

比较ESR和VHF雷达所观测的等离子体云块,发现ESR观测的等离子体云块电子密度要高得多,而VHF观测的等离子体云块密度只与ESR观测的两云块间的密度相当。根据雷达所处的磁地方时和纬度,我们给出了合理的模型解释。图15.5展示了由日侧磁重联形成的等离子体云块全过程的示意图。图15.5(a)示意了在东南向IMF条件下日侧磁层顶重联点的分布情况。图15.5(b)～(e)中红色弧线表示地球开闭磁力线边界(OCB)在极区电离层的投影,黑色到灰色色块表示等离子体密度,越黑密度越高,黑色斜线表示ESR和Tromsø VHF雷达的视线方向。由图可知,当日侧磁重联发生后,开闭磁力线边界会向低纬一侧跳转,而在低纬度一侧是密度较高的区域。这是因为在太阳光照射下,地球大气被部分电离,越靠近正午电离越厉害,等离子体密度越大,往晨昏两侧密度逐渐减小。随着开闭磁力线边界向高纬恢复,高密度的等离子体和它一起极向运动,由于越往晨昏侧重联形成的开放磁力线磁张力越大,所对应的OCB极向恢复越快,这样昏侧OCB所携带的较高密度等离子体便追上了磁正午极隙区附近的OCB,并在其低纬一侧和它一起极向运动,这就逐渐形成了等离子体云块。由于VHF雷达所处的地方时为14:30,较昏侧,只看到较高密度等离子体结构的极向运动,而ESR雷达所观测的方向正好在磁正午附近,便观测到了

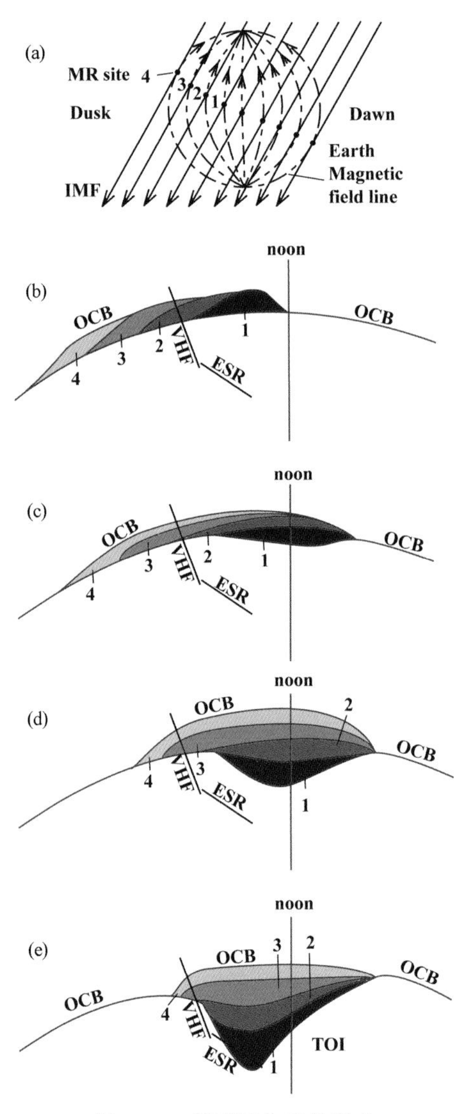

图15.5　等离子体云块形成过程示意图(Zhang et al., 2011a)

一系列的高密度等离子体云块。

值得注意的是，在11:54之前和12:20附近，VHF雷达没有观测到等离子体云块，而ESR观测的等离子体云块3,4,5也没有很好地分隔开，这可能是因为这期间IMF B_y 接近于零，日侧磁重联仅在日侧磁层顶日下点附近发生，因而出在昏侧的VHF雷达便看不到等离子体云块，而ESR雷达观测到的等离子体云块也就没有很好地分隔开了。这很好地解释了多部雷达的观测。

这些观测证实了由于日侧磁层顶磁重联的发生，开闭磁力线边界(OCB)向赤道扩张到了亚极光带区域(该区域由于光致电离而产生了高密度等离子体)，随后携带着高密度等离子体随着OCB一起极向恢复进入极盖区，从而形成极盖区等离子体块(polar cap patches)。这些观测同时也表明极盖区等离子体块的形成与行星际磁场(IMF)$|B_y|$的大小有着明确的关系。根据这些持续事件，推出了新开放的通量管从亚极光带区域运动到极盖区中的平均演化时间为33min。

(2) 早晨侧对流元中观测到的切割自舌状电离区的等离子体云块

我们(Zhang et al., 2013a)利用2004年3月13日07:00～08:30 UT期间EISCAT Svalbard雷达(ESR)和Tromsø VHF雷达协同观测，结合极区全域GPS TEC和SuperDARN雷达对流数据，研究了等离子体云块的形成机制。在此期间，行星际磁场条件在07:46 UT之前为南向，之后南北跳转。与前一事件一样，本事件期间，ESR 32m天线也是以30°仰角指向地磁北极点(方位角336°)，同时Tromsø VHF雷达也以30°仰角指向地理北极点(方位角359.45°)。因此，也能几乎在同一个方向上同时监测从亚极光带到极盖区的电离层等离子体输运情况。这些雷达均能提供电子数密度、电子温度、离子温度和离子视线速度监测数据。

由图15.6可知，在07:46 UT之前，IMF B_z 保持负值(−1～−6nT)，即保持南向，IMF B_y 在零附近变化；在07:46 UT之后，IMF B_z 量减小并在零附近变化直至08:10 UT之后基本变为正值，而IMF B_y 在变为负值，并持续为负。在07:46 UT之前这种IMF条件下很容易导致日侧磁层顶磁场重联的发生(Zhang et al., 2008, 2011b)。在此期间，ESR和Tromsø VHF雷达观测的电子数密度中均出现了一系列的间歇性高密度区域沿雷达视线方向向高纬运动(被称之为等离子体云块)。将这些等离子体云块用黑色实线标出，并加以编号。值得注意的是，ESR和VHF雷达观测到的等离子体云块有着本质的不同，ESR观测到的等离子体云块电子密度很高、电子温度低(命名为类型H)，说明是源自舌状电离区；而VHF雷达观测的等离子体云块电子密度较低、电子温度高(命名为类型L)，说明是由重联引起的粒子沉降所引起。取出400km高度，两部雷达的电子数密度，经过时延后，发现VHF观测到的等离子体云块的峰值和ESR雷达观测的等离子体云块间的谷值几乎一一对应，说明它们虽然源不一样但形成过程密切相关。

图15.7显示，全域GPS TEC数据显示在日侧形成了舌状电离区，切在其舌

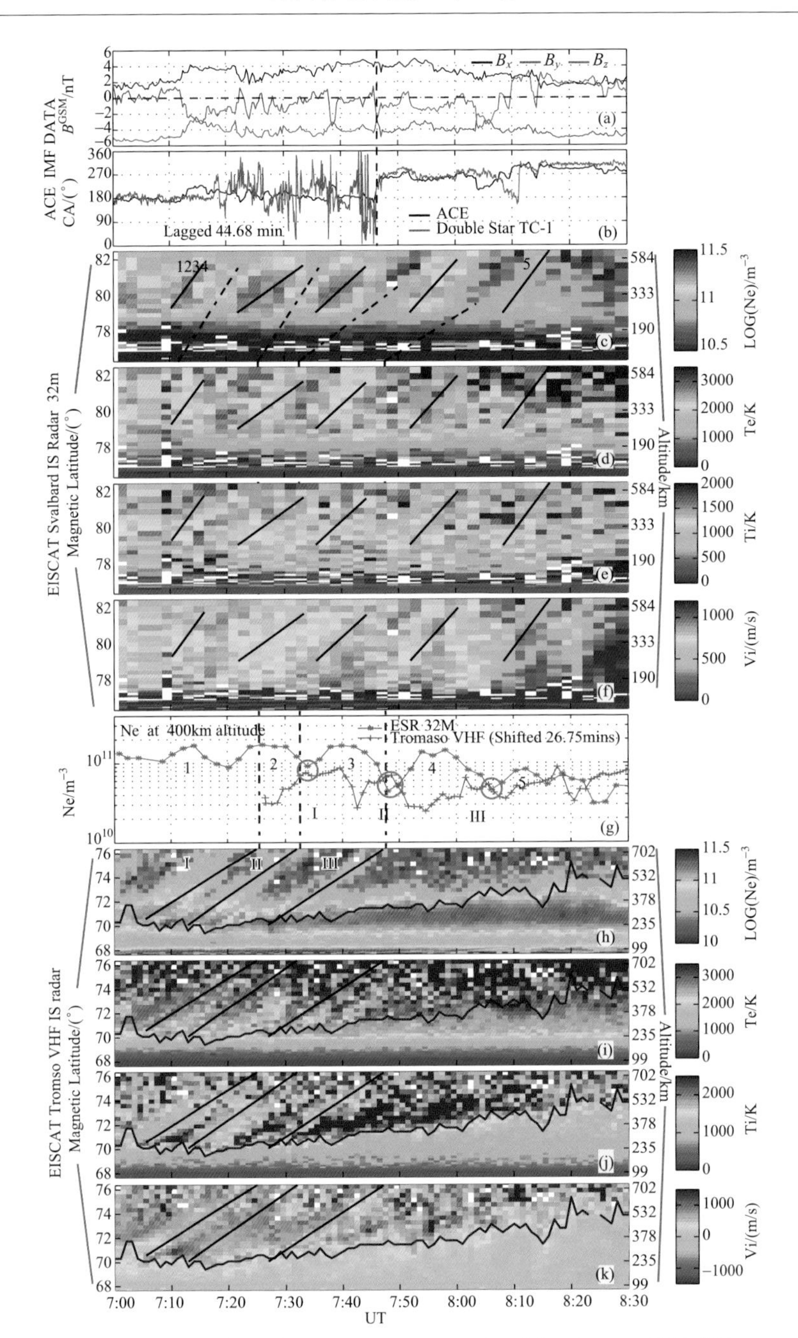

图 15.6　2003 年 3 月 13 日 EISCAT Svalbard 和 Tromso 雷达观测电离层等离子体数据和 ACE 卫星行星际磁场数据

(a)行星际磁场三分量;(b)行星际磁场时钟角;(c)和(h)电子数密度;(d)和(i)电子温度;(e)和(j)离子温度;(f)和(k)离子视线速度;(g)400km 高度两部雷达的电子数密度(Zhang et al., 2013a)

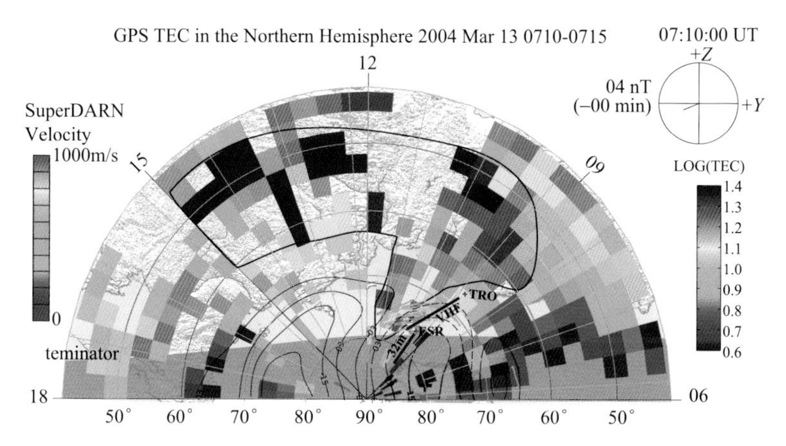

图 15.7　全域 GPS TEC 和 SuperDARN 电离层对流在地磁和磁地方时坐标系下的分布情况。图中黑色弧线圈出了舌状电离层，黑色粗斜线标出了 ESR 和 VHF 雷达的视线方向(Zhang et al., 2013a)

尖前端，分离出了部分块状结构，为等离子体云块。而 SuperDARN 雷达观测的对流数据显示，在 VHF 雷达视线方向上有明显的对流增强，形成了对流通道，这也是日侧磁层顶脉冲式磁重联的典型电离层特征(Zhang et al., 2008, 2011b)。

基于上述观测，我们提出了合理的模型解释，如图 15.8 所示。图 15.8(a)给出两个重联脉冲，图 15.8(b)～(f)展示了两类等离子体云块的形成和演化过程。图中不同的颜色表示不同等离子体结构。浅紫色到白色阴影区域代表了低纬光致电离区，该区域等离子体密度高，温度低，而叠加在该区域上的紫色到粉色阴影区域代表了舌状电离区(TOI), TOI 中等离子体密度更高，且温度低。黄色到红色的阴影区域表示因重联引起粒子沉降而形成的等离子体云块，该区域密度较之背景高，但较之 TOI 低，但电子温度高。同时，灰色阴影就是极盖区冷而稀的等离子体。

在 t_1 时刻第一个重联发生，OCB 赤道向跳转同时极盖区向赤道向膨胀。OCB 跨过 TOI 舌尖部分，并由于重联形成一个电场作用于该舌尖部分，同时，重联还引起了粒子沉降和对流爆发，形成了对流通道。该对流通道携带着沉降粒子形成的等离子体云块变推着 TOI 舌尖部分极向运动，进而切割了 TOI 形成了 ESR 所观测到的高密度低温等离子体云块。重联停止后，对流减弱，高密度等离子体块从 TOI 结构中完全分离，并与沉降形成的等离子体云块一起极向运动进入极盖区，便形成了两类等离子体云块。第二、三等重联脉冲发生后，将发生同样的事情，因而形成一系列等离子体云块。当 IMF 转北后，重联停止或在比 VHF 雷

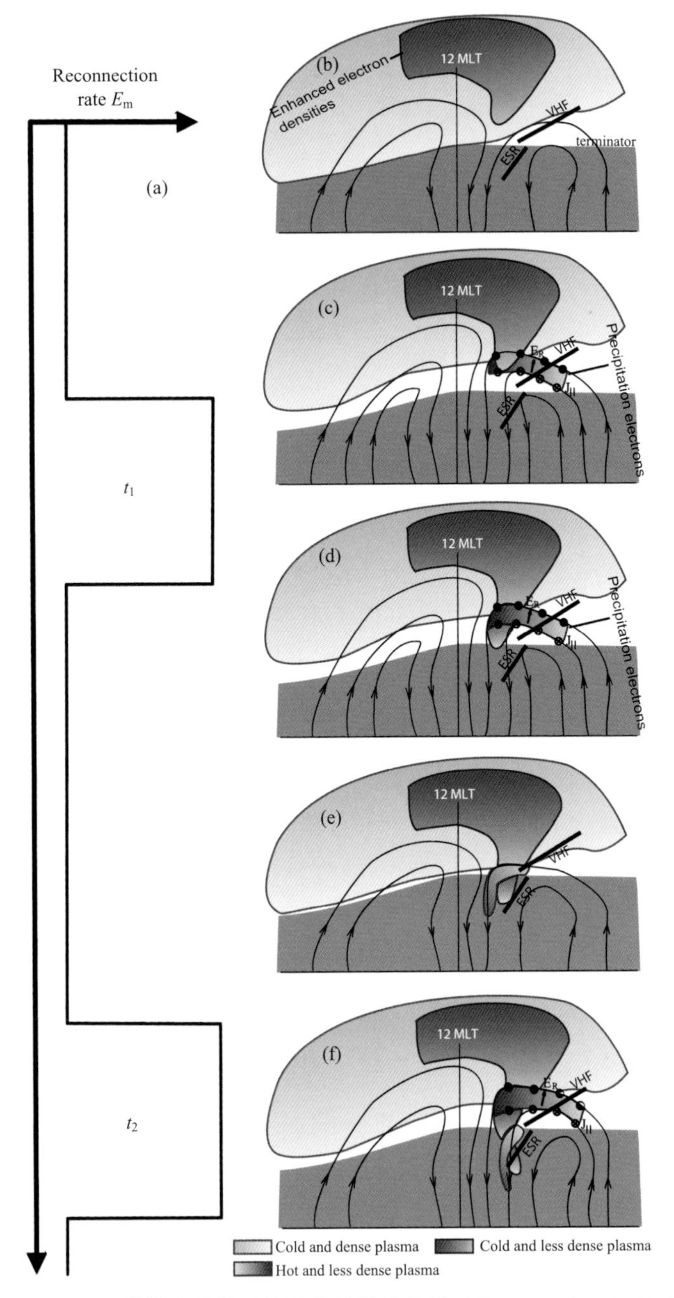

图 15.8　两类等离子体云块形成过程示意图(Zhang et al.，2013a)

达观测范围更高纬度发生，因而 VHF 雷达在 07:46 UT 之后没有观测到等离子体云块。而 ESR 观测到的等离子体云块密度也逐渐降低。

从这些观测中，我们首次在晨侧对流元中同时观测到了两类极向运动等离子体云块：L 类（较低密度类）由日侧磁重联产生的沉降粒子形成并伴随对流增强；H 类（较高密度类）“切割”自日侧舌状电离区（tongue of ionization），日侧磁场重联产生的极区电离层高速流起着“切割”作用，并形成极盖等离子体云块。

（3）数值模拟日侧磁场重联对极盖等离子体云块形成的影响

（A）模型简介

采用张北辰等（2003）的极区电离层一维自洽模型，在综合考虑沉降粒子电离、光化学过程、输运过程的基础上（刘俊明等，2009；刘顺林等，2005；张北辰等，2001），通过求解连续性方程、动量方程以及能量方程，得到电离层等离子体的各参量。考虑的离子包括 O^+，O_2^+，NO^+，N_2^+，中性成分包括 O、O_2、NO、N_2。模型着重考虑强电场作用下 Farley-Buneman 不稳定性和电急流区焦耳热、摩擦热等引起的电离层各种热效应（Zhang et al.，2004）。

磁重联过程表现在极区电离层的一个重要特征就是局地对流电场的增强。本章模拟日侧磁场重联引起的局部增强电场作用下电离层 F 层等离子体参量的变化（Zhang et al.，2004）。通过分析 2004 年 3 月 13 日北半球极区 TEC 分布，观测到 TOI（tongue of ionization）结构，在 0710～0715UT 时刻发生日侧磁重联（Zhang et al.，2013a），高频雷达观测到晨侧局地对流电场增强。

数值模拟考虑对流电场增强区域的电子密度、温度变化，选取模拟区域地理位置为 69.6°N，19.2°E，对流增强区软电子沉降平均能量为 0.5keV，能通量为 0.5erg/(cm^2 · s)。与 2004 年 3 月 13 日相对应，Ap 指数选为 15，F10.7 和 F10.7A 分别为 102.6×10^{-22} W/(m^2/Hz)。理论模拟改变对流电场大小为 20～100mV/m，时间步长为 10s。

（B）模拟结果

图 15.9 中三曲线分别代表光致电离（实线）、光致电离＋软电子沉降（虚线）和光致电离＋软电子沉降＋80mV/m 电场（点划线）作用下 250km 高度电子密度的演化图，横轴是以秒为单位的演化时间，纵轴是对应的电离层 250km 高度的电子密度，时间分辨率为 10s，空间分辨率为 4km。从图中明显看出，粒子沉降能显著增大 F 层电子数密度。当日侧重联引起的局地增强电场即使存在软电子额外电离源的情况下，仍能使局地电子密度小于周围背景电子密度，起到“切割”高密度等离子体结构的作用，所需时间为几十分钟。

图 15.10(a)是 80mV/m 电场和软电子沉降共同作用下电子密度高度剖面随时间的演化，色标值对应某高度、时间的电子密度，单位 m^{-3}，可见在电场作用下，F 层电子密度随时间减小。为直观地表示电场作用下电子密度高度剖面的时间演

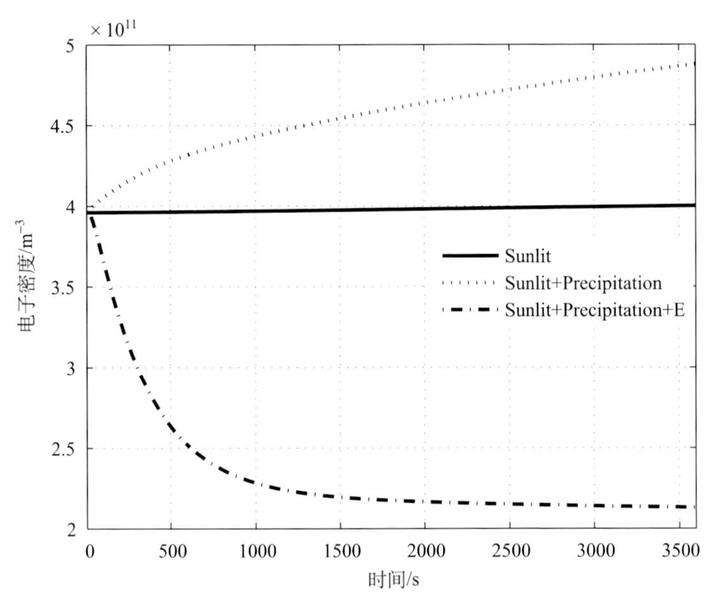

图 15.9 不同物理过程作用下 250km 高度电子密度的时间演化(杨升高等,2014)

化,取每 100s 间隔电子密度高度剖面显示于图 15.10(b)中,箭头指向时间演化方向,在箭头所指方向,F 层峰高逐渐向上抬升,F_1 层变得愈加明显。

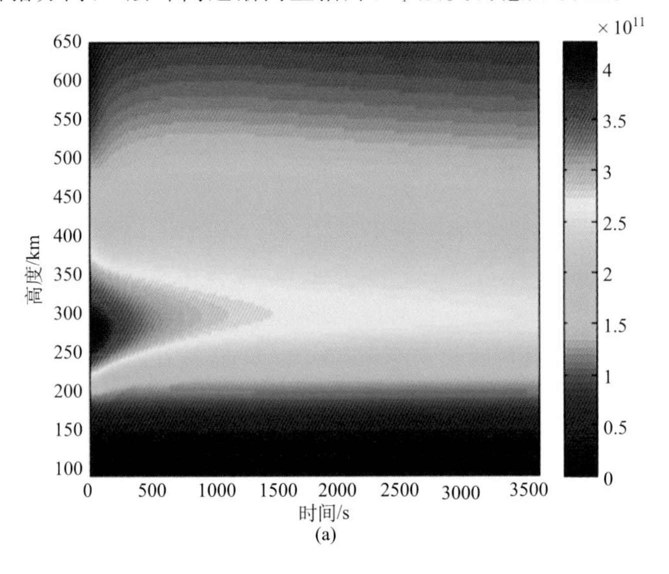

(a)

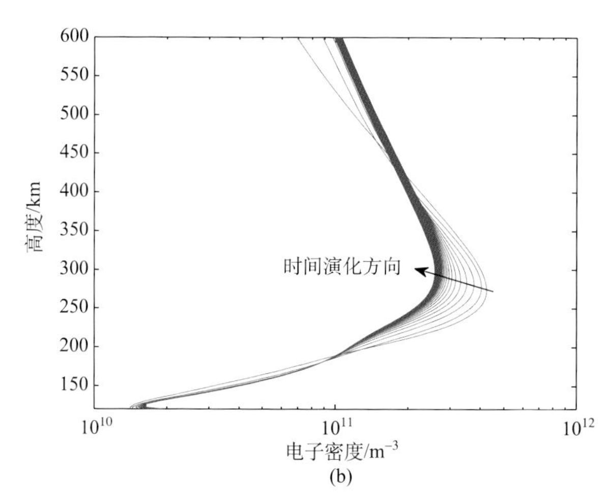

图 15.10　电子密度剖面的时间演化(杨升高等,2014)

图 15.11 是不同强度电场作用下,1h 后 N_mF_2 随电场的变化。图中虚线为仅在光致电离作用下的 N_mF_2。由图可见电场大于 53mV/m(对应等离子体对流速度为 930m/s),局地电子密度减小;当电场大于 80mV/m(对应等离子体对流速度为 1403 m/s)时,电子密度减小为背景的 1/2,可有效“切割”光致电离层等离子体结构,使之形成独立的等离子体结构。

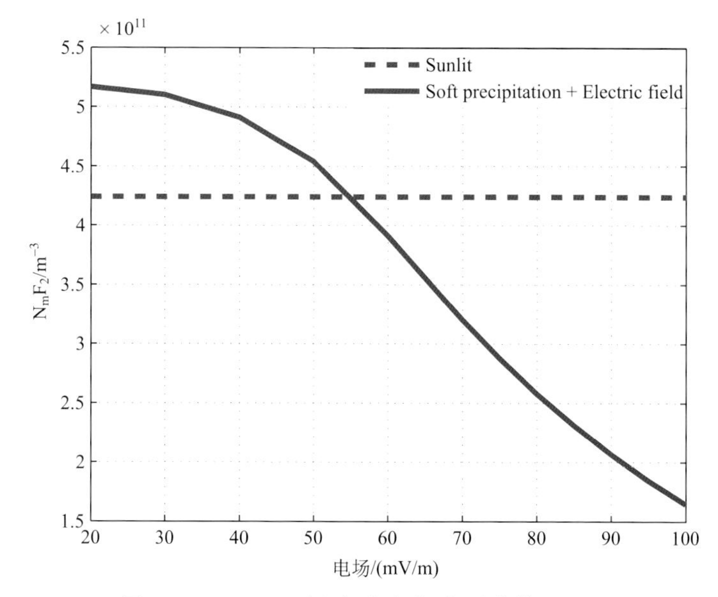

图 15.11　N_mF_2 随电场的变化(杨升高等,2014)

考虑磁场重联引起的局地电场增强和软电子沉降过程,数值模拟了一个典型日侧磁重联事件(2004 年 3 月 13 日 0710UT)期间局地(69.6°N,19.2°E)F 层等离子体参量的变化。结果显示,由日侧磁场重联引起的极区电离层局地对流电场的增强在大于一定量值的条件下能有效降低局地等离子体密度,形成"切割"效应,有利于极盖等离子体云块的形成。

15.3　极区电离层等离子体云块的演化特征

15.3.1　南向 IMF 条件下等离子体云块的演化特征

极区"等离子体云块"的演化特征研究要求必须在极区电离层有大范围、连续的观测。目前国际上符合此项要求的观测设备只有超级双子极光雷达网(SuperDARN)和全球定位系统(GPS)地面接收机网。

利用国际超级双子极光雷达网和全球定位系统地面接收机的联合观测数据,我们(Zhang et al., 2013b)首次直接观测到 2011 年 9 月 26 日一次强磁暴袭扰地球期间,极区电离层"等离子体云块"的完整演化过程。图 15.12 是极区全域 GPS TEC 和 SuperDARN 对流观测数据。图中彩色分布的是 GPS TEC,颜色越红表示含量越高,这些流线是 SuperDARN 雷达获取的极区电离层的对流线。蓝色圆圈出了观测到的等离子体云块。由数据可看出,这里观测到了等离子体云块从产生到沿着对流线演化、出极盖区、破碎和消失的完整过程。

经过进一步的数据和理论分析研究,我们首次发现"夜侧磁重联"在等离子体云块演化过程中扮演着重要的"开关"角色(图 15.13)。当夜侧磁重联发生时,携带云块运动的开放磁力线因重联而闭合,相当于开关打开,云块可以从重联 X 线在电离层投影处流出极盖区,并沿着晨昏两侧对流线向日侧演化,演化过程中密度逐渐减小,进而破碎成斑块,并逐渐沿对流线形成低密度带,当低密度带与"舌状"电离区相遇后,会通过改变局地等离子体环境,而将"舌状"电离区"撞断"形成一块新的等离子体云块。当夜侧磁重联停止时,开关关闭,云块只能在极盖区内沿对流线和通过极盖区的膨胀而向日侧演化。

这也是磁重联引入磁层 50 多年来首次直接完整的观测证实整个 Dungey 循环。他开创了"开磁层"理论,也建立了 Dungey 循环(即磁重联驱动)的磁层大尺度对流模型。也就是当行星际磁场南向时,在太阳风动压和磁层磁压共同作用下,行星际磁场和地球磁场在向阳面磁层顶发生重联,地球闭合磁力线断开后与行星际磁力线相连接。太阳风进一步拖拽这些新开放磁力线向磁尾运动,并在磁尾形成磁力线堆积,再次在太阳风动压和磁尾磁压的作用下在夜侧发生重联,地球磁力线重新闭合,并沿着晨昏两侧回到向阳面,这样一个完整的能量耦合过程。Dungey 循环是由 Dungey 1961 年提出的,虽在局地获得了部分证实(如重联产生

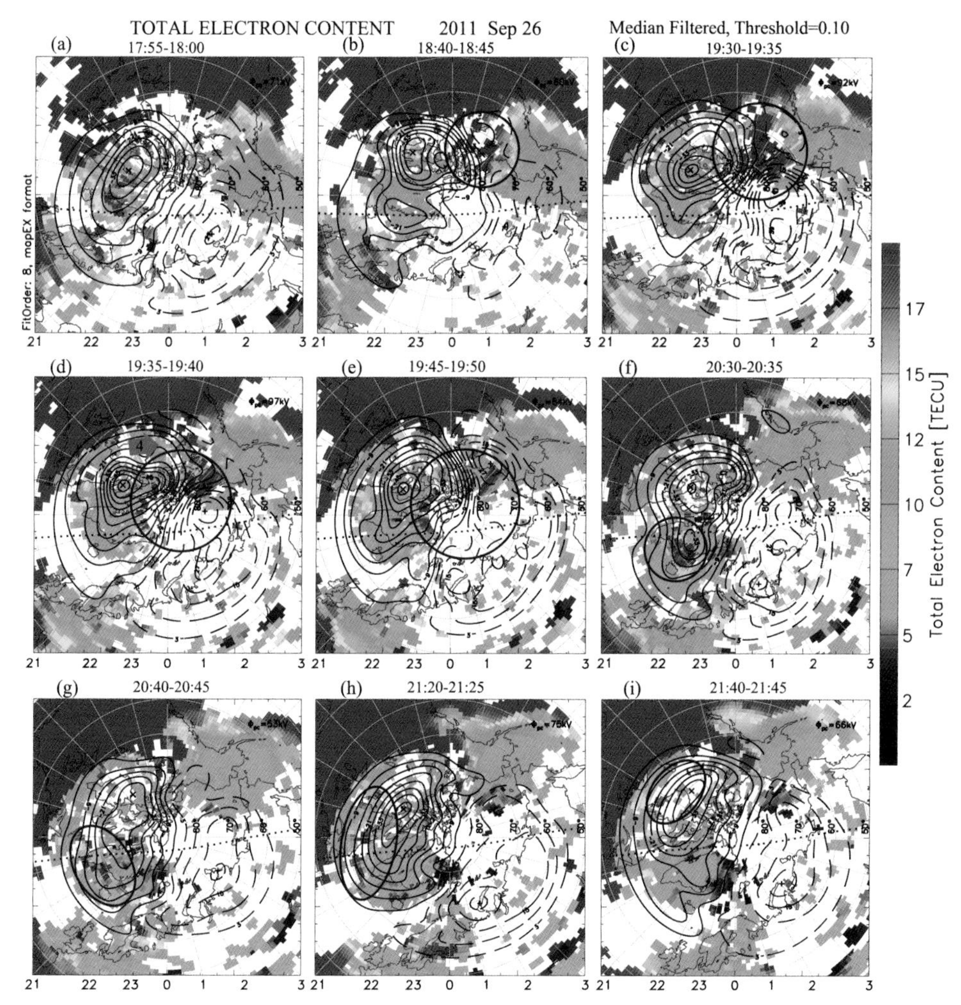

图 15.12 SuperDARN 雷达和 GPS 地面接收站(GPS TEC)联合观测的极区电离层等离子体云块的完整演化过程 (Zhang et al., 2013b)

的 FTEs 等),但由于磁层空间十分浩大,人类无法通过追踪单根磁力线或者单个磁流管的运动或演化,因而 50 多年以来 Dungey 循环一直没有得到直接完整的观测证实。由于这些与重联相关的磁力线的足点落在极区电离层,它们在极区电离层形成一个完整的对流环路,而等离子体云块能随着重联产生的开放磁力线一起运动和演化,因而我们通过追踪等离子体云块的形成和演化完整追踪了整个 Dungey 循环。

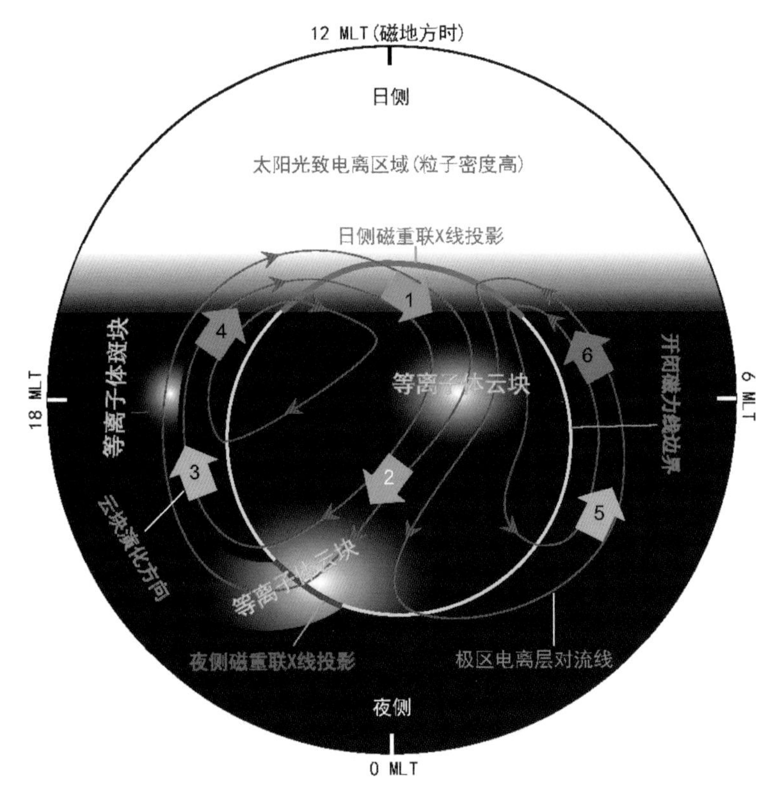

图 15.13　北半球极区电离层等离子体云块演化过程示意图(Zhang et al., 2013b)

15.3.2　IMF 突然转北后等离子体云块的演化特征

15.3.1 节详细阐述了南向 IMF 期间等离子体云块的形成和演化过程,但当 IMF 突然转北后,等离子体云块如何演化仍不清楚。由于北向 IMF 条件,易于发生高纬尾瓣重联(lobe reconnection),而在极盖区电离层形成一个或两个反向对流涡(Huang et al., 2000)。我们(Zhang et al., 2014a)同样利用国际超级双子极光雷达网(SuperDARN)和全球定位系统(GPS)地面接收机的联合观测数据,直接观测到了一个新形成的等离子体云块被高纬重联形成的反向对流元捕获而在反向演化(图 15.14)。随着演化其密度迅速衰减并逐渐消失,这与高纬重联形成的场向电流有关。

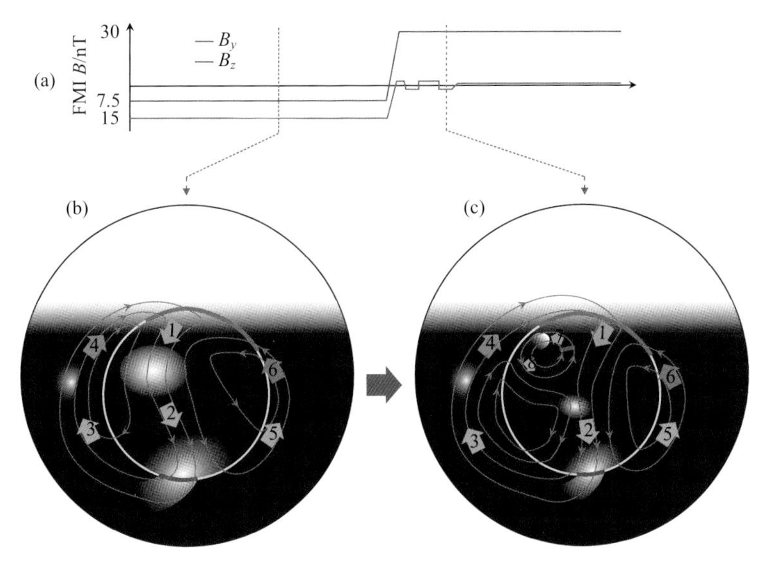

图15.14 北半球极区电离层等离子体云块在南向IMF(b)和北向IMF(c)条件下的演化过程示意图(Zhang et al., 2014)

15.4 等离子体云块相伴随的物理现象

15.4.1 等离子体云块相伴随的 O^+ 上行现象

电离层上行 O^+ 是磁层粒子的重要补充,是磁暴期间环电流能量密度的主导成分(Shelley et al., 1972; Daglis, 1997; 傅绥燕,2013)。电离层离子上行/外流途径有极盖区极风外流、极尖/极隙区离子喷泉和极光椭圆区离子上行(Yua and Andre, 1997; Lockwood et al., 1985),中低纬度/等离子体层的剧烈变化与相互耦合对氧离子上行和环电流可能有重要贡献(Foster et al., 2004; Moore et al., 2008; 马淑英,2013)。但 O^+ 上行的主要源区、加速机制和逃逸路径至今也远没弄清楚。我们(Zhang et al., 2014b)通过极区电离层全域GPS TEC数据和Super-DARN对流数据,结合电离层卫星实地探测,发现极盖区等离子体云块是 O^+ 上行的一个非常重要的源区,并发现它们主要是通过极盖区软电子沉降形成的双极电场进行的加速。

15.4.2 等离子体云块引起的电离层F层空白

电离层F层空白(F-lacuna)是发生在高纬电离层的一种典型现象,是在测高仪电离图上表现为部分或全部F层描迹的消失现象。按照回波描迹消失的高度不同,将 F-lacuna 分为 F_1-lacuna,F_2-lacuna 以及 totoal lacuna。三种典型的 F-lacuna在测高仪上的特征如图 15.15 所示。由于 F-lacuna 经常伴随 SEC(slant Es condition),两者之间的关系值得研究。前人研究表明,F-lacuna 形成的原因可能是能量粒子沉降引起的大尺度不规则体(Sylvain et al., 1978),也可能是等离子体不稳定性引起的电离层不规则体(Morris et al., 2004),即可能与等离子体云块有关。但到目前为止,还没有对该现象所揭示的电离层物理过程给出合理解释。Yang 等(2014)利用中国南极中山站 7.5min 间隔测高仪电离层图数据,对 F-lacuna 的时间特性、同地磁指数、行星际磁场以及 TEC 相关性进行了统计分析研究,发现 F-lacuna 的发生呈现明显的晨昏不对称性,同时观测的 GPS TEC 用来勘察 F-lacuna 期间电离层电子密度的变化。

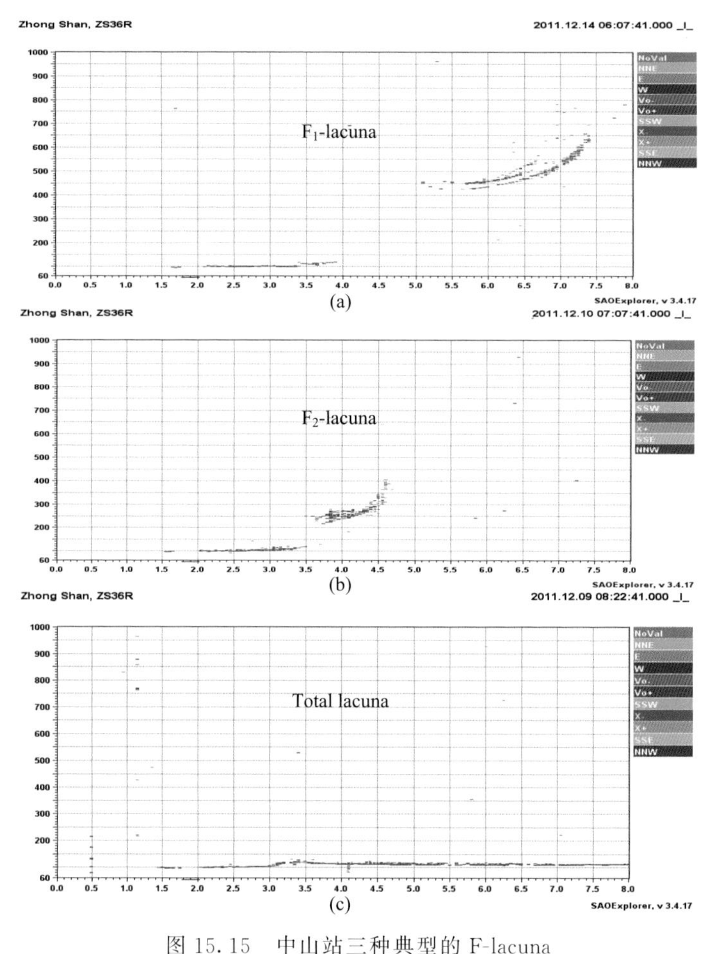

图 15.15　中山站三种典型的 F-lacuna

(a)F_1-lacuna; (b)F_2-lacuna; (c) Total lacuna (Yang et al., 2014)

(1) 数据及分析处理

修正地磁纬度(CGM)坐标系在描述高纬物理过程中发挥着重要的作用。因此，本章使用磁地方时讨论 F-lacuna。中山站的地理坐标为 69.4°S，76.4°E，修正地磁坐标为 74.5°S，即 LT≈UT+5h，MLT≈UT+2h。中山站一天中磁正午附近位于极隙区投影，两次穿过极光区，夜间进入极盖(Shen et al.，2005)。中山站的位置非常有利于研究极区特别是极隙区的物理过程(Liu et al.，1997；He et al.，2000)。

中山站数字式测高仪 Digisonde-4D 是马萨诸塞州 Lowell 大学大气研究中心开发的最新产品。为了衡量三种空白现象的发生，定义一种发生率指数：

$$f_i = n(i)/N$$

在一定时间段内，$n(i)$是 i 种空白的电离图数目，N 是所有的电离图数目。表 15.1 是统计分析的数据集。

表 15.1　每月不同类型 F-lacuna 发生的数目(Yang et al.，2014)

Time period in month	Number of F_1-lacuna occurrence	Number of F_2-lacuna occurrence	Number of total lacuna occurrence	Total number of ionogram
Mar. 2011	92	217	75	2318
Jun. 2011	0	0	0	2198
Sep. 2011	127	191	99	2728
Nov. 2011	160	241	261	2640
Dec. 2011	252	229	109	2728
Jan. 2012	154	250	117	1936
Feb. 2012	236	429	276	2552

(2) 统计结果

随着现代新技术的发展应用，测高仪灵敏度极大提高，积累的越来越多的数据，为研究 F-lacuna 提供了很好的数据源。图 15.16 是典型 F-lacuna 随时间的分布情况，可以看到，中山站 F-lacuna 主要发生在 04:00～12:00MLT (07:00～15:00LT)。因此，将数据的时间区间确定为 03:00～13:00MLT (06:00～16:00LT)。下面分别选取两分日、两至日所在月份的数据代表春秋和冬夏四季。表 15.2 给出了三种不同 F-lacuna 分别在春秋分(3 月和 9 月)、夏冬至(6 月和 12 月)所在月份的发生频次。不难得出，夏至日所在月份(12 月)发生率最大，春秋分所在月份(9 月、3 月)F-lacuna 发生率低于夏至日所在月份(12 月)，冬至日所在月份(6 月)没有出现 F-lacuna，说明 F-lacuna 的发生可能跟太阳高度角有一定关系。

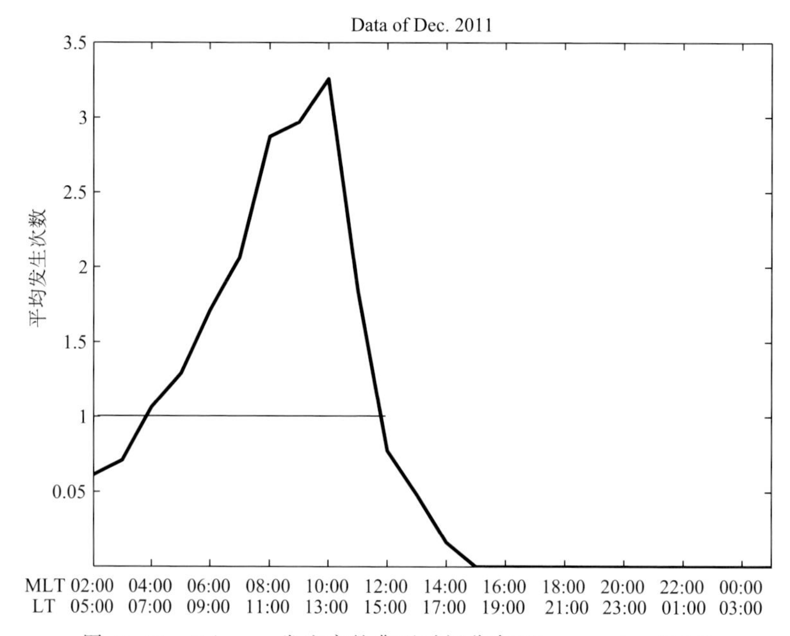

图 15.16　F-lacuna 发生率的典型时间分布(Yang et al., 2014)

表 15.2　至日、分日所在月份不同 F-lacuna 的发生率(Yang et al., 2014)

Month	Occurrence frequency for F_1-lacuna/%	Occurrence frequency for F_2-lacuna/%	Occurrence frequency for total lacuna/%	Total occurrence frequency/%
Mar. 2011	3.37	7.98	2.75	14.08
Jun. 2011	0	0	0	0
Sep. 2011	4.81	7.23	3.75	15.80
Dec. 2011	9.24	8.39	4.00	21.63

用定义的发生率公式,计算了 F-lacuna 以小时为单位的发生率,用到数据的时间尺度为 2011 年 11 月～2012 年 2 月,结果如图 15.17 所示。可以看出,F_1-lacuna 主要分布于 08:00～11:00MLT (11:00～13:00LT) 时段,F_2-lacuna 发生率最大值在 07:00MLT (10:00LT),最小值在 11:00MLT (14:00LT),Total lacuna 发生率最大值在 09:00MLT (12:00LT)。尽管三种不同类型的 F-lacuna 的日变化特征各有不同,但都集中于磁地方时晨侧,具有明显的晨昏不对称性。

为了解 F-lacuna 同地磁活动的相关性,将地磁指数 Ap 按照从小到大分为 5 级,计算每个区间的 F-lacuna 的发生率。结果表明,F_2-lacuna 和 total lacuna 同地

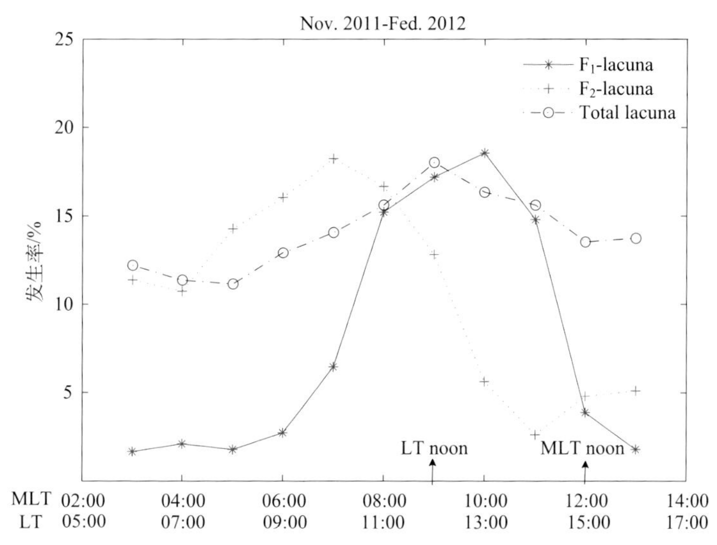

图15.17　三种F-lacuna发生率随磁地方时/地方时的变化(Yang et al., 2014b)

磁指数Ap表现出正相关,而F_1-lacuna没有表现出相关性,这个结果同Sylvain等(1978)的结论一致。分析了F-lacuna的天发生数和天平均Ap,并计算了两者的相关系数R,F_1-lacuna和平均Ap的相关系数很小,而F_2-lacuna和total lacuna同Ap表现出较好的相关性,相关系数可达0.73。

利用与上述相同的方法,分别将IMF三分量B_x,B_y,B_z分为四级,计算每个分级区间对应的三种F-lacuna的发生率。发现F_1-lacuna容易在$|Bx|$小的情况下发生,F_2-lacuna在南向行星际磁场作用下发生率高;Total lacuna更易在东向或西向行星际磁场下发生。行星际磁场是影响极区电离层的一个重要参数,通过改变磁场位形影响极隙区、极光区和极盖区位置,对对流形态(Cowely et al.,1991)和离子上行(Ogawa et al., 2009)也有一定的调制作用。离子上行的统计特征与F-lacuna相似,Ogawa等(2009)研究了IMF对离子上行发生率的影响,发现离子上行发生率与B_x无关,发生率随着IMF B_y绝对值的增大而增大,更容易在南向行星际磁场IMF $B_z<0$条件下发生。这同F_2-lacuna表现出的特性一致,因此,离子上行运动或许是形成F_2-lacuna的原因。

由于F-lacuna造成测高仪回波的部分或全部消失,造成截止频率、峰值高度等参数标定的困难。因此,最好能找到其他观测设备对电离层的探测数据,以实现对F-lacuna的协同观测。GPS TEC就是其中很好的一种。中山站电离层闪烁监测仪用来监测该站上空闪烁和TEC,已经运行多年。为了尽量确保TEC数据的准确性,减小误差,仅考虑卫星仰角大于60°的数据。按照同样的方法,将南极中山站TEC从小到大进行分段,计算不同TEC区间的F-lacuna的发生率。结果表明,TEC越大,F_1-lacuna发生率越大;TEC越小,F_2-lacuna发生率越大;Total lacuna在不同水平TEC下,发生率几乎不变。为了看F-lacuna同电离层闪烁的相关性,分析了2011年11月~2012年2月电离层闪烁发生率的日平均变化,中山站闪烁主要发生在磁地方时午夜扇区(18:00~00:00MLT/21:00~03:00LT)。闪烁发生率从09:00MLT时刻开始增大,对应F_1-lacuna和total lacuna的高发时段,表明闪烁可能与F_1-lacuna和total lacuna存在某种关联。

因此,我们(Yang et al., 2014)利用中山站7.5min间隔的测高仪电离图数据,统计了F-lacuna的时间特性以及同地磁活动、行星际磁场和TEC的关系,获得了如下主要结果。

中山站几乎所有的F-lacuna都发生在03:00~13:00MLT(06:00~16:00LT)时间段,即主要集中于磁地方时晨侧,有很强的晨昏不对称性。F_1-lacuna主要发生在08:00~11:00MLT(11:00~13:00LT),F_2-lacuna发生率在07:00MLT(10:00LT)达到峰值,在11:00MLT(14:00LT)达到谷值,Total lacuna发生率在09:00MLT(12:00LT)附近达到最大值。对于季节变化而言,两分日所在月份的F-lacuna发生率小于夏至日所在月份,冬至日所在月份的F-lacuna几乎没有发生,表明F-lacuna可能与太阳高度角有关。F_2-lacuna和Total lacuna同地磁活动表现出很强的正相关,F_1-lacuna发生率没有表现出相关性。大的$|B_x|$有利于F_1-lacuna的发生,南向IMF分量有利于F_2-lacuna的发生,大的$|B_y|$分量有利于Total lacuna的发生。TEC越大,F_1-lacuna的发生率越大;TEC越小,F_2-lacuna的发生率越小;Total lacuna在不同水平TEC下,发生率几乎不变。

由此推测,F_1-lacuna产生的可能原因为:高能的软电子沉降作用形成的偶发E层,极光E层,电子密度会大于F_1层,F_1层被遮蔽,导致F_1-lacuna产生,这同F_1-lacuna更易在高水平TEC发生的观测结果相一致,同Sylvain等(1978)统计得到的F_2-lacuna对应低f_oF_2和f_oF_1的结论并不矛盾;F_2-lacuna产生的可能原因为:大的垂直电场导致的离子上升流和大的复合率使得F_2层电子密度减小,同观测到的F_2-lacuna更易在低水平TEC发生相一致。

15.5 总结与展望

本章系统总结了近年来山东大学(威海)和中国极地研究中心极区电离层联合课题组利用EISCAT和SuperDARN雷达以及中山站测高仪和GPS TEC数据,结合数值模拟,在极区电离层等离子体云块研究方面的最新进展情况,主要结论归纳如下。

(1) 证实了日侧磁重联是极盖区等离子体云块形成的一种重要机制,并发现

极盖区等离子体云块的形成与行星际磁场(IMF)$|B_y|$的大小有着密切的关系。

(2) 在晨侧对流元中同时观测到了两类极向运动等离子体云块：L 类(较低密度类)由日侧磁重联产生的沉降粒子形成并伴随了对流增强；H 类(较高密度类)“切割”自日侧舌状电离区(tongue of ionization)，日侧磁场重联产生的极区电离层高速流起着“切割”作用，并形成极盖等离子体云块。

(3)首次观测到了极区电离层“等离子体云块”的完整演化过程，并发现日侧和夜侧磁重联对极盖区等离子体云块的形成和演化过程的控制作用；进而首次通过追踪等离子体云块的形成和演化完整追踪了整个 Dungey 循环。

(4) 发现当行星际磁场突然转北向时，等离子体云块会沿着高纬尾瓣重联(lobe reconnection)产生反向对流元横跨正常对流元运动。

(5) 发现极盖区等离子体云块是氧离子上行的一个非常重要的源区，并发现它们主要是通过极盖区软电子沉降形成的双极电场进行加速。

(6) 电离层 F 层空白现象，可能与等离子体云块的形成和演化有关。该现象有很强的晨昏不对称性，发生率也随季节变化而不同，F_2-lacuna 和 Total lacuna 同地磁活动表现出很强的正相关，F_1-lacuna 发生率没有表现出相关性。

极区电离层存在着众多的不均匀体结构，除本章所重点阐述的等离子体云块和人们熟知的极光，还有舌状电离区、高纬等离子体槽、极洞等。这些不均匀体结构的形成和演化会直接影响人类通信、导航和超视距雷达探测等，也可以示踪磁层动力学过程。但这些不均匀体的形成机制和演化特征至今仍然存在争论，且还存在一些尚未解决的科学问题。例如，这些不均匀体间的相互关系如何？怎么描绘它们的完整动态物理图像？各不均匀体与极区电离层氧离子上行间的关系如何？能否描绘出极区电离层-磁层耦合的完整动态物理图像？等等。要解决这些问题，需极区电离层全域观测数据的进一步完善和时空精度的进一步提高，并与磁层电离层卫星配合形成星-地联合观测系统，同时结合数值模拟，从磁层-电离层整个耦合系统的视角开展深入研究分析。

致　谢

本工作得到了国家重点基础研究发展计划项目(编号：2012CB825603)和国家自然科学基金项目(批准号：41274149，41274148，41104091，41031064)部分资助。

参考文献

傅绥燕. 2013. 磁层中的氧离子——我们知道和不知道的. 空间物理学进展，4:352-374.
刘俊明，张北辰，刘瑞源，等. 2009. 不同能谱沉降电子对极区电离层的影响. 地球物理学报，

52(6): 1429-1437.

刘顺林,张北辰,刘瑞源,等. 2005. 不同上边界条件下的极区电离层数值模拟. 空间科学学报, 25(4): 504-509.

马淑英. 2013. 电离层离子上行与磁暴环电流 O^+ 的来源与途径. 空间物理学进展, 4:491-513.

杨升高,张北辰, 张清和,等. 2014a. 数值模拟日侧磁场重联对极盖等离子体云块形成的影响. 地球物理学报,已接受.

张北辰,刘瑞源,刘顺林. 2001. 极区电子沉降对电离层影响的模拟研究. 地球物理学报, 44(3): 311-319.

Anderson D, Buchau J, Heelis R. 1988. Origin of density enhancements in the winter polar cap ionosphere. Radio Sci, 23(4): 513-519.

Basu S, MacKenzie E, Basu S. 1988. Ionospheric constraints on VHF/UHF communications links during solar maximum and minimum periods. Radio Sci, 23: 363-378.

Basu S, MacKenzie E, Basu S, et al. 1987. 250 MHz/CHz scintillation parameters in the equatorial, polar and auroral environments. IEEE Trans Commun, 5: 102-115.

Carlson H C, Moen J, Oksavik K, et al. 2006. Direct observations of injection events of subauroral plasma into the polar cap. Geophys Res Lett, 33: L05103.

Carlson H C, Oksavik K, Moen J, et al. 2004. Ionospheric patch formation: Direct measurements of the origin of a polar cap patch. Geophys Res Lett, 31: L08806.

Collis P N, Häggström I. 1988. Plasma convection and auroral precipitation processes associated with the main ionospheric trough at high latitudes. J. Atmos Terr Phys, 50: 389-404.

Coster A J, Foster J, Erickson P. 2003. Monitoring the ionosphere with GPS: Space weather. GPS World, 14(5):42.

Cowley S W H, Morelli J P, Lockwood M. 1991. Dependence of convective flows and particle precipitation in the high-latitude dayside Ionosphere on the X and Y components of the Interplanetary Magnetic Field. J. Geophys Res, 96 (A4): 5557-5564.

Crowley G. 1996. Critical review of ionospheric patches and blobs. Review of Radio Science 1992-1996. Stone W R. Oxford:Oxford University Press.

Daglis I A. 1997. The Role of Magnetosphere-Ionosphere Coupling in Magnetic Storm Dynamics. In: Magnetic Storms. Tsurutani B T, Gonzalez W D, Kamide Y, et al. Geophysical Monograph 98, American Geophysical Union, Washington, D. C.

Evans J V, Holt J M, Oliver W L, et al. 1983. On the formation of daytime troughs in the F-region within the plasmasphere. Geophys Res Lett, 10:405-408.

FosterJ C, Coster A J, Erickson P J, et al. 2004. Stormtime observations of the flux of plasmaspheric ions to the dayside cusp/magnetopause. Geophys Res Lett, 31: L08809.

Greenwald R A, Hashimoto K, Greenwald R M, et al. 1995. Darn/SuperDARN: A global view of the dynamics of high-latitude convection. Space Sci. Rev., 71: 761-796.

Huang C S, Sofko G J, Koustov A V, et al. 2000. Evolution of ionospheric multicell convection during northward interplanetary magnetic field with $|B_Z/B_Y| > 1$. J. Geophys Res,

105(A12): 27095-27107.

Lockwood M, Carlson H C. 1992. Production of polar cap electron density patches by transient magnetopause reconnection. Geophys Res Lett, 19(17): 1731-1734.

Lockwood M, Chandler M O, Horwitz J L, et al. 1985. The cleft ion fountain. J. Geophys Res, 90: 9736-9748.

Lockwood M, Davies J A, Moen J, et al. 2005b. Motion of the dayside polar cap boundary during substorm cycles: II. Generation of poleward-moving events and polar cap patches by pulses in the magnetopause reconnection rate. Ann Geophys., 23: 3513-3532.

Lockwood M, Moen J, van Eyken A P, et al. 2005a. Motion of the dayside polar cap boundary during substorm cycles: I. Observations of pulses in the magnetopause reconnection rate. Ann Geophys, 23: 3495-3511.

Lorentzen D A, Moen J, Oksavik K, et al. 2010. In situ measurement of a newly created polar cap patch. J. Geophys Res, 115: A12323.

Milan S E, Lester M, Yeoman T K. 2002. HF radar polar patch formation revisited: summer and winter variations in dayside plasma structuring. Ann Geophys, 20(4): 487-499.

Moen J, Carlson H C, Oksavik K, et al. 2006. EISCAT observations of plasma patches at sub-auroral cusp latitudes. Ann. Geophys, 24: 2363-2374.

Moore T E, Fok M C, Delcourt D C, et al. 2008. Plasma plume circulation and impact in an MHD substorm. J. Geophys Res, 113: A06219.

Morris R J, Monselesan D P, Holdsworth D A, et al. 2003. HF Digisonde and MF radar measurements of E region Braggscatter Doppler spectral bands under the southern polar cusp. MST10 Workshop Proceedings. Peru, 122-125.

Ogawa Y, Buchert S C, Fujii R, et al. 2009. Characteristics of ion upflow and downflow observed with the European Incoherent Scatter Svalbard radar. J. Geophys Res, 114: A05305.

Oksavik K, Barth V L, Moen J, et al. 2010. On the entry and transit of high-density plasma across the polar cap. J. Geophys Res, 115: A12308.

Oksavik K, Ruohoniemi J M, Greenwald R A, et al. 2006. Observations of isolated polar cap patches by the European Incoherent Scatter (EISCAT) Svalbard and Super Dual Auroral Radar Network (SuperDARN) Finland radars. J. Geophys Res, 111:A05310.

Pitout F,Blelly P. 2003. Electron density in the cusp ionosphere: increase or depletion? Geophys Res Lett, 30: 1726.

Pitout F, Escoubet C P, Lucek E A. 2004. Ionospheric plasma density structures associated with magnetopause motion: a case study using the Cluster spacecraft and the EISCAT Svalbard Radar. Ann Geophys, 22: 2369-2379.

Rodger A, Pinnock M, Dudeney J, et al. 1994. A New Mechanism for Polar Patch Formation. J. Geophys Res, 99(A4): 6425-6436.

Sato T, Rourke G F. 1964. F region enhancements in the Antarctic. JGR, 69:4591-4607.

Shelley E G, Johnson R G, Sharp R D. 1972. Satellite observations of energetic heavy ions during a geomagnetic storm. J. Geophys Res, 77: 6104-6110.

Sojka J J, Bowline M D, Schunk R W, et al. 1993. Modeling polar cap F-region patches using time varying convection. Geophys Res Lett, 20(17): 1783-1786.

Sylvain M, Bertheler J J, Lavergnat J, et al. 1978. F-Lacuna events in Terre-adelie and their relationship with the state of the ionosphere. Planet Space. Sci., 26: 785-799.

Valladares C, Basu S, Buchau J, et al. 1994. Experimental eidence for the formation and entry of patches into the polar cap. Radio Sci, 29(1): 167-194.

Wannberg G, Wolf L, Vanhainen L G, et al. 1997. The EISCAT Svalbard radar: A case study in modern incoherent scatter radar system design. Radio Sci, 32: 2283-2307.

Weber E, Buchau J, Moore J, et al. 1984. F layer ionization patches in the polar Cap. JGR, 89(A3): 1683-1694.

Yang S G, Zhang B C, Fang H X, et al. 2014. F-lacuna at cusp latitude and its associated TEC variation. J. Geophys Res, In press.

Yau A W, Andre M. 1997. Sources of ion outflow in the high latitude ionosphere. Space Sci. Rev., 80(1-2): 1-26.

Zhang B C, Camide Y, Liu R Y. Response of electron temperature to field-aligned current carried by thermal electrons: A model. J. Geophys Res, 108(A5): 1169.

Zhang B C, Kamide Y, Liu R Y, et al. 2004. A modeling study of ionospheric conductivities in the high-latitude electrojet regions. J. Geophys Res, 109:A04310.

Zhang Q H, Dunlop M W, Liu R Y, et al. 2011b. Coordinated Cluster/Double star and ground-based observations of dayside reconnection signatures on 11 February 2004. Ann Geophys, 29(10): 1827-1847.

Zhang Q H, Liu R Y, Dunlop M W, et al. 2008. Simultaneous tracking of reconnected flux tubes: Cluster and conjugate SuperDARN observations on 1 April 2004. Ann Geophys, 26(6): 1545-1557.

Zhang Q H, Moen J, Lockwood M, et al. 2014. A complicated evolution of a newly created polar cap ionization patch. Nature Commun, Under Review.

Zhang Q H, Zhang B C, Liu R Y, et al. 2011a. On the importance of IMF $|B_Y|$ on polar cap patch formation. J. Geophys Res, 116: A05308.

Zhang Q H, Zhang B C, Lockwood M, et al. 2013b. Direct observations of the evolution of polar cap ionization Patches. Science, 339: 1597-1600.

Zhang Q H, Zhang B C, Moen J, et al. 2013a. Polar cap patch segmentation of the tongue of ionization in the morning convection cell. Geophys Res Lett, 40: 2918-2922.

Zhang Q H, Zong Q G, Lockwood M, et al. 2014b. Earth's polar cap ionization patches lead to ion upflow:global and in-situ observations. Nature Commun, Under Review.

第16章　低纬地区(海南)电离层E-F谷区探测研究

史建魁　王　铮

中国科学院国家空间科学中心,空间天气学国家重点实验室,北京 100190

探空火箭携带仪器是电离层电子密度实地测量的有效途径,与遥测相比较,有着独特的优势。2011年5月7日早晨在海南电离层观测站(19.5°N,109.1°E)发射了一枚探空火箭对电离层进行了实地探测,箭载的朗缪尔探针第一次在东亚低纬度地区实地探测到了电离层E-F谷区。我们对本次探空火箭提供的电离层电子密度数据进行了分析研究,结果表明探测到的谷区宽度为42.2km,深度约为47.0%,低谷点高度时123.5km,谷区的宽度和深度很大。为了了解E-F谷区形成的物理机制,提出了三重Chapman层模型来分析计算E-F谷区参量。模型结果与本次探测火箭结果符合得非常好。这表明这次实地探测到的电离层E-F谷区由日出时快速发展的电离层Chapman层所形成,日出时90km高度附近的光化学反应对E-F谷区的形成有着显著的作用。

16.1　引　　言

低纬度电离层中存在着非常复杂的结构和扰动变化过程,为此人们已经开展了近百年的探测和研究。我国在海南地区,也开展了近30年的探测,并取得了一些重要的研究结果(Ratovsky et al.,2014;Wang et al.,2008;Shi et al.,2011)。这对于认识电离层形成和扰动变化物理机制具有重要的意义。

根据理论和探测研究结果,电离层电子密度剖面中常存在谷区(valley)。电离层测高仪无法通过遥测方法对谷区进行探测(Titheridge,1985),只有通过实地探测方法,方可更好地研究电离层谷区特性与变化规律。探空火箭是一种常用的电离层谷区实地探测工具,在电离层谷区探测与研究中发挥着重要的作用。电离层中谷区常分为E-F谷区和F_1-F_2谷区(Fukao and Maeda,1975)。电离层E-F谷区是E层和F层之间电子密度的下凹区,而电离层F_1-F_2谷区则是F_1层和F_2层之间电子密度的下凹区。电离层E-F谷区在低纬、中纬和高纬地区都可观测到,在美洲、欧洲和大洋洲以及亚洲的部分地区,都对电离层E-F谷区进行了不同程度的探测和研究,但由于观测条件的限制,目前尚未对其进行过系统的探测和研究(Maeda,1969;Gulyaeva,1987;Mahajan,1990)。2011年5月7日,海南地区发射的探空火箭高度达到196km,箭载的探测仪器对电离层的电子密度剖面进行了实地探测,并探测到了E-F谷区。这是在东亚低纬度电离层中首次实地探测到的电离层E-F谷区。这一探测结果对于认识电离层的形成过程和建立电离层空间天气预报模型都有重要的意义。根据在海南探测到的电离层E-F谷区特性,提出了一个三重Chapman层的理论模型。这一模型与其他模型对比,其结果与观测结果符合得很好。

16.1.1 描述E-F谷区的参量

电离层E-F谷区的宽度(width)、深度(depth)和谷区高度(h_v)是描述E-F谷区特征的主要参量。E-F谷区的宽度定义为电离层E层峰上方、电子密度低于E层峰值的高度范围,深度定义为谷区最低点的电子密度相对E层峰值的下降程度,谷区高度定义为谷区电子密度最低点对应的高度(Titheridge,1985)。图16.1给出E-F谷区的电离层电子密度高度分布的示意图,其中对E-F谷区参量进行了图示。E-F谷区下边沿为电离层E层峰,E层峰高度用h_{mE}表示,峰值电子密度用N_E表示;上边沿为谷区上方电子密度对应E层峰值电子密度的位置,用h_T表示,谷区电子密度最小值用N_V表示,高度用h_V表示。E-F谷区的宽度$W=h_T-h_{mE}$,深度$D=(N_E-N_V)/N_E$,高度h_V为谷区电子密度最小值对应的高度(Gulyaeva, 1987; Mahajan et al., 1994; Titheridge, 2003)。

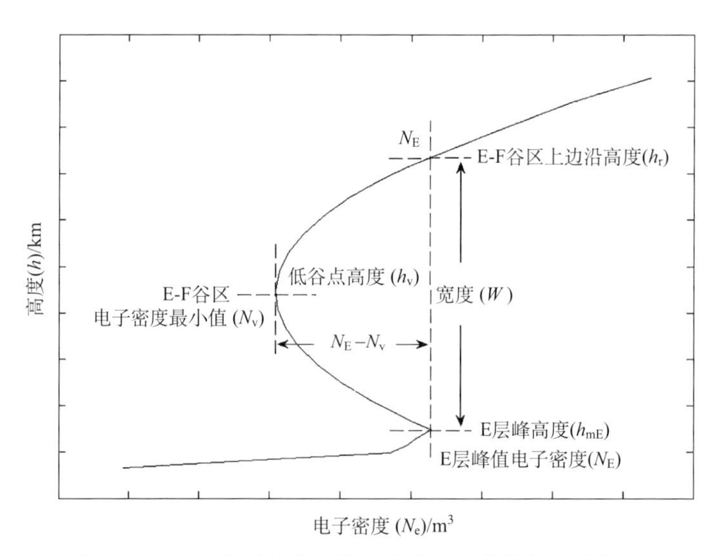

图16.1 E-F谷区的电离层电子密度高度分布的示意图

电离层谷区的形状与谷区形成的物理机制有关,常与太阳辐射及太阳天顶角、电离层的经纬度,太阳活动和地磁活动等因素有关。

16.1.2　E-F 谷区的探测

1. 探空火箭对 E-F 谷区的实地探测

探空火箭是实地探测 E-F 谷区的唯一的途径，探测到的电离层电子密度高度分布能提供谷区最详细的信息。早在 20 世纪 50 年代，Jackson (1954)利用美国 White Sands 发射场(32.5°N, 106.5°W)在 1940s～1950s 发射的 Viking 5 和 Aerobee-Hi NRL-50 火箭得到的数据，报道了电离层存在的电子密度下降区域。1965 年，在 Huancayo 台站(12°S, 78°W)发射的 6 枚探空火箭探测到白天和晚上的电离层 E-F 谷区(Aikin and Blumle, 1968)。随后，Kourou 台站(5.2°N, 52.6°W)的探空火箭实验中，相同台站相同天顶角条件下，在很接近的几天探测的 E-F 谷区完全不同，表明 E-F 谷区受到太阳和地磁活动影响(Neske and Kist, 1973)。1969 年，Maeda 研究了 1946～1972 年 97 次探空火箭实验(主要在中纬度地区)，并在 1972 年补充了其他一些火箭数据。他发现谷区电子密度剖面随地方时和太阳活动变化(Maeda, 1969, 1972)，并将含有谷区的电子密度剖面按照昼夜、太阳天顶角和太阳活动进行分组来研究 F 层电子密度。

在亚洲地区同样进行过多次探空火箭实验，对电离层电子密度谷区进行了探测和研究。在印度的 Thumba(8.5 °N, 77°E)和 SHAR(13°N, 88°E)台站的一些探空火箭实验表明，E-F 谷区出现在 130km 高度附近(Prakash et al., 1970; Goldberg et al., 1974; Sinha and Prakash, 1996)。然而，印度地区还没有报道出清晰和完整的日出时的 E-F 谷区探测。在中纬度地区日本也进行了一些探空火箭实验，探测到了 E-F 谷区。然而，在东亚低纬度地区，还没有探测到 E-F 谷区的探空火箭实验的报道。2011 年海南电离层观测站(19.5° N, 109.1° E)发射的探空火箭是我国乃至东亚低纬度地区第一次实地探测到电离层 E-F 谷区的实验。

多次探空火箭实验表明，白天的电离层 E-F 谷区通常比较稳定，电子密度剖面曲线平滑，宽度为 10～20km，深度小于 10%(Jackson, 1962; Rao and Smith, 1968; Ejiri and Obayashi, 1970)。Maeda 曾根据太阳天顶角和太阳活动把中纬度白天的探空火箭探测到的含有谷区的剖面分成 3 组(表 16.1)：D1、D2 和 D3。这 3 组剖面平均的宽度是 10km、8km 和 20km，平均的深度是 8%、11%和 13%，高度均约为 115km(Maeda, 1969, 1972)。

表 16.1　中纬度地区白天探空火箭探测到的谷区特性

类型	宽度/km	深度/%	高度/km
D1	10	8	115
D2	8	11	115
D3	20	13	115

夜间的电离层 E-F 谷区宽度和深度则很大,电子密度剖面曲线非常不规则(Aikin and Blumle, 1968; Maeda, 1969)。而晨昏时太阳天顶角快速变化,探空火箭也探测到日落时宽度和深度比较大的电离层 E-F 谷区(Goldberg et al., 1974; Sinha and Prakash, 1996)。电离层具有很强的局地特性,即地域不同,电离层往往会表现出不同的结构和分布特性。尽管在其他地区对电离层谷区进行了大量的探测和研究,然而在东亚的低纬度地区,还未见有关电离层 E-F 谷区的报道。在海南电离层观测站进行的探空火箭实验提供了东亚低纬度地区电离层 E-F 谷区实地探测的宝贵数据。

2. 遥感探测

非相干散射雷达(incoherent scatter radar, ISR)可以提供电离层 E-F 谷区的遥感信息。利用 Arecibo 台站(18.3°N, 66.7°W)ISR 提供的 1974～1977 年的数据,Mahajan 等研究了谷区参量随地方时和太阳天顶角的变化,结果显示,E-F 谷区白天宽度和深度较小并且稳定,在天顶角较大的晨昏时变化很快,而夜间宽度和深度变得很大(Mahajan et al., 1990, 1994)。非相干散射雷达的优点是可以进行短期的连续观测,但无法长期探测。

测高仪也是一种雷达,是探测电离层的重要手段,其优点是可长时间持续观测。测高仪常被用来研究电离层参量和电离层结构如扩展 F 等,也可用来研究电离层对无线电波的影响如电离层吸收(Shi et al., 2014; Wang et al., 2008; Wang et al., 2014)。电离层电子密度剖面中的峰或局地的极大值会在测高仪雷达的频高图中显现不连续的尖形,给出了电离层谷区存在的信息。利用频高图中给出的信息反演电离层 E-F 谷区一直是谷区研究中的一项重要工作(Titheridge, 195, 1974; Lobb and Titheridge, 1977; Denisenko and Sotsky, 1978; Chen et al., 1991),然而无法得到谷区准确的参数。早期的频高图处理通常忽略 E-F 谷区的存在,将电离层电子密度剖面假定为单调上升,特别是如果频高图仅有 O 模描迹时无法反演出谷区(反演的解无限多)(Lobb and Titheridge, 1977)。对于 O 模和 X 模都很清晰的频高图,也需要对 E-F 谷区的形状进行假设。Hojo(1967)以及 Howe 和 Mckinnis(1967)假设 E-F 谷区剖面可用切比雪夫(Chebyshev)多项式描述;Becker(1967)认为可以用电子密度单调上升假设下计算出的 F 层剖面减去 E 层峰下方的剖面(假设 E 层峰是抛物线形且上下对称的);Lobb 和 Titheridge(1977)将 E-F 谷区剖面形状假设为反余弦函数。武汉大学利用频高图反演 E-F 谷区进行了许多研究,将 E-F 谷区剖面形状假设为正反抛物层叠加(Huang and Tan, 1984; Huang et al., 1987)。利用各种反演方法,国内外学者使用测高仪雷达的频高图进行了许多电离层 E-F 的研究(Denisenko and Sotsky, 1978; Gulyaeva, 1987, 1990; Titheridge, 1985, 1990; Su and Huang, 1987)。在各种反演方法的基础上,现在的频高图处理中通常包含反演电离层E-F谷区的模型(Titheridge, 1985; Khmyrov et al., 2007; Bilitza and Reinisch, 2008)。需要指出的是,反演方法只能给出谷区的位置和宽度,不能确定形状和深度。

研究和改进频高图反演电离层E-F谷区的方法需要结合火箭和非相干散射雷达的探测结果,如Titheridge等利用探空火箭结果来研究频高图反演E-F谷区的方法(Lobb and Titheridge, 1977)。Chen等则将频高图反演E-F谷区的结果与Millstone Hill台站(42.6°N, 71.5°W)的非相干散射雷达探测进行比较(Chen et al., 1991)。2011年海南台站进行探空火箭实验的同时,地面的DPS-4数字测高仪也对电离层电子密度进行了探测,利用包含E-F谷区模型的频高图处理软件SAO Explorer(Khmyrov et al., 2007)也能给出电离层E-F谷区的电子密度剖面,但结果与实地探测到的谷区剖面有很大的差别。所以探空火箭的实地探测在E-F谷区研究中起着非常重要的作用。

16.1.3　E-F谷区的模型

频高图的反演需要对谷区形状进行假设,在这些假设和反演研究的基础上,根据电离层E-F谷区的实地和遥感感测结果,研究者提出了一些理论和经验模型来研究电离层E-F谷区的规律和物理机制。

关于电离层E-F谷区的理论模型包括多项式模型和Chapman层模型。多项式模型是将E-F谷区的形状假设为特定的光滑曲线并使用多项式来拟合,如切比雪夫(Chebyshev)多项式(Hojo, 1967; Howe and Mckinnis, 1967)、反余弦函数(Lobb and Titheridge, 1977)和正反抛物层叠加(Huang and Tan, 1984; Huang et al., 1987); Chapman层模型则是关于物理机制的模型,将电离层E-F谷区上下的电子密度峰的剖面用Chapman层描述,得到不同高度的Chapman层之间的电子密度下降的谷区(Lobb and Titheridge, 1977; Titheridge, 2000)。

关于电离层E-F谷区的经验模型包括Titheridge (Titheridge, 1990, 2003), Mahajan (Mahajan et al., 1994, 1997), Gulyaeva (Gulyaeva, 1987)各自提出的模型,国际参考电离层(international reference ionosphere, IRI)模型(Bilitza and Reinisch, 2008), POLAN(Titheridge, 1985)和SAO Explore模型(Khmyrov et al., 2007)。Titheridge和Gulyaeva的模型是把测高仪频高图反演的E-F谷区数据与探空火箭的结果相结合的经验模型,Mahajan的模型是基于对非相干散射雷达的探测数据的模型。这3种经验模型中,太阳天顶角都是影响谷区参量的最主要的参数(Titheridge, 1990, 2003; Mahajan et al., 1994, 1997; Gulyaeva, 1987); POLAN模型也是基于频高图反演的E-F谷区的统计结果,模型中谷区宽度和深度存在函数关系,主要参数是E层峰值高度; SAO Explore模型和国际参考电离层模型中的E-F谷区模型主要是对POLAN程序模型的改进(Titheridge,

1985; Khmyrov et al., 2007; Bilitza and Reinisch, 2008)。

16.2 海南探空火箭实验实地探测的 E-F 谷区

2011 年 5 月 7 日早晨,在海南电离层观测站发射了一枚探空火箭对电离层进行了实地探测。探空火箭飞行轨迹示意图如图 16.2 所示。探空火箭的发射时间是地方时 06:15 LT,发射地点是海南富克站(19.5° N, 109.1° E),方向是从海南富克站向西北 45°方向,以抛物线轨迹经过最高点 197km(图 16.2 中点 B),水平飞越距离约 50km。本次探空火箭实验期间,太阳活动中等(F10.7 指数为 102,X 射线辐射级别为 B1.8,实验前没有观测到太阳耀斑),地磁活动平静(Kp<2,Dst>-15),太阳天顶角约为 79.5°。

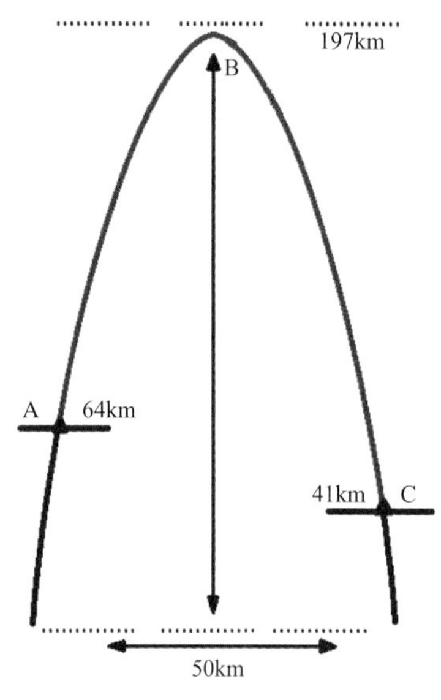

图 16.2 探空火箭飞行轨迹示意图及朗缪尔探针工作区间(红线)

探空火箭搭载的朗缪尔探针对电子密度进行了探测,获取了实地探测数据,工作区间示意图如图 16.2 红线所示。在火箭飞行高度 64.5km(图 16.2 中点 A,起飞后 45.6s)处朗缪尔探针开始探测,经过 196.551km 的最高点(图 16.2 中点 B,起飞后 214.660s),火箭开始下落,探针在 41.073km(图 16.2 中点 C,起飞后 397.778s)高度停止工作。朗缪尔探针的探测时间分辨率为 3.7ms,对应的特征空间分辨率为 5m。这些数据提供了 80km 高度以上的电离层电子密度剖面。

本次探空火箭在下降段探测到的电子密度剖面和海南台站的地基 DPS-4 测高仪(一种数字测高仪)同时探测的电子密度剖面如图 16.3 所示(Shi et al., 2013)。DPS-4 测高仪探测剖面是使用 SAO Explorer 软件处理探测到的频高图计算而来的,仅可对谷区以外的电子密度高度分布进行非常好的描述。通过比较图 16.3 中探空火箭和 DPS-4 测高仪探测的两个电子密度剖面,可以看出在 E 层和 F 层之间存在一个电离层 E-F 谷区。在电离层 E-F 谷区以外,探空火箭探测(蓝线)和 DPS-4 测高仪探测(绿线)结果符合得非常好。对于电离层 E-F 谷区的部分,测高仪数据处理软件基于经验模型(Chen et al., 1991; Titheridge, 1985),且由于谷区没有雷达回波,计算得到的剖面不能反映 E-F 谷区的特征,所以在图 16.3 中使用红色虚线来表示测高仪得到的剖面。从火箭探测到的谷区剖面中,可以得到谷区参量 $h_{mE}=101.7\text{km}$, $N_E=7.5\times10^{10}\ \text{m}^{-3}$, $N_V=4.0\times10^{10}\ \text{m}^{-3}$,进而可以得到火箭探测到的谷区宽度为 $W=42.2\text{km}$，深度为 $D=47.0\%$，高度为 $h_V=123.5\text{km}$。

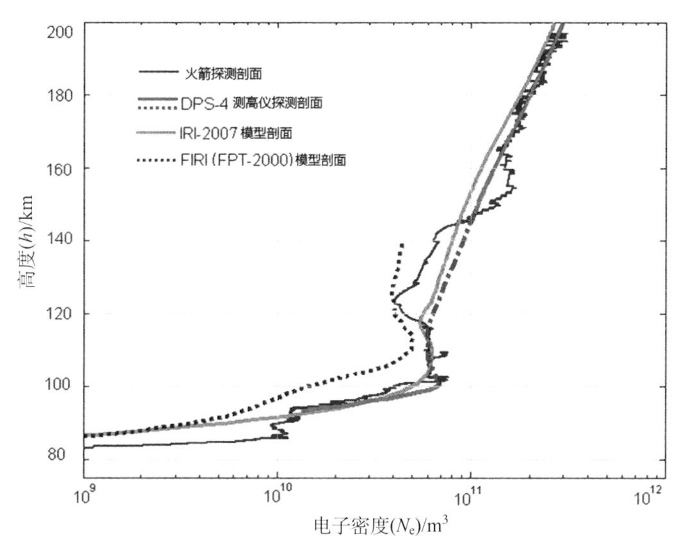

图 16.3　探空火箭下降段(蓝线)和 DPS-4 (绿线，红色虚线)探测到的电子密度剖面，以及 IRI-2007 和 FIRI 两个模型剖面

图 16.3 中的棕色实线是根据国际参考电离层模型(international reference ionosphere, IRI-2007, http://iri.gsfc.nasa.gov/)在本次火箭实验条件下计算得到的剖面，它与 DPS-4 测高仪探测范围内的结果显示了惊人的一致性，但仍然不能描述谷区的特征，即 E-F 谷区在 DPS-4 测高仪和 IRI-2007 的剖面中都没有准确显示。图 16.3 中的灰色虚线是根据 FIRI 模型(IRI 模型的 FPT-2000 模式；低层非极光带电离层专用的经验模型，基于探空火箭无线电波传播数据而建立的)(Friedrich and Torkar, 2001)计算的电子密度剖面。FIRI 模型对应 E 区高度较低的部分，能够描述部分谷区特征。

过去的研究将 E-F 谷区简单地分为白天和夜间的情况(Titheridge, 2003; Mahajan et al., 1990, 1994)。海南台站的探空火箭实验在日出时进行。实验时太阳天顶角已经达到约 79.5°，所以我们将本次研究中探测到的谷区参量与其他地区白天谷区的特征进行了比较。通常，其他地区白天的 E-F 谷区宽度一般为 10～20km，深度小于 10%(Jackson, 1954; Aikin and Blumle, 1968; Gulyaeva, 1987; Mahajan et al., 1990)。Maeda (1969, 1972)曾根据太阳天顶角和太阳活动把中纬度白天的探空火箭探测到的含有谷区的剖面分成 3 组：D1、D2 和 D3。这 3 组剖面平均的宽度是 10km、8km 和 20km，平均的深度是 8%、11%和 13%(表 16.1)。然而，海南探空火箭实验探测到的谷区宽度是 42.2km，深度是

47.0%,相比这些结果,海南探测的谷区宽度和深度都很大。另外,由于海南台站的探空火箭实验是日出时进行,我们也将探测到的谷区参量与过去晨昏时的谷区探测结果进行比较。Mahajan 等(1990,1994)分析谷区参量时发现,早晨谷区深度可从 10%达到 80%,宽度可从 5km 达到 95km,而平均深度为 15%～25%,平均宽度为 15～20km。相比这些结果,这次在海南探测到的谷区宽度和深度仍然比较大。

16.3　E-F 谷区的模型研究

如 16.2 节内容及图 16.3 所显示,国际参考电离层 IRI-2007 模型无法反映出谷区特征,FIRI 模型仅能对 E 区高度较低的部分描述谷区的特征。为了研究探测到的 E-F 谷区的物理机制,建立了三重 Chapman 层模型来描述和分析在海南探测到的电离层 E-F 谷区特征。

关于电离层电子密度剖面中 E-F 谷区的模型,既有理论模型,也有经验模型。而由于电离层的区域性很强,针对某地区探测得到的经验模型往往只能适应于本地区的探测结果。Lobb 和 Titheridge(1977)基于 Auckland(37° S, 175° E)的测高仪探测提出了 Chapman 层重叠的模型,模型中选择 E, F_1 和 F_2 层为 Chapman 层。由于 E 层和 F_1 层随大气标高以及 O_2 与 O 的相对密度变化,它们与电离层的 Chapman 层理论符合得非常好(Titheridge, 2000)。然而,因为海南台站的探空火箭实验在早上进行,在探空火箭探测到电离层 E-F 谷区的同时没有出现 F_1 层,不过 F 层总是存在。因此我们选择 E 层和 F 层作为 Chapman 层。同时,探空火箭在 90km 高度附近探测到一个电子密度峰值结构,该结构在 E 层高度范围,形态符合 Chapman 层,我们在研究中发现该峰值对模型影响很大,所以模型也选择该结构为 Chapman 层,记为次 E 层。

根据电离层的 Chapman 层理论,在重叠的 Chapman 层模型中,电离层等离子体频率 f_N 可以写为

$$f_N^2 = \sum_{i=1}^{n} f_{ci}^2 \exp \frac{1}{2}\left[1 - z_i - \exp(-z_i)\right] \tag{16.1}$$

电子密度 N_e 可以写为

$$N_e = \sum_{i=1}^{n} N_{ci} \exp \frac{1}{2}\left[1 - z_i - \exp(-z_i)\right] \tag{16.2}$$

其中,$z_i = (h - h_{mi})/H_i$,h 为高度。模型中第 i 个单独的 Chapman 层剖面对应峰值高度 h_{mi},临界频率 f_{ci},峰值电子密度 N_{ci} 和大气标高 H_i。

选择 E 层、F 层和次 E 层作为 Chapman 层来建立 Chapman 层重叠模型(Wang et al., 2014)。模型输入的主要参数如表 16.2 所示,包括各个层的峰值高

度、峰值电子密度和大气标高。表 16.2 中,电离层 E 层和 F 层的峰值高度、密度和大气标高等三项参数均由海南台站电离层数字测高仪在本次探空火箭实验期间探测而得到,次 E 层的峰值高度和峰值电子密度由探空火箭的局地探测数据而来。大气标高是由测高仪探测的频高图经过 SAO 数据处理软件处理后直接得到的。由于本次探测中次 E 层与 E 层高度非常接近,所以假定次 E 层的大气标高与 E 层相同。

表 16.2　Chapman 层重叠模型的输入参量

Chapman 层	峰值高度/km	峰值密度/($\times10^{10}\mathrm{m}^{-3}$)	大气标高/km
次 E 层	90	1.25	4
E 层	102	6.9	4
F 层	260	53.0	60

图 16.4 显示了探空火箭探测(蓝线)和模型计算(红线)的电子密度剖面。从图 16.4 中的模型结果来看,模型给出的谷区宽度是 43.0km,深度是 62.9%,谷底高度是 121.0km。从图 16.4 中两个剖面曲线的比较来看,三重 Chapman 层模型中的谷区宽度和高度与火箭探测结果接近,而谷区深度较大。

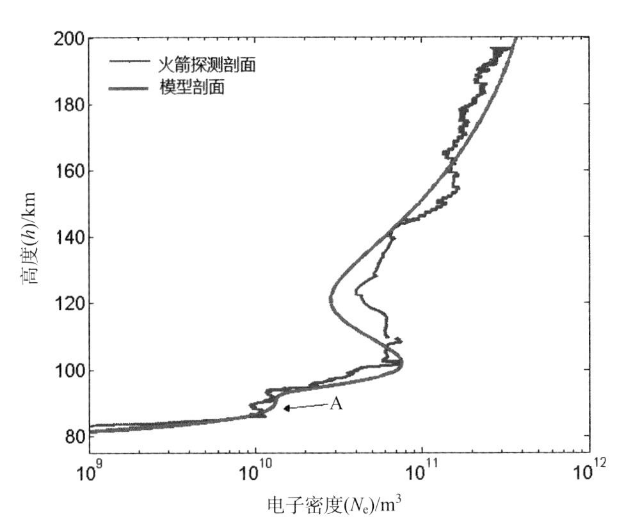

图 16.4　探空火箭探测(蓝线)和三重 Chapman 层模型计算(红线)的电子密度剖面

我们建立的三重 Chapman 层模型能够很好地反映火箭探测的 E-F 谷区的形态特征。事实上,如果只选择 E 层和 F 层两个 Chapman 层来建立模型,E-F 谷区的模型结果将与火箭实地探测的结果差别非常大。这说明次 E 层在这次探测到的 E-F 谷区形成过程中起到了非常重要的作用。

针对本次探空火箭探测到的 E-F 谷区参数,也将其与其他模型的结果进行了对比分析,结果如表 16.3 所示。其他模型包括 Titheridge 模型(Titheridge, 1990, 2003),Mahajan 模型(Mahajan et al., 1994, 1997),Gulyaeva 模型(Gulyaeva, 1987),国际参考电离层(IRI-2007)模型(Bilitza and Reinisch, 2008),POLAN 模型(Titheridge, 1985)和 SAO Explore 模型(Khmyrov et al., 2007)。表 16.3 中也包含了海南探空火箭探测结果和我们所提出的新的三重 Chapman 层模型的结果(Wang et al., 2014)。

从表 16.3 中可以看出,Titheridge 和 Gulyaeva 的模型给出的 E-F 谷区宽度都较大但深度都很小,而 POLAN 模型和 Mahajan 模型给出的宽度都很小,但深度都较大。结合测高仪探测使用 SAO Explorer 模型得到的 E-F 谷区参量与 Titheridge 模型接近。从表 16.3 可以看出,所有其他模型得到的 E-F 谷区的宽度和深度都与探空火箭实地探测的结果相差甚远,而只有我们提出的三重 Chapman 层模型给出了与探空火箭实地探测结果更加接近的电离层 E-F 谷区参量。

表 16.3 不同模型计算的谷区参量和探空火箭探测结果

模型	谷区宽度/km	谷区深度	低谷点高度/km
三重 Chapman 层模型	43.0	62.9%	121.0
IRI 2007 模型	14.3	14.5%	117
POLAN 模型	10.9	22.9%	None
Gulyaeva 模型	30.6	11.5%	135.5
Titheridge 模型	27.2	12.5%	None
Mahajan 模型	19.0	17.8%	122.2
SAO Exploroer 模型	24.3	12.8%	111.8
* 探空火箭探测	42.2	47.0%	123.5

16.4 E-F 谷区的物理机制讨论

从以上描述可见,海南探空火箭探测到的 E-F 谷区的宽度和深度都很大。一般来说,影响 E-F 谷区参量的主要因素有以下几个方面。Titheridge(2003 年)提出在太阳天顶角 X 很大的时候,谷区的宽度和深度会增大,参数大概为$(\sec X)^{0.6}$。这已经得到了探空火箭探测的验证,即 E-F 谷区宽度和深度随太阳天顶角增大而增大(Maeda, 1969, 1972)。海南探空火箭飞行过程中,太阳天顶角约为 79.5°,这可能是探测到的谷区宽度和深度很大的主要原因。Titheridge(2003)也提出,在低纬度地区,谷区宽度和深度随天顶角等因素增大得更明显。海南台站位于19.5° N, 109.1° E,海南台站位于低纬度地区是探测到宽度和深度都很大的E-F谷区的第二个原因。Mahajan等(1990年)利用ISR探测发现电离层E-F谷区在日出和日落时可以变得非常大。对日落时的探测结果已经得到了探空火箭的验证(Goldberg et al., 1974; Sinha and Prakash, 1996)。本次在海南进行的探空火箭实验正在日出之时,且探测到的E-F谷区宽度和深度都很大,也验证了ISR在日出时的探测结论。除此之外,磁赤道附近早晨正在形成的喷泉效应也可能是这次探测到的E-F谷区宽度和深度都很大的原因。

Mahajan等(1990)利用低纬度Arecibo台站(18.3° N, 66.7° W)的ISR数据给出太阳天顶角约为80°时的E-F谷区平均高度是122km。本次海南站(19.5° N, 109.1° E)的探空火箭探测到E-F谷区高度是123.5km,而实验时的太阳天顶角约为79.5°。海南台站火箭探测的结果和Arecibo台站的结果一致。Maeda(1969)报道的中纬度白天的E-F谷区的平均高度是115km。似乎低纬度区域的E-F谷区高度要高于中纬度区域,这还需要进一步的研究。

我们建立的新的三重Chapman层模型,能较好地描述海南探空火箭探测到的谷区的特征,因此也反映了谷区形成的物理过程和特征。在白天通常情况下,电离层E-F谷区的形状和高度是稳定的。在日出时,太阳天顶角很大,电离层中的光化学反应过程快速开始和发展,不同的Chapman层快速形成,在层与层之间会形成电子密度谷区。开始时(日出时)电子密度非常低,谷区宽度和深度都很大。随着光化学反应过程的持续进行,谷区中的电子密度逐渐上升,谷区的宽度和深度逐渐减小。所以白天的E-F谷区具有宽度和深度小,形状和高度稳定的特点。在三重Chapman层模型中,E层和F层在模型起主要作用,反映了这两个高度的光化学反映起主要作用。但如果只考虑这两个层,模型结果与实际探测相差很多,而加入90km高的次E层后,模型结果符合探测,说明在日出时这一高度的光化学反应对E-F谷区的形成有着显著的影响。

在表16.3中,Titheridge模型(Titheridge, 1990, 2003),Mahajan模型(Mahajan et al., 1994, 1997),Gulyaeva模型(Gulyaeva, 1987),POLAN(Titheridge, 1985)计算的E-F谷区参量(宽度和深度)与本次探空火箭实地探测到的结果差别很大。这主要是因为这些模型都是基于某一地区的探测结果而建立的,所以各个模型仅适应于本地区的探测结果。这进一步说明了电离层的区域特性也表现在电离层E-F谷区的形成方面。所以,对于电离层E-F谷区的特性与物理机制问题,还需要全球性的探测与研究。

16.5 总　　结

本研究对2011年在海南电离层观测站(19.5°N，109.1°E)发射的探空火箭提供的电离层电子密度数据进行了分析和模型研究，主要结果为：①这次探空火箭实验第一次在东亚低纬度地区实地探测到了电离层E-F谷区，谷区的宽度是42.2km，深度约为47.0%，低谷点高度时123.5km，谷区的宽度和深度很大。②三重Chapman层模型计算得到的E-F谷区参量与本次探测结果符合得非常好。这表明探测到的电离层E-F谷区由日出时快速发展的电离层Chapman层所形成，而且日出时90km高度附近的光化学反应对E-F谷区的形成有着显著的作用。

由于受到各种探测方法局限性的限制，就全球来说，目前仍然尚未很好地得到电离层E-F谷区发生和变化的规律。对这一电离层现象的研究仍需要更多的探测，特别是实地探测，并需要把观测结果和理论结合起来开展研究。

致　　谢

感谢国家自然科学基金(41274146，41474137)和中国国家重点实验室专项基金对本研究的支持。本项成果使用了国家重大科技基础设施项目子午工程的科学数据，也在此表示感谢。

参考文献

Aikin A C, Blumle L J. 1968. Rocket measurements of the E region electron concentration distribution in the vicinity of the geomagnetic equator. J. Geophys. Res., 73: 1617-1626.

Beker W. 1967. On manual and digital computer methods used at Lindau for conversion of multi-frequency ionograms to electron density-height profiles. Radio Sci., 2(1): 1205.

Bilitza D, Reinisch B. 2008. International Reference Ionosphere 2007: Improvements and new parameters. Adv. Space Res., 42(4): 599-609.

Chen C F, Ward B D, Reinisch B W, et al. 1991. Ionosonde observations of the E-F valley and comparison with incoherent scatter radar profiles. Adv. Space Res., 11: 89-92.

Denisenko R J, Sotsky V V. 1978. On a possibility of establishment of existence of valley from ionograms. Geomagn. Aeronomy, 18: 1045-1050.

Ejiri M, Obayashi T. 1970. Measurement of ionosphere by gyro-plasma probe. Report of Ionosphere and Space Research in Japan, 24(1): 1.

Friedrich M, Torkar K. 2001. FIRI: A semiempirical model of the lower ionosphere. J. Geophys. Res., 106: 21409-21418.

Fukao S, Maeda K. 1975. Daytime electron density profiles of the E and F1 regions. Space Research，XV：327-333.

Goldberg R A，Aikin A C，Krishnamurthy B V. 1974. Ion composition and drift observations in the nighttime equatorial ionosphere. J. Geophys. Res.，79：2473-2477.

Gulyaeva T L. 1987. Progress in ionospheric informatics based on electron density profile analysis of ionograms. Adv. Space Res.，7：39-48.

Gulyaeva T L，Titheridge J E，Rawer K. 1990. Discussion of the valley problem in N(h) analysis of ionograms. Adv. Space Res.，10：123-126.

Hojo H. 1967. Direct use of phase refractive index for reducing h′(f) curves to n(h) profiles. Radio Sci.，2(10)：1117.

Howe H H，McKinnis D E. 1967. Ionospheric electron-density profiles with continuous gradients and underlying ionization corrections. 2. formulation for a digital computer. Radio Sci.，2(10)：1135.

Huang X Y，Su Y Z，Tan Z X. 1987. A method to extract information in non-trace regions of ionogram. Acta Geophysica Sinica，30(4)：341-348.

Huang X Y，Tan Z X. 1984. Profile analysis of ionograms containing a valley. Acta Geophysica Sinica，27(6)：503-510.

Jackson J E. 1954. Measurements in the E-layer with the navy Viking rocket. J. Geophys. Res.，59：377-390.

Khmyrov G M，Galkin I A，Kozlov A V，et al. 2007. Exploring Digisonde Ionogram Data with SAO-X and DIDBase. AIP Conf. Proc.，974：175-185.

Lobb R J，Titheridge J E. 1977. The valley problem in bottomside ionogram analysis. J. Atmos. Terr. Phys.，39：35-42.

Maeda K. 1969. Mid-latitude electron density profile revealed by rocket experiments. J. Geomag. Geoelectr.，21：557-567.

Maeda K. 1972. Study on the electron density profile in the F_1 region. J. Geomag. Geolelectr.，24：303-315.

Mahajan K K，Kohli R，Pandey V K，et al. 1990. Information about the E region valley from incoherent scatter measurements. Adv. Space Res.，10：17-20.

Mahajan K K，Pandey V K，Goel M K，et al. 1994. Incoherent-scatter measurements of E-F valley and comparisons with theoretical and empirical，Adv. Space Res.，14：75-78.

Mahajan K K，Sethi N K，Pandey V K. 1997. The diurnal variation of E-F valley parameters from incoherent scatter measurements at Arecibo. Adv. Space Res.，20：1781-1784.

Neske E，Kist R. 1973. Rocket observations in the equatorial ionosphere. Space Res.，13：486-488.

Prakash S，Gupta S P，Subbaraya B H. 1970. A study of irregularities in the nighttime equatorial E region using a Langmuir probe and plasma noise probe. Planet. Space Sci.，18：1307-1318.

Rao M M，Smith L G. 1968. Sporadic-E classification from rocket measurements. Journal of Atmospheric and Terrestrial Physics, 30: 645-648.

Ratovsky K G, Shi J K, Oinats A V, et al. 2014. Comparative study of high-latitude, mid-latitude and low-latitude ionosphere on basis of local empirical models. Advances in Space Research, 54: 509-516.

Shi J K, Wang G J, Reinisch B W, et al. 2011. Relationship between strong range spread F and ionospheric scintillations observed in Hainan from 2003 to 2007. J. Geophys. Res., 116: A08306.

Shi J K, Wang Z, Tao W, et al. 2014. Investigation of total absorption of radio waves in high latitude ionosphere. Plasma Science and Technology, 16(9): 833-836.

Shi J K, Wang Z, Torkar K, et al. 2013. Ionospheric E-F valley observed by a sounding rocket at the low latitude station Hainan. Annales Geophysicae, 31: 1459-1462.

Sinha H S S, Prakash S. 1996. Electron densities in the equatorial lower ionosphere over Thumba and SHAR. Adv. Space Res., 18: 311-318.

Su Y Z, Huang X Y. 1987. Daytime behavior in valley region between E-layers and F-layers of the ionosphere over Wuchang. China, Acta Geophysica Sinica, 30(6): 555-559.

Titheridge J E. 1959. The use of the extraordinary ray in the analysis of ionospheric records. J. Atmos. Terr. Phys., 17: 110-125.

Titheridge J E. 1974. Direct analysis of ionograms at magnetic dip angles of 26 degrees -30 degrees. J. Atmos. Terr. Phys., 36: 575-582.

Titheridge J E. 1985. Ionogram analysis with the generalised program POLAN. World Data Center A for Solar-Terrestrial Physics, Report UAG-93.

Titheridge J E. 1990. Aeronomical calculations of valley size in the ionosphere. Adv. Space Res., 10: 21-24.

Titheridge J E. 2000. Modelling the peak of the ionospheric E-layer. J. Atmos. Solar Terr. Phys., 62: 93-114.

Titheridge J E. 2003. Model results for the daytime ionospheric E and valley regions. J. Atmos. Solar Terr. Phys., 65: 129-137.

Wang G J, Shi J K, Wang X, et al. 2008. Seasonal variation of spread F observed in Hainan. Adv. Space Res., 41: 639-644.

Wang Z, Shi J K, Guan Y B, et al. 2014. A Model for the Sounding Rocket Measurement on an Ionospheric E-F Valley at the Hainan Low Latitude Station. Plasma Science and Technology, 16(4): 316-319.

Wang Z, Shi J K, Torkar K, et al. 2014. Correlation between ionospheric strong range spread F and scintillations observed in Vanimo station. J. Geophys. Res. Space Physics, 119(10): 8578-8585.

第 17 章 火星离子逃逸和沉降
——磁异常对大气逃逸的影响

李 磊 张艺腾 谢良海 冯永勇
中国科学院国家空间科学中心，北京 100190

自 20 世纪六七十年代发现火星是个干燥的行星后，有关火星大气及水逃逸机制的探索就异常热烈。火星没有全球性的内秉磁场，大气层/电离层直接暴露在太阳风中，太阳风能够将能量和动量直接传递给高层大气、电离层，引起大气逃逸。然而，火星又有分布广泛、局部较强的磁异常，使得太阳风与火星的相互作用变得异常复杂。目前，有关太阳风引起大气逃逸的机制，还有许多有待回答的问题，如火星的磁场结构、局部的磁异常是如何影响离子逃逸的？太阳风是如何深入到火星电离层内引起电离层离子加速逃逸的？……本章简要回顾太阳风作用下火星大气逃逸的探测及研究历史，着重介绍火星磁异常对大气逃逸的影响。

17.1 引 言

行星的大气层并没有完全被引力场束缚。行星大气的逃逸，涉及大气化学与动力学、地质与表面形态、电离层特性、太阳风等离子体等诸多因素。行星外层大气过程和逃逸机制的研究，对研究行星大气的演化、认识大气的当前状态具有重要意义。

行星大气的损失主要是通过原子逃逸和离子逃逸两种形式实现的，存在多种逃逸机制，如热逃逸，流体力学逃逸，灾难性撞击流失，离解、复合、碰撞等引起的非热逃逸等。其中，热逃逸机制主要作用于质量小的原子（如氢 H）；而重原子（如氧 O），由于逃逸能较高，其热逃逸率比其他非热逃逸率要低一个量级，而离解复合等非热机制起主要的作用（Shizgal and Arkos，1996）。而对于水来说，中高层大气中的水蒸气可光离解为 H 和 O，伴随着 H 的热逃逸，如果 O 同时存在适当的逃逸机制，就可以造成水的大量流失。

据火星全球勘察者（MGS）的探测，火星磁偶极矩小于 $2\times10^{17}\,A\cdot m^2$，比地球的磁偶极矩弱 40000 倍，火星赤道上对应的磁场强度为 0.5nT（Acuña et al.，1998）。因电离层 O_2^+ 的离解复合，火星高层大气中有大量的原子氧（Nagy and

Cravens,1988)。火星全球性的磁场很弱,因太阳紫外辐照、电子撞击或电荷交换,高层大气中的原子氧一旦电离,新生的氧离子(O^+)就直接暴露在太阳风中,受到环境电磁场的作用,大部分离子会被太阳风电场"拾取"(pickup),加速逃离行星(Lundin et al.,1989;Luhman,1990);被"拾取"的离子在被太阳风带离火星时,由于其回旋半径很大,一部分有可能沉降到大气层上,与大气成分发生碰撞,产生一系列的效应,如大气加热、大气原子或分子的溅射、中性成分撞击电离等(Kozyra et al.,1982; Johnson,1990)(图 17.1)。按粒子输运模型的分析计算,溅射过程可能是大气逃逸的另一种重要机制(Luhman and Lozyra, 1991; Leblanc and Johnson, 2001)。

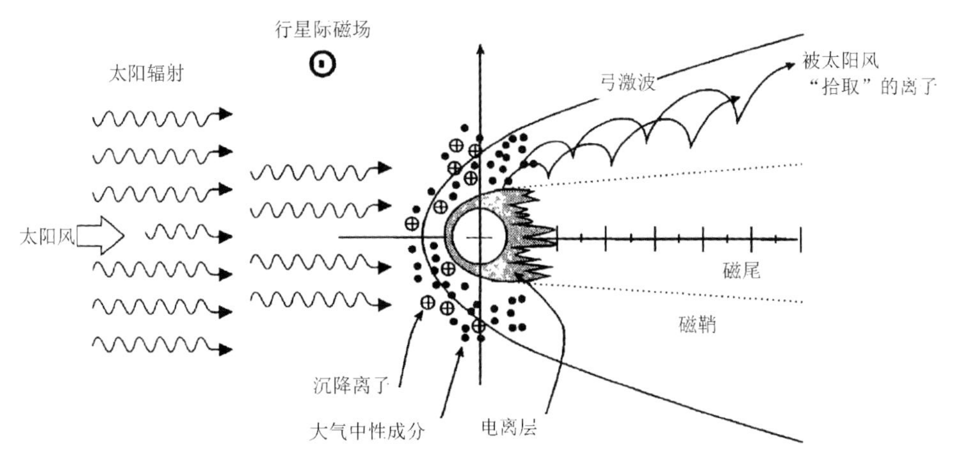

图 17.1　太阳风作用下,火星大气的逃逸(Shizgal and Arkos, 1996)

虽然火星全球性的内秉磁场很小,但许多区域的壳层具有剩磁磁化,尤其是南半球,局部磁化强度比地球上最强的壳层磁化强度高一个量级(图 17.2)。由于这一特征,太阳风与火星的相互作用特别复杂,在不同的场景中,起决定性的作用可能是不同的因素,太阳风与电离层等离子体或大气中性成分的直接作用、太阳风与磁异常的直接相互作用都可能会出现。磁异常不仅能够在局部偏转太阳风等离子体,而且可能从全球上尺度上影响太阳风与火星的相互作用(Brain et al., 2003)。MGS 观测显示,在磁异常较强的区域,磁异常不仅改变火星磁堆积区边界(MPB)的位置,而且还影响近火空间电子的分布(Mitchell et al., 2001;Brain,2007)。

Phobos 2 最先在火星磁尾的不同位置观测到了由电离层向外逃逸的氧离子(O^+)流。流动的主要部分集中在火星磁尾的两翼,离子能量在几百电子伏以下;而在火星磁尾的中心部分,即对应等离子体片的位置,观测到了快速变化的 O^+ 流,其中 O^+ 的能量高达几个 keV(Lundin et al., 1989)。由于轨道较高,Phobos 2 未能得到离子分布与磁异常的对应关系。火星快车(MEX)在日下点附近距火星

250km 处探测到了太阳风等离子体和加速逃逸的电离层重离子，说明由太阳风作用引起的离子加速、逃逸不仅发生在火星磁尾内，还可以深入到火星向阳面电离层内部(Lundin et al.，2006)。MEX 还发现，火星离子和电子的加速、离子的外流，既有无磁行星电离层与太阳风直接耦合的特点，又与地球极间区场向电场加速相似的特征，从而推断，围绕火星磁异常可能会形成离子加速的"热点"(Lundin et al.，2004)。进一步统计 MEX 的观测数据发现，火星大部分区域都会出现逃逸的行星重离子流，但其分布存在一定的南北不对称性；离子流沿经度方向的分布并未随着磁异常的变化出现明显的改变，但高度较低处的一些离子流事件与强磁异常密切相关(Nilsson et al.，2006)。

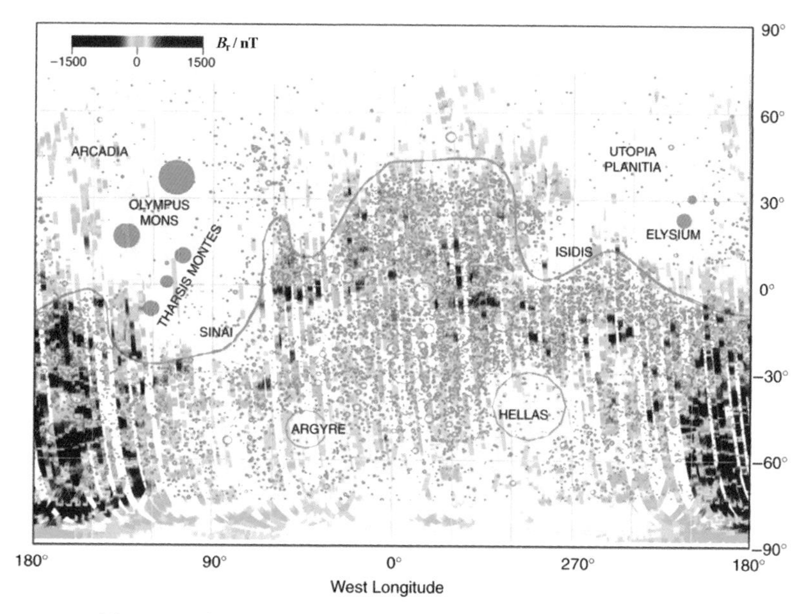

图 17.2　由 MGS 观测数据推算到火星表面的磁场径向分量

实心圆为火山，空心圆为撞击坑，实线是火星北部平原与南部高地的分界(Barlow，2008)

一般认为，火星离子是被太阳风运动电场加速后逃逸到上层大气的，而太阳风电场可能深入到火星磁层、电离层内部。但根据 Phobos 2 的观察，单靠太阳风运动电场还不足以将近磁尾的离子加速到观测的能量。Dubinin 等(1993)认为，磁尾内的磁张力是加速离子的另外一个重要因素。由于磁场较弱，同时火星磁层的尺度较小，离子的回旋半径效应非常显著，电子和离子的运动不再耦合在一起。在近火空间，磁力线呈现"悬挂"的位形(Crider et al.，2004)。在近磁尾中心，磁力线弯曲产生的 $\boldsymbol{J}\times\boldsymbol{B}$ 力加速磁化的电子，造成电荷分离，产生双极电场，广义欧姆定律中的项不可忽略，总的电场增强，从而将更多的能量传递给离子(Lichtenegger et al.，1995)。由于磁异常对近火空间磁场位形有较大的改变，运动电场和电场都会随之发生变化，而离子的运动由当地的电磁场控制，可以预见，在磁异常存在时，离子的加速逃逸过程也会发生变化。

由于全面观测的困难，我们对磁异常对离子加速逃逸过程的影响仍然认识不足。建立模型进行仿真模拟，是更好地认识太阳风与火星的相互作用、研究大气逃逸的重要手段。尽管火星附近某些区域离子的回旋半径接近火星半径，但由于波的活动非常活跃，波粒相互作用替代了碰撞的作用，同时，也确实存在一些区域，如太阳风与电离层/高层大气的相互作用的区域。传统意义上的碰撞频率足够得高、粒子运动足够得慢，回旋半径远小于系统的特征尺度。因此，在火星这一特定的环境条件下，MHD 模式仍然可以较好地模拟太阳风与火星的相互作用，从宏观上确定火星空间的电磁场环境。在单流体/多成分 MHD 模型中加入磁异常后发现，磁异常不仅能够改变弓激波的位置，还能使逃逸粒子的通量发生变化(Ma et al.，2004)。但是，由于 MHD 模型无法体现离子的动力学效应，并不适合模拟离子被太阳风“拾取”的过程。

在电磁环境已知的条件下，单粒子模型是研究离子被“拾取”过程的一种有效手段。尽管单粒子模型不考虑离子运动对电磁场的改变，计算过程不自洽，但只要设定的背景电磁场能够从宏观上较好地反映太阳风与火星的相互作用，实践证明，单粒子模型仍然能够成功地描述离子被“拾取”的重要特征，如离子空间分布的南北不对称性、磁尾内逃逸离子的能谱分布等(Luhmann，1990；Lichtenegger et al.，1995)。早期的单粒子模型一般采用简单的背景电磁场模型，如 Luhmann 和 Kozyra(1992)采用太阳风与火星相互作用的气体动力学模型(Spreiter and Stahara，1980)确定磁鞘内的电磁场背景，通过单粒子模拟估算了向阳面沉降 O^+ 的通量和能谱，发现 IMF 通过太阳风运动电场($\boldsymbol{E}=-\boldsymbol{V}\times\boldsymbol{B}_{\mathrm{IMF}}$)确定了沉降 O^+ 的最大能量和最大沉降通量位置。当 IMF 在 $+Y$ 方向时，最大通量位于赤道之南。由于简化模型不含磁异常，在此基础上的单粒子模拟自然也就无法模拟磁异常对离子加速逃逸或沉降的影响。

如上所述，近年 MHD 模型的发展为单粒子模型提供了更真实的背景电磁场环境，如单流体/多成分 MHD 模型(Ma et al.，2004)不仅能加入复杂的磁异常分布，而且可以模拟从太阳风到电离层的整个作用区域。在此基础上，大量试探粒子的 Monte Carlo 模拟表明，磁尾中逃逸离子的分布和通量都受到磁异常的影响(Li and Zhang，2009)，如果没有磁异常，通过磁尾逃逸的离子通量可增加 1 倍以上(Fang et al.，2010)；同时磁异常的地方时是一个影响离子逃逸概率的重要因素(Fang et al.，2011)。

本章将介绍火星空间氧离子运动的单粒子模型，并利用该模型模拟氧离子被“拾取”，以及沉降的过程，考察磁异常对磁尾内逃逸氧离子，以及沉降氧离子的分布等特性的影响，从而评述磁异常对火星大气逃逸的影响。

17.2 模 型

忽略重力以及其他散射机制，O^+ 的运动可以用洛伦兹方程来描述

$$m\frac{d^2\boldsymbol{r}}{dt^2}=q\left(\boldsymbol{E}+\frac{d\boldsymbol{r}}{dt}\times\boldsymbol{B}\right) \tag{17.1}$$

其中，$\boldsymbol{r}$ 是离子的位置矢量，$\boldsymbol{E}$ 和 $\boldsymbol{B}$ 分别是背景电磁场。

计算采用火星太阳轨道坐标系(MSO)，原点位于火星中心，X 轴由火星指向太阳，Y 轴平行于火星的公转速度方向，Z 轴与 X、Y 构成右手系统。按照方程(17.1)计算离子运动轨迹前，需要知道背景电磁场的全球分布，为此，采用多成分单流体 MHD 模型(Ma et al.，2004)模拟太阳风与火星的相互作用，确定背景磁场。模拟时，采用火星轨道上太阳风参数的平均值作为输入条件，即行星际磁场矢量位于 X-Y 平面内，与日火连线夹角为 58°，强度为 3nT；太阳风体速度为 400km/s，密度为 4cm^{-3}。为了考察磁异常的作用，计算了如下太阳极小条件下的两个算例。

算例 1 有磁异常，采用 Arkani-Hamed(2001)磁异常模型计算磁异常的全球分布。日下点位于(180°W，0°N)，也就是火星磁异常最强的区域(179°W，58°S)位于日下点附近。

算例 2 没有磁异常。

由于 MHD 模型采用了理想 MHD 方程组(Ma，2006)，将电子近似为没有重量的流体，在电子动量方程中忽略了霍尔效应项和电子压力梯度项，使得电子和离子的运动完全耦合在一起。为了模拟离子的有限回旋半径效应，在电场公式中引入了霍尔效应项。根据广义欧姆定律，在忽略电子压力梯度的情况下，电场可表达为

$$\boldsymbol{E}=-\boldsymbol{u}\times\boldsymbol{B}+\frac{1}{\mu_0 nq}(\nabla\times\boldsymbol{B})\times\boldsymbol{B} \tag{17.2}$$

式(17.2)右边第一项是运动电场，当等离子体跨越磁力线运动时，在相对火星固定的坐标系中就会产生运动电场；第二项是与 $\boldsymbol{J}\times\boldsymbol{B}$ 力有关的项。根据 MHD 模拟得到的磁场 $\boldsymbol{B}$、等离子体速度 $\boldsymbol{u}$、密度 $\boldsymbol{n}$，就可以确定电场的空间分布。

图 17.3 是 MHD 模拟得到的 XZ 平面内的磁场强度，图 17.3(a)为有磁异常，图 17.3(b)为无磁异常。从图中可清楚地看到，当太阳风运动遇到火星阻碍时，向阳面磁场发生压缩，磁力线“悬挂”在行星上。比较图(a)和(b)，很容易发现，在有磁异常时，弓激波的日下点位置高于没有磁异常的情况，同时出现了一些局域性的磁场增强，尤其是在南半球，那里有最强的磁异常区。

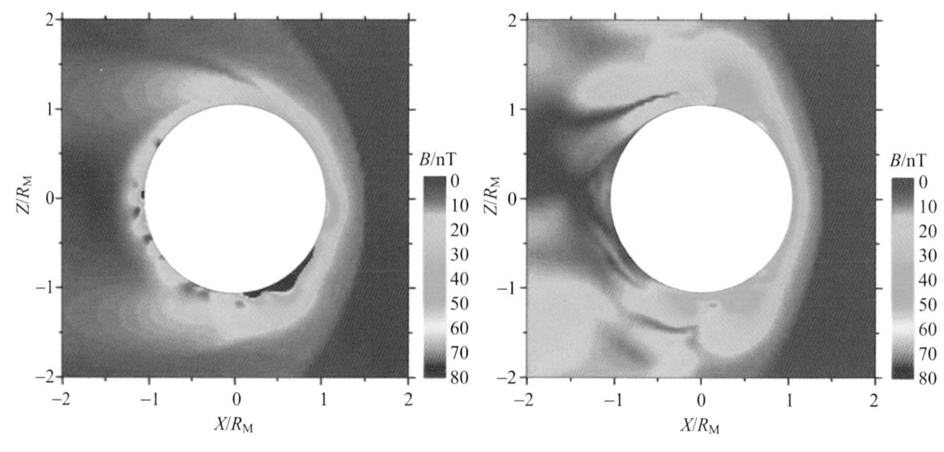

图 17.3　XZ 平面内的磁场强度

(a)有磁异常;(b)无磁异常

根据磁场模拟数据,利用变步长四阶龙格-库塔法追踪可以得到火星近磁尾的磁力线位型(Zhang and Li, 2009),如图 17.4 所示,(a)为有磁异常,(b)为无磁异常。在没有磁异常时,磁力线大致像“悬挂”在行星上的开磁力线(b);有磁异常时,中心磁尾出现了大量闭合磁力线(a)。尽管在算例 1 中,火星最强的磁异常区位于向阳面,从图(a)可以看到,磁异常的影响仍然可以延伸到大约 $X=-3R_M$(R_M为火星半径,$R_M=3396$km)。行星际磁场与磁异常的重联发生在磁尾下游或者闭合磁力线的两翼,如图 17.4(a)所示。

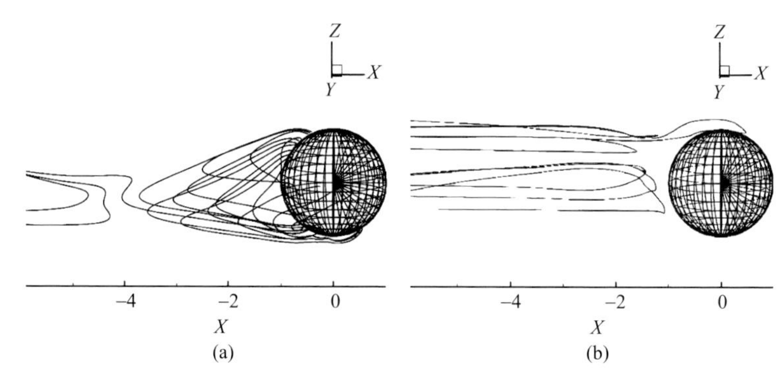

图 17.4　火星磁尾内的磁场位型,坐标轴单位为 R_M

(a)有磁异常;(b)无磁异常

图 17.5 是 XZ 平面上的电场强度,(a)为有磁异常,(b)为无磁异常。在未扰动的太阳风内,电场矢量指向 $+Z$ 方向。电场在磁堆积区边界(MPR)附近最强,

那里是"悬挂"的磁力线发生弯曲之处，磁场强度的梯度最大。在没有磁异常时，电场强度的分布相对于 X 轴近似对称；然而出现磁异常后，南半球的广大区域的电场相对于北半球减弱，说明南半球的磁异常能够阻挡太阳风电场进入表面附近的区域。正如 MEX 的观测，南半球的磁异常能够阻挡太阳风，而太阳风电子的进入程度也与磁场强度呈线性关系(Fränz et al.，2006)。

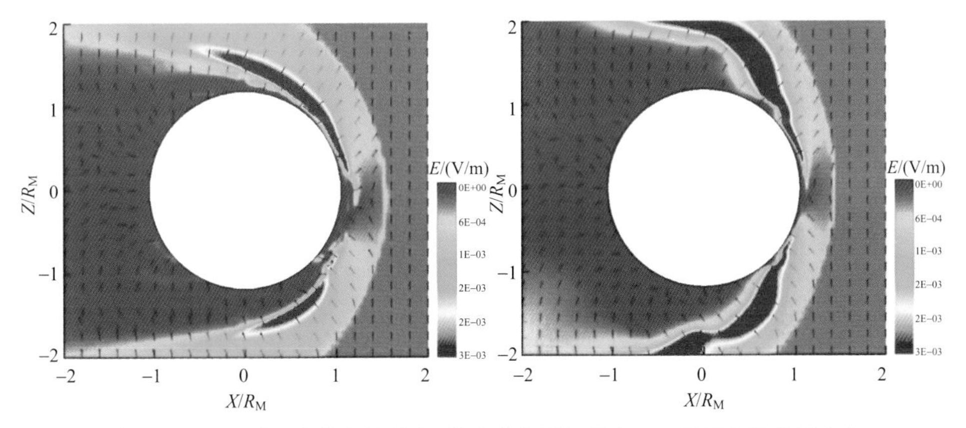

图 17.5　XZ 平面内的电场强度，箭头为电场矢量在 XZ 平面上的投影方向

(a)有磁异常；(b)无磁异常

为了进一步考察了磁异常对运动电场和霍尔电场的影响，图 17.6 给出了赤道面内运动电场(上)和霍尔电场(下)的强度，左列有磁异常，右列无磁异常。磁异常对于运动电场的总体分布并未显现出明显的影响，有无磁异常运动电场都是在 MPB 外最强，靠近磁尾中心区时逐渐减弱。而对于霍尔电场，可以看到，有无磁异常时，分布有很大区别。有磁异常时，由于磁异常改变了磁力线的位型，导致磁尾中心区 $\boldsymbol{J}\times\boldsymbol{B}$ 力增强，对应霍尔电场也增强。比较上图和下图，可以发现，有磁异常时，磁尾内某些区域的霍尔电场明显强于运动电场；而没有磁异常时，两者的大小在同一个量级上。

在设定电磁场环境后，首先考察磁异常对 O^+ 运动轨迹的影响。这里，假定所有的 O^+ 都是由中性大气光电离产生的，初始能量为 10eV，速度在相空间内随机分布，初始位于向阳面低、中、高三种不同高度(1.1，1.45，1.8R_M)，经、纬度方向相隔 45°。图 17.7 给出了离子运动轨迹。从图 17.7(b)可见，当没有磁异常时，离子大致可以分为三类。一类主要源自北半球，被太阳风"拾取"，加速至较高能量，很快穿过磁鞘逃逸；第二类离子被"拾取"后，由于回旋半径很大而撞击到向阳面大气层上；第三类由于 $\boldsymbol{E}\times\boldsymbol{B}$ 漂移逐渐向磁尾中心靠近，最终向着磁尾下游逃逸。有磁异常时(图 17.7(a))，情况显得非常复杂。从北半球出发的离子轨迹和没有磁异常时基本类似。然而，由于离子的回旋半径很大，在离子的一个回旋周期，磁异常

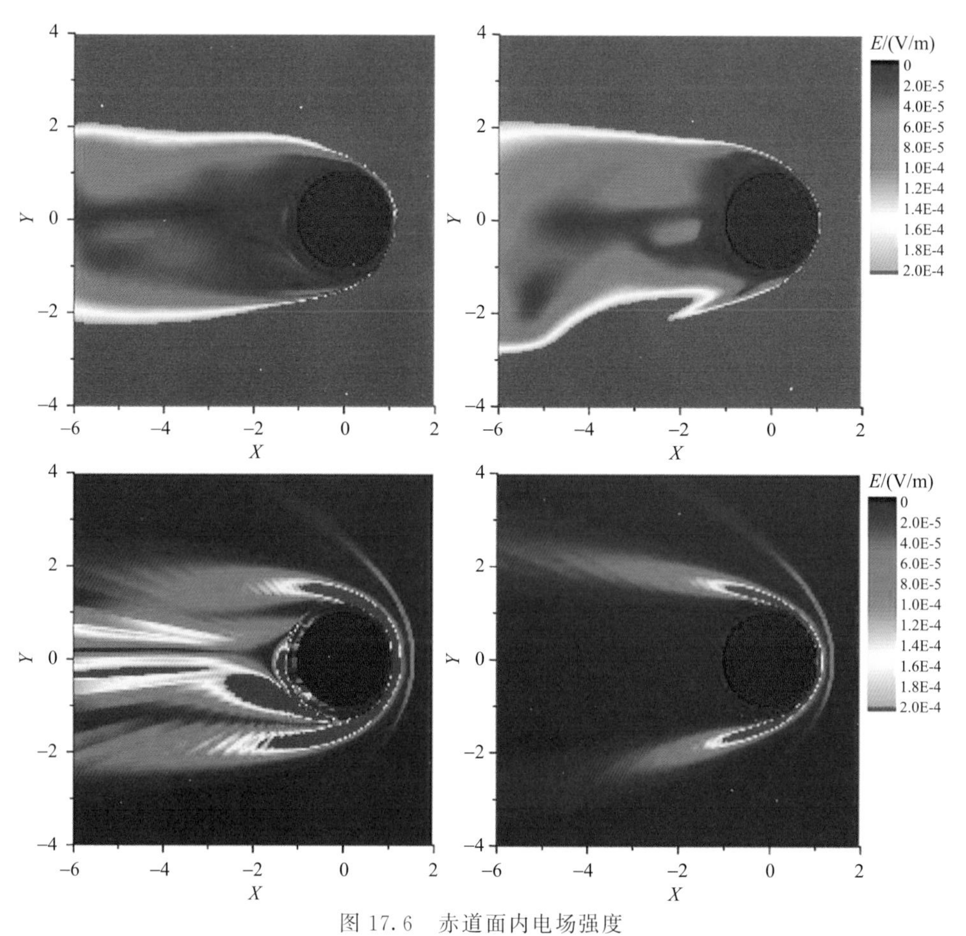

图 17.6　赤道面内电场强度

上行运动电场,下行霍尔电场;左列有磁异常,右列无磁异常

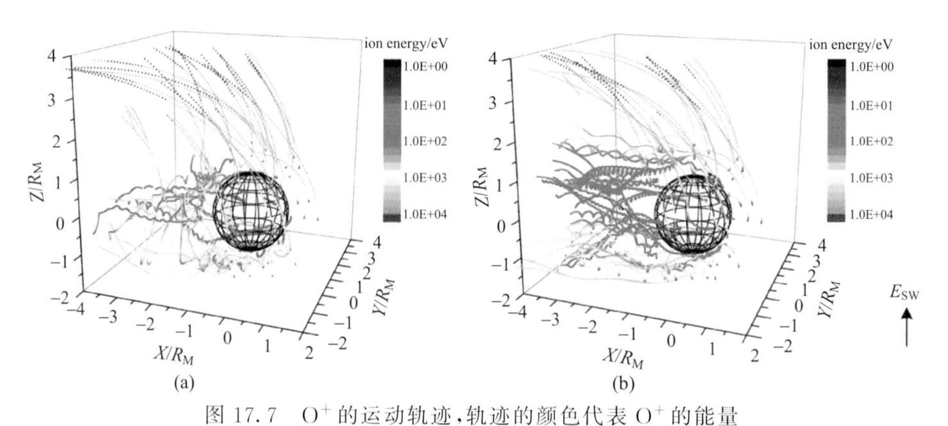

图 17.7　O^+ 的运动轨迹,轨迹的颜色代表 O^+ 的能量

(a)有磁异常;(b)无磁异常。太阳风运动电场 E_{sw} 的方向垂直于赤道面,如箭头所示

可能发生了明显的变化，从南半球出发的离子轨迹非常复杂。有的离子漂移进入磁尾，沉降到了背阳面大气层上；有的则加速进入磁尾下游；有的甚至能够绕过火星后又折向北逃逸，进入行星际空间。比较(a)、(b)两图，可以得到一个总的印象，当有磁异常时，从磁尾逃逸的离子减少了。

从上述结果看，由于磁异常分布的复杂性，考察单个 O^+ 的运动，很难确定火星空间 O^+ 的整体分布规律。为了考察磁异常的综合效应，我们需要建立一个 Monte Carlo 模型来研究 O^+ 的运动规律(Li and Zhang, 2009)。假定所有的 O^+ 都是由大气中的氧原子光电离产生的，初始能量为 10eV，速度在相空间内随机分布，初始位于 $r=1.05\sim1.8R_M$ 之间 31 个等间距的半球壳上。这些半球壳以日下点为中心延伸至晨昏线，$r=1.05\ R_M$ 时，延伸至太阳天顶角(SZA)等于 107.8°处，$r=1.8R_M$ 时延伸至 SZA 等于 146.3°处。忽略电荷交换或电子撞击电离，晨昏线的夜侧不再有 O^+ 源。球壳上，按 1°的角间距沿纬度和经度方向分布网格点，每个格点上布设一个离子。为了模仿高层大气连续的光电离过程，每隔 100s 从源点释放一批 O^+。我们在电磁场中总计放入了大约 6000 万个 O^+，根据式(17.1)，利用四阶龙格-库塔法计算离子的轨迹，跟踪其运动过程。在追踪过程中，离子一旦跨越 $X=-6.2R_M$，$Y/Z=-4.4R_M$ 的外边界，或 $r=1.05R_M$ 的下边界就停止跟踪，认为离子已逃逸或已沉降到大气层中被吸收。总的计算时间为 3000s，在此时间内，计算域中的总粒子数基本达到了稳定(从 2000～3000s 总粒子数量总的增加小于 1.8%)，但计算时间相比于火星的自旋周期又足够得短，因而在此时间内，可以忽略火星的自旋。计算结束时，按空间位置统计计算域内以及沉降的离子，根据每个离子携带的权重系数计算不同位置的物理参数。权重系数取决于 O^+ 源点处的氧原子密度、SZA 的余弦、网格单元的体积、太阳极小期的光电离率 $8.89\times10^{-8}\,s^{-1}$ (Schunk and Nagy, 2000)。其中，氧原子的密度为温氧原子和热氧原子密度之和，温氧原子温度大约为 185K(Hanson et al., 1977)，热氧原子能量可达 6eV(Kim et al., 1998)。

17.3　磁异常对逃逸离子的影响

根据上述模型，得到了磁尾截面($X=-2R_M$, $X=-5R_M$)上 O^+ 的温度、投掷角，以及与平行磁场方向的速度 $V_{\parallel}$ 的 X 分量 $V_{\parallel X}$，如图 17.8 和图 17.9 所示，图中左列有磁异常，右列无磁异常。

从图 17.8 中可以看到，由于源自火星的 O^+ 主要是在 MPB 附近被电场加速，离子能量随着靠近中心磁尾而下降。无论有无磁异常，磁尾截面上 O^+ 的分布相对于 Y、Z 轴均不对称。这种不对称性主要来自两个方面，一是由于 IMF 具有径向分量，电场漂移的方向($\boldsymbol{E}\times\boldsymbol{B}$)不是在流动方向，因此对称轴不是 Z 轴。另外一方面，运动电场在 $+Z$ 方向，南半球的离子在被电场加速过程中，由于有限回旋半径效应以及轨迹的回旋几何特征(Philips et al.，1987)，部分离子撞击大气层而部分离子漂移进入磁尾；在北半球，离子则快速漂移进入到太阳风中。

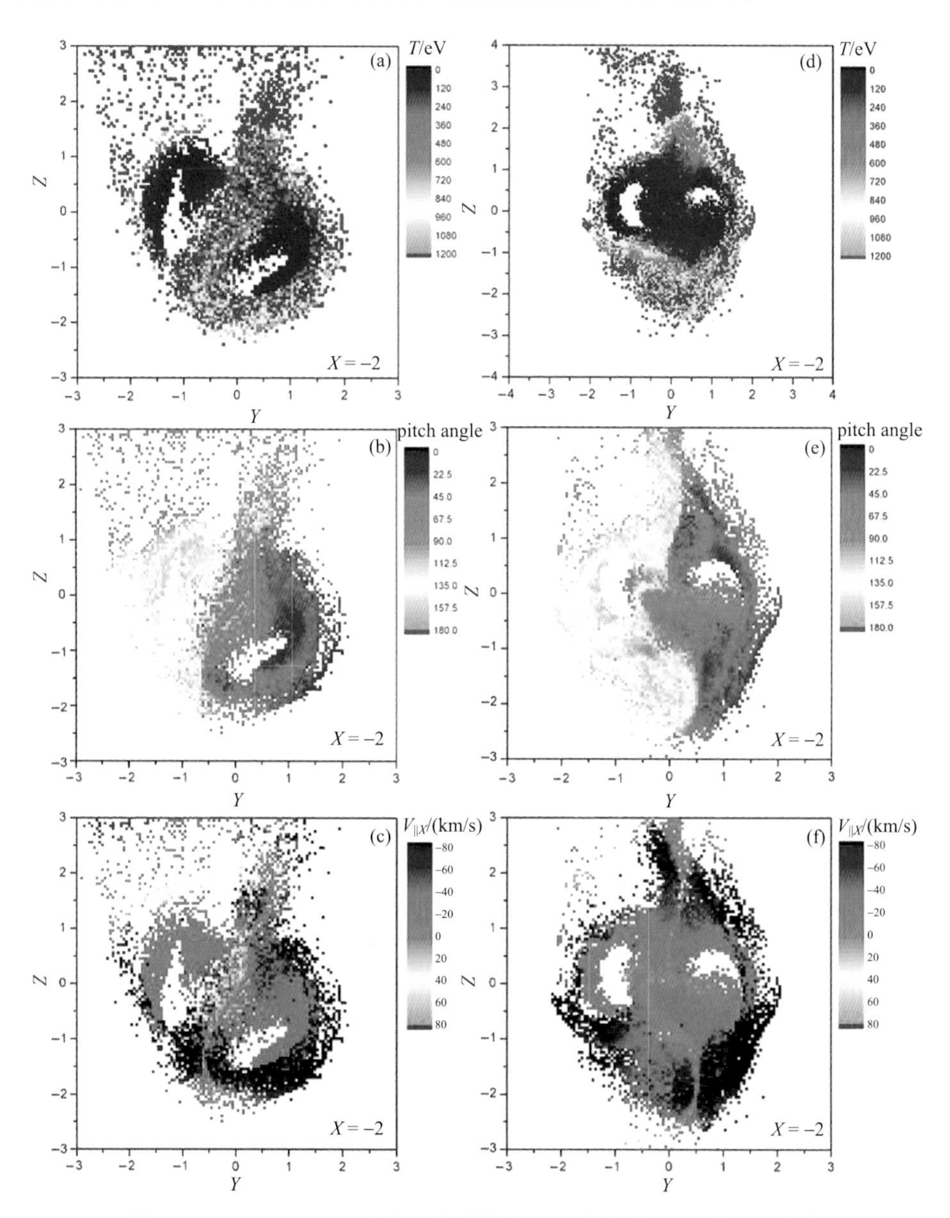

图 17.8　$X=-2R_M$，O^+ 的温度、投掷角和平行速度的 X 分量的分布

(a)有磁异常；(b)无磁异常

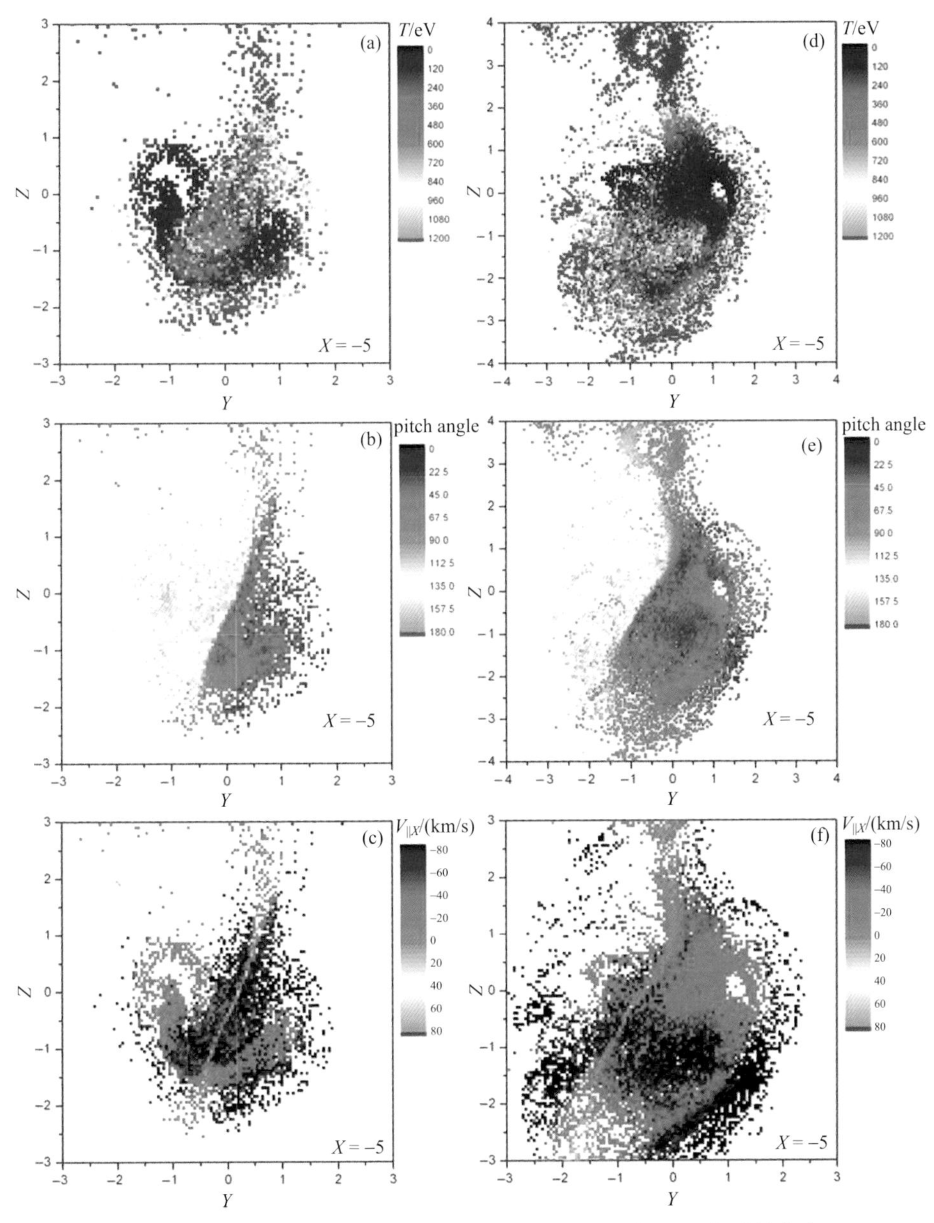

图 17.9 $X=-5R_M$，O^+的温度、投掷角和平行速度的 X 分量的分布

(a)有磁异常；(b)无磁异常

靠近火星时($X=-2R_M$)，当有磁异常时，离子明显具有分流的结构(图 17.8(a))，在 MPR 以内，有两股冷离子流，中心分别位于南、北半球，其中充斥着

100eV 以下的冷 O^+。而在磁尾的中心,则有一股热离子流,离子能量可达 keV 以上(图 17.8(a)),这就是我们通常所说的磁尾中心等离子体片。对于冷离子流,随着“悬挂”的磁力线的磁场方向由日向转为尾向,离子的投掷角由北半球的 180°转为南半球的 0°,说明冷离子流中的离子速度方向基本和磁场矢量方向一致(图 17.8(b))。平行磁场方向的速度 $V_{\parallel}$ 的 X 分量可作为离子逃逸的一种标识,如图 17.8(c)所示,冷离子流中的离子沿着开磁力线逃逸。热离子流的情形则较为复杂,由于热离子流所在位置正好是磁异常对磁尾内磁场位型有很大改变的区域,这里的投掷角分布更像是随机分布(图 17.8(b))。不同于“悬挂”的磁场位型对应的霍尔电场向着磁尾下游加速离子(Dubinin et al.,1993),部分离子是向着火星加速,如图 17.8(c)所示,平行速度有一个指向 $+X$ 方向的分量,说明热离子流中的离子无法摆脱磁异常的束缚,而撞击到背阳面大气层上。没有磁异常时,$X=-2R_M$处仍可见磁尾内的离子分流结构(图 17.8(d)),但这时中心流和侧翼流内的能量差异不像有磁异常时(图 17.8(a))那么大。投掷角的分布可分为左右两部分,两者之间的分界对应于“悬挂”的磁场方向由日向转为尾向(图 17.8(f))。这时,不再有投掷角明显随机分布的区域,说明几乎所有的离子都在向着下游逃逸,这点在图 17.8(e)中得到了进一步的证实,这里平行速度几乎都是指向 $-X$ 方向的。

在磁尾下游 $X=-5R_M$处(图 17.9),有磁异常时,仍然看见离子分流结构,但热离子流的能量已经降低到与冷离子流中的能量没有太大的差异(图 17.9(a))。这个原因很显然,根据图 17.4 和图 17.6,此处磁异常对电磁场分布的影响已经基本消失,因此对离子分布的影响也不明显了。另一方面,热离子由于磁异常的束缚,也无法逃逸至 $X=-5R_M$处。由于 $X=-5R_M$处的磁力线是“悬挂”位型,投掷角的分布对应也有一个从日向转而尾向的清晰分界(图 17.9(b))。所有的离子的平行速度均指向磁尾下游(图 17.9(c))。在没有磁异常时,O^+ 的分布仍然受“悬挂”位型的磁场控制,投掷角一半沿磁力线方向,一半反磁力线方向(图 17.9(e)),所有的离子向着下游逃逸(图 17.9(f))。然而,和有磁异常时相比,磁尾截面上的能量分布结构显得不那么清晰有序,分流结构几乎消失了。

图 17.8 中另外一个明显的特点是在 $X=-2R_M$截面上,南北两瓣中各有一个离子空洞。乍看认为有磁异常时,磁异常可能屏蔽了某些区域,如 MGS 观测到的电子空洞(Mitchell et al.,2001)。然而奇怪的是,没有磁异常时,这样的空洞仍然存在。但图 17.9 中,在 $X=-5R_M$处,无论有无磁异常,空洞都几乎消失了。我们分析认为,这样的空洞可能是由于火星对太阳风离子的遮挡造成的,但空洞的形状和位置可能与磁异常有关。具体成因,还有待以后进一步定量分析研究。

17.4　磁异常对离子沉降及大气溅射逃逸的影响

如上所述，O^+ 在加速逃逸的过程中，由于回旋半径较大，可能撞击到向阳面大气层上，也可能漂移进入磁尾后反向加速撞击到背阳面大气层上。将 $r=1.05R_M$ 的球面上按 1°×1°网格，统计沉降的 O^+ 的通量(Li et al., 2011)。图 17.10 给出沉降 O^+ 通量的全球分布。图中横轴为东经，纵轴为纬度，东经 0°和 360°对应的地方时为正午，而东经 180°对应的地方时为子夜。图 17.10 的左列有磁异常，右列没有磁异常；上行为 12～100eV 的沉降 O^+ 通量，中行为>1200eV 的 O^+ 通量，下行为 $r=1.05R_M$ 处磁场的径向分量。由于我们关注的是被太阳风"拾取"后又沉降的 O^+，所以在统计中剔除了能量低于 12eV 的氧原子，认为能量低于 12eV 的 O^+ 尚未被太阳风"拾取"。

从图 17.10 右列可以看到，当没有磁异常时，向阳面高能和低能的沉降离子的分布几乎都是相对于日下点对称的，最大通量位于赤道以南，与 Luhmann 和 Kozyra(1991)的结果一致。由于受到火星的遮挡，中心位于晨昏的两个对称区域内没有低能离子的沉降。近似对应于磁尾等离子体片的位置，有一个中心位于子夜的低能离子沉降带，说明 O^+ 被太阳风"吹入"背阳面后漂移进入磁尾中心，部分离子在加速到较高能量逃逸前就会撞击到大气层上。相比之下，背阳面几乎所有的高能离子都逃逸了，因为在没有磁异常时，电场的霍尔项指向 $-X$ 方向，离子沿着 $-X$ 方向加速逃逸(图 17.8)。当有磁异常时，低能沉降 O^+ 的空间分布变得很不规则(图 17.10 左列)，出现了很多沉降块和空洞。比较图 17.10(e)，可以发现 O^+ 的分布与磁场径向分量的分布存在一定的对应关系。尤其是在最强磁异常区(179°W，58°S)附近，磁异常屏蔽了一些区域，出现了一些低能沉降离子的空洞。而高能沉降离子的分布则看起来更有规律，向阳面和背阳面都有较宽的沉降带。由于高能离子回旋半径大，局部磁场已经对其没有明显的束缚作用，沉降与磁场之间的对应关系不再存在。在背阳面，中心等离子体片内的部分离子向着行星加速(图 17.10(c))，撞击大气层，形成了一个延伸至南极的宽沉降带，而最强的沉降通量出现在南半球。在南北球，分别以晨、昏为中心的空洞，对应没有高能离子的沉降。由于电场有 $+Z$ 方向的分量，离子在向着行星加速时更容易撞击南极地区(图 17.7)，南半球的空洞被极区一个沿着经度方向的沉降带隔开，而北半球的空洞则可一直延伸到了极区。

为了进一步考察磁异常的影响，我们研究了沉降离子的来源。图 17.11 给出了沉降氧离子的来源。图 17.11 用点来代表沉降离子在三维空间中的源点，点的颜色代表离子沉降时的能量，左列有磁异常，右列没有磁异常；上行表示沉降到向阳面的离子，中行代表沉降至背阳面的离子，下行同样给出了 $r=1.05R_M$ 处磁场的径向分量以作比对。

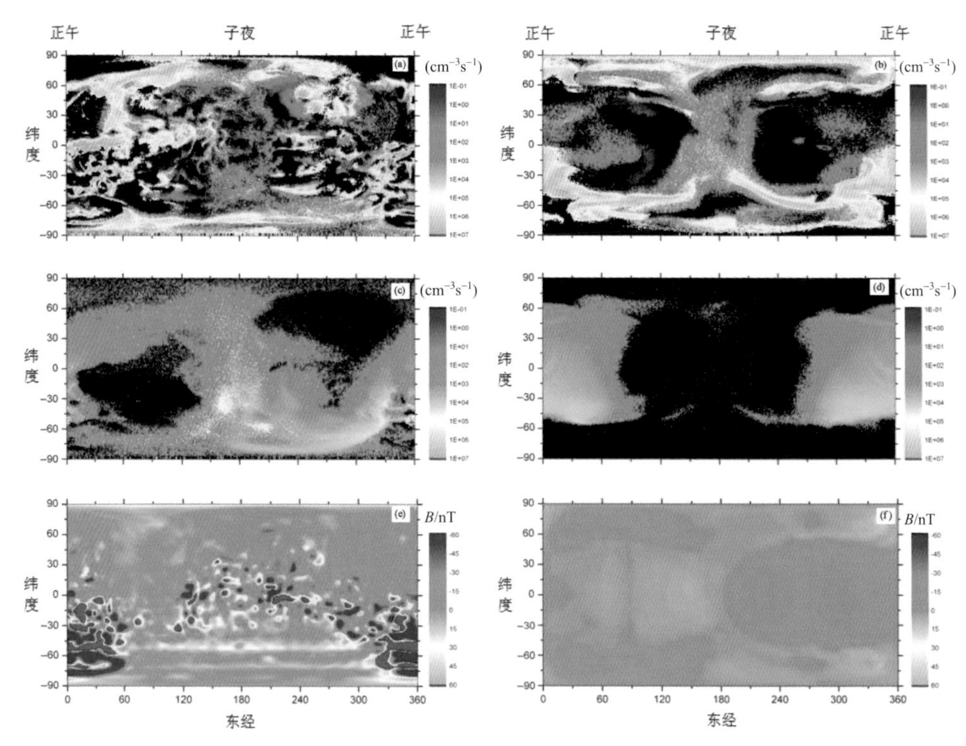

图 17.10 沉降 O^+ 通量的全球分布

左列有磁异常,右列没有磁异常;上行为 12~100eV 的沉降 O^+ 通量,中行为>1200eV 的 O^+ 通量,下行为 $r=1.05R_M$ 处磁场的径向分量

从图 17.11 右列,我们发现没有磁异常时,图 17.10(d)中的向阳面高能沉降离子主要来自中心位于(180°W,30°S)高处的一个狭窄区域(图 17.11(b))。这里的离子被太阳风电场加速至高能,由于回半径大,大部分离子撞击到了向阳面大气层上,只有一小部分可以进入背阳面(图 17.11(d))。另一方面,由于低处的电场较小,向阳面低处的离子增能较少,低能离子部分可能撞击到向阳面的大气层,部分进入了背阳面,由于 $\boldsymbol{E}\times\boldsymbol{B}$ 漂移向着中心等离子体片的位置收缩,成为图 17.10(b)中的低能的沉降离子。当有磁异常时,高能沉降离子仍然主要来自高处,但来自南半球更广大的地区(图 17.11(a)和(c))。可以发现,南半球强磁异常区上方的离子可以被加速至中能,然后沉降到向阳面大气层上(图 17.11(c)),这说明磁异常可以捕获一些高处的离子并使其沉降。从图 17.11 可以看到,无论有无磁异常,晨昏线(对应图中柱状位置)附近不同高度的离子,都可能成为沉降离子,尤其可能成为背阳面的沉降离子。比较图 17.11 左列和右列,可以发现,有磁异常时,

晨昏线附近各高度的离子,甚至北半球低处的离子,可以加速至较高能并再入大气层。有磁异常时,更多的离子,尤其是南半球至南极地区的离子,都能被加速,越过晨昏线进入磁尾(图 17.7(a)),在漂移进入磁尾时加速并沉降到背阳面。

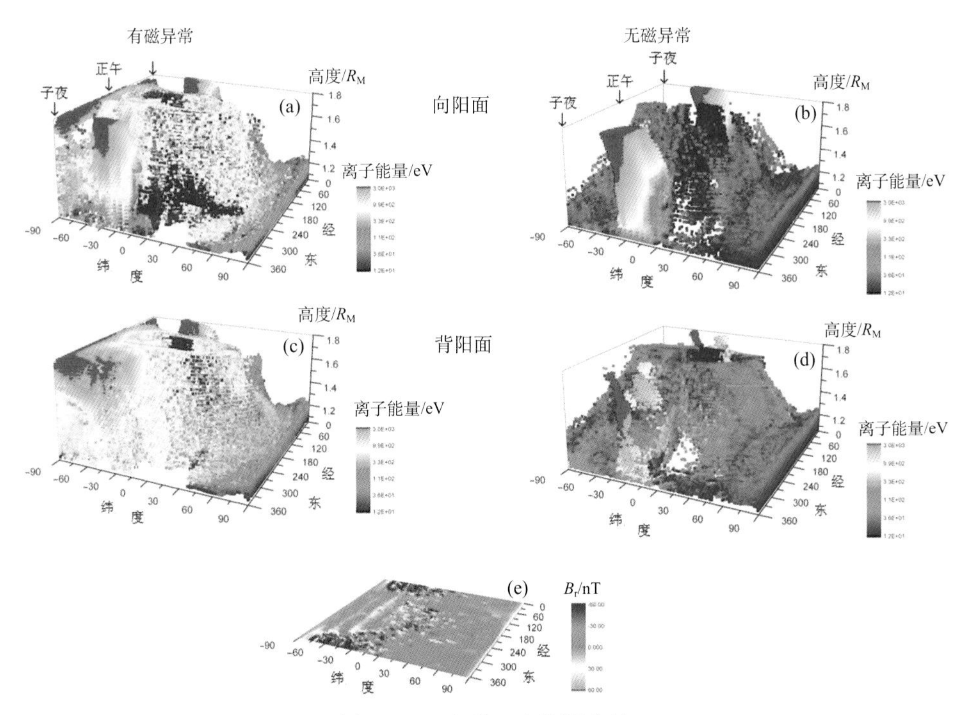

图 17.11　沉降 O^+ 的源位置

左列有磁异常,右列无磁异常;上行为沉降至向阳面的离子,中行为沉降至背阳面的离子,下行为 $r=1.05R_M$ 处磁场的径向分量。颜色代表沉降时离子的能量

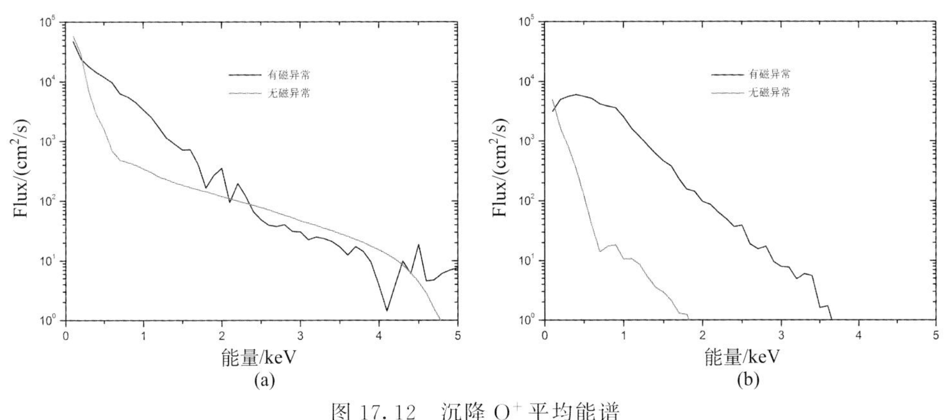

图 17.12　沉降 O^+ 平均能谱

(a)向阳面;(b)背阳面。黑色曲线为有磁异常,灰色曲线为无磁异常

根据图 17.11 的统计，在有磁异常时，沉降的离子要比没有磁异常时多出 1 倍以上，这说明当最强磁异常位于日下附近时，磁异常会显著增加 O^+ 的沉降。图 17.12 比较了有无磁异常时向阳面和背阳面的沉降 O^+ 平均能谱。黑线代表有磁异常，灰线代表无磁异常。在向阳面，能量 2～4keV，两者的能谱很接近。有磁异常时，2keV 以下的通量有增强，而 4keV 以上的能谱变硬。低能通量的增强。在图 17.10(a)中就已经发现，是由大量中低能的离子沉降到向阳面大气层中造成的。在背阳面，有磁异常时，O^+ 的能谱比没有磁异常时硬，说明磁异常能阻止离子逃逸，而使其加速沉降到背阳面大气层中。

由于 O^+ 具有一定的能量，沉降过程中与大气中性成分碰撞，就会“溅射”出大气粒子。忽略 O^+ 沉降时对大气成分的加热，假设通过电荷交换，O^+ 在外逸层之上已经成为氧原子(O)，而电荷交换过程无能量损失，O 的能量与 O^+ 相同，采用 Luhmann 和 Kozyra(1991)单能沉降束流引起的 O 的溅射产出，我们粗略估计了沉降引起的 O 逃逸通量。在全能谱范围内积分后，得到的全球平均的溅射逃逸 O 通量如图 17.13 所示。可以发现，由于磁异常，溅射逃逸通量增加了近 1 倍，对应的 O 逃逸率有磁异常时为 $2.85\times10^{23}\ s^{-1}$，而没有磁异常时为 $1.51\times10^{23}\ s^{-1}$。与前人的研究结果比较(Kass and Yung，1995)，我们的逃逸率要低一个量级。低的原因可能有多个，如采用了不同的太阳风-火星相互作用模型、外层大气模型以及光电离率等。但我们计算的 O 逃逸率与 MEX 观测的 O^+ 逃逸率在一个量级上，说明太阳风引起的 O 溅射逃逸，和太阳风加速引起的 O^+ 直接逃逸量级，可能是大气逃逸的重要渠道。

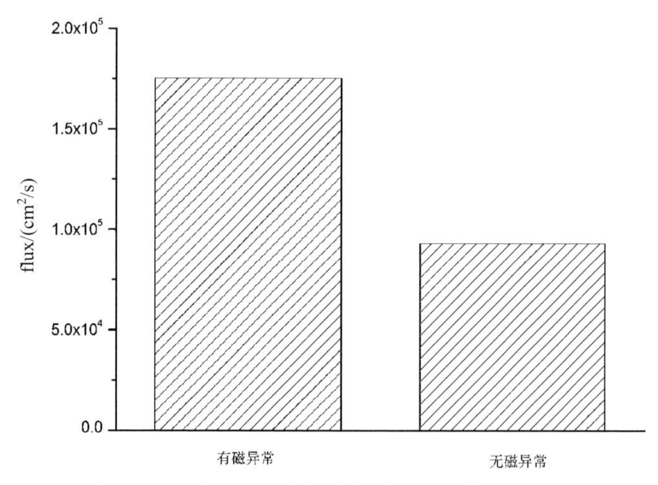

图 17.13　有、无磁异常时氧原子的溅射逃逸通量

17.5 小　结

火星是一个无全球性内秉磁场但有着分布广泛的磁异常的行星，太阳风与火星的相互作用在大气演化的过程中扮演着重要的角色。本章介绍了与太阳风作用有关的两种大气逃逸机制，即被太阳风“拾取”的 O^+ 逃逸，以及被“拾取”的 O^+ 沉降引起的大气氧原子的溅射逃逸。我们通过单粒子 Monte Carlo 模型对火星 O^+ 在背景电磁场中的加速逃逸、沉降过程的模拟，发现由于磁异常改变了太阳风与火星的相互作用过程，对 O^+ 逃逸和沉降都有如下不可忽视的影响。

在近磁尾区域，磁异常对磁场位型有较大的改变。在有磁异常时，电场由于霍尔项而增强，使得磁尾内的逃逸离子分布出现明显的分流结构。在火星附近，磁异常束缚了部分粒子，使其向着行星加速而不能向磁尾下游逃逸，撞击到背阳面大气层上。

磁异常会改变沉降 O^+ 的分布。当有磁异常时，沉降的低能离子分布很不规则，出现小的沉降斑块或空洞，而在向阳面和背阳面都会出现较宽的高能 O^+ 沉降带。磁异常可增加氧离子的沉降，尤其是对背阳面大气层的能量注入。粗略估算，有磁异常时，O^+ 沉降引起的 O 溅射逃逸通量可增加近 1 倍。

参考文献

Acuña M, Connerney J E, Ness N F, et al. 1999. Global distribution of crustal magnetization discovered by the Mars Global Surveyor MAG/ER experiment. Science, 284: 790-793.

Arkani-Hamed J. 2001. A 50-degree spherical harmonic model of the magnetic field of Mars. J. Geophys. Res., 106(E10): 23197-23208.

Barlow N G. 2008. Mars, An Introduction to its Interior, Surface and Atmosphere. Cambrige: Cambridge University Press.

Brain D A, Bagenal F, Acuña M H, et al. 2003. Martian magnetic morphology: Contributions from the solar wind and crust. J. Geophys. Res., 108(A12): 1424.

Brain D A, Lillis R J, Mitchell D L, et al. 2007. Electron pitch angle distributions as indicators of magnetic field topology near Mars. J. Geophys. Res., 112: A09201.

Crider D H, Brain D A, Acuña M H, et al. 2004. Mars global surveyor observations of solar windmagnetic field draping around Mars. Space Sci. Rev., 111: 203.

Dubinin E, Lundin R, Norberg O, et al. 1993. Ion acceleration in the Martian tail: Phobos observations. J. Geophys. Res., 98(A3):3991-3997.

Fang X, Liemohn M W, Nagy A F, et al. 2010a. On the effect of the Martian crustal magnetic field on atmospheric erosion. Icarus, 206: 130-138.

Fang X, Liemohn M W, Nagy A F, et al. 2010b. Escape probability of Martian atmospheric ions: Controlling effects ofthe electromagnetic fields. J. Geophys. Res., 115: A04308.

Fränz M, Winningham J D, Dubinin E, et al. 2006. Plasma intrusion above Mars crustal fields—MarsExpress ASPERA -3 observations. Icarus, 182: 406-412.

Hanson W B, Sanatani S, Zuccaro D R. 1977. The Martian ionosphereas observed by the Viking retarding potential analyzers. J. Geophys. Res., 82(28): 4351-4363.

Johnson R E. 1990. Energetic Charged-Particle Interactions WithAtmospheres and Surfaces. Berlin: Springer.

Kass D M, Yung Y L. 1995. Loss of atmosphere from Mars due to solarwind-induced sputtering. Science, 268: 697-699.

Kim J, Nagy A F, Fox J L, et al. 1998. Solar cycle variabilityof hot oxygen atoms at Mars. J. Geophys. Res., 103(A12):29339-29342.

Kozyra J U, Cravens T E, Nagy A F. 1982. Energetic O^+ precipitation. J. Geophys. Res., 87(A4): 2481-2486.

Leblanc F, Johnson R E. 2001. Sputtering of the Martian atmosphere by solar wind pick-up ions. Planet. Space Sci., 49: 645-656.

Lichtenegger H, Schwingenschuh K, Dubinin E, et al. 1995. Particle simulation in the Martian magnetotail. J. Geophys. Res., 100(A11):21659-21667.

Li L, Zhang Y. 2009. Model investigation of the influence of the crustal magnetic field on the oxygen ion distribution in the near Martiantail. J. Geophys. Res., 114: A06215.

Li L, Zhang Y, Feng Y, et al. 2011. Oxygen ion precipitation in the Martian atmosphere and its relation with the crustal magnetic fields. J. Geophys. Res., 116: A08204.

Luhmann J. 1990. A model of the ion wake of Mars. Geophy. Res. Lett., 17(6): 869-872.

Luhmann J G, Kozyra J U. 1991. Dayside pickup oxygen ion precipitation at Venus and Mars: Spatial distributions, energy deposition, and consequences. J. Geophys. Res., 96(A4): 5457-5467.

Lundin R, Barabash S, Andersson H, et al. 2004. Solar wind-induced atmospheric erosion at Mars: First results from ASPERA-3 on Mars Express. Icarus, 182: 308- 319.

Lundin R, Zakharov A, et al. 1989. First measurements of the ionospheric plasma escape from Mars. Nature, 341: 609-612.

Ma Y. 2006. 3D multi-species global MHD study of the solar windinteraction with Mars and Saturn's magnetospheric plasma flow withTitan. Ph. D. thesis, Univ. of Michigan, Ann Arbor, Mich.

Ma Y, Nagy A F, Sokolov I V, et al. 2004. Three-dimensional, multispecies, high spatial resolution MHD studies of the solarwind interaction with Mars. J. Geophys. Res., 109: A07211.

Mitchell D L, Lin R P, Mazelle H, et al. 2001. Probing Mars' crustal magnetic field and ionosphere with MGS electron reflectometer. J. Geophys. Res., 106(E10): 23419-23427.

Nagy A F, Cravens T E. 1988. Hot oxygen atoms in the upper atmospheres of Venus and Mars, Geophys. Res. Lett., 15(5): 433-435.

Nilsson H, Carlsson E, Gunell H, et al. 2006. Investigation of the influence of magnetic anomalieson ion distributions at Mars. Space Sci. Rev., 126: 355- 372.

Phillipps J L, Luhmann J G, Russell C T, et al. 1987. Finite Larmor radius effect on ion pickup at Venus. J. Geophys. Res.,92(A9): 9920-9930.

Schunk R W, Nagy A F. 2000. Ionospheres: Physics, Plasma Physics, and Chemistry. New York: Cambridge Univ. Press.

Shizgal B D, Arkos G G. 1996. Nonthermal escape of the atmospheres of Venus, Earth, and Mars. Rev. Geophys., 34:483.

Spreiter J R, Stahara S S. 1980. Solar wind flow past Venus: Theory and comparisons. J. Geophys. Res., 85(A13): 7715-7738.

Zhang Y T, Li L. 2009. Feature of the Martian magnetic field structure. Chinese Astronomy and Astrophysics, 33:403.